TRAITÉ COMPLET

D'ARITHMÉTIQUE

R.F.

6127-78. — CORBEIL. Typ. CRETÉ.

TRAITÉ COMPLET

D'ARITHMÉTIQUE

THÉORIQUE ET APPLIQUÉE

AU COMMERCE, A LA BANQUE, AUX FINANCES

ET A L'INDUSTRIE

AVEC

un Traité des poids et mesures, un Recueil de problèmes raisonnés et diverses notes et notices,

PAR

JOSEPH GARNIER

Professeur à l'École supérieure du commerce et à l'École des Ponts et Chaussées,
Président du Congrès internationnal des poids et mesures.
Membre de l'Institut.

TROISIÈME ÉDITION

REVUE ET AUGMENTÉE, AVEC FIGURES.

PARIS

GUILLAUMIN ET Cⁱᵉ | GARNIER FRÈRES
14, RUE RICHELIEU. | RUE DES SAINTS-PÈRES, 6.

1880

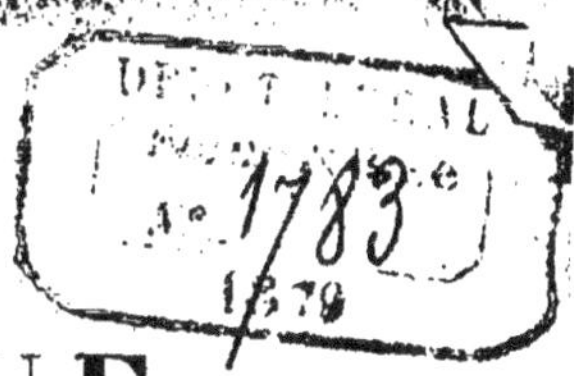

PRÉFACE

L'arithmétique, en général assez négligée, est une des connaissances les plus nécessaires. Son étude est excellente comme exercice intellectuel ; elle fournit un instrument précieux pour toutes les carrières, indispensable dans les affaires commerciales et industrielles.

La PREMIÈRE PARTIE de ce Traité, à la fois général et spécial, est consacrée aux *Principes* de la science ramenés aux *Règles* fondamentales, avec les *Abréviations* dont elles sont susceptibles. Il y est successivement question :

Des quatre règles pour les Entiers,

Des quatre règles pour les Fractions décimales et les Fractions ordinaires,

Des Nombres Négatifs,

De la Divisibilité des nombres,

De l'élévation aux Puissances,

Et de l'extraction des Racines.

La SECONDE PARTIE contient les combinaisons des quatre Règles aidant à la solution des questions qui se présentent dans la théorie et la pratique, savoir :

Les *Équations* élémentaires, les *Proportions*, les *Progressions* et les *Logarithmes*.

La TROISIÈME PARTIE est consacrée : — à une exposition détaillée des *Mesures* (Poids et Monnaies) métriques et des Mesures anciennes, — aux applications de calcul auxquelles elles donnent lieu, — aux conversions des unités entre elles.

A propos des mesures anciennes, nous donnons les quatre Règles des *Nombres Complexes*, et l'application du procédé des *Parties aliquotes* déjà exposé dans la première partie en parlant des fractions ; toutes opérations avec lesquelles il faut être familiarisé dans tous les pays où le système décimal n'est pas en usage.

Ces notions sur les mesures sont complétées plus loin à la quatrième partie par des problèmes spéciaux et par l'indication des moyens que fournit la géométrie pour la mesure des *Surfaces* et des *Volumes*.

Un chapitre est consacré aux *Mesures étrangères*, et quatre tableaux synoptiques présentent les rapports qu'ont entre eux les divers poids et mesures les plus usuels des dix contrées les plus commerçantes de l'Europe.

La QUATRIÈME PARTIE est un recueil méthodique et complet de toutes les variétés de *Problèmes* usuels et commerciaux, classés par groupes selon l'analogie des questions et des modes de solution. Ils forment quatorze chapitres précédés d'un premier consacré aux procédés généraux de solution et à la classification des problèmes.

Pour les diverses Règles ou catégories de problèmes, nous avons voulu faire des chapitres plus complets et plus méthodiques que ceux qu'on trouve dans les autres ouvrages. Pour quelques-unes : — la Règle de tant pour cent, — la Règle d'intérêt simple et d'escompte, — pour les Intérêts composés, — pour les Annuités et l'Amortissement, — pour les questions sur les Mélanges et les Combinaisons, nous avons fait, croyons-nous, un travail neuf ; non que les divers éléments qui nous ont servi ne soient bien connus, mais parce qu'on ne les trouve guère dans les ouvrages spéciaux, au moins avec l'ordre et la méthode que nous avons suivis.

Nous avons mis, dans des NOTES FINALES, divers renseignements et détails complémentaires et notamment des conseils pour apprendre et pour enseigner l'Arithmétique ; — un coup d'œil historique sur la science des nombres ; — des explications sur le *calcul mental* ; — des notices historiques sur le Système métrique et sur les Calendriers ; — des renseignements sur les tableaux de Comptes faits et autres Tables de calcul ; sur les divers moyens graphiques et mécaniques pour faire ou pour abréger les calculs. Dans ces notes, comme dans le courant de l'ouvrage, nous nous sommes attaché à mettre en lumière les noms des savants qui ont fait progresser la science.

Les divers procédés arithmétiques d'*Abréviation* sont indiqués après chaque Règle, et après chaque catégorie de problèmes.

En suivant l'ordre logique des matières, nous avons été amené à exposer des parties de l'arithmétique d'une utilité moindre, au point de vue usuel, ou présentant des difficultés qu'il ne faut aborder qu'à la fin d'un Cours.

Nous avons eu soin d'indiquer, pour guider ceux qui étudient, les chapitres qu'il faut d'abord passer, pour n'aborder en commençant que les plus faciles et les plus élémentaires.

AVIS DES ÉDITEURS
SUR CETTE TROISIÈME ÉDITION

De nombreux travaux ont empêché l'auteur de s'occuper plus tôt de la nouvelle édition de ce Traité, épuisée en librairie depuis plusieurs années, comme cela était déjà arrivé pour la première, très recherchée dès son apparition par les comptables, les professeurs, les étudiants, les employés et tous ceux enfin qui ont à se rendre compte des opérations arithmétiques soit pour les affaires, soit pour les transactions usuelles de la vie.

En effet, le contenu de ce livre répond bien à son titre ; les démonstrations y sont simplifiées, les opérations présentées avec clarté, les abréviations recueillies avec soin, les applications nombreuses et méthodiquement groupées, les notes finales instructives et curieuses.

Le *Traité des mesures métriques* de l'auteur a été fondu dans cette édition.

Un soin particulier a été consacré à la disposition typographique des opérations.

Le papier du volume est collé pour faciliter les annotations et les indications aux professeurs et aux élèves.

LES ÉDITEURS.

SIGNES GÉNÉRAUX EMPLOYÉS DANS LE TRAITÉ

Les * renvoient aux notes au bas des pages.

Ces *étoiles* placées devant ou après les titres indiquent les chapitres ou les paragraphes à passer dans une première étude.

Les *Numéros* entre parenthèses, de la p. 1 à la p. 216, contenant les deux premières parties relatives aux Principes de l'arithmétique, renvoient aux alinéas qui peuvent compléter les démonstrations.

Les nombres entre parenthèses précédés de p. renvoient aux pages.

$+$ signifie   plus,   et indique une addition   à faire.

$-$ —   moins,   —   — soustraction   —

. ou $\times$ —   multiplié par,   —   — multiplication   —

: ou — ou /   —   divisé par,   —   — division   —

$-\,^2$ en chiffre élevé indique l'élévation au carré.

$-\,^3$ —   —   l'élévation au cube.

$-\,^n$ —   —   l'élévation à une puissance indéterminée.

$\sqrt{}$ signifie racine à extraire et indique une extraction de racine à faire.

( ) exprime que les quantités placées entre *parenthèses* sont considérées comme une seule quantité.

[ ] les deux *crochets* sont employés pour indiquer que des quantités placées entre parenthèses constituent une même quantité.

Les chiffres en *lettres grasses* indiquent des chiffres barrés ou annulés.

Les *petits* chiffres placés au-dessus des colonnes indiquent des unités de retenue.

Des signes abréviatifs spéciaux sont indiqués pour les *Mesures métriques* et les *Mesures anciennes*, pour les *Proportions* et les *Progressions*, pour les *Intérêts*, les *Annuités*, et les *Amortissements*.

TRAITÉ COMPLET

D'ARITHMÉTIQUE

THÉORIQUE ET APPLIQUÉE

PREMIÈRE PARTIE

PRINCIPES D'ARITHMÉTIQUE GÉNÉRALE THÉORIQUE ET PRATIQUE

La première partie de ce traité, composée de cinq Livres, contient les quatre Règles générales des Nombres entiers positifs et négatifs, des Fractions décimales et ordinaires (y compris l'Extraction des Racines), avec les Abréviations dont elles sont susceptibles.

LIVRE PREMIER

THÉORIE ET PRATIQUE DES QUATRE RÈGLES DES NOMBRES ENTIERS
ET DES FRACTIONS DÉCIMALES

Notions préliminaires et Numération des Entiers et des Fractions décimales. — Addition, Soustraction, Multiplication et Division des nombres abstraits, entiers et décimaux, avec les Preuves de ces quatre règles et les Abréviations dont elles sont susceptibles.

CHAPITRE 1er

Notions préliminaires et numération des nombres entiers et des fractions décimales.

§ 1er. — NOTIONS PRÉLIMINAIRES.

1. L'Arithmétique est la science des nombres ou des quantités énumérés.

On entend par *Quantité* tout ce qui peut être augmenté ou diminué, compté ou mesuré; et par *Unité*, la quantité ou grandeur que l'on choisit arbitrairement pour servir de terme de comparaison entre plusieurs autres quantités de même espèce. Le temps, l'espace, les dimensions des corps, la force, la vitesse, la durée, la chaleur, la lumière, les astres, les animaux, les plantes, les minéraux, toutes les choses en général sont des quantités, parce qu'elles sont susceptibles d'être augmentées ou diminuées, comptées ou mesurées. Les maisons sont des quantités ; une maison considérée isolément est l'*unité* de comparaison ou de mesure. Plus ou moins d'hommes sont des quantités plus ou moins grandes ; un homme considéré isolément est l'unité de comparaison ou de mesure.

Les unités de comparaison que l'on emploie le plus souvent sont celles qui servent à apprécier des quantités de Longueur (de Largeur ou de Hauteur), de Surface, de Volume ou de Capacité, de Poids, de Valeur et de Monnaie. On les appelle les *Poids et Mesures*.

2. Un *Nombre* est la collection de deux ou plusieurs unités *.

Un nombre Entier, ou simplement un *Entier*, est la réunion de deux ou plusieurs Unités de la même grandeur.

Une *Fraction* est une ou plusieurs *parties* égales de l'unité.

Le nombre est dit *fractionnaire* ou *complexe*, quand il contient un ou plusieurs entiers réunis à une ou plusieurs fractions ou subdivisions.

Le nom est *Abstrait* quand il n'exprime pas la nature des unités dont il se compose, et *Concret* quand il exprime la nature de ces unités. Le nombre dix, par exemple, est abstrait ; il est concret si l'on considère : dix pommes, dix hommes,

---

* Lorsqu'on sait ce qu'est un *Rapport* (comme on le verra plus loin), on voit que le Nombre est encore bien défini le Rapport de l'Unité à la Quantité. — Le Nombre sert à apprécier la Quantité. D'où cette autre définition de l'Unité, que c'est l'objet dont la répétition constitue le Nombre.

dix mètres, dix francs, etc. Les principes et les opérations sur les nombres concrets ne diffèrent pas de ceux des nombres abstraits. En arithmétique, on considère le plus souvent ces derniers.

Les nombres sont encore classés en nombres *Positifs* et en nombres *Négatifs* exprimant des quantités inverses de celles qu'expriment les nombres positifs, qui sont aussi le plus souvent considérés.

Les nombres augmentent ou diminuent, se composent ou se décomposent en vertu des propriétés dont ils sont doués et des lois qui les gouvernent.

L'ARITHMÉTIQUE * est la science des nombres, c'est-à-dire la science qui étudie les propriétés et les lois des nombres, ainsi que les moyens de les combiner par augmentation ou diminution : composition et décomposition, à l'aide desquelles on peut trouver des nombres inconnus avec des nombres donnés ou connus.

L'arithmétique théorique considère les propriétés et les lois des nombres dont on déduit les *théorèmes* ou vérités, qui peuvent se démontrer, ainsi que les procédés à l'aide desquels on effectue les **opérations** que l'arithmétique pratique emploie pour trouver des *nombres inconnus* qui répondent aux questions ou donnent la solution des problèmes. — Un *problème* est une question plus ou moins compliquée dont la solution ou réponse dépend des nombres connus qu'il s'agit de combiner par les diverses Règles, qui se réduisent à cinq principales : la *Numération*, l'*Addition*, la *Soustraction*, la *Multiplication* et la *Division*, ou à quatre, en omettant la Numération, qui est l'a b c de toutes les autres.

La première, la Numération, est celle qui apprend à compter, c'est-à-dire à former les nombres en les réunissant les uns aux autres successivement, et à en établir la dénomina-

---

* En grec *arithmetikè*, en latin *arithmetica*, du grec *arithmos*, nombre ; *arithmetikè technè*, science des nombres.

tion et la nomenclature ; les autres ont pour objet la composition et la décomposition des nombres, et sont appelées vulgairement les *Quatre Règles*. Elles constituent le *Calcul*, ou l'art de manier les nombres pour les composer et les décomposer.

L'arithmétique est la première des sciences mathématiques. On appelle du nom de *Mathématiques* * les diverses sciences qui ont pour objet de mesurer, de comparer les grandeurs, telles que les distances, les surfaces, les volumes, les vitesses, les forces, etc. L'arithmétique mesure et compare ces diverses grandeurs lorsqu'elles sont exprimées en *nombres*.

§ 2. — NUMÉRATION DES NOMBRES ENTIERS.

La connaissance détaillée des conventions relatives à la formation des nombres et du mécanisme qui en résulte, est indispensable à l'étude des autres principes. On doit y revenir souvent.

La Numération est dite *parlée* ou *écrite* selon qu'il s'agit de donner les noms aux nombres ou de les écrire avec des signes particuliers.

3. Les nombres ou collections d'Unités se forment par la réunion successive de l'Unité ; et leurs noms sont dérivés du latin de la manière suivante :

L'Unité s'est appelée..........	**un** **,
UN et *un* se sont appelés.......	**deux,**
DEUX et *un*....................	**trois,**
TROIS et *un*...................	**quatre,**
QUATRE et *un*..................	**cinq,**
CINQ et *un*....................	**six,**
SIX et *un*.....................	**sept,**
SEPT et *un*	**huit,**
HUIT et *un*....................	**neuf,**
NEUF et *un*....................	**dix.**

---

* En latin, *mathematica*, en grec, *mathematikè*, de *mathesis*, science, ou *mathèma*, chose à savoir.

** Du latin, *unus, duo, tres, quatuor, quinque, sex, septem, octo, novem, decem.*

En continuant ainsi, on serait arrivé à une série innombrable de mots ; mais on a imaginé de compter par groupes de *dix* ou **Dizaines**, comme par **Unités**, et de donner à ces groupes de dizaines des noms formés avec les premiers. C'est ainsi que :

Une dizaine s'est appelée..........................	**dix,**
Deux dizaines se sont appelées	**vingt** *,
Trois dizaines	**trente,**
Quatre d°..	**quarante,**
Cinq d°..	**cinquante,**
Six d°...	**soixante,**
Sept d°............................ soixante-dix ou	**septante,**
Huit d°........................... quatre-vingts ou	**octante,**
Neuf d°....................... quatre-vingt-dix ou	**nonante,**
Dix d°...	**cent.**

Le mot *vingt* aurait pu être formé avec *deux*, comme les autres ont été formés avec trois, quatre, etc. — L'usage illogique a substitué aux mots *septante*, *octante*, *nonante*, encore usités dans le midi de la France, ceux de *soixante et dix*, *quatre-vingts*, *quatre-vingt-dix*, beaucoup moins commodes, et souvent cause de confusion dans le langage **.

Entre chaque dizaine on intercale les neuf premiers nombres ***, et on a : (dix-un ou) *onze*, — (dix-deux ou) *douze*, — (dix-trois ou) *treize*, — (dix-quatre ou) *quatorze*, — (dix-cinq ou) *quinze*, — (dix-six ou) *seize*, — *dix-sept*, — *dix-huit*, — *dix-neuf*, — *vingt*.

Il est encore à regretter que l'usage illogique ait adopté les noms onze, douze, treize, quatorze, quinze, seize **** qui compliquent inutilement la nomenclature des nombres.

---

* En latin : *viginti, triginta, quadraginta, quinquaginta, sexaginta, septuaginta, octoginta, nonaginta, centum.*

** Strictement, il aurait fallu dire : *unante, deuxante, troisante, quatrante, cinqante, sixante, huitante, neufante.*

*** Plus exactement : l'unité et les huit premiers nombres ; car un n'est pas un nombre, le nombre étant la réunion de deux ou plusieurs unités (2).

**** Du latin : *undecim, duodecim, tredecim, quatuordecim, quindecim, sexdecim.* — Onze est censé précédé d'un *h* aspiré.

On compte par groupes de cent ou **Centaines**, comme par Dizaines et par Unités, et on a :

Cent, deux cents, trois cents,.... neuf cents, et dix cents, qu'on a appelé **Mille** *.

En intercalant entre chaque collection de Centaines l'unité et les noms des quatre-vingt-dix-huit premiers nombres, on a l'échelle des nombres de *un* à *neuf cent nonante-neuf* ou à *neuf cent quatre-vingt-dix-neuf*, qui, augmentée de un, donne mille.

Voilà pour les petits nombres. — Pour *les nombres plus grands*, on fait du groupe de Mille Unités une espèce nouvelle, et on compte par *Unités*, *Dizaines* et *Centaines* de **Mille**, en intercalant entre chaque Mille les neuf cent quatre-vingt-dix-neuf premiers nombres.

En ajoutant l'unité à neuf cent nonante-neuf mille et neuf cent nonante-neuf, on obtient le nombre : dix cent mille, appelé **Million**.

On forme du groupe d'un Million d'Unités, une espèce nouvelle, et on compte par Millions, comme par Unités simples et par Mille ; et ainsi de suite, de sorte que

> Mille fois l'*unité* font.................... un **Mille,**
> Mille fois *mille* font..................... un **Million,**
> Mille fois *un million* font............... un **Billion,**
> Mille fois un *billion* font............... un **Trillion** **.

Dans ce système de formation des nombres servant à apprécier les Quantités et à s'en rendre compte, les Unités sont combinées d'une part en groupes de *dix*, et c'est pour cela qu'on l'appelle à *base décimale* ou simplement *décimal* ***, — et d'autre part en groupes ternaires ou *classes*, les Unités simples, les Mille, les Millions, etc., chaque classe se subdivi-

---

* Du latin *mille*, comme Cent du latin *centum*.

** Après les Trillions, viennent les Quatrillions, les Quintillions, les Sextillions, etc.

*** *V.* une note finale sur le système *duodécimal*, etc.

sant en Unités, Dizaines et Centaines. Tout le système se résume donc dans cette convention que :

	DIX UNITÉS DE :		CLASSES.
1er ordre ou *Unités simples* constituent......	une dizaine		
2e — *Dizaines* d'Unités simples......	une centaine		d'**Unités simples;**
3e — *Centaines* d°............	un MILLE		
4e — *Unités* de Mille.........	une dizaine		
5e — *Dizaines* d°.............	une centaine		de **Mille.**
6e — *Centaines* d°.............	un mille		
	(ou un MILLION).		
7e — *Unités* de Millions.......	une dizaine		
8e — *Dizaines* de d°..........	une centaine		de **Millions.**
9e — *Centaines* de d°..........	un mille		
	(ou un BILLION).		
10e — *Unités* de Billions........	une dizaine		
11e — *Dizaines* de d°..........	une centaine		de **Billions.**
12e — *Centaines* de d°..........	un mille		
	(ou un TRILLION).		

C'est à l'aide de ce moyen vraiment admirable de simplicité, consistant en unités continuellement *décuples*, et dont l'idée se trouve dans les dix doigts, que l'on est parvenu à dénommer la série infinie des nombres avec quelques mots *.

Ce tableau peut être figuré au moyen de la main gauche ; les doigts représentant les Unités Simples, les Millions, Billions, et Trillions, et les trois plalanges les unités, dizaines, et centaines de chaque classe, comme suit :

PETIT DOIGT :	Unités,	Dizaines,	Centaines,	d'**Unités simples;**
ANNULAIRE :	d°	d°	d°	de **Mille;**
MEDIUM :	d°	d°	d°	de **Millions;**
INDEX :	d°	d°	d°	de **Billions;**
POUCE :	d°	d°	d°	de **Trillions.**

Les petits nombres sont les plus usuels. On a rarement besoin de se servir des billions.

Ces classes d'unités, appelées usuellement **Milliards**, ne sont guère usitées que dans les appréciations financières des

---

* *Un, deux*, etc., plus *cent, mille, million* et *billion*, soit quatorze mots, auxquels il faut ajouter les sept mots d'usage : *onze, douze*, etc., et *vingt*.

États. Quant aux classes supérieures, elles ne sont employées que dans les évaluations des distances astronomiques *.

4. De même qu'on a employé neuf mots seulement pour énoncer l'unité et les huit premiers nombres, on a adopté neuf signes ou **Chiffres** ** pour les représenter. Ces signes ou chiffres sont :

1,   2,   3,   4,   5,   6,   7,   8,   9,

Pour désigner : *Un, deux, trois, quatre, cinq, six, sept, huit, neuf.*

Pour pouvoir écrire tous les nombres avec cette petite quantité de signes, on est simplement convenu que, lorsque plusieurs chiffres sont réunis, le premier chiffre à la droite exprime les **Unités simples ;** que le second chiffre à sa gauche exprime les *Dizaines* de ces unités ; le troisième chiffre à sa gauche, les *Centaines* de ces unités ; le quatrième chiffre à sa gauche, les **Mille ;** le cinquième chiffre à sa gauche, les *dizaines* de Mille ; le sixième à sa gauche, les *Centaines* de Mille ; les septième, huitième et neuvième chiffres à sa gauche, les **Millions,** *dizaines* et *centaines* de Millions, etc., ainsi que le fait voir la figure suivante :

MILLIONS,	MILLE,	UNITÉS.
6 6 6	6 6 6	6 6 6
unités · dizaines · centaines	unités · dizaines · centaines	unités · dizaines · centaines
de Millions,	de Mille,	d'Unités simples.

(Aux 1ᵉʳ, 3ᵉ, 5ᵉ rangs, etc., c'est-à-dire au rang des Unités, des Centaines d'unités, des Dizaines de mille, etc., les chiffres sont dits de rang impair ; — aux 2ᵉ, 4ᵉ, 6ᵉ, rangs, etc.,

---

* Le monde est limité. En prenant pour unité de mesure l'épaisseur d'un cheveu (égale à la vingt-cinquième partie du millimètre), on trouve que le tour du globe terrestre serait exprimé par une seule unité de trillion.

** De l'arabe *sophira* ou *siffra ;* de l'hébreu *siphr*, chiffres, nombres.

c'est-à-dire au rang des Dizaines, des Mille et des Centaines de mille, etc., ils sont dits de rang pair.)

Il résulte de cette convention que les chiffres ont deux valeurs : la valeur *absolue*, celle des signes considérés isolément ; la valeur *relative* et *locale*, selon la place qu'ils occupent.

Pour indiquer qu'il n'y a pas de chiffres à un rang quelconque, on a recours à un dixième signe, le *zéro*, 0, qui n'ayant pas de valeur par lui-même veut dire *rien*, mais sert à exprimer la valeur des chiffres manquants en marquant leur place *.

C'est ainsi que les neuf chiffres suivis d'un zéro ou occupant le deuxième rang n'expriment plus des unités simples, mais des *dizaines*, comme suit :

10, 20, 30, 40, 50, 60, 70, 80, 90.
Dix, vingt, trente, quarante, cinquante, soixante, septante, octante, nonante.

C'est ainsi que pour indiquer, par exemple, que 6 doit être au troisième rang et exprimer des *centaines*, on écrit 600, ce qui signifie 6 centaines, pas de dizaines et pas d'unités, ou plus simplement 6 cents. C'est ainsi que les nombres :

Cinquante-six.... ou 5 dizaines et 6 unités, s'écrivent 56
Trois cent sept..... ou 3 centaines et 7 unités s'écrivent....... 307
Huit millions quatre mille trois, signifiant 8 unités de million, 4 unités de million et trois unités simples, s'écrivent............. 8 004 003

5. Règle. — Il résulte de cette manière d'écrire les nombres que, *pour lire ou énoncer un nombre* écrit ayant plus de quatre chiffres, on le partage ** en tranches de trois chiffres,

---

* Les Arabes mettaient d'abord un point; on aurait pu mettre tout autre signe, un guillemet ou un carré, par exemple, ou une lettre, ou laisser l'espace en blanc ; mais le zéro ou rond est plus facile à écrire, et l'espace serait difficile à réserver. En arabe, *zeroh* veut dire cercle.

** Dans les imprimés, ce partage se fait au moyen d'une virgule ou d'un point. Ce dernier signe est préférable, la virgule ayant été adoptée pour séparer les entiers des subdivisions décimales, comme on va le voir. On ne fait pas toujours ce partage dans les manuscrits. On ne le fait pas notam-

à partir de la droite, sauf à ne laisser qu'un ou deux chiffres dans la dernière tranche à gauche, et qu'on énonce, en commençant par la gauche, chaque tranche comme si elle était seule, mais sous l'appellation qui lui appartient.

Ainsi, dans 393 043 708, on lit : 393.043.708, *trois cent quatre-vingt-treize* MILLIONS, *quarante-trois* MILLE, *sept cent huit* UNITÉS. On omet habituellement ce dernier mot.

6. De là trois autres *Règles* importantes.

On rend un nombre 10 fois, 100 fois, 1 000 fois, etc., *plus fort*, en ajoutant à sa suite ou à sa droite un, deux, trois, etc., zéros.

De même on rend un nombre contenant des zéros à sa droite, 10 fois, 100 fois, 1 000 fois, etc., *plus petit* en en retranchant un, deux, trois, etc., zéros.

Les zéros mis avant les chiffres ne changent rien à leur valeur absolue. Les expressions 08, 008, 0008 sont égales à 8 ; et, en pareil cas, les zéros doivent être omis ou effacés.

§ 3. — NUMÉRATION DES FRACTIONS DÉCIMALES.

7. Les Fractions sont dites *décimales* ou *ordinaires*, ou *subdivisions complexes*. Nous ne parlerons ici que des premières.

Les **Fractions décimales** s'écrivent, s'énoncent et se calculent comme les nombres entiers.

Dans le système des fractions décimales, l'unité se partage en dix *dixièmes*, chaque dixième en dix *centièmes*, chaque centième en dix *millièmes*, chaque millième en dix *dix-millièmes*, etc.

8. Pour écrire les fractions décimales, on s'est appuyé sur le principe établi que chaque chiffre, mis à la droite d'un

---

ment sur les livres et papiers de commerce. Pour exercer le lecteur au groupement naturel des chiffres en tranches de trois, nous n'indiquerons souvent pas ce partage dans le courant de ce volume. — Le point étant aussi quelquefois signe de multiplication, il est encore préférable de séparer les tranches par un espace, ou par une virgule droite, ou par une cédille.

autre, exprime des unités dix fois plus faibles. Ainsi, après les unités simples des entiers,

les dixièmes occupent le 1er rang vers la droite, etc.
les centièmes   —   2e   —
les millièmes   —   3e   —
les dix-millièmes   —   4e   —
les cent-millièmes   —   5e   —   , etc.

On est convenu de placer une *virgule* entre les entiers et les Fractions décimales ; et quand il n'y a pas d'entiers, on les remplace par le zéro.

Ainsi, 8 dixièmes, 49 centièmes, 8 et 13 millièmes s'écriraient : 0,8, 0,49 et 8,013.

D'un autre côté, 7,4, 0,56, 18,413, 0,932147 signifient : 7 et 4 dixièmes, 56 centièmes, 18 et 413 millièmes, et 932 147 millionièmes ;

Et 0,08, 0,0009, 4,3500 signifient 8 centièmes, 9 dix-millièmes, 4 et 3500 dix-millièmes ou 35 centièmes.

9. **Règles.** — On voit donc que, *pour énoncer un nombre décimal* écrit, on énonce d'abord la partie entière comme si elle était seule, et ensuite la partie décimale comme un nombre entier, en lui donnant le nom des unités du dernier chiffre à droite.

On voit aussi que, pour *écrire un nombre décimal* énoncé, on l'écrit comme un nombre entier, en ayant soin de poser la virgule de manière que son dernier chiffre exprime les unités demandées.

10. **Principe.** — Un nombre décimal ne change pas de valeur, quel que soit le nombre de zéros que l'on ajoute ou que l'on supprime à sa droite.

Ainsi : $0,3 = {}^* 0,30 = 0,300 = 0,3000$, c'est-à-dire que 3 dixièmes, ou 30 centièmes, ou 300 millièmes, ou 3000 dix-millièmes, expriment la même quantité en termes différents, puisque $0,1 = 10$ centièmes, $0,01 = 10$ millièmes, etc.

Mais par conséquent, si l'on recule la virgule d'un rang,

---

* Le signe $=$, appelé *égale* s'emploie pour exprimer l'égalité entre deux quantités.

de deux rangs, de trois rangs, etc., vers la droite d'un nombre, on rend ce nombre 10 fois, 100 fois ou 1000 fois, etc., plus grand ; et réciproquement, si l'on avance la virgule d'un rang, de deux rangs, de trois rangs, etc., vers la gauche d'un nombre décimal, on le rend 10 fois, 100 fois, 1000 fois, etc., plus petit.

Fractions approchées à 1 *dixième, à* 1 *centième, etc., près.*

10 *bis.* Dans les diverses opérations de l'arithmétique, on est souvent conduit à abréger les fractions décimales par la suppression d'un ou de plusieurs chiffres et à se contenter d'une fraction *approchée* ou approximative à 1 dixième près, 1 centième près, etc. En ce cas, on augmente de 1 le dernier chiffre maintenu, si le premier chiffre supprimé est 5, 6, 7, 8 ou 9 ; on le laisse tel quel, en négligeant tout à fait le chiffre supprimé, si ce chiffre est 4, 3, 2, 1 ou 0.

Voici la raison de cette règle de convention : si le chiffre supprimé est 6, 7, 8 ou 9, il se rapproche plus de l'unité ajoutée que du 0 ; — s'il est 4, 3, 2, 1, 0, il se rapproche plus de 0 que de 1. S'il est 5, il se rapproche autant de 1 que de 0 ; mais, en ce cas, il est d'usage d'ajouter 1 et de faire l'erreur en plus.

Le tableau suivant indique les erreurs en détail :

0,659		0,001	d'erreur en plus.
0,658		0,002	—
0,657	= 0,66 à 0,01 près avec	0,003	—
0,656		0,004	—
0,655		0,005	—
0,654		0,004	d'erreur en moins.
0,653		0,003	—
0,652	= 0,66 à 0,01 près avec	0,002	—
0,651		0,001	—
0,650		0,000	—

Cette règle s'applique évidemment aux nombres entiers, si l'on est conduit à les abréger.

La numération et le calcul des *mesures métriques*, aujourd'hui employées en France et dans plusieurs pays, sont les mêmes que ceux des fractions décimales. (Voy. le liv. VIII.)

CHAPITRE II

Addition des nombres entiers et des fractions décimales.

11. L'ADDITION a pour but de réunir deux ou plusieurs nombres en un seul qu'on appelle **Somme** ou **Total**.

Pour indiquer une addition à effectuer, on lie les nombres par le signe $+$ appelé *plus*.

Les additions des petits nombres, d'un chiffre ou même de deux chiffres, s'apprennent par cœur. On peut les réunir dans un tableau analogue à celui donné plus loin (29), que l'on peut faire réciter par les commençants. Les additions des nombres plus grands ne sont qu'une série de petites additions.

12. RÈGLE. — *Pour additionner ou réunir les nombres,* — on les met ordinairement les uns sous les autres, de manière que leurs unités de même ordre se trouvent dans une même colonne verticale : les unités sous les unités, les dizaines sous les dizaines, les centaines sous les centaines, etc. ; — on ajoute d'abord la colonne des unités ; quand la somme n'excède pas 9, on l'écrit sous la colonne des unités ; — quand elle excède 9, on n'écrit que les unités, et l'on reporte les dizaines à la colonne des dizaines, pour laquelle on opère d'une manière semblable, et ainsi de suite jusqu'à la dernière colonne.

On peut aussi commencer l'opération par la gauche ; mais quand il y a des unités *retenues*, on est obligé de corriger les chiffres déjà posés pour y ajouter ces unités.

Voici deux exemples :

		932421
493742		321
874321		4
707423		941
764342		7437
184214		86477
932246		956667
Somme ou Total.......	3956288	1984268

Ces deux exemples contiennent six colonnes ou séries de petites additions.

Dans le 1er exemple, on dit, pour la 1re colonne à droite : 2 et 1 font 3, et 3 font 6, et 2 font 8, et 4 font 12 et 6 font 18 ; je pose 8 et retiens 1 (dizaine). Pour la 2e colonne et en abrégeant le langage, on dit : 1 retenu et 4, 5 ; et 2, 7 ; et 2, 9 ; et 4, 13 ; et 1, 14 ; et 4, 18 ; je pose 8 (dizaines) et retiens 1 (centaine), etc.

Si l'on commençait par la gauche, la première colonne donnerait 36, que l'on poserait ; la colonne suivante donnerait 33, c'est-à-dire 3 à reporter avec le 6 déjà obtenu, ce qui ferait pour les deux colonnes 393, et ainsi de suite. — Ce procédé est incommode ; mais il est bon de s'y exercer quand on étudie.

13. S'il s'agit de *nombres avec fractions décimales* ou de *nombres décimaux* *, il suffit de mettre les virgules les unes sous les autres pour ranger les chiffres dans l'ordre convenable. On sépare dans la somme, par une virgule, autant de *chiffres décimaux* ** qu'il y en a dans celui des nombres qui en contient le plus. Voici des exemples :

0,256		
0,2	3742,135	97423,7
0,31	0,7893241	284,93
0,4578	748,7321	29,327
0,22	28,32	9,7426
0,149	9,74107	0,87689
1,5928	4529,7174941	97748,87289

La séparation des décimales à la Somme s'explique par cette raison que la somme totale doit contenir des unités de même nature que les nombres partiels.

14. Il est indispensable de s'exercer dans la pratique à faire les additions sans mettre les nombres les uns sous les autres.

15. Pour les *additions longues*, on peut soulager la mémoire

---

* On appelle ainsi, pour abréger, mais assez improprement, les nombres entiers joints à des fractions décimales.

** Chiffres indiquant les fractions qu'on appelle aussi simplement les *décimales*, bien que tous les chiffres soient décimaux dans ce système.

par l'un des procédés suivants, qui ne nécessite pas la retenue d'unités de l'ordre supérieur.

1er procédé.	2e procédé.	3e procédé.
		222567 retenues.
7842468	7842468	7842468
743745	743745	743745
93212	93212	93212
2789	2789	2789
293	293	293
74	74	74
7	7	7
67	67	67
893	893	893
7416	7416	7416
41577	41577	41577
453748	453748	453748
9310007	9310007	9310007
76	76	18496296
62	69	
46	52	
21	26	
27	29	
22	24	
16	18496296	
18496296		

Dans le premier de ces exemples, on obtient séparément les totaux partiels des unités, des dizaines, etc., pour en faire le total général ; — dans le second, on voit que chaque somme partielle renferme les unités retenues, de manière que les derniers chiffres de chaque somme partielle, mis à la suite de la dernière somme, constituent la somme totale ; — mais il est encore plus simple de mettre les unités de retenue au haut de chaque colonne, comme au troisième exemple, ou bien à part.

Pour la *Preuve* de l'Addition, voir le chap. IV.

CHAPITRE III

Soustraction des nombres entiers et des fractions décimales.

16. La SOUSTRACTION a pour but de trouver un des nombres d'une Somme connue et composée de deux nombres dont l'un est aussi connu. — En d'autres termes, faire une soustraction, c'est chercher la **Différence** entre deux nombres. Cette différence se nomme encore **Reste** et quelquefois **Excès.**

Pour indiquer une soustraction à faire, on lie les nombres par le signe — (*moins*).

Les soustractions de petits nombres s'apprennent par cœur. Les soustractions de nombres plus grands se composent d'une série de soustractions de petits nombres.

La somme 9 étant composée des deux nombres 5 et 4, faire la soustraction, c'est trouver l'un de ces nombres, la somme et l'autre nombre étant donnés. Cette opération se fait en déduisant le nombre donné de la somme, — ou en ajoutant au nombre donné ce qui lui manque pour faire la somme.

$$\begin{aligned}
\text{car} \qquad 9 - 5 &= 4 \\
9 - 4 &= 5 \\
\text{ou encore } 9 &= 4 + 5 \\
9 &= 5 + 4
\end{aligned}$$

Si l'on ne savait pas trouver d'un seul coup que 5 retranché de 9 donne 4, il faudrait dire : $9 - 1, - 1, - 1, - 1$ ou $9 - 1 = 8, 8 - 1 = 7, 7 - 1 = 6, 6 - 1 = 5$. Si l'on ne savait pas qu'il faut ajouter 4 à 5 pour faire 9, il faudrait dire : $5 + 1, + 1, + 1, + 1$ ou $5 + 1 = 6, 6 + 1 = 7, 7 + 1 = 8, 8 + 1 = 9$.

17. RÈGLE. — *Pour retrancher un nombre d'un autre,* — on place ordinairement ces deux nombres l'un sous l'autre, de manière que les unités de même ordre se correspondent ; — on retranche chaque chiffre du petit nombre du chiffre correspandant du nombre plus fort, en commençant par la droite et en plaçant chaque reste partiel sous la colonne qui l'a

fourni, quand le chiffre du nombre faible ne surpasse pas celui du nombre fort ; — lorsque le chiffre du nombre faible surpasse celui du nombre fort, on *emprunte* 1 sur le premier chiffre significatif à gauche du nombre fort, on ajoute dix au chiffre du nombre sur lequel on opère, et on diminue d'une unité le chiffre sur lequel on emprunte ; s'il y a des zéros avant lui, on les considère comme des 9 ; — ou bien (2ᵉ procédé) on laisse les chiffres du nombre fort tels qu'ils sont, et on augmente ceux du nombre faible de l'unité d'emprunt.

Voici deux exemples :

	I	II		III
Nombre dont on soustrait	87496	493742	Nombre à soustraire	246528
Nombre à soustraire	54083	246528	N. dont on soustrait	493742
Différence	33413	247214	Différence	247214

Le premier de ces exemples ne présente aucune difficulté.

Dans le 2ᵉ et le 3ᵉ on dit : 8 de 12 (1 dizaine ou 10 unités empruntées sur le 4) reste **4** ; 2 de 3 reste **1** ; 5 de 7 reste **2** ; 6 de 13 (1 qui vaut 10 emprunté sur le 9) reste **7** ; 4 de 8 reste **4** ; 2 de 4 reste **2**.

On peut encore dire : 8 de 12 reste **4** ; 3 (2 et 1 d'emprunt) de 4 reste **1** ; 5 de 7, **2** ; 6 de 13, **7** ; 5 (4 et 1 d'emprunt) de 9, reste **4** ; 2 de 4, **2**.

Ce *deuxième procédé* est nécessaire dans la Division. Il est préférable dans la pratique : car on se trompe moins facilement en ajoutant les unités retenues au chiffre suivant du nombre à retrancher qu'en les retranchant du nombre fort.

Troisième procédé. — On peut encore faire la soustraction par l'addition, en ajoutant, à chacun des chiffres du nombre à soustraire, les unités qui lui manquent pour égaler les chiffres correspondants du nombre dont on soustrait ; ce complément à ajouter constitue la différence.

Dans le second exemple on dit, par ce procédé, en considérant le nombre 246528 par rapport à 493742 : 8 et 4 font 12 ; je pose **4** et retiens 1 ; 2 et 1 de retenue font 3 ; 3 et 1 font 4 ; je pose **1** ; 5 et 2 font 7 ; je pose **2** ; 6 et 7 font 13 ; je pose **7** et retiens 1 ; 1 et 4 font 5 ; 5 et 4 font 9 ; je pose **4** ; 2 et 2 font 4 ; je pose **2**.

En fait, cette opération consiste en deux opérations successives : une soustraction pour déterminer ce qui manque au chiffre inférieur pour faire le supérieur ; une addition pour réunir cette différence au chiffre du nombre inférieur et obtenir le chiffre du nombre supérieur.

Il est important de se familiariser avec ces deux manières d'opérer qui découlent de la nature de la soustraction (16).

Quatrième procédé. — On peut enfin commencer l'opération par la gauche ; mais, quand il y a des unités à emprunter, il faut revenir sur ses pas pour enlever ces unités aux chiffres déjà obtenus ; ce qui fait abandonner le procédé dans la pratique.

18. Dans le cas où il y a des *fractions décimales* ou des nombres fractionnaires décimaux, on met les deux virgules l'une sous l'autre, et on sépare à la différence autant de chiffres décimaux qu'il y en a dans celui des deux nombres qui en contient le plus.

$$
\begin{array}{ll}
159,8978 & 456,27 \\
348,7946 & 357,937456 \\
\hline
188,8968 & 98,332541
\end{array}
$$

La raison de cette séparation des décimales se donne en disant que dans la différence il y a des unités de même nature que dans les deux nombres.

19. PRINCIPE. — Si l'on augmente le nombre à soustraire, la différence augmente de la même quantité ; — si l'on augmente le nombre dont on soustrait, la différence diminue de la même quantité. — Si l'on diminue le nombre dont on soustrait, la différence diminue ; si l'on diminue le nombre à soustraire, la différence augmente. — Par conséquent, la différence ne change point quand on augmente ou qu'on diminue les deux nombres de la même quantité.

Soient les nombres 16 et 7 ; leur différence 9 varie ou non, selon que l'on opère les changements séparément ou simultanément :

I	II	III	IV
16 + 3 ou 19	16	16 — 3 ou 13	16
7	7 + 3 ou 10	7	7 — 3 ou 4
9 + 3 ou 12	9 — 3 ou 6	9 — 3 ou 6	7 + 3 ou 10

V	VI	VII
16 + 3 ou 19	16 — 3 ou 13	16
7 + 3 ou 10	7 — 3 ou 4	7
9	9	9

L'évidence de ce principe, dont on fait une fréquente application, résulte de ces exemples *.

CHAPITRE IV

Preuves de l'Addition et de la Soustraction.

20. Faire une seconde opération pour vérifier si une première opération est exacte, c'est faire la PREUVE.

En général, toutes les règles se prouvent par des règles contraires : l'addition par la soustraction, la soustraction par l'addition. Mais on peut aussi arriver au même résultat par d'autres procédés pour l'addition.

Une première preuve de toute opération, c'est la répétition de l'opération elle-même ; mais ce moyen n'est pas très sûr, car il est très fréquent de faire plusieurs fois de suite la même erreur.

§ 1. — PREUVES DE L'ADDITION.

21. 1° Pour l'Addition, la preuve la plus simple et en même temps la plus sûre est sans contredit celle qui consiste à recommencer l'addition par en bas quand on a l'habitude de la faire par en haut, et réciproquement ; — car on a remar-

---

* On peut encore montrer l'évidence de ce principe au moyen de deux lignes parallèles dont la différence ne varie pas, si l'on augmente ou si l'on diminue chacune des deux lignes de la même quantité.

qué que le plus souvent les erreurs proviennent de ce que la langue tourne, pour ainsi dire, dans les additions successives au point de faire dire par exemple plusieurs fois de suite que 5 et 7 font 14. On évite cet écueil en reprenant l'opération en sens inverse.

2° On peut faire une seconde addition en négligeant l'un des nombres; les deux sommes doivent différer entre elles de ce nombre négligé. On peut opérer comme il est indiqué ci-dessous.

3° On peut aussi recommencer par la gauche, en portant sur chaque colonne suivante et comme dizaines, les unités que l'on trouve en excès dans le résultat posé, et qui ne sont autre chose que les unités retenues. Comme dans le résultat de la dernière colonne il n'y a pas d'unité retenue, on doit trouver 0, si l'opération est bonne.

2ᵉ preuve.	3ᵉ preuve.
6536	6536
8923	8923
5642 nombre négligé dans la 2ᵉ somme.	5642
21101	Somme........ 21101
15459	Retenues...... 2110
5642	

La 1ʳᵉ colonne à gauche dans le 2ᵉ exemple ci-dessus donne 19; 19 de 21 trouvé, reste 2, unités de retenue provenant de la 2ᵉ. La 2ᵉ colonne donne 20; 20 de 21 (composés de 2 retenus ou 20 et de 1 posé), reste 1, unité de retenue provenant de la 3ᵉ colonne. La 3ᵉ colonne donne 9; 9 de 10 (1 de retenue = 10 et 0 posé), reste 1 unité de retenue provenant de la 4ᵉ colonne. Celle-ci donne 11; 11 de 11 (1 de retenue = 10 et 1 posé) reste 0. L'opération est bonne.

Il est bon de s'exercer à toutes ces preuves quand on étudie; mais la première est celle que l'on préfère dans la pratique.

§ 2. — PREUVE DE LA SOUSTRACTION.

22. La preuve de la Soustraction se fait en ajoutant la différence au plus petit nombre; le total doit naturellement être égal au nombre le plus fort (16).

S'il y a entre 12 et 8 une différence de 4, il est évident que 8 et cette différence doivent faire 12 *.

CHAPITRE V

Additions et Soustractions en une seule opération.
Procédé des compléments.

23. On peut, au moyen d'une seule addition, trouver le nombre qui manque pour faire avec d'autres une somme donnée.

Soit à trouver le nombre qui, avec 812, 374 et 129 forme un total de 2326. — On est naturellement conduit à ajouter les trois premiers et à retrancher leur somme de la somme totale 2326.

OPÉRATIONS ORDINAIRES.		OPÉRATIONS ABRÉGÉES.	
Addition.	Soustraction.	Addition disposée.	Addition effectuée
812		812	812
374	232 ;	374	374
129	1315	129	129
1315	1011	»	1011
		2326	2326

Dans l'opération abrégée, on dispose les nombres comme ci-dessus, en laissant la place du nombre à trouver, et on dit :

2 et 4, 6; 6 et 9, 15; 15 et 1 (pour aller à 16) font 16; 1 de retenue et 1, 2; 2 et 7, 9; 9 et 2, 11; 11 et 1 (pour aller à 12) font 12, etc.

Ce procédé, on le voit, consiste à ajouter à chaque somme partielle ce qui manque pour faire le total placé (17, 3e procédé).

24. Quand on a plusieurs nombres à retrancher de plu-

---

* Nous verrons d'une autre manière, en parlant des Équations, chap. XXIX, que si $12 - 8 = 4$, $12 = 4 + 8$.

sieurs autres, comme cela arrive en comptabilité lorsqu'on fait les additions du grand-livre, on peut remplacer les deux additions et la soustraction par l'emploi des *compléments arithmétiques* ou *décimaux*.

On donne généralement le nom de *complément* au nombre qui manque à un autre pour en faire un troisième ; ainsi, le complément de 18 par rapport à 20, serait 2 ; mais on désigne plus particulièrement, sous le nom de *complément arithmétique* ou *décimal*, la différence d'un nombre à l'unité suivie d'autant de zéros que ce nombre a de chiffres ; ainsi, le complément de 188 = 812, le complément de 15 = 85, le complément de 12326 = 87674, etc.

25. RÈGLE. — Pour faire l'opération, on place les compléments des nombres à soustraire sous les nombres dont on veut soustraire, et on ajoute le tout ; en retranchant des unités retenues de la dernière colonne à gauche de la somme autant d'unités qu'on a ajouté de compléments, on a la différence cherchée.

On voit, d'ailleurs, que le complément est facile à trouver en réfléchissant au principe de la soustraction ; car il suffit de prendre la différence du premier chiffre significatif à 10, et la différence de tous les autres à 9.

Soit, par exemple, à prendre le complément de 87674. — On prend la différence de 4 à 10, et celle des autres chiffres à 9. — Pour le nombre 87670, le premier chiffre du complément est 0, et pour le reste on opère comme dans l'exemple précédent.

999910	999100
100000	100000
87674	87670
12326	12330

En effet, 99990 + 10 et 99900 + 100 égalent bien 100000.

Opérations ordinaires.			Opération par les compléments.	
	42992	40827	42992	
	36117	33419	36117	
Soit donc à re-	52949	50876	52949	
trancher des	36245 les nombres	31525	36245	
nombres....	54816	36742	54816	
	48792	42592	48792	
Totaux.....	271911	235981	59173	Compléments.
A retrancher..	235981		66581	»
Reste.....	35930		49124	»
			68475	»
			63258	»
			57408	»
			635930	Différence.

Cette opération est facile à expliquer; non seulement on
ne retranche pas 40827, mais on ajoute son complément
59173, ce qui fait une différence en plus de 100000, et ainsi
de suite pour les cinq autres. La somme exprime donc la
différence plus 6 cent mille; ce sont ces 6 cent mille qu'on
barre.

Lorsque les nombres proposés ne sont pas composés du
même nombre de chiffres, on prend naturellement, pour
éviter toute confusion, le complément de tous les nombres,
comme celui du nombre le plus fort.

$$\left.\begin{matrix} 359 \\ 17 \end{matrix}\right\} \text{Moins.......... } \left\{\begin{matrix} 4 \\ 93 \end{matrix}\right.$$

$$\left.\begin{matrix} 996 \\ 907 \end{matrix}\right\} \text{Compléments....}$$

$$\underline{2279}\ \text{Reste.}$$

26. On rencontre dans la pratique des cas nombreux où ce
procédé est avantageux. Il est surtout utile à connaître dans
le calcul des règles *conjointes* auxquelles donnent lieu les
opérations de *change;* car on peut, en l'employant avec les
logarithmes, transformer plusieurs multiplications et divisions
en une seule addition. (Voy. la fin du chap. LII.)

CHAPITRE VI

Multiplication des Nombres entiers et des Fractions décimales.

§ 1. — NATURE DE LA MULTIPLICATION.

27. La MULTIPLICATION a pour but de chercher un nombre appelé **Produit**, qui est formé avec un nombre appelé **Multiplicande**, de la même manière qu'un autre nombre appelé **Multiplicateur** est formé avec l'unité *. — Ces deux derniers nombres s'appellent les *Facteurs* du produit.

En d'autres termes, multiplier un nombre par un autre, c'est répéter le premier nombre autant de fois que le second contient l'unité ; multiplier 6 par 3, c'est répéter 6 *trois* fois, — c'est trouver un nombre qui contienne 3 fois 6, c'est-à-dire 6 plus 6 plus 6 $(6 + 6 + 6)$, ou un nombre qui contienne 6 fois 3, c'est-à-dire $3 + 3 + 3 + 3 + 3 + 3$, d'où il résulte qu'on peut intervertir l'ordre des facteurs **.

Pour indiquer la multiplication de deux nombres, on les joint par le signe $\times$ qui s'énonce *multiplié par*.

Le *multiple* d'un nombre est le produit de ce nombre par un autre, ou bien celui qui en contient un autre comme facteur. Les multiples s'appellent : le *double*, le *triple*, le *quadruple*, etc. ; 6, 12, 18, 24, sont des multiples ou des produits de 2 et de 3 ; et 2 et 3 sont des *sous-multiples* ou des facteurs

---

* *Multiplicande*, nombre à multiplier ; — *multiplicateur*, nombre qui multiplie. — Un des emplois les plus fréquents de la multiplication a lieu quand on veut trouver le coût total de plusieurs choses, connaissant le prix d'une d'entre elles.

** Cette faculté des facteurs résulte encore de la décomposition des nombres en unités. Il est évident que :

<table>
<tr><td></td><td>1 1 1</td></tr>
<tr><td>1 1 1 1</td><td>1 1 1</td></tr>
<tr><td>1 1 1 1</td><td>1 1 1</td></tr>
<tr><td>1 1 1 1</td><td>1 1 1</td></tr>
<tr><td>———</td><td>———</td></tr>
<tr><td>3 fois 4</td><td>égale   4 fois 3 ou 12 (= 12)</td></tr>
</table>

de 6, 12, 18 et 24. Ce sont ces sous-multiples ou facteurs qui prennent le nom de *parties aliquotes*. (Voy. au chap. xx.)

28. Pour faire la multiplication, il suffit de répéter l'un des deux facteurs autant de fois qu'il y a d'unités dans l'autre ; car la multiplication n'est autre chose qu'une addition dans laquelle tous les nombres se ressemblent, comme l'indiquent les opérations suivantes :

Répétition de 8 fois 9 ou multiplication de 9 par 8.	Répétition de 7 fois 375 ou multiplication de 375 par 7.	Répétition de 10 fois 4315 ou multiplication de 4315 par 10.
9	375	4315
9	375	4315
9	375	4315
9	375	4315
9	375	4315
9	375	4315
9	375	4315
9	———	4315
———	2625	4315
72		4315
		———
		43150

Ce moyen de répétition ou de multiplication par l'addition est fort long et serait inapplicable dans la plupart des cas. C'est ainsi que la répétition de 7812 fois 4315 exigerait une addition presque impossible à cause de sa longueur.

29. Le procédé de la multiplication proprement dite abrège singulièrement ces additions. Il consiste simplement à apprendre par cœur le produit de la multiplication des nombres d'un chiffre par le nombre d'un chiffre, et à décomposer les multiplications à nombres longs en séries de multiplications à nombres d'un chiffre, ainsi que cela est indiqué dans les règles suivantes.

Pour apprendre aux commençants les produits des petits nombres, on leur fait étudier et retenir une table ainsi formée :

2 fois 2 font 4	3 fois 2 font 6
2 fois 3 font 6	3 fois 3 font 9
2 fois 4 font 8, etc.	3 fois 4 font 12, etc.

Ou bien on les exerce à faire des additions jusqu'à ce qu'ils en retiennent les résultats.

Ces résultats ont été disposés depuis la plus haute antiquité dans un tableau synoptique qu'on appelle *Table de Pythagore*, bien qu'il soit fort douteux que ce philosophe grec en soit l'inventeur *.

Voici ce tableau, dans lequel on lit le produit à la rencontre de la colonne perpendiculaire où se trouve le multiplicande et de la colonne horizontale où se trouve le multiplicateur. La table de multiplication de Pythagore, proprement dite, va jusqu'à 9 fois 9 ou 81.

Nous avons étendu celle que nous donnons jusqu'à 12, parce que les multiplications sont d'autant plus faciles à faire qu'on en sait un plus grand nombre par cœur.

Table des petites multiplications.

1	2	3	4	5	6	7	8	9	10	11	12
2	4	6	8	10	12	14	16	18	20	22	24
3	6	9	12	15	18	21	24	27	30	33	36
4	8	12	16	20	24	28	32	36	40	44	48
5	10	15	20	25	30	35	40	45	50	55	60
6	12	18	24	30	36	42	48	54	60	66	72
7	14	21	28	35	42	49	56	63	70	77	84
8	16	24	32	40	48	56	64	72	80	88	96
9	18	27	36	45	54	63	72	81	90	99	108
10	20	30	40	50	60	70	80	90	100	110	120
11	22	33	44	55	66	77	88	99	110	121	132
12	24	36	48	60	72	84	96	108	120	132	144

* V. une lettre de M. Michel Chasles dans les *Comptes rendus* de l'Académie des sciences, 1838, 1er semestre, p. 678.

30. Il est impossible de faire un pas de plus en arithmétique, si l'on ne sait pas la table de multiplication. En continuant sans cette connaissance, on perd son temps et on
complique l'étude sans profit. Si on la sait sans hésitation, la
Multiplication ne présente aucune difficulté et peut être ap-
prise en peu d'instants; la Division est infiniment plus facile
à apprendre. — Savoir cette table sans hésitation, c'est
répondre, par exemple, aussi facilement aux questions 7 fois
6, 8 fois 6, 8 fois 9, qu'aux questions 6 fois 7, 6 fois 8, 9 fois
8 ; — c'est savoir que 42 est non seulement le produit de 6
fois 7 ou de 7 fois 6, mais qu'il contient 7, 6 fois et 6, 7 fois;
— que 45 contient 7, 6 fois et 6, 7 fois avec un excédent
de 3.

§ 2. — Divers cas de la multiplication.

La multiplication présente trois cas : celui où les deux facteurs n'ont qu'un chiffre ou sont formés d'un petit nombre ;
— celui où l'un des deux facteurs est un nombre composé de
plusieurs chiffres ; — celui où les deux facteurs ont plusieurs
chiffres.

31. Dans le premier cas, l'opération se fait à l'aide de la
table de multiplication, si l'on en sait les résultats par cœur.

Dans le deuxième et le troisième cas, on opère comme il
suit :

32. Règle. — En général, *pour multiplier* un nombre par un
autre, on multiplie le multiplicande par chaque chiffre du
multiplicateur, et on additionne les produits partiels ; pour
cela, on place toutes les unités de même ordre dans une
même colonne verticale et de façon que le premier chiffre à
droite exprime des unités de même ordre que le chiffre qui
a servi de multiplicateur.

Comme on peut intervertir l'ordre des facteurs, il est indifférent de commencer par les unités supérieures (gauche) ou
par les unités inférieures (droite) du multiplicande ou du

multiplicateur, comme on peut le voir dans les deux dispositions suivantes :

Multiplicande.......	8	8745329
Multiplicateur......	8745329	8
	72	64
	16	56
	24	32
Produits partiels....	40	40
	32	24
	56	16
	64	72
Produits totaux.....	69962632	69962632

33. On peut obtenir tout de suite le produit total, en retenant, pour les porter sur le produit des chiffres suivants, les
unités supérieures. Alors, il faut commencer par la gauche ;
car, sans cela, on se verrait presque toujours obligé d'effacer
un chiffre déjà placé pour l'augmenter des unités de retenue.

8	8745329
8745329	8
69962632	69962632

On dit dans le premier exemple : 9 fois 8 font 72 ; je pose **2** et retiens 7 ;
2 fois 8 font 16 ; 16 et 7 de retenue font 23 ; je pose **3** et retiens 2, etc.

On dit dans le second exemple : 8 fois 9 font 72 ; je pose **2** et retiens 7 ;
8 fois 2, 16 ; 16 et 7 de retenue font 23 ; je pose **3** et je retiens 2, etc.

Il est *important, pour la rapidité du calcul,* de ne pas intervertir l'ordre des chiffres, et de dire dans le second exemple : 8 fois 9, 8 fois 2,
8 fois 3, etc. Et non pas : 8 fois 9, 2 fois 8, 3 fois 8, comme disent ceux
qui ne savent pas complètement la table de multiplication.

En commençant par la droite on dit (1er exemple) : 8 fois 8 font 64 ; je
pose 64. — 7 fois 8 font 56 ; je pose 6 et ajoute 5 au 4 (de 64, ce qui fait 69).
— 4 fois 8 font 32 ; je pose 2 et ajoute 3 au 6 (de 696, ce qui fait 699). —
5 fois 8 font 40 ; je pose 0 et ajoute 4 au 2 (de 6992, ce qui fait 6996), etc.—
Cette manière d'opérer est tout à fait incommode.

34. Quand le multiplicande et le multiplicateur ont plusieurs chiffres, on calcule chaque produit partiel comme dans
la manière abrégée que nous venons d'exposer.

<table>
<tr><td>(En commençant par la droite
du multiplicateur.)</td><td>I</td><td>(En commençant par la gauche
du multiplicateur.)</td></tr>
</table>

328	328
456	456
——	——
1968	1312
1640	1640
1312	1968
——	——
149568	149568

Opérations détaillées pour obtenir les produits partiels.

328	328	328	456	456	456
6	5	4	8	2	3
——	——	——	——	——	——
48	40	32	48	12	18
12	10	8	40	10	15
18	15	12	32	8	12
——	——	——	——	——	——
1968	1640	1312	3648	912	1368

Même exemple avec facteurs intervertis.

456	456
328	328
——	——
3648	1368
912	912
1368	3648
——	——
149568	149568

I. (Par la droite du multiplicateur.) II. (Par la gauche du multiplicateur.)

8745329	8745329
4567893	4567893
————	————
26235987	34981316
78707961	43726645
69962632	52471974
61217303	61217303
52471974	69962632
43726645	78707961
34981316	26235987
————	————
39947727121797	39947727121797

35. S'il y a des *fractions décimales* dans l'un ou l'autre facteur ou dans les deux facteurs à la fois, on fait la multiplication sans s'occuper de la virgule, et on sépare au produit autant de décimales qu'il y en a dans les deux facteurs.

I	II	III
312	0,3762	26,43
0,26	0,0478	25,4
——	——	——
1872	30096	10572
624	26334	13215
——	15048	5286
81,12	——	——
	0,01798236	671,322

Dans la troisième opération, par exemple, en effectuant comme si le multiplicande n'avait pas de chiffres décimaux, on obtient un produit 100 fois trop grand ; et en effectuant comme si le multiplicateur n'avait pas de chiffres décimaux, on obtient un nombre 10 fois trop grand : le produit est donc 100×10 ou 1000 fois trop grand : pour le rendre à sa juste valeur, on doit séparer 3 chiffres décimaux (10).

§ 3. — REMARQUES DIVERSES SUR LA MULTIPLICATION.

36. Le produit d'un nombre par lui-même s'appelle la 2e *puissance* ou le *Carré ;* le produit d'un nombre deux fois par lui-même s'appelle la 3e *puissance* ou le *Cube ;* le produit d'un nombre 3 fois par lui-même s'appelle 4e puissance, etc. $9 (3 \times 3)$ est le carré de 3 ; $27 (3 \times 3 \times 3)$ en est le cube ; $81 (3 \times 3 \times 3 \times 3)$ en est la 4e puissance. — L'élévation aux puissances présente des propriétés particulières qui seront exposées au livre V.

37. Au lieu de multiplier un nombre par plusieurs facteurs successifs, on peut le multiplier par le produit de ces facteurs, et réciproquement. — Au lieu de multiplier 372 par 11 et par 5 on peut le multiplier par 55 ; et réciproquement, au lieu de multiplier 372 par 55, on peut le multiplier successivement par 11 et par 5 (27).

En appliquant ce principe, on peut souvent abréger dans la pratique : lorsqu'on a plusieurs multiplications successives à faire, il vaut mieux commencer d'abord par les nombres les plus forts et prendre le plus grand pour multiplicande.

38. Le produit de plusieurs nombres reste le même, quel

que soit l'ordre dans lequel on effectue les multiplications :
$4 \times 5 \times 3 \times 7 = 4 \times 3 \times 7 \times 5$, etc. $= 420$. Ce principe résulte également de la nature de la multiplication (27 et 32).

Donc, pour vérifier si le résultat d'une multiplication est
exact, il suffit de faire la multiplication dans un autre ordre.

Pour la *Preuve* proprement dite de la multiplication voir
le chap. XI.

CHAPITRE VII

Abréviations de la Multiplication *.

§ 1. — ABRÉVIATIONS DIVERSES **.

Il est important de se familiariser avec les moyens abréviatifs pour deux raisons : parce qu'ils diminuent la peine et
économisent le temps; parce qu'ils exercent au maniement
des chiffres.

39. On abrège les calculs de la multiplication en apprenant
par cœur les produits des nombres de 2 chiffres (11, 12,
13, etc.) par un et deux chiffres.

En considérant **11** comme égal à $10 + 1$, on obtient le calcul suivant :

$$
\begin{array}{rr}
 & 83492 \\
 & 11 \\
\hline
1 \text{ fois} = & 83492 \\
10 \text{ fois} = & 83492 \\
\hline
 & 918412
\end{array}
\qquad \text{ou} \qquad
\begin{array}{r}
83492 \times 11 \\
83492 \\
\hline
918412
\end{array}
$$

Ce qui se réduit à ajouter le multiplicande à lui-même, en

---

* A passer dans une première étude.

** Voir les remarques ci-dessus, 36, 37. — Il n'est pas question ici de
l'abréviation générale par les *Logarithmes*, qui transforment la multiplication en Addition. (Voir le chap. XXXII.)

ayant soin de poser d'abord les unités, et d'ajouter ensuite les unités aux dizaines, les dizaines aux centaines, et ainsi de suite.

$$
\begin{array}{ccccc}
11 & 8 & 14 & 11 & \\
8 & 3 & 4 & 9 & 2 \\
\hline
91 & 8 & 4 & 1 & 2 \\
\end{array}
$$

On pose **2**, et on dit : 9 et 2 font 11 ; je pose **1** et retiens 1 ; 4 et 9 font 13 et 1 (de retenue) font 14 ; je pose **4** et retiens 1 ; 3 et 4 font 7 et 1 (de retenue) font 8 ; je pose **8** ; 8 et 3 font 11 ; je pose **1** ; 8 et 1 font 9 ; je pose **9**.

40. Toutes les fois que l'*unité* se trouve dans le multiplicateur, on le place à côté du multiplicande et on fait servir celui-ci comme produit partiel de cette unité.

$$
\begin{array}{cc}
3734 \times 123 & 3734 \times 213 \\
7468 & 7468 \\
11202 & 11202 \\
\hline
459282 & 795342 \\
\end{array}
$$

41. Quand il y a des *zéros* intercalés dans le multiplicateur, il faut les négliger et reculer le produit par le chiffre significatif qui vient ensuite, d'autant de rangs que l'on néglige de zéros.

Quand il y a des zéros à la suite de l'un ou des deux facteurs, on les néglige dans le courant de la multiplication ; mais on les ajoute au produit.

$$
\begin{array}{cc}
498974 & 43900 \\
720008 & 24500 \\
\hline
3991792 & 2195 \\
997948 & 1756 \\
3492818 & 878 \\
\hline
359265271792 & 107555000 \\
\end{array}
$$

Dans le premier exemple, le 2 du multiplicateur exprime des dizaines de mille ; il faut donc mettre le premier produit partiel auquel il donne lieu, au 5e rang.

Dans le deuxième exemple, le produit 107555 serait 100 fois trop faible à cause du multiplicande considéré sans zéros, et encore 100 fois trop faible à cause du multiplicateur considéré aussi sans zéros, de sorte qu'il serait 100×100 ou 10000 fois trop faible ; pour lui rendre sa juste valeur, on ajoute 4 zéros à sa droite.

42. La multiplication d'un nombre par plusieurs 9 se fait en ajoutant ou en supposant à la suite de ce nombre autant de zéros qu'il y a de 9, et en retranchant de ce nombre ainsi modifié le multiplicande lui-même. — Si, au lieu du dernier 9, on avait un 8, ou un 7, ou un 6, etc., il faudrait en retrancher 2 fois, 3 fois ou 4 fois le multiplicande. — Dans tous les cas, cette soustraction peut s'effectuer sans déranger le multiplicande.

I

Au lieu de	on a :	ou mieux
47896	47896×999	47896×999
999	47896000	
	47896	47848104
431064		
431064	47848104	
431064		
47848104		

II

Au lieu de	on a :	ou mieux
47896	47896×997	47896×997
997	47896000	143688
	143688	
335272		47752312
431064	47752312	
431064		
47752312		

L'explication de ce procédé se trouve dans ce fait que $999 = 1000 - 1$ et $997 = 1000 - 3$.

43. Pour multiplier un nombre par 5, il est plus court de le supposer accompagné d'un zéro, et de le diviser par 2 ; s'il ne reste rien, on ajoute un 0 au produit, et s'il reste 1, on y ajoute 5.

Ce procédé s'explique par ce fait que 5 est égal à la moitié de 10 ou à 10 divisé par 2.

$$438 \times 5 = 4380 : 2 = 2190$$
$$439 \times 5 = 4390 : 2 = 2195$$

44. Pour multiplier un nombre par **25**, il est plus court de le supposer accompagné de 2 zéros et de le diviser par 4 : s'il n'y a pas de reste, on ajoute deux zéros; et s'il reste 1, 2 ou 3, on ajoute 25, 50 ou 75, c'est-à-dire autant de fois 25 qu'il reste d'unités. — En effet 25 = 100 divisé par 4. (V. p. 44, le 2° cas de la division.)

$$
\begin{aligned}
4364 \times 25 &= 4364^{00} : 4 = 109100 \\
4365 \times 25 &\ldots\ldots\ldots\ldots, 109125 \\
4366 \times 25 &\ldots\ldots\ldots\ldots 109150 \\
4367 \times 25 &\ldots\ldots\ldots\ldots 109175 \\
4368 \times 25 &\ldots\ldots\ldots\ldots 109200
\end{aligned}
$$

45. Pour multiplier un nombre par **125**, il est plus court de le supposer accompagné de trois zéros et de le diviser par 8; s'il ne reste rien, on ajoute trois zéros à la suite du produit, et s'il reste 1, 2, 3, 4, 5, 6 ou 7, on ajoute 125, 250, 375, 500, 625, 750, 875, c'est-à-dire autant de fois 125 qu'il y d'unités de reste. — En effet, 125 = 1000 divisé par 8. .p. 44, le 2° cas de la division.)

$$
\begin{aligned}
43112 \times 125 &= 43112^{000} : 8 = 5389000 \\
43113 \times 125 &\ldots\ldots\ldots\ldots 5389125 \\
43114 \times 125 &\ldots\ldots\ldots\ldots 5389250 \\
43115 \times 125 &\ldots\ldots\ldots\ldots 5389375 \\
43116 \times 125 &\ldots\ldots\ldots\ldots 5389500 \\
43117 \times 125 &\ldots\ldots\ldots\ldots 5389625 \\
43118 \times 125 &\ldots\ldots\ldots\ldots 5389750 \\
43119 \times 125 &\ldots\ldots\ldots\ldots 5389875 \\
43120 \times 125 &\ldots\ldots\ldots\ldots, 5390000
\end{aligned}
$$

46. Ces trois abréviations sont d'autant plus importantes qu'elles peuvent être appliquées dans une foule de circonstances. — Les nombres 5, 25 et 125 se représentent fort souvent dans les calculs, accompagnés de zéros, ou précédés de la virgule en fractions décimales correspondant à des nombres fort usités :

$$0,5 = 1/2; \quad 0,25 = 1/4; \quad 0,125 = 1/8; \quad 2,5 = 2\ 1/2; \quad 1,25 = 1\ 1/4$$

On peut donc effectuer sans plus de difficulté une multiplication quelconque, avec ou sans décimales, par les nombres :

0,5, 0,05, etc. ;
50, 500, 5000, etc. ;
2,5, 0,25, 0,025, etc. ;
250, 2500, 25000, 250000, etc. ;
12,5, 1,25, 0,125, 0,0125, etc. ;
1250, 12500, 125000, 1250000, 12500000.

Exemples de multiplication abrégée par 125.

$$4149,50 \times 0,125 = 518,6875.$$
$$41487000 \times 12500 = 518587500000,$$
$$435,8 \times 125000 = 54475000.$$

47. Quand on rencontre dans le multiplicateur un, deux ou plusieurs chiffres, qui forment des nombres *multiples* ou *sous-multiples* (27) d'un autre chiffre qui s'y trouve aussi, on peut abréger la multiplication en considérant ces multiples comme des chiffres séparés, par rapport au produit fourni par le chiffre sous-multiple.

Multiplication ordinaire.   I.   La même abrégée.

```
      34562494                                                  34562494
      12366459                                                  12366459
     ─────────                                                 ─────────
     311062446   Produit par 9.......................... 311062446
     172812470   Produit du précédent par 5 ou par 45..  1555312230
     138249976   Produit par 6........................   207374964
     207374964   Produit du précédent par 6 ou par 36.  1244249784
     707374964   Produit par 12.....................    414749928
     103687482                                          ──────────────
      69124988                                          427415664988746
      34562494
    ───────────
    427415664988746
```

II. Multiplication abrégée.   III. Multiplication abrégée.

```
                  34215378                                   3452193784
                  121|11|132                                 1197754648
                 ──────────                                 ────────────
Produit par 11    376369158      Prod. par    6              20713162704
121 (11 × 11)    4140060738      .........   48               165705301632
132 (12 × 11)     4516429896     .........    9            31069744056
                ─────────────    .........   54               186418464336
                414386959387896  .........   11           37974131624
                                 .........   77               265818921368
                                                          ──────────────────
                                                          4134881150582708032
```

§ 2. — MÉTHODE POUR OBTENIR LE PRODUIT SANS ÉCRIRE LES PRODUITS PARTIELS *.

48. Enfin, voici une *règle générale* pour obtenir d'un seul coup le produit, sans passer par les produits partiels, — très-praticable toutes les fois que le multiplicateur n'a que deux ou trois chiffres au plus.

Pour avoir les unités d'un produit, on multiplie les unités par les unités ; — pour avoir les dizaines, on multiplie les dizaines par les unités et les unités par les dizaines ; — pour avoir les centaines, on multiplie les centaines par les unités, les unités par les centaines et les dizaines par les dizaines ; — pour avoir les mille, on multiplie les mille par les unités, les unités par les mille, les centaines par les dizaines, les dizaines par les centaines, etc.

En suivant cette règle, on pourra trouver les produits suivants :

73	538	4842
59	647	2356
4307	348086	11407752

1ᵉʳ exemple. 9 fois 3 font 27, on pose **7** et on retient 2 ; 9 fois 7 = 63 et 2 = 65 ; 3 fois 5 = 15 et 65 = 80, on pose **0** et on retient 8 ; 5 fois 7 = 35 et 8 = **43**.

2ᵉ exemple. 7 fois 8 = 56, on pose **6** et on retient 5 ; 7 fois 3 = 21 et 5 = 26 ; 8 fois 4 = 32 et 26 = 58, on pose **8** et on retient 5 ; 7 fois 5 = 35 et 5 = 40 ; 6 fois 8 = 48 et 40 = 88 ; 4 fois 3 = 12 et 88 = 100, on pose **0** et on retient 10 ; 6 fois 3 = 18 et 10 = 28 ; 4 fois 5 = 20 et 28 = 48 ; on pose **8** et on retient 4 ; enfin, 6 fois 5 = 30 et 4 = **34**.

3ᵉ exemple. 6 fois 2 = 12 ; on pose **2** et on retient 1, 6 fois 4 = 24 et 1 = 25 ; 5 fois 2 = 10 et 25 = 35 ; on pose **5** et on retient 3 ; 6 fois 8 = 48 et 3 = 51 ; 3 fois 2 = 6 et 51 = 57 ; 5 fois 4 = 20 et 57 = 77 ; on pose **7** et on retient 7 ; 6 fois 4 = 24 et 7 = 31 ; 2 fois 2 = 4 et 31 = 35 ; 5 fois 8 = 40 et 35 = 75 ; 3 fois 4 = 12 et 75 = 87 ; on pose **7** et on retient 8 ; 5 fois 4 = 20 et 8 = 28 ; 2 fois 4 = 8 et 28 = 36 ; 3 fois 8 = 24 et 36 = 60 ; on pose **0** et on retient 6 ; 3 fois 4 = 12 et 6 = 18 ; 2 fois 8 = 16 et 18 = 34 ; on pose **4** et on retient 3 ; 2 fois 4 = 8 et 3 = **11**.

Si les facteurs étaient égaux, au lieu de prendre successivement les dizaines par les unités et les unités par les dizai-

---

* Il faut passer dans une première étude les alinéas marqués d'une *.

nes, on prendrait pour deux chiffres le double des dizaines par les unités. — En effet, les deux produits étant égaux, leur somme est double de l'un d'eux.

49. Dans le calcul mental, on peut aussi ajouter à l'un des facteurs le complément décimal (21) du dernier chiffre, et le retrancher de l'autre, puis multiplier et ajouter au carré le produit de ses compléments.

Soit 43×43 ;

$43 + 7 = 50$; $43 - 7 = 36$; $50 \times 36 = 1800$; $1800 + 7 (7 \times 7) = 1849$;

ou $43 - 3 = 40$; $43 + 3 = 46$; $40 \times 46 = 1840 + 3 \times 3 = 1849$.

Pour trois chiffres, on prendrait le double des dizaines par les unités, le double des centaines par les unités, le double des centaines par les dizaines.

Pour quatre chiffres, on prendrait le double des produits des dizaines, des centaines et des mille par les unités, le double des centaines et des mille par les dizaines et le double des mille par les centaines.

Donc, en général, quand les facteurs sont égaux, on double tous les produits, excepté ceux des unités par les unités, des dizaines par les dizaines, des centaines par les centaines, etc.

Cette règle, on le voit, n'est que l'abrégé de celle qui précède.

76	456	5964
76	456	5964
5776	207936	35569296

1er *exemple.* 6 fois 6 = 36; 6 fois 7 = 42, dont le double est 84, qui, avec 3, font 87. Enfin, 7 fois 7 = 49; 49 et 8 font 57.

2e *exemple.* 6 fois 6 = 36; 6 fois 5 = 30 dont le double est 60; 60 et 3 = 63; 6 fois 4 = 24, dont le double est 48; 48 et 6 = 54; 54 et 5 fois 5 ou 25 = 79; 5 fois 4 = 20, dont le double est 40; 40 et 7 = 47; — enfin, 4 fois 4 = 16; 16 et 4 = 20.

3e *exemple.* 4 fois 4 = 16. 4 fois 6 = 24, dont le double est 48 et 1 = 49; 4 fois 9 = 36, dont le double est 72; 72 et 4 = 76, et 6 fois 6 ou 36 = 112; 4 fois 5 = 20, dont le double est 40; 40 et 11 = 51; 51 et le double de 9 par 6 (ou 54) ou 108 = 159; 6 fois 5 = 30, dont le double est 60; 60 et 15 = 75; 75 et 9 fois 9 ou 81 = 156; 9 fois 5 = 45, dont le double est 90; 90 et 15 = 105; 5 fois 5 = 25; 25 et 10 = 35.

§ 3. — MÉTHODE POUR OBTENIR UN PRODUIT PAR APPROXIMATION [*].

50. Presque toujours, dans la multiplication des nombres décimaux, on n'a besoin que d'un produit approximatif. Quand on calcule des francs, par exemple, on ne cherche que des centimes (*centièmes*), ou' deux chiffres décimaux ; quand on calcule des mètres, on ne cherche guère que des millimètres (*millièmes*) ou 3 chiffres décimaux; quand on calcule des mètres cubes, on ne va guère au delà des centimètres cubes (*millionièmes*) ou de six chiffres décimaux [**] : alors il devient inutile d'avoir au produit un plus grand nombre de décimales, et on peut les économiser par le procédé abrégé d'Oughtred [***] que peu d'auteurs indiquent, et que nous aurons contribué à vulgariser.

Ce procédé est appliqué sur les exemples suivants :

Multiplication ordinaire.	I	Multiplication abrégée.
5,342		5,342
3,927		3,927
16,026		16,026
4,8078		4,8078
10684		1068
37394		374
20,978034		20,978° à un millième près.

Multiplication ordinaire.	II	Multiplication abrégée.
54,925		54,925
9,55		9,55
494,325		494,325
27,4625		27,463
2,74625		2,746
524,53375		524,53³ à un centième près.

[*] A passer dans une première étude.
[**] V. Système métrique, ch. XXXIII.
[***] Arithméticien anglais du XVIIᵉ siècle.

III

Multiplication ordinaire.	Multiplication abrégée.	Autre disposition.
36,3456789658	36,345**6**789658	36,3456
2,4676589	2,4676589	2,46765

72,69135 79316	72,6913	2
14,53827 158632	14,5382	18
2,18074 0737948	2,1807	218
25441 9752760**6**	2544	2544
2180 740737948	218	2,1807
181 7283948290	18	· 14,5382
29 0765**1**317264	2	72,6913
3 271111106922		

89,68873 817649916562

Centre: 89,688⁴ → **89,6884** à un millième près. | **89,6884**

IV

Multiplication abrégée.

```
    54,925
      559
  ────────
   494325
    27463
     2746
  ────────
```

524,534 à un centième près.

V

Multiplication abrégée.

```
  36,345●789658
  9856,7642
  ────────
    726913
    145382
     21807
      2544
       218
        18
  ────────
```

89,688² à un millième près.

VI et VII

Multiplications abrégées, avec multiplicateur renversé.

```
71532,9 × 314,00010868          4,28 × 0,0984
      71532,9                        4,28
   86801000413                      48900
  ─────────────                  ──────────
   21459870000                      3852
     715329000                       342
      286131600                       17
           7153                  ──────────
            572
             43
              6
  ─────────────
```
22461338,37⁴ à un centième près.   **0,421¹** à un millième près.

51. *Explications relatives à ces opérations.* — Dans chacune de ces opérations ordinaires, on a commencé par la gauche du multiplicateur (34). Les chiffres séparés par un espace sont ceux que peut économiser le procédé abréviatif pour lequel on opère comme suit.

Prenons, par exemple, la troisième opération. Comme on veut avoir des millièmes, c'est-à-dire des dix-millièmes pour être plus exact, on commence par le 6 du milieu du multiplicande, ou plutôt par le 7 qui précède, pour avoir les unités retenues ; et on dit :

Pour le 1er produit partiel : 2 fois 7 font 14, je retiens 1 ; — 2 fois 6 font 12, et 1 font 13 ; je pose 3, etc.

Pour le 2e produit partiel : 4 fois 6 font 24, je retiens 2 ; 4 fois 5 font 20, et 2, 22 ; je pose 2, etc.

Pour le 3e produit partiel : 6 fois 5 font 30, je retiens 3 ; 6 fois 4 font 24, et 3 font 27 ; je pose 7, etc.

Pour le 4e produit partiel : 7 fois 4 font 28, je retiens 3 ; 7 fois 3 font 21, et 3 font 24 ; je pose 4, etc.

Pour le 5e produit partiel : 6 fois 3 font 18, je retiens 2 ; 6 fois 6 font 36, et 2 font 38 ; je pose 8, etc.

Pour le 6e produit partiel : 5 fois 6 font 30, je retiens 3 ; 5 fois 3 font 15, et 3 font 18 ; je pose 18.

Pour le 7e produit partiel : 8 fois 3 font 24 ; je pose les 2 de retenue.

En *renversant* le multiplicateur comme dans les deux dernières opérations, on opère comme pour le procédé ordinaire.

Dans le 6e exemple, en multipliant 0,9 par 300, on obtient des dizaines ; or, comme il manque au premier produit partiel des unités et des décimales, on les remplace par quatre zéros. — De même pour le deuxième produit partiel, où il manque trois décimales ; — de même au troisième produit partiel, où il en manque deux. — Comme pour le quatrième produit partiel le multiplicateur est 0,0001, il ne faut prendre que les dizaines du multiplicande. — Comme pour le cinquième produit partiel le multiplicateur est 0,000008, il ne faut prendre que les centaines, et on dit : 8 fois 5 font 40, et je retiens 4 ; 8 fois 1 font 8, et 4 font 12 ; je pose 2 et retiens 1 ; 8 fois 7 font 56, et 1 font 57. — Pour le sixième produit partiel, on dit : 6 fois 1 font 6, et je retiens 1 ; 6 fois 7 font 42, et 1 font 43. — Pour le huitième produit partiel, on dit : 8 fois 7 font 56, je retiens 6 et pose 6.

On voit qu'il faut commencer le calcul par la gauche (34), et qu'il est indispensable de déterminer d'abord le chiffre du multiplicande, qui doit être multiplié par le premier du multiplicateur pour donner l'unité d'approximation. Cette détermination est assez simple à faire, si le multiplicateur commence par des unités ; mais s'il a deux ou plusieurs chiffres, il faut commencer par fixer ses idées d'après le premier chiffre, ensuite prendre autant de chiffres plus loin sur la gauche du multiplicande qu'il y en a en sus des unités au multiplicateur.

On peut rendre cette détermination plus facile, en retournant le multiplicateur et en plaçant le chiffre des unités du nombre entier de ce facteur au-dessous du chiffre du multiplicande par lequel on commence.

On voit aussi que chaque dernier chiffre des produits partiels contient les unités de retenue provenant du dernier chiffre négligé. Pour 16, 17, 18, 19, on retient 2, comme s'il y avait 20, car ces nombres se rapprochent plus de ce dernier que de 10 ; mais s'il n'y a que 14, 13, 12 ou 11, on ne retient que 1, puisque ces nombres se rapprochent davantage de 10. S'il y a 15, bien que ce nombre se rapproche autant de 10 que de 20, on est convenu de retenir 2. — Il en est de même pour plusieurs dizaines; pour 25 on retient 3, comme pour 26, 27, 28 29 ; on ne retient que 2 pour 24, 23, 22, 21, etc.

Pour être tout à fait exact, on cherche un chiffre de plus que celui de l'approximation afin de tenir compte de l'influence du chiffre négligé, etc.

CHAPITRE VIII

Division des Nombres entiers.

§ 1er. — NATURE DE LA DIVISION.

52. [La DIVISION a pour but, étant donnés un *Produit* de deux facteurs, nommé **Dividende**, et un de ces facteurs,

nommé **Diviseur**, — de trouver l'autre facteur, nommé **Quotient** *. En d'autres termes, la division a pour but de chercher combien de fois un nombre est contenu dans un autre — ou bien de partager un nombre en un certain nombre de parties égales; le nombre contenant ou à partager est le dividende; le nombre contenu ou des parties égales est le diviseur; et le quotient indique combien le contenant contient le contenu, ou combien il y a de parties égales. Les opérations ont lieu avec un *quotient exact* ou avec un **Reste**. Donc, faire une division, c'est chercher combien de fois l'un des deux facteurs d'un produit est contenu dans ce produit qui prend le nom de dividende.

Diviser 54 par 9, c'est, étant donné le produit 54 et l'un de ses facteurs 9, chercher l'autre facteur, — c'est-à-dire combien de fois 9 est contenu dans 54; c'est-à-dire, partager 54 en 9 parties égales.

Pour indiquer une division à faire, on met entre le dividende et le diviseur le signe [— qu'on prononce *divisé par;* — ou bien on écrit le dividende au-dessus du diviseur en les séparant par un trait horizontal ou oblique, sous forme de fraction ordinaire, comme suit :

Première manière.	Deuxième manière.	Troisième manière.	Quatrièm: manière.
54|9	54 : 9	$\dfrac{54}{9}$	54/9

Lisez dans les quatre: 54 divisé par 9. (Voy. les Fractions au livre III.)

53. La Division est l'inverse de la Multiplication. Celle-ci est la composition d'un produit, et celle-là en est la décomposition.

Le Dividende correspond.................... au Produit,
Le Diviseur correspond à l'un des facteurs , ⎫ Multiplicande
Le Quotient correspond à l'autre facteur, ⎬ ou
                                           ⎭ Multiplicateur.

---

* Du latin *dividendus*, nombre à diviser; — *divisor*, nombre par lequel on divise; — *quotus* de *quoties*, combien de fois; le quotient indique combien de fois le diviseur est contenu dans le dividende. — Un des emplois les plus fréquents de la division a lieu pour la *répartition* des quantités et des sommes entre divers intéressés.

Le diviseur et le quotient correspondent à l'un ou à l'autre facteur, car on peut intervertir l'ordre des facteurs (32).

Nous avons vu (28) que la multiplication s'effectue à l'aide d'une série d'additions ; de même la division peut s'opérer par une série de soustractions, comme l'indiquent les calculs suivants :

Ainsi faire la division de 54 par 9, de 365 par 73, de 4950 par 825, c'est chercher quel est l'autre facteur de 54, de 365, de 4950 ; ou bien encore, c'est chercher combien de fois 9 est contenu dans 54, combien de fois 73 est contenu dans 365, combien de fois 825 est contenu dans 4950.

On arrive au résultat en retranchant 9 de 54, 73 de 365, 825 de 4950 autant de fois que cela est possible, et ce nombre de fois est le facteur ou *quotient* cherché.

Soit à faire la division de 54 par 9, de 365 par 73, de 4950 par 825.

54	365	4950
9	73	825
45	292	4125
9	73	825
36	219	3300
9	73	825
27	146	2475
9	73	825
18	73	1650
9	73	825
9	0	825
9		825
0		0

La première opération nous indique que 54 contient 6 fois 9 ; la seconde, que 365 contient 5 fois 73, et la troisième, que 4950 contient 6 fois 825.

Si l'on soustrayait 6 de 54, 5 de 73 et 6 de 4950, on trouverait que 54 contient 9 fois 6, — que 365 contient 73 fois 5, — et que 4950 contient 825 fois 6 ; mais il faudrait faire 73 soustractions pour obtenir le deuxième résultat, et 825 pour obtenir le troisième.

Ce procédé, vu sa longueur, est inapplicable dans la plupart des cas ; mais, de même que l'on est arrivé à multiplier par un procédé plus rapide que les additions successives, on est arrivé à diviser par un procédé plus rapide que les soustractions successives.

Le procédé de la division nécessite qu'on apprenne par cœur les petites divisions des nombres de un et deux chiffres par les nombres d'un seul chiffre, résultat auquel on arrive en sachant la table de multiplication, comme nous l'avons déjà dit (30).

§ 2. — DIVERS CAS DE LA DIVISION.

54. La division présente trois cas : celui où le dividende n'a qu'un ou deux chiffres et le diviseur un seul ; — celui où, le dividende ayant plusieurs chiffres, le diviseur n'en a qu'un ou deux formant un petit nombre ; — celui où le dividende et le diviseur ont chacun plusieurs chiffres.

Quand le dividende est un carré ou un cube (36), il faut trouver le diviseur et le quotient à la fois par une opération plus compliquée que la division, et qui sera exposée au livre V.

Premier cas de la division.

Dans le premier cas, nous venons de le dire, l'opération est toute faite par l'effet de la mémoire.

Si l'on a les nombres 54, 57 à diviser par 9, le quotient est 6 dans le premier exemple, où le dividende est exactement divisible sans reste ; il est 6 avec 3 pour reste dans le second. — Ces quotients sont trouvés sans effort, parce qu'on sait que 6 fois 9 font 54, et réciproquement que 54 contient 6 fois 9, et ainsi des autres opérations analogues.

Deuxième cas de la division.

Dans le deuxième et le troisième cas, on opère à l'aide du même procédé par voie de petites·divisions successives.

55. RÈGLE. — En général, pour *diviser un nombre par un autre*, on sépare sur la droite du dividende autant de chiffres qu'il en faut pour contenir le diviseur ; on divise cette partie séparée par le diviseur ; on multiplie le diviseur par le chiffre du quotient, et on retranche le produit de la partie séparée à droite du dividende ; — à côté du reste, on descend le chiffre suivant ; on divise ce nouveau dividende par le diviseur ; on place le nouveau chiffre du quotient à la droite du premier ; on multiplie le diviseur par ce nouveau chiffre du quotient, et on retranche le produit du second dividende ; — à côté du reste, on descend le chiffre suivant, et ainsi de suite, jusqu'à ce qu'on ait descendu tous les chiffres.

Quand on trouve pour reste un zéro, on dit que le dividende est *divisible ;* quand il y a un reste, cela prouve que le diviseur est contenu dans le dividende un nombre entier de fois, plus un certain nombre de parties de fois qui seront plus tard appréciées au moyen des *fractions* (livre III).

On reconnaît qu'un chiffre mis au quotient est trop fort lorsque, après avoir multiplié le diviseur par ce chiffre, on ne peut pas retrancher le produit du dividende ; — on reconnaît qu'il est trop faible, lorsque, après avoir multiplié le diviseur par ce chiffre et retranché le produit du dividende, on trouve pour reste un nombre égal au diviseur ou plus grand que le diviseur. Par conséquent le reste ne peut être plus grand que le diviseur moins 1. (Voy. des exemples plus loin, 58.)

On voit que la détermination du chiffre du quotient peut nécessiter un ou deux *essais* ou tâtonnements.

Appliquons la règle à un exemple du premier cas.

Soit le nombre 69 962 632 à diviser par 8, — c'est-à-dire

soit à trouver le nombre qui, multiplié par 8, forme 69 962 632.

56. Voici la disposition du calcul :

Division (2ᵉ cas)
avec indications des soustractions
des produits partiels.
                                  Multiplication correspondante.

```
Dividende... 69962632 | 8          diviseur.              8 multiplicande.
                       |--------                          8745329 multiplicateur.
                       | 8745329 quotient.                ----------------
    64          ....................................   64
    --
    59
    56          ..................................   56
    --
    36
    32          ..................................   32
    --
    42
    40          ..................................   40
    --
    26
    24          ..................................   24
    --
    23
    16          ..................................   16
    --
    72
    72          ..................................   72
    --                                               -------------
  Reste    0                                         69962632 produit.
```

Même opération. — Disposition ordinaire.   Même opération abrégée.

```
69962632 | 8                       69962632 : 8
59       |--------                  ------------
  36     | 8745329                    8745329
    42
    26
    23
    72
```

Autres exemples (53); opérations abrégées.

```
4950 : 6                            365 : 5
--------                            --------
  825                                 73
```

Dans l'opération détaillée, on opère en disant comme suit : en 69, 8 est contenu 8 fois (on pose 8 au quotient); 8 fois 8 font 64; 64 de 69, reste 5.

On descend le 9 à côté de ce reste, et on dit : en 59, 8 est contenu 7 fois (on pose 7 à la suite du premier chiffre du quotient); 7 fois 8 font 56; 56 de 59, reste 3.

On descend le chiffre 6 à côté du reste, et ainsi de suite.

Dans l'opération avec disposition ordinaire, on agit de même ; seulement, on fait les soustractions sans les poser, en disant : 69 contient 8 fois 8 ; 8 fois 8 font 64 ; 64 de 69, reste 5, etc.

Dans l'opération abrégée, c'est le même procédé ; mais on abrège en n'écrivant point les dividendes partiels et en retenant les restes qui, avec les chiffres suivants, font les dividendes suivants. Ce procédé est encore simplifié dans la pratique à l'aide du langage des *fractions* *. (Voyez chap. XVII.)

57. Voici la *théorie* du procédé de la division. Diviser 69 962 632 par 8, c'est chercher combien de fois 8 est contenu dans ce nombre, ou bien c'est chercher un nombre dont les unités, dizaines, centaines..., etc., multipliées par 8, reproduisent 69 962 632. Le quotient contiendra des unités de millions, des centaines, dizaines et unités de mille, des centaines, dizaines et unités d'unités simples ; il ne contiendra pas de dizaines de millions, parce que, s'il en contenait, il en contiendrait au moins 1, qui, multiplié par 8, donnerait 8 dizaines de millions, qui ne se trouveraient pas dans les 6 que contient le dividende. Ainsi, 69 millions ne contiennent qu'un certain nombre de fois les millions du quotient par le diviseur, plus les unités du reste provenant de la multiplication des autres unités par le diviseur. On trouvera donc les 8 millions du quotient en divisant le produit 69 par 8, l'un de ses facteurs. Or 8×8 font 64, qui, retranchés de 69, donnent 5 ; ce sont ces 5 en sus qui représentent les unités dont on vient de parler, et qu'on peut vérifier sur la multiplication correspondante.

Ces 5 appartiennent aux centaines de mille, et avec le second 9 du quotient, ils font 59 centaines de mille contenant un certain nombre de fois les centaines de mille du quotient par le diviseur, plus les unités de la retenue provenant de la multiplication des dizaines de mille et des autres unités du quotient par le diviseur. En divisant 59 par 8, on trouve

---

* Diviser par 8, c'est prendre le 8ᵉ, soit $\frac{1}{8}$. On dit : le 8ᵉ de 69 est 8 pour 64 ; 64 de 69, reste 5. — Le 8ᵉ de 59 est 7 pour 56 ; 56 de 59, reste 3. — Le 8ᵉ de 36 est 4 pour 32 ; 32 de 36, reste 4, etc.

7 (centaines de mille), mais 7×8 ne font que 56, qui, retranchés de 59, $= 3...$, etc.

Les unités retenues ne peuvent jamais donner 1 de plus pour le chiffre du quotient ; car jamais elles ne peuvent être égales au diviseur. En effet, dans le cas des 8 millions du quotient, si au lieu de 5 unités retenues il y en eût eu 8, il est évident que le quotient eût été 9 ; mais c'est là une impossibilité, car les plus fortes unités venant après 8 ne pourraient pas dépasser 9, et, dans le cas où elles seraient égales à 9, la retenue n'aurait été égale qu'à 7, c'est-à-dire au diviseur moins 1, car $999999 \times 8 = 7999992$.

Troisième cas de la division.

58. Les mêmes raisonnements servent à expliquer la division d'un nombre de plusieurs chiffres par un autre de plusieurs chiffres, qui est plus longue sans être réellement plus compliquée ; c'est ce que feront comprendre les divisions suivantes, comparées avec les multiplications correspondantes.

I. Division (3ᵉ cas).

```
Soustractions indiquées.        Disposition ordinaire.        Multiplicat. corresp.

 149568 | 328                     149568 | 328                        328
 1312   |-----                     1836  |-----                       456
        | 456                      1968  | 456                       -----
 -----                               0                               1312
 1836                                                                1640
 1640                                                                1968
 -----                                                               -----
 1968                                                              149568
 1968
 -----
   0
```

II. Même division : quotient et diviseur intervertis.

```
 149568 | 456                     149568 | 456                        456
 1368   |-----                     1276  |-----                       328
        | 328                      3648  | 328                       -----
 -----                               0                               1368
 1276                                                                 912
  912                                                                3648
 -----                                                               -----
 3648                                                              149568
 3648
 -----
   0
```

Dans la première opération, 1495 égale 4 fois 328 ou 1312, plus un *reste* 183 formé des unités de la retenue provenant de la multiplication du diviseur par les autres parties du quotient. En effet :

```
1495 = 328 × 4 ou 1312 + 183 retenue portée sur les centaines,
1836 = 328 × 5 ou 1640 + 196        —            dizaines,
1968 = 328 × 6 ou 1968 +   0        —            unités.
```

Il faut observer que 183 proviennent de 164 + 19, c'est-à-dire, des unités de la retenue provenant des dizaines et des unités, et que 196 sont les unités de retenue provenant des unités.

Voici maintenant un autre exemple de division plus compliqué à cause du grand nombre de chiffres :

Grande division.   Multiplication correspondante.

```
39947727121797 | 8745329                      8745329
               |------------                  4567893.
               | 4567893                  ________________
34981316      ........................    34981316
--------
49664111
43726645      ........................    43726645
 --------
 59374662
 52471974     ........................    52471974
 --------
 69026881
 61217303     ........................    61217303
  --------
  78095787
  69962632    ........................    69962632
  --------
  81331559
  78707961    ........................    78707961
   --------
   26235987
   26235987   ........................    26235987
   --------                            ________________
                                          39947727121797
```

Disposition ordinaire de l'opération.

```
39947727121797 | 8745329
49664111        |-----------
 59374662       | 4567893
  69026881
   78095787
    81331559
     26235987
```

39947727 = le diviseur multiplié par 4, plus les unités de la retenue provenant de la multiplication du diviseur par les autres unités du quotient. En effet :

39947727 = 34981316 + 4966411	retenue provenant des	centaines de mille,
49664111 = 43726645 + 5937466	—	dizaines de mille,
59374662 = 52471974 + 6902688	—	unités de mille,
69026881 = 61217303 + 7809578	—	centaines d'unit. simp.
78095787 = 69962632 + 8133155	—	dizaines d'unités simp.
81331559 = 78707961 + 2623598	—	unités simples.
26235987 = 26235987 + 0		

Et toutes ces unités de retenue sont composées de la manière suivante :

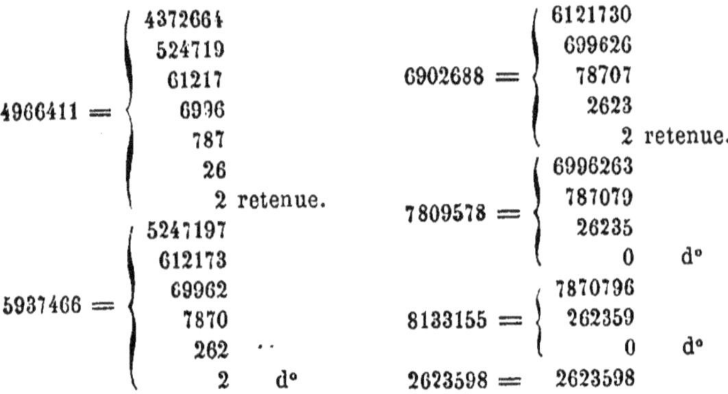

$$4966411 = \begin{cases} 4372664 \\ 524719 \\ 61217 \\ 6996 \\ 787 \\ 26 \\ 2 \ \text{retenue.} \end{cases}$$

$$5937466 = \begin{cases} 5247197 \\ 612173 \\ 69962 \\ 7870 \\ 262 \\ 2 \quad \text{d}^\text{o} \end{cases}$$

$$6902688 = \begin{cases} 6121730 \\ 699626 \\ 78707 \\ 2623 \\ 2 \ \text{retenue.} \end{cases}$$

$$7809578 = \begin{cases} 6996263 \\ 787079 \\ 26235 \\ 0 \quad \text{d}^\text{o} \end{cases}$$

$$8133155 = \begin{cases} 7870796 \\ 262359 \\ 0 \quad \text{d}^\text{o} \end{cases}$$

$$2623598 = 2623598$$

§ 3. — REMARQUES DIVERSES RELATIVES A LA DIVISION.

58 *bis*. On reconnaît, avons-nous dit (55), qu'un chiffre déjà mis au quotient est trop fort lorsque, après avoir multiplié le diviseur par ce chiffre, on ne peut pas retrancher le produit du dividende. — On reconnaît qu'il est trop faible lorsqu'après avoir multiplié le diviseur par ce chiffre et retranché le produit du dividende, on trouve pour reste un nombre égal au diviseur ou plus grand que le diviseur.

Voici un exemple pour vérifier les caractères auxquels on peut reconnaître qu'un chiffre placé au quotient est trop fort ou trop faible.

```
800226 | 219        800226 | 219        800226 | 219
 657   |________      657   |________      657   |________
       | 365                | 366                | 364
 ____               ____               ____
 1432               1432               1432
 1314               1314               1314
 ____               ____               ____
  1182               1182               1182
  1095               1314                876
 ____                                  ____
   87                                   306
```

Dans la seconde opération, on voit que le dernier chiffre
du quotient est trop fort, puisque 6 fois 219 font 1314 qui ne
peuvent pas être contenus dans 1182. — Dans la troisième,
on voit que le chiffre 4 est trop faible, puisque 4 fois 219
font 876, qui, retranchés de 1182, donnent pour reste 306,
qui contiennent encore 219.

59. Le reste ne peut pas être plus grand que le diviseur
moins 1. Avec le diviseur 219, par exemple, le reste ne peut
pas dépasser 218; car 218 + 1 ou 219, contiendrait une fois
le diviseur et donnerait une unité de plus au quotient.

60. On ne doit jamais mettre plus de 9 au quotient, car si
on pouvait mettre seulement 10, cela prouverait que le quotient partiel précédent est trop faible d'une unité. L'inspection, du reste, suffit pour faire éviter cet inconvénient.

61. Pour faciliter la recherche du quotient, quand le diviseur contient plusieurs chiffres, il serait trop long et trop
pénible de chercher combien de fois *tout* le diviseur est contenu dans le dividende; or, il suffit de faire cette épreuve
avec le premier chiffre du diviseur et le premier ou les
deux premiers chiffres du dividende. Ainsi, au lieu de dire
(dans le premier exemple de la page 48): 328 est contenu
4 fois dans 1495, on dit 3 est contenu 4 fois dans 14... etc. ;
au lieu de dire (p. 49) 8645329 est contenu 4 fois dans
39947727, on dit : 8 est contenu 4 fois dans 39... etc.

Lorsque le second chiffre du diviseur est un 5 et surtout
un 6, un 7, un 8 ou un 9, on s'évite un tâtonnement inutile,
en supposant le chiffre précédent augmenté de 1. Si l'on
avait, par exemple, 11032 à diviser par 197 ou 187, il faudrait

se demander combien 11 contient de fois 2 et non pas 1 ; car 19 et 18 se rapprochent plus de 20 que de 10.

Lorsque le chiffre est 7 ou 6 ou 5, il est moins facile de se décider.

Dans tous les cas, la division ne peut être commencée que par la gauche ; car on ne connaît pas les produits partiels et les unités retenues qui altèrent les chiffres de chaque espèce d'unité.

62. D'après la définition même de la division :

Le *Dividende* est égal au Quotient multiplié par le Diviseur ;

Le *Quotient* est égal au Dividende divisé par le Diviseur ;

Le *Diviseur* est égal au Dividende divisé par le quotient.

S'il y a un reste :

Le *Dividende* est égal au Quotient multiplié par le Diviseur, plus le Reste ;

Le *Diviseur* est égal au Dividende, moins le reste, divisé par le Quotient ;

Le *Quotient* est égal au Dividende, moins le Reste, divisé par le Diviseur ;

Le *Reste* est égal au Dividende, moins le produit du Diviseur par le Quotient.

Par conséquent, on peut vérifier si le quotient d'une division est exact, en multipliant le diviseur par le quotient et en ajoutant le reste, s'il y en a un, pour obtenir le dividende (Voy. au ch. xi).

63. Au lieu de diviser un nombre par plusieurs facteurs, on peut le diviser par le produit de ces facteurs, et réciproquement, au lieu de diviser un nombre par le produit de deux ou plusieurs facteurs, on peut le diviser par chacun de ces facteurs séparément.

L'application de ce principe, qui découle de la nature de la multiplication et de la division (Voy. la remarque 37), peut quelquefois donner lieu à des abréviations (ch. x).

64. Lorsque l'on a plusieurs divisions successives à effectuer, il vaut mieux faire d'abord celles des nombres les plus faibles.

65. Si l'on a une ou plusieurs multiplications et une ou plusieurs divisions à effectuer pour arriver à la même solution, on peut, si les nombres sont divisibles sans reste, faire d'abord les divisions et ensuite les multiplications (Voy. ch. x).

66. Lorsque le Dividende seul est multiplié ou divisé par un nombre, le Quotient et le Reste se trouvent multipliés ou divisés par le même nombre.

Lorsque le Diviseur seul est multiplié ou divisé, le Quotient se trouve divisé ou multiplié par le même nombre ; — le Reste ne change pas.

Donc, le Quotient est multiplié ou divisé en raison directe du Dividende et en raison inverse du Diviseur.

D'où ce *principe général* que le Quotient ne change pas si l'on multiplie ou si l'on divise le Dividende et le Diviseur par la même quantité.

C'est sur ce principe que sont fondées plusieurs opérations, et surtout la simplification des fractions.

	Le dividende seul multiplié.	Le diviseur seul multiplié.
50 | 8	100 (50 × 2) | 8	50 | 16 (8 × 2)
48 |——	96 |	48 |
—— | 6	—— | 12	—— | 3
2	4	2

Dans le premier cas, le reste est multiplié ; dans le second, il ne change pas.

	Le dividende seul divisé.	Le diviseur seul divisé.
50 | 8	25 (50 : 2) | 8	50 | 4 (8 : 2)
48 |——	24 |	48 |
—— | 6	—— | 3	—— | 12
2	1	2

Dans le premier cas, le reste est divisé ; dans le second, il ne change pas, à moins que le diviseur ne devienne assez petit pour être contenu dans le reste.

67. Lorsqu'on augmente ou qu'on diminue le dividende d'un certain nombre de fois le diviseur, le quotient augmente ou diminue de ce même nombre de fois l'unité, et le reste ne change pas.

	Dividende augmenté.	Dividende diminué.
42 | 8	50 (42 + 8) | 8	34 (42 — 8) | 8
40 |——	48 |	32 |
—— | 5	—— | 6	—— | 4.
2	2	2

Une augmentation ou une diminution égales au dividende
et au diviseur jettent de la perturbation dans le quotient et
dans le reste.

CHAPITRE IX

Division des Fractions décimales.

68. La division des fractions décimales semble être une des
opérations les plus compliquées, à cause des cas nombreux
qu'elle présente. Elle n'en est pas moins aussi facile que l'addition, la soustraction et la multiplication. — Il suffit d'avoir
présent à l'esprit que toujours le diviseur doit être un nombre
entier et de modifier le dividende et le diviseur en conséquence, en ajoutant ou en supprimant des zéros, en avançant
ou en reculant la virgule selon les principes exposés dans la
Numération (6 et 10); c'est-à-dire en multipliant ou en divisant le dividende et le diviseur par la même quantité 10, 100,
1000, etc., en vertu du principe exposé ci-dessus (66). De
cette façon, on ramène toujours le calcul à une division ordinaire de deux nombres entiers ou à la division aussi simple
d'un nombre décimal par un nombre entier.

Il peut se faire : 1° que le dividende et le diviseur contiennent le même nombre de chiffres décimaux; 2° que le dividende seul en contienne ; 3° que le diviseur seul en contienne ;
4° que le dividende en contienne plus que le diviseur ; 5° que
le diviseur en contienne plus que le dividende.

69. 1° Lorsque le dividende et le diviseur contiennent le
même nombre de chiffres décimaux, on efface la virgule dans
les deux nombres :

$$345,89 : 45,25 = 34589 : 4525$$

En effaçant la virgule, le dividende et le diviseur se trouvent multipliés par la même quantité, 100.

70. 2° Lorsque le dividende seul contient des chiffres décimaux, on efface la virgule du dividende, et on met à la suite

du diviseur autant de zéros qu'il y a de chiffres décimaux au dividende, — si les subdivisions des unités du quotient doivent être exprimées en fractions ordinaires ou en subdivisions complexes * :

$$345,897 : 45 = 345897 : 45000$$

Le quotient ne change pas, puisque le dividende et le diviseur sont multipliés par la même quantité, 1000.

Mais lorsque les subdivisions du quotient doivent être exprimées en fractions décimales, on fait la division comme à l'ordinaire, et lorsqu'on descend le premier chiffre décimal, on met une virgule au quotient :

$$\begin{array}{r|l} 345,897 & 45 \\ 308 & \\ \cline{2-2} 389 & 7,686 \\ 297 & \\ 27 & \end{array}$$

71. 3° Lorsque le diviseur contient seul des chiffres décimaux, il faut effacer la virgule du diviseur, et mettre à la suite du dividende autant de zéros qu'il y a de chiffres décimaux au diviseur :

$$345 : 43,25 = 34500 = 4325.$$

72. 4° Lorsque le dividende contient plus de chiffres décimaux que le diviseur, on efface la virgule du diviseur et celle du dividende, et l'on met au diviseur autant de zéros qu'il y a de chiffres décimaux de plus au dividende, — si les subdivisions des unités du quotient doivent être exprimées en fractions ordinaires ou en subdivisions complexes :

$$345,897 : 45,25 = 345897 : 45250.$$

Mais lorsque les subdivisions du quotient doivent être exprimées en fractions décimales, il vaut mieux effacer la virgule du diviseur, avancer celle du dividende d'autant de rangs qu'il y a de chiffres décimaux au diviseur, et faire la

---

* Voy. au chap. XXVI, § 2, la recherche du quotient avec fraction ordinaire, et au chap. XLVIII, § 1, la recherche du quotient avec subdivisions complexes.

division comme dans l'exemple précédent :

$$345,897 : 45,25 = 34589,7 : 4525.$$

73. 5° Lorsque le diviseur contient plus de chiffres décimaux que le dividende, on efface la virgule du diviseur et celle du dividende, et on met au dividende autant de zéros qu'il y a de chiffres décimaux de plus au diviseur :

$$345,89 : 45,2563 = 3458900 : 452563$$
$$0,363 : 0,27 = 36,3 : 27$$
$$0,0015 : 0,000056 = 1500 : 56$$

On voit que les principes des n°s 6, 10 et 66 suffisent pour la solution de tous les cas qui peuvent se présenter dans la division des nombres décimaux.

74. Il nous reste à *rechercher le quotient,* lorsque, après avoir descendu tous les chiffres du dividende entier, on continue la division avec le reste et qu'on ajoute successivement autant de zéros qu'on veut avoir de chiffres, pour obtenir un quotient fractionnaire décimal approché, ou lorsque le dividende ne contient pas le diviseur.

Soit à chercher le quotient de 4315 par 48 à 1 millième près, c'est-à-dire un quotient tel qu'il s'en faille de moins d'un millième pour qu'il soit tout à fait exact.

4315	48
475	
430	89,895 ou 89,896
460	
280	
40	

Le nombre 4315 contient 48, 89 fois plus 895 ou 896 millièmes de fois, ou plutôt 89 fois, plus un nombre de millièmes de fois compris entre 895 et 896, mais plus près de 896 que de 895, comme nous allons le prouver.

Une fois arrivé au reste 43, on voit que ce reste ne peut plus contenir 48, et on le convertit en dixièmes en le multipliant par 10, c'est-à-dire en ajoutant un 0, parce que 1 entier vaut 10 dixièmes, et que 43 entiers valent 43 fois 10 dixièmes, c'est-à-dire 430 dixièmes. — 430 dixièmes contiennent 48, 8 dixièmes de fois, ce qu'on exprime en mettant une virgule avant le 8.

Ensuite, le reste, 46 dixièmes, est converti en centièmes par l'addition d'un zéro, et le reste 28 est converti en millièmes de la même manière *.

Règle. — Il s'ensuit donc que, pour avoir un quotient fractionnaire décimal approché, on divise d'abord les entiers, s'il y en a, par le diviseur, et on ajoute successivement un zéro au reste des unités, des dixièmes, des centièmes, etc., pour avoir au quotient des dixièmes, que l'on sépare par la virgule, des centièmes, des millièmes, etc.

75. Le *reste* 28 × 10 ou 280, ne contient 48 que 5 fois ; mais il reste 40, et il ne manque que 8 à ce nombre pour qu'il contienne 48 une fois de plus, c'est-à-dire 6 fois. En mettant 6, nous avons donc fait une erreur de 8 à diviser par 48 ; en laissant 5, nous aurions négligé 40 à diviser par 48 ; en mettant 6 nous faisons en *plus* une erreur de 8 : 48 ; en laissant 5, nous aurions fait en *moins* une erreur de 40 : 48 ; or, il vaut mieux faire une petite erreur en plus qu'une plus grande en moins. Il est donc évident dès à présent : que, pourvu que le reste soit plus grand que la moitié du diviseur, il est plus exact d'augmenter le dernier chiffre du quotient de 1 que de négliger le reste sans augmenter le quotient ; et que, lorsque ce reste est plus petit que cette moitié, on a tout à fait raison de ne pas changer le dernier chiffre du quotient. Il est encore évident que, lorsque le reste est juste égal à la moitié du diviseur, l'erreur en plus, quand on augmente, égale l'erreur en moins quand on n'augmente pas ; mais, dans ce cas, on est convenu d'augmenter. Ceci nous conduit au principe suivant, applicable dès à présent aux nombres entiers et aux fractions décimales, et plus tard à tous les autres nombres.

---

* Ici peuvent se présenter une série de cas et des variétés de fractions décimales dont il sera parlé plus loin, au chap. xxvii, traitant de la Conversion des fractions ordinaires en fractions décimales.

RÈGLE. — Quand le reste d'une division est aussi grand que la moitié du diviseur, on augmente de 1 le dernier chiffre obtenu au quotient ; quand il est plus petit, on le néglige.

Supposons maintenant un dividende 6 plus faible qu'un diviseur 135 ; 6 vaut 60 dixièmes qui ne contiennent pas 135, mais, en le convertissant en centièmes, on en a 600 qui le contiennent. Voici le calcul :

$$\begin{array}{rr|l} 6 & & 135 \\ 60 & & \overline{} \\ 600 & & 0{,}044 \end{array} \qquad \text{ou bien} \qquad \begin{array}{rr|l} 6{,}00 & & 135 \\ 600 & & \overline{} \\ 60 & & 0{,}044 \end{array}$$

60 à négliger, puisqu'il est plus faible que la
moitié du diviseur.

76. Puisqu'un reste égal au diviseur donne un 1 de plus au quotient, un reste égal à la moitié du diviseur indique que celui-ci n'y est contenu qu'une demi-fois ou 5 dixièmes de l'unité représentée par le chiffre précédent ; un reste plus grand que la moitié divisé par le diviseur donne au quotient un chiffre plus grand que 5, et un reste plus petit que la moitié du diviseur donne au quotient un chiffre plus petit que 5. Ces considérations nous ramènent au principe suivant, qui est le corollaire forcé du précédent, et que nous avons déjà énoncé (10 *bis*).

RÈGLE. — Quand on efface à la suite d'un nombre décimal un 5 ou un chiffre plus grand que 5, on ajoute 1 au chiffre précédent ; quand on efface un chiffre plus petit, on n'altère pas le chiffre précédent.

$$\left.\begin{array}{l} 43{,}489 \\ 43{,}488 \\ 43{,}487 \\ 43{,}486 \\ 43{,}485 \end{array}\right\} = 43{,}49 \qquad\qquad \left.\begin{array}{l} 43{,}484 \\ 43{,}483 \\ 43{,}482 \\ 43{,}481 \\ 43{,}480 \end{array}\right\} = 43{,}48$$

En effaçant le 5 et en mettant 49, on fait une erreur de 5 millièmes en plus ; en mettant 48, on ferait la même erreur en moins ; mais on est convenu de la faire en plus. — Pour 6, 7, 8, 9, l'erreur en plus est plus faible que l'erreur en moins ;

— pour 4, 3, 2, 1, l'erreur en moins est plus faible que ne le serait l'erreur en plus, si l'on augmentait.

CHAPITRE X [*]

Abréviations de la Division [**]

77. Nous avons vu (64) que, lorsqu'on a plusieurs divisions successives à faire, il vaut mieux d'abord faire celles des diviseurs les plus faibles.

78. Lorsqu'on a une ou plusieurs multiplications et une ou plusieurs divisions à faire, il vaut mieux faire d'abord, quand on le peut, les divisions et multiplier les quotients ensuite. Soit 42 à multiplier par 9, et à diviser par 12. Il vaut mieux faire, $48 : 12 = 4$, $4 \times 9 = 36$, que $48 \times 9 = 432$ et $432 : 12 = 36$; ce qui est plus long.

79. Lorsque le dividende et le diviseur contiennent des zéros, la division peut être simplifiée en vertu du principe énoncé dans la Numération (10).

1° Lorsque le dividende et le diviseur en contiennent tous deux un pareil nombre, on les efface de part et d'autre :

$$9435000 : 128000 = 9435 : 128.$$

2° Lorsque le dividende en contient plus que le diviseur, on efface ceux du diviseur et on en efface un pareil nombre au dividende :

$$943500000 : 128000 = 943500 : 128.$$

3° Lorsque le diviseur en contient plus que le dividende, on efface ceux du dividende et on en efface un pareil nombre au diviseur, si les subdivisions du quotient doivent être des fractions ordinaires ou des subdivisions complexes ; — mais

---

[*] A passer dans une première étude.

[**] Voy. le chap. VII des *Abréviations de la multiplication*. — Il n'est pas question de l'abréviation par les Logarithmes, qui transforme la division en soustraction. Voy. au chap. XXXVI.

il vaut mieux effacer tous les zéros de part et d'autre, en séparant au dividende autant de chiffres décimaux qu'il y a de zéros de plus au diviseur, quand on doit avoir au quotient des fractions décimales :

$$2943500 : 1280000 = 29435 : 12800$$
$$\text{ou bien} = 294,35 : 128$$

80. En combinant ces procédés avec ceux des n°ˢ 69, 70 et suivants, relatifs au nombre des chiffres décimaux contenus dans le dividende et dans le diviseur, on peut résoudre tous les cas dans lesquels des zéros et des chiffres décimaux se trouvent au dividende et au diviseur :

$$2943,5 : 1280 = 294,35 : 128; \quad \text{ou } 29,435 : 12800...., \text{ etc.,}$$
$$\text{suivant la nature du quotient.}$$

81. Lorsque le dividende et le diviseur sont susceptibles d'être divisés par le même nombre, on les divise par ce nombre, et on effectue la division des quotients l'un par l'autre.

Au lieu de diviser 434 par 48, il vaut mieux diviser 217, par 24, etc. Cette abréviation exige une parfaite connaissance des principes de la divisibilité des nombres exposés au Livre II.

82. Lorsque le diviseur peut se décomposer en deux ou plusieurs facteurs, il est quelquefois plus court de diviser successivement par chacun de ces facteurs (63).

Soit 51219 à diviser par 63. Puisque $63 = 7 \times 9$, il est plus court et plus facile de diviser 51219 par 9, puis le quotient par 7.

$$\frac{51219 : 9}{\frac{5691 : 7}{813}}$$

83. S'il se trouve des restes dans ces divisions successives, on cherche les quotients successifs comme s'il n'y avait pas de restes; mais quand on a terminé, on multiplie le dernier reste par le diviseur précédent, et on ajoute le reste précédent au produit; on multiplie ensuite cette somme par le

troisième diviseur en remontant; on ajoute au produit le reste de cette division, et ainsi de suite.

<table>
<tr><td>Division ordinaire.</td><td>Détail de la division abrégée.</td></tr>
</table>

$$
\begin{array}{r|l}
57644 & 132 = 11 \times 12 \\
484 & \overline{} \\
884 & 436 \\
92 &
\end{array}
\qquad
\begin{array}{l}
57644 : 12 = 4803 + 8 \\
4803 : 11 = \ \ 436 + 7 \\
\hline
7 \times 12 = 84; \ \ 84 + 8 = 92.
\end{array}
$$

Le véritable quotient est donc 436, plus 92 à diviser par 132 ou $436 \times \frac{92}{132}$.

<table>
<tr><td>Division ordinaire.</td><td>Détail de la division abrégée.</td></tr>
</table>

$$
\begin{array}{r|l}
332466770 & 3645 = (9 \times 9 \times 9 \times 5) \\
4416 & \overline{} \\
7717 & 91211 \\
4277 & \\
6320 & \\
2675 &
\end{array}
$$

$$
\begin{array}{l}
332466770 : 9 = 36940752 + 2 \\
36940752 : 9 = \ \ 4104528 + 0 \\
4104528 : 9 = \ \ \ \ 456058 + 6 \\
456058 : 5 = \ \ \ \ \ \ 91211 + 3 \\
\text{ou le quotient, plus 3}
\end{array}
$$

$$
\begin{array}{l}
3 \times 9 = \ \ \ 27; \ \ \ 27 + 6 = \ \ 33 \\
33 \times 9 = \ \ 297; \ \ 297 + 0 = \ \ 297 \\
297 \times 9 = 2673; \ \ 2673 + 2 = 2675 \text{ reste définitif.}
\end{array}
$$

La raison de ces opérations est fondée sur la théorie des fractions, que le lecteur doit consulter avant de chercher à comprendre.

En effet, en divisant 57644 par 12, on a 4803 + 8/12; le 1/11 de ce nombre est 436 + 7, auquel on ajoute 8/12, dont on prend le 1/11, en multipliant 7 par 12 pour avoir des 1/12, et en y ajoutant 8/12, ce qui fait bien 92/12, dont le 1/11 égale 92/132, ou 92 à diviser par 132.

Dans le second cas, le 1/9 de 332466770 est 36940752 + 2/9; le 1/9 de 36940752 est 4104528, et le 1/9 de 2/9 est de 2/81. Le 1/9 de 4104528 + 2/81 est 456058, avec le reste $6 + 2/81 = \dfrac{488}{81}$, dont le 1/9 est $\dfrac{488}{729}$. Enfin, le 1/5 de 456058 $\dfrac{488}{729}$ est 91211 avec le reste $3 + \dfrac{488}{729} = \dfrac{2187}{729} + \dfrac{488}{729} = \dfrac{2675}{729}$, dont le $1/5 = \dfrac{2675}{3645}$.

84. Toutes les fois que les subdivisions du quotient peuvent être exprimées en décimales, on peut abréger la division par 5, 25 et 125. — Il est assez rare que cette abréviation soit possible dans le cas contraire; car, pour cela, il faut que les chiffres décimaux à séparer soient des zéros.

Pour diviser un nombre par **5**, on multiplie ce nombre par 2, et on sépare à la droite du produit un chiffre décimal :

$$2190 : 5 = 438,0 \qquad\qquad 2197 : = 439,4.$$

Pour diviser un nombre par **25**, on multiplie ce nombre par 4, et on sépare à la droite du produit deux chiffres décimaux :

$$109200 : 25 = \frac{109200 \times 4}{100} = 4368$$

$$109175 : 25 \ldots\ldots\ldots = 4367$$
$$109150 : 25 \ldots\ldots\ldots = 5366$$
$$109125 : 25 \ldots\ldots\ldots = 4365$$
$$109100 : 25 \ldots\ldots\ldots = 4364$$

Pour diviser un nombre par **125**, il faut multiplier ce nombre par 8, et séparer à la droite du produit trois chiffres décimaux :

$$5390000 : 125 = \frac{5390000 \times 8}{1000} = 43120$$

$$5389875 : 125 \ldots\ldots\ldots = 43119$$
$$5389750 : 125 \ldots\ldots\ldots = 43118$$
$$5389625 : 125 \ldots\ldots\ldots = 43117$$
$$5389500 : 125 \ldots\ldots\ldots = 43116$$
$$5389375 : 125 \ldots\ldots\ldots = 43115$$
$$5389250 : 125 \ldots\ldots\ldots = 43114$$
$$5389125 : 125 \ldots\ldots\ldots = 43113$$
$$5389000 : 125 \ldots\ldots\ldots = 43112$$

L'explication de ce procédé abréviatif peut se donner par les principes exposés aux n⁰ˢ 10 et 66.

Ces trois abréviations peuvent être appliquées à tous les multiples et sous-multiples de 5, 25 et 125, tels que : 50, 500, 5000, etc., ... et 0,5, 0,05, 0,005, etc... 250, 2500, 25000, etc... et 2,5, 0,25 et 0,025, etc... 1250, 12500, 125000, etc... et 12,5, 1,25, 0,125, 0,0125, etc.

$$518,6875 : 0,125 = 4149,5$$
$$518587500000 : 12500 = 41487000$$
$$54487500 : 125000 = 435,9$$

Si l'on avait à diviser 2197, par exemple, par 10, on aurait, en vertu du principe exposé à la Numération (10), pour quotient 219,7; mais en divisant par 5, qui est un nombre 2 fois plus faible, on aura un quotient 2 fois plus fort, ou 439,4.

Si on avait à diviser 109175 par 100, on aurait pour quotient 1091,75 ; mais en divisant par 25, qui est un nombre 4 fois plus faible, on aura un quotient 4 fois plus fort, ou 4367.

Si l'on avait à diviser 5389875 par 1000, on aurait pour quotient 5389,875 ; mais en divisant par 125, qui est un nombre 8 fois plus fort, on aurait un quotient 8 fois plus fort, ou 43119 [*].

85. Enfin, voici une *méthode abrégée générale* pour la division des décimales, avec ou sans entiers.

Le principe que nous avons posé en traitant de la multiplication des fractions décimales, nous conduit à une abréviation analogue pour la division de ces mêmes fractions. Des exemples vont éclaircir ces procédés.

1er *Exemple.* — Nous avons vu (p. 38) que 20,978 est le produit approché de 5,342 par 3,927 ; en cherchant le quotient de 20,978 par 5,342 pour retrouver 3,927, on est conduit au calcul suivant, en effaçant successivement des chiffres au diviseur.

$$
\begin{array}{r|l}
20{,}978 & 5{,}\mathbf{342} \\
16026 & \overline{} \\
\overline{} & 3{,}927 \\
4952 & \\
4808 & \\
\overline{} & \\
144 & \\
107 & \\
\overline{} & \\
37 & \\
37 & \\
\overline{} & \\
0 &
\end{array}
\qquad \text{ou mieux} \qquad
\begin{array}{r|l}
20{,}978 & 5{,}\mathbf{342} \\
4952 & \overline{} \\
144 & 3{,}927 \\
37 & \\
2 &
\end{array}
$$

---

[*] Autre explication par les fractions ordinaires :

$$5 = \frac{10}{2} \qquad 25 = \frac{100}{4} \qquad 125 = \frac{1000}{8}$$

Or, pour diviser un nombre par une fraction ordinaire, il faut multiplier ce nombre par le dénominateur, et diviser le produit par le numérateur Voy. au chap. xx.)

Pour mieux faire comprendre le raisonnement que nous allons exposer, nous placerons ici de nouveau la division ordinaire détaillée, la multiplication ordinaire correspondante et la multiplication abrégée.

```
Division ordinaire avec indication des        Multiplication ordinaire.
soustractions et des produits partiels.          correspondante.
        209784,267 | 53421                          5,3421
                   |————                            3,927
                   | 3,927                       —————————
           160263   ........................     16,0263
           ——————
           495212
           480789   ........................     4,80789
           ——————
           144236
           106842   ........................     106842
           ——————
           373947
           373947   ........................     373947
           ——————                              —————————
           00000                                20,9784267
```

```
         La même.                                             Multiplication abrégée
   Disposition ordinaire.          Division abrégée.             correspondante.
 20978,4267 | 53421            20,978 | 5,342                      5,3421
 4952 12    |————              4,952  |————                        3,927
 144 236    | 3,927           144     | 3,927                   —————————
 37 3947                        37                                 16,0263
      0                          0                                 4,8079
                                                                   1068
                                                                    374
                                                               —————————
                                                                  20,9784
```

Comme en multipliant 5,3421 par 3,927 d'une manière abrégée, on prend le chiffre des dix-millièmes auxquels on veut borner le produit, il faut dans la division correspondante multiplier les dix-millièmes du diviseur par le quotient 3. De même, puisqu'en multipliant le multiplicande par chaque chiffre du multiplicateur, on néglige le premier chiffre à droite (tout en tenant compte des dizaines provenant du chiffre négligé), pour trouver chaque quotient partiel, il faut diviser chaque reste par le diviseur dont on enlève successivement les chiffres à droite.

Ainsi, au lieu de diviser les nombres :

```
209784  par tout le diviseur  53421  on divise :  20978  par  5342
495212        —         —      53421       —        4952   —   534
144236        —         —      53421       —         144   —    53
373947        —         —      53421       —          37   —     5
```

en supprimant 1 dans la première partie de l'opération, 2 dans la seconde, 4 dans la troisième et 3 dans la quatrième.

Au premier produit il n'y a rien à ajouter, parce que le chiffre 1 supprimé, multiplié par 3 = 3 ; au second produit il y a 2 unités à ajouter, parce que le chiffre 2 supprimé, multiplié par 9 = 18 ; au troisième produit, il y a 1 unité à ajouter, parce que le chiffre 4 supprimé, multiplié par 2 = 8 ; enfin, au quatrième produit, il y a 2 unités à ajouter, parce que le chiffre 3 supprimé, multiplié par 7 = 21 (10 *bis*).

Voici les mêmes calculs effectués avec des nombres plus grands, sur lequel on pourra s'exercer à appliquer la règle que nous venons de démontrer.

Division ordinaire avec soustractions.

```
89688738 1764,9916562 | 363456789658
72691357 9316         |______________
______________        | 2,4676589
16997380 24489
14538271 58632
______________
 2459108 658579
 2180740 737948
______________
  278367 9206311
  254419 7527606
______________
   23948 16787056
   21807 40737948
______________
    2140 760491085
    1817 283948290
______________
     323 4765427956
     290 7654317264
______________
      32 71111106922
      32 71111106922
______________
       0 00000000000
```

```
Division ordinaire sans soustractions.          Multiplication correspondante.
 89688738 1764,9916562 | 363456789658              36,3456789658
 16997380 24489        |______________              2,4676589
  2459108 658579       | 2,4676589                 ______________
   278367 9206311                                   72691357 9316
    23948 16787056                                  14538271 58632
     2140 760491085                                  2180740 737948
      323 4765427956                                  254419 7527606
       32 71111106922                              .   21807 40737948
                0                                        1817 283948290
                                                          290 7654317264
                                                           32 71111106922
                                                   ______________
                                                   89,688738 17649916562
```

5

Division abrégée avec soustraction.

```
89688738  | 36345678
72691358  |
          | 2,4676589
----------
 16997380
 14538272
----------
  2459108
  2180740
----------
   278368
   254420
----------
    23948
    21807
----------
     2141
     1817
----------
      324
      291
----------
       33
       33
----------
        0
```

Division abrégée sans soustraction.

```
89688738  | 36345678
16997380  |
 2459108  | 2,4676589
  278368
   23948
    2141
     324
      33
       0
```

Multiplication abrégée correspondante.

```
   36,3456789658
    2,4676589
   ------------
   72,691357 9
   14,538271 6
    2,180740 7
      254419 7
       21807 4
        1817 3
         290 7
          32 7
   ------------
   89,68878 30
```

Voici la *règle générale* pour faire cette opération. Après avoir rendu le nombre des chiffres décimaux égal dans le dividende et le diviseur (68 à 73), on supprime sur la droite du dividende autant de chiffres moins un qu'il y en a dans le diviseur, et si alors le dividende ne contient pas le diviseur, on supprime un chiffre sur la droite de ce diviseur ; puis on fait la division qui ne fournit qu'un chiffre au quotient. — On continue ensuite à diviser, en supprimant successivement un chiffre au diviseur. — Toutefois on tient compte, en faisant les produits partiels, des unités de retenue provenant du produit des chiffres négligés par le chiffre du quotient. — Enfin on sépare le nombre de chiffres décimaux demandés.

Dans le premier exemple qui a servi de modèle, on a eu :

$$20,9784267 : 5,3421 = 209784,267 : 53421 = 20978 : 5342$$

Il y a des exemples dans lesquels on trouve 1 de plus pour certains produits partiels ; en effet, dans la multiplication, avant de multiplier par le dernier chiffre obtenu au quotient, on augmente, pour plus de précision, d'une unité quand le chiffre à droite est égal à 5 ou plus grand que 5.

86. Cette méthode abrégée peut aussi, comme l'indique Bezout*, être appliquée aux entiers, surtout lorsque l'on doit opérer sur des nombres longs, pourvu qu'on tienne compte, à chaque produit partiel, des unités de retenue que donne le produit du chiffre supprimé par le chiffre du quotient obtenu, et que cet auteur néglige. Voici deux exemples :

I

Division ordinaire.		Division abrégée.	
545987653219467532	939674215792	5459877	9396742
7615054532346		761506	
976608060107	581039	9767	581039
3693384431553		370	
8743617841772		88	
286549899644		4	

II

Division ordinaire.		Division abrégée.	
4,897563563	1892746	4,897564	1892746
11120715		1112072	
16569856	0,000002587544	165699	0,000002587544
14278883		14279	
10296610		1030	
8328800		84	
7578160		8	
7176		0 **	

CHAPITRE XI

Preuves de la Multiplication et de la Division.

87. Faisons d'abord remarquer, comme pour l'addition et la soustraction, qu'on peut vérifier une opération en la recommençant, mais que ce moyen n'est pas sûr, car l'expé-

---

* Arithméticien renommé du dernier siècle, mort en 1783.

** Nous avons reproduit en partie les exemples que Theveneau (annotateur de Bezout, Lacaille, Clairaut, etc.) a donnés dans son *Cours d'arithmétique* à l'usage des écoles centrales et du commerce, publié l'an IX, en tâchant d'introduire dans notre rédaction plus de concision et plus de clarté.

rience prouve qu'on retombe plusieurs fois de suite dans la même erreur.

Pour éviter la rencontre des chiffres sur lesquels on a pu se tromper, on intervertit l'ordre des nombres, ou bien on les modifie au moyen d'une division par 2 ou un autre petit nombre compensé par une multiplication de l'autre facteur ou diviseur en sens inverse ; — ou bien on fait l'opération inverse ; — ou mieux encore on a recours à un procédé abrégé tiré des caractères de la divisibilité des nombres, dont il est question dans le chapitre suivant.

Preuves de la Multiplication.

88. Il y a diverses manières de faire la preuve de la multiplication.

1er *moyen*. — On refait la multiplication en intervertissant l'ordre des facteurs, c'est-à-dire en prenant le multiplicateur pour multiplicande, et réciproquement.

Voir alinéa 27 des multiplications ainsi comparées.

89. 2e *moyen*. — On fait une opération plus abrégée pour en vérifier une moins abrégée, et réciproquement.

Voir les opérations comparées, pages 37 et 38.

90. 3e *moyen, ordinaire*. — On divise le produit par le multiplicande ou par le multiplicateur, et l'on retrouve pour quotient le multiplicateur ou le multiplicande si l'opération est bonne.

Voir dans le chapitre précédent (p. 44, 46, 47) les exemples de multiplications et de divisions correspondantes.

91. 4e *moyen, abrégé*. — On multiplie le multiplicande par 2 ou tout autre nombre ; on divise le multiplicateur par le même nombre, et le produit obtenu doit être égal à celui de l'opération vérifiée ; — ou bien on fait le contraire, en divisant le multiplicande et en multipliant le multiplicateur. Ou bien on ne multiplie ou on ne divise que l'un des facteurs, et le produit se trouve multiplié ou divisé par le même nombre.

— Toutes ces opérations résultent de la définition et de la nature de la multiplication (p. 27).

92. 3° *moyen, abrégé.* — Preuve dite *par neuf* ou *par onze,* exposée dans le chapitre suivant, et basée sur une propriété des facteurs et du produit divisés par le même nombre, ainsi que sur la facilité avec laquelle on peut trouver le reste de la division par 9 ou par 11, et sur les caractères de la divisibilité par ces deux nombres.

Ce procédé est exposé dans le chapitre XIII (108).

Il est le plus rapide de tous, mais il peut laisser passer quelques erreurs (111).

Preuves de la Division.

93. 1ᵉʳ *moyen.* — On fait la division en prenant le quotient pour diviseur, afin de retrouver le diviseur pour quotient.

94. 2° *moyen, ordinaire.* — On multiplie le diviseur par le quotient et le quotient par le diviseur ; ensuite on ajoute le reste au produit, et le produit total est égal au dividende.

V. les opérations comparées, p. 44, 46, 47.

95. 3° *moyen.* — On multiplie le dividende et le diviseur par un nombre. Le quotient doit être le même, et le reste multiplié par le même nombre.

Ou bien on divise les deux nombres, — ou bien l'un des deux en multipliant l'autre, et réciproquement, si les nombres sont divisibles, etc.

— Toutes ces preuves se déduisent de la définition et de la nature de la Division et de la Multiplication.

96. 4° *moyen, abrégé.* — La *preuve par neuf* et *par onze,* que nous venons de rappeler (92), est également applicable à la division.

Ce procédé, plus rapide, est aussi exact que les autres pour la Division.

LIVRE II

DIVISIBILITÉ ET DÉCOMPOSITION DES NOMBRES.

Signes auxquels on reconnaît la Divisibilité d'un nombre par un autre. — Preuves de la Multiplication et de la Division au moyen de la divisibilité par 9 et par 11. — Décomposition d'un Nombre en ses Facteurs ou Diviseurs premiers. — Autres diviseurs des nombres : diviseurs communs. — Plus grand commun diviseur. — Plus petit nombre divisible par plusieurs nombres donnés.

Les principes et les procédés étudiés dans ce Livre complètent la Multiplication et la Division ; ils préparent aux règles des Fractions et des Subdivisions complexes. Leur connaissance donne une grande facilité pour le calcul à la plume et pour le calcul mental ou de tête.

CHAPITRE XII

Signes auxquels on reconnaît la divisibilité d'un nombre par un autre.

97. On dit qu'un nombre est **divisible** par un autre, toutes les fois que la division du premier par le second conduit à un reste nul. — 48, par exemple, est divisible par 8 ; mais 50 n'est pas divisible par le même nombre.

Naturellement un nombre n'est jamais divisible par un autre plus grand que sa moitié.

Voici à quels caractères on reconnaît la divisibilité des nombres par les plus petits nombres 2, 3, 4, 5, 6, 8, 9, 10, 11, 12, etc.

§ 1. — Règles pour déterminer si un nombre donné est divisible par 2, ou 3, ou 4, ou 5, ou 6, ou 8, ou 9, ou 10, ou 11.

98. *Un nombre est divisible par* **2**, quand son dernier chiffre est divisible par 2, c'est-à-dire pair ; — et le reste d'un nombre

divisé par 2 * est le même que celui de son dernier chiffre par 2.

Les nombres terminés par 0, 2, 4, 6, 8 sont divisibles par 2 ; — ceux terminés par 1, 3, 5, 7, 9 ne le sont pas.

Ainsi, tous les nombres terminés par 0, 2, 4, 6, 8, ne donnent aucun reste, et ceux qui sont terminés par 1, 3, 5, 7, 9, donnent 1 pour reste.

99. *Un nombre est divisible par* **3**, si, en enlevant tous les 3 et les multiples de 3 de chacun de ses chiffres considérés comme des nombres séparés, on n'obtient aucun reste, — ou si la somme de ses chiffres est un multiple de 3.

Le reste d'un nombre divisé par 3 est le même que celui de l'ensemble de ses chiffres divisé par 3.

On obtient ce reste en divisant l'ensemble des chiffres par 3, ou bien en divisant successivement chaque chiffre donnant un reste et la somme des restes par 3.

Les chiffres 0, 3, 6, 9, quelle que soit leur position, ne donnent aucun reste. Les chiffres 1, 4, 7 donnent 1 pour reste ; les chiffres 2, 5, 1 donnent 2 pour reste.

Soit le nombre 3745 : les chiffres 7, 4 et 5 donnent successivement 1, 1, 2 = 4 qui, divisé par 3, donne 1 pour reste. Ce nombre n'est pas divisible par 3.

Soit 8092191 : les chiffres 8, 2, 1, 1 donnent successivement 2, 2, 1, 1 = 6, qui est divisible par 3, ainsi que le nombre proposé.

100. *Un nombre est divisible par* **4**, si, étant pair, le nombre formé par les deux derniers chiffres est divisible par 4 ; — ou si le reste des unités divisées par 4, et deux fois celui des dizaines divisées par le même nombre, sont divisibles par 4 ; — le reste d'un nombre divisé par 4 est le même que celui des deux derniers chiffres par ce même nombre.

On obtient ce reste en divisant le nombre formé des deux derniers chiffres par 4, ou bien chacun des deux chiffres sé-

---

parément, et en ajoutant une fois le reste des unités et deux fois celui des dizaines, et en divisant le tout par 4.

Les chiffres 0, 4, 8 ne donnent aucun reste ; les chiffres 1, 5, 9 donnent 1 pour reste ; les chiffres 2, 6 donnent 2, et les chiffres 3, 7 donnent 3.

Soit 93425 : les chiffres 5 et 2 donnent pour reste, 1, soit que l'on divise 25 par 4, soit que l'on pose une fois le reste des unités 5 divisé par 4 = 1 et deux fois le reste des dizaines (2 divisé par 4 = 2), soit 4, qui, ajouté à 1, donne 5, lequel divisé par 4 donne 1 pour reste. Donc, 93425 n'est pas divisible.

Soit 56479 : les chiffres 9 et 7 donnent 1 et 2 fois 3 = 6, c'est-à-dire 7, qui, divisé par 4, donne 3, reste de la division de 56479 par 4. — 8345 n'est pas divisible non plus ; mais 8356 est divisible.

101. *Un nombre est divisible par* **5**, si son dernier chiffre est un 0 ou un 5 ; — et le reste d'un nombre divisé par 5 est le même que celui de son dernier chiffre divisé par 5.

Un nombre terminé par les chiffres 1 et 6 donne 1 pour reste ; terminé par 2 et 7, il donne 2 ; terminé par 3 et 8, il donne 3 ; terminé par 4 et 9, il donne 4.

102. *Un nombre est divisible par* **6**, s'il est divisible par 2 et 3 ; c'est-à-dire, si son dernier chiffre est pair, et si l'ensemble de ses chiffres est divisible par 3.

49383, divisible par 3, n'est pas divisible par 6, tandis que 40284, divisible par 3, l'est aussi par 6.

Ce procédé, dérivé de la divisibilité de 2 et 3, ne donne pas de reste. Le procédé direct est trop compliqué pour être applicable dans la pratique.

Il en est de même de celui qui indique la *divisibilité d'un nombre par* **7** (V. p. 76).

103. *Un nombre est divisible par* **8**, si le nombre formé par les trois derniers chiffres est divisible par 8 ; ou si une fois le reste des unités divisées par 8, deux fois celui des dizaines et quatre fois celui des centaines divisées par le même nombre, sont divisibles par 8 ; — le reste d'un nombre par 8 est le

même que celui de ses trois derniers chiffres par 8.

On obtient ce reste en divisant le nombre formé des trois derniers chiffres par 8, ou bien chacun des chiffres séparément, et en ajoutant une fois le reste des unités, deux fois celui des dizaines, quatre fois celui des centaines, et divisant par 8.

Les chiffres 0, 8 ne donnent aucun reste ; les chiffres 1, 2, 3, 4, 5, 6, 7 donnent un reste égal à eux-mêmes, et 9 donne 1.

Soit 937766 : les chiffres 6, 6, 7 donnent 6 plus 2 fois 6 = 12, plus 4 fois 7 = 28, c'est-à-dire 46 qui, divisé par 8, donne 6, reste de 937766 par 8.

Soit 579792 : les chiffres 2, 9, 7, donnent 2, plus 2 fois 1 = 4, plus 4 fois 7 = 28, c'est-à-dire 32, exactement divisible par 8.

Le premier nombre n'est pas divisible, le second est divisible.

104. *Un nombre est divisible par* **9**, si l'ensemble de ses chiffres, les 9 exceptés, considérés comme des nombres séparés, est divisible par 9.

Le reste d'un nombre divisé par 9 est le même que celui de l'ensemble de ses chiffres divisé par 9.

Tous les chiffres donnent un reste égal à eux-mêmes, excepté le chiffre 9, qui n'en donne pas.

Soit 89676210 : les chiffres 8 + 6 = 14 donnent 5 pour reste ; 5 + 7 = 12, et donnent 3 pour reste ; 3 + 6 = 9, et donnent 0 ; 2 + 1 = 3. Le reste de la division de 89676210 est 3, et le nombre n'est pas divisible ; mais 4581 est divisible : en effet, 4 + 5 = 9 = 0 ; 8 + 1 = 9 = 0.

105. *Un nombre est divisible par* **10**, si son dernier chiffre est un 0 ; — le reste d'un nombre par 10 est égal à son dernier chiffre.

106. *Un nombre est divisible par* **11**, si la somme des chiffres de rang pair, soustraite de la somme des chiffres de rang impair, donne pour différence 0 ou un multiple de 11, tel que 11, 22, 33, 44, etc.

Le reste d'un nombre divisé par 11 est égal à la différence qu'il y a entre la somme des chiffres du rang pair et celle des chiffres du rang impair.

Tous les chiffres donnent un reste égal à eux-mêmes.

Soit 4532770 : les chiffres 0, 7, 3, 4, donnent $0 + 7 + 3 + 4 = 14$; les chiffres 7, 2, 5, donnent $- 7 + 2 + 5 = - 14$; la somme des chiffres du rang pair étant égale à celle des chiffres du rang impair, il n'y a pas de reste, et le nombre est divisible.

Soit 70928 : les chiffres $8 + 9 + 7$, donnent 24; $- 2 + 0$ donnent $- 2$; $24 - 2 = 22$, qui, divisé par 11, ne donne pas de reste ; ce nombre est encore divisible, mais 4567 n'est pas divisible, car l'opération donne 2 pour reste.

Lorsque la somme des chiffres du rang pair est plus forte que celle des chiffres du rang impair, on peut ramener ce cas au précédent en augmentant la première somme ou en diminuant la seconde d'une fois ou d'un nombre convenable de fois 11. Ce changement n'altère pas le reste que l'on cherche, car il est évident que, si l'on retranche 11 ou un certain nombre de fois 11 du nombre à soustraire, le reste sera augmenté de 11 ou de ce même nombre de fois 11, et, comme on doit le diviser par 11, cela n'influe pas sur le résultat définitif. Il en est de même si l'on ajoute 11 ou un certain nombre de fois 11 au nombre dont on soustrait (67).

Soit 748932 : les chiffres $2 + 9 + 4 = 15$, moins $3 + 8 + 7 = - 18$; $(18 - 11 = 7)$: 7 soustrait de $15 = 8$, reste de la division de 748932 par 11.

On peut encore dire : $15 + 11$ ou $26 - 18 = 8$.

Le calcul est toujours plus facile si l'on retranche tous les multiples de 11 des deux sommes ; car l'on n'a plus qu'à opérer sur des nombres plus petits que 11.

§ 2. — Théorie des règles précédentes [*].

107. Tous ces procédés d'une application si facile se déduisent de la décomposition des unités, dizaines, centaines, mille, etc., qui composent les nombres, c'est-à-dire des résultats de leurs divisions détaillées par chacun des nombres dont nous venons d'indiquer les règles de divisibilité, c'est-à-dire par 2, 4 et 8; par 5 et 10; par 3 et 9; enfin, par 11. Voici cette *analyse*.

En divisant 1 unité, 1 dizaine, 1 centaine, 1 mille, etc., par ces divers nombres, on obtient :

Résultats de la division par 2.

Dividendes.		Quotients.		Diviseurs.		Restes.
1	=	0	×	2	+	1
10	=	5	×	2	+	0
100	=	50	×	2	+	0

Résultats de la division par 4.

Dividendes.		Quotients.		Diviseurs.		Restes.
1	=	0	×	4	+	1
10	=	2	×	4	+	2
100	=	25	×	4	+	0
1000	=	250	×	4	+	0

Résultats de la division par 8.

Dividendes.		Quotients.		Diviseurs.		Restes.
1	=	0	×	8	+	1
10	=	1	×	8	+	2
100	=	12	×	8	+	4
1000	=	125	×	8	+	0

D'où il résulte, comme on peut le voir sans analyse, que les dizaines divisées par 2, les centaines divisées par 4, et les mille divisés par 8, ne donnent pas de reste ; — d'où il résulte encore qu'un nombre est toujours divisible par 2 dans toutes ses parties, excepté dans le dernier chiffre, qui peut ne pas être divisible ; — qu'un nombre est toujours divisible par 4 dans toutes ses parties, excepté pour les deux derniers chiffres, qui peuvent ne pas être divisibles ; — qu'un nombre est toujours divisible par 8 dans toutes ses parties, excepté pour les trois derniers chiffres, qui peuvent ne pas être divisibles.

Si, au lieu de prendre 1 unité, 1 dizaine, 1 centaine, etc., on prenait 2 unités, 2 dizaines, 2 centaines, etc., ou 3, ou 4, etc., les restes seraient plus grands ou égaux à 0, mais dans le même ordre.

---

[*] A passer dans une première étude.

On voit encore que, par 4, les restes des dizaines sont doubles de ceux des unités ; que, par 8, les restes des dizaines sont doubles de ceux des unités, et ceux des centaines, doubles de ceux des dizaines ou quadruples de ceux des unités.

De là, les caractères de divisibilité que nous avons énoncés (98, 100 et 103).

Résultats de la division par 5.						Résultats de la division par 10.				
1	=	0	×	5	+ 1	1	=	0	× 10	+ 1
10	=	2	×	5	+ 0	10	=	1	× 10	+ 0
100	=	20	×	5	+ 0	100	=	10	× 10	+ 0

D'où résultent, sans autre explication, les caractères de divisibilité par 5 ou par 10 (101, 105).

Résultats de la division par 3.						Résultats de la division par 9.				
1	=	0	×	3	+ 1	1	=	0	× 9	+ 1
10	=	3	×	3	+ 1	10	=	1	× 9	+ 1
100	=	33	×	3	+ 1	100	=	11	× 9	+ 1
1000	=	333	×	3	+ 1	1000	=	111	× 9	+ 1

D'où l'on voit que, par 9, chaque chiffre donne un reste égal à lui-même, sauf 9, qui contient 9 et donne 0 pour reste ; — et que, par 3, chaque chiffre donne également un reste, lequel reste est 1, 2, ou 0, selon que les chiffres sont 1, 4, ou 7 ; 2, 5, 8, ou 0, 3, 6, 9 ; d'où les règles énoncées (99, 104).

Résultats de la division par 11.

1 =	0 × 11 + 1	
10 =	1 × 11 − 1	résult. plus approxim. que 0 × 11 + 10
100 =	9 × 11 + 1	
1000 =	91 × 11 − 1	» » 90 × 11 + 10
10000 =	909 × 11 + 1	
100000 =	9091 × 11 − 1	» » 9090 × 11 + 10

D'où il résulte que, lorsqu'on divise un nombre par 11, chaque chiffre donne un reste : égal à lui-même, — en plus pour les unités, les centaines, les dizaines de mille, etc. (c'est-à-dire pour les chiffres de rang impair : 1er, 3e, 5e, etc.) ; — en moins pour les dizaines, les mille, les centaines de mille, etc. (c'est-à-dire pour les chiffres de rang pair : 2e, 4e, 6e, etc.) ; d'où la règle énoncée (106).

Résultats de la division par 6.

$$1 = 0 \times 6 + 1$$
$$10 = 1 \times 6 + 4$$
$$100 = 17 \times 6 - 2$$
$$1000 = 166 \times 6 + 4$$
$$10000 = 1667 \times 6 - 2$$

Résultats de la division par 7.

$$1 = 0 \times 7 + 1$$
$$10 = 1 \times 7 + 3$$
$$100 = 14 \times 7 + 2$$
$$10000 = 143 \times 7 - 1$$
$$100000 = 1429 \times 7 - 3$$
$$1000000 = 14286 \times 7 - 2$$

D'où résultent des procédés impraticables, puisqu'ils seraient plus longs que la division du nombre par 6 ou par 7. — Il en est de même des procédés de divisibilité par 13, 17, 19, 23, etc., qu'on trouverait par la même analyse.

§ 3. — CARACTÈRES DE DIVISIBILITÉ PAR LES NOMBRES PLUS GRANDS QUE 11.

107 *bis*. Les procédés analogues, pour reconnaître la divisibilité des nombres par d'autres nombres plus grands que 11, ne sont point applicables; cependant, comme entre 11 et 100 il y en a une assez grande quantité qui sont des *multiples* (27) de ceux que nous venons d'examiner, on peut reconnaître leur divisibilité en examinant s'ils présentent les caractères de la divisibilité de leurs facteurs, comme nous l'avons fait pour 6. Tels sont les suivants :

$$12 = 3 \times 4$$
$$14 = 2 \times 7$$
$$15 = 3 \times 5$$
$$18 = 2 \times 9$$
$$21 = 3 \times 7$$
$$22 = 2 \times 11$$
$$24 = 3 \times 8$$
$$28 = 4 \times 7$$
$$33 = 3 \times 11$$
$$35 = 5 \times 7$$
$$36 = 4 \times 9$$

$$42 = 2 \times 3 \times 7$$
$$44 = 4 \times 11$$
$$45 = 5 \times 9$$
$$55 = 5 \times 11$$
$$56 = 7 \times 8$$
$$63 = 7 \times 9$$
$$66 = 2 \times 3 \times 11$$
$$72 = 8 \times 9$$
$$77 = 7 \times 11$$
$$88 = 8 \times 11$$
$$99 = 9 \times 11$$

Un nombre sera divisible par 45, par exemple, si son dernier chiffre est un 0 ou un 5, et si l'ensemble de ses chiffres est divisible par 9.

CHAPITRE XIII

Preuves de la Multiplication et de la Division par 9 et par 11.

108. Nous avons énoncé au chapitre XI (92) les diverses opérations à l'aide desquelles on peut vérifier la multiplication et la division, et nous avons indiqué comme préférable la preuve basée sur la divisibilité des nombres par 9 et par 11.

Voici maintenant le principe sur lequel cette preuve est fondée : Lorsqu'on divise deux facteurs et leur produit par un nombre, on obtient trois restes ; le produit des restes des deux facteurs, s'il est moindre que le nombre diviseur, est égal au reste du produit ; s'il est plus grand que le diviseur, en le diminuant du plus grand multiple du diviseur qu'il contient, il se trouve égal au reste du produit.

Prenons pour exemples les nombres 45 et 37 : 45 égale 6 fois 7, plus 3 ; et 37 égale 5 fois 7, plus 2. Le produit est 1665. En indiquant le calcul de la manière suivante :

<table>
<tr><td>Multiplication ordinaire.</td><td colspan="2">Multiplication décomposée (157. 3ᵉ exemple).</td></tr>
<tr><td>$45 = $</td><td colspan="2">$6 \times 7 + 3$</td></tr>
<tr><td>$37 = $</td><td colspan="2">$5 \times 7 + 2$</td></tr>
<tr><td>315</td><td>$(6 \times 7) \times (5 \times 7) = $</td><td>1470</td></tr>
<tr><td>135</td><td>$3 \times (5 \times 7) = $</td><td>105</td></tr>
<tr><td></td><td>$(6 \times 7) \times 2 = $</td><td>84</td></tr>
<tr><td>1665</td><td>$3 \times 2 = $</td><td>6</td></tr>
<tr><td></td><td></td><td>1665</td></tr>
</table>

On voit que le produit 1665 se compose de quatre produits dont les trois premiers sont divisibles par 7, et dont le dernier 3×2 constitue le reste, qui n'est autre chose que le Produit du Reste du multiplicande par le Reste du multiplicateur.

Le même raisonnement est applicable à tous les nombres ; et toutes les fois que ce principe ne se vérifie pas dans une multiplication, on peut en conclure que le calcul est faux.

109. Donc, *pour faire la preuve de la multiplication par* 9 *ou par* 11, il faut : chercher le reste du multiplicande et du multiplicateur par 9 ou par 11 ; multiplier ces deux restes l'un par l'autre ; en retrancher les multiples de 9 ou de 11, et voir si le résultat est égal au reste du produit par 9 ou par 11 [*].

	I	
Preuve par 11.	Multipl. ordin.	Preuve par 9.
9 — 13 = 7	4193	.. 4
10 = 11 = 10	5763	.. 3
70	12594	12
4	25188	3
	29386	
	20990	
17 — 13 = 4 ...	24193074	.. 3

	II	
Preuve par 11.	Multipl. ordin.	Preuve par 9.
10	28,37	.. 2
5	14,349	.. 3
50	25533	6
6	11348	
	8511	
	11348	
	2837	
6	407,08113	.. 6

Pour la preuve par 9 dans le premier exemple, on dit, au *multiplicande :* 4 et 1 font 5 ; 5 et 8 font 13, qui, divisé par 9, donne **4** pour reste. On dit, au *multiplicateur :* 3 et 6 font 9, qui donne 0 pour reste ; 5 et 7 font 12, qui donne **3** pour reste. Le produit des deux restes 4 et 3 = 12 qui donne **3** pour reste. Au *produit*, on dit : 2 et 4 font 6 et 1 font 7 et 3 font 10, qui donne 1 pour reste ; 1, 7 et 4 font 12, qui donne **3** pour reste égal au reste provenant du produit des restes des deux facteurs.

Pour la preuve par 11, dans le même exemple, on dit, au *multiplicande :* 4 et 9 font 13 ; 1 et 8 font 9 ; 13 retranché de 9 ou 13 retranché de 20 (9 + 11) = **7**. On dit au *multiplicateur :* 3 et 7 font 10 ; 6 et 5 font 11 ; 11 retranché de 21 (10 + 11) = **10** ; 10 fois 7 font 70 ; on soustrait 66, le plus haut multiple de 11 (11 × 6 = 66), il reste **4**. On dit, au *produit :* 4, 0 et 9 font 13 et 4 font 17 ; 7 et 3 font 10, et 1 font 11, et 2 font 13 ; 13 de 17 = **4**.

N. B. — Cette preuve est aussi applicable à l'addition et à la soustraction.

110. Comme la division est le contraire de la multiplication (53 et 56), c'est-à-dire, comme le quotient et le diviseur ne sont autre chose que deux facteurs, et le dividende un produit, *pour faire la preuve de la division par* 9 *ou par* 11, il

---

[*] On voit dans plusieurs ouvrages ces restes distribués aux extrémités ou dans les angles d'une croix ou d'un grand X ; mais c'est là une pratique sans utilité.

faut : chercher les restes du diviseur et du quotient par 11 ou par 9 ; les multiplier l'un par l'autre ; extraire les multiples de 9 ou de 11 ; ajouter au produit le reste du reste, s'il y en a un ; enlever de cette somme tous les multiples de 9 ou de 11, et voir si le résultat est égal au reste du dividende par 9 ou par 11.

I. — Division sans reste.

```
        Preuve par 9                        Preuve par 11
3 ... 24193074 │ 5763 ... 3        4 ... 24193074 │ 5763 ... 10
      11410    │                         11410    │
      56477    │ 4198 ... 4              56177    │ 4198 ...  7
      46104         ───                  46104         ───
          0          12                      0          70
                     ───                                ───
                      3                                  4
```

II. — Division avec reste.

```
        Preuve par 9.                       Preuve par 11.
3 ... 25237524 │ 9542 ... 2        4 ... 25237524 │ 9542 ... 5
      61535    │ 2644 ... 7              61535    │ 2644 ... 4
      42832         ───                  42832         ───
      46641          14                  46644          20
      8476 .......... 5                  8476 .......... 9
                      7                                  6
                     ───                                ───
                      12                                 15
                     ───                                ───
                       3                                  4
```

111. La preuve par 9 et par 11 est en défaut pour la multiplication toutes les fois que l'on intervertit l'ordre des produits partiels. En effet, si l'on dispose la multiplication qui a servi d'exemple autrement qu'elle ne doit l'être, et si l'on fait la preuve, on trouve l'opération exacte.

```
        Opération exacte.                           Opération fausse.
            Preuve        Preuve                         Preuve        Preuve
            par 9.        par 11.                        par 9.        par 11.
    4198 .. 4 ......... 7                        4198 .. 4 ......... 7
    5763 .. 3 ......... 10                       5763 .. 3 ......... 10
    ────    ──          ──                       ────    ──          ──
    12594   12          70                       12594   12          70
    ────    ──          ──                       ────    ──          ──
    25188    3           4                       25188    3           4
    29386                                        29386
    20990                                        20990
    ────────                                     ────────
    24193074 .. 3 .. ..... 4                     503760 .. 3 ....... 4
```

Dans ces deux opérations, les nombres de fois 9 ou 11 contenues dans les produits varient, mais le reste du produit total ne change pas.

Il n'en est pas de même dans la division ; car, dès qu'on altère un dividende partiel, le quotient change, et la preuve accuse l'erreur.

111 *bis.* Sauf cette éventualité, on conçoit que la preuve par 9 n'est en défaut que lorsqu'on s'est trompé d'un certain nombre de fois 9, en plus ou en moins, et que la preuve par 11 n'est en défaut que lorsqu'on a fait une erreur d'un certain nombre de fois 11 en plus ou en moins. Donc, quand les preuves par 9 et par 11 s'accordent à n'accuser aucune faute de calcul, il est *très-probable* que le résultat obtenu est exact. En effet, l'erreur ne peut plus être que d'un multiple de 9 fois 11 = 99.

112. Au reste, tous les nombres dont la divisibilité dépend de tous les chiffres sont bons pour faire ce genre de preuve ; mais 9 et 11 sont les seuls dont la division offre assez de rapidité dans la pratique.

CHAPITRE XIV

Décomposition d'un nombre en ses facteurs premiers ou en ses diviseurs premiers.

113. On peut classer les nombres en nombres **premiers** et en nombres **composés** de nombres premiers.

Les nombres *premiers* sont ceux qui ne sont divisibles que par eux-mêmes et par l'unité, tels que :

2, 3, 5, 7, 11, 13, 17, 19, etc.

Les nombres *composés*, infiniment plus nombreux, sont

ceux qui sont formés avec des nombres premiers, tels que :

4, 6, 8, 9, 10, 12, 14, 15, 16, 18, 20, etc.

D'après la divisibilité des nombres que nous avons exposée, il ne faut pas chercher les nombres premiers dans les nombres terminés par un chiffre pair ou par un 5 ; — dans ceux dont l'ensemble est divisible par 3, — ou dans ceux dont la différence entre la somme des chiffres de rang pair et celle des chiffres de rang impair est un multiple de 11 ou un zéro.

Tous les nombres qui ne sont divisibles par aucun des nombres premiers moindres que leur moitié sont **premiers**.

Table des nombres premiers de 1 à 1000.

2	79	191	311	439	577	709	857
3	83	193	313	443	587	719	859
5	89	197	317	449	593	727	863
7	97	199	331	457	599	733	877
11	101	211	337	461	601	739	881
13	103	223	347	463	607	743	883
17	107	227	319	467	613	751	887
19	109	229	353	479	617	757	907
23	113	233	359	487	619	761	911
29	127	239	367	491	631	769	919
31	131	241	373	499	641	773	929
37	137	251	379	503	643	787	937
41	139	257	383	509	647	797	941
43	149	263	389	521	653	809	947
47	151	269	397	523	659	811	953
53	157	271	401	541	661	821	967
59	163	277	409	547	673	823	971
61	167	281	419	557	677	827	977
67	173	283	421	563	683	829	983
71	179	293	431	569	691	839	991
73	181	307	438	571	701	853	997

Deux nombres qui n'ont pas de facteur commun sont dits *premiers entre eux*, bien que l'un d'eux ou tous deux ne soient pas premiers séparément. Ainsi, 15 et 16, composés l'un de 3 et de 5, l'autre du facteur 2 élevé à la quatrième puissance, sont premiers entre eux.

On donne le nom de *Facteurs premiers* et de *Diviseurs premiers* aux facteurs et aux diviseurs qui sont des nombres premiers.

Les facteurs premiers de 15 sont 3 et 5, ceux de 16 sont 2, 2, 2 et 2, c'est à-dire 2 élevé à la quatrième puissance.

114. Lorsqu'un nombre n'est pas premier, on a souvent besoin de le décomposer en ses facteurs ou diviseurs premiers.

Pour décomposer un nombre en ses facteurs premiers, on le divise successivement par chacun des nombres premiers 2, 3, 5, 7, 11, 13, 17, 19, etc., qui n'excèdent pas sa moitié. — Si le nombre proposé n'est divisible par aucun d'eux, c'est un nombre premier. — Si la division peut se faire sans reste par un de ces nombres, on divise le quotient par ce même diviseur jusqu'à ce qu'on obtienne un quotient qui ne soit plus divisible. — On continue à opérer sur le dernier quotient obtenu, comme sur le nombre proposé, et ainsi de suite jusqu'à ce que l'on parvienne à un quotient qui soit un nombre premier.

La recherche des facteurs ou diviseurs premiers des nombres 32, 3125, 1155, 2310 donne lieu aux calculs suivants (la première colonne contient, après le nombre, les dividendes successifs; la seconde contient les facteurs ou diviseurs premiers).

I		II		III		IV	
32	2	3125	5	1155	3	2310	2
16	2	625	5	385	5	1155	3
8	2	125	5	77	7	385	5
4	2	25	5	11	11	77	7
2	2	5	5			11	11

Pour décomposer 32, on voit que 32 est divisible par 2 qu'on place à gauche. On fait la division, et on pose le quotient 16 sous 32. On voit que 16 contient encore le facteur 2 que l'on met sous le premier; on divise 16 par 2, et l'on pose le quotient 8 sous 16, etc.

Pour décomposer 1155, on voit que ce nombre est divisible par 3, et on pose ce facteur dans la colonne à droite. On fait la division, et on pose le quotient 385 sous le nombre. 385 ne contient plus le facteur 3 et contient le facteur 5, on pose 5 sous le 3, et on divise, etc.

Pour faire cette opération, il faut naturellement avoir présents à l'esprit les caractères de divisibilité des nombres.

Cette décomposition montre que

32 est formé de 2, 5 fois facteur, ou de 2 multiplié 4 fois par lui-même, ou de $2 \times 2 \times 2 \times 2 \times 2 = 2^4$ (35);

3125 est formé de 5 également 5 fois facteur, ou de 5 multiplié 4 fois par lui-même, ou de $5 \times 5 \times 5 \times 5 \times 5 = 5^4$;

1155 est formé des facteurs premiers 3, 5, 7 et 11;

2310 est formé des facteurs premiers 2, 3, 5, 7 et 11.

Elle montre encore que *tout nombre* est égal au produit de ses facteurs ou diviseurs premiers. Ce qui revient à dire que

$$32 = 2^4 = 2 \times 2 \times 2 \times 2 \times 2$$
$$3125 = 5^4 = 5 \times 5 \times 5 \times 5 \times 5$$
$$1155 = 3 \times 5 \times 7 \times 11$$
$$2310 = 2 \times 3 \times 5 \times 7 \times 11$$

114 bis. Il est utile de connaître et de s'exercer à trier dans la série des nombres ceux qui sont premiers, ceux qui ne le sont pas, et, pour ces derniers, la manière dont ils sont composés. Le tableau suivant indique ce triage pour les nombres compris entre 1 et 100, les chiffres en caractères gras indiquent les nombres premiers.

1	**17**	33 = 3.11
2	18 = 2.3.3	34 = 2.17
3	**19**	35 = 5.7
4 = 2.2	20 = 2.2.5	36 = 2.2.3.3
5	21 = 3.7	**37**
6 = 2.3	22 = 2.11	38 = 2.19
7	**23**	39 = 3.13
8 = 2.2.2	24 = 2.2.2.3	40 = 2.2.2.5
9 = 3.3	25 = 5.5	**41**
10 = 2.5	26 = 2.13	42 = 2.3.7
11	27 = 3.3.3	**43**
12 = 2.2.3	28 = 2.2.7	44 = 2.2.11
13	**29**	45 = 3.3.5
14 = 2.7	30 = 2.3.5	46 = 2.23
15 = 3.5	**31**	**47**
16 = 2.2.2.2	32 = 2.2.2.2.2	48 = 2.2.2.2.3

49 = 7.7	**67**	85 = 5.17
50 = 2.5.5	68 = 2.2.17	86 = 2.43
51 = 3.17	69 = 3.23	87 = 3.29
52 = 2.2.13	70 = 2.5.7	88 = 2.2.2.11
53	**71**	**89**
54 = 2.3.3.3	72 = 2.2.2.3.3	90 = 2.3.3.5
55 = 5.11	**73**	91 = 7.13
56 = 2.2.2.7	74 = 2.37	92 = 2.2.23
57 = 3.19	75 = 3.5.5	93 = 3.31
58 = 2.29	76 = 2.2.19	94 = 2.47
59	77 = 7.11	95 = 5.19
60 = 2.2.3.5	78 = 2.3.13	96 = 2.2.2.2.2.3
61	**79**	**97**
62 = 2.31	80 = 2.2.2.2.5	98 = 2.7.7
63 = 3.3.7	81 = 3.3.3.3	99 = 3.3.11
64 = 2.2.2.2.2.2	82 = 2.41	100 = 2.2.5.5
65 = 5.13	**83**	
66 = 2.3.11	84 = 2.2.3.7	

Nous engageons le lecteur à continuer ce travail jusqu'à 200, 300 ou 400, et à le recommencer pour apprendre à connaître à première vue la composition des nombres, notamment de ceux composés des facteurs les plus usuels, 2, 3, 5 et 11.

Il y a une méthode simple appelée *crible* d'Ératosthène (bibliothécaire d'Alexandrie, IIIe siècle av. J.-C.), pour découvrir dans la suite naturelle des nombres ceux qui sont premiers. Elle consiste à écrire la suite des nombres impairs et à effacer tous les nombres que l'on compte dans la série de trois en trois, de cinq en cinq, de sept en sept, de onze en onze, et ainsi de suite, qui sont naturellement divisibles par 3, 5, 7, 11, etc.

1 . 2 . 3 . 5 . 7 . **9** . 11 . 13 . **15** . 17 . 19 . **21** . 23 . **25** . **27** . 29 . 31 . **33** . **35** . 37 . **39** . 41 . 43 . **45** . **47** . **49** . **51** . 53 . **55** . **57** . 59, etc.

CHAPITRE XV

Des autres diviseurs des nombres, des diviseurs communs et du plus grand commun diviseur.

§ 1. — RECHERCHE DE TOUS LES DIVISEURS D'UN NOMBRE.

115. Outre les diviseurs premiers ou facteurs premiers dont nous venons de parler, les nombres ont d'autres diviseurs. Il est quelquefois utile de se rendre compte de ces diviseurs.

Pour trouver tous les diviseurs qui composent un nombre, on décompose ce nombre en ses facteurs ou diviseurs premiers; et on multiplie successivement le premier diviseur premier par le deuxième, — le premier, le deuxième et leur produit par le troisième, — le premier, le deuxième, le troisième et les produits obtenus par le quatrième; ainsi de suite jusqu'à la fin, en omettant d'inscrire ceux déjà trouvés.

En appliquant cette règle aux nombres 360 et 400, on se rendra compte de la marche de l'opération.

```
Diviseurs
premiers.  Autres diviseurs.
 360 | 2 ,
 180 | 2 , 4 ,
  90 | 2 , 8 ,
  45 | 3 ,  6 , 12 , 24 ,
  15 | 3 ,  9 , 18 , 36 , 72 ,
   5 | 5 , 10 , 20 , 40 , 15 , 30 , 60 , 120 , 45 , 90 , 180 , 360.
 400 | 2 ,
 200 | 2 , 4 ,
 100 | 2 , 8 ,
  50 | 2 , 16 ,
  25 | 5 , 10 , 20 , 40 , 80 ,
   5 | 5 , 25 , 50 , 100 , 200 , 400.
```

D'où il résulte que 360 a vingt-trois diviseurs, dont quatre *premiers:* 2, 3 et 5; — que 400 n'a que quatorze diviseurs, dont deux *premiers:* 2 et 5.

Par ces multiplications successives des diviseurs on obtient toujours des nombres qui divisent le nombre donné, puisque les produits sont toujours formés avec les diviseurs premiers qui sont les éléments du nombre.

116. Un nombre qui divise à la fois, exactement et sans reste, deux ou plusieurs nombres, est appelé *diviseur commun*.

117. Quand plusieurs nombres ont un *diviseur commun*, leur somme admet le même diviseur. — Par exemple, les nombres 12, 15, 21, étant divisibles par 3, leur somme 48 est nécessairement divisible par 3.

118. Quand une somme composée de deux parties, et l'une de ces parties, ont un diviseur commun, l'autre partie admet nécessairement le même diviseur. — Par exemple, la somme 45 des nombres 30 et 15 étant divisible par 5, et la première partie 30 étant aussi divisible par 5, la deuxième partie 15 sera nécessairement divisible par 5.

119. *Autre manière.* — On peut aussi se rendre compte des diviseurs communs entre deux ou plusieurs nombres, au moyen de la décomposition en facteurs premiers.

Les deux opérations ci-dessus montrent, par exemple, que 2, 4, 8, 5, 10, 20, 40 sont les diviseurs communs de 360 et de 400.

§ 2. — RECHERCHE DU PLUS GRAND COMMUN DIVISEUR.

120. On a quelquefois besoin de connaître, notamment dans le calcul des fractions, le plus grand de tous les diviseurs communs à deux ou à plusieurs nombres, que l'on nomme *le plus grand commun diviseur* (le P. G. C. D.).

Pour trouver le P. G. C. D. de deux nombres, on divise le plus grand par le plus petit; — si le reste est zéro, le plus petit nombre est le P. G. C. D. cherché; — s'il y a un reste, on divise le plus petit nombre par ce premier reste; — si le reste de cette division est zéro, le premier reste est le diviseur cherché ; s'il y a un reste, on divise le premier reste par ce deuxième reste, et ainsi de suite jusqu'à ce que l'on parvienne à un quotient exact ; — le dernier diviseur exact est le plus grand commun diviseur des deux nombres.

Les quatre opérations suivantes ont pour but de chercher le plus grand commun diviseur entre 48 et 24, entre 48 et 36, entre 48 et 18, entre 48 et 19.

$$
\begin{array}{c}
\text{I} \\
\text{Quotients}\dots\dots\dots\dots\ 2 \\
48 \mid 24 \\
\text{Restes}\dots\dots\dots\ 0
\end{array}
\qquad
\begin{array}{c}
\text{II} \\
1 \mid 3 \\
48 \mid 36 \mid 12 \\
12 \mid 0
\end{array}
$$

$$
\begin{array}{c}
\text{III} \\
\text{Quotients}\dots\dots\ 2 \mid 1 \mid 2 \\
48 \mid 18 \mid 12 \mid 6 \\
\text{Restes}\dots\dots\ 12 \mid 6 \mid 0
\end{array}
\qquad
\begin{array}{c}
\text{IV} \\
2 \mid 1 \mid 1 \mid 9 \\
48 \mid 19 \mid 10 \mid 9 \mid 1 \\
10 \mid 9 \mid 1 \mid 0
\end{array}
$$

Les nombres 24, 12, 6 et 1 sont les p. g. c. d. cherchés : le premier entre 48 et 24 ; le deuxième entre 48 et 36 ; le troisième entre 48 et 18, et le dernier entre 48 et 19.

Dans la première opération, on a simplement divisé 48 par 24 ; — dans la seconde, on a divisé 48 par 36, puis 36 par 12, reste ; — dans la troisième, on a divisé 48 par 18 ; puis 18 par 12, premier reste ; puis 12 par 6, deuxième reste ; — dans la quatrième, on a divisé 48 par 19 ; puis 19 par 10, premier reste ; puis 10 par 9, deuxième reste ; puis 9 par 1, troisième reste.

* *Théorie.* — Prenons, pour démontrer cette règle, le troisième exemple. Il est évident que le P. G. C. D. entre 18 et 48 ne peut pas être plus grand que 18, puisqu'il doit diviser ce nombre, et par conséquent il doit être égal à 18 ou plus petit que lui. Il serait égal à 18, si 18 divisait exactement 48. On est donc conduit à diviser 48 par 18 ; mais le nombre 48 n'étant pas divisible par 18, on observe que $48 = 18 \times 2 + 12$;

---

* A passer dans une première étude.

et comme l'on peut prendre 48 pour la somme des deux nombres 18 $\times$ 2 et 12, il est évident que puisque 48 et l'une de ses parties, 18, sont divisibles par le P. G. C. D., il faut que la seconde partie, 12, soit aussi divisible par ce même nombre, de sorte que le P. G. C. D. entre 18 et 12 est le même que celui qui existe entre 48 et 18. Or, comme on ne peut pas trouver le P. G. C. D. entre 48 et 18, il faut le chercher entre 18 et 12.

Ici, même raisonnement : en effet, le P. G. C. D. entre 18 et 12 ne peut être plus grand que 12 et, par conséquent, il est égal à 12 ou plus petit que 12 ; pour voir s'il est égal à 12, on effectue la division de 18 par 12, etc.

Donc on voit que, pour chercher le P. G. C. D. entre deux nombres, on est conduit à diviser le plus grand par le plus petit ; et si la division se fait avec un reste, à diviser le plus petit nombre par ce premier reste, etc.

Quand les deux nombres sont premiers entre eux, c'est-à-dire quand ils n'ont pas de P. G. C. D., on trouve l'*unité* pour P. G. C. D.

121. *Pour trouver le P. G. C. D. de plusieurs nombres*, on cherche le P. G. C. D. entre le premier nombre et le deuxième ; — entre le P. G. C. D. obtenu et le troisième nombre ; — entre le deuxième P. G. C. D. obtenu et le quatrième nombre, et ainsi de suite jusqu'au dernier des nombres donnés. — Le P. G. C. D. fourni par la dernière opération est celui des nombres donnés.

Soit à chercher le P. G. C. D. entre 144 et 54, entre 42 et 18.

P. G. C. D. entre 144 et 54.

		2	1	2
144	54	36	**18**
36	18	0	

P. G. C. D. entre 18 et 42.

		2	3
42	18	**6**
6	0		

La première opération indique que 18 est le plus grand commun diviseur entre 144 et 54, et la seconde, que 6 est le plus grand commun diviseur entre 42 et 18, P. G. C. D. des deux premiers nombres ; mais comme 18 se trouve à la fois diviseur commun et nombre donné, il s'ensuit que 6 est le plus grand commun diviseur entre 144, 54, 42 et 18, c'est-à-dire le plus grand nombre qui puisse diviser à la fois ces quatre nombres.

122. *Autre manière.* — La décomposition des nombres premiers fournit aussi le moyen de trouver le plus grand commun diviseur entre deux ou plusieurs nombres.

En nous reportant (114) aux décompositions des nombres 32, 3125, 1155, 2310 on voit qu'il n'y a pas de plus grand commun diviseur entre les quatre nombres; — que 2 est le P. G. C. D. entre 32 et 2310; — que 5 est le P. G. C. D. entre 3125, 1155 et 2310; — que 1155 $(3 \times 5 \times 7 \times 11)$ est le plus grand commun diviseur entre 1155 et 2310.

CHAPITRE XVI

Recherche du plus petit nombre divisible par plusieurs nombres donnés.

123. On a aussi besoin de trouver dans le calcul des fractions *le plus petit nombre divisible* par plusieurs nombres donnés.

Pour trouver le plus petit nombre divisible par plusieurs nombres donnés, on décompose ces nombres en leurs facteurs premiers, et l'on forme avec tous les facteurs premiers communs, que l'on prend autant de fois qu'ils sont contenus dans le nombre qui les contient le plus, un Produit qui est le plus petit nombre divisible par tous les nombres donnés.

Soit à trouver le plus petit nombre divisible par 16, 48, 72, 64, 96, 128, 240.

16	2	48	2	72	2	64	2	96	2	128	2	240	2
8	2	24	2	36	2	32	2	48	2	64	2	120	2
4	2	12	2	18	2	16	2	24	2	32	2	60	2
2	2	6	2	9	3	8	2	12	2	16	2	30	2
		3	3	3	3	4	2	6	2	8	2	15	3
						2	2	3	3	4	2	5	5
										2	2		

On prend le facteur 2 dans 128 où il est 7 fois ; — le facteur 3 dans 72 où il est 2 fois ; — le facteur 5 dans 240 où il est 1 fois ; — on forme avec tous ces facteurs le produit suivant :

$$2^7 \times 3^2 \times 5 \quad \text{ou} \quad 128 \times 9 \times 5 = 5760$$

5760 est le plus petit nombre divisible par 16, 48, 72, 64, 96, 128, 240.

124. Comme on opère, le plus souvent, sur de petits nombres qui ne dépassent pas 100, il arrive presque toujours que le plus grand des nombres donnés est le plus petit nombre divisible par tous les autres, ou qu'on le rend tel en le doublant, triplant, quadruplant, etc., c'est-à-dire en y introduisant le facteur 2, ou le facteur 3, ou 2 fois le facteur 2, etc.

S'il s'agit, par exemple, de trouver le plus petit nombre divisible par 8, 4, 6 et 16, on voit tout de suite que 16 ne satisfait pas à la question et qu'il manque à 16 ($2 \times 2 \times 2 \times 2$) le facteur 3 pour contenir 6. On introduit donc ce facteur 3 en triplant le nombre. Dès lors, 48 remplit les conditions, car il contient le facteur 2 formant 8 et à fortiori ceux formant 4, plus les facteurs 3 et 2 formant 6 :

16	2	6	2	48	2
8	2	3	3	24	2
4	2			12	2
2	2			6	2
				3	3

Ce procédé est d'un fréquent usage dans la réduction des fractions au même dénominateur.

125. Nous ne saurions trop recommander aux personnes qui veulent calculer vite de se familiariser avec toutes les

propriétés des nombres rappelées dans les chapitres de ce livre.

** Autre méthode pour trouver le plus petit nombre divisible.*

125 *bis.* Reynaud [**] a déduit du procédé du plus grand commun diviseur le moyen de trouver le plus petit nombre divisible par des nombres donnés, sans qu'il soit nécessaire de décomposer ces nombres en facteurs premiers. Nous allons reproduire ce procédé et son explication au moyen de quantités numériques, le plus succinctement possible.

Soit à trouver le plus petit nombre divisible par 96, 128 et 240. On cherche le plus grand commun diviseur de 96 et 128, qui est 32 ; on divise 128 par 32, ce qui fournit le quotient 4 ; on multiplie 96 par 4, ce qui fournit le produit 384 qui est le plus petit nombre divisible par 96 et 128. On cherche le plus grand commun diviseur entre 384 et 240 qui est 48. On divise 240 par 48, ce qui donne le quotient 5. On multiplie 384 par 5, et le produit 1920 est le plus petit nombre divisible par 96, 128 et 240.

En effet, le plus petit nombre divisible par 96 étant 96, on obtient le plus petit nombre divisible par 96 et 128 en déterminant le plus petit nombre par lequel il faut multiplier 96, pour que le produit soit divisible par 128. Pour que ce produit soit divisible par 128, il suffit qu'il contienne tous les facteurs de 128 qui entrent dans 96 ; or, en cherchant le plus grand commun diviseur de 96 et 128, qui est 32, et divisant 96 par 32, le quotient 4 sera le produit de tous les facteurs de 128 qui n'entrent pas dans 96 et qu'il faut y faire entrer. 96 $\times$ 4, ou 384, est donc le plus petit nombre divisible par 96 et 128.

En raisonnant de même sur 384 et 240, on arrive à la règle

---

générale suivante : *Pour trouver, par cette méthode, le plus petit nombre divisible* par des nombres donnés, on cherche le P. G. C. D. du premier et du second; on divise le plus grand des deux par ce P. G. C. D., et l'on multiplie le plus petit par le quotient. On cherche le P. G. C. D. de ce produit et du nombre suivant; on divise celui-ci par ce P. G. C. D., et l'on multiplie le produit par le quotient; ce qui donne le plus petit nombre divisible par trois nombres donnés, etc.

Ce procédé peut être plus court que celui que nous avons indiqué, dans certains cas que le calculateur exercé pourra discerner.

LIVRE III

THÉORIE ET CALCULS DES FRACTIONS ORDINAIRES SEULES
OU RÉUNIES A DES ENTIERS.

(PARTIES ALIQUOTES.)

Définition, numération et propriétés des Fractions ordinaires. — Changements que peuvent subir les deux termes. — Réduction de deux ou plusieurs fractions au même dénominateur. — Simplification d'une fraction. — Réduction d'un nombre en expression fractionnaire, et d'une expression fractionnaire en une autre expression fractionnaire. — Extraction des nombres entiers contenus dans une expression fractionnaire. — Addition, Soustraction, Multiplication et Division des fractions ordinaires, réunies ou non réunies à des nombres entiers. — Méthodes des parties aliquotes. — Conversion des fractions ordinaires en fractions décimales, et réciproquement. — Fractions décimales périodiques.

CHAPITRE XVII

Numération et propriétés des fractions ordinaires.

Nous avons déjà dit (2) que l'on entend par **Fraction** * une ou plusieurs parties égales de l'Unité. Nous comprendrons aussi sous ce nom générique les expressions plus grandes que l'unité, mais de même forme, qu'on nomme *nombres fractionnaires* ou *expressions fractionnaires*.

Nous avons parlé des *fractions décimales* concurremment avec les nombres entiers dans les chapitres précédents. Nous allons maintenant nous occuper spécialement des fractions autres que les fractions décimales et qui ont reçu le nom de *fractions ordinaires*, parce qu'elles étaient jadis plus usuelle-

---

* *Nombre rompu* dans les vieux auteurs, du latin *fractio*, fraction, rupture.

ment employées. Plus loin, au livre VIII, il sera question des subdivisions et des nombres dits *Complexes*.

§ 1. — NUMÉRATION DES FRACTIONS ORDINAIRES.

126. Quand l'unité est divisée en deux parties, chacune de ces parties s'appelle une *demie;* si elle est divisée en trois parties, chacune de ces parties s'appelle un *tiers ;* si elle est divisée en quatre parties, chacune de ces parties s'appelle un *quart*, et si elle est partagée en 5, 6,... 20,... 100,... 127,... 239.... etc.... parties, chaque partie prend successivement le nom du nombre avec la terminaison *ième :* cinqu *ième*, six *ième*, vingt *ième*, cent *ième*, cent-vingt-sept *ième*, deux-cent-trente-neuv *ième*, etc. *.

En prenant une ligne pour unité, on voit bien :

```
Que 1 Unité   ______________________________________
  = 2 Demies________________________  ______________
  = 3 Tiers  ______________  ______________  ________
  = 4 Quarts ___________  ___________  _________  ____
        Etc.
```

127. *Pour écrire une fraction*, on se sert de deux nombres : l'un, appelé *dénominateur* et placé au-dessous de l'autre dont il est séparé par un trait, indique en combien d'unités fractionnaires l'unité principale est partagée ; — l'autre, appelé *numérateur*, indique le nombre de ces unités qu'on veut exprimer.

On voit, par conséquent, qu'une fraction n'est autre chose qu'une *division à effectuer* dans laquelle le Numérateur et le Dénominateur sont le Dividende et le Diviseur. Ainsi on écrit :

3 quarts, 5 dixièmes, 9 vingtièmes, 107 trois cent quinzièmes,

$$\frac{3}{4} \qquad \frac{5}{10} \qquad \frac{9}{20} \qquad \frac{107}{315}$$ Numérateurs.
Dénominateurs.

ou encore : 3/4   5/10   9/20   107/315
signifiant : 3 : 4   5 : 10   9 : 20   107 : 315

---

* Il eût été plus régulier de dire : deuxième, troisième, quatrième pour les demies, les tiers, les quarts.

Le *dénominateur* sert donc à *dénommer* les unités fractionnaires, et le *numérateur* à en exprimer le nombre, à les *énumérer*.

Les expressions fractionnaires dont le dénominateur est l'Unité ou Zéro équivalent à des entiers représentés par le numérateur.

$$\frac{1}{1}, \frac{2}{1}, \frac{3}{1}, \frac{4}{1}, \text{ etc.}, = \frac{1}{0}, \frac{2}{0}, \frac{3}{0}, \frac{4}{0}, \text{ etc.}, = 1, 2, 3, 4, \text{ etc.}$$

En effet, 1 : 1 donne 1, comme 4 : 1 donne 4, etc.; et 4 : 0 donne 0, qui, multiplié par 0, donne 0, qui, retranché de 4, donne 4 pour reste. Au contraire, les expressions

$$\frac{0}{1}, \frac{0}{2}, \frac{0}{3}, \frac{0}{4}, \text{ etc.},$$

correspondent à 0, car 0 : 1, donne 0, qui, multiplié par 1, donne 0.

128. Les *fractions décimales* peuvent s'écrire sous forme de fractions ordinaires; elles ne sont qu'une variété de fractions ordinaires dont le dénominateur est 10 ou une puissance de 10 (36), c'est-à-dire

$$10, 100, 1000, \text{ etc.} = 10^1, 10^2, 10^3, \text{ etc.}$$

Ainsi,	0,8	0,09	0,253
peuvent s'écrire :	$\frac{8}{10}$	$\frac{9}{100}$	$\frac{253}{1000}$

Dans cette différence de Numération, il y a toute une découverte. Sous la première forme, on peut calculer les fractions décimales comme des nombres entiers ; sous la seconde, il faut avoir recours aux procédés plus compliqués que nous allons exposer.

Nous allons bientôt voir que les fractions décimales sont le résultat des divisions indiquées par les fractions ordinaires et qui sont effectuées.

129. Pour se servir des fractions, il faut connaître, indépendamment de la manière de faire les quatre règles auxquelles
elles peuvent, comme les autres nombres, donner lieu, les
propriétés générales que nous allons exposer.

1° *Une fraction ne change pas de valeur*, tout en changeant
de nom, toutes les fois que l'on multiplie ou que l'on divise
le numérateur et le dénominateur par la même quantité.

$$\frac{3}{4} = \frac{3 \times 6}{4 \times 6} = \frac{18}{24}$$

En effet, quand on dit 18/24 au lieu de 3/4, on suppose
l'Unité partagée en 6 fois plus de parties ou 24, au lieu de 4;
mais aussi on en prend 6 fois plus ou 18, au lieu de 3 ;

$$\frac{6}{12} = \frac{6 : 2}{12 : 2} = \frac{3}{6}$$

Car, lorsqu'on dit 3/6 au lieu de 6/12, l'unité est partagée en
2 fois moins de parties ; mais aussi on en prend 2 fois moins.

2° *Une fraction est d'autant plus grande* que son numérateur
est plus grand, ou que son dénominateur est plus petit.

Il est évident que

$$\frac{5}{8} \text{ est plus grand que } \frac{4}{8}$$
$$\frac{5}{7} \cdots\cdots\cdots\cdots \frac{5}{8}$$

3° *Une fraction est d'autant plus petite* que son numérateur
est plus petit, ou que son dénominateur est plus grand.

$$\frac{4}{8} \text{ est plus petit que } \frac{5}{8}$$
$$\frac{5}{8} \cdots\cdots\cdots\cdots \frac{5}{7}$$

C'est sur ces deux principes évidents que s'appuie la théorie
de la multiplication et de la division des fractions, ainsi que

celles de la réduction des fractions au même dénominateur et de la simplification des fractions.

130. La suppression du dénominateur équivaut à la multiplication de la fraction par le même nombre.

Soit $\frac{6}{12}$; si l'on supprime le numérateur 12, il reste 6 entiers, qui est un nombre 12 fois plus fort que $\frac{6}{12}$, et qui équivaut à $\frac{6 \times 12}{12}$, lequel se réduit à 6 par la simplification indiquée plus loin (ch. xix).

CHAPITRE XVIII

Réduction des fractions au même dénominateur.

131. On est forcé de réduire les fractions au même dénominateur toutes les fois que l'on veut faire une Addition ou une Soustraction de fractions, parce que, dans ces deux cas, il faut toujours avoir des unités de même nature.

Il y a deux manières de faire cette opération.

132. 1ʳᵉ *manière*. — La première manière, celle que nous allons d'abord exposer, est plus générale, mais plus longue ; aussi ne l'emploie-t-on que lorsqu'on ne peut pas faire autrement, c'est-à-dire lorsque les dénominateurs sont premiers, ou premiers entre eux (113).

Elle consiste à *multiplier les deux termes de chaque fraction par le produit des dénominateurs de toutes les autres*, comme dans les exemples suivants.

Soit à réduire au même dénominateur les Fractions :

$$\frac{3}{4} \qquad \frac{5}{8} \qquad \frac{1}{2} \qquad \frac{5}{12}$$

Voici les opérations à faire :

$$\frac{3 \times 8 \times 2 \times 12}{4 \times 8 \times 2 \times 12} \qquad \frac{5 \times 4 \times 2 \times 12}{8 \times 4 \times 2 \times 12} \qquad \frac{1 \times 4 \times 8 \times 12}{2 \times 4 \times 8 \times 12} \qquad \frac{5 \times 4 \times 8 \times 2}{12 \times 4 \times 8 \times 2}$$

C'est-à-dire :

$$\frac{3 \times 192}{4 \times 192} \qquad \frac{5 \times 96}{8 \times 96} \qquad \frac{1 \times 384}{2 \times 384} \qquad \frac{5 \times 64}{12 \times 64}$$

D'où les fractions réduites :

$$\frac{576}{768} \qquad \frac{480}{768} \qquad \frac{384}{768} \qquad \frac{320}{768}$$

Autre exemple :

$$\frac{5}{7} \quad \frac{3}{4} \quad \frac{2}{5} = \frac{5 \times 20}{7 \times 20} \quad \frac{3 \times 35}{4 \times 35} \quad \frac{2 \times 28}{5 \times 28} = \frac{100}{140} \quad \frac{105}{140} \quad \frac{56}{140}$$

Les fractions se trouvent avoir le même dénominateur, parce qu'on leur donne, par ce procédé, à toutes, pour dénominateur, le produit de tous les dénominateurs.

La valeur n'est pas altérée, parce qu'on multiplie les deux termes de chacune par le même nombre, en vertu du principe ci-dessus (129).

En effectuant d'abord les produits des dénominateurs des fractions autres que le dénominateur de celle que l'on réduit, on rencontre des produits partiels qui se répètent et qui permettent presque toujours de faire le calcul de tête.

On *simplifie* encore si, après avoir calculé la première fraction par la règle ordinaire, on divise son dénominateur nouveau successivement par les dénominateurs des autres, et si l'on multiplie chaque numérateur par le quotient respectif :

Soient les fractions du premier exemple :

$$\frac{3}{4} \qquad \frac{5}{8} \qquad \frac{1}{2} \qquad \frac{5}{12}$$

Elles donnent lieu aux calculs suivants :

$$8 \times 2 \times 12 = 192 \qquad \frac{3 \times 192}{4 \times 192} = \frac{576}{768}$$

$$768 : 8 = 96 \qquad 768 : 2 = 384 \qquad 768 : 12 = 64$$

$$\frac{5 \times 96}{8 \times 96} = \frac{480}{768} \qquad \frac{1 \times 384}{2 \times 384} = \frac{384}{768} \qquad \frac{5 \times 64}{12 \times 64} = \frac{320}{768}$$

Le second exemple ne peut être réduit que de cette manière générale, mais le premier peut l'être aussi par celle que nous allons indiquer.

133. *Deuxième manière abrégée.* — Elle consiste à *multiplier les deux termes de chaque fraction par le quotient du plus petit nombre divisible* (par tous les dénominateurs) *par le dénominateur de la fraction que l'on réduit.*

Ainsi, il faut chercher le plus petit nombre divisible (124) par tous les dénominateurs des fractions proposées, diviser ce plus petit nombre par le dénominateur de la fraction que l'on veut réduire, et multiplier les deux termes par ce quotient.

Soient encore les fractions déjà prises pour exemple.

$$\frac{3}{4} \qquad \frac{5}{8} \qquad \frac{1}{2} \qquad \frac{5}{12}$$

Le plus petit nombre divisible par les dénominateurs 4, 8, 2, 12 est 24. Voir l'explication du moyen (124).

En divisant ce plus petit nombre divisible par chaque dénominateur, on obtient :

$$24 : 4 = 6 \qquad 24 : 8 = 3 \qquad 24 : 2 = 12 \qquad 24 : 12 = 2$$

En multipliant les deux termes de chaque fraction par ce quotient, on obtient :

$$\frac{3 \times 6}{4 \times 6} \; \frac{5 \times 3}{8 \times 3} \; \frac{1 \times 12}{2 \times 12} \; \frac{5 \times 2}{12 \times 2} = \frac{18 \quad 15 \quad 12 \quad 10}{24}$$

$$\text{Au lieu de} \dots\dots\dots\dots\dots\dots \frac{576,480,384,320}{768}$$

Les fractions se trouvent avoir toutes pour dénominateur le plus petit nombre divisible. — Leur valeur n'est pas changée, parce qu'on multiplie les deux termes de chacune par la même quantité.

134. Ce procédé, qui n'est applicable que lorsque les dénominateurs ne sont pas premiers entre eux, facilite le calcul mental.

135. Lorsque deux fractions sont égales, le produit du numérateur de la première par le dénominateur de la seconde est égal au produit du numérateur de la seconde par le dénominateur de la première.

Soit...................,........ $\dfrac{15}{18}$ et $\dfrac{10}{12} = \dfrac{5}{6}$,

on a $\dfrac{15 \times 12}{18 \times 12} = \dfrac{10 \times 18}{12 \times 18}$,   ou $15 \times 12 = 10 \times 18$,   ou $180 = 180$.

CHAPITRE XIX

Simplification des fractions ordinaires.

136. La simplification des fractions ou la réduction des fractions à une expression plus simple ou à l'expression la plus simple, consiste à diviser les deux termes par leurs facteurs communs, pour qu'ils deviennent premiers entre eux.

Toutes les fois qu'une fraction constitue un résultat, il faut la réduire à sa plus simple expression.

137. Trois procédés à peu près semblables peuvent être employés. On peut : 1° diviser les deux termes par le plus grand commun diviseur (120) ; — 2° décomposer les deux termes en leurs facteurs premiers et effacer de part et d'autre ceux qui se ressemblent (114) ; — 3° diviser successivement les deux termes par les nombres dont on aperçoit la divisibilité (98 à 107).

La recherche du plus grand commun diviseur, et la décomposition des termes en leurs facteurs premiers, exigeant souvent des calculs assez longs, le troisième procédé, qui n'est pour ainsi dire qu'un tâtonnement, est souvent le plus expéditif dans la pratique quand on connaît bien les principes de divisibilité.

Soit, par exemple, $\dfrac{120}{240}$ à réduire à sa plus simple expression.

1er moyen : les deux termes divisés par le plus grand commun diviseur.

$\dfrac{120}{240} = \dfrac{120 : 120}{240 : 120} = \dfrac{1}{2}$ fraction irréductible.

Le nombre 120 est le plus grand commun diviseur.

Mais ce nombre n'est pas toujours aussi facile à trouver.

2ᵉ moyen : suppression des facteurs premiers semblables.

120	2		240	2
60	2		120	2
30	2		60	2
15	3		30	2
5	5		15	3
			5	

$$\frac{120}{240} = \frac{2 \times 2 \times 2 \times 3 \times 5}{2 \times 2 \times 2 \times 2 \times 3 \times 5} = \frac{1}{2}$$

En effaçant les facteurs 2, 3 et 5 diviseurs communs des numérateurs et des dénominateurs, on n'altère pas la fraction, puisqu'on divise les deux termes par la même quantité (129).

Le quotient de 120 par $2 \times 2 \times 2 \times 3 \times 5$ est 1.

3ᵉ moyen : divisions successives des deux termes.

$$\frac{120}{240} = \frac{12}{24} = \frac{6}{12} = \frac{3}{6} = \frac{1}{2}$$

Appliquons ce procédé à d'autres exemples :

I	II	III	IV
$\dfrac{12}{16} = \dfrac{6}{8} = \dfrac{3}{4}$	$\dfrac{25}{125} = \dfrac{5}{25} = \dfrac{1}{5}$	$\dfrac{35}{175} = \dfrac{7}{35} = \dfrac{1}{5}$	$\dfrac{188}{392} = \dfrac{94}{196} = \dfrac{47}{98}$

On peut voir qu'avec un peu d'exercice on parvient à trouver de prime abord l'expression la plus simple, surtout quand il s'agit, comme cela a presque toujours lieu, de fractions qui ont pour dénominateur un petit nombre.

CHAPITRE XX

Conversion d'un nombre entier en expression fractionnaire, et d'une expression fractionnaire en une autre.

§ 1. — Conversion d'un nombre entier en expression fractionnaire.

138. Quelquefois il est indispensable de transformer, pour la facilité du raisonnement, des Entiers en expressions fractionnaires. Pour cela, il suffit de multiplier le nombre entier par le dénominateur de la fraction en laquelle on veut le réduire. — Si le nombre entier est suivi d'une fraction, on le multiplie par le dénominateur de cette fraction, et on ajoute le numérateur au produit.

1° Soit 15 à réduire en huitièmes :

$$1 = \frac{8}{8} \ldots\ldots 15 \text{ fois } \frac{8}{8} = \frac{15 \times 8}{8} = \frac{120}{8}$$

On peut dire, sans l'appareil des fractions : Puisque 1 est égal à 8 huitièmes, 15 fois 8 huitièmes sont égaux à $15 \times$ huitièmes ou 120 huitièmes ou $\frac{120}{8}$.

Soit encore 15,26 à réduire en huitièmes :

$$\frac{15,26 \times 8}{8} = \frac{122,08}{8} = 15\frac{2}{8}$$

Soit encore 0,26 à réduire en huitièmes :

$$\frac{0,26 \times 8}{8} = \frac{2,08}{8} = \frac{2}{8}$$

2° Soit 15 3/8 à réduire en huitièmes :

$$15 \text{ fois } \frac{8}{8} = \frac{120}{8} + \frac{3}{8} = \frac{123}{8}$$

Pour réduire en 16es, en 24es ou en fractions dont le dénominateur serait un multiple de 8, il n'y aurait qu'à doubler ou à tripler les deux termes de la fraction résultante ; il faudrait faire l'inverse dans le cas contraire, si l'on devait réduire en fractions dont le dénominateur serait un sous-multiple de 8 ; mais dans le cas seulement où le numérateur de la fraction serait divisible ; ainsi, par exemple, on ne pourrait pas diviser 123 par 2.

3° Soit 49 5/6 à réduire en sixièmes :

$$49 \times 6 = 294 + 5 = \frac{299}{6}$$

Mêmes remarques à faire que pour l'exemple ci-dessus ; on pourrait réduire en fractions à dénominateurs facteurs de 6 ; mais pas en quarts ou en huitièmes, par exemple.

Voici maintenant un *procédé plus général* pour convertir une expression fractionnaire en une autre expression fractionnaire d'un dénominateur donné.

Pour convertir une fraction quelconque en une autre fraction d'un dénominateur donné, il faut multiplier le numérateur de la fraction proposée par le dénominateur de la fraction en laquelle on veut réduire, et diviser le produit par le dénominateur de la première ; le quotient est le numérateur de la nouvelle fraction.

Soit 13/17 à convertir en huitièmes :

$$13 \times 8 = 104$$
$$\frac{104}{17} = \frac{6 + 2/17}{8} = \text{environ } \frac{6}{8} \text{ ou } \frac{3}{4}$$

En effet, 13 entiers valent 13×8 ou 104 huitièmes, ou 104/8 ; mais on n'a pas 13 entiers, on n'a que $\frac{104}{17}$, nombre 17 fois plus faible ; le résultat sera donc 104/17 huitièmes, ou $\frac{6}{8}$ plus $\frac{2}{17}$, fraction irréductible avec la première et qu'on néglige.

§ 2. — EXTRACTION DES ENTIERS CONTENUS DANS UNE EXPRESSION FRACTIONNAIRE.

139. Toutes les fois qu'un nombre fractionnaire constitue un résultat, il faut extraire les entiers qu'il contient et ré-

duire à sa plus simple expression la fraction qui reste quelquefois. Pour cela, il suffit de diviser le numérateur par le dénominateur; le quotient exprime les entiers contenus, et s'il y a un reste, ce reste forme le numérateur d'une fraction qui a pour dénominateur le dénominateur de l'expression fractionnaire.

Soit à extraire les entiers contenus dans les expressions fractionnaires 16/4, 576/12, 24/7, 396/16, 12398/56.

$$\text{I} \qquad \frac{16}{4} = 16 : 4 = 4$$

$$\text{II} \qquad \frac{576}{12} = 576 : 12 = 48$$

$$\text{III} \qquad \frac{24}{7} = 24 : 7 = 3 + \frac{3}{7}$$

$$\text{IV}$$

$$\frac{396}{16} \qquad \begin{array}{r|l} 396 & 16 \\ 76 & \overline{24} \\ 12 & \end{array} \quad \frac{16}{24} + \frac{12}{16} = 24 + \frac{3}{4}$$

$$\text{V}$$

$$\frac{12398}{56} \qquad \begin{array}{r|l} 12393 & 56 \\ 119 & \overline{221} \\ 78 & \\ 22 & \end{array} \quad \frac{56}{221} + \frac{22}{56} = 221 + \frac{11}{28}$$

140. Pour arriver à manier facilement les fractions, il est très important de s'habituer à faire rapidement les opérations que nous venons de détailler.

CHAPITRE XXI

Addition des fractions ordinaires seules et des fractions ordinaires réunies à des entiers.

§ 1. — Cas ordinaires.

141. Pour faire l'addition des fractions ordinaires et des fractions ordinaires réunies à des entiers, il faut les réduire au même dénominateur, — additionner les numérateurs, — extraire les entiers de la somme, — placer la fraction restante sous les fractions après qu'on l'a réduite à sa plus sim-

ple expression, — et ajouter les entiers à la somme des entiers, quand il y en a.

On dispose le calcul de la manière suivante :

I				II		
5/8	20			25 2/3	16	
3/4	24			15		
1/2	16	32		9 5/8	15	24
7/16	14			11 5/6	20	
11/32	11			128 1/4	6	
2 21/32	85			190 3/8	57	
					9	

32 et 24 sont les dénominateurs communs (133).

Dans ce dernier exemple, on divise 57 par 24, et on trouve 2 entiers plus 9/24 ou 3/8, qu'on ajoute à la somme des nombres entiers.

Ces deux exemples, composés de fractions dont les dénominateurs sont 2, 3, ou des multiples de ces nombres, ont été choisis à dessein, parce que ceux que l'on rencontre dans les calculs usuels sont presque toujours dans ce cas. — Il est facile de voir que le plus grand dénominateur peut, le plus souvent, servir de dénominateur commun, et que l'addition peut s'exécuter mentalement.

§ 2. — PROCÉDÉ POUR LES ADDITIONS LONGUES.

* 142. Lorsque les fractions que l'on doit ajouter, suivent une certaine loi et qu'elles sont telles, par exemple, que le dénominateur de chacune est un multiple du dénominateur précédent, on agit comme ci-dessous :

Soient pour exemples :

2/3, 5/6, 7/12, 11/36, 25/72, 37/216, 259/1080.

On voit que le 2ᵉ dénominateur est le produit du 1ᵉʳ par 2 ; que le 3ᵉ est le produit du 2ᵉ par 2; que le 4ᵉ est le produit

---

* On peut passer ce numéro et le suivant dans une première lecture.

du 3ᵉ par 3 ; que le 5ᵉ est le produit du 4ᵉ par 2 ; que le 6ᵉ est le produit du 5ᵉ par 3, et que le 7ᵉ est le produit du 6ᵉ par 5. On opère d'une manière abrégée comme suit (voir le calcul à la page suivante) :

En multipliant les deux termes de 2/3 par 2, on a 4/6 qui, ajoutés à 5/6, font 9/6 ou **1** + 3/6 ; — en multipliant les deux termes de 3/6 par 2, on a 6/12 qui, ajoutés à 7/12, font 13/12 ou **1** + 1/12 ; — en multipliant les deux termes de 1/12 par 3, on a 3/36 qui, ajoutés à 11/36, font 14/36 ; — en multipliant les deux termes de 14/36 par 2, on obtient 28/72 qui, ajoutés à 25/72, font 53/72 ; — en multipliant les deux termes de 53/72 par 3, on obtient 159/216 qui, ajoutés à 37/216, font 196/216 ;— enfin, en multipliant les deux termes de 196/216 par 5, on obtient 980/1080 qui, ajoutés à 259/1080, font 1239/1080, c'est-à-dire **1** + 159/1080 = 53/360.

On obtient ainsi $3 + \dfrac{53}{360}$ pour somme de toutes les fractions sus-énoncées.

Cette opération, qui consiste à ajouter les deux premières fractions, à extraire les entiers de cette somme, à réduire le reste de cette somme au même dénominateur que la troisième, à extraire les entiers, etc., peut s'abréger en évitant d'écrire le dénominateur des fractions et en retranchant le dénominateur de la dernière fraction pour avoir les entiers.

Dans l'exemple suivant, on pourrait donc dire comme suit : 2 × 2 = 4, 4 + 5 = 9 ; 9 — 6 = **1** entier + 3. 3 × 2 = 6 ; 6 + 7 = 13 ; 13 — 12 = **1** entier + 1. 1 × 3 = 3 ; 3 + 11 = 14 dont on ne peut retrancher 36 ; 14 × 2 = 28 ; 28 + 25 = 53 dont on ne peut retrancher 72. 53 × 3 = 159 ; 159 + 37 = 196 dont on ne peut retrancher 216. 196 × 5 = 980 ; 980 + 259 = 1239 ; 1239 — 1080 = **1** entier + 239/1080 = 53/360. D'où la somme 3 + 53/360 ; et de même pour le second groupe.

143. Si l'on avait deux ou plusieurs séries de fractions formées d'après une loi différente, on les ajouterait séparément par le procédé ci-dessus.

L'exemple suivant présente deux séries de fractions.

<table>
<tr><td>2/3</td><td></td><td></td><td></td></tr>
<tr><td>5/6</td><td></td><td></td><td></td></tr>
<tr><td>7/12</td><td></td><td></td><td></td></tr>
<tr><td>11/36</td><td>3</td><td>53/360 =</td><td>$\dfrac{159}{1080}$</td></tr>
<tr><td>25/72</td><td></td><td></td><td></td></tr>
<tr><td>37/216</td><td></td><td></td><td></td></tr>
<tr><td>259/1080</td><td></td><td></td><td></td></tr>
</table>

<table>
<tr><td>3/5</td><td></td><td></td><td></td></tr>
<tr><td>7/10</td><td></td><td></td><td>326</td></tr>
<tr><td>11/30</td><td>2</td><td>163/540 =</td><td>————</td></tr>
<tr><td>19/90</td><td></td><td></td><td>1080</td></tr>
<tr><td>229/540</td><td></td><td></td><td></td></tr>
</table>

$$5 \qquad \frac{97}{216} \qquad \frac{485}{1080}$$

§ 3. — CAS OÙ DES FRACTIONS DÉCIMALES SONT MÊLÉES AVEC DES FRACTIONS ORDINAIRES.

143 *bis*. S'il y avait, parmi les nombres à ajouter, un nombre fractionnaire *décimal*, il faudrait convertir la fraction décimale en fraction ordinaire correspondante selon les procédés du chapitre XXVII ; ou mieux, opérer sur cette fraction comme sur un nombre entier par le procédé exposé plus haut (138), pour le convertir en fraction du dénominateur commun, en le multipliant par le dénominateur ; le produit indiquerait le numérateur de la fraction convertie.

Dans le cas où l'on voudrait avoir une subdivision décimale à la somme, on apprécierait lequel serait le plus court, de convertir chaque fraction ordinaire en fraction décimale, ou d'opérer l'addition comme nous l'avons déjà dit, en convertissant la fraction de la somme en fraction décimale.

CHAPITRE XXII

Soustraction des fractions ordinaires et des fractions ordinaires réunies à des entiers.

144. Pour soustraire une fraction d'une autre, il faut : — les réduire toutes deux au même dénominateur, soustraire le numérateur de la fraction à soustraire du ·numérateur de celle dont on soustrait, — donner à la différence le dénominateur commun, — et la réduire à sa plus simple expression. — S'il y a des entiers et que la fraction du nombre à soustraire soit plus forte que celle dont on soustrait, on emprunte

une unité sur l'entier, et cette unité est convertie en fractions
du dénominateur commun.

I		II			III			IV		
11/16		7/8	7		17 3/4	9		126 1/6	2	
7/16		3/4	6	8	11 5/12	5	12	49 3/4	9	12
4/16 = 1/4		1 5/8			6 1/3	4		76 5/12		

Ces opérations ne présentent aucune difficulté. Dans la 4ᵉ,
par exemple, après avoir réduit au même dénominateur par
la manière abrégée (133), on emprunte 1 qui vaut 12/12 ; ces
12 et 2 font 14, desquels on retranche 9 pour obtenir 5/12,
qui se trouve réduit à sa plus simple expression.

144 *bis*. S'il y avait, dans l'un des deux nombres, un nombre fractionnaire *décimal*, on opérerait comme il est dit ci-
dessus pour l'addition (143 *bis*).

CHAPITRE XXIII

**Multiplication des fractions ordinaires seules. —
Fractions de fractions.**

145. La connaissance de la division des fractions ordinaires
étant nécessaire pour comprendre quelques parties de la
multiplication des fractions ordinaires réunies à des entiers,
nous ne parlerons de celle-ci qu'après la Division des fractions, au chapitre suivant.

On peut avoir dans la multiplication des fractions : 1° une
fraction à multiplier par un entier, ou un entier à multiplier
par une fraction ; — 2° deux fractions à multiplier entre elles.

146. 1ᵉʳ *cas*. —Comme une fraction est d'autant plus grande
que son numérateur est plus grand ou que son dénominateur
est plus petit (129, 2°), il y a *deux manières* de multiplier une

fraction par un entier ou un entier par une fraction, puisqu'on peut intervertir l'ordre des.facteurs (27).

On peut : multiplier le numérateur par l'entier, en laissant le dénominateur intact, ayant soin d'extraire les entiers du produit et de réduire la fraction, s'il y en a une, à sa plus simple expression ; — ou bien laisser le numérateur intact et diviser le dénominateur par l'entier.

Soit 25/36 à multiplier par 9, ou 9 à multiplier par 25/36 :

Calcul par la première manière :

$$\frac{25}{36} \times 9 = \frac{25 \times 9}{36} = \frac{225}{36} \qquad \begin{array}{c|l} 225 & 36 \\ 9 & \overline{6\ 9/36} = 6\ 1/4 \end{array}$$

Calcul par la deuxième manière :

$$\frac{25}{36} \times 9 = \frac{25}{36 : 9} = \frac{25}{4} = 6\ 1/4$$

On reconnaît sans peine que le second procédé est plus court et qu'il faut l'employer toutes les fois que le dénominateur est divisible par l'entier.

147. 2° *cas*. — Pour multiplier deux fractions l'une par l'autre, — ou pour prendre une *fraction de fraction*, — on multiplie les deux numérateurs l'un par l'autre et les deux dénominateurs l'un par l'autre, en ayant soin d'extraire les entiers du produit ou de le réduire à sa plus simple expression (146).

Soit à multiplier 5/6 par 3/4, ou à prendre les 3/4 de 5/6 :

$$\frac{5}{6} \times \frac{3}{4} = \frac{5 \times 3}{6 \times 4} = \frac{15}{24} = \frac{5}{8},$$

La raison de cette opération est des plus simples : si l'on avait à multiplier $\frac{5}{6}$ par 3, il faudrait, d'après la règle précédente, multiplier le numérateur par 3, ce qui fait $\frac{5 \times 3}{6}$; mais comme c'est par $\frac{3}{4}$, qui est 4 fois plus petit, le produit ci-dessus doit être rendu 4 fois plus petit en rendant le dénominateur 4 fois plus grand (129) ; d'où l'opération ci-dessus.

148. Pour les cas de multiplications de fractions ordinaires réunies à des fractions, voyez le chap. xxv, après la Division.

CHAPITRE XXIV

Division des fractions ordinaires seules.

149. On peut avoir dans la division des fractions : 1° une fraction à diviser par un entier ; — 2° un entier à diviser par une fraction ; — 3° une fraction à diviser par une autre fraction.

1er *cas*. — Comme diviser une fraction par un entier, c'est la rendre plus petite et qu'une fraction est d'autant plus petite que son numérateur est plus petit ou que son dénominateur est plus grand (129), il y a deux manières de diviser une fraction par un entier.

On laisse le numérateur intact, et on multiplie le dénominateur par l'entier, en ayant soin d'extraire, s'il y a lieu, les entiers du quotient, ou de le réduire à sa plus simple expression ; — ou bien on divise le numérateur par l'entier, et on laisse le dénominateur intact, en ayant soin d'extraire les entiers du quotient ou de le réduire à sa plus simple expression.

Première manière.

$$\frac{15}{19} \text{ à diviser par 5} \qquad \frac{15}{19} : 5 = \frac{15}{19 \times 5} = \frac{15}{95} = \frac{3}{19}$$

Seconde manière.

$$\frac{15}{19} : 5 = \frac{15 : 5}{19} = \frac{3}{19}$$

On reconnaît sans peine que ce second procédé est plus court et qu'il faut l'employer toutes les fois que le numérateur est divisible par l'entier.

Il est à remarquer que diviser 15/19 par 5, c'est prendre le 1/5 de 15/19, c'est prendre une *fraction de fraction* comme ci-dessus (147), au deuxième cas de la multiplication.

150. 2° *cas*. — Pour diviser un entier par une fraction, il faut multiplier l'entier par le dénominateur et diviser le produit par le numérateur.

Soit 26 à diviser par $\dfrac{13}{14}$ $\qquad$ $26 : \dfrac{13}{14} = \dfrac{26 \times 14}{13}$

Car $26 : 13 = \dfrac{26}{13}$; et $26 : \dfrac{13}{14} = \dfrac{26 \times 14}{13}$, puisque $\dfrac{13}{14}$ est un diviseur 14 fois plus petit que 13, et que par conséquent le quotient doit être 14 fois plus fort que 26/13.

Voici maintenant le calcul :

$$\dfrac{26 \times 14}{13} = \dfrac{364}{13}$$

$$\begin{array}{r|l} 364 & 13 \\ 104 & \overline{28} \\ 0 & \end{array}$$

ou mieux $\dfrac{26}{13} = 2 ; 2 \times 14 = 28.$

Il est encore évident qu'on simplifie, en faisant d'abord la division quand elle est possible.

151. 3° cas. — Pour diviser une fraction par une autre, il faut multiplier le numérateur de la fraction dividende par le dénominateur de la fraction diviseur, et le dénominateur de la fraction dividende par le numérateur de la fraction diviseur, en ayant soin d'extraire les entiers du quotient ou de le réduire à sa plus simple expression.

Soit $\dfrac{5}{8}$ à diviser par $\dfrac{3}{4}$ $\qquad$ $\dfrac{5}{8} : \dfrac{3}{4} = \dfrac{5}{8} \times \dfrac{4}{3} = \dfrac{5 \times 4}{8 \times 3} = \dfrac{20}{24} = \dfrac{5}{6}$

Ce qui revient à dire que l'on multiplie la fraction dividende par la fraction diviseur *renversée*.

La démonstration est semblable à celle que nous venons de donner pour la multiplication. Si l'on avait à diviser 5/8 par 3, on aurait, en vertu du principe ci-dessus (129, 2°, 3°) $\dfrac{5}{8 \times 3}$; mais comme il s'agit de diviser par 3/4 qui est 4 fois plus faible, le quotient sera 4 fois plus fort que $\dfrac{5}{8 \times 3}$, soit $\dfrac{5 \times 4}{8 \times 3}$.

CHAPITRE XXV

Multiplication des fractions ordinaires réunies à des entiers ; — parties aliquotes; produit approximatif; – faux produit.

§ 1. — MULTIPLICATION DES FRACTIONS ORDINAIRES RÉUNIES A DES ENTIERS.

152. Il peut se faire : — 1° qu'il y ait des fractions au multiplicande seulement; — 2° qu'il y en ait au multiplicateur seulement ; — 3° qu'il y en ait dans les deux facteurs.

153. Dans tous les cas on peut convertir les entiers en expressions fractionnaires, et l'on arrive à l'un des deux cas que nous avons exposés dans la multiplication des fractions seules; mais les calculs auxquels l'opération faite de cette manière donne lieu, sont plus longs et moins faciles à exécuter que la multiplication par les *parties aliquotes* qu'on emploie le plus souvent dans la pratique.

Soit à multiplier 456 3/4 par 19, 428 par 17 5/12 et 415 7/8 par 217 11/16.

Voici d'abord les trois multiplications, en convertissant les entiers en fractions par le procédé exposé plus haut (ch. xx). Ces calculs n'ont pas besoin d'explication.

<table>
<tr><td align="center">I</td><td align="center">II</td></tr>
</table>

$$456\ 3/4 \times 19 = \frac{1827}{4} \times 19 \qquad 428 \times 17\ 5/12 = 428 \times \frac{209}{12}$$

<table>
<tr><td align="center">1827</td><td align="center">428</td></tr>
<tr><td align="center">19</td><td align="center">209</td></tr>
<tr><td align="center">——</td><td align="center">——</td></tr>
<tr><td align="center">16443</td><td align="center">3852</td></tr>
<tr><td align="center">1827</td><td align="center">856</td></tr>
<tr><td align="center">——</td><td align="center">——</td></tr>
<tr><td align="center">34713 : 4</td><td align="center">89452 : 12</td></tr>
<tr><td align="center">——</td><td align="center">——</td></tr>
<tr><td align="center">8678 1/4</td><td align="center">7454   1/3</td></tr>
</table>

III

$$415\ 7/8 \times 217\ 11/16 = \frac{3327}{8} \times \frac{3483}{16}$$

$$
\begin{array}{r}
3483 \\
3327 \\
\hline
24381 \\
6966 \\
10449 \\
10449 \\
\hline
11587941 \\
679 \\
394 \\
101
\end{array}
\qquad
\begin{array}{r}
16 \\
8 \\
\hline
128 \\
\\
90530\ \frac{101}{128}
\end{array}
$$

*** § 2. — MÉTHODE DES PARTIES ALIQUOTES.**

154. Les *parties aliquotes* ** sont pour les calculateurs des subdivisions exactes, faciles et souvent multiples les unes des autres : en d'autres termes, ce sont les fractions faciles à calculer, c'est-à-dire celles dont le numérateur est l'unité, et dont le dénominateur est un petit nombre bien rarement plus grand que 12.

L'emploi des parties aliquotes facilite le calcul mental et imprime une grande rapidité au calcul de plume. Voici un tableau complet des fractions les plus usitées, décomposées en leurs parties aliquotes, suivi d'un tableau des premiers nombres entiers dont les plus petits nombres fractionnaires sont une fraction facile à calculer.

Fractions.	Parties aliquotes.	Fractions.	Parties aliquotes.
2/3	1/3 + 1/3	4/8	1/2
2/4	1/2	5/8	1/2 + 1/8
3/4	1/2 + 1/4	6/8	1/2 + 1/4
2/6	1/3	7/8	1/2 + 1/4 + 1/8
3/6	1/2	3/9	1/3
4/6	1/3 + 1/3	4/9	1/3 + 1/9
5/6	1/2 + 1/3	5/9	1/3 + 1/9 + 1/9
2/8	1/4	6/9	1/3 + 1/3
3/8	1/4 + 1/8	7/9	1/3 + 1/3 + 1/9

---

* A passer dans une première étude.

** Les parties *aliquantes* d'un nombre sont celles qui ne le divisent pas exactement. L'expression n'est plus guère usitée.

Fractions.	Parties aliquotes.	Fractions.	Parties aliquotes.
8/9	1/3 + 1/3 + 1/9 + 1/9	3/12	1/4
2/10	1/5	4/12	1/3
3/10	1/5 + 1/10	5/12	1/3 + 1/12
4/10	1/5 + 1/5	6/12	1/2
5/10	1/2	7/12	1/2 + 1/12
6/10	1/2 + 1/10	8/12	1/3 + 1/3
7/10	1/2 + 1/5	9/12	1/2 + 1/4
8/10	1/2 + 1/5 + 1/10	10/12	1/2 + 1/3
9/10	1/2 + 1/5 + 1/5	11/12	1/3 + 1/3 + 1/4
2/12	1/6		

Nombres fractionnaires.	Parties aliquotes.
1 1/2	est le 1/2 de 3
1 1/3	1/3 ... 4
1 2/3	1/3 ... 5
1 1/4	1/4 ... 5
1 2/4 = 1 1/2	1/4 ... 6
1 3/4	1/4 ... 7
1 1/6	1/6 ... 7
1 2/6 = 1 1/3	1/6 ... 8
1 3/6 = 1 1/2	1/6 ... 9
1 4/6 = 1 2/3	1/6 ... 10
1 5/6	1/6 ... 11
1 1/8	1/8 ... 9
1 2/8 = 1 1/4	1/8 ... 10
1 3/8	1/8 ... 11
1 4/8 = 1 1/2	1/8 ... 12
1 5/8	1/8 ... 13
1 6/8 = 1 3/4	1/8 ... 14
1 7/8	1/8 ... 15
2 1/2	1/2 ... 5
2 1/3	1/3 ... 7
2 2/3	1/3 ... 8
2 1/4	1/4 ... 9
2 2/4 = 2 1/2	1/4 ... 10
2 3/4	1/4 ... 11
2 1/6	1/6 ... 13
2 2/6 = 2 1/3	1/6 ... 14
2 1/2	1/6 ... 15
2 2/3	1/6 ... 16
2 5/6	1/6 ... 17
2 1/8	1/8 ... 17
2 1/4	1/8 ... 18
2 3/8	1/8 ... 19

Nombres fractionnaires.	Parties aliquotes.
2 1/2	est le 1/8 de 20
2 5/8	1/8 ... 21
2 3/4	1/8 ... 22
2 7/8	1/8 ... 23
3 1/4	1/4 ... 13
3 2/4 = 3 1/2	1/4 ... 14
3 3/4	1/4 ... 15
3 1/6	1/4 ... 19
3 1/2	1/2 ... 7
3 1/3	1/3 ... 10
3 2/3	1/3 ... 11
3 1/3	1/6 ... 20
3 1/2	1/6 ... 21
3 2/3	1/6 ... 22
3 5/6	1/6 ... 23
3 1/8	1/8 ... 25
3 1/4	1/8 ... 26
3 3/8	1/8 ... 27
3 1/2	1/8 ... 28
3 5/8	1/8 ... 29
3 3/4	1/8 ... 30
3 7/8	1/8 ... 31
4 1/2	1/2 ... 9
4 1/3	1/3 ... 13
4 2/3	1/3 ... 14
4 1/4	1/4 ... 17
4 1/2	1/4 ... 18
4 3/4	1/4 ... 19
4 1/6	1/6 ... 25
4 1/3	1/6 ... 26
4 1/2	1/6 ... 27
4 2/3	1/6 ... 28

Nombres fractionnaires.	Parties aliquotes.	Nombres fractionnaires.	Parties aliquotes.
4 5/6..........	est le 1/6 de 29	4 1/2..........	est le 1/8 de 36
4 1/8..........	1/8... 33	4 5/8..........	1/8... 37
4 1/4..........	1/8... 34	4 3/4..........	1/8... 38
4 3/8..........	1/8... 35	4 7/8..........	1/8 39, etc.

155. Il serait inutile et trop long de continuer cette table ; en général, pour savoir de quel nombre un nombre fractionnaire est partie aliquote, il suffit de multiplier ce dernier par le dénominateur et d'y ajouter le numérateur.

$$5\ 3/8,\ \text{par exemple,} = \frac{5 \times 8 + 3}{8} = \frac{43}{8};\ \text{donc } 5\ 3/8 \text{ est le } 1/8 \text{ de } 43.$$

156. D'où il suit que, — *pour décomposer une fraction en ses parties aliquotes*, il faut voir si elle contient la 1/2, puis le 1/3, puis le 1/4, etc., en suivant les principes de la divisibilité des nombres et de la décomposition d'un nombre en ses facteurs premiers (98 à 107 et 114).

157. Voici maintenant les trois multiplications précédentes faites par cette méthode :

```
              I                                    II
          456 3/4                                 428
            19                                    17 5/12
        ___________                             ___________
          4104                                    2996
          456                                      428
  2
  -  ou 1/2   9 1/2          4
  4                          --  = 1/3             142 2/3
                             12
        1/4     4 3/4              1/12              35 2/3
        ___________                             ___________
          8678 1/4                               7454 1/3

                            III
                                           415      7/8
                                           217     11/16
                                        ________________
                                           2905
  415 × 217.........................  {    415
                                           830
                      ( 4 | 8  ou  1/2      109      1/2     64 |
  7/8 × 217........   { 2 | 8  ... 1/4       54      1/4     32 |
                      ( 1 | 8  ... 1/8       27      1/8     16 |
                      ( 8 | 16 ... 1/2      207     15/16   120 |  128
  415 7/8 × 11/16.   { 2 | 16 ... 1/8        51     63/64   126 |
                      ( 1 | 16 ... 1/16      25    127/128  127 |
                                        ________________________
                                          90530   101/128   485
```

Cette manière d'opérer peut présenter quelques difficultés à la première vue, mais peu de développements suffiront pour en faire ressortir toute la simplicité.

1ᵉʳ *exemple*. — Il est évident que si l'on considère le multiplicande comme composé des deux parties 456 et 3/4, il faut que le produit se compose de 456 × 19 et de 3/4 × 19.

La multiplication de 456 par 19 se comprend. — Pour faire celle de 3/4 par 19, voici comment on raisonne : Si l'on avait 1 ou 4/4 à multiplier par 19, le produit serait 19 ; mais comme l'on n'a que 3/4, le produit ne sera que les 3/4 de 19 ; or, les 3/4 de 19 ne peuvent se prendre, on les décompose en 2/4 ou 1/2 et 1/4, de sorte qu'au lieu de prendre les 3/4 de 19 on en prend la 1/2 et le 1/4. — La 1/2 de 19 est 9 1/2, et le 1/4 est 4 3/4 ; mais ici encore : une simplification se présente : il vaut mieux prendre la 1/2 d'un petit nombre que le 1/4 d'un plus grand ; en d'autres termes, comme 1/4 est la 1/2 de 2/4 ou 1/2, il vaut mieux prendre la 1/2 de 9 1/2, produit de 1/2 par 19, que le 1/4 de 19. On dit donc : La 1/2 de 9 est 4 pour 8 ; reste 1 qui vaut 2/2 ; 2/2 et 1/2 font 3/2 dont la moitié est 3/4 (182).

2° *exemple*. — En considérant le multiplicateur comme composé des deux parties 17 et 5/12, il est évident que le produit doit se composer de 428 × 17 et de 428 × 5/12.

La multiplication de 428 par 17 est simple. — Pour faire celle de 428 par 5/12, on dit : Si l'on avait 428 à multiplier par 1, ou 12/12, le produit serait 428 ; mais comme c'est par 5/12 seulement qu'il faut multiplier, le produit sera les 5/12 de 428. Or, comme on ne peut pas prendre les 5/12 de 428, on décompose 5/12 en 4/12, et 1/12 ou 1/3 et 1/12, et l'on prend le 1/3 et le 1/12 de 428. — Le 1/3 de 428 est 142 2/3, et le 1/12 est 35 2/3. Mais ici encore, une simplification se présente : il vaut mieux prendre le 1/4 d'un nombre plus petit que le 1/12 d'un nombre plus grand ; en d'autres termes, comme 1/12 est le 1/4 de 1/3 ou 4/12, il vaut mieux prendre le 1/4 de 142 2/3, produit de 428 par 1/3, que le 1/12 de 428. On dit donc : Le 1/4 de 14 est 3 pour 12 ; restent 2, qui font, avec 2, 22 ; le 1/4 de 22 est 5 pour 20 ; restent 2 qui valent 6/3 ; 6/3 et 2/3 font 8/3, dont le 1/4 est 2/3 (151).

3ᵉ *exemple*. — Le multiplicande et le multiplicateur se composant de deux parties, 415 et 7/8, pour le multiplicande, 217 et 11/16 pour le multiplicateur, le produit se composera de quatre produits distincts : — 1° celui de 415 par 217 ; — 2° celui de 7/8 par 217 ; — 3° et 4° celui de 415 et 7/8, par 11/16, ces deux derniers pouvant être obtenus à la fois.

Le produit de 415 par 217 est tout naturel. — Celui de 7/8 par 217 est analogue à celui de 3/4 par 19, dans le premier exemple ; car on partage 78 en 4/8 ou 1/2, 2/8 ou 1/4 et 1/8 ; et en prenant la 1/2, le 1/4 et le 1/8 de 217, on obtient successivement, en suivant la marche que nous venons d'indiquer, 108 1/2, 54 1/4, 27 1/8.

Pour multiplier 415 7/8 par 11/16, c'est-à-dire pour prendre les 11/16 de 415 7/8, on suit aussi une marche analogue. Les 11/16 sont partagés en 8/16 ou 1/2, 2/16 ou 1/8 et 1/16 ; et au lieu de prendre d'un seul coup les 11/16 de 415 et 7/8, on en prend successivement la 1/2, le 1/8 (ou le 1/4 de la 1/2, puisque 4/8 = 1/2), et enfin le 1/16 ou la 1/2 de 1/8. On dit donc : La 1/2 de 415 est 207 et il reste 1 ; cet 1 vaut 8/8 ; 8/8 et 7/8 font 15/8 dont la moitié est 15/16. Le 1/4 de 207 est 51, et il reste 3 ; ces 3 valent $\dfrac{3 \times 16}{16}$ ou 48/16 ; 48/16 et 15/16 font 63/16 dont le 1/4 est 63/64. La 1/2 de 51 est 25, et il reste 1 ; cet 1 vaut 64/64 ; 64/64 et 63/64 font 127/64 dont la 1/2 = 127/128. Ce dernier est le plus petit nombre divisible et sert à ramener toutes les fractions à un dénominateur commun.

§ 3. — PRODUIT APPROXIMATIF.

158. Il se présente souvent des cas analogues à ce troisième exemple, dans lesquels l'addition des produits partiels est fort longue à cause des fractions à grand dénominateur qui s'y trouvent, bien que, la plupart du temps, ces divers dénominateurs soient tous des sous-multiples du plus grand. Alors, mais toutes les fois seulement qu'on peut se contenter d'un **produit approximatif**, on considère les fractions à grand dénominateur comme égales à l'unité ou à la 1/2 de l'unité ou à 0, etc., suivant qu'elles se rapprochent plus ou moins de ces quantités ; c'est ainsi que 15/16 peuvent être pris pour 1 ; il en est de même de 63/64 et de 127/128.

Dans le cas qui nous occupe, on aurait donc pu avoir :

				415	7/8
				217	11/16
				2905	
				415	
				830	
4	8	ou	1/2	108	1/2
2	8	...	1/4	54	1/4
1	8	...	1/8	27	1/8
8	16	...	1/2	200	
2	16	...	1/8	52	
1	16	...	1/16	26	
				90530	7/8

Ce qui donne 90530 7/8 au lieu de 90530 101/128.

Or, 7/8 et 101/128 $= \dfrac{896}{1024}$ et $\dfrac{808}{1024}$ ne diffèrent que de $\dfrac{88}{1024} = 11/128$ ou à peu près 1/12.

§ 4. — Procédé du faux produit.

159. Il peut arriver quelquefois que la fraction ou les fractions des facteurs soient à grands dénominateurs et qu'on ne puisse pas faire le calcul, même lorsqu'on est parvenu à décomposer ces fractions en parties aliquotes. — Alors on prend le produit d'une fraction à dénominateur plus petit et sous-multiple du dénominateur de la fraction proposée, on barre ce produit pour ne pas le comprendre dans l'addition, et on le considère comme **faux produit**. Voici un exemple avec cette difficulté.

$$144 = 9 \times 4 \times 4 \qquad\qquad 413 \qquad 5/144$$
$$126 = 7 \times 3 \times 6 \qquad\qquad 319 \qquad 7/126$$

$$3717$$
$$413$$
$$1239$$

Faux produit $\dfrac{1}{9}$ $\qquad$ 35 $\qquad$ $\dfrac{4}{9}$ (à ne pas additionner).

4/144 ou 1/36 $\qquad$ 8 $\qquad$ 31/36

$\qquad\qquad$ 1/144 $\qquad$ 2 $\qquad$ 31/144

Faux produit $\dfrac{1}{7}$ $\qquad$ 59 $\qquad$ $\dfrac{1}{1008}$ (à ne pas additionner).

6/126 ou 1/21 $\qquad$ 19 $\qquad$ 2/3

$\qquad\qquad$ 1/126 $\qquad$ 3 $\qquad$ 1/3

$$131781 \qquad 1/4$$

On voit que pour 4/144 ou 1/36 on a pris le 1/4 du faux produit de 1/9 ; et que pour 6/126 ou 1/21, on a pris le 1/3 du faux produit de 1/7. Les fractions de 4/9 et 5/1008 ont été négligées dans l'addition ; les fractions 31/36, 31/144, 2/3 et 1/3 ont été comptées pour 1, 1/4, 2/3 et 1/3, en tout environ 2 1/4.

§ 5. — REMARQUES.

160. On voit que ces opérations peuvent présenter quelques difficultés à cause des détails du calcul et du maniement des fractions, mais que le procédé en lui-même n'est autre que celui de la multiplication ordinaire, dans lequel chaque partie du multiplicande est multipliée par chaque partie du multiplicateur.

S'il y a des *fractions décimales* dans l'un des deux facteurs, on convertit la fraction décimale en fraction ordinaire, ou bien on fait l'opération avec la fraction décimale, et on convertit la fraction décimale du produit en la fraction ordinaire voulue.

CHAPITRE XXVI

Division des fractions ordinaires réunies à des entiers. — Recherche du quotient.

§ 1. — DIVISION DES FRACTIONS DÉCIMALES RÉUNIES A DES ENTIERS.

161. Il peut se faire : — 1° qu'il y ait des fractions au dividende seulement ; — 2° qu'il n'y en ait qu'au diviseur ; — 3° qu'il y en ait au diviseur et au dividende.

Dans tous les cas, il faut convertir les entiers en fractions, et celles-ci en entiers, en effaçant les deux dénominateurs (66 et 130).

Cette opération ne présente aucune difficulté.

$$1^{er}\ \text{cas} : 158\ 5/8 : 17$$

$$158\ 5/8 : 17 = \frac{158 \times 8 + 5}{8} : \frac{17 \times 8}{8} = \frac{1269}{8} : \frac{136}{8} = 1269 : 136.$$

$$2^{e}\ \text{cas} : 158 : 17\ 5/6$$

$$158 : 17\ 5/6 = \frac{158 \times 6}{6} : \frac{17 \times 6 + 5}{6} = \frac{948}{6} : \frac{107}{6} = 948 : 107.$$

3e cas : 158 2/3 : 17 3/4

$$158 \ 2/3 : 17 \ 3/4 = 158 \ 8/12 : 17 \ 9/12 = 1904 : 213.$$

Dans ce dernier cas, il faut réduire les deux fractions au plus petit dénominateur, afin de multiplier le dividende et le diviseur par le plus petit nombre possible.

On dispose le calcul de la manière suivante :

I		II		III	
158 5/8	17	158	17 5/6	158 2/3	17 3/4
1269	136	948	107	1904	213

En effaçant le dénominateur au dividende et au diviseur, on multiplie les deux nombres par la même quantité, et le quotient ne change pas (130).

161 bis. S'il y a des *décimales* au diviseur et une fraction ordinaire au dividende, on efface la virgule au diviseur, et on ajoute à l'entier du dividende autant de zéros qu'il y a de chiffres décimaux au diviseur ; de plus, on multiplie la fraction par 10, 100, 1000, etc., selon le nombre de chiffres décimaux du diviseur, et on ajoute le produit à l'entier du dividende.

Soit 158 5/8 à diviser par 17,26 ; voici l'opération :

Dividende donné.......	158 5/8	17,26 diviseur donné.
	15800	
4/8 ou 1/2 de 100......	50	1726 diviseur.
1/8.............	12 1/2	
Dividende............	15862 1/2	

Si les décimales étaient au dividende, on opérerait comme dans le second cas, si l'on voulait des fractions décimales au quotient ; mais, si l'on voulait avoir des fractions ordinaires, on supprimerait la virgule au dividende, et on opérerait sur le diviseur comme il vient d'être fait ci-dessus pour le dividende.

Il devient inutile d'ajouter des zéros au diviseur en équivalence de la suppression des chiffres décimaux du dividende, si l'on opère en vue d'un résultat approximatif.

§ 2. — RECHERCHE DU QUOTIENT. — QUOTIENT PAR APPROXIMATION.

162. Il nous reste maintenant à parler de la *continuation du quotient*, lorsque, après avoir descendu tous les chiffres du dividende, on continue la division avec le reste pour avoir un quotient fractionnaire approché.

La marche à suivre dans cette circonstance est absolument la même que celle que nous avons indiquée (74), en examinant la recherche d'un quotient fractionnaire décimal approché.

Soit à chercher le quotient de 4315 par 48 à 1/16 près, c'est-à-dire tel qu'il s'en faille moins de 1/16 pour qu'il soit tout à fait exact.

$$\begin{array}{r|l} 4315 & 48 \\ 475 & \\ 43 & 89\ \dfrac{14}{16} \\ \times\,16 & \\ \hline 688 & \\ 208 & \\ 16 & \end{array}$$

Le nombre 4315 contient 48, 89 fois plus 14/16 de fois, ou plutôt 89 fois plus un nombre de seizièmes de fois compris entre 14 et 15 seizièmes, mais plus près de 14 que de 15, comme nous le prouverons un peu plus bas. Le reste 43 ne contient plus le dénominateur, et on le convertit en seizièmes en le multipliant par 16. Puisque $1 = 16/16$, 688 seizièmes contiennent 48, 14 fois, c'est-à-dire, 14 seizièmes de fois.

163. Il s'ensuit donc que, *pour avoir un quotient approché à une fraction ordinaire près*, on divise d'abord les entiers, s'il y en a, par le diviseur ; on multiplie le reste par le dénominateur de la fraction que l'on veut obtenir au quotient, et on divise le produit par le diviseur.

En négligeant le dernier reste, nous faisons une erreur en moins de 16/48 de seizième ; et si au lieu de 14 nous mettions 15 au quotient, nous ferions une erreur en plus de la différence de 16 à 48, c'est-à-dire de 32/48 de seizième. Or, entre ces deux erreurs nous savons déjà que c'est la plus petite qu'il faut faire. Si le reste était 24, c'est-à-dire la moitié de 48, l'erreur en plus, en mettant 14, ou l'erreur en moins, en laissant 13, serait dans les deux cas de 24/48; mais nous savons aussi qu'on est alors convenu de faire l'erreur en plus (10 *bis*, 76).

Nous arrivons donc de nouveau au principe déjà émis (74), savoir, que, lorsqu'on cherche un quotient fractionnaire ordinaire approché, il faut mettre **1** de plus au quotient, quand le reste est égal à la moitié du diviseur ou plus grand que cette moitié, et qu'il faut négliger ce reste, quand il est plus petit que la moitié du diviseur.

Le quotient exact dans l'exemple ci-dessus est 89 43/48 ; le quotient approché, 89 14/16, n'en diffère que de 1/48 ; car

$$\frac{43}{48} \text{ et } \frac{14}{16} = \frac{43}{48} \text{ et } \frac{42}{48}.$$

Voici l'opération avec les trois quotients :

<pre>
4315 | 48
 475 |________
  43 | 43
× 16 | 89 ——   quotient exact.
       | 48
______ |________
 688 | 14   1
 208 | 89 ——   quotient à —— près.
  16 | 16   16
______ |________
 430 | 89,89 quotient à 0,01 près.
 460 |
  28 |
</pre>

Voir plus loin, au chapitre XLIV, § 1, le quotient à une subdivision complexe près.

163 *bis*. Il y a lieu de reproduire ici cette remarque déjà faite (161 *bis*), qu'il devient inutile d'ajouter des zéros au diviseur pour les chiffres décimaux du dividende si, en multipliant par le dénominateur des fractions, on sépare les chiffres décimaux convenables.

Soit 43,15 à diviser par 48, pour avoir des seizièmes ; voici l'opération :

$$\begin{array}{r|l} 43,15 & 48 \\ \times\ 16 & \overline{} \\ \hline 690,40 & 0 \quad \dfrac{14}{16} \\ 210 & \\ 18 & \end{array}$$

CHAPITRE XXVII

Conversion des fractions ordinaires en fractions décimales et réciproquement. — Fractions décimales périodiques.

§ 1. — Conversion des fractions ordinaires en fractions décimales. — Nature des fractions décimales.

164. Nous avons dit (127) qu'une fraction ordinaire peut être considérée comme l'indication d'une division non effectuée. Le numérateur est un dividende, le dénominateur un diviseur. Afin que la division devienne possible, il suffit de convertir les entiers en dixièmes, puis ceux-ci en centièmes, puis ceux-ci en millièmes, etc. ; c'est encore là une conséquence du principe précédent.

Pour convertir une expression fractionnaire ordinaire en fraction décimale, on divise d'abord le numérateur par le dénominateur, pour avoir la partie entière après laquelle on place une virgule, puis on continue la division en ajoutant successivement des zéros, pour avoir les dixièmes, les centièmes, etc., du quotient.

Soient 17/9 et 16/25 à convertir en fractions décimales :

$$\dfrac{17}{9} = \ \dots\ \begin{array}{r|l} 17 & 9 \\ 80 & \overline{} \\ 80 & 1,88\ \dots\ \text{etc.} \\ 8 & \end{array} \qquad \dfrac{16}{25} = \ \dots\ \begin{array}{r|l} 160 & 25 \\ 100 & \overline{} \\ 0 & 0,64 \end{array}$$

165. En convertissant des fractions ordinaires en décimales, les unes donnent des quotients exacts; mais on voit se reproduire dans d'autres les mêmes dividendes partiels, qui donnent nécessairement les mêmes chiffres au quotient.

On donne le nom de *période* à l'ensemble des chiffres qui se reproduisent, et on est convenu d'appeler fractions décimales **périodiques simples** celles dont la période commence après la virgule, et fractions décimales **périodiques mixtes**, celles dont la période commence après un ou plusieurs chiffres non périodiques.

166. Lorsque le dénominateur ne contient que les facteurs 2 et 5, le nombre des décimales est limité, et il est égal à l'indice de la puissance de celui des deux facteurs qui y est le plus contenu.

Lorsque le dénominateur contient des facteurs autres que 2 ou 5, le nombre des décimales est infini, et la période commence après la virgule.

Lorsque le dénominateur contient le facteur 2 ou le facteur 5, mêlés à d'autres facteurs, le nombre des décimales est encore infini ; mais la période ne commence pas après la virgule, et le nombre des chiffres décimaux non périodiques est égal à l'indice de la puissance de celui des facteurs 2 ou 5 qui y est le plus contenu.

C'est ce qu'on peut voir dans les exemples suivants :

```
           I                              II

  1     10 | 2                   3     30 | 5
  ─          ───                 ─          ───
  2        | 0,5                 5        | 0,6


           III                            IV

  3        30 | 4                19        190 | 25
  ─ (2 × 2)    ────              ── (5 × 5)    ─────
  4        20 | 0,75            25        150 | 0,76


           V                              VI

  7          70 | 8            113         1130 | 125
  ─ (2 × 2 × 2) 60 ─────       ─── (5 × 5 × 5) 500 ─────
  8            40 | 0,875      125              | 0,904
```

Dans ces six exemples le quotient est exact, parce que le diviseur ne contient que les facteurs 2 et 5 qu'on introduit dans le dividende, en ajoutant successivement des zéros aux restes, c'est-à-dire en multipliant par $10 = 2 \times 5$. Le quotient a trois chiffres au 5e et au 6e, parce que $8 = 2^3$ et $125 = 5^3$, et qu'il a fallu ajouter trois zéros, et faire trois divisions pour arriver à ce que le diviseur fût exactement contenu dans le dividende.

Dans les exemples suivants, où le diviseur contient des facteurs autres que 2 et 5, le quotient ne peut être exact, car, en continuant la division, c'est-à-dire en ajoutant des zéros, on ne fait qu'introduire ces deux facteurs.

Fractions périodiques simples :

VII

$$\frac{2}{3} \qquad 20 \ \big|\ 3$$
$$2 \ \big|\ \overline{0,6666 \text{ etc. Période de 1 chiffre.}}$$

VIII

$$\frac{25}{33} \ (11 \times 3) \qquad 250 \ \big|\ 33$$
$$190 \ \big|\ \overline{0,75\ 75 \text{ etc. Période de 2 chiffres.}}$$
$$25$$

IX

$$\frac{125}{333} \ (111 \times 3) \qquad 1250 \ \big|\ 333$$
$$2510 \ \big|\ \overline{0,375\ 375 \text{ etc. Période de 3 chiffres.}}$$
$$1790$$
$$125$$

X

$$\frac{5}{7} \qquad 50 \ \big|\ 7$$
$$10 \ \big|\ \overline{0,714285\ 714285 \text{ etc. Période de 6 chiffres.}}$$
$$30$$
$$20$$
$$60$$
$$40$$
$$5$$

Fractions périodiques mixtes :

XI

$$\frac{13}{30} \ (2 \times 3 \times 5) \qquad 130 \ \big|\ 30$$
$$100 \ \big|\ \overline{0,4\ 333 \text{ etc.}}$$
$$10$$

XII

$\dfrac{19}{18}$ (2 × 3 × 3)

$\begin{array}{c|l} 19 & 18 \\ 100 & \overline{1,0\ 555}\ \text{etc.} \\ 10 & \end{array}$

XIII

$\dfrac{7}{22}$ (2 × 11)

$\begin{array}{c|l} 70 & 22 \\ 40 & \overline{0,3\ 1818}\ \text{etc.} \\ 180 & \end{array}$

XIV

$\dfrac{9}{35}$ (5 × 7)

$\begin{array}{c|l} 90 & 35 \\ 200 & \overline{0,25\ 714285\ 714285}\ \text{etc.} \\ 250 & \\ 50 & \\ 150 & \\ 100 & \\ 300 & \\ 20 & \end{array}$

XV

$\dfrac{7}{12}$ (2 × 2 × 3)

$\begin{array}{c|l} 70 & 12 \\ 100 & \overline{0,58\ 333}\ \text{etc.} \\ 40 & \end{array}$

XVI

$\dfrac{22}{75}$ (5 × 5 × 3)

$\begin{array}{c|l} 220 & 75 \\ 700 & \overline{0,29\ 333}\ \text{etc.} \\ 250 & \\ 25 & \end{array}$

XVII

$\dfrac{17}{120}$ (2 × 2 × 2 × 5 × 3)

$\begin{array}{c|l} 170 & 120 \\ 500 & \overline{0,141\ 666}\ \text{etc.} \\ 200 & \\ 800 & \\ 80 & \end{array}$

§ 2. — CONVERSION DES FRACTIONS DÉCIMALES EN FRACTIONS ORDINAIRES.

167. Quand la fraction décimale est limitée, on l'écrit purement et simplement sous forme de fraction ordinaire, en prenant les chiffres significatifs pour numérateur, et en donnant

pour dénominateur l'unité suivie d'autant de zéros qu'il y a de chiffres décimaux dans la fraction décimale. On réduit ensuite à la plus simple expression, s'il y a lieu.

$$0,5 = \frac{5}{10} = \frac{1}{2} \qquad 0,75 = \frac{75}{100} = \frac{3}{4} \qquad 0,875 = \frac{875}{1000} = \frac{7}{8}$$

168. Une fraction périodique simple équivaut à une fraction ordinaire qui a pour numérateur une période et pour dénominateur autant de 9 qu'il y a de chiffres dans la période.

$$0,666\ldots\ldots \text{ etc.} = \frac{6}{9} = \frac{2}{3} \qquad 0,7575\ldots \text{ etc.} = \frac{75}{99} = \frac{25}{33}$$

$$0,375375\ldots\ldots \text{ etc.}\ldots = \frac{375}{999} = \frac{125}{333}$$

La démonstration de ce principe peut se faire comme suit :

Si de	$100 \times 0,757575\ldots$	$= 75,7575\ldots$
on retranche	$1 \times 0,757575\ldots$	$= 0,7575\ldots$
On a	$99 \times 0,757575\ldots$	$= 75$
D'où on tire	$1 \times 0,757575\ldots$	$= \dfrac{75}{99}$

169. Une fraction périodique mixte équivaut à une fraction ordinaire qui a pour numérateur la différence de la partie non périodique à la partie non périodique suivie d'une période, et pour dénominateur autant de 9 qu'il y a de chiffres dans la période suivis d'autant de 0 qu'il y a de chiffres dans la partie non périodique.

$$0,4333 \text{ etc.} = \begin{cases} \begin{array}{r} 43 \\ -\ 4 \\ \hline 39 \\ \hline 90 \end{array} = \frac{13}{30} \end{cases} \qquad 0,3181818 \text{ etc.} = \begin{cases} \begin{array}{r} 318 \\ -\ 3 \\ \hline 315 \\ \hline 990 \end{array} = \frac{7}{22} \end{cases}$$

Voici la démonstration de ce principe :

Si de	$1000 \times 0,3181818\ldots\ldots$	$= 318,1818\ldots,$
on retranche	$10 \times 0,3181818\ldots\ldots$	$= 3,1818\ldots$
On a	$990 \times 0,3181818\ldots\ldots$	$= 315$
et	$1 \times 0,3181818\ldots\ldots$	$= \dfrac{315}{990}$

170. Au reste, il est rare que l'on ait besoin de prendre dans les calculs usuels une fraction décimale dans tout le développement de ses périodes ; le plus souvent on suppose la fraction limitée et exacte. L'erreur que l'on fait en agissant ainsi a peu d'influence sur les résultats.

Ainsi, au lieu de $\qquad 0,31818 = \dfrac{318}{990} = \dfrac{7}{22}$

on peut prendre $\qquad 0,32 \quad = \dfrac{32}{100} = \dfrac{8}{25}$

Ces deux fractions réduites au même dénominateur sont égales à $\dfrac{175}{550}$ et $\dfrac{176}{550}$ qui ne diffèrent que de $\dfrac{1}{550}$.

Il est toutefois bon de connaître tous ces principes pour être exact dans quelques circonstances et pour abréger la recherche des quotients périodiques.

171. Pour convertir une fraction décimale, soit exacte, soit périodique, en une fraction ordinaire déterminée, il suffit de multiplier la fraction décimale par le dénominateur de la fraction ordinaire : c'est la même opération que lorsqu'il s'agit de convertir des entiers (138).

Soit à convertir 0,845 en huitièmes.

Puisque 1 entier vaut 8 huitièmes, le nombre 0,845 vaudra 0,845 fois plus, d'où le calcul :

$$\begin{array}{r} 0,845 \\ 8 \\ \hline 6,760 = \dfrac{7}{8} \text{ environ.} \end{array}$$

LIVRE IV

* THÉORIE ET CALCULS DES NOMBRES NÉGATIFS.

—

CHAPITRE XXVIII

Addition, soustraction, multiplication, division des nombres négatifs seuls ou combinés avec les nombres positifs.

172. Un nombre *positif* est celui qui est précédé du signe + (plus).

Un nombre *négatif* est celui qui est précédé du signe — (moins) ; il indique toujours le contraire du même nombre qui serait positif**.

Le signe + indique une addition à effectuer, et le signe — une soustraction à effectuer.

Un nombre qui n'est précédé d'aucun signe est censé positif.

Nous connaissons les quatre règles sur les divers nombres positifs, entiers ou fractionnaires, et il va suffire d'indiquer ici les modifications qu'y apportent les nombres négatifs, soit seuls, soit combinés avec des nombres positifs.

---

* A passer dans une première étude.

On peut étudier ici les Poids et Mesures, qui font l'objet de la troisième partie, chapitre xxxvii et suivants.

** Le positif et le négatif expriment une opposition directe, comme, par exemple, l'avance et le retard d'une montre, le dessus et le dessous, avant ou après une période, etc.

§ 1. — Addition des nombres négatifs.

173. 1° Pour ajouter plusieurs nombres négatifs, on les additionne en faisant abstraction du signe, et l'on donne à la somme le signe —.

2° Pour ajouter des nombres positifs et des nombres négatifs, on additionne séparément les nombres positifs et les nombres négatifs. On soustrait la plus petite somme de la plus grande, et l'on met devant la différence le signe des nombres qui donnent la plus forte somme.

	I		II		III		IV
	— 19		— 15		+ 15		— 7
	— 933		+ 18		— 18		— 1
	— 8	Somme...	+ 3	Somme...	— 3		+ 8
	— 7						+ 5
	— 15						— 4
	— 2314						— 14
Somme...	— 3296					Somme...	— 23

En effet, ajouter plusieurs nombres positifs ou négatifs, c'est exprimer le résultat des additions et des soustractions partielles indiquées par les signes + et —.

§ 2. — Soustraction des nombres négatifs.

174. Pour soustraire l'un de l'autre deux nombres précédés du même signe, ou un nombre négatif d'un nombre positif, ou un nombre positif d'un nombre négatif, on change le signe du nombre à soustraire, et on additionne comme ci-dessus.

	I	II	III	IV	V
De	— 15	— 13	+ 15	— 15	+ 13
Soustraire	— 13	— 15	— 13	+ 13	+ 15
	— 2	+ 2	+ 28	— 28	— 2

Dans le quatrième cas, par exemple, il est évident que puisque — 15 est la somme dont + 13 est une partie, l'autre partie doit être égale à — 28 pour que ces deux parties + 13 et — 28 réunies forment la somme — 15. En effet, soustraire un nombre d'un autre, c'est soustraire d'un nombre composé de deux parties une de ces parties pour avoir l'autre (16).

§ 3. — MULTIPLICATION DES NOMBRES NÉGATIFS.

175. 1° Lorsque les facteurs ont tous deux le signe $+$ ou le signe $-$, le produit a le signe $+$.

2° Lorsque les deux facteurs ont chacun un signe différent, le produit a le signe $-$.

I	II	III	IV
$+\ 8$	$+\ 8$	$-\ 8$	$-\ 8$
$+\ 4$	$-\ 4$	$+\ 4$	$-\ 4$
$+\ 32$	$-\ 32$	$-\ 32$	$+\ 32$

Pour le premier, le deuxième et le troisième cas, le procédé découle de la définition de la multiplication. Car le produit de $+ 8$ par $— 4$ sera égal à $— 4$ fois $8 = — 32$; et le produit de $— 8$ par $+ 4$ sera égal à 4 fois $— 8 = — 32$.

Pour le dernier cas, la démonstration se trouve dans la multiplication décomposée comme suit :

Soit $12 — 8$ à multiplier par $7 — 4$; le résultat définitif sera 12, car

$$\begin{aligned} 12 - 8 &= 4 \\ 7 - 4 &= 3 \end{aligned} \quad \text{et } 3 \times 4 = 12.$$

Mais 12 doit résulter : 1° du produit de 12 par 7; 2° du produit de $— 8$ par 7; 3° du produit de 12 par $— 4$, et 4° du produit de $— 8$ par $— 4$.

Or, les trois premiers produits donnent:

$$\begin{cases} +\ 12 \times +\ 7 \text{ ou } +\ 84 \\ -\ 8 \times +\ 7 \text{ ou } -\ 56 \\ +\ 12 \times -\ 4 \text{ ou } -\ 48 \\ \hline \qquad\qquad\qquad -\ 20 \end{cases}$$

Le quatrième doit donner forcément.......... $—\ 8 \times —\ 4$ ou $+\ 32$
$$\overline{\qquad\qquad +\ 12}$$

Sans quoi il ne serait pas vrai qu 3 fois 4 font 12.

Donc $— 8$ par $— 4 = + 32$; et, par conséquent, $—$ multiplié par $—$ donne $+$, comme $+$ multiplié par $+$.

On peut donc énoncer la *Règle Générale* de la multiplica-

tion, par rapport aux signes dont sont précédés les facteurs,
comme suit :

Plus	multiplié par	*Plus*	donne	**Plus.**
Moins	multiplié par	*Moins*	donne	**Plus.**
Plus	multiplié par	*Moins*	donne	**Moins.**
Moins	multiplié par	*Plus*	donne	**Moins.**

176. Il est maintenant évident que, lorsque tous les facteurs d'un produit sont négatifs, ce produit a le signe $+$ ou
le signe $-$ selon que le nombre des facteurs est pair ou impair. Ainsi :

$$-8 \times -9 \times -4 \times -2 = +576$$
$$-8 \times -9 \times -4 \qquad\quad = -288$$

§ 4. — Division des nombres négatifs.

177. Quand le dividende et le diviseur ont le signe $-$, le
quotient a le signe $+$; quand ils ont un signe différent, il a
le signe $-$. En d'autres termes :

Plus	divisé par	*Plus*	donne	**Plus.**
Moins	divisé par	*Moins*	donne	**Plus.**
Plus	divisé par	*Moins*	donne	**Moins.**
Moins	divisé par	*Plus*	donne	**Moins.**

I   II

$+32 : + 4 = + 8$ $-32 : -4 = +8$

III   IV

$-32 : + 4 = -8$ $+32 : -4 = -8$

Cette règle se déduit de la définition de la division (52) et
des principes de la multiplication des nombres négatifs que
nous venons d'exposer.

Il est évident, par exemple, que -32 divisé par $+4$ doit
donner -8 au quotient, puisque le quotient multiplié par
le diviseur doit reproduire le dividende ; or, pour retrouver
-32 au dividende, étant donné l'un de ses facteurs $+4$, il
faut que l'autre soit -8.

178. L'application de ces quatre règles, si fréquente en
Algèbre, n'est nécessaire en Arithmétique qu'avec l'emploi
des Logarithmes de fractions, celui des Équations simples, et
dans quelques autres cas fort rares.

LIVRE V

* ÉLÉVATION AUX PUISSANCES. — EXTRACTION DES RACINES.

Élévation aux puissances. — Multiplication et Division des quantités égales affectées d'exposants. — Composition du Carré et du Cube. — De l'extraction des racines en général. — Extraction de la racine carrée des nombres entiers. — Méthode abrégée. — Extraction de la racine cubique des nombres entiers. — Méthode abrégée. — Racines par approximation. — Racines des nombres fractionnaires décimaux. — Racines autres que la carrée et la cubique. — Extraction des racines des fractions ordinaires. — Exposants fractionnaires.

Les théories et les opérations exposées dans ce Livre, que l'ordre logique nous fait placer ici, ne doivent être abordées que par ceux qui savent à fond tout ce qui précède, et peuvent être négligées dans une première étude de l'Arithmétique. Le premier chapitre contient néanmoins des notions qu'il est bon d'avoir tout d'abord.

Les calculs d'extraction des racines sont, indépendamment de l'application qu'on peut en faire, un excellent exercice pour se rompre au maniement de la division, qui paraît simple après cette préparation.

CHAPITRE XXIX

Élévation aux puissances. — Multiplication et division des quantités égales affectées d'exposants. — Composition du carré et du cube.

§ 1. — ÉLÉVATION AUX PUISSANCES.

179. L'élévation aux puissances, avons-nous dit, n'est qu'un cas particulier de la multiplication. Il y a élévation aux puis-

---

* On peut passer dans une première étude les quatre chapitres suivants.

sances toutes les fois qu'on fait un produit avec un nombre deux ou plusieurs fois facteur, et ce nombre est la *racine* de ce produit.

Prenons 6 pour exemple : $6 \times 6 = 36$; 36 est ce qu'on appelle la 2° *puissance* ou le *carré* de 6 ; $6 \times 6 \times 6 = 216$; 216 en est la 3° *puissance* ou le *cube* ; $6 \times 6 \times 6 \times 6 = 1296$; 1296 en est la 4° *puissance* ou le *bicube*, etc. Ainsi, le nombre que l'on carre est à la fois multiplicande et multiplicateur, et le nombre que l'on cube est à la fois multiplicande et 2 fois multiplicateur.

Le degré de la puissance s'indique par un nombre mis à droite, un peu au-dessus et en petits caractères ; ce nombre prend le nom d'*exposant* ou d'*indice de la puissance :* 6, 6^2, 6^3, 6^4, 6^5..., etc., indiquent la 1°, la 2°, la 3°, la 4°, la 5°..., etc., puissance de 6, qui est lui-même la racine 5°, 4°, 3° ou *cubique*, 2° ou *carrée*.

180. Une puissance multipliée par une autre puissance est égale à la puissance indiquée par la somme des exposants ; c'est-à-dire, que pour *multiplier* deux quantités égales, affectées d'exposants différents, on *ajoute* les exposants.

Exemples $\qquad\qquad 7^3 \times 7^2 = 7^{3+2} = 7^5$
En effet $\qquad\qquad 7^3 = 7 \times 7 \times 7$ et $7^2 = 7 \times 7$
D'où $\qquad\qquad 7^3 \times 7^2 = 7 \times 7 \times 7 \times 7 \times 7 = 7^5$

181. Puisqu'une puissance d'un nombre multipliée par une puissance du même nombre est égale à une puissance de ce même nombre indiquée par la somme des exposants, de même une puissance d'un nombre divisée par une puissance du même nombre aura pour quotient une puissance de ce nombre indiquée par la différence des exposants.

Exemples $\qquad\qquad 7^5 : 7^3 = 7^2$
Car $\qquad \dfrac{7^5}{7^3} = \dfrac{7 \times 7 \times 7 \times 7 \times 7}{7 \times 7 \times 7} = 7 \times 7 = 7^2$

182. Il peut se faire que l'exposant du dividende soit égal à l'exposant du diviseur.

Exemples $\qquad$ $7^2 : 7^2 = 7^{2-2} = 7^0 = 1$

En effet $\qquad$ $\dfrac{7^2}{7^2} = \dfrac{7 \times 7}{7 \times 7} = \dfrac{49}{49} = 1$

D'où il faut conclure qu'un nombre affecté de l'exposant 0 est égal à 1. Un nombre sans exposant est comme s'il était affecté de l'exposant 1 et égal à lui-même.

Il peut se faire aussi que l'exposant du dividende soit plus petit que celui du diviseur.

Exemple : $\qquad$ $7^2 : 7^3 = 7^{2-3} = 7^{-1} = \dfrac{1}{7}$

En effet $\qquad$ $\dfrac{7^2 = 7 \times 7 = 40}{7^3 = 7 \times 7^2 = 343} = \dfrac{49 : 49}{343 : 49} = \dfrac{1}{7}$

Autre exemple : $\qquad$ $7^2 : 7^5 = 7^{-3} = \dfrac{1}{7^3} = \dfrac{1}{343}$

D'où l'on peut conclure que toute quantité affectée d'un exposant négatif est égale à 1 divisé par cette quantité affectée de l'exposant positif. Voyez ci-dessus (chap. XXVIII) la soustraction des nombres négatifs.

183. Pour élever un nombre à une puissance quelconque, il suffit de multiplier ce nombre par lui-même autant de fois qu'il y a d'unités moins 1 dans l'indice de la puissance.

Pour élever 12 à la 5ᵉ puissance, il faut le multiplier 4 fois par lui-même ; il est alors 5 fois facteur.

Élévation des nombres 12, 1,2, 0,12 à la 5ᵉ puissance.

12	1,2	0,12
12	1,2	0,12
$144 = 12^2$	$1,44 = 1,2^2$	$0,0144 = 0,12^2$
12	$1,44 = 1,2^2$	0,12
$1728 = 12^3$	5 7 6	$0,001728 = 0,12^3$
12	5 7 6	$0,0144 = 0,12^3$
$20736 = 12^4$	1 4 4	6912
12	$2,0736 = 1,2^4$	6912
$248832 = 12^5$	1,2	1728
	$2,48832 = 1,2^5$	$0,0000248832 = 0,12^5$

§ 2. — Composition des carrés et des cubes.

184. Les *carrés* des dix premiers nombres sont :

Nombres ou Racines :   1   2   3   4   5   6   7   8   9   10
Produits ou Carrés :   1   4   9   16   25   36   49   64   81   100

D'où l'on peut déduire le principe suivant :

> Un nombre de 1 ou 2 chiffres en a 1 à sa racine carrée ;
> .... 3 ou 4 .... 2 ....
> .... 5 ou 6 .... 3 .... etc.

Et réciproquement :

> Une racine de 1 chiffre en a 1 ou 2 à son carré ;
> .... 2 .... 3 ou 4 ....
> .... 3 .... 5 ou 6 ...., etc.

Les *cubes* des dix premiers nombres sont :

Nombres ou Racines :   1   2   3   4   5   6   7   8   9   10
Produits ou Cubes :   1   8   27   64   125   216   343   512   729   1000

D'où l'on peut déduire le principe suivant :

> Un nombre de 1, 2 ou 3 chiffres en a 1 à sa racine cubique ;
> .... 4, 5 ou 6 .... 2 ....
> .... 7, 8 ou 9 .... 3 ...., etc.

Et réciproquement :

> Une racine de 1 chiffre en a 1, 2 ou 3 à son cube ;
> .... 2 .... 4, 5 ou 6 ....
> .... 3 .... 7, 8 ou 9 ....., etc.

185. Le *carré d'un nombre* composé de dizaines et d'unités (et tous les nombres peuvent être considérés ainsi) a son carré composé : 1° du carré des unités ; 2° du double produit des dizaines par les unités, et 3° du carré des dizaines.

En langage algébrique, a représentant les dizaines et b les unités, le carré est représenté par cette formule : $a^2 + 2ab + b^2$.

Le carré des dizaines se trouve dans les *centaines ;* le double produit des dizaines par les unités, dans les *dizaines*, et le carré des unités, dans les *unités*.

Cela résulte de la multiplication détaillée qui suit :

$$
\begin{array}{rl}
64 =& 60 + 4 \\
64 =& 60 + 4 \\
\hline
\end{array}
$$

$$
\begin{array}{r}
256 \\
384 \\
\hline
4096
\end{array}
\qquad
\begin{array}{lcl}
4 \times 4 =& 16 & \text{carré des unités,} \\
60 \times 4 =& 240 & \left.\vphantom{\begin{array}{c}a\\b\end{array}}\right\} \text{double produit des dizaines par les unités,} \\
4 \times 60 =& 240 & \\
60 \times 60 =& 3600 & \text{carré des dizaines.} \\
& \overline{4096} &
\end{array}
$$

186. Le *cube d'un nombre* composé de dizaines et d'unités est composé : 1° du cube des unités ; 2° du triple carré des dizaines par les unités ; 3° du triple carré des unités par les dizaines ; 4° du cube des dizaines.

On dit en Algèbre : $a^3 + 3a^2b + 3ab^2 + b^3$.

Le cube des dizaines se trouve dans les mille, et le triple carré des dizaines par les unités, dans les centaines.

Cela résulte de la multiplication détaillée qui suit :

Calcul détaillé :

$$
\begin{array}{ccc}
60 + 4 & 64 & 4096 \\
60 + 4 & 64 & 64 \\
\hline
\end{array}
$$

Éléments du carré.
$$
\left\{
\begin{array}{ccc}
4 \times 4 & 256 & 16384 \\
60 \times 4 & 384 & 24576 \\
4 \times 60 & \overline{} & \overline{} \\
60 \times 60 & 4096 & 262144
\end{array}
\right.
$$

Calcul ordinaire :

. . . .

$$\times\, 60 + 4$$

Éléments du cube.
$$
\left\{
\begin{array}{l}
4 \times 4 \times 4 \longrightarrow 4^3 = 64 \quad \text{cube des unités.} \\
60 \times 4 \times 4 \\
4 \times 60 \times 4 \longrightarrow 4^2 \times 3 \times 60 = 2880 \\
60 \times 60 \times 4 \\
4 \times 4 \times 60 \\
60 \times 4 \times 60 \longrightarrow 60^2 \times 3 \times 4 = 43200 \\
4 \times 60 \times 60 \\
60 \times 60 \times 60 \longrightarrow 60^3 = 216000 \quad \text{cube des dizaines.}
\end{array}
\right.
$$

$\left.\right\}$ triple carré des unités par les dizaines.

$\left.\right\}$ triple carré des dizaines par les unités.

$$\overline{262144}$$

Pour mieux parler à l'œil, nous donnerons à cette opération la forme suivante :

I

Le Carré des Dizaines,		le Produit du carré des dizaines par les unités ;
Deux fois le Produit des dizaines par les unités,	multipliés par les *Unités*, donnent :	deux fois le Produit des dizaines par le carré des unités ;
Le Carré des Unités,		le Cube des unités.

II

Le Carré des Dizaines,		le Cube des dizaines ;
Deux fois le Produit des dizaines par les unités,	multipliés par les *Dizaines*, donnent :	deux fois le Produit du carré des dizaines par les unités ;
Le Carré des Unités,		le Produit des dizaines par le carré des unités.

Ces six résultats se résument dans les deux énoncés ci-dessus.

§ 3. — REMARQUES.

187. 1° Quand la Racine carrée augmente d'une unité, son carré augmente du double de la racine, plus 1.

$$
\begin{array}{cc}
64 & 65 \\
64 & 65 \\
\hline
256 & 325 \\
384 & 390 \\
\hline
4096 & 4225 \\
 & 4096 \\
\end{array}
$$

Différence............ $129 = 64 \times 2 + 1$

2° Quand la Racine cubique augmente d'une unité, son cube augmente du triple carré de la racine et du triple de la racine plus 1.

$$
\begin{array}{ccc}
64 & 65 & 64^2 \times 3 = 12288 \\
64 & 65 & 64 \times 3 = \quad 192 \\
\hline
256 & 225 & \qquad\qquad 1 \\
384 & 390 & \overline{\qquad\quad 12481} \\
\hline
4096 & 4225 & \\
64 & 65 & \\
\hline
16384 & 21125 & \\
24576 & 25350 & \\
\hline
262144 & 274625 & \\
 & 262144 & \\
\end{array}
$$

Différence..... $12481 = 64^2 \times 3 + 64 \times 3 + 1$

188. D'après ce qui a été dit (184) une racine qui a 1, 2, 3, etc., chiffres décimaux, en a toujours 2, 4, 6, etc., au carré, c'est-à-dire le double ; et 3, 6, 9, etc., au cube, c'est-à-dire le triple, et réciproquement.

189. L'inspection de la table des carrés des premiers nombres montre que les chiffres 0, 1, 4, 5, 6, 9, peuvent seuls déterminer les carrés ; par conséquent, les nombres terminés par 2, 3, 7, 8 ne sont jamais des carrés parfaits.

190. Le carré d'un nombre pair est toujours divisible par 4, ou 2×2.

191. Tout nombre terminé par un nombre impair de zéros ou de décimales, n'est jamais un carré parfait.

192. Lorsque le chiffre des unités d'un nombre est 5, pour que ce nombre puisse être un carré, il faut que le chiffre des dizaines soit 2 ; en effet, $5 \times 5 = 25$.

193. Un nombre pair ne peut être un cube que lorsqu'il est divisible par 8, c'est-à-dire $2 \times 2 \times 2$.

194. Un nombre terminé par des zéros ou par des décimales ne peut être un cube que lorsque ce nombre de zéros ou de décimales est 3, 6, 9, etc., c'est-à-dire un multiple de 3.

194 *bis*. La vérité de ces remarques ressort de la nature de la multiplication de la même quantité par elle-même et de l'inspection des tables des carrés, des cubes et des autres puissances.

Le tableau suivant des dix premières puissances des dix premiers nombres montre encore la rapidité d'accroissement des produits puissantiels. Ainsi, le produit de 9 seulement 5 fois par lui-même s'élève à 531441 ; le produit de 10 multiplié 9 fois par lui-même ou élevé à la 10e puissance s'élève à 10 billions ou milliards.

Table des dix premières puissances des dix premiers nombres.

NOMBRES	2e PUISSANCE (carrés)	3e PUISSANCE (cubes)	4e PUISSANCE	5e PUISSANCE	6e PUISSANCE	7e PUISSANCE	8e PUISSANCE	9e PUISSANCE	10e PUISSANCE
1	1	1	1	1	1	1	1	1	1
2	4	8	16	32	64	128	256	512	1024
3	9	27	81	243	729	2187	6561	19683	59049
4	16	64	256	1024	4096	16384	65536	262144	1048576
5	25	125	625	3125	15625	78125	390625	1953125	9765625
6	36	216	1296	7776	46656	279936	1679616	10077696	60466176
7	49	343	2401	16807	117649	823543	5764801	40353607	282475249
8	64	512	4096	32768	262144	2097152	16777216	134217728	1073741824
9	81	729	6561	59049	531441	4782969	43046721	387420489	3486784401
10	100	1000	10000	100000	1000000	10000000	100000000	1000000000	10000000000

CHAPITRE XXX

* Extraction des racines en général et de l'extraction de la racine carrée des nombres entiers.

§ 1. — DE L'EXTRACTION DES RACINES EN GÉNÉRAL

195. L'extraction des racines, que M. Didiez a proposé d'appeler *racination* **, n'est pas une opération bien fréquente dans les calculs commerciaux, et quand elle se présente on doit employer de préférence les logarithmes. Cependant, nous ne pouvons nous dispenser de nous occuper de l'extraction de la racine carrée et de la racine cubique, ou de l'extraction des racines dont l'exposant est composé des facteurs 2 et 3, telles que les racines quatrième et neuvième ou *bi-quadratique* et *bi-cubique*, etc., les seules d'ailleurs qu'il soit possible d'extraire· par les procédés directs de l'arithmétique.

L'extraction d'une racine s'indique par le signe $\sqrt{\ \ \ }$ appelé radical. On place l'indice de la puissance dans l'ouverture du $\sqrt{\ }$ et le nombre sous la ligne horizontale.

$$\sqrt[2]{854} \qquad \sqrt[3]{854} \qquad \sqrt[4]{854} \qquad \sqrt[5]{854} \text{ etc.}$$

indiquent la racine carrée, cubique, quatrième, cinquième, etc., à extraire de 854.

Le signe $\sqrt{\ \ \ }$ sans exposant indique la racine carrée à extraire ; c'est ainsi qu'on l'emploie le plus fréquemment.

196. Puisque l'élévation aux puissances est un cas particulier de la multiplication, dans lequel les facteurs se

---

* A passer dans une première étude.

** Comme il a proposé d'appeler l'élévation aux puissances *puissanciation* ; voy. *Résumé d'un cours de mathématiques pures*, n° 1, br. in-8, 1re éd. en 1826. — M. Didiez est un de ceux qui ont le mieux fait ressortir l'analogie des opérations arithmétiques entre elles.

ressemblent, l'extraction des racines est un cas particulier de la division, dans lequel le diviseur et le quotient se ressemblent, de sorte qu'étant donné le dividende, il faut trouver le quotient sans le secours du diviseur.

Elle constitue la sixième règle principale des opérations effectuées sur les nombres.

197. Pour être à même d'extraire la racine carrée, ou la racine cubique, c'est-à-dire pour trouver, étant donné le carré ou le cube d'un nombre, ce nombre lui-même, il faut avoir présents à l'esprit les principes que nous avons posés dans les nos 184 et suivants, à propos de l'élévation au carré et au cube. Nous allons les rappeler succinctement, au fur et à mesure qu'il sera question de la racine carrée ou de la racine cubique.

§ 2. — EXTRACTION DE LA RACINE CARRÉE DES NOMBRES ENTIERS. — MÉTHODE ORDINAIRE.

198. L'extraction ˮde la racine carrée d'un nombre plus petit que 100 ne coûte aucune peine, quand on sait par cœur la table suivante :

Carrés :	0	1	4	9	16	25	36	49	64	81	100
Racines carrées :	0	1	2	3	4	5	6	7	8	9	10

En effet, elle donne la racine des nombres compris entre 0 et 100, qui en ont une *commensurable*, c'est-à-dire exacte. Quant à celle des nombres plus petits que 100, et compris entre 1 et 4, 4 et 9, 9 et 16, etc., elle la donne à une unité près. Plus tard nous verrons qu'on peut la trouver aussi approchée qu'on le désire.

$$\sqrt{19} = 4 \text{ à une unité près} ; \sqrt{48} = 7 \text{ à une unité près.}$$

La racine carrée tombe pour le premier nombre entre 4 et 5, mais plus près de 4 ; pour le second nombre, entre 6 et 7, mais plus près de 7.

199. La connaissance de cette table et les principes de la division conduisent aussi à l'extraction de la racine carrée des nombres plus grands que 100, c'est-à-dire ayant plus de deux chiffres. A ce sujet, il faut se rappeler les principes suivants :

1° Un nombre de 1 ou 2 chiffres en a 1 à sa racine ; celui de 3 ou 4 en a 2 ; celui de 5 ou 6 en a 3 ; — et réciproquement, une racine de 1 chiffre peut en avoir 1 ou 2 au carré ; une racine de 2 chiffres peut en avoir 3 ou 4 au carré ; une racine de 3 chiffres peut en avoir 5 ou 6 au carré, etc. (184).

2° Le carré d'un nombre composé de dizaines et d'unités (et tous les nombres peuvent être considérés ainsi), contient trois parties distinctes : le carré des dizaines contenu dans les centaines ; le double produit des dizaines multipliées par les unités contenu dans les dizaines, et le carré des unités contenu dans les unités (185).

3° Si la racine carrée augmente d'une unité, son carré augmente du double de la racine, plus 1 (187).

4° Lorsqu'on a le produit d'un nombre par un autre, il suffit de diviser le produit par le dernier pour avoir le premier.

200. Soient, pour exemple, les nombres 4096 et 1579800 16089, dont il s'agit d'extraire la racine carrée.

I

```
Extraction détaillée de la racine carrée.          Élévation au carré.

40.96 | 64                                              60 + 4
 36   |  6   × 6  =  36                                  60 + 4
 ────    ──────────────                                 ──────
 49.6    60  × 2  = 120                                    16
 49.6           120 +  4                                  240 )
 ────           ×  ...... 4                               240 )  = 480
  0                  496                                  3600
                                                         ─────
                                                         4096
            Disposition ordinaire du calcul.
4096 | 64                                                  64
 496.| 124                                                 64
   0                                                      ───
                                                          256
                                                          384
                                                         ─────
                                                         4096
```

II

2ᵉ exemple d'extraction détaillée de la racine carrée,

```
15.79.80.01.60.89 | 397467
 9                   3 × 3 = 9
 ───                         3 × 2 =      6........67 :  6      = 9
 679                    69
                        9
 621                  ───
 ───                  621
 5880                  39 × 2 =     78.......588 : 78     = 7
                      787
                        7
 5509                ────
 ────                5509
 37101                397 × 2 =    794.....3710 : 794     = 4
                     7944
                        4
 31776               ─────
 ─────               31776
 532560               3974 × 2 =    7948....53256 : 7948  = 6
                     79486
                        6
 476916              ──────
 ──────              476916
 5564489              39746 × 2 =  79492...556448 : 79492 = 7
                     794927
                        7
 5564489             ───────
 ───────             5564489
    0
```

Disposition ordinaire du calcul.		Élévation au carré.
157980016089	397467	397467
679	69	397467
5880	787	2782269
37101	7944	2384802
532560	79486	1589868
5564489	794927	2782269
0		3577203
		1192401
		157980016089

201. Ces deux exemples suffisent pour suivre la marche
de l'opération que l'on peut résumer dans la règle générale
suivante.

RÈGLE. — *Pour extraire la racine carrée* d'un nombre plus
grand que 100, on sépare ce nombre en tranches de deux
chiffres en commençant par la droite ; — on extrait la racine
carrée du plus grand carré contenu dans la dernière tranche

de gauche ; on place le chiffre représentant cette racine à la place consacrée au diviseur dans la division, et on retranche le carré de la tranche ; — à côté du reste, on descend la tranche suivante ; on en sépare le dernier chiffre, et on divise la partie séparée à gauche par le double de la racine que l'on met à la place du quotient dans la division ; — on place le chiffre du quotient de cette division à droite du premier chiffre de la racine ; puis on multiplie le double de la racine par ce chiffre, après avoir placé à sa droite ce même chiffre du quotient, et on en retranche le produit du dividende, c'est-à-dire du reste et de la tranche descendue ; — à côté du reste on descend la tranche suivante, et on opère comme nous venons de l'expliquer, jusqu'à ce que l'on ait descendu toutes les tranches.

202. On reconnaît qu'un chiffre mis à la racine est trop faible, lorsque le reste est égal au double de la racine plus 1, ou plus grand que le double de la racine plus 1 ; — on reconnaît qu'il est trop fort, lorsque la soustraction du produit ne peut pas s'effectuer (187).

203. Le doublement de la racine s'effectue en doublant seulement le dernier chiffre et en portant sur l'avant-dernier l'unité retenue.

204. *Théorie.* — Quelques mots d'explication suffiront pour faire comprendre la raison de toutes les opérations que l'on est obligé de faire.

Prenons pour base de notre raisonnement l'extraction de la racine carrée de 4096. Ce carré ayant quatre chiffres, sa racine en a deux (184 et 199), celui des dizaines et celui des unités. Les dizaines forment un carré contenu dans les centaines du nombre, c'est-à-dire dans 40 (185, 199, 2°) ; voilà pourquoi nous partageons ce nombre en deux tranches de deux chiffres. S'il n'avait que trois chiffres, la tranche à gauche n'en aurait qu'un. Nous avons vu dans la division pourquoi nous ne pouvons pas commencer l'opération par la droite, c'est-à-dire pourquoi nous ne cherchons pas

d'abord les unités les plus faibles, les unités simples (61).
40 contient le carré des dizaines inconnues de la racine, plus
les unités de retenue provenant des autres parties du carré,
soit le double produit des dizaines par les unités et le carré
des unités. En effet, en portant nos regards sur le carré dé-
composé, nous trouvons que ces unités sont 4. Nous savons
que les unités de retenue des unités inférieures ne peuvent
jamais être égales au diviseur et influer sur le quotient (57).
Donc, pour avoir le chiffre des dizaines de la racine, il suffit
de déterminer quel est le plus grand carré contenu dans 40,
et d'en prendre la racine carrée d'après la table des carrés ;
le plus grand carré contenu dans 40 est 36, dont la racine
est 6 ; 36 retranchés de 40 = 4.

Ces 4 unités de retenue appartiennent à ce qui reste encore du carré, c'est-à-dire, au double produit des dizaines
par les unités, plus le carré des unités. Voilà pourquoi nous
descendons la tranche suivante 96 à côté de 4. C'est dans ce
nombre que nous devons trouver les unités. Ces unités sont
contenues dans le double produit des dizaines par les unités,
qui elles-mêmes se trouvent dans les dizaines, c'est-à-dire
dans 49 ; voilà pourquoi nous séparons le dernier chiffre.
Puisque 49 contient le double produit des dizaines par les
unités, plus les unités de retenue provenant du carré des
unités qui ne peuvent avoir d'influence sur notre appréciation, il suffit, pour avoir les unités, de faire le double des
dizaines, 12, et de diviser le double produit des dizaines par
les unités, 49, par ce double des dizaines, 12 ; car pour avoir
un facteur inconnu quand on connaît un produit et l'autre
facteur, il suffit de diviser le produit par le facteur connu.
En 49, 12 est contenu 4 fois ; pour vérifier si 4 est le véritable
chiffre, il faut faire le carré des unités, plus le double produit des dizaines par les unités, et voir si ces deux produits
réunis donnent 496. C'est à quoi l'on parvient en mettant à
côté de 12 dizaines ou 120 le chiffre des unités 4.

Dans le second carré pris pour exemple, 1579800016089, nous

considérons d'abord le nombre 6089, et pour les raisons que nous venons de donner ci-dessus, nous le partageons en tranches de 2 chiffres, puis nous considérons 0160, 8001, 7980, 1579. Le nombre 157980016089 peut être considéré comme un nombre composé de dizaines et d'unités dans toutes ses parties; en effet:

$$
\begin{aligned}
157980016089 &= 157980016080 + 9 \\
15798001608 &= 1579800160 + 8 \\
1579800160 &= 157980016 + 0 \\
157980016 &= 15798001 + 6 \\
15798001 &= 1579800 + 1 \\
1579800 &= 157980 + 0 \\
157980 &= 15798 + 0 \\
15798 &= 1579 + 8 \text{ etc.}
\end{aligned}
$$

- Il suffit de lire le n° 187 pour comprendre la règle qui sert à voir si le chiffre mis à la racine est trop faible ou trop fort.

§ 3. — Deuxième procédé d'extraction de la racine carrée.

205. Il est facile de voir que la composition du carré et les explications que nous avons données peuvent aussi conduire à un autre procédé d'extraction, qui consiste : à soustraire le plus grand carré de la première tranche à gauche ; à descendre le premier chiffre de la deuxième tranche ; à diviser par le double de la racine trouvée ; à soustraire ce diviseur (double des dizaines) après l'avoir multiplié par le quotient (chiffre des unités) ; à descendre le second chiffre de la seconde tranche ; à retrancher le carré des unités ; à descendre le premier chiffre de la troisième tranche, et ainsi de suite.

Nous donnons ci-après l'extraction par ce deuxième procédé de la racine carrée du nombre dont nous venons de nous servir.

La première opération montre les détails du procédé ; — la deuxième, la disposition ordinaire du même calcul. — La

troisième est celle du procédé ordinaire (p. 145). — La quatrième et la cinquième indiquent l'abréviation des deux procédés par la division.

2e procédé d'extraction de la racine carrée. — Opération détaillée.

```
                15.79.80.01.60.89 | 397467        .6..
3 × 3 =         9                 | 6              = 3 × 2
                6 7               | 78             = 39 × 2
6 × 9 =         5 4               | 794            = 397 × 2
                1 39             | 7948           = 3974 × 2
9 × 9 =           81             | 79492          = 39746 × 2
                58 8
78 × 7 =        54 6                 Disposition ordinaire du calcul
                 4 20                       de ce 2e procédé.
7 × 7 =           49              157980016089 | 397467
                3 71 0              67          | 6
794 × 4 =       3 17 6              139         | 78
                53 41               588         · 794
4 × 4 =            16                420          7948
                53 25 6             3710          79492
7948 × 6 =      47 68 8             5341
                 5 56 80            53256
6 × 6 =               36            55680
                 5 56 44 8          556448
79492 × 7 =      5 56 44 4              49
                      49
7 × 7 =               49
                       0
```

§ 3. — **Abréviation des deux procédés.**

206. On peut abréger l'extraction de la racine composée
de plusieurs chiffres en se bornant à chercher, par l'un des
deux procédés que nous venons d'exposer, la moitié plus 1
du nombre des chiffres de la racine, et en déterminant les
autres, par la division du dividende par le double de cette
partie de la racine.

Il y a toujours un reste ; mais il n'est jamais l'équivalent
de l'unité.

Voici l'extraction de la racine carrée du nombre qui nous
a déjà servi ci-dessus et celle d'un autre nombre :

Extraction par le 1er procédé ordinaire.

157980016089	397467
679	69
5880	787
37101	7944
532560	79486
5564489	794927
0	

Abréviation du 1er procédé.

157980016089	397467
679	69
5880	787
37101	7944
53256	7948
55680	
44	

Abréviation du 2e procédé.

157980016089	397467
67	
139	
588	78
420	
3710	794
5341	
53256	7948
55680	
44	

Autre exemple.

1er procédé abrégé.

9752352516	98754
1652	18
14835	196
10662	1974
7925	
29	

2e procédé abrégé.

9752352516	98754
165	18
212	196
1483	
1115	
10662	1974
7925	
29	

Comme on voit, l'abréviation est plus économique quand on cherche un nombre impair de chiffres à la racine.

Voici le détail de l'opération dans les deux derniers exemples :

Une fois qu'on est arrivé au 3e chiffre de la racine, à 987, on double ce nombre et on obtient 1974 qui devient le diviseur, et qui est contenu 5 fois dans 10662. Le chiffre 5 est le quatrième de la racine. On multiplie 1974 par 5 et on retranche le produit de 10662. A côté du reste on descend le chiffre suivant 5 et on divise 7925 par 1974. On obtient 4, cinquième chiffre de la racine. On multiplie 1974 par 4 et on retranche de 7925.

207. Cette méthode abrégée est une suite du principe général que l'on peut déduire de la composition du carré (185). Mais nous n'en aborderons pas ici la démonstration qui nécessiterait des développements algébriques (Voy. plus loin la note de la page 159).

CHAPITRE XXXI

* Extraction de la racine cubique des nombres entiers.

§ 1. — Des trois procédés d'extraction de la racine cubique.

208. L'extraction de la racine cubique d'un nombre plus petit que 1000, ou ayant plus de trois chiffres, ne coûte non plus aucune peine quand on sait par cœur la table suivante :

Racines cub.	0	1	2	3	4	5	6	7	8	9	10
Cubes	0	1	8	27	64	125	216	343	512	729	1000

En effet, elle donne la racine des nombres compris entre 0 et 1000 qui en ont une commensurable.

Quant à celle des autres nombres plus petits que 1000, compris entre 1 et 8, 8 et 27, 27 et 64, etc., elle la donne à une unité près. Plus tard, nous verrons qu'on peut la trouver aussi approchée que l'on veut.

$$\sqrt[3]{15} = 2 \text{ à une unité près}, \quad \sqrt[3]{800} = 9 \text{ à une unité près},$$

$$\sqrt[3]{199} = 6 \text{ à une unité près}, \quad \sqrt[3]{59} = 4 \text{ à une unité près}.$$

La racine cubique du premier nombre est plutôt 2 que 3, car 15 se rapproche plus du cube 8 que du cube 27 ; celle de 800 est plutôt 9 que 10, car 800 est plus près de 729 que de 1000 ; celle de 199 est plutôt 6 que 5, car 199 se rapproche plus de 216 que de 125, et celle de 59 est plutôt 4 que 3, car 59 se rapproche plus de 64 que de 27.

209. La connaissance de cette table et les principes de la division conduisent à l'extraction de la racine cubique des nombres plus grands que 1000, c'est-à-dire ayant plus de trois chiffres. A ce sujet, il faut se rappeler les principes suivants :

---

* A passer dans une première étude.

1° Un nombre composé de 1, 2 ou 3 chiffres en a 1 à sa racine; celui de 4, 5 ou 6 chiffres en a 2; celui de 7, 8 ou 9 chiffres en a 3, etc.; et réciproquement, une racine de 1 chiffre en a 1, 2 ou 3 à son cube; celle de 2 chiffres en a 4, 5 ou 6 à son cube; celle de 3 chiffres en a 7, 8 ou 9, etc. (184).

2° Le cube d'un nombre composé de dizaines et d'unités (et tous les nombres peuvent être considérés ainsi) (204) contient quatre parties distinctes : le cube des dizaines contenu dans les mille; le triple carré des dizaines par les unités, contenu dans les centaines; le triple produit des dizaines par le carré des unités, contenu dans les dizaines; et le cube des unités, contenu dans les unités (185).

3° Si la racine cubique augmente d'une unité, son cube augmente du triple carré de la racine et du triple de la racine plus 1 (187).

4° Lorsqu'on a le produit d'un nombre par un autre, il suffit de diviser le produit par ce dernier pour avoir le premier.

210. Soit, pour premier exemple, à extraire la racine cubique de 262144.

Cette extraction de la racine cubique se fait par l'un des trois procédés suivants de décomposition du cube dont nous reproduisons les éléments (186).

$$60 + 4$$
$$60 + 4$$

Cube des Unités...................... 64	=	$4 \times 4 \times 4$
3 fois le carré des Un. par les Dizain. 2880	=	$4 \times 4 \times 3 \times 60$
3 fois le carré des Dizain. par les Un. 43200	=	$60 \times 60 \times 3 \times 4$
Cube des Dizaines................. 216000	=	$60 \times 60 \times 60$

262144

211. *Premier procédé.* — On retranche le cube des dizaines. On cherche les unités et on élève les deux chiffres de la racine au cube pour voir si ce cube est égal au cube donné. Pour avoir les unités, on divise le reste de tout le

cube, moins les deux derniers chiffres, par le triple carré de la racine. (Voy. plus loin la règle générale détaillée.)

$$
\begin{array}{r|l}
262144 & 64 \\
60^3 = \ \ 216 & \\
\hline
\ \ 46144 & \quad 461 : 103\ (6^2 \times 3) = 4 \\
64^3 = 262144 &
\end{array}
$$

212. *Deuxième procédé.* — On retranche le cube des dizaines de la première tranche. On divise le reste, plus le chiffre suivant, par le triple carré de la racine pour avoir les unités, et on retranche le triple carré des dizaines par les unités. Du reste plus le chiffre suivant, on retranche le triple produit des dizaines par le carré des unités (Voy. n° 186); du reste plus le chiffre suivant, on retranche le cube des unités. (Voy. plus loin la règle générale détaillée.)

$$
\begin{array}{r|l}
262144 & 64 \\
60^3 = 216 & \\
\hline
461 & \quad 461 : 108\ (6^2 \times 3) = 4 \\
60^2 \times 3 \times 4 = 432 & \\
\hline
294 & \\
60 \ \times 3 \times 4^2 = 288 & \\
\hline
64 & \\
4^3 = \ \ 64 &
\end{array}
$$

213. *Troisième procédé.* — On retranche le cube des dizaines. On divise le reste plus le chiffre suivant par le triple carré des dizaines, pour avoir les unités, et on fait le triple carré des dizaines par les unités, le triple produit des dizaines par le carré des unités et le cube des unités pour voir si la somme est égale au reste de tout le cube.

$$
\begin{array}{r|l}
262144 & 64 \\
60^3 = \ldots\ldots\ \ 216 & \\
\hline
46144 & \quad 461 : 108\ (6^2 \times 3) = 4 \\
60^2 \times 3 \times 4 \ = 43200 \ \rangle & \\
60 \ \times 3 \times 4^2 = \ 2880 \ \Big\} & 46144 \qquad - \\
4^3 = \ \ \ \ 64 \ \rangle &
\end{array}
$$

Le second et le troisième procédé sont, au fond, une seule et même chose.

214. Soit, pour deuxième exemple et comme exercice, à extraire la racine cubique d'un nombre de plusieurs tranches.

Extraction de la racine cubique par le 1er procédé.

```
62.791.843.054.846.563 | 397467
27.....................  = 3³
35 791
59 319...............   : 27 = 3² × 3
3 472 843               = 39³
62 570 773...........   : 4563 = 39² × 3
221 070 054            = 397³
62 760 094 424........  : 472827 = 397² × 3
31 748 630 846         = 3974³
62 788 525 532 936.... : 47378028 = 3974² × 3
3 317 521 910 563      = 39746³
62 791 843 054 846 563 : 4739233548 = 39746² × 3
                        = 397467³
```

Opérations nécessitées par l'extraction de la racine cubique.

```
1re   39              2e    397            3e     3974
      39                    397                   3974
     ___                   ____                   _____
     351                   2779                   15896
     117                   3573                   27818
    ____                  1191                    35766
    1521                 157609                   11922
     39                    397                  15792676
   _____                 ______                    3974
   13689                 472827                  47378028
   4563                  141848                 142134084
   _____                1103263                 110548732
   59319                62570773                 63170704
                                               62760094424


5e    397467                                  4e    39746
      397467                                        39746
     _______                                       ______
     2782269                                       238476
     2384802                                       158984
     1589868                                       278222
     2782269                                       357714
     3577203                                       119238
     1192401                                     1579744516
   157980016089                                     39746
      397467                                     4739233548
   473940048267                                 14217700644
   1421820144801                                11058211612
   1105860112623                                 6318978064
    631920064356                                 9478467096
    947880096534                               62788525532936
   1105860112623
   62791843054846563
```

Extraction de la racine cubique par le 2ᵉ procédé.

```
62.791.843.054.846.563 | 397467
27........................  3×3×3=27 le plus grand cube contenu dans 62
35 7......................  3²×3=27; 357:27=9
24 3......................  27×9=243
─────
11 49
 7 29.....................  9²×3=243×3=729 ou 3×3=27×9² ou 81=729
─────
 4 201
   729....................  9³=729
─────────
 3 472 8..................  39²×3=4563; 34728:4563=7
 3 194 1..................  4563×7=31941
  ───────
  278 74
   57 33..................  7²×3=147×39=5733
  ───────
  221 413
     343..................  7³=343
  ─────────
  221 070 0...............  397²×3=472827; 2210700:472827=4
  189 130 8...............  472827×4=1891308
  ─────────
   31 939 25
     190 56..............  4²×3=48×397=19056
   ─────────
   31 748 694
          64.............  4³=64
   ───────────
   31 748 630 8..........  3974²×3=47378028; 317486308:47378028=6
   28 426 816 8..........  47378028×6=284268168
    ──────────
    3 321 814 04
        4 291 92........  6²×3=108×3974=429192
    ────────────
    3 317 522 126
            216.........  6³=216
    ──────────────
    3 317 521 910 5.  39746²×3=4739233548; 33175219105:4739233548=7
    3 317 463 483 6.  4739233548×7=33174634836
     ──────────────
          58 426 96
          58 426 62  7²×3=147×39746=5842662
           ────────
               343
               343  7³=343
              ─────
                 0
```

215. RÈGLES GÉNÉRALES. — Ces deux exemples suffisent pour indiquer la marche de l'opération, que l'on peut résumer dans les Règles générales suivantes :

1° *Pour extraire la racine cubique* d'un nombre plus grand que 1000, on le partage en tranches de trois chiffres en commençant par la droite, de sorte que souvent la dernière tranche à gauche n'a que deux ou un chiffre. On extrait la racine cubique du plus grand cube contenu dans la dernière tranche à gauche ; on place le chiffre de cette racine à la place consacrée au diviseur, et on retranche le cube de la dernière tranche.

A côté du reste, on descend la tranche suivante, et on sépare les deux derniers chiffres par un point ; on divise la partie qui est avant ce point, par le triple carré du chiffre de la racine ; on met le chiffre du quotient à droite du premier chiffre de la racine ; on élève les deux chiffres de la racine au cube et on retranche ce cube des deux premières tranches.

A côté du reste on descend la troisième tranche ; on sépare les deux derniers chiffres par un point, et on divise le nombre qui est avant ce point par le triple carré de la racine ; on place le chiffre du quotient à droite des deux de la racine ; on élève ces trois chiffres au cube, et on retranche ce cube des trois premières tranches. — Et ainsi de suite, jusqu'à ce qu'on ait descendu toutes les tranches.

216. — 2° On peut encore soustraire le plus grand cube de la première tranche à gauche ; descendre le premier chiffre de la deuxième tranche, et diviser par le triple carré de la racine trouvée ; soustraire ce diviseur (triple carré des dizaines), après l'avoir multiplié par le chiffre du quotient (chiffre des unités) ; descendre le second chiffre de la deuxième tranche, retrancher le triple produit des dizaines par le carré des unités, descendre le troisième chiffre, retrancher le cube des unités (Voy. 185 et 209), descendre le premier chiffre de la troisième tranche ; — et ainsi de suite.

Ce moyen, quoique un peu plus long, vaut peut-être mieux pour un nombre de plusieurs chiffres, parce qu'on reconnaît tout de suite si le chiffre mis à la racine est trop fort ou trop faible, tandis que par l'autre procédé on ne s'aperçoit d'une erreur que lorsque toute la racine est élevée au cube, ou que lorsque les trois produits sont enlevés.

217. On reconnaît qu'un chiffre mis à la racine est trop

faible lorsque le reste est égal au triple carré de la racine plus le triple de la racine plus 1, ou plus grand que ce nombre. On reconnaît qu'il est trop fort quand on ne peut pas faire la soustraction (187).

218. *Théorie.* — Quelques mots d'explication suffiront pour faire comprendre la raison de tout ce que nous venons de dire.

Prenons pour base de notre raisonnement le nombre 262144. Ce cube ayant 6 chiffres, sa racine en aura 2 (188), celui des dizaines et celui des unités. Les dizaines se trouvent dans le cube des dizaines, c'est-à-dire dans 262 (210); voilà pourquoi nous partageons le nombre en tranches de trois chiffres, en commençant par la gauche. 262 contient le cube des dizaines, plus les unités de retenue provenant des autres parties du cube : le triple carré des dizaines par les unités, le triple carré des unités par les dizaines et le cube des unités. Ces unités de retenue ne peuvent pas influer sur le quotient (57). Donc, pour avoir le chiffre des dizaines de la racine, il suffit de déterminer quel est le plus grand cube contenu dans 262 et d'en prendre la racine cubique d'après la table des cubes. Le plus grand cube contenu dans 262 est 216, dont la racine est 6 ; 216 retranchés de 262 donnent 46.

Ces 46 unités appartiennent aux autres parties du cube ; voilà pourquoi nous descendons l'autre tranche à côté de 46. Le nombre 46144 contient: le triple carré des dizaines par les unités, le triple produit des dizaines par le carré des unités, et le cube des unités. Le chiffre des unités que nous avons encore à chercher se trouve dans le triple carré des dizaines par les unités, qui lui-même se trouve dans les centaines; voilà pourquoi nous séparons les deux derniers chiffres. Le nombre 461 contient donc le triple carré des dizaines par les unités, plus les unités de retenue provenant des autres parties du cube (210). En divisant 461 par le triple carré des dizaines ou 108 ($6^2 \times 3 = 36 \times 3 = 108$), nous obtenons le chiffre des unités, qui est 4. Ensuite, en faisant avec ce chiffre toutes les parties du cube, moins le cube des dizaines, nous obtenons 46144.

Dans le second cube pris pour exemple,

$$62\ 791\ 843\ 054\ 846\ 563,$$

on considère d'abord le nombre 62, et ensuite successivement les nombres:

35791 3472843 22107054 317486308 46 3317521910563

Ce raisonnement s'applique au premier procédé.

Un raisonnement analogue, déduit également de la composition du cube, s'applique au deuxième procédé.

§ 2. — Méthode abrégée pour l'extraction de la racine cubique.

219. On abrège aussi l'extraction de la racine cubique d'un nombre composé de plusieurs chiffres, en se bornant à chercher, par le procédé que nous venons d'exposer, la moitié plus 1 du nombre des chiffres de la racine, et en déterminant les autres par la division du dividende par le triple du carré de cette partie de la racine. Il y a un reste ; mais il est toujours plus petit que l'unité.

220. Nous donnons ici l'extraction abrégée du nombre cube 62791843054846563, que nous avons pris pour exemple.

L'opération ressemble à celle de la page 154 jusqu'à la dixième soustraction ou jusqu'à la différence 317486308 ; elle indique le calcul tel qu'on l'exécute quand on est un peu exercé.

Extraction de la racine cubique abrégée (2ᵉ procédé). (Voy. l'opération détaillée p. 153.)

```
62.791.843.054.846.563  | 397467
35 7                       27
11 49                      4563
 4 201                     472827
 3 472 8
   278 74
   221 413
   221 070 0
    31 939 25
    31 748 694
    31 748 630 8        | 47378028
     3 321 814 04
     5 352 08
```

Opérations de l'extraction précédente.

39	49	397	397	3974
39	39	397	16	3974
1521	441	2779	6352	15896
	147	3573		27818
	1911	1191		35766
		157609		11922
				15792676

La racine étant ici de 6 chiffres, il a fallu en chercher 4,
qui sont la moitié plus 1, par le procédé ordinaire ; et les
2 derniers ont été trouvés par une simple division, par laquelle on aurait aussi trouvé le 7e chiffre si la racine
avait eu 7 chiffres ; car le procédé présente aussi plus d'a-
vantage pour les racines cubiques d'un nombre impair de
chiffres.

221. La démonstration de cette manière abrégée ne pourrait se faire qu'à l'aide des raisonnements algébriques *.

CHAPITRE XXXII

** **Racines par approximation. — Racines des nombres fractionnaires décimaux. — Racines autres que la carrée et
la cubique. — Extraction des racines des fractions ordinaires. — Exposants fractionnaires.**

§ 1. — RACINES PAR APPROXIMATION.

222. Lorsque le nombre proposé n'est pas un carré ni
un cube parfait, il y a évidemment un reste à la fin de l'opé-

---

* Nous renvoyons à une note que Laurent Wantzel, fils de Frédéric
Wantzel, avait rédigée pour les *Eléments d'algèbre* de M. Reynaud, p. 568,
8ᵉ édition. Cette démonstration est due à ce mathématicien mort jeune,
dont les brillantes études et les premiers travaux avaient fait concevoir les
plus belles espérances.

** A passer dans une première étude.

ration, et la racine carrée ou cubique qu'on a trouvée est la racine carrée du plus grand carré, ou la racine cubique du plus grand cube contenu dans le nombre proposé. Alors il n'est pas possible d'extraire la racine exactement, et on dit qu'elle est *incommensurable;* mais on peut en approcher aussi près que la nature du problème l'exige ; c'est-à-dire de manière que l'erreur qui en résulterait pour le carré ou pour le cube, soit telle qu'elle n'influe pas sensiblement sur l'exactitude du calcul.

Cette approximation peut se faire par les décimales et par les fractions ordinaires, c'est-à-dire qu'on peut avoir, par exemple, la racine carrée ou cubique d'un nombre à *un dixième, un centième, un millième,* etc., près, ou bien à *un seizième, un trente-deuxième,* etc., près. Nous ne parlerons ici que de ce qui a rapport aux fractions décimales.

Comme nous avons vu (184) qu'un chiffre décimal à la racine en suppose deux au carré et trois au cube, il faut, quand on a extrait la racine carrée des entiers, convertir le reste en *centièmes, dix-millièmes, millionnièmes,* etc., c'est-à-dire multiplier par 100, 10000, 1000000, etc., ou ajouter 2, 4, 6, etc. zéros pour avoir des *dixièmes,* des *centièmes,* des *millièmes,* etc., c'est-à-dire 1, 2, 3, etc. chiffres à la racine carrée ; et quand on extrait la racine cubique des entiers, il faut convertir le reste en *millièmes, millionnièmes, billionnièmes,* etc., c'est-à-dire multiplier par 1000, 1000000, 1000000000, etc., ou ajouter 3, 6, 9, etc. zéros, pour avoir des dixièmes, des centièmes, des millièmes, etc., c'est-à-dire 1, 2, 3, etc. chiffres à la racine.

223. Soit $\sqrt[2]{87567}$ à 1 centième près. Nous cherchons par là méthode abrégée le chiffre des millièmes, pour voir s'il n'influe pas sur le chiffre des centièmes.

Opération.

```
87567      |  295,917 = 295,92
  475      :  4
 3467      :  58
 54200     :  590
  10190    :  5918
   42720
    1294   reste à négliger.
```

$$\sqrt[2]{87567} = \sqrt[2]{87567,000000}$$

Soit $\sqrt[3]{8755}$ à 1 dixième près. Nous cherchons le chiffre des centièmes qui peut influer sur le chiffre des dixièmes :

Opération.

```
       8755      |  20,61 = 20,6
         755000  :  12000
206³ =   8741816
         131840  :  127308
           4532  reste à négliger.
```

$$\sqrt[3]{8755} = \sqrt[3]{8755,000000}$$

§ 2. — Extraction des racines des fractions décimales et des nombres fractionnaires décimaux.

224. Le principe que nous venons de rappeler indique que, toutes les fois qu'un carré n'a pas 2, 4, 6, 8, etc. chiffres décimaux, et un cube 3, 6, 9, 12, etc. chiffres décimaux, il faut compléter ces nombres par des zéros, puis opérer comme pour les nombres entiers, en tenant compte de la virgule ; ainsi,

$$\sqrt[2]{0,1} = \sqrt[2]{0,10}; \qquad \sqrt[3]{0,1} = \sqrt[3]{0,100};$$

$$\sqrt[2]{7,51} = \sqrt[2]{7,510}; \qquad \sqrt[3]{7,516} = \sqrt[3]{7,51600}, \text{ etc.}$$

§ 3. — Extraction des racines autres que la carrée et la cubique.

225. On n'a pas de procédés arithmétiques pour extraire les racines autres que la racine carrée et la racine

cubique, et on n'y parvient qu'avec le secours des logarithmes (chap. xxxvi), ou des procédés algébriques dont le développement est étranger au but que nous nous proposons ; mais lorsque l'indice de la racine à extraire ne renferme pas des facteurs premiers autres que 2 ou 3, on peut obtenir cette racine en extrayant successivement des racines carrées ou cubiques.

Ainsi, on peut extraire la 16° racine, la 27°, la 36°, etc.; car, en extrayant la racine carrée de la 16° puissance, on obtient la 8° puissance ; en extrayant la racine carrée de la 8°, on obtient la 4° puissance ; en extrayant la racine carrée de la 4° puissance, on obtient la 2° puissance ; et en extrayant la racine carrée de la 2° puissance, on obtient la racine 16°, puisque $16 = 2 \times 2 \times 2 \times 2$. Pour la 27° racine, il faudrait aussi extraire la racine cubique de la 27° puissance, pour avoir la 9° puissance ; puis la racine cubique de la 9°, pour avoir la 3° puissance, dont la racine cubique serait la 27° racine. Enfin, pour avoir la 36° racine d'un nombre, il faudrait extraire la racine carrée, puis la racine carrée de cette racine carrée, et deux fois successivement la racine cubique de cette seconde racine carrée, car $36 = 3 \times 3 \times 2 \times 2$.

A l'aide de la table des puissances que nous donnons plus haut (p. 141), on peut faire approximativement l'extraction des racines 2°, 3°, 4°, 5°, 6°, 7°, 8°, 9°, 10°, des nombres égaux à ceux qui sont contenus dans la table ou s'en rapprochent.

§ 4. — EXTRACTION DE LA RACINE CARRÉE ET DE LA RACINE CUBIQUE
DES FRACTIONS ORDINAIRES.

226. Pour avoir le carré d'une fraction, il faut la multiplier par elle-même, c'est-à-dire multiplier le numérateur par le numérateur et le dénominateur par le dénominateur.

$$\left(\frac{3}{4}\right)^2 = \frac{3}{4} \times \frac{3}{4} = \frac{3 \times 3}{4 \times 4} = \frac{9}{16}$$

Pour avoir le cube d'une fraction, il faut la multiplier deux fois par elle-même, c'est-à-dire multiplier son numérateur deux fois par lui-même et son dénominateur deux fois par lui-même.

$$\left(\frac{3}{4}\right)^3 = \frac{3}{4} \times \frac{3}{4} \times \frac{3}{4} = \frac{27}{64}$$

Réciproquement, pour *extraire la racine d'une fraction* ordinaire, il faut extraire la racine du numérateur et la racine du dénominateur.

I

$$\sqrt[2]{\frac{9}{16}} = \frac{\sqrt[2]{9}}{\sqrt[2]{16}} = \frac{3}{4}$$

II

$$\sqrt[3]{\frac{27}{64}} = \frac{\sqrt[3]{27}}{\sqrt[3]{64}} = \frac{3}{4}$$

227. Il peut se faire que les deux termes de la fraction soient commensurables, comme dans le cas précédent, ou bien que le dénominateur seul soit commensurable, ou bien encore que le dénominateur ne le soit pas, le numérateur l'étant ou ne l'étant pas.

Si le dénominateur seul est commensurable, on cherche la racine approchée du numérateur et on la divise par la racine du dénominateur, qui est alors toujours exprimée par un nombre entier.

I

Racine carrée de 7/9.

Extraction.

$$\sqrt[2]{\frac{7}{9}} = \frac{\sqrt[2]{7}}{\sqrt[2]{9}} = \frac{2,646}{4} = 0,662$$

```
7          | 2,6457
300          46
2400         524
3040       | 528
4000
304
```

II

Racine cubique de 7/8.

$$\sqrt[3]{\frac{7}{8}} = \frac{\sqrt[3]{7}}{\sqrt[3]{8}} = \frac{1,913}{2} = 0,956 \text{ à un millième près.}$$

Extraction.		Opérations qu'elle nécessite.	
7	1,9129	19	191 × 191 (40)
6000	3	19	1719
5859		171	191
141000	1083	19	36481 × 191
6967871	=	361	328329
321290	109443	19	36481
1024040		3249	6967871
39053		361	
		6859	

228. Si le dénominateur n'est pas commensurable, il faut le rendre tel en multipliant les deux termes de la fraction par le dénominateur, si l'on extrait la racine carrée ; — et en multipliant par le carré du dénominateur, si l'on extrait la racine cubique, en agissant comme ci-dessus.

$$\sqrt[3]{\frac{4}{5}} = \sqrt[3]{\frac{4 \times 5}{5 \times 5}} = \sqrt[3]{\frac{20}{25}}$$

$$\sqrt[3]{\frac{8}{11}} = \sqrt[3]{\frac{8 \times 11^2}{11 \times 11^2}} = \sqrt[3]{\frac{8 \times 121}{1331}} = \sqrt[3]{\frac{978}{1331}}$$

229. Pour faire du dénominateur un carré ou un cube, il suffit quelquefois de multiplier par 2, 3, etc.; exemple : $\frac{7}{8} = \frac{14}{1}$; mais c'est là un cas rare.

230. Pour chercher la racine carrée à une fraction ordinaire près, il faut multiplier le nombre proposé par le carré du dénominateur de la fraction déterminée, extraire la racine carrée du produit et donner à la racine le dénominateur de la fraction.

Pour chercher la racine cubique à une fraction ordinaire près, il faut multiplier le nombre proposé par le cube du dénominateur de la fraction déterminée, extraire la racine cubique du produit et donner à la racine le dénominateur de la fraction.

Soit à chercher la racine carrée de 7 à 1/8 près, et la racine cubique du même nombre à 1/8 près.

Racine carrée.

$$\sqrt{7} = \sqrt[2]{\frac{7 \times 8^2}{8^2}} = \frac{\sqrt[2]{448}}{\sqrt[2]{64}} = \frac{21}{8} = 2\,5/8 \text{ à } 1/8 \text{ près.}$$

Racine cubique.

$$\sqrt[3]{7} = \sqrt[3]{\frac{7 \times 8^3}{8^3}} = \frac{\sqrt[3]{3584}}{\sqrt[3]{512}} = \frac{15}{8} = 1\,7/8 \text{ à } 1/8 \text{ près.}$$

Comme on le voit, ce principe est le même que celui qui a été posé pour l'extraction d'une racine à une fraction décimale près ; car, pour extraire la racine carrée à 0,1 près, par exemple, on multiplie le nombre proposé par 100 (carré du dénominateur), on extrait la racine carrée, et on met une virgule à la racine, ce qui revient à la diviser par 10 ; — et pour extraire la racine cubique à 0,1 près, on multiplie le nombre proposé par 1000 (cube du dénominateur), on extrait la racine cubique, et on met une virgule à la racine, ce qui revient à la diviser par 10.

Toutefois, cette multiplication par le carré ou par le cube du dénominateur peut se faire sur le reste, à cause de la nature des fractions, tandis qu'elle doit être faite sur tout le nombre dont on extrait la racine, quand il s'agit de fractions ordinaires.

§ 5. — DES EXPOSANTS FRACTIONNAIRES.

230 *bis*. Les exposants fractionnaires et les indices d'extraction fractionnaires peuvent donner lieu à quelques difficultés, qui sont éclaircies par les équations combinées avec les logarithmes. (Voy. aux ch. XXXIII et XXXVI.)

Puissanciation.

$$7^{2/3} = \sqrt[3]{7^2} \quad \text{et} \quad 7^{4 \cdot 2/3} = \sqrt[3]{7^{14}}$$

$$\text{car } 7^{2/3} = L\,7 \times 2/3 = L\,\frac{7 \times 2}{3} = \sqrt[3]{7^2}$$

$$7^{4 \cdot 2/3} = L\,7 \times 4\frac{2}{3} = L\,7 \times \frac{14}{3} = \frac{L\,7 \times 3}{14} = \sqrt[3]{7^{14}}$$

Racination.

$$\sqrt[3/4]{8} = \sqrt[3]{8^4} \quad \text{et} \quad \sqrt[5^{1/6}]{8} = \sqrt[31]{8^6}$$

$$\text{car } \sqrt[3/4]{8} = L\,\frac{8}{3/4} = L\,\frac{8 \times 4}{3} = \sqrt[3]{8^4}$$

$$\sqrt[5^{1/6}]{8} = \frac{L\,8}{5^{1/6}} = \frac{L\,8}{31/6} = \frac{L\,8 \times 6}{31} = \sqrt[31]{8^6}$$

DEUXIÈME PARTIE

COMBINAISON DES QUATRE RÈGLES PAR LES ÉQUATIONS

LES PROPORTIONS ET LES PROGRESSIONS. — LOGARITHMES.

Dans la première partie nous avons expliqué la théorie des nombres et les principes des quatre règles des nombres abstraits et concrets, entiers et fractionnaires, positifs et négatifs (y compris l'extraction des racines qui n'est qu'une espèce particulière de division), avec les abréviations dont elle est susceptible.

Ces notions suffiraient à la rigueur pour résoudre toutes les questions qui peuvent se présenter dans les transactions usuelles et dans le commerce ; mais les mathématiciens ont été conduits à certaines manières de combiner les quatre rè-gles qui, en guidant le raisonnement dans la voie la plus courte, l'empêchent souvent de s'égarer et aident à la solu-tion des problèmes. Ces diverses combinaisons sont exposées dans les chapitres suivants, consacrés aux *Équations*, aux *Proportions*, aux *Progressions*, et aux *Logarithmes*.

LIVRE VI

ÉQUATIONS. — RAPPORTS ET PROPORTIONS. — PROGRESSIONS. LOGARITHMES

Principes d'Algèbre élémentaire. — Solutions des Équations du premier degré à une et à deux Inconnues. — Rapports et Proportions. — Pro-gressions arithmétiques et géométriques. — Théorie et calculs des Loga-rithmes.

CHAPITRE XXXIII

Équations, — à une seule inconnue, — à deux ou plusieurs inconnues.

231. Nous croyons devoir introduire dans ce Traité d'Arithmétique usuelle les propriétés les plus élémentaires des ÉQUATIONS, que l'on ne trouve ordinairement que dans les traités d'Algèbre. Cette dernière science, qui n'est autre chose que l'Arithmétique rendue plus générale par l'emploi des lettres désignant des quantités arbitraires, a quelques parties qui sont directement utiles pour la solution des questions relatives au commerce et à l'industrie. La connaissance des moyens dont nous allons nous occuper est indispensable pour l'intelligence de plusieurs questions, dans lesquelles elle vient en aide aux procédés et aux raisonnements arithmétiques. Toutefois, dans le cours de ce chapitre, nous opérerons constamment sur des quantités numériques.

§ 1. — DÉFINITIONS.

232. Une **Équation** est l'expression de l'égalité qui existe entre deux ou plusieurs quantités équivalentes.

$$7 - 2 + 15 = 30 - 10$$

est une équation; car les trois quantités $7 - 2 + 15$ sont bien la même chose que les deux quantités $30 - 10$; ce qui revient à dire que $20 = 20$, expression que les mathématiciens appellent une *identité*.

Comme on le voit, une équation se compose de toute une partie placée avant le signe $=$, et d'une autre placée après ce même signe. Ces deux parties constituent les deux *membres* de l'équation; avant le signe $=$, c'est le premier membre; après, c'est le second membre.

Toutes quantités précédées des signes $+$ ou $-$ sont appelées *termes :* les nombres — 2, + 15, —10 sont des termes. Il en est de même de 7 et 30, bien que ces quantités n'aient pas de signe écrit ; car on est convenu de ne pas donner de signe aux termes positifs qui commencent chacun des deux membres (172).

Les expressions 6×2, $14 : 7$ ou $\frac{14}{7}$ ne constituent qu'un terme chacune.

Nous entendrons par *termes semblables* les quantités numériques précédées du même signe et dans les mêmes conditions pour la grandeur.

Une équation n'a donc que deux membres ; mais un membre est composé d'un ou plusieurs termes, et le terme, d'une ou plusieurs quantités.

233. Une équation renferme souvent une ou plusieurs quantités *inconnues.* Nous nous occuperons principalement des équations à une seule inconnue. Cette inconnue sera désignée par x ; plus loin, nous désignerons par y une autre inconnue.

Résoudre une équation, c'est chercher la valeur de cette inconnue, par la combinaison des quantités connues.

234. Les équations sont du 1er, du 2e, du 3e, etc., *degré.* On détermine le degré par celui des exposants (179) des quantités inconnues qui est le plus élevé et le plus irréductible. Ainsi :

$3x + 8y = 10$, est une équation du *premier* degré.

$x^2 + y^2 = 12 + x^3$ est une équation du troisième degré.

Nous ne nous occuperons que des équations du premier degré, les autres nécessitant des connaissances algébriques trop élevées pour que nous puissions en parler ici.

235. *Pour résoudre une équation,* il faut faire passer toutes les quantités connues d'un côté et toutes les quantités inconnues de l'autre.

Toute quantité, en changeant de côté, change de signe ;

c'est-à-dire que, si elle a le signe de l'addition $+$, elle prend le signe de la soustraction $-$, et *vice versâ;* que si elle a le signe de la multiplication . ou $\times$, elle prend le signe de la division : ou $\frac{\ }{\ }$, et *vice versâ;* enfin que si elle a un exposant, elle prend le signe de l'extraction des racines $\sqrt{\ }$ avec le même exposant et *vice versâ;* ou en d'autres termes :

(Addition)	$+$ se change en $-$	(Soustraction).
(Soustraction)	$-$ se change en $+$	(Addition)
(Multiplication)	. ou $\times$ se change en : ou $\frac{\ }{\ }$	(Division)
(Division)	: ou $\frac{\ }{\ }$ se change en . ou $\times$	(Multiplication).
(Élévation à une puissance)	$\ldots^{n}$ se change en $\sqrt[n]{\ldots}$	(Extraction de racine)
(Extraction de racine)	$\sqrt[n]{\ldots}$ se change en $\ldots^{n}$	(Élévation à une puissance)

Pour démontrer ce principe, on n'a besoin que de quelques explications, appuyées sur la nature des quatre règles et le sens commun.

Premièrement. Supposons l'équation : $x + 8 = 17$.

Puisque deux quantités x et 8 font, quand elles sont réunies, 17, une seule de ces quantités, x, sera évidemment égale au tout 17, moins l'autre partie 8 ; donc :

$$x = 17 - 8 \text{ ou } x = 9$$

En effet, $9 + 8 = 17$. Donc il est évident que $+$ doit se changer en $-$, quand la quantité précédée de ce signe change de côté.

Deuxièmement. Supposons l'équation : $x - 8 = 17$.

La quantité x est une somme composée de deux parties 17 et 8 ; mais une somme composée de deux parties est égale à ces deux parties réunies ; donc :

$$x = 17 + 8 \text{ ou } x = 25$$

Et en effet, $25 - 8 = 17$. Donc il est évident que $-$ doit se changer en $+$, quand la quantité précédée de ce signe change de côté.

Troisièmement. Supposons l'équation : $x \times 5$ ou $5x = 45$.

x et 5 sont les deux facteurs du produit 45 ; or un facteur est égal au produit divisé par l'autre facteur ; donc :

$$x = \frac{45}{5} \text{ ou } x = 9$$

Et en effet, $9 \times 5 = 45$. Donc, il est bien évident que le signe de la multiplication se change en celui de la division, quand la quantité précédée de ce signe change de côté.

Quatrièmement. Supposons l'équation : $\frac{x}{3} = 18$.

x est un dividende, 3 un diviseur et 18 un quotient ; or, le dividende est égal au produit du quotient par le diviseur ; donc :

$$x = 18 \times 3 \text{ ou } x = 54$$

Et en effet, $\frac{54}{3} = 18$. Donc, il est bien évident que le signe de la division se change en celui de la multiplication, quand la quantité précédée de ce signe change de côté.

Cinquièmement. Supposons l'équation : $x^2 = 36$.

Si le carré de la quantité inconnue x est égal à 36, pour avoir cette quantité il suffira d'extraire la racine carrée de son carré 36 ; donc :

$$x = \sqrt[2]{36} \text{ ou } x = 6$$

Et en effet, $6^2 = 36$.

Donc, il est bien évident que le signe de l'élévation aux puissances se change en celui de l'extraction des racines, quand la quantité précédée de ce signe change de côté.

Sixièmement. Supposons enfin l'équation :

$$\sqrt[2]{x} = 5$$

Puisque la racine cubique d'une quantité inconnue égale 5, cette quantité doit être égale au cube de 5 ; donc,

$$x = 5^3 \text{ ou } x = 125$$

Et en effet, $\sqrt[3]{125} = 5$.

Donc, il est bien évident que le signe de l'extraction des racines se change en celui de l'élévation aux puissances, quand la quantité précédée de ce signe change de côté.

236. Avant de résoudre une équation, il est plus commode de la *réduire*, c'est-à-dire de la *simplifier* en compensant les termes semblables (232) précédés de $+$ par ceux précédés de $-$, ou réciproquement.

Pour cela, il faut faire remarquer qu'une équation ne change pas quand on ajoute une même quantité aux deux membres ou qu'on retranche la même quantité des deux membres.

$$8 = 6 + 2 \qquad 8 + 10 = 6 + 2 + 10 \qquad 8 - 10 = 6 + 2 - 10$$
$$8 = 8 \qquad\qquad 8 = 8 \qquad\qquad\qquad -2 = -2$$

Ce principe n'a pas besoin de démonstration. Si deux lignes ont la même longueur, elles l'ont encore, qu'on y ajoute ou qu'on en retranche une même quantité.

237. Par la même raison, une équation ne change pas quand on multiplie ou qu'on divise *tous* les termes de chaque membre par la même quantité.

$$6 = 3 \times 2 \qquad 6 = 6;$$
$$6 \times 3 = 3 \times 2 \times 3, \text{ et } \frac{6}{3} = \frac{3 \times 2}{3}$$
$$18 = 18 \qquad 2 = 2$$

238. Toute équation peut être considérée comme l'expression des conditions d'un problème.

$$4x - 4 = 3x + 7$$

peut être ainsi traduit : Trouver un nombre tel que le quadruple, moins 4, soit égal au triple du même nombre, plus 7.

*Application de ces principes à la solution des diverses équations
à une seule inconnue.*

239. Appliquons maintenant les principes que nous venons d'émettre.

Soit, pour premier exemple, l'équation suivante :

$$3x - 4 - 5 - 3 + 3x + 5x = 5x + 6x - 42 + 2 + 7x$$

Après la réduction, elle devient :

$$11x - 12 = 18x - 40$$

D'après ce que nous avons dit (235), $11x$ passent du côté de $18x$; et l'on a :

$$-12 = 18x - 11x - 40 \text{ ou } -12 = 7x - 40$$

En faisant passer -40 du côté de -12, on a :

$$40 - 12 = 7x \text{ ou } 28 = 7x$$

Enfin, en laissant x seul, on a :

$$\frac{28}{7} = x \text{ ou } x = \frac{28}{7} \text{ ou } x = 4$$

En substituant à x, dans l'équation donnée, sa valeur 4, et en effectuant les opérations qui y sont indiquées, on obtient la *preuve* de cette équation, comme suit :

$$3 \times 4 - 4 - 5 - 3 + 3 \times 4 + 5 \times 4 = 5 \times 4 + 6 \times 4 - 42 + 2 + 7 \times 4$$

Calcul du 1er membre.	Calcul du 2e membre.
$3 \times 4 = 12$	$5 \times 4 = 20$
$- \quad 4$	$+ \quad 24$
8	44
$- \quad 5$	$- \quad 42$
3	2
$- \quad 3$	$+ \quad 2$
0	4
$+ \quad 12$	$+ \quad 28$
$+ \quad 20$	32
32	

$$32 = 32$$

240. Soit maintenant à résoudre l'équation :

$$\frac{3x}{4} - \frac{x}{8} + 17 = \frac{5x}{8} + \frac{x}{4} + 25 - 10$$

Comme elle est un peu plus compliquée que la précédente, on la simplifie en faisant disparaître les dénominateurs.

Pour faire disparaître les dénominateurs, il faut multiplier chaque terme de chaque membre par ces mêmes dénominateurs. Pour y parvenir, le procédé le plus court consiste à réduire les fractions au plus petit dénominateur commun (133), quand cela est possible.

Ce plus petit dénominateur est ici 8, plus petit nombre divisible par 8 et par 4.

Les fractions ainsi réduites, l'équation devient :

$$\frac{6x}{8} - \frac{x}{8} + 17 = \frac{5x}{8} + \frac{2x}{8} + 25 - 10$$

en faisant disparaître le dénominateur, c'est-à-dire en multipliant tous les termes par 8, on a :

$$6x - x + 136 = 5\,x + 2x + 200 - 80$$

en réduisant ou simplifiant on a :

$$5x + 136 = 7x + 120$$

puis, en transportant les inconnues d'un côté et les connues de l'autre :

$$136 - 120 = 7x - 5x$$
$$16 = 2x \text{ ou } 2x = 16 \text{ et } x = \frac{16}{2} = 8$$

Ces opérations s'abrègent beaucoup suivant les différents cas et l'habitude qu'on a des calculs. (Voir, à la 4e partie, les problèmes sur les équations.)

§ 3. — SOLUTION DES ÉQUATIONS A DEUX OU PLUSIEURS INCONNUES.

241. Pour résoudre des équations à deux ou plusieurs inconnues, il faut d'abord observer qu'il est nécessaire d'avoir deux équations pour deux inconnues, trois équations pour trois inconnues, quatre équations pour quatre inconnues, etc.

Équation à deux inconnues.

Pour résoudre deux équations à deux inconnues, on élimine ou on fait disparaître l'une des deux inconnues par l'une des trois méthodes suivantes :

1re MÉTHODE (*élimination par substitution*). — Soient les deux équations :

$$y - x = 6 \qquad\qquad y + x = 12$$

On tire dans l'une la valeur des deux inconnues, y par exemple, et l'on a :

$$y = 6 + x$$

On *substitue* la valeur $6 + x$ à y dans la seconde, et l'on a :

$$6 + x + x = 12$$
$$6 + 2\,x = 12$$
$$x = \frac{12 - 6}{2} = \frac{6}{2} = 3$$

Faisons la preuve, c'est-à-dire mettons 3 à la place de x dans l'une ou dans l'autre équation, la première par exemple, et nous trouvons :

$$y - 3 = 6 \text{ ou } y = 6 + 3 = 9$$

A la place de y mettons 9 dans la seconde, nous trouvons :

$$9 + x = 12 \text{ ou } x = 12 - 9 = 3$$

242. 2° MÉTHODE (*élimination par comparaison*). — Soient toujours les deux équations :

$$y - x = 6 \quad \text{et} \quad y + x = 12$$

On tire de chaque équation la valeur de l'une ou de l'autre inconnue, y par exemple, et l'on a :

$$y = 6 + x \qquad\qquad y = 12 - x$$

D'où résulte :

$$6 + x = 12 - x$$
$$\text{d'où } 2x = 12 - 6 \text{ ou } x = \frac{6}{2} = 3$$

En substituant cette valeur dans l'une des deux équations, la première par exemple, on a :

$$y - 3 = 6 \text{ ou } y = 6 + 3 = 9$$

243. 3° MÉTHODE (*élimination par addition ou soustraction*). Soient toujours les deux équations :

$$y - x = 6 \text{ et } y + x = 12$$

On fait disparaître y en soustrayant ces deux équations membre à membre.

$$
\begin{array}{lr}
& y + x = 12 \\
& y - x = 6 \\
\hline
\text{Reste} & 2x = 6 \\
\text{Ou} & x = 3
\end{array}
$$

Car y et y se détruisent, et $- x$ devient $+ x$, d'après les principes de la soustraction des nombres négatifs (174).

On arriverait au même résultat en éliminant x par l'addition.

$$
\begin{array}{lr}
& y + x = 12 \\
& y - x = 6 \\
\hline
\text{Somme} & 2y = 18 \\
\text{Ou} & y = 9
\end{array}
$$

Équations à plusieurs inconnues.

244. Pour résoudre trois équations à trois inconnues, on élimine d'abord une des inconnues par l'une des trois méthodes, et l'on retombe dans le cas précédent.

Pour résoudre quatre équations à quatre inconnues, on élimine d'abord une des inconnues par l'une des trois méthodes, et l'on retombe dans le cas précédent.

En suivant une marche analogue, on peut résoudre toutes les équations du premier degré, quel que soit le nombre des quantités inconnues, pourvu qu'il y ait autant d'inconnues que d'équations découlant de la nature du problème.

§ 4. — Des autres espèces d'équations et de l'usage des équations.

244 *bis.* Les deux espèces d'équations que nous venons d'examiner, les plus simples, ainsi que toutes celles qui ne contiennent que des puissances entières et inconnues, sont appelées du nom générique d'*équations algébriques.*

D'autres espèces d'équations sont appelées *transcendantes* et sont d'un calcul plus élevé, plus difficile. Parmi ces équations, on distingue celles dites *exponentielles* et celles dites *différentielles.*

Nous n'avons rien à dire de ces dernières, relatives aux calculs des différences dont nous ne pourrions donner une idée sans entrer dans de longs développements, et nous nous bornerons à quelques courtes indications sur les premières.

Les *Équations exponentielles* sont celles dont les exposants des puissances sont inconnus.

Lorsqu'elles sont simples, c'est-à-dire lorsque les exposants sont seuls inconnus, on les résout facilement à l'aide des nombres dits *logarithmes* (Voy. le chap. XXXVI), au moyen desquels les élévations aux puissances d'un nombre sont transformées en multiplications de ce nombre par l'indice de la puissance, et l'extraction des racines en division des puissances par l'exposant.

C'est ainsi que les équations

$$6^x = 216 \qquad \text{et} \qquad \sqrt[x]{216} = 6$$

peuvent être résolues par les transformations suivantes :

$$6^x = 216 \qquad\qquad \sqrt[x]{216} = 6$$

$$\text{Log. } 6 \times x = \text{log. } 216 \qquad\qquad \frac{\text{log. } 216}{x} = \text{log. } 6$$

$$x = \frac{\text{log. } 216}{\text{log. } 6} \qquad\qquad \frac{\text{log. } 216}{\text{log. } 6} = x$$

Dans les tables de logarithmes, on trouve que

Le log. de 216 correspond au nombre 2,334444
Le log. de 6 d° 0,778151

En divisant le premier nombre par le second, on trouve

3 pour quotient, et en effet :

$$6^3 = 216 \qquad\qquad \sqrt[3]{216} = 6$$

C'est de la même manière qu'on peut résoudre les équations contenant les *exposants fractionnaires* (230 *bis*), dont il est possible aussi de faire disparaître les exposants par d'autres procédés de transformation.

On se rendra compte de l'usage qu'on peut faire des équations, spécialement pour la solution des questions d'intérêt composé et d'amortissement. On verra également, dans la suite de ce Traité, le secours que le raisonnement par égalités apporte dans les explications. C'est en une équation que se résolvent les Proportions, les Progressions, et plusieurs des formules auxquelles on est conduit par l'analyse des éléments des problèmes et des questions usuelles.

CHAPITRE XXXIV

Des Rapports et des Proportions

§ 1. — DES RAPPORTS.

245. On appelle **Rapport** le résultat de la comparaison de deux quantités *.

---

* Nous avons défini le nombre (2, note): le rapport de l'Unité à la Quantité.

On peut dans une première étude se borner à concevoir la notion de rapport et celle de proportion et à lire sommairement les énoncés des propriétés des proportions.

Ici on pourrait dire: Puisque les rapports équivalent à des fractions et les proportions à des équations, pourquoi ne pas s'en tenir aux unes et aux autres? Et, en fait, depuis quelques années on tend à faire disparaître les rapports et les proportions de l'enseignement public après en avoir abusé, c'est-à-dire après en avoir poussé l'étude jusqu'aux subtilités, comme cela a eu lieu sur bien d'autres points des mathématiques. Nous pensons qu'il est fort utile de se familiariser avec les trois procédés, et

Il y a deux manières de comparer les nombres : la sous-traction et la division ; car on peut déterminer de combien un des deux nombres dépasse l'autre, ou combien de fois l'un est contenu dans l'autre. Le rapport obtenu par la *Soustraction* est ce qu'on appelle le *rapport par différence* ou *rapport arithmétique ;* et le rapport obtenu par la *Division* est ce qu'on appelle *rapport par quotient* ou *rapport géométrique*.

Ainsi, le rapport arithmétique entre 4 et 8 est

$$4 \text{ ou } 8 - 4$$

et le rapport géométrique entre les mêmes quantités est

$$2 \text{ ou } 8 : 4 \text{ ou } \frac{8}{4}$$

Le premier est encore égal à

$$-4 \text{ ou } 4 - 8$$

et le second à $\frac{1}{2}$ ou $\frac{4}{8}$ ou $4 : 8$

Les expressions : *rapport par différence, rapport par quotient,* sont fort logiques ; il n'en est pas de même des deux autres, qui sont pourtant plus généralement adoptées. Ainsi, on a donné le nom de *rapport géométrique* au rapport par quotient, parce que c'est le seul qui, à l'exception de quelques cas fort rares, soit usité en géométrie ; et c'est par opposition seulement qu'on a donné le nom de *rapport arithmétique* au second. Mais l'un et l'autre ne sont-ils pas essentiellement arithmétiques ?

246. Pour indiquer un rapport par différence entre deux quantités, on les sépare par un point (.) ; et pour indiquer

---

cela non-seulement au point de vue arithmétique, parce que les rapports et les proportions font mieux concevoir les fractions et les équations, et réci-proquement, parce qu'elles conduisent à la connaissance des progressions, parce qu'elles aident à la solution des problèmes, — mais encore parce que la notion de rapport et de proportion sous cette forme aide et fortifie le jugement sur toutes choses et le raisonnement en général. L'arithmétique est un auxiliaire de la logique. Au surplus, les professeurs peuvent les faire étudier ou les omettre, selon la méthode qu'ils préfèrent.

entre elles un rapport par quotient, on emploie deux points (:). Le point et les deux points se prononcent: *est à.*

Rapports arithmétiques.

8 . 4 ou 4 , 8 signifiant 8 — 4 ou 4

8 . 4 ou 4 . 8 signifiant 4 — 8 ou — 4

Rapports géométriques.

8 : 4 ou 4 : 8 signifiant $\frac{8}{4}$ ou 2

8 : 4 ou 4 : 8 signifiant $\frac{4}{8}$ ou $\frac{1}{2}$

Prononcez dans les deux cas: 8 *est à* 4, et 4 *est à* 8.

247. Quand un nombre se compose de deux termes, le premier s'appelle *antécédent* et le second *conséquent.* Dans les exemples ci-dessus, 4 et 8 sont alternativement antécédents et conséquents.

Propriété de chaque espèce de rapports.

248. Un *rapport par différence* ne change pas quand on augmente ou qu'on diminue ses deux termes d'un même nombre.

4 . 8   = 4 + 3 . 8 + 3   = 4

4 . 8   = 4 — 2 . 8 — 2   = 4

En effet, il est facile de démontrer que la différence entre deux nombres ne change pas, lorsqu'on les augmente ou qu'on les diminue d'un même nombre (19).

249. Un *rapport par quotient* ne change pas lorsqu'on multiplie ou lorsqu'on divise les deux termes par le même nombre.

4 : 8 = 4 × 3 : 8 × 3   4 : 8 = $\frac{4}{2}$: $\frac{8}{2}$ = 2

En effet, un rapport par quotient indique une division à faire ou est égal à une fraction dont le conséquent est le numérateur et l'antécédent le dénominateur, ou dont l'antécédent est le numérateur et le conséquent le dénominateur.

C'est ainsi que le quotient reste le même, si l'on multiplie ou si l'on divise le dividende et le diviseur par la même quantité (66), et qu'une fraction ne change pas de valeur quand on multiplie ou qu'on divise les deux termes par le même nombre (129).

250. Ainsi, un changement par addition ou par soustraction, dans un rapport arithmétique, correspond à un changement par multiplication ou par division dans un rapport géométrique.

Un Rapport géométrique ou par quotient n'est autre qu'une Fraction, et réciproquement.

§ 2. — DES PROPORTIONS.

251. Une **Proportion** est la réunion de deux rapports égaux.

Si les deux rapports sont égaux par différence, la proportion est dite *arithmétique*, ou proportion par *différence;* si les deux rapports égaux sont par quotient, la proportion est dite *géométrique* ou proportion *par quotient.*

Les rapports arithmétiques égaux 4 . 8 et 5 . 9 forment une proportion arithmétique. On les réunit par deux points (:), qui s'énoncent *comme,*

$$4 . 8 : 5 . 9$$

c'est-à-dire, $\quad 8 - 4 = 9 - 5$

ou $\quad 4 = 4$

ou bien encore $\quad 4 - 8 = 5 - 9$

ou $\quad -4 = -4$

Prononcez : 4 *est à* 8 *comme* 5 *est à* 9; c'est-à-dire que 4 et 8 sont dans le même rapport que 5 et 9.

Les rapports géométriques égaux 4 : 8 et 5 : 10 forment une proportion géométrique. On les réunit par *quatre* points, qui s'énoncent aussi *comme,*

$$4 : 8 :: 5 : 10.$$

c'est-à-dire $\quad \dfrac{8}{4} = \dfrac{10}{5}$ ou $2 = 2$

Ou bien encore $\quad \dfrac{4}{8} = \dfrac{5}{10}$ ou $1/2 = 1/2$

La proportion arithmétique s'appelle, avec bien plus de

raison, *équi-différence;* car elle exprime une égalité entre deux différences. Le nom d'*équi-quotient* serait aussi plus juste pour désigner la progression géométrique; mais il n'est presque jamais employé.

On voit ainsi que toute *proportion* équivaut à une *équation,* qu'elle est une équation sous une autre forme, et réciproquement.

252. Une proportion se compose donc de quatre termes : deux pour le premier rapport et deux pour le second. Le premier antécédent et le deuxième conséquent, c'est-à-dire l'antécédent du premier rapport et le conséquent du second, portent le nom d'*extrêmes;* le premier conséquent et le deuxième antécédent, c'est-à-dire le conséquent du premier rapport et l'antécédent du second, portent le nom de *moyens.*

Dans les deux proportions :

$$4 \cdot 8 : 5 \cdot 9 \qquad\qquad 4 : 8 :: 5 : 10$$

les nombres 4 et 9, 4 et 10 sont les extrêmes; 8 et 5 sont les moyens.

253. Quand les moyens sont égaux, on dit que la proportion est *continue.* Les proportions :

$$4 \cdot 8 : 8 \cdot 12 \qquad\qquad 4 : 8 :: 8 : 16$$

sont deux proportions continues, l'une arithmétique, l'autre géométrique. On n'écrit souvent qu'une fois le moyen; alors on fait précéder les trois termes du signe $\div$ pour la proportion continue arithmétique, et du signe $\dot{:}\dot{:}$ pour la proportion continue géométrique.

$$4 \cdot 8 : 8 : 12 \text{ peut s'écrire } \div 4 \cdot 8 \cdot 12$$

Et on prononce : *comme 4 est à 8 est à* 12.

$$4 : 8 :: 8 : 16 \text{ peut s'écrire } \dot{:}\dot{:} \; 4 : 8 : 16$$

Et on prononce : *comme 4 est à 8 est à* 16.

254. Le quatrième terme d'une proportion est ce qu'on appelle une *quatrième proportionnelle,* et le quatrième terme d'une proportion continue est ce qu'on appelle une *troisième*

proportionnelle. Une *moyenne proportionnelle* est la quantité servant de troisième ou quatrième terme dans la proportion continue.

Ces proportionnelles peuvent être évidemment arithmétiques ou géométriques.

Le calcul des moyennes est l'objet de plusieurs problèmes. (Voy. chap. LXIV).

255. Comme les rapports et les proportions géométriques sont les seuls que nous emploierons désormais, lorsque nous parlerons d'un rapport ou d'une proportion, sans en désigner l'espèce, nous entendrons qu'il s'agit d'un rapport géométrique ou d'une proportion géométrique.

Toutefois, bien que dans l'application de l'arithmétique usuelle on n'ait presque jamais besoin de se servir des proportions par différence, nous indiquerons leurs principales propriétés dont la connaissance nous sera plus tard de quelque utilité pour l'intelligence de la théorie des logarithmes.

256. 1ʳᵉ PROPRIÉTÉ. — Dans toute proportion arithmétique, *la somme des extrêmes égale la somme des moyens.*

En effet, $4 \cdot 8 : 5 \cdot 9$
équivaut à $4 - 8 = 5 - 9$ ou $8 - 4 = 9 - 5$

On peut ajouter aux deux nombres de cette équi-différence (248) une même quantité sans qu'elle soit altérée. Cette quantité doit être telle qu'elle fasse disparaître — 8 dans le premier membre, pour y mettre + 9, et — 9, dans le second pour y mettre + 8. Cette quantité ne peut être que 8 + 9 ; de sorte que l'on a :

$$4 - 8 + 8 + 9 = 5 - 9 + 8 + 9$$

Et en effaçant — 8 et + 8 qui se détruisent dans le premier membre de cette équation, et — 9 et + 9 qui se détruisent dans le second, on obtient :

$$4 + 9 = 5 + 8$$

Ce qui démontre la propriété fondamentale sus-énoncée.

257. Si la proportion est continue, la somme des extrêmes est égale au double des moyens; en effet,

$$
\begin{array}{ll}
\text{Soit:} & 4 \ . \ 8 \ : \ 8 \ . \ 12 \\
\text{On a:} & 4 + 12 = 8 + 8 \\
\text{Ou} & 4 + 12 = 8 \times 2 \ \text{ou} \ 16 = 16
\end{array}
$$

258. On peut tirer de la règle que nous venons de poser les deux conséquences suivantes :

1° Lorsque quatre quantités sont telles que la somme de deux d'entre elles est égale à la somme des deux autres, elles forment une proportion arithmétique.

Les nombres 5, 8, 9, 4 peuvent former une proportion arithmétique, car elles donnent :

$$8 + 5 = 9 + 4$$

ou en faisant passer 4 dans le premier membre, et 5 dans le second (235) :

$$8 - 4 = 9 - 5 \quad \text{Ce qui donne évidemment} \quad 8 \ . \ 4 : 9 \ . \ 5$$

2° Lorsque quatre nombres ne sont pas en proportion arithmétique, la somme des extrêmes n'est pas égale à celle des moyens.

259. 2° PROPRIÉTÉ. — *Dans toute proportion arithmétique, un extrême est égal à la somme des moyens, moins l'autre extrême; et un moyen est égal à la somme des extrêmes, moins l'autre moyen.*

En effet, la proportion $8 \ . \ 4 : 9 \ . \ 5$ donne $8 + 5 = 4 + 9$

Si des deux termes de cette égalité on ôte — 5, par exemple, elle ne change pas (248), et l'on a :

$$
\begin{array}{l}
8 + 5 - 5 = 4 + 9 - 5 \\
\text{ou} \quad 8 \qquad\qquad = 4 + 9 - 5
\end{array}
$$

On obtient donc successivement :

$$
\begin{array}{l}
8 + 5 - 5 = 4 + 9 - 5 \\
8 \qquad\qquad = 4 + 9 - 5 = 8 \\
8 + 5 - 8 = 4 + 9 - 8 \\
5 \qquad\qquad = 4 + 9 - 8 = 5 \\
4 + 9 - 9 = 8 + 5 - 9 \\
4 \qquad\qquad = 8 + 5 - 9 = 4 \\
4 + 9 - 4 = 8 + 5 - 4 \\
9 \qquad\qquad = 8 + 5 - 4 = 9
\end{array}
$$

Par conséquent, lorsqu'on connaît trois termes d'une proportion arithmétique, on peut toujours trouver le 4ᵉ inconnu, x.

260. Quand la proportion est continue, la moyenne arithmétique est égale à la moitié de la somme des extrêmes.

En effet, soit   4 . 8 : 8 . 12
Puisque $8 \times 2 = 4 + 12$
on a $8 = \dfrac{4 + 12}{2} = 8$

261. 3ᵉ PROPRIÉTÉ. — On peut faire subir à une proportion arithmétique les huit changements suivants, sans qu'elle soit altérée :

$$8 . 4 : 9 , 5 \quad \text{d'où } 8 + 5 = 4 + 9 \quad \text{d'où } 13 = 13$$
$$8 . 9 : 4 . 5 \qquad\quad 8 + 5 = 9 + 4 \qquad\qquad 13 = 13$$
$$4 , 8 : 5 . 9 \qquad\quad 4 + 9 = 8 + 5 \qquad\qquad 13 = 13$$
$$4 , 5 : 8 . 9 \qquad\quad 4 + 9 = 5 + 8 \qquad\qquad 13 = 13$$
$$9 . 5 : 8 . 4 \qquad\quad 9 + 4 = 5 + 8 \qquad\qquad 13 = 13$$
$$9 . 8 : 5 . 4 \qquad\quad 9 + 4 = 8 + 5 \qquad\qquad 13 = 13$$
$$5 . 9 : 4 . 8 \qquad\quad 5 + 8 = 9 + 4 \qquad\qquad 13 = 13$$
$$5 . 4 : 9 . 8 \qquad\quad 5 + 8 = 4 + 9 \qquad\qquad 13 = 13$$

262. D'où l'on peut conclure que, dans toute proportion arithmétique, on peut :

1° Changer les moyens de place et les extrêmes de place ;

2° Mettre les moyens à la place des extrêmes, et les extrêmes à la place des moyens ; — etc.

§ 4. — PROPRIÉTÉS D'UNE PROPORTION GÉOMÉTRIQUE.

263. En général, ce qui est addition, soustraction, multiplication et division, dans les proportions arithmétiques, devient multiplication, division, élévation aux puissances et extraction des racines, dans les proportions géométriques.

264. 1ʳᵉ PROPRIÉTÉ. — Dans toute proportion géométrique, *le produit des moyens est égal au produit des extrêmes.*

En effet, la proportion 4 : 8 :: 5 : 10

équivaut à $\dfrac{4}{8} = \dfrac{5}{10}$ ou à $\dfrac{8}{4} = \dfrac{10}{5}$

Ces deux fractions, réduites au même dénominateur, donnent :

$$\frac{4 \times 10}{8 \times 10} = \frac{5 \times 8}{10 \times 8} \text{ et } \frac{8 \times 5}{4 \times 5} = \frac{10 \times 4}{4 \times 5}$$

L'équation existe encore si l'on enlève le dénominateur des fractions ; donc :

$$8 \times 5 = 10 \times 4$$

Ce qui démontre la propriété fondamentale.

264. Si la proportion est continue, le produit des extrêmes est égal au carré des moyens ; en effet,

$$\begin{aligned}
&\text{Soit} && 4 : 8 :: 8 : 16 \\
&\text{on a} && 4 \times 16 = 8 \times 8 \\
&\text{ou} && 4 \times 16 = 8^2 \text{ ou } 64 = 64
\end{aligned}$$

265. On peut tirer de la règle que nous venons de poser les deux conséquences suivantes :

1° Lorsque quatre quantités sont telles que le produit de deux d'entre elles est égal au produit des deux autres, elles forment une proportion géométrique.

Les quantités 4, 5, 8 et 10 peuvent former une proportion géométrique, car elles donnent :

$$4 \times 10 = 5 \times 8$$
$$\text{ou} \quad \frac{4}{5} = \frac{8}{10}$$

D'où résulte évidemment 4 : 5 :: 8 : 10

2° Lorsque quatre nombres ne sont pas en proportion géométrique, le produit des extrêmes n'est pas égal au produit des moyens.

266. 2° PROPRIÉTÉ. — Dans toute proportion géométrique, *un extrême est égal au produit des moyens divisé par l'autre extrême, et un moyen est égal au produit des extrêmes divisé par l'autre moyen.*

En effet, la proportion   4 : 8 :: 5 : 10
donnant   4 × 10 = 8 × 5

si l'on divise cette égalité par 10, par exemple, elle ne

change pas, et l'on a :

$$\frac{4 \times 10}{10} = \frac{8 \times 5}{10} \text{ ou } 4 = \frac{8 \times 5}{10}$$

On obtient donc successivement les équations suivantes montrant que, lorsqu'on connaît trois termes d'une proportion géométrique, on peut toujours trouver le quatrième inconnu x :

$$\frac{4 \times 10}{10} = \frac{8 \times 5}{10} \qquad \text{d'où } 4 = \frac{8 \times 5}{10} = 4$$

$$\frac{4 \times 10}{4} = \frac{8 \times 5}{4} \qquad \text{d'où } 10 = \frac{8 \times 5}{4} = 10$$

$$\frac{8 \times 5}{5} = \frac{4 \times 10}{5} \qquad \text{d'où } 8 = \frac{4 \times 10}{5} = 8$$

$$\frac{8 \times 5}{8} = \frac{4 \times 10}{8} \qquad \text{d'où } 5 = \frac{4 \times 10}{8} = 5$$

267. Quand la proportion est continue, la moyenne géométrique est égale à la racine carrée du produit des extrêmes.

En effet, soit : $4 : 8 :: 8 : 16$
Puisque $8^2 = 4 \times 16$
on a : $8 = \sqrt[2]{4 \times 16} = 8$

268. 3ᵉ PROPRIÉTÉ. — On peut faire subir à une proportion huit changements sans altérer le rapport qu'il y a entre les moyens et les extrêmes :

$$4 : 8 :: 5 : 10 \quad \text{d'où } 4 \times 10 = 8 \times 5 \quad \text{d'où } 40 = 40$$
$$4 : 5 :: 8 : 10 \quad 4 \times 10 = 5 \times 8 \quad 40 = 40$$
$$8 : 4 :: 10 : 5 \quad 8 \times 5 = 4 \times 10 \quad 40 = 40$$
$$8 : 10 :: 4 : 5 \quad 8 \times 5 = 10 \times 4 \quad 40 = 40$$
$$5 : 10 :: 4 : 8 \quad 5 \times 8 = 10 \times 4 \quad 40 = 40$$
$$5 : 4 :: 10 : 8 \quad 5 \times 8 = 4 \times 10 \quad 40 = 40$$
$$10 : 5 :: 8 : 4 \quad 10 \times 4 = 5 \times 8 \quad 40 = 40$$
$$10 : 8 :: 5 : 4 \quad 10 \times 4 = 8 \times 5 \quad 40 = 40$$

269. On tire de cette propriété les conclusions suivantes :
1° Les 2ᵉ, 4ᵉ, 6ᵉ et 8ᵉ proportions nous montrent que la proportion n'est point altérée, si l'on transpose les moyens.
2° Les six dernières montrent qu'on peut aussi transposer les extrêmes.

3° Les 3°, 4°, 5° et 6° montrent qu'on peut mettre les moyens à la place des extrêmes et les extrêmes à la place des moyens.

4° La proportion 4 : 8 :: 5 : 10 donnant 4 : 5 :: 8 : 10, montre que, dans toute proportion, le premier antécédent est au second antécédent comme le premier conséquent est au second conséquent.

270. 4° PROPRIÉTÉ. — On peut multiplier ou diviser un extrême et un moyen, quels qu'ils soient, par un même nombre, sans que la proportion cesse d'exister.

Soit la proportion 4 : 8 :: 5 : 10.

Cette proportion n'est pas détruite si l'on dit, par exemple :

$$4 \times 3 : 8 :: 5 \times 3 : 10$$

En effet, elle est égale à

$$4 \times 3 : 5 \times 3 :: 8 : 10$$

Et l'on sait (249) qu'un rapport ne change pas, quand on multiplie ou qu'on divise les deux termes par la même quantité.

271. Cette propriété fournit les moyens de faire disparaître les fractions d'une proportion.

1er exemple. Soit : $7\ 1/2 : 9 :: 8 : x$

En multipliant l'extrême 7 1/2 et le moyen 9 par le dénominateur 2, on a :

$$15 : 18 :: 8 : x = 9\ 3/5$$

2° exemple. Soit : $7 : 9 :: 8\ 3/4 : x$

En multipliant l'extrême 7 et le moyen 8 3/4 par le dénominateur 4, on a :

$$28 : 9 :: 35 : x = 11\ 1/4 \cdot$$

3° exemple. Soit : $7\ 1/2 : 9\ 5/6 :: 8\ 3/4 : x$

En réduisant les fractions au plus petit dénominateur commun (133), on obtient :

$$7\frac{6}{12} : 9\frac{10}{12} :: 8\frac{9}{12} : x$$

Et en multipliant les trois termes par 12, on a :

$$90 : 118 :: 105 : x = 137\ 2/3 \text{ qui, divisé par } 12, = 11\ \frac{17}{36}$$

Dans ce dernier cas, on réduit toujours au plus petit dénominateur commun pour avoir à multiplier par le même nombre et par le plus petit nombre possible.

272. 5° PROPRIÉTÉ. — Lorsque deux proportions ont un rapport commun, les deux autres rapports forment une proportion.

Soient les proportions :

$$5 : 8 :: 10 : 16 \text{ et } 15 : 24 :: 10 : 16$$

Le rapport 5 : 8 étant égal à celui de 10 : 16, et celui de 15 : 24 étant égal à celui de 10 : 16, il s'ensuit que ces deux quantités, étant égales à une troisième, sont égales entre elles.

Donc $\qquad 5 : 8 :: 15 : 24$

273. Il suit de là que, lorsque deux proportions ont les mêmes antécédents ou les mêmes conséquents, les quatre autres forment une proportion.

Soient les proportions :

$$5 : 10 :: 8 : 16 \text{ et } 15 : 10 :: 24 : 16$$

La troisième propriété (269, 1°) permet de les écrire comme suit :

$$5 : 8 :: 10 : 16 \text{ et } 15 : 24 :: 10 : 16$$

D'où $\qquad 5 : 8 :: 15 : 24$

274. 6° PROPRIÉTÉ. — Lorsqu'on multiplie les termes de plusieurs proportions les uns par les autres et par ordre, les quatre produits forment une nouvelle proportion.

Soient les proportions :

$$4 : 8 :: 5 : 10 \quad 3 : 7 :: 6 : 14 \quad 2 : 3 :: 6 : 9$$

Elles peuvent se mettre sous cette forme :

$$\frac{4}{8} = \frac{5}{10} \qquad \frac{3}{7} = \frac{6}{14} \qquad \frac{2}{3} = \frac{6}{9}$$

Or, il est clair que les trois premiers rapports $\frac{4}{8}$ $\frac{3}{7}$ $\frac{2}{3}$ sont respectivement égaux aux trois derniers $\frac{5}{10}$ $\frac{6}{14}$ $\frac{6}{9}$; donc les produits des trois premiers seront égaux aux produits des trois derniers, et l'on a :

$$\frac{4 \times 3 \times 2}{8 \times 7 \times 3} = \frac{5 \times 6 \times 6}{10 \times 14 \times 9}$$

Égalité qui fournit la proportion :

$$4 \times 3 \times 2 : 8 \times 7 \times 3 :: 5 \times 6 \times 6 : 10 \times 14 \times 9$$

275. 7ᵉ PROPRIÉTÉ. — Dans une suite de rapports égaux, la somme d'un nombre quelconque d'antécédents est à la somme de leurs conséquents, comme un antécédent est à son conséquent.

Soient les rapports égaux :

$$2 : 4 :: 3 : 6 :: 5 : 10 :: 7 : 14$$

La proportion $2 : 4 :: 3 : 6$
donne $2 : 3 :: 4 : 6$
et $2 + 3 : 3 :: 4 + 6 : 6$

Car l'antécédent indiquant un dividende et le conséquent un diviseur, si l'on ajoute une fois le diviseur au dividende, le quotient sera augmenté de 1 (67), et comme on fait le même changement dans les deux rapports, la proportion n'est pas changée.

De la proportion ci-dessus, on tire :

$$2 + 3 : 4 + 6 :: 3 : 6$$

Les rapports $3 : 6$ et $5 : 10$ étant égaux, on a :

$$3 : 6 :: 5 : 10$$

qui fait avec la proportion précédente :

$$2 + 3 : 4 + 6 :: 5 : 10 \text{ ou } 2 + 3 : 5 :: 4 + 6 : 10$$

En appliquant à cette proportion le principe expliqué ci-dessus, on obtient :

$$2 + 3 + 5 : 5 :: 4 + 6 + 10 : 10$$

D'où $2 + 3 + 5 : 4 + 6 + 10 :: 5 : 10$

Les rapports 5 : 10 et 7 : 14 étant égaux, on a :

$$2 + 3 + 5 : 4 + 6 + 10 :: 7 : 14$$

En appliquant à cette nouvelle proportion le principe expliqué ci-dessus, on a :

$$2 + 3 + 5 + 7 : 7 :: 4 + 6 + 10 + 14 : 14$$

D'où $\quad 2 + 3 + 5 + 7 : 4 + 6 + 10 + 14 :: 7 : 14$

Et comme tous les rapports se ressemblent, au lieu de :: 7 : 14, on peut prendre alternativement chacun des autres.

§ 4. — DES AUTRES PROPRIÉTÉS ET DE L'USAGE DES PROPORTIONS.

276. Les proportions ont encore d'autres propriétés ; mais, comme nous ne les emploierons point pour résoudre les problèmes que nous donnons plus loin, il est inutile de les reproduire ici.

On fait un fréquent usage, dans le raisonnement et les calculs, des rapports et des proportions. Voir spécialement pour l'application à la solution des problèmes, les chapitres LI et LII consacrés aux règles dites : *règle de Trois*, — *règle Conjointe*, — *règle de Tant pour cent*, — *règle d'Intérêt*, — *règle d'Escompte*.

CHAPITRE XXXV

* Des Progressions arithmétiques et géométriques.

§ 1. — DES DIVERSES ESPÈCES DE PROGRESSIONS.

277. Une **progression** est une suite ou série de rapports égaux, arithmétiques ou géométriques.

Il y a des progressions arithmétiques *croissantes* et des progressions arithmétiques *décroissantes ;* des progressions géométriques croissantes et des progressions géométriques dé-

---

* A passer dans une première étude.

croissantes. :Voici un exemple de chacune des quatre espèces.

Progressions arithmétiques.

Croissante   ÷ 5 . 7 . 9 . 11 . 13 . 15 . 17 . 19 . 21
Décroissante   ÷ 21 . 19 . 17 . 15 . 13 . 11 . 9 . 7 . 5

Progressions géométriques.

Croissante   ÷÷ 4 : 12 : 36 : 108 : 324 : 972 : 2916
Décroissante   ÷÷ 2916 : 972 : 324 : 108 : 36 : 12 : 4

·Ces progressions signifient que (254) :

5 . 7 : 7 . 9 : 9 . 11 : 11 . 13 : 13 . 15 : 15 . 17 : 17 . 19 : 19 . 21
21 . 19 : 19 . 17 : 17 . 15 : 15 . 13 : 13 . 11 : 11 . 9 : 9 . 7 : 7 . 5
4 : 12 :: 12 : 36 :: 36 : 108 :: 108 : 324 :: 324 : 972 :: 972 : 2916
2916 : 972 :: 972 : 324 :: 324 : 108 :: 108 : 36 :: 36 : 12 :: 12 : 4

Et on les prononce :

Comme 5 est à 7 est à 9 est à... etc. ; — comme 21 est à 19 est à 17 est à... etc. ; — comme 4 est à 12 est à 36 est à... etc. ; comme 2916 est à 972 est à... etc.

278. La différence de deux termes dans la progression arithmétique, le quotient de deux termes dans la progression géométrique, s'appellent *raison*. Dans les deux premières progressions, la raison arithmétique est 2; dans les deux dernières, la raison géométrique est 3.

§ 2. — PROPRIÉTÉS DES PROGRESSIONS ARITHMÉTIQUES.

279. 1re PROPRIÉTÉ. — Un terme quelconque d'une progression arithmétique croissante est égal au premier terme, plus la raison multipliée par le nombre des termes qui précèdent ou par le nombre des termes moins 1.

Soit la progression   ÷ 5 . 7 . 9 . 11 . 13 . 15 . 17 . 19 . 21

Chaque terme correspond respectivement à un terme de la progression suivante : ·

$5 . 5 + 2 . 5 + (2 \times 2) . 5 + (2 \times 3) . 5 + (2 \times 4) . 5 + (2 \times 5) . 5 + (2 \times 6) . 5 + (2 \times 7) . 5 + (2 \times 8)$

Ainsi, en représentant un terme quelconque par z, le premier terme par a, la raison par r et le nombre des termes par n, on aura la formule :

$$z = a + [\, r \times (n - 1)\,]$$

qui est la traduction en lettres de la règle sus-énoncée.

Et dans la progression prise pour exemple,

$$\text{le 7}^e \text{ terme} = 5 + [\, 2 \times (7 - 1)] = 17$$

280. On comprend donc sans peine que :

Un terme quelconque d'une progression arithmétique décroissante est égal au premier, moins la raison multipliée par le nombre des termes qui le précèdent.

$$\text{ou } z = a - [\, r \times (n - 1)\,]$$

Et dans la progression prise pour exemple,

$$\text{Le 7}^e \text{ terme} = 21 - [\, 2 \times (7 - 1)\,] = 9$$

281. Quand le premier terme est 0, un nombre quelconque est égal à plus ou moins la raison multipliée par le nombre des termes qui précèdent.

En effet, puisque $z = a + [\, r \times (n - 1)]$ et $z = a - [\, r \times (n - 1)]$, quand $a = 0$, on a :

$$z = 0 + [\, r \times (n - 1)\,] \text{ ou } z = \quad r \times (n - 1)$$
$$\text{et } \quad z = 0 - [\, r \times (n - 1)\,] \text{ ou } z = - r \times (n - 1)$$

282. 2° PROPRIÉTÉ. — Dans toute progression arithmétique, la raison est égale au plus grand terme, moins le plus petit, divisé par le nombre des termes moins 1, ou par le nombre des moyens arithmétiques plus 1.

Ce principe se déduit du premier (279), à l'aide des règles de solution des équations.

En effet, puisque $\quad z = a + [\, r \times (n - 1)]$

on a $\quad r = \dfrac{z - a}{n - 1}$

Et dans la progression qui nous sert d'exemple :

la raison $\quad r = \dfrac{21 - 5}{9 - 1} = \dfrac{16}{8} = 2$

283. Pour insérer un certain nombre de moyens arithmétiques entre deux nombres donnés, c'est-à-dire pour placer, entre deux nombres donnés, un certain nombre de termes, de manière que l'ensemble de tous ces termes fasse une progression arithmétique, il suffit de déterminer la raison.

Soit à insérer 6 moyens arithmétiques entre 4 et 9. Il y aura 8 termes dans la progression :

Donc
$$r = \frac{9-4}{8-1} = \frac{5}{7}$$

Preuve $\qquad \div\, 4 \cdot 4\frac{5}{7} \cdot 5\frac{3}{7} \cdot 6\frac{1}{7} \cdot 6\frac{6}{7} \cdot 7\frac{4}{7} \cdot 8\frac{2}{7} \cdot 9$

284. 3ᵉ PROPRIÉTÉ. — Dans toute progression arithmétique, le Nombre des termes est égal au plus grand terme, moins le plus petit divisé par la raison, plus 1.

Ce principe se déduit aussi du premier (279).

En effet, puisque $\qquad z = a + [\, r \times (n-1)\,]$

on a : $\qquad n - 1 = \dfrac{z-a}{r} \qquad$ d'où $\qquad n = \dfrac{z-a}{r} + 1$

Et dans la progression qui nous sert d'exemple :

$$n = \frac{21-5}{2} + 1 = \frac{16}{2} + 1 = 9$$

285. 4ᵉ PROPRIÉTÉ. — Dans toute progression arithmétique, la somme de tous les termes est égale à la somme du plus grand terme et du plus petit, multipliée par le nombre des termes et divisée par 2.

En effet, la somme des termes de la progression

$$\div\ 5 \cdot 7 \cdot 9 \cdot 11 \cdot 13 \cdot 15 \cdot 17 \cdot 19 \cdot 21$$

égale la somme des termes de la progression

$$\div\ 21 \cdot 19 \cdot 17 \cdot 15 \cdot 13 \cdot 11 \cdot 9 \cdot 7 \cdot 5$$

En ajoutant les deux progressions terme à terme, on a :

$$
\begin{array}{r}
\div\ 5 \cdot\ \ 7 \cdot\ \ 9 \cdot 11 \cdot 13 \cdot 15 \cdot 17 \cdot 19 \cdot 21 \\
.\ 21 \cdot 19 \cdot 17 \cdot 15 \cdot 13 \cdot 11 \cdot\ \ 9 \cdot\ \ 7 \cdot\ \ 5 \\
\hline
26 \cdot 26 \cdot 26 \cdot 26 \cdot 26 \cdot 26 \cdot 26 \cdot 26 \cdot 26
\end{array}
$$

c'est-à-dire autant de fois 26 ou $5 + 21$ qu'il y a de termes dans la progression.

Donc, les deux sommes sont égales à 9 fois 26 $(5 + 21)$

$$\text{ou } 2S = (a + z) \times n \text{ et } S = \frac{(a + z) \times n}{2}$$

Et dans la progression qui nous sert d'exemple :

la somme
$$S = \frac{(5 + 21) \times 9}{2} = 117$$

Preuve.

$$5 + 7 + 9 + 11 + 13 + 15 + 17 + 19 + 21 = 117$$

Les progressions arithmétiques ont d'autres propriétés qui n'ont pas d'application en arithmétique usuelle ; nous n'avons même mentionné celles-ci que parce que nous nous en servirons pour comprendre la théorie des logarithmes.

§ 3. — PROPRIÉTÉS DES PROGRESSIONS GÉOMÉTRIQUES

286. Comme nous l'avons dit pour les proportions géométriques, les additions, les soustractions, les multiplications et les divisions des progressions arithmétiques deviennent des multiplications, des divisions, des élévations aux puissances et des extractions de racines dans les progressions géométriques.

287. 1ʳᵉ PROPRIÉTÉ. — Un *terme* quelconque d'une progression géométrique croissante est égal au premier terme multiplié par la raison élevée à la puissance indiquée par le nombre des termes qui le précèdent.

Soit la progression :

$$\div\ 4 : 12 : 36 : 108 : 324 : 972 : 2916$$

Chaque terme correspond à un terme de la progression suivante :

$$4 : 4 \times 3 : 4 \times 3^2 : 4 \times 3^3 : 4 \times 3^4 : 4 \times 3^5 : 4 \times 3^6$$

On voit par cette décomposition qu'en représentant un terme quelconque par z, le premier terme par a, la raison par r et le nombre des termes par n, on aura la formule :

$$z = a \times r^{n-1}$$

Dans la progression qui sert ici d'exemple, le 6° terme $=$ $4 \times 3^5 = 4 \times 243 = 972$.

288. On comprend sans peine aussi que : un terme d'une progression géométrique décroissante est égal au premier terme divisé par la raison élevée à la puissance indiquée par le nombre des termes qui précèdent ce terme,

$$\text{ou } z = \frac{a}{r^{n-1}}$$

Et dans la progression qui nous sert d'exemple,

$$\text{le 4}^e \text{ terme} \quad = \frac{2916}{3^{4-1}} = \frac{2916}{27} = 108$$

289. Quand le premier terme d'une progression géométrique croissante est 1, un terme quelconque est égal à la raison élevée à la puissance indiquée par le nombre des termes qui précèdent.

En effet, puisque $\quad z = a \times r^{n-1}$
quand $\qquad\qquad a = 1$
on a $\qquad\qquad z = r^{n-1}$

Cette propriété comparée à celle des progressions arithmétiques indiquée plus haut (284), conduit à la théorie des Logarithmes.

290. 2ᵉ PROPRIÉTÉ. — Dans toute progression géométrique croissante ou décroissante, la *raison* est égale au plus grand terme divisé par le plus petit dont on extrait la racine indiquée par le nombre des termes moins 1, ou par le nombre des moyens géométriques plus 1.

Cette propriété se déduit de la première (285).

En effet, puisque $\quad z = a \times r^{n-1}$ on a : $\quad r = \sqrt[n-1]{\dfrac{z}{a}}$

291. C'est en appliquant cette propriété que l'on parvient à insérer des *moyens* géométriques.

Soit à insérer deux moyens géométriques entre 3 et 648.

Il suffit pour cela de trouver la raison.

$$r = \sqrt[3]{\frac{648}{3}} = \sqrt[3]{216} = 6 \qquad \begin{array}{l} \text{Preuve :} \\ 3 : 18 :: 108 : 648 \end{array}$$

292. Il résulte de ce principe qu'en insérant successivement un même nombre de moyens géométriques entre le premier terme et le deuxième terme d'une progression géométrique, entre le deuxième et le troisième, etc., l'ensemble de tous ces termes forme une nouvelle progression géométrique.

Soit la progression :

$$\div\ 1 : 36 : 1296$$

Si l'on insère successivement un moyen géométrique entre 1 et 36, 36 et 1296, on trouve la nouvelle progression :

$$\div\ 1 : 6 : 36 : 216 : 1296$$

$$\text{car} \quad r = \sqrt[2]{\frac{36}{1}} = 6$$

293. 3ᵉ PROPRIÉTÉ. — Dans toute progression géométrique, le *Nombre des termes* est égal à la racine indiquée par la raison à extraire du plus grand terme divisé par le plus petit, plus 1.

Ce principe se déduit aussi du premier (287) ; mais comme nous n'avons à notre disposition que les procédés des équations du premier degré, nous remplacerons toutes les quantités de la formule primitive par leurs logarithmes. Le lecteur voudra bien prendre connaissance du chapitre suivant, avant de chercher à comprendre ce qui suit :

Puisque $z = a \times r^{n-1}$ ou $a \times r^{n-1} = z$, on a :

$$\text{Log. } a + \text{Log. } r \times (n-1) = \text{Log. } z$$
$$\text{Log. } r \times (n-1) = \text{Log. } z - \text{Log. } a$$
$$n - 1 = \frac{\text{Log. } z - \text{Log. } a}{\text{Log. } r}$$
$$n = \frac{\text{Log. } z - \text{Log. } a}{\text{Log. } r} + 1$$

D'où l'on tire, en substituant les quantités naturelles aux logarithmes, conformément aux principes établis dans le chapitre suivant :

$$n = \sqrt[r]{\frac{z}{a}} + 1$$

On voit que dans presque tous les cas on ne peut calculer les résultats de cette formule, ni de celle qui précède, par les procédés ordinaires de l'arithmétique.

293 bis. 4e PROPRIÉTÉ. — Dans toute progression géométrique, la *Somme* de tous les termes est égale au produit du dernier terme par la raison, moins le premier terme, et divisé par la raison moins 1.

Soit la progression :

$$\div 4 : 12 : 36 : 108 : 324$$

Elle n'est autre chose que (277) :

$$4 : 12 :: 12 : 36 :: 36 : 108 :: 108 : 324$$

En faisant, dans cette suite de rapports égaux, la somme des antécédents est à celle des conséquents comme un antécédent quelconque est à son conséquent (275), on a :

$$4 + 12 + 36 + 108 : 12 + 36 + 108 + 324 :: 4 : 12 \text{ ou } :: 1 : 3.$$

Le premier terme de cette nouvelle proportion contient tous les termes de la progression, moins le dernier, et le second contient tous les termes de la progression, moins le premier, d'où l'on tire, en représentant la somme par S,

$$S - z : S - a :: 1 : 3$$
$$3S - 3z = S - a$$
$$3S - S = 3z - a$$
$$(3 - 1)\,S = 3z - a$$

3 étant la raison r, on obtient : $(r - 1)\,S = r \times z - a$

$$S = \frac{(r \times z) - a}{r - 1}$$

Dans la progression dont il s'agit :

<table>
<tr><td></td><td align="right">Preuve.</td></tr>
<tr><td>:: 4 : 12 : 36 : 108 : 324 : 972 : 2916</td><td align="right">4</td></tr>
<tr><td>$S = \dfrac{(2916 \times 3) - 4}{3 - 1}$</td><td align="right">12</td></tr>
<tr><td></td><td align="right">36</td></tr>
<tr><td>$= \dfrac{8748 - 4}{2}$</td><td align="right">108</td></tr>
<tr><td></td><td align="right">324</td></tr>
<tr><td>$= \dfrac{8744}{2}$</td><td align="right">972</td></tr>
<tr><td></td><td align="right">2916</td></tr>
<tr><td>$= 4372$</td><td align="right">4372</td></tr>
</table>

294. Comme le dernier terme z a la valeur suivante (287) :

$$z = a \times r^{n-1}$$

on peut rendre la formule de la somme plus générale, en substituant cette valeur dans l'équation,

$$S = \frac{(r \times z) - a}{r - 1}$$

De sorte qu'on obtient $\quad S = \dfrac{(a \times r^n) - a}{r - 1}$,

C'est-à-dire que la somme des termes d'une progression géométrique est égale au premier terme multiplié par la raison élevée à la puissance indiquée par le nombre des termes, moins le premier terme, et divisé par la raison, moins 1.

Si le premier terme est l'unité, cette formule se réduit à

$$S = \frac{r^{n-1}}{r - 1}$$

§ 4. — Usage des progressions.

L'étude des Progressions ou proportions continues fait connaître de curieuses propriétés des nombres, sur lesquelles sont basées les solutions des questions d'Intérêts composés, d'Annuités, d'Amortissement; elle est l'introduction à celle des logarithmes, qui fournissent les moyens pratiques de calculer les puissances et les racines, c'est-à-dire de faire les opérations auxquelles donnent lieu ces mêmes questions d'Intérêts composés, d'Annuités, d'Amortissement. (*Voy.* ce qui est dit au chap. XLI.)

CHAPITRE XXXVI

* Théorie et calcul des Logarithmes.

295. Un géomètre écossais, Jean Napier **, découvrit, dans le commencement du seizième siècle, les propriétés que

---

* A passer dans une première étude.
** Ou Napier ou Nepair, baron de Markinston, en Écosse, né en 1550,

nous allons exposer, en comparant une progression arithmétique commençant par 0, et une progression géométrique
commençant par 1, quelle que soit la raison, pourvu qu'elles
se correspondent terme à terme ; telles, par exemple, que
les deux progressions suivantes :

$$6.-4.-2 . 0 . 2 . 4 . 6 \mathbin{\vert} . 8 . 10 . 12 . 14 . 16 . 18 . 20 . 22$$

$$\frac{1}{27} : \frac{1}{9} : \frac{1}{3} : 1 : 3 : 9 : 27 : 81 : 243 : 729 : 2187 : 6561 : 19683 : 59049 : 177147$$

296. 1° Lorsqu'on *ajoute* deux termes de la progression
arithmétique, on obtient pour *somme* un terme de cette même
progression correspondant à un terme de la progression géométrique, qui est lui-même le *produit* des deux termes de
cette seconde progression correspondant aux deux termes
pris dans la progression arithmétique ; et réciproquement, si
l'on *multiplie* l'un par l'autre deux termes de la progression
géométrique, on obtient pour *produit* un terme de cette même
progression correspondant à un terme de la progression
arithmétique, qui est lui-même la *somme* des deux termes de
cette progression, correspondant aux deux facteurs pris dans
la progression géométrique.

En effet $4 + 8 = 12$ de la progression arithmétique
correspond à $9 \times 81 = 729$ de la progression géométrique. ,

297. 2° Lorsque l'on *retranche* l'un de l'autre deux termes
de la progression arithmétique, on obtient pour *différence* un
terme de cette même progression correspondant à un terme
de la progression géométrique, qui est lui-même le *quotient*
des deux termes de cette seconde progression correspondant
aux deux termes pris dans la progression arithmétique ; et
réciproquement, si l'on *divise* l'un par l'autre deux termes de
la progression géométrique, on obtient pour *quotient* un terme
de la même progression correspondant à un terme de la pro-

***

mort en 1617. Le premier écrit sur cette découverte porte pour titre :
Logarithmorum canonis descriptio, suivi de *Mirifica logarithmorum descriptio.* Lyon, 1620. Il s'est préoccupé surtout de simplifications en arithmétique et en trigonométrie.

gression arithmétique, qui est lui-même la différence des deux termes de cette progression correspondant aux deux termes pris pour dividende et pour diviseur dans la progression géométrique.

$$
\begin{array}{l}
22 - 12 = 10 \\
177147 : 729 = 243
\end{array}
\qquad
\begin{array}{l|l}
177147 & 729 \\
3134 & \overline{243} \\
2187 & \\
0 &
\end{array}
$$

298. 3° Si l'on *multiplie* un terme de la progression arithmétique par 2, 3, 4, 5, etc., on obtient pour *produit* un terme de la même progression correspondant à un terme de la progression géométrique qui est la 2°, 3°, 4°, 5°, etc. puissance du terme de la même progression correspondant au terme pris comme multiplicande dans la progression arithmétique; et réciproquement, si l'on élève à la 2°, 3°, 4°, 5°, etc. puissance, un terme de la progression géométrique, on obtient pour produit un terme de la même progression correspondant à un terme de la progression arithmétique, qui est lui-même le produit par 2, 3, 4, 5, etc. du terme de la même progression correspondant au terme de la progression géométrique élevé à la puissance :

$$
\begin{array}{l}
4 \times 5 = 20 \\
9^5 = 59049
\end{array}
$$

299. 4° Si l'on *divise* un terme de la progression arithmétique par 2, 3, 4, 5, etc., on obtient pour *quotient* un terme de la même progression correspondant à un terme de la progression géométrique, qui est la 2°, 3°, 4°, 5°, etc. *racine* du terme de la même progression correspondant au terme pris pour dividende dans la progression arithmétique; et réciproquement, si l'on *extrait* la 2°, 3°, 4°, 5°, etc. *racine* d'un terme de la progression géométrique, on obtient un terme de la même progression correspondant à un terme de la progression arithmétique, qui est lui-même le quotient par 2, 3, 4, 5, etc. du terme de la même progression, correspondant au terme de la progression géométrique dont on a extrait la racine.

$$18 : 3 = 6$$

$$\sqrt[3]{19683} = 27$$

300. Napier a donné le nom de *Logarithme*[*] à un terme d'une progression arithmétique correspondant à un terme d'une progression géométrique dans les circonstances indiquées ci-dessus; ainsi :

$$-6, -4, -2\,,\ 0\,,\ 2\,,\ 4\,,\ 6\,,\ 8\,,\ 10\,,\ 12\,,\ 14\,,\ 16\,,\ 18\,,\ 20\,,\ 22$$

sont les logarithmes respectifs des nombres

$$\frac{1}{27}\,,\ \frac{1}{9}\,,\ \frac{1}{3}\,,\ 1\,,\ 3\,,\ 9\,,\ 27\,,\ 81\,,\ 243\,,\ 729\,,\ 2187\,,\ 6561\,,\ 19683\,,\ 59049\,,\ 177147$$

301. On voit donc qu'entre les *logarithmes*, les *progressions* et les *proportions*, il y a une relation facile à saisir, et que ce qui est *addition, multiplication, soustraction* ou *division* dans les progressions, proportions et rapports arithmétiques, est *multiplication, division, élévation aux puissances, extraction de racines* pour les progressions, proportions et rapports géométriques.

302. On voit comment la découverte de Napier est féconde en heureux procédés, puisqu'elle transforme :

La multiplication en addition ;

La division en soustraction ;

L'élévation aux puissances en multiplication ;

L'extraction des racines en division.

303. D'où il résulte :

1° Que le logarithme du Produit de plusieurs facteurs est égal à la Somme des logarithmes de ces facteurs ;

2° Que le logarithme du Quotient est égal au logarithme du dividende, moins le logarithme du diviseur ;

3° Que le logarithme d'une Fraction est égal au logarithme du numérateur, moins le logarithme du dénominateur ;

4° Que le logarithme d'une Puissance est égal au produit du logarithme de la racine par le degré de la puissance ;

---

[*] De *logos,* discours, et *arithmos,* nombre.

5° Que le logarithme d'une Racine est égal au quotient du logarithme de la puissance par le degré de la racine.

§ 1. — CONSTRUCTION ET DISPOSITION DES TABLES DE LOGARITHMES.

304. Immédiatement après la découverte des logarithmes, plusieurs mathématiciens s'occupèrent de faire des Tables pour abréger les calculs.

Henry Briggs, professeur à Oxford et ami de Napier, s'aperçut qu'en prenant la suite naturelle des nombres dans la progression arithmétique et les puissances de dix dans la progression géométrique, les unités de chaque terme de la première indiquent exactement la puissance de chaque terme de la seconde, de sorte que, d'après ce système, un logarithme peut être considéré comme l'indice de la puissance du nombre.

C'est ce que prouvent les progressions suivantes :

$$\frac{1}{1000000} : \frac{1}{100000} : \frac{1}{10000} : \frac{1}{1000} : \frac{1}{100} : \frac{1}{10} : 1 : 10 : 100 : 1000 : 10000 : 100000 : 1000000$$

$$\frac{1}{10^6} : \frac{1}{10^5} : \frac{1}{10^4} : \frac{1}{10^3} : \frac{1}{10^2} : \frac{1}{10^1} : 10^0 : 10^1 : 10^2 : 10^3 : 10^4 : 10^5 : 10^6$$

$$-6 \;.\; -5 \;.\; -4 \;.\; -3 \;.\; -2 \;.\; -1 \;.\; 0 \;.\; 1 \;.\; 2 \;.\; 3 \;.\; 4 \;.\; 5 \;.\; 6$$

qui sont tout à fait en harmonie avec le système décimal.

Car $\qquad 10^2 = 10 \times 10 \qquad 10^1 = 10 \qquad 10^0 = \dfrac{10}{10} = 1\ldots\ldots$

305. Il est évident que dans un système de logarithmes calculés d'après ces deux progressions, les membres compris entre 100 et 1000 auront pour logarithmes 2, plus une fraction. Il y aura donc une partie entière et une partie fractionnaire; cette partie entière est appelée *caractéristique*, parce qu'elle *caractérise* la série des nombres dans laquelle il faut chercher le nombre correspondant au logarithme et parce qu'elle indique en même temps le nombre de chiffres, moins un, dont il est composé.

306. En insérant successivement une moyenne géométrique entre le premier terme et le deuxième terme de la progression géométrique, entre le 2° et le 3°, etc., et en insé-

rant de même une moyenne arithmétique entre les termes correspondants de la progression arithmétique, on parvient à deux nouvelles progressions sur lesquelles on peut opérer comme sur les deux précédentes, de sorte que l'on obtient les logarithmes de tous les nombres en connaissant ceux de 1, 10, 100, 1000, etc. Dans ces nouvelles progressions, la différence entre deux termes consécutifs devient de plus en plus petite.

307. On a donné le nom de *base* à la raison de la progression géométrique. Des logarithmes, calculés d'après les progressions qui nous ont servi de modèle, auraient pour base 3.

La base des logarithmes usités est donc 10 ; et on voit qu'un nombre qui est l'unité suivie de un, deux, trois, etc. zéros, a pour logarithme un nombre composé d'autant d'unités qu'il y a de zéros dans ce nombre. Les logarithmes des nombres d'un seul chiffre ont pour caractéristique 0 ; ceux de deux chiffres compris entre 10 et 100 ont pour caractéristique 1 ; ceux de trois chiffres compris entre 100 et 1000 ont pour caractéristique 2 ; ceux de quatre chiffres compris entre 1000 et 10000 ont pour caractéristique 3, etc. Il en est de même pour les logarithmes de fractions ; ceux des fractions compris entre 1/10 ont pour caractéristique — 1 ; ceux des fractions compris entre 1 et 1/10 et 1/100, ont pour caractéristique — 2, etc.

308. Les tables des logarithmes dont on se sert ont trois colonnes, une pour les Nombres, une pour leurs Logarithmes et une troisième pour la Différence d'un logarithme à celui qui le suit. Nous verrons bientôt l'usage de cette différence.

Voici quatre modèles qui feront comprendre le mécanisme des tables. Le premier contient les logarithmes des nombres depuis 1 jusqu'à 11 avec la caractéristique ; le deuxième contient les logarithmes des nombres de 1000 à 1011 sans la caractéristique, mais avec les différences ; le troisième contient les logarithmes des nombres 870 à 881 classés trois par trois ;

Ier MODÈLE.

N.	Log.	D.
1	0,00000000	
2	0,30103000	
3	0,47712125	
4	0,60205999	
5	0,69897000	
6	0,77815125	
7	0,84509804	
8	0,90308999	
9	0,95424251	
10	1,00000000	
11	1,04139269	

3e MODÈLE.

N.	Log.	D.
870	2,9395193	
871	2,9400182	
872	2,94051648	
873	2,9410142	
874	2,9415114	
875	2,9420081	
876	2,9425041	
877	2,9429996	
878	2,9434945	
879	2,9439889	
880	2,9444827	
881	2,9449759	

2^e MODÈLE.

N.	Log.	D.
1000	0000000	
		434
1001	0004341	
		434
1002	0008677	
		433
1003	0013009	
		433
1004	0017337	
		432
1005	0021661	
		432
1006	0025980	
		432
1007	0030295	
		431
1008	0034605	
		431
1009	0038912	
		430
1010	0043214	
		430
1011	0047512	

4e MODÈLE.

N.	Log.	D.
1580	1986571	
		2748
1	89319	
		6
2	92065	
		4
3	94809	
		3
4	97552	
1585	2000293	
		2739
6	03032	
		7
7	05769	
		6
8	08505	
		4
9	11239	

enfin, le quatrième contient les logarithmes des nombres 1580 à 1589 classés cinq par cinq sans caractéristique, et disposés, ainsi que les différences, de manière que les chiffres qui se ressemblent ne sont répétés qu'à de certains intervalles.

Les différences ne sont utiles et indiquées dans les tables qu'à partir du nombre 1000. — Dans le quatrième modèle, on ne reproduit pas les chiffres qui se répètent.

309. Tous les nombres peuvent être regardés, avons-nous dit (304), comme autant de puissances différentes de 10.

$$1 \quad . \quad 2 \qquad . \quad 3 \qquad . \quad 4$$
$$10^0 \quad : \quad 10^{0,30103000} \quad : \quad 10^{0,47712125} \quad : \quad 10^{0,60205999}$$

Mais ces puissances ne sont pas rigoureusement justes, de sorte que la plupart des logarithmes sont affectés d'une petite inexactitude qui provient de l'impossibilité d'extraire des racines parfaitement incommensurables, pour les valeurs des moyens géométriques. L'erreur qui en résulte se fait sentir sur le cinquième chiffre du nombre correspondant, quand les tables ont cinq décimales, sur le sixième quand les tables en ont six, etc., si l'on emploie les tables allant jusqu'à 10000, et si l'on cherche les nombres correspondants au moyen des logarithmes les plus élevés. Elle est d'une demi-unité de la valeur du dernier chiffre dans les logarithmes, et devient insensible quand on cherche les moyens proportionnels avec dix et surtout avec vingt décimales, comme plusieurs calculateurs l'ont fait.

310. La vue simple de la caractéristique indique à peu près l'endroit de la table où se trouve le nombre correspondant; comme aussi, un nombre étant donné, on sait quelle caractéristique convient à son logarithme (305); mais, bien qu'elle dirige quelquefois les yeux, on peut la supprimer sans inconvénient dans les calculs lorsqu'on sait d'avance de combien de chiffres doit se composer le résultat. Un des plus grands avantages du système logarithmique consiste à varier les caractéristiques sans toucher aux décimales, de manière à avoir

un nombre 10 fois, 100 fois, 1000 fois, etc., plus fort ou plus faible.

Nombres.	Logarithmes.	Nombres.		Logarithmes.
1428 3,154728		1428	.....	3,154728
14280 4,154728		142,8	.....	2,154728
142800 5,154728		14,28	.....	1,154728
1428000 6,154728		1,428	.....	0,154728
14280000 7,154728		0,1428	.....	— 1,154728
142800000 8,154728		0,01428	.....	— 2,154728
1428000000 9,154728		0,001428	.....	— 3,154728

311. On ne met pas la différence dans les tables pour les premiers logarithmes ; elle est trop considérable et on ne s'en sert pas. Quelques tables ont cinq décimales, d'autres six, d'autres davantage. Les unes vont jusqu'à 10000 (celles de Lalande), d'autres jusqu'à 20000 (celles de Plauzolles), d'autres jusqu'à 100000 (celles de Callet) ; celles de Lalande, étendues à 7 décimales par Marie, ne donnent d'erreur qu'au septième chiffre.

312. Il existe aussi des tables des logarithmes des premiers nombres combinés avec les fractions ordinaires usuelles, et dont l'emploi évite la conversion de ces fractions en décimales *.

313. Pour faire apprécier la longueur des calculs qu'ont faits les hommes infatigables auxquels nous devons les premières tables, voy. un extrait de leur travail pour le logarithme 5, dans une note finale.

§ 2. — USAGE DE LA TABLE. — RECHERCHE D'UN LOGARITHME CORRESPONDANT A UN NOMBRE ENTIER OU A UNE FRACTION, ET D'UN ENTIER OU D'UNE FRACTION CORRESPONDANT A UN LOGARITHME.

314. La table des logarithmes fournit les moyens de chercher le logarithme correspondant à un entier quelconque, et le nombre entier correspondant à un logarithme quelconque ; de chercher le logarithme d'une fraction ordinaire ou déci-

---

* Ces tables ne se trouvent guère que dans les Traités de change de Reishammer, de Piet et de T'schaggeny.

male, et la fraction correspondant à un logarithme. Il faut être exercé sur la solution de ces quatre problèmes pour pouvoir utiliser l'avantage des logarithmes dans le calcul.

Recherche du logarithme correspondant à un nombre entier qui ne se trouve pas dans la Table, et réciproquement.

315. 1° Chercher le logarithme correspondant à un nombre entier, quand ce nombre ne se trouve pas dans la Table.

Nous emploierons, pour les calculs qui suivent, les tables à six décimales allant jusqu'à 10000, édition Reynaud.

```
Soit le nombre                    158913
                    158913 = 1589,13 × 100
Donc                    Log. 158913 = Log. 1589,13 + Log. 100
                    Log. 1589   =     3,2011239
augmentation provenant de      0,13 =             355
                    ─────────────────────────────
                    Log. 1589,13 =     3,2011594
                    Log. 158913  =     5,2011594
```

Pour calculer l'augmentation provenant de 0,13, on observe que Log. 1589 diffère de Log. 1590 de 2732; donc, si pour 1 unité de différence dans les nombres, il y en a une de 2732 dans les derniers chiffres des logarithmes, on est conduit à la proportion suivante :

$$1 : 0,13 :: 2732 : x = 355,16$$

316. On parvient donc à trouver le logarithme d'un nombre, quel qu'il soit, en séparant assez de chiffres à sa droite pour qu'il soit contenu dans la Table et en modifiant le logarithme de ce nombre comme ci-dessus pour la partie séparée.

317. 2° Chercher le nombre entier correspondant à un logarithme qui ne se trouve pas dans la Table.

```
Soit le logarithme                5,2011594
                    5,2011594 =  2  + 3,2011594
Logarithme de la Table      3,2011239 = Log. 1589   nombre corresp.
Différence avec le logarithme donné   355 =        0,1299...
                    ─────────────────────────────
                    3,2011594 = Log. 1589,13
                    5,2011594 = Log. 158913
```

Pour trouver la différence occasionnée dans les nombres

par celle des logarithmes qui est 355, on observe que dans la table 2011594 tombe entre 2011239 et 2013971, qui diffèrent de 2732. Or, comme pour 2732 dans les logarithmes, il y a 1 de différence dans les nombres, on est conduit au calcul suivant :

$$2732 : 355 :: 1 : x = \frac{355}{2732} = 0,1299\ldots = 0,13$$

Recherche du logarithme d'une Fraction, et réciproquement. — Logarithmes négatifs ou à caractéristique seule négative.

318. 1° Chercher le logarithme d'une fraction ordinaire.

Soit 7/8.

$$
\begin{aligned}
\text{L.} \quad 7/8 &= \text{L. } 7 - \text{L. } 8 \\
\text{Log. } 7 &= \quad 0,84509804 \\
\text{Log. } 8 &= \quad 0,90308999 \\
\hline
\text{Log. } 7/8 &= -\; 0,05799195
\end{aligned}
$$

Ce logarithme est négatif, puisqu'au lieu de soustraire le logarithme de 8 de celui de 7, on n'a pu faire que le contraire.

D'après ce que nous avons dit (au chap. v), le logarithme négatif de 7/8 est encore égal au L. 8 + le complément arithmétique de L. 7.

$$
\begin{aligned}
\text{L.} \quad 8 &= \quad 0,90308999 \\
\text{C. L.} \quad 7 &= \quad 9,15490196 \\
\hline
\text{L. } 7/8 &= -\; 0,05799195
\end{aligned}
$$

319. Ainsi, le logarithme d'une fraction ordinaire à forme entièrement négative s'obtient en soustrayant le logarithme du numérateur de celui du dénominateur ; — ou en ajoutant au logarithme du dénominateur le complément arithmétique de celui du numérateur.

320. 2° Chercher le logarithme d'une fraction décimale.

Soit 0,875 = 7/8 Comme $0,875 = \frac{875}{1000}$

On a : $\text{L. } \frac{875}{1000} = \text{L. } 875 - \text{L. } 1000$, ou L. 1000 + C. L. 875

	1re manière.			2e manière.	
L. 875 =	2,94200805		L. 1000 =	3,00000000	
L. 1000 =	3,00000000		C. L. 875 =	7,05799195	
L. 0,875 =	— 0,05799195			— 0,05799195	

321. Mais lorsqu'on veut se servir des logarithmes entièrement négatifs, on est plus souvent exposé à se tromper; car il faut, d'après ce qui a été dit, ajouter ces logarithmes quand il s'agit de diviser, les soustraire quand il s'agit de multiplier, les diviser quand il s'agit d'élever aux puissances, et les multiplier quand il s'agit d'extraire des racines ; en un mot, agir en sens inverse des opérations que nécessitent les logarithmes positifs.

322. Il convient donc mieux de considérer toutes les fractions comme des fractions décimales, d'envisager celles-ci comme des nombres entiers, et de donner aux logarithmes de ces derniers pour caractéristique autant d'unités négatives que le dénominateur décimal contient de chiffres de plus que le numérateur. Ce sont des logarithmes qu'on appelle *à caractéristique seule négative*, et qui, à cette caractéristique près, au-dessus de laquelle on met le signe —, se calculent comme des logarithmes de nombres entiers. On peut avoir facilement le logarithme à caractéristique seule négative en soustrayant naturellement le logarithme du dénominateur de celui du numérateur.

323. Il est facile de voir qu'en pareil cas il suffit de prendre le complément arithmétique du numérateur, en ajoutant à la caractéristique du complément celle du dénominateur, et que les fractions décimales donnent lieu à la même opération que les fractions ordinaires, quand on veut avoir leur logarithme entièrement négatif.

Soit, pour exemple, à trouver le logarithme à caractéristique seule négative de $7/8 = 0,875 = \frac{875}{1000}$.

Comme L.   875 =   ,94200805 sans caractéristique,
on a : L. 0,875 = $\overline{1}$,94200805

Le dénominateur 1000 ayant un chiffre de plus que le numérateur 875, nous avons donné 1 pour caractéristique au logarithme de 0,875 = 7/8.

On comprendra facilement cette manière d'opérer, si l'on

observe que 7/8 ou 0,875 étant égal à $\frac{875}{1000}$, le logarithme de
cette fraction est égal au L. 875 moins L. 1000; d'où l'opération suivante :

$$
\begin{array}{rl}
\text{L.} & 875 = 2,94200805 \\
\text{L.} & 1000 = 3,00000000 \\
\hline
\text{L.} & 0,875 = \overline{1},94200805
\end{array}
$$

Car la soustraction de la partie décimale se fait comme à
l'ordinaire, et il n'y a que la caractéristique que l'on soustrait en sens inverse et qui, par conséquent, doit être seule
négative.

324. 3° Chercher la fraction correspondante à un logarithme entièrement négatif.

Soit 0,05799195

Comme ce logarithme est trop faible pour se trouver dans
la table, nous l'ajoutons à 4 log. de 10000 ; c'est comme si
nous multipliions la fraction correspondante par 10000. Nous
avons donc l'opération suivante :

$$
\begin{array}{l}
4 \\
- 0,05799195 \\
\hline
3,94200805 = \text{L.}\ \ 8750 \\
\end{array}
$$

$$
\text{et} - 0,05799195 = \text{L.}\ \frac{8750}{10000} = 0,8750 = \frac{7}{8}
$$

325. Ainsi, pour chercher la fraction correspondante à un
logarithme entièrement négatif, il faut l'ajouter à 3 ou à 4,
c'est-à-dire à la plus forte caractéristique des tables, par le
procédé des compléments ; chercher le nombre correspondant de cette somme, le diviser par 1000 ou 10000, et convertir la fraction décimale en fraction ordinaire.

326. 4° Chercher la fraction correspondante à un logarithme
à caractéristique seule négative.

Soit $\overline{1}$,94200805

Pour la même raison que ci-dessus, nous l'ajoutons à 4, logarithme de 10000. C'est comme si nous multipliions la frac-

tion correspondante par 10000. La partie décimale est tout indiquée, et il n'y a que la caractéristique de changée. On a donc l'opération suivante :

$$\frac{\overset{\text{4}}{\overline{}}}{1,94200805}$$

$$\overline{3,94200805} = 8750$$

$$\text{et } \overline{1},94200805 = 0,8750 = \frac{7}{8}$$

327. Donc, pour chercher la fraction correspondante à un logarithme à caractéristique seule négative, il faut chercher celui-ci dans la table avec la caractéristique 3 ou 4 et diviser le nombre correspondant par 1000 ou 10000.

§ 3. — CALCUL DES LOGARITHMES. — ADDITION, SOUSTRACTION, MULTIPLICATION ET DIVISION.

328. On fait les quatre règles sur les logarithmes comme sur les nombres entiers, positifs ou négatifs (voyez au chap. XXVIII) ; toutefois, quand on a des logarithmes à caractéristique seule négative, il y a à prendre quelques précautions que nous allons indiquer.

Addition des logarithmes positifs et négatifs.

329. Les deux exemples suivants sont de même nature que ceux du n° 173.

$\overline{2},478569$	$2,078564$
$1,764785$	$\overline{1},396472$
$\overline{3},632946$	$3,467253$
$1,376593$	$\overline{2},487569$
$\overline{1},252893$	$3,429858$

Dans le premier exemple, l'avant-dernière colonne donne 22, dont 2 positif de retenue ; la dernière colonne donne 2 positif et 5 négatif, 2 positif et 2 de retenue = 4 ; 4 positif plus 5 négatif donne 1 négatif.

Soustraction des logarithmes positifs et négatifs. — Emploi des compléments.

330. Il faut se rappeler que l'on change le signe du nombre à soustraire (174).

2,785643	3,584673	$\overline{3}$,788642
$\overline{2}$,634758	5,432675	5,929465
4,150885	$\overline{2}$,151908	$\overline{9}$,859177

Dans le premier exemple, il n'y a pas d'unité d'emprunt ; de sorte que, 2 négatif devenant positif, on a $2 + 2 = 4$. Dans le second exemple, il n'y a pas non plus d'unité d'emprunt, et 5 positif devenant négatif, on obtient 2 négatif en le combinant avec 3 positif du nombre supérieur. Dans le troisième exemple, pour emprunter 1 sur le 3 négatif, on l'augmente de 1 positif et de 1 négatif, ce qui n'apporte aucun changement ; alors il reste 1 négatif, plus 3 négatif, plus 5 devenant négatif, ce qui fait 9 négatif.

331. La soustraction peut être faite au moyen des compléments, surtout lorsqu'il y a une certaine quantité de nombres à soustraire de plusieurs autres. Ainsi, plusieurs multiplications et plusieurs divisions, transformées par l'emploi des logarithmes en deux additions et une soustraction, sont définitivement transformées en une seule addition.

Les compléments des logarithmes entièrement négatifs se prennent comme ceux des nombres entiers ; mais ceux des logarithmes à caractéristique seule négative peuvent présenter quelques difficultés au premier abord. En se rappelant qu'un complément n'est que la différence entre un nombre et l'unité suivie d'autant de zéros qu'il y a de chiffres dans ce nombre et, par conséquent, le résultat d'une soustraction, et que la soustraction des nombres négatifs se fait en changeant le signe du nombre à soustraire, on voit que, pour prendre le complément de la caractéristique négative, il faut l'ajouter à 9, si elle est suivie de la fraction positive, et à 10, si elle est suivie de 0.

Soit à prendre le complément du logarithme $\overline{2}$,8793749 dont on s'est servi plus loin pour le deuxième problème des Annuités (ch. LXII). On a 11,1206251 qui, ajouté à 3,4814349, donne bien la différence trouvée 14,6020600.

Soit maintenant à faire une série de multiplications et de divisions indiquées par l'expression suivante :

$$\text{Soit} \quad \frac{3249 \times 5215 \times 4227 \times 8952}{5813 \times 1952 \times 8712 \times 92} \quad (= 70{,}497)$$

Voici le calcul abrégé par l'emploi des logarithmes et des compléments :

```
        L. 3249 = ............... 3,5117497
        L. 5215 = ............... 3,7172543
        L. 4227 = ............... 3,6260322
        L. 8952 = ............... 3,9519201
   C. L. 5813 = (3,7644003).. 6,2355997
   C. L. 1952 = (3,2904798).. 6,7095202
   C. L. 8712 = (3,9401179).. 6,0598821
   C. L.   92 = (1,9637878).. 8,0362122
                             ──────────
                              ⁺1,8481705
          3,8481275 = L. 7049
                430 =          0,7 à peu près.
                             ──────────
          3,8481705 = L. 7049,7
   et    1,8481705 = L. 70,497
```

Pour donner une idée de l'abréviation, nous nous bornerons à dire que le calcul ordinaire aurait conduit à la division d'un nombre de quinze chiffres par un nombre de treize chiffres, soit à la division de

$$641145125527640 \quad \text{par} \quad 9094646651904$$

Multiplication des logarithmes positifs et négatifs.

332. Cette opération repose sur les mêmes principes que 'addition (175).

$$\begin{array}{r} \overline{1},475629 \\ \times \quad 4 \\ \hline \overline{3},902516 \end{array}$$

En effet, 4 fois 4 font 16 et 3 de retenue font 19, sur les-

quels il y a 1 positif de retenue ; 4 fois 1 négatif font 4 négatif, dont il faut retrancher 1 positif. ce qui donne pour reste
3 négatif.

Division des logarithmes positifs et négatifs.

333. Si la caractéristique n'est pas assez forte pour que le
diviseur y soit contenu exactement, on y ajoute un certain
nombre d'unités négatives et positives pour que le diviseur y
soit contenu exactement.

$$\frac{\overline{6},345728}{4} = \frac{\overline{6} + \overline{2} + 2,345728}{4} = \overline{2},586432$$

$$\frac{\overline{6},754634}{7} = \frac{\overline{6} + \overline{1} + 1,754634}{7} = \overline{1},250662$$

Dans le premier exemple, comme on ne peut pas diviser
6 négatif par 4, on y ajoute 2 positif et 2 négatif. Alors 8 négatif, divisé par 4, donne 2 négatif ; ensuite 2 positif et 3 font
23 qui contient 4, 5 fois, etc. Dans le second exemple, on a
ajouté à 6 négatif, 1 négatif et 1 positif.

334. Nous n'avons donné que des exemples avec des logarithmes à caractéristique seule négative. Ce sont les seuls
qui pouvaient embarrasser un instant le lecteur. Quand les
logarithmes sont entièrement négatifs, on les calcule comme
nous l'avons indiqué dans la première partie de ce Traité
(172 à 178 et 320).

§ 4. — UTILITÉ DES LOGARITHMES.

335. Par l'emploi des logarithmes, on abrège considérablement, on vient de le voir, les calculs les plus longs et les plus
difficiles, c'est-à-dire les Multiplications, les Divisions et les
Extractions de racines transformées en Additions, Soustractions et Divisions ; — on a le moyen d'extraire les racines
autres que la carrée et la cubique, et pour lesquelles l'arithmétique n'a pas de procédé direct ; — on peut résoudre les
équations des degrés supérieurs à l'aide des procédés ordi-

naires ; on peut calculer les termes élevés des progressions qui nécessitent, par les moyens ordinaires, des opérations inabordables et par le nombre et par la longueur.

Voir, pour le parti qu'on peut tirer des logarithmes, aux chapitres LVII et LVIII, consacrés aux *Intérêts composés*, aux *Annuités* et à l'*Amortissement*, et aussi au chapitre LII, consacré à la *Règle conjointe.*

TROISIÈME PARTIE

POIDS ET MESURES. — NOUVELLES MESURES OU SYSTÈME MÉTRIQUE.

MESURES ANCIENNES ET MESURES DITES USUELLES. — CALCULS
DES NOMBRES COMPLEXES.

Dans cette troisième partie *, nous exposons d'abord les *mesures métriques* introduites en France depuis trois quarts de siècle, usitées en tout ou en partie dans plusieurs autres pays, qui tendent à se généraliser dans le monde entier, et qui se calculent comme les fractions décimales.

Nous donnons ensuite la nomenclature des *anciennes mesures* usitées en France, et de celles, dites *usuelles*, qui n'ont cessé d'être légalement tolérées qu'en 1840, et dont l'usage est encore très répandu.

A ce sujet, nous exposons en détail les calculs des nombres *complexes*, c'est-à-dire des nombres entiers réunis aux subdivisions, selon divers systèmes, des anciennes mesures, — calculs qu'il est utile de connaître non seulement à cause de l'usage qu'on fait encore de ces anciennes mesures, mais aussi à cause des monnaies, mesures et poids des pays étrangers qui n'ont point jusqu'ici adopté le système métrique, et de plus parce qu'ils sont un excellent exercice pour apprendre le maniement des fractions ordinaires, et le calcul des parties aliquotes, que nous avons vus au Livre III.

---

* Cette troisième partie peut être étudiée avant la précédente et même avant le Livre IV, c'est-à-dire avant les Nombres négatifs, les Extractions de racines, les Équations, les Progressions et les Logarithmes. — On peut se contenter d'abord des Notions sommaires ou de la nomenclature des mesures.

LIVRE VII

MESURES MÉTRIQUES

Supériorité des mesures métriques. — Leur Nomenclature. — Mesures Linéaires ou de Longueur. — Mesures Itinéraires et Géographiques. — Mesures de Superficie ou de Surface. — Mesures Agraires. — Mesures de Volume ou de Solidité; — pour le bois de Chauffage ou de Charpente. — Mesures de Capacité. — Poids. — Rapports des Poids aux mesures de Volume ou de Capacité. — Monnaies; Pièces; Taille; Tolérance; Valeur; rapport avec le mètre; rapport entre l'Or et l'Argent; fabrication des monnaies. — Calcul des mesures métriques. — Rapports de ces mesures entre elles.

CHAPITRE XXXVII

Supériorité des mesures métriques. — Leur nomenclature.

§ 1er. — Du nom et des avantages des poids et mesures métriques.

Le système des poids et mesures dont on se sert en France depuis la Révolution, et dont l'usage, adopté en tout ou en partie dans divers pays, tend à se généraliser tous les jours davantage, au fur et à mesure que les relations des peuples s'étendent et que les préjugés de patriotisme étroit diminuent, s'est appelé système décimal, — ou nouveau système de poids et mesures, — ou système métrique, parce que toutes les mesures y sont formées avec l'unité de longueur appelée mètre*; ou bien encore système légal, parce qu'il est le seul dont l'usage soit reconnu en France devant les tribunaux depuis la loi du 4 juillet 1837.

---

* Du grec μέτρον (*metron*), mesure.

Les avantages de ce système sont les suivants :

La subdivision de toutes les unités, grandes ou petites, en *dixièmes, centièmes, millièmes,* etc., c'est-à-dire en fractions décimales, dont le calcul est si facile ;

La formation de multiples ou mesures plus grandes dans le même système ;

Un rapport simple et décimal de toutes les unités à l'unité de mesure, d'où résulte un rapport simple et décimal de toutes les mesures entre elles et une grande facilité pour convertir les unes en les autres ;

Une nomenclature facile et courte, c'est-à-dire l'emploi d'un petit nombre de mots pour désigner les multiples et les subdivisions de toutes les unités ;

La possibilité d'écrire et d'énoncer un nombre sous la forme de chaque multiple ou de chaque subdivision de l'unité :

Tandis que les anciennes mesures de la France et celles de la plupart des autres pays présentent les inconvénients suivants :

Elles ont des subdivisions variées et irrégulières, nécessitant des calculs des *fractions ordinaires* ou des *nombres complexes* infiniment plus compliqués que ceux auxquels donnent lieu les *fractions décimales*, et qui ne diffèrent pour ainsi dire pas des opérations ordinaires des nombres entiers ;

Elles varient, en quantité innombrable, selon les localités et suivant les choses à mesurer ou à peser ;

Elles ont une multiplicité de noms difficiles à retenir et sans liaison entre eux ;

Elles n'ont entre elles, la plupart du temps, que des rapports irréguliers rendant le calcul de tête à peu près impossible, et rendant les conversions des mesures entre elles longues et difficiles.

Il y a, en un mot, entre le système des mesures métriques et tous les autres systèmes, la différence qu'il y a entre un mécanisme simple et un mécanisme très compliqué.

Nous allons successivement parler :

Des *mesures de Longueur*, y compris les mesures *itinéraires* ou des grandes longueurs ;

Des *mesures de Superficie*, pour mesurer les surfaces des corps (longueur et largeur), y compris les mesures *agraires* pour mesurer les surfaces des champs, et les mesures *géographiques* pour apprécier les grandes surfaces de'pays ;

Des *mesures de Volume*, pour mesurer les volumes (longueur, largeur, hauteur ou profondeur) des corps solides, la *capacité* des vases contenant des liquides, des graines, des gaz, etc. ;

Des *mesures de Poids*, ou simplement des *poids*, pour mesurer la pesanteur des objets qu'on apprécie de cette manière ;

Des *mesures de Monnaies*, ou simplement des *monnaies*, disques d'or, d'argent, de billon ou de cuivre, dont la *valeur* sert de mesure à celle de tous les produits, de tous les travaux, de tous les services.

§ 2. — NOMENCLATURE DES MESURES MÉTRIQUES.

Les Unités principales de ce système sont au nombre de douze (se réduisant à six *) ; savoir :

Le *Mètre* et le *Kilomètre* (qui tend à remplacer le *Myriamètre* pour les Longueurs) ;

Le *Mètre carré* et l'*Are* pour les Surfaces ;

Le *Mètre cube* et le *Stère* pour les Volumes ;

Le *Litre* et l'*Hectolitre* pour les Capacités ;

Le *Gramme* et le *Kilogramme* pour les Poids ;

Le *Franc* pour les Monnaies.

Ce sont là les *mesures de compte*, existant dans la pensée, pour les évaluations et les calculs ; mais pour mesurer les dimensions, les volumes, les capacités, les poids, les sommes de monnaies, on construit des mesures dites *réelles* ou *effectives*, valant un certain nombre de fois (1, 2, 5, 10, 20, 50) les

---

* On comptait 45 unités différentes dans les anciennes mesures de Paris usitées avant la réforme métrique.

unités de compte ou représentant des subdivisions de ces unités. Ces mesures réelles, choisies d'après l'analogie avec les anciennes mesures correspondantes et d'après leur usage, sont déterminées par la loi.

Dans le système métrique, toute Unité de mesure (longueur, surface, volume, capacité, poids, monnaie) a des multiples décimaux et des sous-multiples ou subdivisions également dans le système décimal, c'est-à-dire que les multiples et sous-multiples sont de dix en dix fois plus grands ou plus petits que l'unité principale.

Les *multiples* ont été formés comme suit :

	Noms *.	Signes.	Valeur.
10 fois l'unité forment le................ DÉCA		D	10
100 fois l'unité ou 10 fois le *déca* forment l'....... HECTO		H	100
1 000 fois l'unité ou 10 fois l'*hecto* ou 100 fois le *déca* forment le..... KILO		K	1000
10 000 fois l'unité ou 10 fois le *kilo* ou 100 fois l'*hecto* ou 1000 fois le *déca* forment le..... MYRIA		M	10000

Passé 10 000, on se sert du nom ordinaire du nombre.

Les *sous-multiples* ou *subdivisions* ont été appelés :

	Noms **.	Signes.	Valeur.
Les Dixièmes de l'Unité.................... *déci*		*d*	0,1
Les Centièmes ou dixièmes de dixièmes................. *centi*		*c*	0,01
Les Millièmes ou dixièmes de centièmes ou centièmes de dixièmes............... *milli*		*m*	0,001
Les Dix-millièmes ou dixièmes de millièmes ou centièmes de centièmes ou millièmes de dixièmes.............. *dix-milli*		*d-m*	0,0001

Passé les dix-millièmes, et le plus souvent passé les millièmes, on se sert du nom ordinaire de la fraction décimale.

---

* D'après les mots grecs : δεκά (*déca*), dix ; ἕκατον (*hécaton*), cent ; χίλιοι (*chilioi*), mille ; μύρια (*muria*), dix mille.

** Le premier tiré du latin *decimus*, dixième, et les autres du français.

Les multiples s'écrivent comme les entiers, les subdivisions comme les fractions décimales. Exemple :

5 9 8 7 6, 2 3 1

myria kilo hecto déca unités déci centi milli

Cette échelle s'applique plus ou moins complètement à chacune des unités de mesure de compte indiquées ci-dessus, et dont il est parlé en détail dans chacun des chapitres suivants.

Il y a dans ce nombre :

5 MYRIA et une fraction de
9 876 231 dix-millionièmes de MYRIA ;
59 KILO et une fraction de
876 231 millionièmes de KILO ;
598 HECTO et une fraction de
76 231 cent-millièmes d'HECTO ;
5 987 DÉCA et une fraction de
6 231 dix-millièmes de DÉCA ;
59 876 UNITÉS et une fraction de
231 millièmes d'UNITÉS ;
598 762 *déci* et une fraction de
31 centièmes de *déci ;*
5 987 623 *centi* et une fraction de
1 dixième de *centi.*
59 876 231 *milli,* etc.

Ainsi, un nombre de mesures ou de poids quelconques étant donné, un simple changement de virgule le transforme en un nombre d'unités désirées, supérieures ou inférieures.

En d'autres termes, étant donné des Hecto, on peut mettre le même nombre sous forme de Kilo, de Déca, de Centi, d'Unités simples, etc., sans altérer le nombre, qui change de nom sans changer de valeur, car c'est toujours la même quantité évaluée en unités différentes.

S'il n'y a pas de fractions décimales, la même transformation s'opère en ajoutant ou en retranchant des zéros, comme dans les exemples suivants :

8 760 UNITÉS

équivalent à 87 600 DÉCI,

ou à   876 DÉCA,

ou à   8 KILO et 760 millièmes de Kilo,

ou 76 centièmes de Kilo.

On conçoit que, pour pouvoir se familiariser avec cette nomenclature, il ne faut pas hésiter sur le maniement de la virgule et des zéros, et avoir une notion nette de la numération des nombres entiers et des fractions décimales, point de départ de l'arithmétique. Inutile de vouloir comprendre à fond le système métrique sans cela ; avant de chercher à lire, il faut connaître les lettres et savoir assembler les syllabes.

Telle est la nomenclature complète des multiples et sous-multiples du système métrique décimal applicable à toutes les mesures, mais que l'usage n'a cependant pas tous consacrés, par suite de la nature des choses et des habitudes prises, ainsi que cela sera indiqué dans les chapitres suivants.

CHAPITRE XXXVIII

Mesures linéaires ou de longueur. — Mesures itinéraires et géographiques. — Division de la circonférence du cercle.

§ 1ᵉʳ. — DE L'UNITÉ DE MESURE DE LONGUEUR ; — DE SES MULTIPLES ET DE SES SUBDIVISIONS.

L'unité de longueur, ou, en d'autres termes, la longueur qui sert à mesurer les longueurs, et qui a servi d'*étalon* pour établir toutes les autres mesures, est une fraction de la circonférence de la Terre, — la quarante-millionième partie de cette circonférence, — ou mieux, la *dix-millionième partie*

$$\frac{1}{10\ 000\ 000} \text{ ou } 0{,}000\ 000\ 1$$

du quart de la circonférence de la Terre (ou du méridien) mesurée à l'aide des moyens qu'ont pu fournir la physique et la géométrie, et appelée **Mètre**, m. (Voy. p. 218.)

On a pris cette longueur pour avoir une quantité aussi fixe et aussi peu variable que possible. On l'a prise dans la nature pour ne blesser aucun amour-propre national. On a pris une

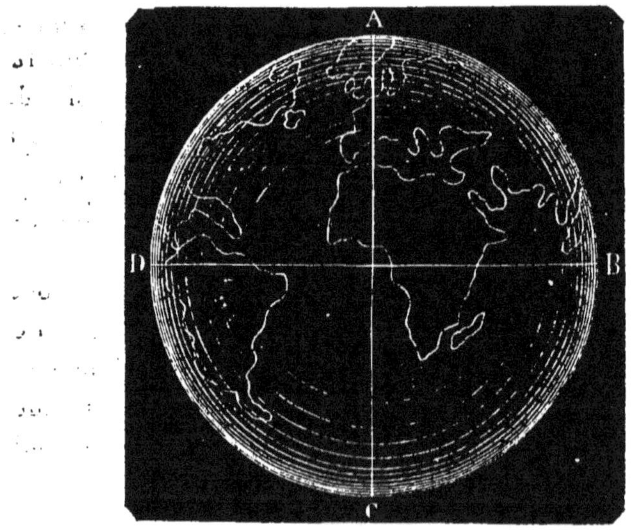

Fig. 1. — Globe terrestre sur lequel on a pris la dimension du **Mètre.**

ABCD, circonférence de la terre ou Méridien. — AB, BC, CD, DA, quarts du méridien ayant chacun une longueur de 10 000 000 de mètres. — DB, ligne conventionnelle autour de la terre, appelée Équateur et partageant la terre eu deux hémisphères ou demisphères.

si petite quantité, parce qu'elle s'est trouvée être à peu près la moitié de l'ancienne mesure principale de longueur, la *Toise*, à peu près égale à l'*aune*, mesure des tissus, et à quelques-unes des mesures de longueur de divers pays.

La figure 2 représente exactement la dixième partie du mètre ; c'est-à-dire que dix fois la longueur de cette figure reproduit la dix-millionième partie de la circonférence de la terre ; c'est-à-dire qu'il y a 10 millions de mètres dans chaque quart de la circonférence de la terre, soit 10 000 000 de mètres de A en B, de B en C, de C en D, de D en A (*fig.* 1) : — et que toute ligne faisant le tour de la terre, en passant par les deux pôles, que les géographes appellent un *méridien* *, a 40 millions de mètres ou 400 millions de fois la figure 2.

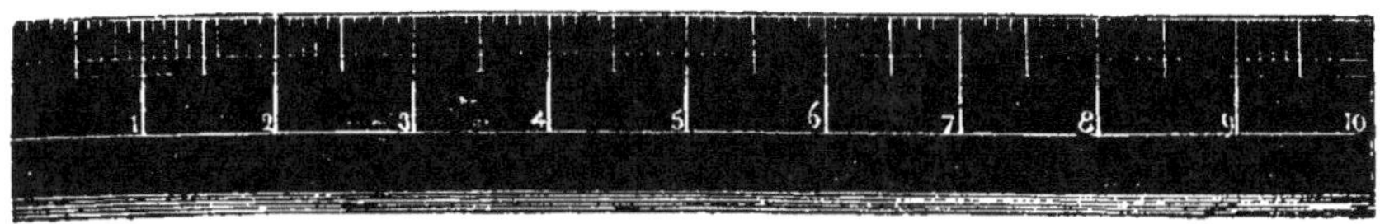

Fig. 2. — Décimètre ($0^m,1$), de grandeur naturelle, subdivisé en Centimètres et Millimètres.

En appliquant la nomenclature indiquée ci-dessus (p. 221) au Mètre, dont le signe est m, on a :

	Signes.	Valeur.		
Le MYRIAmètre	Mm =	10 000	mètres.	
Le KILOmètre	Km =	1 000		
L'HECTOmètre	Hm =	100		
Le DÉCAmètre	Dm =	10		
Le MÈTRE	m =	1		
Le *déci*mètre	dm =	0,1	ou 1/10 de mètre.	
Le *centi*mètre	cm =	0,01	ou 1/100	—
Le *milli*mètre	mm =	0,001	ou 1/1000	—

Le mètre, le décimètre et le centimètre servent à mesurer les tissus et les dimensions dans la plupart des circonstances. Pour les appréciations tout à fait exactes dans la mécanique, etc., on pousse la division jusqu'au millimètre.

Dans l'arpentage, on emploie une chaîne qui a un décamètre, ou 10 mètres.

Tout nombre représentant des mètres, ou bien des multiples et des subdivisions du mètre, s'énonce comme un nombre entier avec fractions décimales, et peut, par le déplacement de la virgule, l'addition ou la suppression des zéros **, être converti en un autre nombre de n'importe quel multiple ou sous-multiple : c'est ce qu'indiquent les mutations sui-

* Ce qui fait encore définir le Mètre : *la dix-millionième partie du quart du méridien.*

** On sait qu'un nombre fractionnaire décimal auquel on ajoute ou duquel on retranche un ou plusieurs zéros ne change pas de valeur, tout en s'énonçant différemment: 0,6 = 0,60 ou 6 dixièmes valent 60 centièmes, parce que chaque dixième vaut 10 centièmes (10).

vantes, qui ne sont autres que celles indiquées plus haut
(p. 222) d'une manière générale, et appliquées ici spécialement au mètre.

$59^{Km},876$ — lisez 59 kilomètres et 876 millièmes de Km.
ou 876 mètres,

Correspondant à
$5^{Mm},9876$ — lisez 5 myriam. et 9 876 dix-mill. de Mm.
ou 9 876 mètres,

Correspondant encore à
$59\ 876^{m}$ — lisez 59 876 mètres.

$59^{m},876$ — lisez 59 mètres et 876 millimètres.
ou 876 millièmes de mètre.

Correspondant à
$598^{dm},76$ — lisez 598 décimèt. et 76 cent. de décimètre.
$59\ 876^{mm}$ — lisez 59 876 millimètres.

§ 2. — MESURES RÉELLES OU EFFECTIVES DE LONGUEUR.

Celles que la loi autorise sont :

Le Double décamètre (20 m.); — le Décamètre ou chaîne
d'arpenteur (10 m.); — le Demi-décamètre (5 m.), en chaî-
nes. La chaîne d'arpenteur est formée de tiges droites en fil
de fer, dites *chaînons*. Chaque mètre se compose de 5 chaînons
de 2 décimètres réunis par des anneaux de fer. On distingue
les mètres par des chaînons de cuivre.

Le Double mètre (2 m.); — le Mètre; — le Demi-mètre ou
5 décimètres ; — le Double décimètre et le Décimètre, en
règles plates divisées en décimètres, et le premier décimètre
divisé en millimètres, comme à la figure 2, ci-dessus. Ces
mesures doivent être construites en métal, en bois ou autre matière solide, avec garnitures de métal adaptées aux
extrémités.

Il y a des mètres et des demi-mètres pliants ou brisés, pour
la poche; mais le nombre des parties doit être de 2,5 ou 10.

Le nom propre de chaque mesure (de longueur et autres)
doit être gravé sur la face supérieure de la mesure, qui doit
aussi porter le nom du fabricant.

§ 3. — MESURES ITINÉRAIRES OU GÉOGRAPHIQUES. — DIVISION DE LA CIRCONFÉRENCE ET DU MÉRIDIEN.

Pour mesurer les grandes longueurs, les distances géographiques et les distances *itinéraires*, ou les longueurs des routes, des canaux, des chemins de fer, et les distances maritimes, on emploie le Myriamètre, le Kilomètre et l'Hectomètre, — le Kilomètre de préférence, parce qu'il s'est trouvé être à peu près le quart de l'ancienne *lieue de poste*.

On a disposé sur les routes principales des bornes qui indiquent les distances, savoir :

Les grosses bornes, les Kilomètres ou.................. 1 000 mètres.
Les petites bornes, les Hectomètres ou................   100   —

La division de la *circonférence du cercle* devait d'abord être, dans le système métrique et décimal, de 400 degrés ou *grades*, et le quart de 100 degrés, le degré de 100 minutes, la minute de 100 secondes, la seconde de 100 tierces, etc.

Ainsi, la circonférence de la terre, ou *méridien*, avait été partagée en 400 degrés, et l'une des distances du pôle à l'équateur (V. *fig.* 1, p. 224) en 100 degrés ; les instruments de précision étaient construits d'après ce système et des tables de calcul avaient été dressées conformément à cette division.

Le *degré* ou *grade décimal* du *méridien* valait.   100 kilomètres ;
La minute...............................   1 kilomètre ou 1000^m ;
La seconde..............................   1 décamètre ou   10^m ;
La tierce...............................   1 décimètre ou   0,1 ;
La quarte...............................   1 millimètre ou   0,001.

Mais comme les nombres 400 et 100, n'admettant pas autant de diviseurs que les nombres 360 et 60, sont moins commodes pour les opérations (115), on est resté, pour les calculs astronomiques et trigonométriques et pour les appréciations géographiques, à l'ancienne division de la circonférence en 360 degrés et à celle du quart de la circonférence en 90 degrés de 60 minutes, de 60 secondes, de 60 tierces, de 60 quartes, etc.

Le degré s'indique par un petit °, — la minute par une ', — la seconde par ", — la tierce par ''', la quarte par ''''.

D'après ces données, la circonférence de la terre a 40 millions de mètres ou 40 000 kilomètres; — le quart de la circonférence de la terre a 90 degrés ou 10 millions de mètres.

$$
\begin{aligned}
90^\circ &= 10\ 000\ 000 \text{ mètres ;} \\
&= 10\ 000 \text{ kilomètres ;} \\
1^\circ &= 111,111 \\
1' &= 1,851 \\
&= 1\ 851,851 \text{ mètres ;} \\
1'' &= 30,864 \quad » \\
1''' &= 0,514 \quad »
\end{aligned}
$$

CHAPITRE XXXIX

Mesures de superficie ou de surface. — Mesures agraires.

§ Ier. — DE L'UNITÉ DE MESURE DE SUPERFICIE OU DE SURFACE ; — DE SES MULTIPLES ET DE SES SUBDIVISIONS.

L'unité de superficie, c'est-à-dire la surface prise pour mesurer les surfaces des corps (longueur et largeur), est une surface de 1 mètre de long sur 1 mètre de large, un carré d'un mètre de côté, appelé **Mètre carré**. — On ajoute aux multiples et aux subdivisions du mètre carré la désignation de carré, et, par abréviation, ca ou q*. Mais ces multiples et ces subdivisions ne sont pas des multiples de 10, comme pour le mètre, mais des multiples de 100 en 100, le nombre 100 étant le *carré*** de 10 ou le produit de 10 par 10. Cette division est conforme à la nature des surfaces, ainsi que le prouve la figure suivante, carré dans lequel chaque côté étant divisé en 10, et les divisions continuées sur toute la surface, le nombre des carrés obtenus s'élève à 100.

---

* De *quarré*, ancienne orthographe de carré, venant du latin *quadratus*, pour ne pas confondre avec le signe c, désignant le cube (Voy. p. 233, en note).

** Le produit d'un nombre par lui-même s'appelle le *carré* de ce nombre ; 36 est le carré de 6 (179).

Si l'on suppose que chaque côté de cette figure est un décimètre, l'ensemble de la figure représente un décimètre carré subdivisé en 100 centimètres carrés, quand chaque côté n'est subdivisé qu'en 10 centimètres. — Si l'on suppose que la figure représente un mètre carré, chaque petit carré

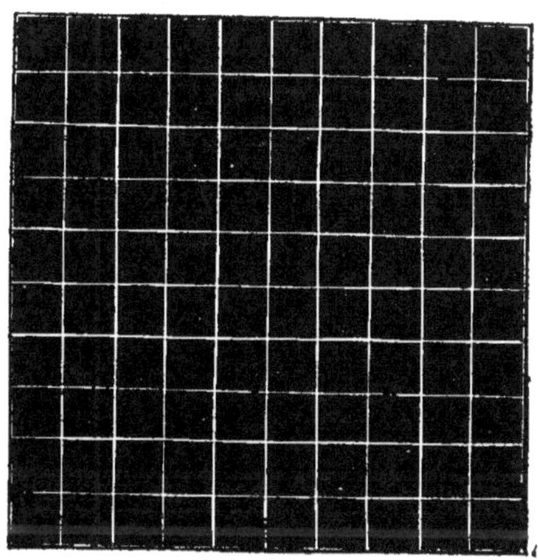

Fig. 3. — Subdivision du Mètre carré.

Demi-décimètre carré de grandeur naturelle. — Quatre semblables forment le Décimètre carré.

représentera un décimètre carré; si l'on suppose que la figure représente un décamètre carré, chaque petit carré représentera un mètre carré; et ainsi de suite.

Il résulte de là que chaque unité supérieure vaut 100 unités de l'ordre suivant, et n'est que la centième partie de l'ordre supérieur, c'est-à-dire que le décimètre carré est la centième partie du mètre carré; — que le centimètre carré est la centième partie du décimètre carré ou la dix-millième partie (100ᵉ de la 100ᵉ) d'un mètre carré; — que le mètre carré vaut la centième partie du décamètre carré; que le kilomètre carré vaut mille fois mille mètres carrés ($1\,000 \times 1\,000$) ou un million de kilomètres carrés; en un mot, que les subdivisions sont de 100 en 100, au lieu d'être de 10 en 10; d'où il résulte qu'il faut deux, quatre ou six chiffres décimaux pour exprimer les décimètres carrés, les centimètres carrés, les millimètres carrés.

C'est ce qu'il importe de ne pas ignorer pour savoir se rendre compte de la valeur relative des unités de surface, et pour savoir écrire et lire les nombres en formant ces espèces de mesures. Voici quelques exemples :

$9^{m\ ca},56$	lisez 9 mètres carrés,		56	décimètres carrés,
		ou	56	centièmes de mètre carré,
		et non	56	centimètres.
9 ,5	lisez 9 mètres carrés,		50	décimètres carrés,
		ou	5	dixièmes de mètre carré,
		et non	5	décimètres.
9 ,5672	lisez 9 mètres carrés,		5 672	centimètres carrés,
		ou	5 672	dix-millièmes de mètre carré,
		et non	5 672	dix-millimètres.
9 ,567	lisez 9 mètres carrés,		5 670	centimètres carrés,
		ou	567	millièmes de mètre carré,
		et non	567	millimètres.

Ainsi, pour exprimer un nombre donné d'unités de surface en autres unités multiples ou sous-multiples, il faut avancer ou reculer la virgule de *deux* rangs, mettre ou retrancher *deux* zéros sur la droite du nombre, là où il faudrait avancer ou reculer la virgule d'*un* rang, mettre ou retrancher *un* zéro, s'il s'agissait des unités de longueur.

Pour évaluer, par exemple, un nombre quelconque de mètres carrés en décimètres carrés, centimètres carrés, millimètres carrés, il faut reculer la virgule de la gauche vers la droite de deux, quatre et six rangs. Exemple :

$$9^{m\ ca},5\ 672 = 956^{dm\ ca},72 = 95\ 672\ \text{centimètres carrés.}$$

Arrêtons-nous ici pour insister sur la confusion souvent faite entre le *décimètre carré* et la *dixième partie* du mètre carré.

De ce que le *décimètre*, le *centimètre*, le *millimètre* sont le dixième (0,1), le centième (0,01), le millième (0,001) du mètre, beaucoup de personnes ne se rendent pas bien compte des choses, se figurant que le *décimètre carré*, le *centimètre carré*, le *millimètre carré* sont aussi la dixième, la centième partie du mètre carré, tandis qu'ils sont positivement la *centième* (0,01) et non la *dixième* (0,1); — la *dix-millième* (0,0001) et non la centième (0,01), la *millionième* (0,000 001) et non la millième (0,001) partie du mètre carré *.

§ 2. — MESURES DES TRÈS-GRANDES SURFACES.

Pour apprécier les grandes surfaces, celles des pays, par exemple, on prend pour unité le myriamètre carré Mm ca, et le kilomètre carré Km ca. Ce dernier est le plus usité.

Le Myriamètre carré vaut 100 kilomètres carrés.

Le Kilomètre carré vaut 1 000 000 mètres carrés

$$(1\,000 \times 1\,000).$$

Le Décamètre carré est l'unité des mesures agraires.

§ 3. — MESURES AGRAIRES.

Pour mesurer les surfaces des champs et des terrains en général, on a pris une unité plus grande que le mètre carré, le Décamètre carré, auquel on a donné le nom d'**Are** **, et qui représente une surface de terre de forme quelconque, mais équivalant à un *décamètre carré.*

Ce changement de noms permet d'employer la division de 10 en 10, au lieu de celle de 100 en 100 qui résulte de la nature des carrés $(10 \times 10 = 100)$.

Un seul multiple de l'are est usité, c'est l'HECTARE qui vaut 100 ares; — un seul sous-multiple est usité, c'est le CENTIARE qui vaut 1 centième d'are ou 1 mètre carré.

Ces mesures agraires, comparées au Mètre carré, donnent les résultats suivants :

	Signes.		Valeur.	
L'HECTARE	Ha =	100 ares	ou	10 000 m ca
L'ARE	1 =	1	ou	100 m ca
Le *déciare*	da =	0,1	ou	10 m ca
Le *centiare*	ca =	0,01	ou	1 m ca

* Une semblable confusion avait été faite par le gouvernement et la Chambre des députés, quelque temps après la révolution de Juillet, dans une loi de timbre, fixant la dimension des journaux.

** Du latin *area,* surface.

Donc, on peut évaluer les Ares et les Hectares en Mètres carrés, en reculant la virgule vers la droite de deux ou quatre rangs; — et réciproquement, on peut évaluer des mètres carrés en ares ou en hectares en avançant la virgule vers la gauche de deux ou quatre rangs. Exemple :

```
Ha            59,876  = m ca 598 760
 a            59,876  = m ca   5 987,6
m ca 3 245,33  = a            32,4 533
m ca 3 245,33  = Ha           0,324 533
```

§ 4. — Mesures réelles des surfaces.

C'est à l'aide des mesures de longueur qu'on évalue les surfaces en mesurant la largeur et la longueur et en les multipliant ensemble d'après des règles qu'indique la géométrie, et qui sont reproduites plus loin au chapitre XLIX, consacré aux problèmes sur les Poids et Mesures.

Pour mesurer les surfaces des champs, on emploie la chaîne d'arpenteur ou le Décamètre (Voy. plus haut, p. 226).

CHAPITRE XL

Mesures de volume ou de solidité. — Mesures pour les bois de chauffage et de charpente. — Mesures de capacité pour les liquides, les grains et les matières pulvérulentes.

§ 1er. — De l'unité de mesure de volume ou de solidité *.

L'unité de volume, c'est-à-dire le solide pris pour mesurer le volume des corps sur les trois dimensions (Longueur, Largeur, Épaisseur ou Profondeur), est un volume d'un mètre de long sur un mètre de large et un mètre de haut, appelé **Mètre cube.** C'est un dé cubique d'un mètre de côté, dont

---

* *Solide,* corps qui a les trois dimensions : Longueur, Largeur, Hauteur.

chacune des six faces a par conséquent un mètre carré, c'est-à-dire un mètre de long sur un mètre de large. On ajoute aux multiples et aux subdivisions du mètre cube la même désignation de *cube* et, par abréviation, c ou cu *. Les multiples et sous-multiples du mètre cube sont des multiples de 1 000, le nombre 1 000 étant le *cube* ** de 10 ou le produit de 10 par 10 et par 10 ($10 \times 10 \times 10$).

Cette division est conforme à la nature des volumes, ainsi que le prouve la figure 4, représentant un cube dans lequel,

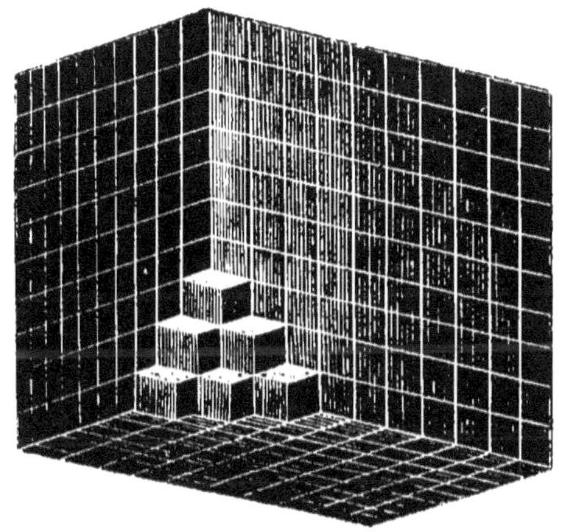

Fig. 4. — Subdivision du Mètre cube.

Si chaque côté de ce cube avait un mètre, chaque surface aurait un mètre carré subdivisé en 100 décimètres carrés, et le cube contiendrait 1000 décimètres cubes. — La même figure indique la subdivision du décimètre cube en 1000 centimètres cubes, etc.
(Voy. p. 245, *fig.* 11, la grandeur naturelle du centimètre cube.)

si chaque côté était divisé en 10 et les divisions continuées sur toutes les surfaces et dans l'intérieur du cube, le nombre des cubes obtenus s'élèverait à 1 000.

Si l'on suppose que chaque côté de cube (voir la page suivante) a un mètre, la figure entière représente un mètre cube, chaque petit carré indiqué sur les surfaces visibles re-

---

* Les uns mettent q pour le carré, et c pour le cube ; les autres, ca pour le carré, et cu pour le cube.

** On appelle *cube*, en arithmétique, le produit d'un nombre deux fois par lui-même (179).

présente un décimètre carré, et chacun de ces petits cubes indiqués représente un décimètre cube. — Si l'on suppose que chaque côté de ce cube a un décimètre, chaque petit carré des surfaces visibles représente un centimètre carré, et chacun des petits cubes représente un centimètre cube. — Si l'on suppose que chaque côté de ce cube a un décamètre, chaque carré représente un mètre carré, et chacun des petits cubes un mètre cube.

Il résulte de là que chaque unité supérieure vaut 1 000 unités de l'ordre suivant, et n'est que la *millième* partie de l'unité de l'ordre supérieur, c'est-à-dire que le décimètre cube est la millième partie (0,001) du mètre cube ; — que le centimètre cube est la millième partie du décimètre cube ou la *millionième* $(0,000\,001 = 0,001 \times 0,001)$ partie du mètre cube ; — que le décamètre cube vaut 1 000 mètres cubes, etc. ; en un mot, que les subdivisions sont de 1 000 en 1 000, au lieu d'être de 100 en 100 comme pour les surfaces, et de 10 en 10 comme pour les longueurs ; d'où il résulte encore qu'il faut 3, 6, 9, etc., chiffres décimaux pour exprimer des décimètres cubes, centimètres cubes, millimètres cubes, etc.

C'est ce qu'il importe de ne pas ignorer pour savoir se rendre compte de la valeur relative des unités de volume, et pour savoir écrire et lire les nombres exprimant ces espèces de mesures.

Voici quelques exemples :

9ᵐ ᶜᵘ,567	lisez 9 mètres cubes,	567	décimètres cubes,
		ou 567	millièmes de mètre cube,
		et non 567	millimètres.
9 ,56	lisez 9 mètres cubes,	560	décimètres cubes,
		ou 56	centièmes de mètre cube,
		et non 56	centimètres.
9 ,5	lisez 9 mètres cubes,	500	décimètres cubes,
		ou 5	dixièmes de mètre cube,
		et non 5	décimètres.
9 ,5672	lisez 9 mètres cubes,	567 200	centièmes de m. cube,
		ou 5 672	dix-millièmes de m. cube,
		et non 5 672	dix-millimètres.

Ainsi, pour exprimer un nombre donné d'unités simples de volume en autres unités multiples ou sous-multiples, il faut avancer ou reculer la virgule de *trois* rangs, mettre ou retrancher *trois* zéros, là où il faudrait avancer ou reculer la virgule d'*un* rang, mettre ou retrancher *un* zéro, s'il s'agissait des unités de longueur (p. 225); — là où il faudrait avancer ou reculer la virgule de deux rangs, mettre ou retrancher deux zéros, s'il s'agissait des unités de surface (p. 229).

Pour évaluer, par exemple, un nombre quelconque de mètres cubes en décimètres cubes et en centimètres cubes, il faut reculer la virgule de la gauche vers la droite de trois et de six rangs. Exemple :

$9^{m\ cu}$,5 672 font 9 567 décimètres cubes et 2 dixièmes ;
et 9 567 200 centimètres cubes.

Les multiples du mètre cube ne sont point usités, et parmi les sous-multiples il n'y a d'usités que les décimètres cubes et les centimètres cubes.

Ici, même remarque à faire que pour le mètre carré (p. 231), sur ce que le *décimètre cube*, le *centimètre cube*, le *millimètre cube* ne sont pas la dixième, la centième et la millième partie du mètre cube, mais la *millième* (0,001), la *millionième* (0,000 001), la *billionième* (0,000 000 001) partie du mètre cube, ainsi que cela a été expliqué page 233, à l'aide d'une figure.

C'est pour avoir ignoré ces différences que des confusions importantes ont été faites dans des marchés et des évaluations, et même dans des prescriptions légales.

Cette complication, il faut qu'on le remarque, tient à la nature des choses et ne provient nullement du système métrique. On la retrouve dans tous les systèmes de mesures ; le pied carré et le pied cube ne sont pas le sixième de la toise carrée ou cube, mais la trente-sixième (6×6) et la deux-cent-seizième ($6 \times 6 \times 6$) partie.

§ 2. — MESURES DES GROS VOLUMES.

Les gros volumes s'évaluent en mètres cubes, par milliers et millions de mètres cubes ; — les kilomètres, hectomètres et décamètres cubes ne sont pas usités.

Quand il s'agit de la contenance des navires ou de capacités analogues, le mètre cube prend le nom de **Tonneau***, T, valant 1 mètre cube, 1 000 litres ou 1 000 kilogrammes, comme nous l'indiquerons en parlant des poids.

§ 3. — MESURES DES BOIS DE CHAUFFAGE ET DE CHARPENTE.

Pour mesurer les bois de chauffage **, on se sert du **Stère** ***, s, volume de formes diverses, mais équivalant au *mètre cube*, et qui se subdivise en 10 *décistères*, de 10 *centistères*, valant eux-mêmes 10 *millistères* chacun. Ces divisions sont peu usitées.

Le seul multiple usité est le DÉCASTÈRE, Ds.

Ce changement de nom permet d'employer la division de 10 en 10, au lieu de celle de 1 000 en 1 000 qui résulte de la nature des cubes ($10 \times 10 \times 10 = 1\,000$).

Comme *mesures réelles* on emploie :

Le DÉCASTÈRE	valant 10 stères.
Le demi-DÉCASTÈRE	— 5
Le DOUBLE STÈRE	— 2
Le STÈRE	— 1
Le *Décistère*	— 0,1

Si, dans la figure 4 (p. 233), on suppose que chaque côté du cube *est égal à un mètre*, le volume représenté par la figure sera le stère, — le stère théorique, le stère aux trois dimensions égales.

Mais dans les chantiers et chez les marchands de bois, ces

---

* Nom qui n'est pas dans la loi, mais que l'usage a consacré.

**Le bois de chauffage se vend aussi au poids. Il en est de même des bois d'ébénisterie et de teinture.

*** Du grec στερεός (*stereos*), solide. — Deux Stères équivalent à peu près à l'ancienne *Voie* de Paris.

mesures que nous venons d'énoncer consistent en membrures ou appareils composés d'une sole ou pièce de bois appuyant sur le sol, sur laquelle sont fixés deux montants consolidés

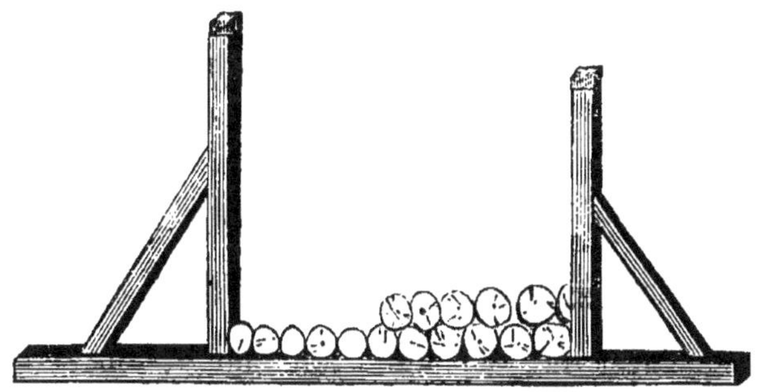

Fig. 5. — Appareil ou membrure pour mesurer les bois de chauffage en *Stères* ou mètres cubes. — (Composé de deux *montants* fixés sur une *sole*.)

par des contre-fiches comme dans la figure 5. — L'un des montants est divisé en décimètres et centimètres. Le point d'arrêt est indiqué par une rondelle en étain.

On comprend que les montants de ces membrures doivent être plus ou moins écartés et plus ou moins élevés, selon la longueur des bûches de bois.

La longueur de la sole, entre les montants, étant :

> De 3 mètres pour le demi-décastère,
>   2 mètres pour le double stère,
>   1 mètre pour le stère,

La hauteur des montants est :

Pour les bois coupés à 1 mètre de longueur :

> De 1 mètre pour le stère,
>   1 mètre pour le double stère,
>   1 mètre 667 millimètres pour le demi-décastère ;

et pour les bois de Paris coupés à 1 mètre 137 :

> De 88 centimètres pour le stère,
>   88 centimètres pour le double stère,
>   1 mètre 466 centimètres pour le demi-décastère.

En multipliant la longueur des bûches par celle de la sole, et le produit par la hauteur du montant, on trouve le volume des bûches *. C'est ce qu'indiquent les opérations suivantes :

$$
\begin{array}{r}
1 \text{ m. longueur de la bûche,} \\
\times\ 3 \text{ m. longueur de la sole,} \\
\hline
3 \\
\times\ 1,667 \text{ hauteur du montant.} \\
\hline
5,001 = 5 \text{ mètres cubes ou stères,} \\
\text{ou 1 demi-décastère.}
\end{array}
$$

$$
\begin{array}{r}
1^{m},137 \text{ longueur de la bûche de Paris,} \\
\times\ 3 \qquad \text{longueur de la sole du demi-décastère.} \\
\hline
3,411 \\
1,466 \\
\hline
20466 \\
20466 \\
13644 \\
3411 \\
\hline
5,000\ 526 = 5 \text{ mètres cubes ou stères,} \\
\text{ou 1 demi-décastère.}
\end{array}
$$

Pour l'appréciation des volumes des *bois de charpente*, on mesure la longueur, la largeur et la hauteur des pièces avec le Mètre cube ; le produit des trois dimensions indique le volume en mètres cubes et subdivisions du mètre cube, ou en stères et subdivisions du stère.

Le décistère ou dixième du mètre cube prend souvent le nom de *solive* **, et représente alors un morceau de bois de 2 mètres de long, équarri sur les deux surfaces. — Le stère vaut donc 10 solives.

Rapports du Stère avec le Mètre cube.

Puisque le Stère n'est autre que le Mètre cube sous un nom différent, la transformation des stères en mètres cubes se fait en changeant les noms ; le décistère, dixième partie du stère ou du mètre cube, correspond à 100 décimètres

---

* La géométrie apprend que, pour mesurer les volumes, il faut multiplier la longueur par l'épaisseur, et le produit des deux par la hauteur (voy. chap. XLIX).

** Solive nouvelle.

cubes, le centistère à 10 décimètres cubes, le millistère à 1.

Ainsi, dans : 56^s,3 = 56$^\text{m cu}$,3

Il faut lire : 56 stères, 3 décistères,
ou 3 dixièmes de stère ;
56 mètres cubes, 300 décimètres cubes,
ou 3 dixièmes de mètre cube.

§ 4. — MESURES DE CAPACITÉ POUR LES LIQUIDES, LES GRAINS ET LES MATIÈRES PULVÉRULENTES.

Pour mesurer les liquides* et les graines et diverses autres matières** divisées, on emploie des vases qui sont des multiples ou des sous-multiples du décimètre cube, auquel on a donné le nom de **Litre** ***, l, et qui est, par conséquent, une unité de capacité ayant un décimètre de longueur sur un décimètre de largeur et un décimètre de hauteur ($0,1 \times 0,1 \times 0,1 = 0,001$), et valant la *millième* partie du mètre cube (V. *fig.* 4, p. 233).

Le Litre se subdivise en multiples de 10 (comme le Mètre et l'Are), c'est-à-dire en 10 décilitres de 10 centilitres chacun. — Deux multiples seulement sont usités : le décalitre et l'hectolitre qui ont la valeur suivante :

L'HECTOLITRE	= 10 décalitres ou 100 litres.	
Le DÉCALITRE	=	10 —
Le LITRE	=	1 —
Le *décilitre* ****	=	0,1 ou 1/10 de litre,
Le *centilitre*	=	0,01 ou 1/100 de litre.

Le KILOLITRE est usité pour les évaluations des grandes capacités, sous le nom de Tonne ou Tonneau (Voy. p. 236).

Les nombres exprimant ces mesures s'écrivent et s'énon-

---

* Eau, vins, huiles, esprits, lait, liqueurs. — Les liquides chers se vendent au poids.

** Céréales, légumes, graines diverses, charbon de bois, de coke, pommes de terre, etc. — Les graines chères se vendent au poids. — Diverses matières pulvérulentes, telles que couleurs, médicaments, produits chimiques, se vendent aussi au poids.

*** Du nom de *litron*, ancienne mesure française.

**** Le décilitre contient à peu près un verre à boire ordinaire, et le centilitre à peu près un verre à liqueur.

cent comme les multiples et sous-multiples du Mètre (p. 225).

$598^{\text{hl}},76$ lisez 598 hectolitres,   76 litres,
             ou   76 centièmes d'Hectolitre ;
$598^{\text{Dl}},762$ lisez 598 décalitres,   762 centilitres,
             ou   762 millièmes de Décalitre.

Il est également facile, par le déplacement de la virgule, par la suppression ou l'addition des zéros, de transformer un

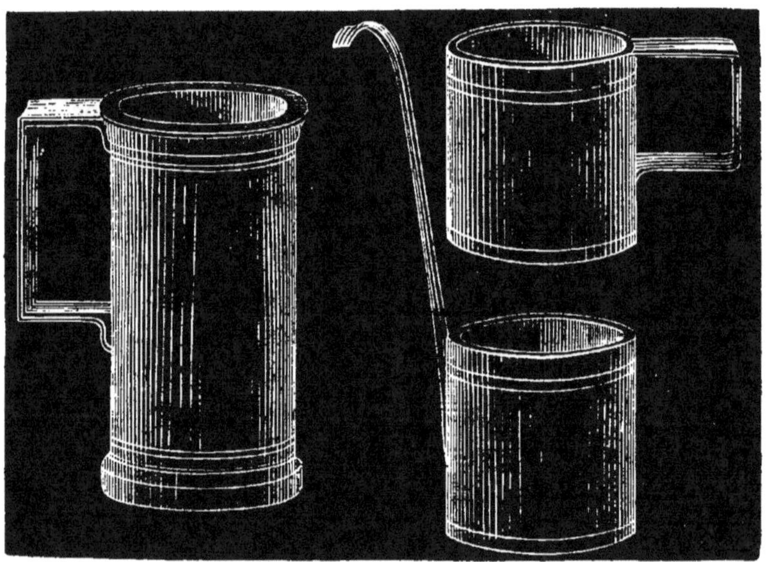

Fig. 6. — Forme du Litre, du Double litre et des autres mesures de capacité plus petites.
(Grandeur naturelle du centilitre.)

Fig. 7 et 8. — Forme des petites mesures de capacité pour l'Huile et le Lait.

nombre d'unités données en un nombre équivalent d'unités multiples ou sous-multiples.

$598^{\text{m}},76$ font   5987,6   décalitres,
         ou   59876   litres,
         ou 598760   décilitres.
598 litres font   5,98   hectolitres,
         ou   59,8   décalitres.

Rapport des mesures de Capacité avec le Mètre cube.

A l'aide d'un simple déplacement de la virgule et du zéro, on peut aussi transformer un nombre donné de mesures de

capacité en unités de volume, c'est-à-dire un nombre donné
de Litres, Décalitres ou Hectolitres, en Mètres cubes, Décimètres cubes, etc., et réciproquement.

En effet, le litre n'étant autre que le décimètre cube ou un
millième du mètre cube, on a les rapports suivants :

```
1 litre                   = m cu 0,001
1 décalitre ou   10 litres = m cu 0,01
1 Hectolitre ou 100   —    = m cu 0,1
1 Kilolitre ou 1 000   —   = m cu 1
```

Et réciproquement :

```
1 mètre cube = 1 000 litres,
        ou     100 décalitres,
        ou      10 Hectolitres,
        ou       1 Kilolitre, Tonne, ou Tonneau.
```

De sorte que, pour exprimer des Hectolitres, des Décalitres
et des Litres en Mètres cubes, il faut les écrire sous forme
de dixièmes, centièmes et millièmes de mètre cube, — et
que, pour écrire des Mètres cubes et des Décimètres cubes
sous forme de Litres, de Décalitres et d'Hectolitres, il faut
faire exprimer des litres aux millièmes de mètre cube, des
décalitres aux centièmes, des hectolitres aux dixièmes. — Le
Kilolitre (inusité) correspond exactement au mètre cube.

$$598^{lit},76 = 59^{m\ cu},876$$
$$598\ litres = 0\qquad,598$$

C'est là, nous l'avons déjà dit, un des grands avantages du
système métrique ; car une pareille opération, avec les anciennes mesures françaises ou avec la plupart des mesures
usitées dans les pays étrangers, nécessiterait des calculs assez longs.

§ 4. — MESURES RÉELLES DE CAPACITÉ.

La loi autorise en France *treize* mesures de capacité, formées de la moitié et du double des unités principales, c'est-
à-dire de 1 fois, 2 fois, 5 fois, 10 fois, 20 fois le litre, le déca-

litre ou l'hectolitre, ou de subdivisions dans le même système.
Ce sont :

L'*Hectolitre*.........	valant	100 litres.		
Le *Demi-Hectolitre*..	»	50 —		
Le *Double Décalitre*.	»	20 —		
Le *Décalitre*........	»	10 —		
Le *Demi-Décalitre* ..	»	5 —		
Le *Double litre*.....	»	2 —		
Le *Litre*.............	»	1 —		
Le *Demi-litre*........	»	5 décilitres	= 0,5 litres.	
Le *Double décilitre*..	»	2 —	= 0,2 —	
Le *Décilitre*.........	»	1 —	= 0,1 —	
Le *Demi-décilitre*....	»	5 centilitres	= 0,05 —	
Le *Double centilitre*.	»	2 —	= 0,02 —	
Le *Centilitre*........	»	1 —	= 0,01 —	

Ces diverses mesures sont toujours sous une forme cylindrique; mais les dimensions varient pour la commodité et pour d'autres considérations d'usage et d'habitude, suivant qu'elles sont destinées aux liquides ou aux matières sèches, telles que graines et autres. Toutefois, la loi a fixé le rapport entre la hauteur et le diamètre de chacune d'elles.

Les mesures pour les **liquides** se divisent en deux classes : les *grandes mesures*, de l'hectolitre au demi-décalitre; — les *petites mesures*, à partir du double litre, pour les liquides autres que le lait et l'huile; — les mêmes, pour le lait et l'huile.

Les *petites mesures*, au nombre de *huit*, ont une profondeur double de leur diamètre et sont en étain, pour les liquides autres que l'huile et le lait (V. *fig.* 6, p. 240). Voici leurs dimensions en millimètres (les règlements fixent aussi les poids) :

	Diamètre.	Profondeur.
Le *double litre*...........	108 1/2^{mm}	217^{mm}
Le *litre*................	86	172
Le *demi-litre*............	68 1/3	136 2/3
Le *double décilitre*.......	50	100 2/3
Le *décilitre*.............	40	80
Le *demi-décilitre*	32 2/3	63 1/3
Le *double centilitre*......	23 1/2	47
Le *centilitre*............	18 1/2	37

Lorsque ces mesures sont pour l'huile * et le lait, on les construit en cylindres de fer-blanc dont le diamètre égale la profondeur, et on y adapte des anses qui permettent de les plonger dans les vases (V. *fig.* 7 et 8, p. 240). Voici leurs noms et leurs dimensions en millimètres :

	Profondeur et diamètre.
Le *double litre*............	136 1/2^{mm}
Le *litre*....................	108 1/2
Le *demi-litre*..............	86
Le *double décilitre*.........	63 1/2
Le *décilitre*...............	50 1/3
Le *demi-décilitre*..........	40
Le *double centilitre*........	29 1/2
Le *centilitre*..............	23 1/2

Les cinq *grandes mesures* sont des cylindres dont la profondeur et le diamètre sont aussi égaux **, et qui peuvent être construites en tôle de fer, ou en cuivre, ou en fonte, étamées intérieurement et munies de deux anses pour les rendre plus maniables (V. *fig.* 9). Voici leurs noms et leurs dimensions en millimètres :

	Profondeur et diamètre.	
L'*hectolitre*	503	millimètres.
Le *demi-hectolitre*......	399 1/3	—
Le *double décalitre*.....	294	—
Le *décalitre*............	233 1/2	—
Le *demi-décalitre*.......	185 1/3	—

Les *futailles* en bois ou tonneaux contenant les liquides, et particulièrement les vins, les eaux-de-vie, les huiles, peuvent être construits de manière à correspondre au système métrique et avoir la capacité du kilolitre, du demi-kilolitre, du double hectolitre, de l'hectolitre et du demi-hectolitre, c'est-à-dire de 1,000, 500, 200, 100, 50 litres.

Pour les **matières sèches** (grains, etc.), les mesures réelles sont au nombre de *onze*, depuis l'hectolitre jusqu'au demi-

---

* Dans diverses localités, l'huile se vend au poids.

** En se rappelant ces conditions, on peut toujours vérifier si la mesure dont on se sert est exacte.

décilitre inclusivement. Elles sont ordinairement en bois de chêne ou autre, avec la partie supérieure doublée de tôle

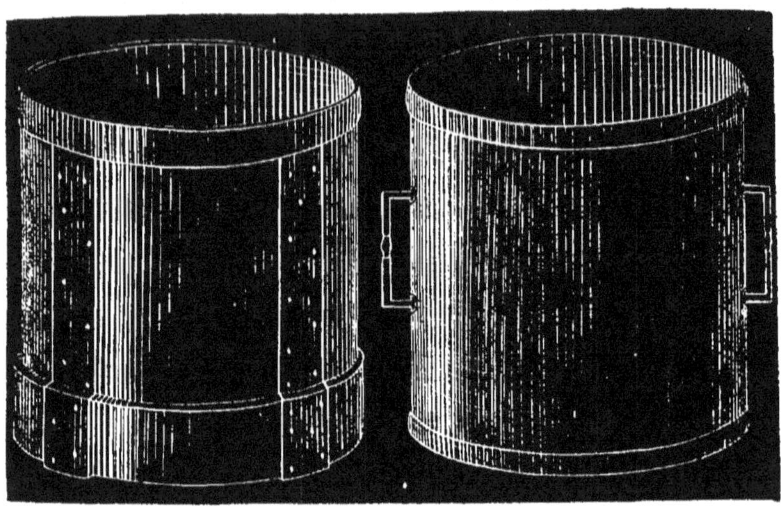

Fig. 9. — Forme des grandes mesures de capacité pour les grains.

Fig. 10. — Forme des grandes mesures de capacité pour les liquides.

rabattue pour en conserver la dimension (V. *fig.* 10). On peut aussi les construire en tôle ou en cuivre. Voici leurs noms et leurs dimensions :

	Diamètre et profondeur.
L'*Hectolitre*..........................	503^{mm}
Le *demi-hectolitre*...................	399 1/3
Le *double décalitre*.................	294
Le *décalitre*.......................	233 1/2
Le *demi-décalitre*..................	185 1/3
Le *double litre*....................	136 1/2
Le *litre*..........................	108 1/2
Le *demi-litre*.....................	86
Le *double décilitre*...............	63 1/2
Le *décilitre*......................	50 1/3
Le *demi-décilitre*.................	40

Plusieurs matières sèches se vendent aussi au poids.

Depuis quelques années, on a souvent fait ressortir les

avantages du procédé du pesage qui tend à se substituer à celui du mesurage des grains *.

CHAPITRE XLI

Poids. — Rapports des poids avec les mesures de volume et de capacité.

§ 1ᵉʳ. — DE L'UNITÉ DE MESURE DE POIDS, DES MULTIPLES ET SOUS-MULTIPLES.

On a pris pour unité de mesure des Poids le poids d'un *centimètre cube* ** *d'eau pure ou distillée* à son maximum de densité, c'est-à-dire à 4°,4, au-dessus du zéro du thermomètre centigrade ***, et on a donné à ce poids le nom de **Gramme** ****, g.

La figure 11 représente le volume d'eau, grandeur natu-

<table>
<tr><td>Fig. 11. — Centimètre cube d'eau pure à 4°,4 pesant 1 gramme, de grandeur naturelle.</td><td>Fig. 12. — Poids de 10 grammes en cuivre, de grandeur naturelle.</td><td>Fig. 13. — Poids de 1 gramme en cuivre, de grandeur naturelle.</td></tr>
</table>

relle, appelé centimètre cube, ayant 1 centimètre de côté et

---

* L'hectolitre de froment pèse environ 75 kilogrammes.

** 0ᵐ ᶜᵘ,000 001, c'est-à-dire un millionième du mètre cube (V. p. 234).

*** La physique constate qu'au-dessus et au-dessous de cette température, à peu de chose près, l'eau augmente de volume. — Ce poids a été exactement établi, en prenant les précautions convenables indiquées par la science.

**** De *gramma*, petit poids ou scrupule des anciens.

pesant 1 gramme, en supposant l'eau pure et à la température de 4°,4.

On a pris une si petite unité pour pouvoir évaluer les plus petites quantités possibles de métaux précieux et autres objets de valeur, de médicaments, de substances chimiques, etc.

Les multiples et sous-multiples du Gramme sont les mêmes que ceux du Mètre, et sont tous usités, à l'exception du myriagramme. On a ainsi :

	Signes.	Valeur.	
Le KILOgramme *	Kg =	1 000 grammes.	
L'HECTOgramme	Hg =	100 —	
Le DÉCAgramme	Dg =	10 —	
Le GRAMME	g =	1 —	
Le *déci*gramme	dg =	0 1	ou 1/10 de gramme.
Le *centi*gramme	cg =	0 01	ou 1/100 de gramme.
Le *milli*gramme	mg =	0 001	ou 1/1000 de gramme.

Les subdivisions et les multiples de ces mesures allant de 10 en 10, les nombres qui les représentent s'écrivent, s'énoncent sans peine, et se transforment les uns en les autres, comme pour le mètre, avec le maniement ordinaire de la virgule et du zéro (V. p. 222). Exemples :

59^{Kg},876 lisez 59 kilogrammes et 876 millièmes de kilogramme,
ou 876 grammes ;
     Correspondant à :
598^{Hg},76 lisez 598 hectogrammes et 76 centièmes d'hectogramme,
ou 76 grammes ;
     Correspondant encore à :
59 876 grammes.

§ 2. — POIDS USUELS **.

On construit, conformément à la loi, trois séries de poids usuels : les gros poids, les poids moyens et les petits poids.

---

* 1 kilogramme d'eau distillée correspond au décimètre cube ou millième (0,001) du mètre cube.

** Pour déterminer le poids des choses, pour peser, on se sert de la *balance* (à deux plateaux) sous diverses formes, — de la *romaine*, ou balance à un seul plateau avec poids au bout d'un levier, — de la *bascule* et du *peson*.

Les *gros poids*, au nombre de *cinq*, descendent de 50 kilogrammes au kilogramme. Ils sont en fonte et ont la forme d'une pyramide tronquée et aplatie, à angles arrondis ; ils

Fig. 14. — Forme des poids moyens de 1 kilogramme et au-dessous, en cuivre. (Grandeur naturelle de l'hectogr.) = 10 décagr. = 100 gr.

Fig. 15. — Forme des gros poids au-dessous de 20 kilogrammes, en fonte.

sont munis d'un anneau dans lequel on passe la main pour les soulever. Pour les poids de 50 à 20 kilogrammes, la pyramide est quadrangulaire ou à quatre faces ; pour les autres, elle est hexagonale ou à six faces.

Les *poids moyens*, au nombre de *neuf*, vont du kilogramme au gramme. Ils sont en cuivre jaune ou en laiton (cuivre et zinc), sous forme de cylindres surmontés d'un bouton, à l'aide duquel on les manie (V. *fig.* 12, 13 et 14). La hauteur du cylindre doit en égaler le diamètre, excepté pour le gramme et le double gramme, qui ont un diamètre plus grand que leur hauteur (V. *fig.* 13).

Les *petits poids*, au nombre de *dix*, vont du gramme au milligramme. Ils sont en cuivre ou en argent. — On leur donne la forme de petites plaques minces et carrées, dont un des bouts est relevé pour que l'on puisse les saisir.

Voici la série de ces divers poids :

Gros poids.	Valeur en kilogr.	Valeur en gr.
Les 50 kilogrammes......	50	50 000
Les 20 —	20	20 000
Les 10 —	10	10 000
Les 5 —	5	5 000
Les 2 —	2	2 000
Le kilogramme...........	1	1 000

Poids moyens.		
Le kilogramme...........	1	1 000
Le demi-kilogramme......	0,5	500
Le double hectogramme...	0,2	200
L'hectogramme..........	0,1	100
Le demi-hectogramme.....	0,05	50
Le double décagramme....	0,02	20
Le décagramme..........	0,01	10
Le demi-décagramme	0,005	5
Le double gramme........	0,002	2
Le gramme..............	0,001	1

Petits poids.		
Le gramme..............	0,001	1
Le demi-gramme.........	0,000 5	0,5
Le double décigramme.....	0,000 2	0,2
Le décigramme..........	0,000 1	0,1
Le demi-décigramme......	0,000 05	0,05
Le double centigramme...	0,000 02	0,02
Le centigramme.........	0,000 01	0,01
Le demi-centigramme.....	0,000 005	0,005
Le double milligramme....	0,000 000 2	0,002
Le milligramme.........	0,000 000 1	0,001

Le **Kilogramme** est devenu l'unité de poids pour les évaluations ordinaires des comestibles et autres choses usuelles, parce qu'il s'est trouvé correspondre à environ 2 unités
de l'ancien poids, à 2 *Livres*.

Les bijoutiers, les pharmaciens, les chimistes, etc., emploient pour les petites pesées le *gramme* et ses sous-multiples.

On subdivise le Kilogramme en 10 Hectogrammes de 10
Décagrammes de 10 Grammes chacun, ou bien en 10 Hectogrammes de 100 Grammes. — Les marchands omettent l'expression de grammes et on passe la division du décagramme,
de sorte que l'on a pour unités de poids le *Kilo*, se subdivisant
en 10 *Hectos* de 100 *grammes*.

Le *demi-kilogramme*, ou *demi-kilo*, de 500 grammes, est souvent pris pour unité, sous l'ancien nom de *livre* *, parce qu'il correspond, à peu de chose près, à l'ancienne livre.

La *livre* (métrique) ** pèse donc 500			grammes.	
La *demi-livre* ....,.	—	250	—	
Le *quart*..........	—	125	—	
Le *demi-quart* ...,	—	62,50	—	
L'*once* ***.........	—	31,25	—	
La *demi-once* .....,	—	15,63	—	

Pour les *poids considérables*, et quand il s'agit d'évaluer le chargement d'une voiture, d'un vaisseau, d'un wagon, etc., on emploie :

Le Tonneau, valant 1 000 kilogrammes ;

Le Quintal métrique ****, valant 100 kilogrammes.

§ 3. — RAPPORT DES POIDS AVEC LES MESURES DE VOLUMES ET DE CAPACITÉ.

La nature du gramme et de ses multiples permet de transformer les poids en mesures de volumes et en mesures de capacité, et réciproquement, au moyen de la virgule et du zéro.

En effet, puisque

Le gramme est la 0,000 001ᵉ partie du mètre cube d'eau distillée,
Le kilogramme est la 0,001ᵉ partie du mètre cube d'eau distillée,
1 mètre cube vaut 1 000 000 de grammes,
            ou 1 000 kilogrammes.
1 décimètre cube (1 000ᵉ partie du m cu) vaut 1 kilogramme.

Donc, le kilogramme correspond au décimètre cube : 1 000 kilogrammes correspondent au mètre cube, et récipro-

---

* Voy. dans une note finale, ce qui est dit dans un Coup d'œil historique.

** Cette livre, imposée par l'usage et reconnue par le décret de 1812 sous le nom de *livre usuelle*, n'est pas tout à fait la même que l'ancienne livre, qui ne correspondait pas exactement à la moitié du kilogramme. L'ancienne livre valait 489ᵍʳ,15 ; un décret de 1812 autorisa une livre usuelle de 500 grammes, ou de la moitié du kilogramme.

*** La livre vaut 16 onces ; l'once est donc 1/16 de 500 grammes, soit 31ᵍʳ,25.

**** On ajoute *métrique* quand on craint de confondre avec le quintal de l'ancien système, valant 100 livres.

quement ; — et l'on convertit : 1° les kilogrammes d'eau pure à 4°,4 en mètres cubes, en avançant la virgule de trois rangs vers la gauche ; 2° les mètres cubes d'eau pure en kilogrammes, en l'avançant de trois rangs vers la droite.

D'après les mêmes données, le kilogramme d'eau pure à 4 degrés correspond au litre, c'est-à-dire qu'un litre d'eau pure à 4°,4 pèse 1 kilogramme, et que 1 kilogramme d'eau pure a le volume de 1 litre. En effet, le litre n'étant autre que le décimètre cube,

$$\text{Le mètre cube} = 1\ 000 \text{ décimètres cubes,}$$
$$\text{ou } 1\ 000 \text{ litres,}$$
$$\text{ou } 1\ 000 \text{ kilogrammes.}$$

Donc, étant donné un certain nombre de décimètres cubes d'eau, il est facile de les transformer en litres ou en kilogrammes, ou en leurs multiples ou sous-multiples, et réciproquement.

Les Kilogrammes d'eau, représentant en volume des Litres ou Décimètres cubes, ou millièmes de mètre cube, un nombre quelconque de Mètres cubes vaut mille fois plus, s'il est exprimé en Litres ou en kilogrammes :

$$0^{\text{m cu}},059876 \text{ d'eau pure à } 4°,4 = 59^{\text{li}}\ ,876$$
$$— \qquad — \qquad = 59^{\text{Kg}}\ ,876$$
$$59\ 876^{\text{li}} \qquad — \qquad = 59^{\text{m cu}},876$$
$$59\ 876^{\text{Kg}} \qquad — \qquad = 59^{\text{m cu}},876$$

Le tableau suivant indique la valeur des unités de Capacité en Volumes et en Poids, et les unités de Poids en Volumes en mesures de Capacité pour l'eau.

	Valeur en mètres cubes.	Valeur en décimètres cubes.	Valeur en kilogrammes.
Kilolitre.........	1	1 000	1 000
Hectolitre.......	0,1	100	100
Décalitre........	0,01	10	10
Litre............	0,001	1	1
Décilitre........	0,000 1	0,1	0,1
Centilitre.......	0,000 01	0,01	0,01

	Valeur en mètres cubes.	Valeur en décimètres cubes.	Valeur en litres.
Kilogramme.....	0,001	1	1
Hectogramme....	0,000 1	0,1	0,1
Décagramme.....	0,000 01	0,01	0,01
Gramme.........	0,000 001	0,001	0,001
Décigramme.....	0,000 000 1	0,000 1	0,000 1
Centigramme....	0,000 000 01	0,000 01	0,000 01

A l'aide du chiffre de la *densité* du corps, on peut aussi déterminer le poids des corps en connaissant leur *volume;* on peut déterminer leur volume en connaissant leur poids. (Voy. ce qui est dit, chap. XLIII, en parlant des rapports des mesures métriques entre elles.)

Cette simplicité de rapports et cette facilité de conversion d'une catégorie d'unités en une autre catégorie est, nous le répétons, une des causes de l'immense supériorité du système métrique sur tous les autres systèmes de poids et mesures anciens ou modernes, et ne cessera de plaider en faveur de son adoption universelle.

Nous donnerons, dans le chapitre suivant, les rapports des pièces de monnaie avec les divers poids, et réciproquement.

CHAPITRE XLII

Monnaies. — Nature et Rôle de la monnaie. — Des différentes pièces de monnaie. — Du poids des pièces. — De la taille et de la tolérance. — De la valeur nominale et intrinsèque. — Rapport des pièces avec le mètre. — Valeur comparative de l'or et de l'argent. — Rapport légal. — Fabrication des monnaies.

§ 1. — NATURE, RÔLE ET TITRE DE LA MONNAIE.

Aussitôt que l'argent et l'or ont été connus, on les a recherchés à cause de leurs qualités : leur beauté pour la parure, leur grande valeur sous un petit volume, leur valeur relativement stable, etc. Ils sont devenus des marchandises intermédiaires facilitant les échanges sous forme de poudre, de lingots, de disques ou pièces. La valeur d'un poids déterminé de l'un ou de l'autre a été prise pour unité de valeur des produits et des services.

L'unité monétaire (ou l'unité de mesure pour les sommes de monnaie et pour les quantités d'autres valeurs) dans le système métrique d'abord adopté en France, est le **Franc.** — C'est le nom donné à la *valeur* d'une petite pièce ou petit disque formé de 4 grammes 1/2 d'argent alliés à 1/2 gramme de cuivre, soit 5 grammes à 9 dixièmes (0,9), ou 90 centièmes (0,90), ou 900 millièmes (0,900) de fin, c'est-à-dire contenant 1, ou 10, ou 100 parties de cuivre ou billon *; et 9, ou 90, ou 900 parties d'argent. Ces proportions indiquent la quantité de métal pur ou le degré de pureté, ou le *titre*.

Le cuivre ou *alliage* augmente la fermeté de l'argent, et fait que les pièces *frayent* ** ou s'usent moins.

Comme les petites pièces subdivisionnaires en argent n'eussent pas été maniables, on les a faites en métaux communs *** ; elles ne sont à proprement parler que des *signes représentatifs* n'ayant qu'une petite valeur intrinsèque (1/4 environ).

Ni l'usage ni la loi n'ont consacré, pour le *franc*, aucun des noms servant à désigner les multiples des autres mesures métriques. On dit : *dix* francs, *cent* francs, *mille* francs, *dix mille* francs, et non *décafranc*, *hectofranc*, *kilofranc*, *myriafranc*.

Pour les sous-multiples, ni l'usage ni la loi n'ont consacré les expressions de *décifranc*, *centifranc* et *millifranc*, pour

---

* L'expression *billon*, de l'espagnol *vellon* (cuivre), ne désignait anciennement que les pièces contenant une faible proportion d'or et une forte proportion d'argent, une faible proportion d'argent et une forte proportion de cuivre : on disait billon d'argent et billon de cuivre.

** L'usure des pièces est ce qu'on appelle le *frai*.

*** Cuivre ou bronze (cuivre et étain); dans quelques pays il y a eu et il y a encore de petites monnaies en cuivre jaune (cuivre et zinc).

les dixièmes (0,1), centièmes (0,01), et millièmes (0,001) de franc; mais ils ont consacré les dénominations de *décimes* et *centimes* inscrites sur la monnaie de cuivre, et adoptées dans le système métrique provisoire*.

<blockquote>
Le franc vaut donc 10 décimes ou 100 centimes;
Le décime vaut   10 centimes.
</blockquote>

Le centime est le plus usité dans les comptes. Les décimes sont généralement évalués en centimes, et les *millimes* sont négligés.

§ 2. — Des différentes pièces de monnaie; de leurs poids, taille et titre.

Les pièces de monnaie française sont en or, en argent et en bronze, dans la série 1, 2 et 5, sous-multiples de 10, comme suit :

EN OR : pièces de 100 fr.   EN ARGENT : pièces de 5 fr.

—	—	50 —	—	—	2 —	
—	—	20 —		—	1 —	
—	—	10 —	—	—	5 décimes ou 50 centimes.	
—	—	5 —	—	—	2 —	20 —

EN CUIVRE: pièces de 1 décime ou 10 centimes.

—	—	5
—	—	2
—	—	1 —

L'usage a conservé aux pièces de 5 et de 10 centimes les noms de *sou* et de *deux sous*.

Les pièces de 10 francs et de 5 francs en or sont de fabrication récente (1854, sous Napoléon III), depuis que l'or est devenu plus abondant, par suite de la découverte des gîtes aurifères de la Californie (1848) et de l'Australie (1852) ; — il en est de même de la pièce de 50 francs, qui remplace la pièce de 40 francs frappée depuis l'origine jusqu'à ce jour, et qui rentre dans la série 5, 2 et 1 ; — il en est de même de la

---

* Voir Un coup d'œil historique dans une note finale.

pièce de 100 francs, premier terme d'une série de coupures et complétée par les *billets de banque* *.

*Des poids des pièces de monnaie. — De la Taille, du Titre et de
la Tolérance.*

Comme le franc représente en argent monnayé un poids de 5 grammes d'argent, toutes les pièces d'argent constituent des poids en nombres ronds, à quelques millièmes près. (Voy. plus loin, ce qui est dit plus loin, sur la *tolérance*.)

Les pièces de cuivre sont frappées de manière à peser autant de grammes qu'elles représentent de centimes en valeur.

De sorte qu'avec les pièces d'argent et de cuivre non usées, et qui n'ont pas *frayé*, on peut former la série des poids suivants :

Poids.		Pièces de cuivre.	
1 gramme avec la pièce de -		1 centime.	
2 —	—	2 —	
5 —	—	5 —	—
10 —	—	10 —	
1 kilogramme avec 1 000 pièces de 1	—		
—	500 —	2 —	
—	200 —	5 —	
—	100 —	10 —	

Poids.		Pièces d'argent.	
1 gramme avec la pièce de 20	centimes.		
2 gr. 1/2 (2,50)	—	50 —	
5 grammes	—	100 —	1 franc.
10 —	—	200 —	2 —
25 —	—	500 —	5 —

---

* Une loi de 1832, sous Louis-Philippe, autorisait déjà la fabrication des pièces d'or de 100 francs et de 10 francs ; mais les pièces de 10 francs, qu'on jugea peu maniables, ne furent point fabriquées à cette époque, et l'émission de celles de 100 francs fut très-restreinte, comme elle l'a été depuis, la circulation ne paraissant alors pas les accepter. — Les pièces de 20 centimes en argent ont succédé aux pièces de 25 centimes qui ne rentraient pas dans la série 1, 2 et 5.

1 kilogramme avec 1 000 pièces de 20 centimes.

—	400	—	50	—
—	200	—	1 franc.
—	100	—	2 francs.
—	40	—	5	—

Le sac de 1 000 francs, ou 200 pièces de 5 francs, pèse 5 kilogrammes.

Dans les banques, dans les caisses publiques, et partout où l'on fait de forts payements, on supplée par le procédé du pesage au comptage des pièces, infiniment plus long.

Comme on a voulu que la valeur des pièces d'or fût en nombres ronds, c'est-à-dire qu'elle correspondît à un nombre rond de francs, les poids de ces pièces sont exprimés par des nombres fractionnaires décimaux, à cause de la différence de valeur entre l'or et l'argent. Ainsi :

			Grammes (poids exact).
La pièce de 100 francs pèse			32,258
—	50	—	16,129
—	20	—	6,451 61
—	10	—	3,226
—	5	—	1,613

Mais on peut obtenir :

1 kilogramme avec	31 pièces de 100 francs.
—	155	—	20	—
—	310	—	10	—
—	620	—	5	—

Le nombre qui indique la quantité de pièces que l'on peut fabriquer ou *tailler* avec l'unité du poids de métal monétaire est ce qu'on appelle la *Taille*. On dit que la taille des pièces d'or de 20 francs est de 155 ; que la taille des pièces d'argent de 5 francs est de 40, etc. ; c'est-à-dire, qu'on fait 155 pièces de 20 francs avec 1 kilogramme d'or monnayé, et 40 pièces de 5 francs avec 1 kilogramme d'argent monnayé.

Nous venons de dire ce qu'il faut entendre par le *Titre* des monnaies.

Nous venons d'indiquer le poids des pièces en alliage monétaire ; en en déduisant le dixième, on obtiendrait le poids de l'or ou de l'argent pur qu'elles contiennent, et dont la valeur constitue la *Valeur intrinsèque*, par rapport à la *Valeur nominale*. Nous donnons ci-après quelques explications sur ces deux valeurs.

Comme il est également impossible d'obtenir un alliage contenant exactement 900 parties de métal pur or ou argent, et 100 parties d'alliage ou de cuivre ; — comme il est également impossible de donner aux pièces d'or, d'argent et de cuivre le poids exact, la loi laisse, soit pour le poids, soit pour le titre, une latitude pour les erreurs en plus ou en moins, dite *Tolérance ; — tolérance de titre* ou *tolérance de poids.*

La *tolérance de titre*, soit en dessus, soit en dessous du titre absolu (exact ou *droit*), a été fixée à dix millièmes pour les espèces d'or et d'argent.

La *tolérance de poids* varie selon la nature des pièces, et en raison inverse de la valeur de celles-ci, comme l'indique le tableau suivant :

Pièces.	Poids exact en grammes.	Tolérance de poids en millièmes.
OR : 100 francs	32,258	1
50 —	16,129	2
20 —	6,452	2
10 —	3,226	2
5 —	1,613	3
ARGENT : 5 francs	25	3
2 —	10	5
1 —	5	5
50 centimes	2,50	7
20 —	1	10
CUIVRE : 10 centimes	10	10
5 —	5	10
2 —	2	15
1 —	1	15

§ 3. — VALEUR NUMÉRAIRE OU NOMINALE ET VALEUR INTRINSÈQUE DES MONNAIES. — MONNAIE DE CUIVRE OU DE BILLON.

Parlons d'abord de la valeur des monnaies d'or ou d'argent, qui sont les seules monnaies, à proprement parler.

La valeur *numéraire* ou *nominale* est celle qui est inscrite sur les pièces en *francs*.

La valeur *intrinsèque* est celle du poids réel d'or ou d'argent que les pièces contiennent.

Dans un bon système monétaire, la valeur numéraire est l'expression exacte de la valeur du poids de la matière intrinsèque (d'or ou d'argent pur). Ainsi, le mot *franc* indique la valeur de 5 grammes d'argent monnayé à 900 millièmes de fin (4 1/2 gr. d'argent pur), les mots *cinq francs* indiquent la valeur de 25 grammes d'argent monnayé à 900 millièmes (22 1/2 gr. d'argent pur), et ainsi des autres pièces.

Mais, à de certaines époques, les gouvernements, par subterfuge ou ignorance, ont inscrit sur les pièces une valeur nominale supérieure à la valeur intrinsèque, et, par conséquent, ils ont fabriqué de fausse monnaie (Voy. au paragraphe suivant ce qui est dit au sujet du rapport entre la valeur des deux métaux.)

Ce serait une utile innovation que l'inscription sur chaque pièce du Poids et du Titre, recommandée par les économistes, parce que le public aurait constamment sous les yeux les éléments de la valeur intrinsèque, qui est la vraie mesure des autres valeurs *.

L'oubli de cette valeur intrinsèque et les confusions résultant des noms indiquant la valeur numéraire ont été le point de départ des erreurs économiques les plus graves, telles que

---

* En 1792, le ministre des finances, Clavière, proposait de faire, en France, des pièces appelées une *once* d'or, une *once* d'argent ; — et une loi de thermidor an III, qui n'a pas été exécutée, prescrivait l'indication du poids et du titre que l'on commence à trouver sur les monnaies de quelques pays, sur celles de la Nouvelle-Grenade, par exemple. Plus tard, en l'an VI, il fut question de faire des pièces d'or du poids rond de 1 décagramme, qui, au rapport de 1 d'or contre 16 d'argent (Voy. p. 59), auraient valu 16 décagrammes d'argent ou 32 francs, et dont la valeur aurait varié comme la valeur de l'or. Il avait déjà été question, en l'an II, d'une pareille pièce, qui devait porter le nom de *franc d'or*. — Voy. la loi du 7 octobre 1792.

l'altération des monnaies, la fixation de prix maximum, les émissions de papier-monnaie, etc. *.

Les pièces de Billon d'or ou d'argent à bas titre (ou de bas aloi), les monnaies de bronze et les monnaies de cuivre, auxquelles on donne indifféremment les noms génériques de billon ou de cuivre (V. p. 256), ont une valeur numéraire très supérieure à leur valeur intrinsèque. Ce ne sont pas, à proprement parler, des *monnaies,* mais des *signes représentatifs* de la valeur des monnaies qu'elles indiquent. Le cuivre contenu dans la pièce de 10 centimes, par exemple, ne vaut pas, à beaucoup près, les dix centièmes ou la dixième partie du franc; et cette pièce est, pour la plus forte part, un signe représentatif, conventionnel ou arbitraire du dixième du franc.

Les monnaies de billon ou de cuivre sont donc, pour la plus forte part, des *signes métalliques* des valeurs indiquées, comme les billets de banque, les lettres de change, etc., sont des *signes en papier* pour la totalité de leur valeur.

Pour conserver à la monnaie de billon la confiance du public et éviter sa dépréciation, les gouvernements prennent deux précautions : ils limitent la fabrication de manière que la quantité des pièces ne dépasse pas les besoins de la circulation ; ils limitent également la proportion dans laquelle le créancier et le vendeur sont tenus de recevoir cette monnaie. Cette proportion est en France de 5 francs. Les caisses publiques ne donnent et ne reçoivent de cuivre que pour les sommes au-dessous de 50 centimes.

§ 4. — RAPPORT DES PIÈCES AVEC LE MÈTRE.

Les pièces ont des diamètres exprimés en nombres ronds de millimètres, comme suit :

---

* Voy. à ce sujet notre *Traité d'économie politique*, chapitre sur la MONNAIE.

	Pièces.	Diamètres.		Pièces.		Diamètres.	
OR :	100 francs	35 millim.	ARGENT :	5 francs	37	millim.	
	50 —	28 —		2 —	27	—	
	20 —	21 —		1 —	23	—	
	10 —	19 — *		50 centimes	18	—	
	5 —	17 —		20 —	15	—	

	Pièces.	Diamètres.	
CUIVRE :	10 centimes	30 millimètres.	
	5 —	25 —	
	2 —	20 —	
	1 —	15 —	

D'où il résulte que quelques-unes de ces pièces d'or, d'argent ou de cuivre ont sensiblement la même apparence quant au volume.

D'où il résulte encore que l'on peut obtenir la longueur du mètre en mettant bout à bout un certain nombre de pièces frappées avec la virole pleine, c'est-à-dire sans lettres ni cannelures.

20 pièces de 2 francs et 20 pièces de 1 franc en argent donnaient le mètre; car

$$20 \times 27^{mm} = 540^{mm}$$
$$20 \times 23 \ = 460$$
$$\overline{}$$
$$1000^{mm} \text{ ou 1 mètre.}$$

On obtenait le même résultat avec

34 pièces de 20 francs et 11 de 40 francs ** ;						
8 —	20	—	32 — 40	—		
16 —	5	—	14 — 2	—		
19 —	5	—	11 — 2	—		
20 —	2	—	20 — 1	—	etc.	

Mais, depuis 1830 les pièces sont frappées avec des lettres en relief ou avec des cannelures.

§ 5. — VALEUR COMPARATIVE DE L'OR ET DE L'ARGENT. — RAPPORT LÉGAL.

Les métaux précieux sont des marchandises dont la valeur varie, comme celle de toutes choses, selon les circonstances

---

* Il y a d'abord eu des pièces de 10 francs d'or d'un plus petit module (17 millimètres) qui ont été démonétisées. — On a cessé également de fabriquer des pièces de 5 francs d'un plus petit module.

** La pièce de 10 francs a 26 millimètres de diamètre.

de la production et du marché. Chacun des deux métaux étant plus ou moins rare, plus ou moins difficile et coûteux à extraire, et ayant des qualités et des usages qui lui sont propres, les valeurs de l'un et de l'autre varient d'une manière particulière selon l'offre et la demande.

Il résulte de la nature des choses qu'il est impossible de fixer pour un temps donné la valeur de l'un par rapport à l'autre; c'est cependant ce qu'on a cru pouvoir faire en établissant par une loi, dans la plupart des pays, un rapport dit *légal*.

En France, d'après une loi de l'an XI, ce rapport est de 15,5 contre 1, l'or étant pris pour unité; c'est-à-dire que la valeur de 1 kilogramme d'or a été fixée à $15^{kil},5$ d'argent, selon le cours du commerce. C'est en vertu de ce rapport que les pièces d'or ont été fabriquées aux poids indiqués plus haut, et que la valeur de $6^{gr},452$ d'or monnayé (allié à 0,1 de cuivre) a été fixée à 20 francs; car le rapport de 6,452 à 100 grammes, poids de la pièce 20 francs en or, est le même que celui de 1 à 15,5.

Or, ce rapport légal est le plus souvent nominal et fictif; en fait, les pièces de 20 francs ont cours tantôt pour plus, tantôt pour moins de 20 francs en argent; c'est-à-dire qu'on les échange pour 20 francs, plus ou moins une différence appelée *agio*. Avant la découverte des gîtes aurifères de la Californie (1848) et de l'Australie (1852), l'or était plus rare et plus cher; les pièces valaient un peu plus de 20 francs; souvent le fait contraire s'est produit depuis qu'une plus grande quantité d'or a été introduite dans la circulation.

De ce rapport se déduisent les égalités suivantes, qui le font bien comprendre et qu'il est bon de retenir :

15,50 kilog.	d'Argent monnayé	$=$ 1 kilog.	d'Or monnayé.
15,50 grammes	—	$=$ 1 gramme	—
1	— —	$= \dfrac{1000 \text{ g.}}{15,50}$	—
		$= 0^{g},06451$	—

$$1 \text{ kilogramme d'Argent monnayé} = \frac{1000 \text{ g.}}{5} = 200 \text{ fr.}$$

$$1 \ — \qquad — \qquad = 200 \text{ fr.} \times 15,50 = 3\,100 \text{ fr.}$$

$$= \frac{3100}{20} = 155 \text{ pièces de 20 fr.}$$

$$1 \text{ gramme} \qquad — \qquad = \frac{3100}{1000} = 3^{\text{fr}},10$$

$$0,06451 \qquad \text{d'Or monnayé} \quad = \quad 1 \text{ gramme d'argent monnayé.}$$

$$6,451 \qquad\qquad — \qquad = 100 \text{ francs de 5 gr.}$$

$$= \quad 20 \ — \quad \text{ou } \frac{100}{5}$$

En France, on a adopté les deux métaux comme bases ou étalons de la valeur*, et leur valeur réciproque s'est établie légalement par le rapport que nous venons d'indiquer. — Si l'un des deux métaux eût été seul pris pour métal monétaire, le cours des pièces fabriquées avec l'autre métal (en poids rond pour plus de commodité) aurait eu un cours légal mobile, soit le cours fixé par le commerce. Avec ce système on aurait évité la fiction du rapport légal qui favorise l'exportation des pièces de celui des deux métaux dont la valeur est mal appréciée, et qui met le créancier et le Gouvernement sous le coup d'une perte, dans le cas de la baisse de l'un des deux métaux ; car, en vertu du rapport légal, le débiteur peut toujours payer avec celui des deux métaux qui vaut le moins, et le Gouvernement répond de la valeur des pièces auxquelles la loi donne un prix fixe.

6. — Fabrication des monnaies.

Les fabriques ou hôtels des monnaies sont actuellement, en France (le plus important est celui de Paris), des entre-

---

* On a adopté l'or et l'argent, dans la plupart des pays, avec un rapport légal un peu différent de celui établi en France. En Angleterre, toutefois, on a adopté l'or seul dès le dix-huitième siècle, en faisant les monnaies d'argent d'un titre inférieur et ayant, dans une certaine proportion, le caractère des monnaies de billon ; la fabrication en est restreinte, et on n'en peut donner en payement au delà d'une livre sterling, ou 25 francs environ. — Voy. pour d'autres indications et notamment pour les *Monnaies subdivisionnaires,* une Note finale.

prises particulières dont les directeurs concessionnaires traitent avec le public qui s'adresse à eux pour faire transformer des lingots ou autres objets d'or et d'argent en pièces de monnaie.

La loi fixe le maximum des frais de fabrication, déchets compris, qu'on appelle la *retenue au change*. Cette retenue a été fixée, pour le kilogramme d'or, au titre de 900, à 6 fr. 70 c. à partir du 1ᵉʳ avril 1854, et pour les matières d'argent à 1 fr. 50 c. ou 3/4 pour cent (loi du 22 mai 1849).

Pour ces prix, la fabrication se fait dans les proportions suivantes :

Pour l'or :   200 pièces à 100 fr. =   20 000 fr.
               400   —   à 50 =   20 000
        36 250   —   à 20 =   725 000
        21 500   —   à 10 =   215 000
         4 000   —   à   5 =   20 000
                                   ──────────
                                  1 000 000

Pour l'argent : les   4 20ᵐᵉˢ en pièces de 2 fr.   =   10 000 fr.
                10   —   —   1   =   25 000
                 5   —   —   50 cent. =   12 500
                 1   —   —   20   =   2 500

Une Commission administrative est organisée pour surveiller et vérifier le titre et le poids des pièces livrées au public.

La fabrication des monnaies d'or et de la pièce d'argent de 5 francs est illimitée.

Comme nous l'avons dit (p. 257), et pour les raisons que nous avons données, le Gouvernement se réserve l'émission de la monnaie de cuivre.

Il se réserve également la fabrication des pièces sub-divisionnaires d'argent de 1 et 2 francs, de 20 et 50 centimes, parce qu'en imitation de ce qui s'est fait en Angleterre, elles ne sont plus qu'au titre de 0,835 (au lieu de 0,900), et qu'elles ont dans une certaine proportion le caractère de monnaies de billon. (Voy. une Note finale.)

CHAPITRE XLIII

Calcul des mesures métriques. — Rapport des mesures métriques entre elles et avec les mesures anciennes. — Tableau des multiples et sous-multiples des mesures métriques les plus usuels.

§ 1. — CALCUL DES MESURES MÉTRIQUES.

La numération ou formation des mesures métriques, on l'a vu par les exposés faits dans les chapitres précédents, n'est qu'une application de la numération décimale des nombres entiers et des fractions décimales.

Les quatre opérations arithmétiques fondamentales, c'est-à-dire les quatre Règles, pour des nombres exprimant des subdivisions métriques, sont absolument les mêmes que celles des fractions décimales, qui ne diffèrent des quatre règles des nombres entiers que par le maniement si simple de la virgule, surtout dans les trois premières règles.

Il en est de même de l'extraction des racines carrée et cubique.

L'exposé de ces diverses règles forme la première partie de tous les Traités d'arithmétique.

Il n'y a pas de comparaison à établir entre la facilité et la brièveté de ces opérations quand les nombres sont à subdivisions décimales, et la complication qu'elles présentent avec des nombres à subdivisions complexes (comme étaient celles des anciennes mesures françaises, comme sont celles des mesures dans les pays où le système décimal n'est pas adopté), et avec des nombres suivis de fractions ordinaires. Dans le premier cas, les calculs ne diffèrent pas de ceux des nombres entiers ; dans le second, ils nécessitent des séries d'opérations plus longues, plus compliquées, plus sujettes à erreur. (Voy. le livre VIII.)

Nous nous bornerons à rappeler :

Qu'un nombre fractionnaire décimal est multiplié par 10, 100, 1 000, etc., par l'avancement de la virgule de un, deux, trois, etc., rangs de la gauche vers la droite;

Qu'il est divisé par 10, 100, 1 000, etc., ce qui revient à dire qu'il est rendu 10 fois, 100 fois, 1 000 fois, etc., plus faible par l'avancement de la virgule de un, deux, trois, etc., rangs de la droite vers la gauche;

Qu'il change de nom sans changer de valeur, si l'on y ajoute ou si l'on en retranche un ou plusieurs zéros, ainsi que nous en avons donné de nombreux exemples, et notamment (p. 222 et 223) en exposant la nomenclature des mesures métriques;

Que, dans l'*Addition*, on sépare à la somme, par une virgule, autant de chiffres décimaux à droite qu'il y en a dans celui des deux nombres qui en contient le plus;

Que, dans la *Soustraction*, on sépare, à la droite de la différence, autant de chiffres décimaux qu'il y en a dans celui des deux nombres qui en contient le plus;

Que, dans la *Multiplication*, on sépare au produit, à droite, autant de chiffres décimaux qu'il y en a dans les deux facteurs;

Que, dans la *Division*, on fait disparaître la virgule du diviseur en opérant par le changement de la virgule ou par l'addition de zéros d'une manière analogue sur le dividende; — que l'on met une virgule au quotient dès que tous les chiffres du nombre entier sont descendus, et que l'on continue l'opération soit en descendant un chiffre décimal, soit en ajoutant un zéro.

Que toutes les fois que l'on supprime un ou plusieurs chiffres décimaux, on les néglige purement et simplement, si le premier de ces chiffres supprimés est plus petit que 5; — et qu'on augmente le dernier chiffre conservé de 1, si le premier des chiffres supprimés est égal à 5 ou plus fort que 5. — Ainsi :

$$645^{fr},2574 \text{ se réduisent à } 645^{fr},26^{c}$$
$$645^{kil},2574 \text{ se réduisent à } 645^{kil},257^{gr}.$$

La raison en est simple. En négligeant le 7 dans le premier cas, on fait une erreur de 7 dixièmes de centime en moins ; en mettant 1 centime de plus, on agit comme si, au lieu de 7, on avait 10, c'est-à-dire qu'on fait une erreur de 3 dixièmes en plus. Or, de deux erreurs, il vaut mieux faire la moindre. C'est ainsi que, dans le second cas, il vaut mieux négliger 4 dix-millièmes que de les considérer comme 10, ce qui reviendrait à mettre 6 dix-millièmes en plus. Quand le chiffre négligé est un 5, l'erreur en plus égale l'erreur en moins ; mais on est convenu de faire l'erreur en plus.

§ 2. — Rapport des mesures métriques entre elles.

Toutes les mesures métriques étant dérivées du *Mètre*, et les nombres qui les expriment étant composés de multiples et de sous-multiples décimaux, il en résulte naturellement entre elles des rapports décimaux d'une extrême simplicité, et la faculté :

1° D'exprimer les unités d'une série en unités quelconques de la même série ; par exemple, les *Mètres* en *Kilomètres*, — les *Mètres* en *Centimètres;* — les *Hectares* en *Ares;* — les *Litres* en *Hectolitres;* — les *Kilogrammes* en *Hectogrammes* et en *Grammes*, etc., et réciproquement ;

2° De convertir, pour ainsi dire à vue d'œil (en mettant une virgule, en la supprimant, ou en la changeant de place, — en ajoutant ou en retranchant des zéros), les Unités de Surface et de Volume d'une catégorie en unités d'une autre catégorie, les mesures agraires en mesures de surface ordinaire (*Ares* et *Hectares* en *Mètres carrés*), et réciproquement ; — les mesures de Capacité en mesures de Volume (*Litres, Hectolitres*, etc., en *Mètres cubes*), et réciproquement ; — les Poids pour l'eau (et pour toute espèce de corps liquide ou solide, à l'aide du chiffre de sa densité *) en mesures de Vo-

---

* Les chiffres de densité que l'on trouve dans les traités de physique, de chimie, et quelquefois dans ceux de mécanique, de technologie, etc., expriment les rapports entre les poids des corps et celui de l'eau pris pour

lume ou de Capacité (*Kilogrammes* en *Litres* ou en *Mètres cubes*), et réciproquement ; — les *Monnaies* elles-mêmes en *grammes*, et réciproquement.[**].

Les deux tableaux qui suivent montrent synoptiquement ces transformations.

Sous ce rapport, aucun système de poids et mesures n'est comparable à celui-là.

---

unité. Exemple : le chiffre de la densité de l'or monnayé étant exprimé par le nombre 17,285, cela veut dire : que 1 volume d'or pèse 17 fois et 285 millièmes de fois plus que le même volume d'eau distillée à 4°,4 ; ou bien que le litre d'eau pesant 1 kilogramme, le litre ou le décimètre cube d'or pèse 17,285 fois plus : ou encore que le mètre cube d'eau pesant 1 000 kilogrammes, le mètre cube d'or pèse 17 285 kilogrammes.

[**] Voy. pour la conversion des Hectares, Ares, etc., en mètres carrés et réciproquement, p. 232 ; — des Stères en mètres cubes, décimètres cubes et réciproquement, p. 238 ; — des Hectolitres, Litres, etc., en mètres cubes, décimètres cubes et réciproquement, p. 241 ; — des Kilogrammes, etc., en mètres cubes et décimètres cubes et réciproquement, — des Kilogrammes, etc., en litres, décilitres, etc., et réciproquement, p. 249 ; — pour le rapport des Monnaies aux Poids et réciproquement, p. 252 ; — des Monnaies au Mètre, p. 258.

TABLEAU INDIQUANT

la transformation des mesures métriques de Surface, de Volume et de Poids en mètres carrés (mq) et en mètres cubes (mc).

	MYRIA.	KILO.	HECTO.	DÉCA.	UNITÉ.	DÉCI.	CENTI.	MILLI.	DIX-MILLI.
ARE	1 Kmq. mq. 1000000	10 Hmq. mq. 100000	1 Hmq. mq. 10000	10 Dmq. mq. 1000	1 Dmq. mq. 100	mq. 10	mq. 1	10 dmq. mq. 0,1	1 dmq. mq. 0,01
STÈRE.	10 Dmc. mc. 10000	1 Dmc. mc. 1000	1 Dmc. mc. 100	mc. 10	mc. 1	100 dmc. mc. 0,1	10 dmc. mc. 0,01	1 dmc. mc. 0,001	100 cmc. mc. 0,0001
LITRE.	10 mc.	1 mc.	100 dmc. mc. 0,1	10 dmc. mc. 0,01	1 dmc. mc. 0,001	100 cmc. mc. 0,0001	10 cmc. mc. 0,00001	1 cmc. 0,000001	100 mmc. mc. 0,0000001
GRAMME.	10 dmc. mc. 0,01	1 dmc. mc. 0,001	100 cmc. mc. 0,0001	10 cmc. mc.0,00001	1 cmc. mc.0,000001	100 mmc. mc.0,0000001	10 mmc. mc.0,00000001	1 mmc. mc.0,000000001	}d'eau distillée.

Ces conversions, d'une extrême importance dans les arts, le commerce et la vie usuelle, facilitent extrêmement toutes les opérations de mesurage, d'arpentage, de toisé, toutes les opérations relatives aux dimensions des corps, au volume des solides, à la capacité des vases, bassins et contenances de toute espèce, au poids des corps soit liquides, soit solides *.

Or, toutes ces opérations nécessitent, avec les mesures qui ne sont ni métriques, ni décimales, l'emploi de rapports nombreux, difficiles à retenir, et donnent lieu à des calculs longs et embarrassants **.

Pour les rapports des mesures métriques avec les anciennes mesures et les mesures dites usuelles, voyez la fin du Livre suivant, chap. L.

§ 3. — TABLEAU DES MULTIPLES ET SOUS-MULTIPLES DES MESURES MÉTRIQUES LES PLUS USUELS.

L'usage n'a pas adopté toute la nomenclature décimale des mesures nouvelles ; voici un tableau des multiples et sous-multiples qu'il a consacrés soit comme mesures de compte, soit comme mesures réelles.

MESURES DE LONGUEUR.

	Mesures de compte.	Mesures réelles.
Mesures itinéraires et géographiques,	le MYRIAmètre. le KILomètre. l'HECTomètre.	
Mesure d'arpentage,	le DÉCAmètre.	Le *Décamètre*, le double de la demi-*chaîne* des arpenteurs.

---

* Voir les Traités d'arpentage. — On trouve les formules pour mesurer les différentes surfaces et les différents volumes dans les ouvrages de géométrie élémentaire. Nous les avons reproduites dans ce *Traité d'arithmétique*, chap. LIV.

** Le lecteur aura la preuve de ces mentions en étudiant le Livre suivant.

	Mesures de compte.	Mesures réelles.
Mesures usuelles,	le MÈTRE, le double et le demi. le DÉCIMÈTRE, le double et le demi. le CENTIMÈTRE. le MILLIMÈTRE.	Le *Décimètre*, le double et le demi.

SURFACES.

	Mesures de compte.	Mesures réelles.
Grandes mesures de surface,	le KILOMÈTRE carré.	Se mesurent avec les précédentes.
Mesures usuelles,	MÈTRE carré. DÉCIMÈTRE carré. CENTIMÈTRE carré.	— — —
Mesures agraires,	l'HECTARE. l'ARE. le CENTIARE (m. q.)	— — —

VOLUMES.

	Mesures de compte.	Mesures réelles.
Mesures de gros volume,	le Kilomètre cube (sous le nom de *Tonneau*).	Se mesurent avec le Mètre.
Mesures usuelles,	le MÈTRE cube. le DÉCIMÈTRE cube. le CENTIMÈTRE cube.	— — —
Mesures des bois de chauffage et de charpente,	le DÉCASTÈRE. le STÈRE (m. cube). le DÉCISTÈRE	Le *Décastère.* Le *Stère*, le double, le demi. Le *Décistère.*

VOLUMES, CAPACITÉS.

	Mesures de compte.	Mesures réelles.
Mesures de grosse capa-	le KILOLITRE (kilom. cub.) (sous le nom de *Tonneau*).	
Mesures usuelles des liquides, grains, etc.	l'HECTOLITRE. le DÉCALITRE, le LITRE. le DÉCILITRE.	L'*Hectolitre*, le demi. Le *Décalitre*, le double, le demi. Le *Litre*, le double, le demi. Le *Décilitre*, le double, le demi.
	Le CENTILITRE.	Le *Centilitre*, le

	Mesures de compte.	Mesures réelles.
	POIDS.	
Gros poids,	les 1 000 Kilogrammes (sous le nom de *Tonneau*). les 100 Kilogrammes (sous le nom de *Quintal*). le Kilogramme *.	Les 50, les 20, les 10, les 5 kilogrammes.
Poids moyens,	le demi-Kilogramme (sous le nom de *Livre*). l'Hectogramme.	Le *Kilogramme*, le double, le demi. L'*Hectogramme*, le double, le demi. Le *Décagramme*, le double, le demi.
Petits poids,	le Gramme.	Le *Gramme*, le double, le demi. Le *Décigramme*, le double, le demi. Le *Centigramme*, le double, le demi. Le *Milligramme*, le double.

	MONNAIES.	
	Monnaies de compte.	Monnaies réelles.
Grosses et petites sommes.	Le Franc.	Le *Franc*, pièces de 100, 50, 40, 20, 10, 5, 2, 1, 1/2, 1/5.
	Le Décifranc (sous le nom de *Décime*).	Le *Décime*.
	Le Centifranc (sous le nom de *Centime*).	Le *Centime*, pièces de 10, 5, 2, 1.

' On dit usuellement Kilos et Hectos, sans ajouter le mot gramme.

CHAPITRE XLIV

Mesures qui ne dérivent pas du mètre malgré leur appellation. — Mesure du Temps. — Division du Cercle.

Il y a plusieurs instruments dont le nom pourrait faire supposer qu'ils ont rapport avec le Mètre, mais qui ne dérivent pas de cette unité fondamentale et ne font pas partie des mesures métriques proprement dites, c'est-à-dire des mesures les plus usuelles composant le système métrique ; ce sont :

Les *Thermomètres* et les *Pyromètres*, instruments pour mesurer, pour apprécier la chaleur ; — le *Baromètre*, instrument qui indique la pression de l'atmosphère, et par induction le temps qu'il fera ; — les *Aréomètres* ou *Pèse-liqueurs*, instruments pour apprécier la densité des liquides ; — les *Manomètres* et les *Dynamomètres,* etc., instruments pour mesurer la force de la vapeur ; — les *Hygromètres*, instruments pour mesurer l'humidité de l'air, etc., pour tous ces instruments construits d'après diverses données naturelles, on a adopté de préférence les divisions décimales.

Sur le Thermomètre dit de *Réaumur*, l'espace compris entre le point 0, où le liquide s'arrête à la température de l'eau se congelant, et celui où il s'arrête au moment de l'eau en ébullition, est partagé en 80 degrés, tandis qu'il est partagé en 100 degrés dans le thermomètre dit *centigrade*.

Dans le *Baromètre*, l'échelle, anciennement divisée en pouces et lignes, est divisée en centimètres et millimètres ; de sorte que les variations de la colonne de mercure, dues à la pression de l'air sur la surface de la colonne de ce métal, s'effectuent généralement entre le 26° et le 29° pouce ou entre le 70° et le 78° centimètre.

N. B. Pour d'autres détails sur ces instruments, voir les Traités de physique.

Le Temps écoulé s'apprécie, ou se mesure, par *années, mois* et *jours* correspondant aux phases de la Terre et de la Lune. L'indication de la durée de ces phases et de leurs subdivisions constitue le *calendrier* qui ne peut avoir aucun rapport avec le mètre.

Lors de la réforme du système des poids et mesures en France, la Convention voulut remplacer le calendrier usité par un nouveau calendrier ayant des subdivisions et des dénominations plus rationnelles, et entre autres la division décimale du jour et de l'heure, Mais ce calendrier dit *français* ou *républicain* ne fut maintenu que jusqu'à 1806, et cette division décimale du jour et de l'heure ne reçut aucune exécution. (Voir une Note finale sur le calendrier.)

A cette époque on crut aussi pouvoir améliorer la division de la Circonférence du cercle par le système décimal.

Au lieu de :

La circonférence valant.. , ...	360° degrés
Le quart. . . . . , ...	90° degrés
Le degré.	60′ minutes
La minute . . . . , ... , ...	60″ secondes
La seconde.	60‴ tierces

on fit :

La circonférence de. . . . . , ...	400°
Le quart.	100°
Le degré.	100′
La minute de . . . . , ...	100″, etc.

La reconstitution des tables logarithmiques et trigonométriques d'après cette base fut confiée aux soins de M. de Prony, qui parvint à les faire calculer en quelques années, grâce à la division du travail qu'il sut établir avec des escouades de calculateurs.

Mais cette grosse besogne n'était pas finie que les astronomes et les calculateurs renonçaient à la division centésimale par cette grosse raison que le nombre 90, ayant plus de diviseurs que 100, est plus commode pour les calculs à cause de sa divisibilité par 9.

* LIVRE VIII

ANCIENNES MESURES ET CALCULS DES NOMBRES COMPLEXES.

RAPPORTS DES ANCIENNES MESURES AVEC LES NOUVELLES, ET RÉCIPROQUEMENT.

Nomenclature des anciennes mesures en France. — Mesures dites usuelles
ou transitoires, postérieures au système métrique, employées de 1812 à
1840. — Parallèle entre l'ancien et le nouveau système. — Des nombres
complexes. — Addition et soustraction des nombres complexes. — Multiplication des nombres complexes. — Division des nombres complexes. —
— Conversion des subdivisions complexes en fractions ordinaires, et réciproquement. — Comparaison des mesures usuelles avec les mesures métriques et les anciennes, et réciproquement. — Comparaison des mesures
anciennes avec les nouvelles, et réciproquement. — Tableau de rapports.
— Des mesures étrangères.

Sous la dénomination d'ANCIENNES MESURES, on a confondu
souvent, même dans les livres, les *anciennes mesures* proprement dites antérieures au système métrique et les mesures
dites *usuelles* ou *transitoires* tolérées de 1812 à 1840.
Bien que ces diverses mesures soient actuellement remplacées par le Système métrique, qu'elles ne soient point reconnues devant les tribunaux ; comme leurs dénominations,
leurs dimensions et leurs subdivisions sont encore dans les
esprits ; comme elles servent dans beaucoup d'appréciations;
comme, d'ailleurs, les calculs qu'elles nécessitent sont une
application des calculs des fractions, un excellent exercice
et une préparation pour le calcul des poids, mesures et
monnaies des pays qui n'ont point encore adopté le système
métrique, — nous allons en donner la nomenclature et exposer en détail les quatre règles des nombres complexes
auxquelles elles donnent lieu.

---

* Peut être passé dans une Première étude.

Cette nomenclature, quoique complète, ne comprend que les mesures de Paris, qui étaient le plus généralement répandues en France, mais qui n'étaient pas, à beaucoup près, les seules usitées ; il faudrait faire un volume, maintenant inutile au point devueusuel, pour relever toutes les mesures provinciales et locales, — et cela dans tous les pays de l'Europe.

CHAPITRE XLV

Nomenclature des anciennes mesures, (y compris les mesures dites usuelles ou transitoires) et comparaison avec les nouvelles.

§ 1ᵉʳ. — NOMENCLATURE DES ANCIENNES MESURES PROPREMENT DITES.

Mesures linéaires.

Les longueurs s'évaluaient en *toises*, en *aunes*, en *pas*, en *lieues*, en *milles*, etc.

La *Toise* T * (= m 1,949...), remplacée par le Mètre et employée pour les travaux de construction, d'art, etc., valait 6 *Pieds* P ; le Pied, 12 *Pouces* p ; le Pouce, 12 *Lignes* l ; la Ligne, 12 *Points* pᵗ.

Trois toises font la *Perche* de Paris qui n'était point employée comme mesure de longueur.

L'*Aune* a (= m 1,188....), remplacée par le Mètre et employée pour mesurer les draps, les toiles et les tissus en général, se subdivisait en fractions dont le dénominateur était toujours 2 ou 3, ou une puissance de 2, ou bien encore une puissance de 2 avec le facteur 3, c'est-à-dire en *demies*, en *tiers*, en *quarts*, en *sixièmes*, en *huitièmes*, en *douzièmes*, en *seizièmes*, en *vingt-quatrièmes*, en *trente-deuxièmes*, etc.

---

* Nous indiquons tout de suite le signe et la valeur en mesures nouvelles correspondantes. — Se reporter au livre précédent pour la définition des mesures nouvelles.

L'aune vaut 3 pieds 7 pouces 10 lignes 10 points, ou 6322 points ; la toise vaut 10368 points. Donc, la toise = 10368 : 6322 = a 1,640, et l'aune = 6322 : 10368 = т 0,60976.

Le *Pas* est une mesure de longueur souvent employée dans les évaluations approximatives ; il y en a de trois sortes, le *pas ordinaire*, le *pas géométrique* ou *brasse* et le *pas militaire*.

Le pas ordinaire vaut 2 1/2 pieds.
La brasse........... 5   —
Le pas militaire...... 2   —

Mesures géographiques et itinéraires.

La *Circonférence* se divise en 360 parties égales que l'on appelle *degrés* ° ; le degré se divise en 60 *minutes* ' ; la minute, en 60 *secondes* " ; la seconde, en 60 tierces ''' ; la tierce, en 60 *quartes* '''' ; etc. Cette manière de subdiviser la circonférence a prévalu sur la subdivision centésimale de la circonférence en 400 *degrés* ᵈ, de 100 *minutes* ᵐ, de 100 *secondes* ˢ chacune, etc. (p. 227), parce que le nombre 360, qui admet plus de diviseurs que 40ɔ (115), est plus commode dans les calculs astronomiques et géographiques.

La longueur calculée de la circonférence de la terre, prise comme base des principales grandes mesures de longueur, est de 20522960 toises. Donc, la distance du pôle à l'équateur, c'est-à-dire le quart de la circonférence de la terre ou 90 degrés terrestres valent 20522960 : 4 = 5130740 toises, et un degré terrestre vaut 5130740 : 90 = 57008 2/9 ou 57008ᵀ,2222...

La *Lieue terrestre* ou *commune* ʟ т (= Km 4,4444...), remplacée par le Kilomètre, et employée pour évaluer les distances d'un pays à un autre et les autres grandes distances, est la 25° partie du degré terrestre. Elle n'a pas de subdivision spéciale ; on dit qu'elle est de 25 au degré.

$$1 \text{ ʟ т} = \text{т } \frac{57008,2222}{25} = \text{т } 2280,328888, \text{ etc.}$$

La circonférence de la terre vaut donc $360 \times 25 = 9000$ lieues terrestres.

La *Lieue marine* L M a. ($=$ Km 5,5555...), remplacée par le Kilomètre et employée pour évaluer les distances maritimes, est la 20e partie du degré terrestre. Elle n'a pas de subdivision spéciale ; on dit qu'elle est de 20 au degré.

$$1 \text{ L M} = \text{T a.} \ \frac{57008,2?22}{20} = \text{T } 2850,411111, \text{ etc.}$$

La *Lieue moyenne* L M ($=$ Km 5), la *Lieue de poste* L P ($=$ Km 3,898...) et le *Mille* M ($=$ Km 1,949...), remplacés par le Kilomètre, sont, comme la lieue terrestre, des mesures *itinéraires* terrestres :

> La lieue moyenne vaut   2566 toises.
> La lieue de poste......   2000   —
> Le mille...............   1000   —

Mesures de superficie.

Les Surfaces de peu d'étendue s'évaluaient en *toises carrées* et en *aunes carrées ;* les grandes surfaces, en *lieues carrées* (lieues terrestres) ; les surfaces agraires, en *arpents* et en *perches*.

La *Toise carrée* T Q ($=$ m q 3,7987436...), remplacée par le Mètre carré, est une surface qui a 6 pieds de long sur 6 pieds de large ; elle vaut donc 36 pieds carrés P q (6×6). Le pied carré vaut 144 pouces carrés p q (12×12) ; le pouce carré vaut 144 lignes carrées l q ; la ligne carrée vaut 144 points carrés p^t q ; car, en supposant l'un des côtés du carré long d'une toise, on voit qu'il contient 36 carrés d'un pied de côté, et qu'un carré analogue de 1 pied de côté avec 12 divisions donnerait 144 pouces, etc.

Dans le *Toisé*, on divise la toise en 6 *toises-pieds* T-P ; la toise-pied en 12 *toises-pouces* T-p ; la toise-pouce en 12 *toises-lignes* T-l ; la toise-ligne en 12 *toises-points* T-p′ ; c'est-à-dire en rectangles ou carrés longs, qui ont tous une toise de long et dont la largeur est 1 pied, 1 pouce, 1 ligne ou 1 point.

L'*Aune carrée* a q (= m q 1,1884461...), remplacée par le Mètre carré, est une surface qui a 1 aune de long sur 1 aune de large ; elle se subdivise, comme l'aune simple, en demies, en tiers, en quarts, en sixièmes, en huitièmes, en douzièmes, en seizièmes, en vingt-quatrièmes, en trente-deuxièmes, en quarante-huitièmes, en soixante-quatrièmes, etc.

Une aune à *trois quarts*, à *cinq huit*, à *sept huit*, etc., est une surface qui a 1 aune de long sur 3/4, 5/8 ou 7/8, etc. d'aune de large.

Un sixième d'aune à 5/8 est une surface qui a 1/6 d'aune de long sur 5/8 d'aune de large. Une aune carrée vaut 1 aune à 8/8 ou 8 aunes à 1/8 ; 1 aune à 4/4 ou 4 aunes à 1/4, etc.

La *Lieue carrée* (lieue terrestre) L q (=M m q 0,19753086..), remplacée par le Myriamètre carré, est une grande surface qui a 1 lieue de long sur 1 lieue de large. On ne se sert pas de la *lieue marine* carrée ni de la *lieue de poste* carrée.

Mesures agraires.

Nous venons de dire que les surfaces de terrains s'évaluaient, dans presque toute la France, en *arpents* et en *perches*.

La *Perche* P est de deux espèces : la *perche* dite de *Paris* et la perche usitée dans l'administration des eaux et forêts.

La *Perche de Paris* PP (= a 0,3418869...), remplacée par l'Are, est une surface dont chaque côté a 18 pieds. Elle vaut 18 × 18 ou 324 pieds carrés.

La *perche (eaux et forêts)* P (*ef*) (= a 0,510719...), remplacée aussi par l'Are, est une surface de 22 pieds de côté. Elle vaut 22 × 22 ou 484 pieds carrés.

L'*Arpent* A vaut 100 perches ; il est aussi de deux espèces, l'arpent de Paris et l'arpent (eaux et forêts).

L'*Arpent de Paris* AP (= H a 0,3418869...), remplacé par l'Hectare, est une surface de 180 pieds de côté ou de 32400 pieds carrés.

L'arpent (eaux et forêts) A (*ef*) (= Ha 0,510719...), remplacé aussi par l'Hectare, est une surface de 220 pieds de côté ou de 48400 pieds carrés.

Mesures de volume et de capacité.

Les volumes s'évaluaient en *Toises cubes, pieds cubes,* etc.; les bois de charpente et de construction en *Toises-toises-pieds* et quelquefois en *Solives;* les bois de chauffage, surtout à Paris, en *Cordes* (eaux et forêts) et en *Voies;* les matières sè-ches qu'on mesure, telles que les blés et les légumes, étaient évaluées en *Setiers,* en *Boisseaux* et en *Litrons;* les liquides qui ne se pèsent pas, et surtout les vins, étaient évalués en *Muids* et en *Pintes,* et les eaux-de-vie, les esprits et certaines qualités de vins, en *Veltes.*

La *Toise cube* T c (= m c 7,403890343...), remplacée par le Mètre cube, est un volume qui a 6 pieds dans ses trois dimen-sions, c'est-à-dire 6 pieds de profondeur, 6 pieds de longueur et 6 pieds de largeur. Elle vaut 216 pieds cubes P c ($6 \times 6 \times 6$); le pied cube vaut 1728 pouces cubes p c ($12 \times 12 \times 12$); le pouce cube, 1728 lignes cubes l c, et la ligne cube 1728 points cubes p^t c.

Mesures de charpente.

Dans le toisé des bois de charpente et de construction, on divise aussi la toise cube en 6 *toises-toises-pieds* T-T-P. La toise-toise-pied vaut 12 *toises-toises-pouces* T-T-p; la toise-toise-pouce vaut 12 toises-toises lignes T-T-l; la toise-toise-ligne vaut 12 toises-toises-points T-T-p^t. Toutes ces subdivisions sont des solides qui ont une toise carrée de base ou 36 pieds carrés et dont la hauteur est 1 pied, 1 pouce, 1 ligne ou 1 point.

La *Solive* s (= m c 0,1028318...), remplacée par le Mètre cube, a 144 pouces de long (2 toises), 6 de large et 6 de haut : elle contient donc $144 \times 6 \times 6 = 5184$ pouces cubes. Bien que ses dimensions soient souvent variables, elle équivaut toujours à cette quantité fixe de pouces cubes.

La toise cube vaut 72 solives ; en effet, la toise cube contient $72 \times 72 \times 72$ ou 5184 pouces cubes $\times 72$.

Mesures des bois de chauffage.

La *Corde* c $(= s\ 3,83905...)$, remplacée par le Stère, est un parallélipipède rectangle haut de 4 pieds et dont la base a 3 P 1/2 de long sur 8 de large ; elle vaut donc $3\ 1/2 \times 8 \times 4 = 112$ pieds cubes. Les tas de bois sont facilement évalués en corde ; car les bûches ont 3 1/2 pieds, et en prenant 4 pieds de haut et 8 dans le sens de la couche (longueur du tas), on a 112 pieds cubes ou 1 corde.

La Corde vaut 2 *Voies* v ; donc une voie vaut 56 pieds cubes $(3\ 1/2 \times 4 \times 4 = 1,9195...)$ stère.

Mesures de capacité.

Matières sèches. — Le *Setier* s $(= Hl\ 1,56099..)$, remplacé par l'Hectolitre, vaut 12 *Boisseaux* b ; le Boisseau vaut 16 *Litrons* l ; il existe des litrons de différentes grandeurs.

On suppose assez ordinairement, mais à tort, que le litron contient 36 pouces cubes. D'après cette évaluation, le setier équivaudrait à 12 boisseaux $\times$ 16 litrons $\times$ 36 pouces cubes $= 4 \times 12 \times 12 \times 12 = 4$ pieds cubes. Cependant, dans la comparaison des mesures anciennes avec les nouvelles, on fait usage d'un litron de $40^{pc},98625...$ C'est la base qui a été adoptée lors de l'établissement du système des nouvelles mesures ; et c'est avec raison que M. Reynaud a fait observer que l'on a commis une erreur dans plusieurs ouvrages en supposant le litron de 36 pouces.

Le setier dont nous venons de parler n'était pas employé pour mesurer l'avoine ; le setier d'avoine vaut exactement le double, et se subdivise en 24 boisseaux.

Dans diverses localités, l'unité de mesure était le *Muid*, formé de 12 *Setiers*. Dans d'autres, le *Muid* se subdivisait en 24 *Mines* de 2 *Minots* chacune.

Voici le tableau de toutes les subdivisions du Muid, dont la contenance variait aussi selon les localités :

Muid.		Setiers.		Mines.		Minots.		Boisseaux.		Litrons.
1	=	12	=	24	=	48	=	144	=	2304
		1	=	2	=	4	=	12	=	192
				1	=	2	=	6	=	96
						1	=	3	=	48
								1	=	16

Liquides. — Le *Muid* de Paris ᴍ (= Hl 2,682196...), remplacé par l'Hectolitre, vaut 36 *Veltes* ᴡ ; — la Velte vaut 8 *Pintes* p ; — et la Pinte, 2 *Chopines* c.

Il existe des pintes de différentes grandeurs. On suppose assez généralement, quoique à tort, que la pinte équivaut à 48 pouces cubes ; de sorte que le muid de vin équivaudrait à 288 fois 48 pouces cubes $= 8 \times 12 \times 12 \times 12 = 8$ pieds cubes = un cube de 2 pieds de côté ; cependant, la base dont on est parti pour la conversion des anciennes mesures en nouvelles, est pour la pinte 46,95 pouces cubes. Toutefois, on compte la velte comme valant 8 pintes de 48 pouces chacune, ce qui donne le rapport au litre 7,61 au lieu de 7,45 qu'on déduit de celui que nous donnons.

Poids.

Les poids étaient évalués en *Livres* (poids), en *Onces*, etc. Cette livre est dite quelquefois *poids de marc* (à cause de sa subdivision en Marcs). La livre et l'once sont employées pour les substances ordinaires ; le *Gros* et le *Grain* pour les matières délicates, et le *Quintal* pour les matières abondantes et lourdes.

La *livre poids* l p ou ℔ (= Kg 0,48951..), remplacée par le Kilogramme, vaut 2 *Marcs* m ; le marc, 8 *Onces* o ; l'once, 8 *Gros* g ou *Drachmes* d des pharmaciens ; le gros, 3 *Deniers* dʳ ou *Scrupules* s des pharmaciens ; le denier, 24 *Grains* gʳ.

Le plus souvent, on ne subdivisait pas la livre en marcs et les gros en deniers, et l'on faisait la livre égale à 16 onces, — l'once égale à 8 gros — et le gros égal à 72 grains. Ce système de subdivision était plus particulièrement adopté pour la Livre usuelle ; le précédent était plus usité chez les pharmaciens.

A été également en usage une livre de 12 onces. Cette subdivision remonte à Charlemagne *.

100 livres font un *Quintal* q (ancien), comme 100 kilogrammes font un quintal métrique q m. — Le *Millier* vaut 1,000 livres. — L'ancien tonneau vaut 2 000 livres poids.

Monnaies.

On comptait avant la réforme métrique, en *Livres*, en *Sous* et en *Deniers*.

La *Livre tournois*, ¹ ou = (= 1',0125), monnaie imaginaire remplacée par le Franc, se subdivisait en 20 *Sous* s ; le Sou en 12 *Deniers* d, et aussi en 4 *Liards* l.

La livre (monnaie) valait primitivement une livre d'argent en poids ; des expériences très exactes ont fait voir que sa valeur à la fin du dernier siècle n'était plus que de 83,675936 grains d'argent fin, et l'on a estimé que 80 francs valent 81 livres ; toutefois, on n'a pas tardé à prendre indifféremment la livre pour le franc et le franc pour la livre.

Les anciennes pièces d'or et d'argent étaient naguère encore en circulation ; nous allons les rappeler. Les monnaies d'or étaient les Louis de 24¹ et le double louis de 48. Les monnaies d'argent étaient les Écus de 6¹ et de 3¹, et les pièces de 30 sous ou 1¹ 1/2 et de 15 sous ou 0¹ 3/4. Le système était complété par des pièces de 6 sous, de 12 sous, de 24 sous, qui, après avoir été réduites à 5 sous, 10 sous et 20 sous, ont été depuis plusieurs années supprimées et converties en pièces du nouveau système. Les monnaies d'or et celles d'argent contenaient 11/12 de métal pur. Le titre pur de l'or était de 24 *carats ;* le carat se divisant en 32 parties. Sur 22 carats ou 22/24 de pur, les monnaies d'or renfermaient 1/24 de cui-

---

* Voir d'autres détails dans une Note finale.

vre et 1/24 d'argent : on pensait les rendre plus dures au moyen de ces mélanges. Le titre pur des monnaies d'argent était de 12 *deniers*, le denier valait 24 grains ; le 1/12 d'alliage était en cuivre.

La plupart des pièces de cuivre anciennes ont été en circulation jusqu'au règne de Napoléon III ; ce sont le *gros sou* ou la pièce de *deux sous*, le *sou ordinaire* et la pièce de *deux liards*. Beaucoup de petites pièces fort différentes circulaient aussi avec la valeur d'un liard, à Paris et dans plusieurs autres villes. (Voy. d'autres détails sur les monnaies anciennes aux Notes finales.)

§ 2. — ANCIENNES MESURES DITES USUELLES OU TRANSITOIRES POSTÉRIEURES A L'ÉTABLISSEMENT DU SYSTÈME MÉTRIQUE, EMPLOYÉES DE 1812 A 1840.

Comme on s'habituait difficilement aux mesures métriques, à cause de la subdivision décimale et à cause de la nouveauté des noms, et comme l'ignorance du public favorisait les abus et la fraude sur les poids, l'administration imagina, vers la fin du premier empire, de tolérer l'usage d'un système bâtard de poids et mesures, qui n'a servi qu'à introduire un élément de confusion de plus dans les esprits.

Ce sont ces mesures, dites d'abord *usuelles* et *transitoires*, que l'on désigne actuellement sous la dénomination des mesures anciennes, et qu'il ne faut pas confondre avec les anciennes mesures proprement dites exposées dans le paragraphe précédent.

L'idée de ce système consistait à donner les noms anciens à des mesures qui n'étaient pas tout à fait les mesures anciennes, mais des mesures sensiblement égales et dont la valeur en mesures métriques était exprimée en nombres ronds.

Au reste, le décret disait positivement que ces mesures étaient *simplement tolérées*, et cette tolérance n'était accordée que pour le commerce de détail et les petites transactions, car il était positivement spécifié que tous les plans, devis, écrits, marchés, factures, prix courants, livres, devraient contenir l'énonciation des quantités en mesures légales.

Mesures de Longueur.

Le décret de 1812 permettait l'usage d'une *Toise*, valant exactement 2 mètres au lieu de 1^m,949, et subdivisée en 6 pieds, de 12 pouces, etc.

L'*Aune* valait exactement 12 décimètres au lieu 1^m,188.

Ces mesures devaient porter d'un côté l'ancienne division, et de l'autre la division métrique.

Il n'était rien changé aux mesures itinéraires, mais l'usage a introduit une Lieue de 4 Km, tandis que l'ancienne lieue était de 4^{km},44, la lieue moyenne de 5^{km}, et la lieue de poste de 3^{km},898.

Mesures de Superficie.

La Toise et le Pied carrés et l'Aune carrée, subissaient une modification analogue. La Toise carrée valait 4 mètres carrés exactement; l'Aune carrée, 144 décimètres carrés.

Il n'était rien changé aux mesures agraires.

Mesures de Volume et de Capacité.

La valeur de la Toise et du Pied cubes subissait un changement correspondant à celui du Mètre. La Toise cube valait 8 mètres cubes exactement.

Pour la vente en détail du vin, de l'eau-de-vie, des autres boissons ou liqueurs et du lait, le législateur de 1812 permettait l'usage des mesures de 1/4, 1/8, 1/16 du *Litre*.

Pour la vente en détail des graines et autres matières sèches, il permettait l'usage des mesures de 1/8, 1/4, 1/16, 1/32 d'hectolitre, sous les noms de *Boisseau*, double boisseau, demi et quart de boisseau *.

---

* Les marchands ont ensuite donné le nom de *boisseau* au *décalitre* ou 1/10 d'hectolitre.

Pour la vente en détail des graines, grenailles, farines, légumes secs ou verts, le *Litre* pouvait aussi se diviser en demies, quarts et huitièmes.

Toutes ces mesures devaient porter avec leur nom indicatif leur rapport avec le litre ou l'hectolitre.

Poids.

Le décret de 1812 permettait l'usage d'une *Livre* de 500 grammes exactement (un demi-kilogramme) au lieu de 489^{gr},505, et des poids de une demie, un quart et un demi-quart de livre, de une *Once*, une demi-once, un quart d'once ou deux gros, et de un gros.

Le décret de 1812 a donc augmenté la confusion, en donnant une autre valeur sous la même appellation, non seulement pour les mesures que nous venons de citer, mais pour toutes les autres non nommées dans le décret de 1812 : telles que les divers *Pas*, les diverses *Lieues*, les *Milles*, les Lieues carrées, les mesures agraires, les mesures de bois de chauffage et de charpente, les mesures de capacité autres que le boisseau, etc.

Il ne parlait pas de la *monnaie*, l'usage du Franc, du décime et du centime s'étant généralisé, soit sous ces noms nouveaux, soit sous les noms anciens de Livre (synonyme de franc), de Deux Sous (décime), de Sou (cinq centimes).

§ 3. — PARALLÈLE ENTRE L'ANCIEN ET LE NOUVEAU SYSTÈME.

Dans l'ancien système, les diverses mesures n'ont aucune liaison entre elles ; dans le nouveau, elles en ont une très facile à saisir. — Dans l'ancien système, la toise a une longueur arbitraire ; dans le nouveau, le mètre, base fondamentale, a un rapport direct avec la grandeur de la terre, et sa valeur pourra être vérifiée dans tous les temps et dans tous les lieux. — Dans l'ancien système, il y a plusieurs mesures de longueur, de surface, de volume, de capacité ; dans le nouveau, il y en a une seule. — Dans l'ancien système, les subdivisions sont tantôt en 6, 12, 12 (longueur); tantôt en 16, 8, 72 (poids); en 20, 12 (monnaies); en 36, 144 (carrés); en 216, 1728 (cubes), etc. ; dans le nouveau, elles sont de 10 en 10, de 100 en 100, de 1000 en 1000. — Dans l'ancien système, il faut avoir recours au calcul prolixe, long et fastidieux des nombres complexes; dans le nouveau, les quatre règles sur les nombres entiers suffisent.

Nous venons de parler des relations des mesures entre elles ; il faut faire des multiplications et des divisions assez longues pour transformer les mesures de capacité et les poids en toises cubes, et réciproquement ; un changement de virgule ou de signe suffit dans le nouveau système.

L'ancien système était tout au plus susceptible de se généraliser en France ; le nouveau tend à devenir universel.

Enfin, l'emploi définitif du nouveau système aura fait disparaître la confusion résultant de l'emploi simultané pour les diverses appréciations des mesures anciennes proprement dites et des mesures dites usuelles.

CHAPITRE XLVI

Des Nombres complexes. — Addition et Soustraction des nombres complexes.

§ 1er. — Des nombres complexes.

On désigne en général sous le nom de **nombres complexes** des nombres concrets composés de deux ou plusieurs parties, composées elles-mêmes d'unités de grandeurs différentes, mais dont les plus petites sont des subdivisions des plus grandes. Ainsi, 15 sous, 4 deniers, 25 francs, 20 centimes, 25 aunes, 3/4 d'aune, pris séparément, ne sont que des nombres concrets; mais 15 sous et 4 deniers, 25 francs et 20 centimes, 25 aunes et 3/4, sont des nombres complexes, c'est-à-dire formés d'Entiers et de Subdivisions.

Les unités des mesures nouvelles dont nous avons parlé dans le livre précédent forment des nombres complexes quand elles sont réunies à une ou plusieurs de leurs subdivisions ; mais comme ces subdivisions sont décimales, nous avons vu qu'elles donnent lieu à des calculs qui ne diffèrent en rien de ceux des nombres entiers. Ce chapitre sera donc exclusivement consacré aux calculs des nombres complexes proprement dits, c'est-à-dire aux opérations des nombres exprimant des quantités d'anciennes mesures.

Les calculs des nombres complexes sont prolixes et peu susceptibles, quelle que soit l'habileté de l'opérateur, de la rapidité qu'on peut mettre dans l'exécution des calculs des nombres décimaux.

Ils ne présentent du reste aucune difficulté sérieuse, quand on sait faire les opérations des fractions ordinaires par le système des parties aliquotes. En effet, 6 livres 4 onces et 2 gros, veulent dire 6^l 4/16 ou 1/4 de livre, plus 2/8 ou 1/4 d'once ; 19 sous 8 deniers veulent dire 19/20 de la livre, plus 2/3 du vingtième, etc.

Comme plusieurs nations n'ont pas encore adopté pour leurs mesures et leurs monnaies le système des subdivisions décimales, *il est indispensable, pour toute personne qui se destine aux affaires, de s'exercer au calcul des nombres complexes.*

Nous allons employer dans les exemples qui suivent les anciennes mesures françaises servant de type aux opérations qu'on peut faire avec toutes les mesures étrangères [*]. Les professeurs varieront les exemples selon les pays.

Les calculateurs qui veulent éviter les confusions, éprouvent le besoin de bien indiquer chaque espèce d'unité.

---

[*] Voy. le chap. LI.

§ 2. — ADDITION DES NOMBRES COMPLEXES.

Voici la *règle générale* tirée de la définition et des principes de l'addition.

On écrit les nombres proposés les uns au-dessous des autres, afin que les unités de même grandeur se trouvent dans la même colonne verticale. On fait la somme des plus petites unités, et on l'écrit telle quelle, si elle ne renferme pas assez d'unités pour faire une unité supérieure ; — on met un zéro si elle en renferme assez pour faire exactement une ou plusieurs unités supérieures ; — si elle renferme des unités supérieures et des unités de l'ordre de celles qu'on ajoute, on pose l'excédant de ces unités supérieures qu'on retient afin de les ajouter avec leurs semblables, pour lesquelles on opère encore de la même manière, et ainsi de suite.

I

$$
\begin{array}{rcccccccc}
478^{l} & - & 9^{s} & - & 11^{d} & - & 3/4 & 18 & \\
1368 & - & 7 & - & 7 & - & 1/2 & 12 & \\
442 & - & 11 & - & 8 & - & 2/3 & 16 & 24 \\
93 & - & 8 & - & 1 & - & 1/8 & 3 & \\
7 & - & 4 & - & 8 & - & 5/12 & 10 & \\
\hline
2390^{l} & - & 2^{s} & - & 1^{d} & - & 11/24 & 59 & 2 \\
& & & & & & & 48 & \\
& & & & & & & \overline{11} & \\
\end{array}
$$

Somme des fractions : $59/24 = 59 : 24 = 2^{d} + 11/24$
—   deniers : $37 = 37 : 12 = 3^{s} + 1^{d}$
—   sous : $42 = 42 : 20 = 2^{l} + 2^{s}$

II

$$
\begin{array}{rcccccc}
415^{l} & - & 7^{o} & - & 7^{g} & - & 37^{gr} \\
127 & - & 8 & - & 0 & - & 56 \\
413 & - & 9 & - & 1 & - & 12 \\
226 & - & 7 & - & 8 & - & 8 \\
\hline
1183^{l} & - & 1^{o} & - & 1^{g} & - & 41^{gr} \\
\end{array}
$$

Somme des grains : $113 = 113 : 72 = 1^{g} + 41^{g}$
—   gros : $17 = 17 : 8 = 2^{o} + 1^{g}$
—   onces : $33 = 33 : 16 = 2^{l} + 1^{o}$

S'il y avait avec les nombres complexes des nombres fractionnaires décimaux ou fractionnaires sous forme ordinaire, on opérerait d'une manière analogue à celle qui a été indiquée plus haut (143 *bis*).

§ 3. — SOUSTRACTION DES NOMBRES COMPLEXES.

Voici la *règle générale* tirée de la définition et des principes de la soustraction.

On écrit les nombres proposés les uns au-dessous des autres ; on fait la soustraction en commençant par les petites unités. — Si le nombre à soustraire est plus fort que le nombre dont on soustrait, on emprunte une unité au nombre des unités supérieures, et on la réduit en unités de la petite espèce suivante, qu'on ajoute au nombre dont on doit retrancher. — On opère de même sur les autres unités en diminuant d'une unité le nombre dont on soustrait, ou mieux en augmentant d'une unité le nombre à soustraire.

$$127\text{\tiny T} - 4\text{\tiny P} - 11\text{\tiny P} - 9^l - 8^{pt} - 1/8 \quad 1$$
$$19 - 3 - 10 - 11 - 6 - 3/4 \quad 6 \;\Big|\; 8$$
$$\overline{108\text{\tiny T} - 1\text{\tiny P} - 0\text{\tiny P} - 10^l - 1^{pt} - 3/8}$$

L'unité empruntée sur 8 points, vaut 8/8 qui, ajoutés à 1/8, = 9/8 dont on retranche 6/8. Pour les nombres suivants, 6 et 1 d'emprunt font 7, qui, retranchés de 8, donnent 1 (17).

L'unité empruntée sur 11 pouces = 12 lignes qui, ajoutées à 9 = 21, dont on retranche 11. Pour les unités suivantes, 10 et 1 de retenue font 11 ; 11 — 11 = 0.

$$156\text{\tiny Tq} - 30^{pq} - 48^{pq}$$
$$28 - 25 - 108$$
$$\overline{128\text{\tiny Tq} - 4^{pq} - 84^{pq}}$$

Un pied carré = 144 pouces carrés ; 144 et 48 = 192 ; 192 — 108 = 84 pouces carrés ; ensuite 25 et 1 font 26, qui, retranchés de 30, donnent 4 pieds carrés.

Quand on voit que le nombre à soustraire est plus grand

que celui dont on soustrait, on le retranche de l'unité empruntée, et on ajoute la différence au nombre dont on soustrait ; cette somme constitue la différence réelle. Ce procédé de calcul mental est souvent une abréviation. Dans le premier exemple, on dirait : 3/4 de 1 (emprunté) = 1/4 ; 1/4 + 1/8 = 3/8. 11 lignes de 1 pouce (emprunté) = 1 ligne ; 1 ligne + 9 lignes = 10 lignes, etc.

Dans le cas où il y aurait des décimales ou une fraction ordinaire dans l'un des nombres, même remarque que ci-dessus, en parlant de l'addition (138).

CHAPITRE XLVII

Multiplication des nombres complexes.

§ 1. — Divers cas de la multiplication.

La multiplication des nombres complexes passe pour l'une des opérations les plus compliquées de l'arithmétique ; mais on peut voir qu'elle ne présente que des difficultés très faciles à surmonter.

Nous distinguons deux cas : — 1° Celui dans lequel l'un des deux facteurs seulement contient les subdivisions complexes ; — 2° celui dans lequel les deux facteurs sont des nombres complexes.

Dans les deux cas, on prend toujours, comme nous l'avons déjà recommandé, le nombre le plus fort pour multiplicande ; mais c'est la question qui indique la nature des unités du produit et des parties aliquotes à prendre.

Premier cas : — Un des deux facteurs contient des subdivisions complexes.

1° Une livre de marchandise coûtant 3 livres, 15 sous, on demande le prix de 9 livres ? — On voit qu'il faut répéter 9, 3 fois et 15/20 de fois, ou bien qu'il faut répéter 3 livres et 15/20, 9 fois ; et dans les deux cas, qu'il faut prendre les

15/20 du nombre 9, considéré comme exprimant des livres (monnaie).

2° On achète 9 livres de marchandise pour 1^l; combien aurait-on de livres pour 3^l 15^s? — On voit qu'il faut répéter 9, 3 fois et 15/20 de fois, ou bien qu'il faut répéter 3 et 15/20, 9 fois, et que, dans les deux cas, il faut prendre les 15/20 du nombre 9 considéré comme exprimant des livres (poids).

I

Résultat en livres monnaies.

	9^l p		ou		3^l	— 15^s
	3^l	— 15^s			9^l p	
	27^l p				27^l	
10^s.....	4	— 10^s	10^s....	4	— 10^s
5^s.....	2	— 5	5^s....	2	— 5
	33^l	— 15^s			33^l	— 15^s

II

Résultat en livres poids.

	9^l p				3^l	— 15^s
	3^l	— 15^s	ou	9^l p	
	27^l p				27^l p	
10^s......	4	— 8°	10^s.....	4	— 8°
5	2	— 4	5	2	— 4
	33^l p — 12°				33^l p — 12°

Comme on le voit, lorsque l'un des deux facteurs seulement est un nombre complexe, on multiplie les unités principales entre elles, on partage les subdivisions en parties aliquotes, et l'on fait les multiplications successives qu'elles indiquent.

Dans le premier exemple, on a dit : 9×3 ou $3 \times 9 = 27$. On a ensuite partagé 15 sous en 10 sous = 1/2, et en 5 sous = 1/4. Pour 10^s on a pris la 1/2 de 9 ou 4 — 10^s, et pour 5^s on a pris la 1/2 de cette 1/2 ou 2^l — 5^s.

Dans le second exemple, pour 10^s on a pris la 1/2 de 9^l ou 4^l — 8°; et pour 5^s on a pris la 1/2 de cette 1/2 ou 2^l — 4°.

Autre exemple. — Soit à multiplier 125 livres (monnaie), 9 sous, 11 deniers, par 4312 livres poids. La question suivante donnerait lieu à cette opération : 1 livre d'une certaine marchandise coûte 125 livres, 9 sous, 11 deniers; à combien reviennent 4312 livres ?

$$125^l \ - \ 9^s \ - \ 11^d$$
$$4312^{lp}$$

	539000^l		
5^s.........	1078		
4	862	— 8^s	
10^d.........	179	— 13	— 4^d
1	17	— 19	— 4
	541138^l	— 0^s	— 8^d

On a successivement multiplié 125^l par 4312, 9^s par 4312, et 11^d par 4312.

$$125 \times 4312 \text{ ou } 4312 \times 125 = 539000.$$

9 sous $= 5^s + 4^s$; et comme 4312^{lp} à 20$^s = 1^l$ donneraient 4312^l; 4312^{lp} à 5$^s = 1/4$ de la livre monnaie donneront le $1/4$ de 4312 $= 1078$. 4^s étant le $1/5$, on prend le $1/5$ dc 4312 qui est $862 + 2$; ces 2 livres valent 40 sous, dont le $1/5$ est 8 sous.

Comme on a le produit de 5 sous ou 60 deniers, on partage 11 deniers en 10 deniers et 1 denier. 10 deniers étant le $1/6$ de 60 deniers, le produit de 10 deniers par 4312 $=$ le $1/6$ de celui de 5 sous par 4312; on prend donc le $1/6$ de 1078 qui est $179 + 4$; ces 4 livres valent 80 sous dont le $1/6$ vaut $13 + 2$; ces 2 sous valent 24 deniers, dont le $1/6$ est 4 deniers. 1 denier étant le $1/10$ de 10 deniers, on prend le $1/10$ de 179^l — 13^s — 4^d. Le $1/10$ de 179 $= 17 + 9$; ces 9 livres valent 180 sous, qui, ajoutés à 13 sous, donnent 193, dont le $1/10$ est $19 + 3$; ces 3 sous valent 36 deniers, qui, ajoutés à 4 deniers, font 40 deniers, dont le $1/10$ est 4.

Autre exemple. — Soit à multiplier 456 livres monnaie, par 258 toises, 4 pieds, 9 pouces, 11 lignes. La question suivante donnerait lieu à cette opération : 1 toise d'ouvrage

est payée à raison de 456 livres; combien doivent coûter
258 toises, 4 pieds, 9 pouces, 11 lignes ?

```
                          456¹
                          258T —   4P —  9P — 11¹
                        ─────────────────────────────
                          3648¹
                          2280
                          912
         3P.....          228
         1 .....           76
         6ᴾ.....           38
         3 .....           19
         6¹.....            3  —   3ˢ —   4ᵈ
         3 .....            1  —  11  —   8
         2 .....            1  —   1  —   1  — 1/3
                        ─────────────────────────────
                          118014¹ —  16ˢ —  1ᵈ — 1/3
```

456¹ $\times$ 258 donnent les trois produits 3648, 2280 et 912.

Comme 4 pieds $=$ 3 pieds et 1 pied $=$ 1/2 de 1 toise et
1/3 de 1/2 toise; comme 9 pouces $=$ 6 pouces et 3 pouces $=$ 1/2 de 1 pied et 1/2 de 1/2 pied; comme 11 lignes $=$ 6
lignes 3 lignes et 2 lignes $=$ 1/2 de 1 pouce, 1/2 de 1/2
pouce, et 1/3 de 1/2 pouce, on a :

```
456 × 3ᴾ = 456¹ × 1/2              = 228
456 × 1  = 228  × 1/3              = 76
456 × 6ᴾ =  76  × 1/2              = 38
456 × 3  =  38  × 1/2              = 19
456 × 6¹ =  19  × 1/6             =  3 — 3ˢ —
456 × 3  =   3 — 3ˢ — 4ᵈ × 1/2 =  1 — 11 — 8
456 × 2  =   3 — 3 — 4 × 1/3   =  1 — 1 — 1 — 1/3.
```

Second cas : — Les deux facteurs contiennent des subdivisions
complexes.

Quand les deux facteurs sont des nombres complexes, on
opère successivement comme dans les deux derniers exemples.

Soit à multiplier 387 livres, 17 sous, 10 deniers par 189 livres poids, 15 onces, 6 gros, 18 grains. La question suivante
donnerait lieu à cette opération : 1 livre d'une certaine marchandise coûte 387 livres monnaie, 17 sous, 10 deniers,

combien coûteraient 189 livres, 15 onces, 5 gros, 18 grains ?

```
                    387¹  —  17ˢ —   10ᵈ
                    189ˡᵖ —  15° —    5ᵍ — 18ᵍʳ
                   ──────────────────────────────
                    3483ˡ
                    3096
                    387

          ⎧ 10ˢ........   94  —  10ˢ
  17ˢ.....⎨  5.........   47  —   5
          ⎩  2.........   18  —  18
  10ᵈ ....⎧ 8ᵈ........    6  —   6
          ⎩  2.........    1  —  11  —  6ᵈ
          ⎧ 8°........  193  —  18  —  11
          ⎪  4.........   93  —  19  —  ˙5   1/2    128
  15°.....⎨  2.........   48  —   9  —   8   3/4    192
          ⎩  1.........   24  —   4  —  10   3/8     96   ⎫
  5ᵍ .....⎧ 4ᵍ........   12  —   2  —   5   3/16    48   ⎬ 256
          ⎩  1.........    3  —   0  —   7  19/64    76   ⎭
  18ᵍʳ....................    0  —  15  —   1 211/256 211
                   ──────────────────────────────
                    73691ˡᵖ — 1ˢ —  7ᵈ   239    751
                                         ───
                                         256    239
```

Après avoir multiplié 387¹ — 17ˢ — 10ᵈ, par 189ˡᵖ, comme
dans l'exemple de la page 290, on le multiplie successivement
par 15 onces, par 5 gros et par 18 grains.

```
On a donc 17ˢ = 10ˢ + 5ˢ + 2ˢ = 1/2 de 189¹              = 94ˡ — 10ˢ
                            + 1/2 de  94 — 10ˢ           = 47 —  5
                            + 1/5 de  94 — 10            = 18 — 18
   10 deniers = 8ᵈ + 2ᵈ = 1/3 de  18 — 18               =  6 —  6
                        + 1/4 de   6 —  6               =  1 — 11 —  6ᵈ
   15 onces = 8° + 4° + 2° + 1° = 1/2 de 387 — 17 — 10ᵈ = 193 — 18 — 11
                            + 1/2 de 193 — 18 — 11      = 96 — 19 —  5   1/2
                            + 1/2 de  96 — 19 —  5 1/2  = 48 —  9 —  8   3/4
                            + 1/2 de  48 —  9 —  8 3/4  = 24 —  4 — 10   3/8
   5 gros = 4ᵍ + 1ᵍ = 1/2 de  24 —  4 — 10 3/8          = 12 —  2 —  5   3/16
                    + 1/4 de  12 —  2 —  5 3/16         =  3 —  0 —  7  19/64
        18 grains = 1/4 de   3 —  0 —  7 19/64          =  0 — 15 —  1 211/256
```

§ 2. — MULTIPLICATION DES NOMBRES COMPLEXES, EN ABRÉGEANT LES FRACTIONS.

Lorsqu'il n'est pas nécessaire d'obtenir une exactitude
rigoureuse, on ne prend point exactement les fractions qui
allongent trop le calcul, et on les compte comme 0, 1/2

ou 1, suivant qu'elles se rapprochent plus de l'une que de l'autre de ces quantités, toutes les fois que le numérateur et le dénominateur dépassent 12. Ainsi, dans l'exemple précédent, on ferait, 3/16 = 0, 19/64 = 0, et 211/256 = 1 (158).

$$387^l — 17^s — 10^d$$
$$189^l \, p — 15^o — 5^g \quad 18^{gr}$$

```
                     3483^l
                     3036
                     387
10^s .............   94  — 10^s
 5  .............   47  —  5
 2  .............   18  — 18
 8^d .............    6  —  6
 2  .............    1  — 11  —  6^d
 8^o .............  193  — 18  — 11
 4  .............   96  — 19  —  5   1/2   4  |
 2  .............   48  —  9  —  8   3/4   6  |
 1  .............   24  —  4  — 10   3/8   3  | 8
 4^g .............   12  —  2  —  5          |
 1  .............    3  —  0  —  7          |
18^gr .............    0  — 15  —  2
                   ________________________
                   73691^l —  1^s —  7^d  5/8
```

En opérant ainsi, on obtient pour produit $73691^l — 1^s — 7^d$ 5/8, au lieu de $73691^l — 1^s — 7^d$ 239/256, ce qui donne par la comparaison des deux fractions :

$$\frac{239}{256} - \frac{5}{8} = \frac{1912}{2048} - \frac{1280}{2048} = \frac{632}{2048} = \frac{79}{256}$$

ou différence en moins de 79/256 (de denier) qu'on peut assurément négliger sans inconvénient.

§ 3. — MULTIPLICATION AVEC FAUX PRODUIT.

Il arrive quelquefois qu'il y a un rapport trop grand entre une partie aliquote calculée et une autre qui en dépend ; alors on a recours à une partie aliquote intermédiaire, et le produit qui en résulte sert à trouver celui que l'on cherche. Ce produit prend le nom de *faux produit* (159), et on le barre pour ne pas le comprendre dans l'addition. L'exemple suivant éclaircira ce que nous disons.

$$
\begin{array}{l}
\qquad\qquad \text{I} \\[4pt]
145^{l} - 5^{s} - 1^{d} \\
\phantom{145^{l} } 49^{T} \\
\hline
1305^{l} \\
580 \\
5^{s}\ ou\ 60^{d}\ \ldots\ldots\ldots\quad 12\ \ -5^{s} \\
\text{Faux produit } 6^{d}\ \ldots\ldots\ldots\quad 1\ -4\ -6^{d}\ \text{(à négliger dans l'addition)} \\
1\ \ldots\ldots\ldots\quad 0\ -4\ -1 \\
\hline
7417^{l} - 9^{s} - 1^{d}
\end{array}
$$

1 denier est 1/60 de 5 sous, et il faudrait prendre 1/60 de $12^{l} - 5^{s}$, ce qui présente quelque difficulté; alors on prend un faux produit pour 6 deniers, qui sont le 1/10 de 5 sous, et puis pour 1 denier, le 1/6 du faux produit $1^{l} - 4^{s} - 6^{d}$, qu'on a eu pour 6 deniers.

S'il y a des *décimales* ou une fraction ordinaire dans l'un des facteurs, on convertit la fraction décimale ou ordinaire en subdivisions complexes (ch. XLIX); ou bien on fait l'opération avec la fraction décimale ou la fraction ordinaire, et on convertit la fraction du produit en subdivision complexe voulue.

On peut éviter la longueur des calculs des nombres complexes en convertissant les subdivisions en fractions ordinaires ou en fractions décimales.

§ 4. — MULTIPLICATION COMPLIQUÉE AVEC UNE EXACTITUDE RIGOUREUSE.

Si l'on voulait une exactitude rigoureuse dans les multiplications longues, on chercherait les fractions telles qu'elles doivent être, et l'on ferait l'addition comme nous l'avons indiqué (142). Voici un exemple que nous empruntons au *Cours d'arithmétique* de Théveneau, comme présentant un assez grand nombre de complications, et bon comme exercice.

793l — 17s — 5d 4/7
87l — 6o — 5s — 2d — 22gr 29/72
——————————————————————————————————
5551l
6344

16s	69 — 12s				
1	4 — 7				
4d	1 — 9				
1		7 — 3d			
1/7....		1 — 0 —		3/7	
3/7....		3 — 1 —		2/7	2
4o.....	396 — 18 — 8 —			11/14	2
2	198 — 9 — 4 —			11/28	4
4s	49 — 12 — 4 —			11/112	4
1	12 — 8 — 1 —			11/448	3
1d	4 — 2 — 8 —			459/1344	
1	4 — 2 — 8 —			459/1344	2
12gr....	2 — 1 — 4 —			459/2688	2
6	1 — 0 — 8 —			459/5376	2
3		10 — 4 —		459/10752	3
4		3 — 5 —		11211/32256	3
24/72..		1 — 1 —		75723/96768	6
4/72...		2 —		172491/580608	4
1/72...				1333707/2322432	

——————————————————————————————————
69736l — 10s — 5d   773317/774144

Addition des fractions.

3	2337
2	2
5	4674
2	459
10	5133
11	2
21	10266
14	459
1+7	10725
2	3
14	32175
11	11211
25	43386
4	32256
100	1+11130
11	3
111	33390
4	75723
444	109113
11	96768
455	1+12345
448	6
1+7	74070
3	172491
21	246561
459	4
459	986244
939	1333707
2	2319951
1878	2322432
459	ou
2337	773317
	774144

Mais quand les multiplications sont aussi compliquées, il
vaut mieux les ramener à une simple multiplication de frac-

tions. Voici les chiffres que donnerait l'exemple précédent.

$793^l — 17^s — 5^d\ 4/7$ $87^m — 6^o — 5^s — 2^d — 22^{gr}\ 29/72$

```
   × 20                    ×  8                          1 marc
  15860s                   696°                        ×     8
 +    17                 +   6                               8°
  15877s                   702°                        ×     8
 ×     12                 ×   8                              64s
 190524d                   5616s                       ×     3
 +     5                 +    5                             192d
 190529                    5621s                       ×    24
 ×      7                 ×    3                             768
 1333703                   16863d                          384
 +     4                 +    2                            4608
 1333707                   16865d                      ×    72
                          ×    24                          9216
                           67460gr                        32256
      1l                   33730                      331776/72es.
 ×    20                 +    22
      20s                  401782gr
 ×    12                 ×     72
     240d                  809564
 ×     7                  2833474
 1680/7mes de denier.    +     29
                          29144333
```

Opération, résultat des produits.

```
     1333707           ×              29144333
     1680                             331776

        29144333                          331776
        1333707                           1680
       204010331                         26542080
      204010331                          1990656
       87432999                          331776
       87432999                          557383680
       87432999
       29144333
      38870000932431
```

```
38870000932431  | 557383680
 5426980132     | 69736l — 10s — 5d  773317/77 4144
 4105270124
 2035843643
 3636926031
  292623951
 ×      20
 5852479020
  278642220
 ×      12
 3343706640
  556788240  :  720     773317
  557383680  :  720   =  774144
```

CHAPITRE XLVIII

Division des nombres complexes.

§ 1. — RECHERCHE DU QUOTIENT.

Avant d'exposer les procédés employés pour faire disparaître les subdivisions complexes, afin de transformer la division des nombres complexes en une division ordinaire, nous allons indiquer comment on cherche le quotient.

On divise d'abord le dividende par le diviseur, comme à l'ordinaire, et ensuite on multiplie successivement les restes par le nombre des subdivisions que renferme l'espèce d'unité qu'ils indiquent (162).

Soit à diviser 53^l par 16, pour avoir des livres, des sous et des deniers. — La question suivante donnerait lieu à cette opération : 16 livres d'une certaine marchandise ont coûté 53^l, combien a coûté 1 livre?

$$
\begin{array}{r|l}
53^l & 16^l\,\mathrm{P} \\
5 & \overline{3^l - 6^s - 3^d} \\
\times\ \underline{20} & \\
100 & \\
4 & \\
\times\ \underline{12} & \\
48 & \\
0 &
\end{array}
$$

Le reste 5 est converti en sous et donne 100^s, qui, divisés par 16, donnent 6 pour quotient et 4 pour reste ; 4^s convertis en deniers donnent 48^d, qui, divisés par 16, donnent 3^d.

Quand on a épuisé toutes les subdivisions, on prend des fractions ordinaires, ou des fractions décimales si le calcul le comporte ; et s'il y a un reste, on augmente le dernier chiffre du dernier nombre du quotient d'une unité, quand ce reste est égal à la moitié du diviseur ou plus grand que lui (75 et 163).

Règle générale. — Dans toutes les divisions de nombres complexes, *il faut faire du diviseur un nombre abstrait et entier.*

§ 2. — Premier cas de la division. — Diviseur non complexe.

Il peut se présenter deux cas dans la division des nombres complexes : 1° le dividende étant complexe ou incomplexe, le diviseur est incomplexe ; 2° le dividende étant complexe ou incomplexe, le diviseur est complexe.

Premier cas. — Lorsque, le dividende étant complexe ou incomplexe, le diviseur est un nombre incomplexe, il peut se faire : 1° que le quotient exprime des unités de même nature que le dividende ; 2° qu'il soit abstrait ; 3° qu'il exprime des unités d'une autre espèce que celles du dividende.

1° Lorsque, le dividende étant complexe ou incomplexe, le diviseur est incomplexe, et que le quotient doit exprimer des unités de même nature que le dividende, il faut convertir successivement les restes en unités inférieures, en y ajoutant les unités de la plus petite espèce semblables qui sont dans le dividende.

Soient à diviser : 459^l par 39 ^{T} (Problème : 39 ^{T} d'un ouvrage coûtent 459^l, à combien revient la toise ?) ; et 459^l — 11^s — 3^d par 39^T. (Problème : 39^T d'un ouvrage coûtent 459^l — 11^s — 3^d, à combien revient la toise ?)

I. — Dividende incomplexe. — Diviseur incomplexe.

Quotient de même nature que le dividende.

$$
\begin{array}{r|l}
459^l & 39^{\text{T}} \\
\hline
69 & 11^l - 15^s - 4^d\ {}^{8}/_{13} \\
30 & \\
\times\ 20 & \\
\hline
600 & \\
210 & \\
15 & \\
\times\ 12 & \\
\hline
180 & \\
\dfrac{24}{39} = \dfrac{8}{13} &
\end{array}
$$

II. — Dividende complexe. — Diviseur incomplexe.

Quotient de même nature que le dividende.

$$
\begin{array}{rl}
459^{l} - 11^{s} - 3^{d} & \big|\; 39^{\,T} \\
69 & \overline{11^{l} - 15^{s} - 8^{d}\ \ ^{1}/_{13}} \\
30 & \\
\times\ \ 20 & \\
\overline{600} & \\
+\ \ 11 & \\
\overline{611} & \\
221 & \\
26 & \\
\times\ \ 12 & \\
\overline{312} & \\
+\ \ 3 & \\
\overline{315} & \\
\dfrac{3}{39} = \dfrac{1}{13} &
\end{array}
$$

2° Lorsque, le dividende étant complexe ou incomplexe, le diviseur est incomplexe, et que le quotient doit être abstrait, on fait simplement la division, si le dividende est incomplexe; et s'il en est autrement, on convertit le dividende en unités de la plus petite espèce, et on multiplie le diviseur par les nombres par lesquels on a multiplié le dividende pour faire cette conversion.

Soit à chercher combien 39^{l} est contenu dans 459^{l}, et combien 39^{l} est contenu dans $459' - 11^{s} - 3^{d}$.

I. — Dividende incomplexe. — Diviseur incomplexe.

Quotient abstrait.

$$
\begin{array}{rl}
459^{l} & \big|\; 39^{l} \\
69 & \overline{11\quad ^{30}/_{39} = {}^{10}/_{13}} \\
30 &
\end{array}
$$

II. — Dividende complexe. — Diviseur incomplexe.

Quotient abstrait.

$$
\begin{array}{ll}
459^{l} - 11^{s} - 3^{d} & \big|\quad 39^{l} \\
\times\ \ 20 & \times\ \ 240\ (20 \times 12) \\
\overline{9180} & \overline{1560} \\
+\ \ 11 & 78 \\
\overline{9191} & \big|\ \overline{9360} \\
\times\ \ 12 & \big|\ 11\ ^{163}/_{208}\ \text{quotient.} \\
\overline{110292} & \\
+\ \ 3 & \\
\overline{110295} & \\
16695 & \\
7335 &
\end{array}
$$

On abrège le calcul en n'écrivant point les nombres par lesquels on multiplie, et en ajoutant en même temps les unités des espèces inférieures du dividende, comme dans l'exemple suivant.

2° Lorsque, le dividende étant complexe ou incomplexe, le diviseur est incomplexe, et que le quotient doit exprimer des unités différentes de celles du dividende, on opère comme dans le second exemple ci-dessus, c'est-à-dire que l'on convertit le dividende en unités de la plus petite espèce, et que l'on multiplie le diviseur en conséquence. — Comme le diviseur exprime toujours des unités de même nature que le dividende, il suffit de convertir le dividende et le diviseur en unités de la plus petite espèce. On fait ensuite la division en convertissant les restes en unités inférieures.

Soit à diviser 459ˡ par 39ˡ, pour avoir des livres poids. — (Problème : 1ˡ de marchandise coûte 39ˡ, combien peut-on acheter de livres pour 459ˡ et pour 459ˡ — 11ˢ — 3ᵈ ?)

I. — Dividende incomplexe. — Diviseur incomplexe.

Quotient de nature différente de celle du dividende.

$$
\begin{array}{r|l}
459^{l} & 39^{l} \\
\hline
69 & 11^{l}\ p\ -\ 12^{o}\ -\ 2^{g}\ -\ 338^{gr}\ {}^{3}/_{13} \\
30 & \\
\times \quad 16 & \\
\hline
480 & \\
90 & \\
12 & \\
\times \quad 8 & \\
\hline
96 & \\
18 & \\
\times \quad 72 & \\
\hline
36 & \\
126 & \\
\hline
1296 & \\
126 & \\
\dfrac{9}{39} = \dfrac{3}{13} &
\end{array}
$$

II. — Dividende incomplexe. — Diviseur incomplexe.

Quotient de nature différente de celle du dividende.

$$459^l — 11^s — 3^d \qquad\bigg|\quad 39^l$$

$$\overline{9191} \qquad\qquad\qquad\quad\ 156$$

Dividende. $\overline{110205} \qquad\qquad\quad 78$

$$16695 \qquad\qquad\ \big|\ \overline{9360} \quad\text{Diviseur } (39 \times 240 \text{ ou } 20 \times 12)$$

$$7335 \qquad\qquad\qquad \overline{11^l \text{ p} — 12^o — 4\text{b } {}^4/_{13}}$$

$$\overline{117360}$$

$$23760$$

$$5040$$

$$\overline{40320}$$

$$\frac{2880\ :\ 720}{9360\ :\ 720} = \frac{4}{13}$$

§ 3. — Deuxième cas de la division. — Diviseur complexe.

Lorsque, le dividende étant complexe ou incomplexe, le diviseur est un nombre complexe, il peut se faire aussi : 1° que le quotient exprime des unités de même nature que le dividende ; 2° qu'il soit abstrait ; 3° qu'il exprime des unités d'une autre espèce que celles du dividende.

Dans tous les cas, il faut ramener la question au cas précédent, en rendant le diviseur incomplexe et abstrait.

Pour cela, il faut convertir le diviseur en unités de la plus petite espèce et multiplier le dividende en conséquence ; si le dividende et le diviseur expriment des unités de même nature, on les réduit tous les deux en unités de la plus petite espèce.

Soit à diviser 459^l ou $459^l — 11^s — 3^d$ par 39^l p $— 4^o — 7^g$, pour avoir des livres monnaie au quotient (Problème : $39^l — 4^o — 7^g$ d'une certaine marchandise ont coûté 459^l ou $459^l — 11^s — 3^d$, à combien revient la livre ?) ; et $459^l — 11^s — 3^d$ par $39^l — 8^s — 3^d$ pour avoir des livres poids au quotient. (Problème : 1 livre de marchandises coûte $39^l — 8^s — 3^d$, combien aurait-on de livres pour $459^l — 11^s — 3^d$?)

Dans la première opération, nous avons converti le diviseur en onces, en multipliant 39^{lp} par 16 et en y ajoutant 4 ; nous avons converti le résultat 628° en gros en le multipliant par 8 et en y ajoutant 7. Nous avons ensuite multiplié le dividende par 16 et par 8, et nous avons obtenu 58752 : 5031.

Dans la seconde opération, nous avons agi de même ; seulement, comme le dividende est complexe, la multiplication l'est également et le produit formant le nouveau dividende aurait pu être un nombre complexe. Nous avons obtenu 58824ˡ : 5031.

Dans la troisième opération, nous avons converti le dividende et le diviseur en deniers, et nous avons obtenu 110295 : 9461.

I. — Dividende incomplexe. — Diviseur complexe.

Quotient de la nature du dividende.

```
        459ˡ  :        39ˡ p — 4ˢ — 7ᵈ
      ×  16          ×  16
        2754           234
         459            39
        7344           624
      ×    8          +   4
Dividende 58752         628
         8442         ×   8

         3411         5024
      ×   20          +   7
        68220        | 5031  Diviseur
        17910        11ˡ — 13ˢ — 6ᵈ ⁴⁰²/₅₅₉
         2817
           12

        33804
         3618
```

II. — Dividende complexe. — Diviseur complexe.

Quotient de la nature du dividende.

$$459^l - 11^s - 3^d \quad : \quad 39^l\,\mathrm{p} - 4^\circ - 7^c$$

```
        459l — 11s — 3d            :     39l p — 4° — 7c
   ×    128  (16 × 8)                 ×   16
        ─────────────                     ───
        3672l                             234
        918                               39
        459                               ───
                                          624
10s......    64                         +  4
1 .......     6 —  8s                      ───
3d .....      1 — 12                       628
Dividende  58824l                       ×  8
            8514                           ────
            3483                           5024
   ×        20                          +  7
        ──────                             ────
        69060                           |  5031  Diviseur
        19350                        ──────────────────────────
        4257                            11l — 13s — 10d  2/13
   ×        12
        ──────
        51084

            774 : 387     2
            ─────────  =  ──
           5031 : 387     13
```

III. — Dividende complexe. — Diviseur complexe.

Unités de même nature au dividende et au diviseur.
Unités différentes de celles du dividende au quotient.

```
        459l — 11s — 3d     :     39l — 8s — 5d
        ─────                     ───
        9191                      788
Dividende. 110295             |   9461  Diviseur.
        15685               ──────────────────────────────────
        6224                  11l p — 10° — 4s — 14gr  7802/9461
   ×        16
        ──────
        99584
        4974
   ×        8
        ──────
        39792
        1948
   ×        72
        ──────
        3896
        13636
        ──────
        140256
        45646
        7802
```

Il faut observer que le quotient ou le diviseur doivent exprimer des unités de même nature que le dividende, d'après les principes de la multiplication (27).

Si le quotient eût dû être abstrait, c'est-à-dire si l'on eût voulu chercher combien de fois $39^l - 8^s - 5^d$, est contenu dans $459^l - 11^s - 3^d$, on aurait l'opération suivante :

$$459^l - 11^s - 3^d \quad : \quad 39^l - 8^s - 5^d$$
$$\overline{9191} \qquad\qquad \overline{788}$$
$$\overline{110295} \qquad\qquad |\,\overline{9461}$$
$$15685 \qquad\qquad 11 + {}^{6224}\!/_{9461}$$
$$6224$$

§ 3. — Fraction ordinaire ou décimale au dividende ou au diviseur, l'autre nombre étant complexe.

S'il y a des décimales au diviseur et une subdivision complexe au dividende, on efface la virgule au diviseur et on multiplie en conséquence le dividende (subdivision complexe comprise).

S'il y a des décimales au dividende, on opère d'une manière analogue sur le dividende et le diviseur ; ainsi, il devient inutile d'ajouter des zéros au diviseur en équivalence de la suppression des chiffres décimaux du dividende, pourvu qu'on tienne compte de la virgule en multipliant les dividendes successifs par les chiffres du quotient (161).

S'il y a une fraction ordinaire au diviseur, on la fait disparaître en multipliant le diviseur et le dividende (subdivision complexe comprise) par le dénominateur de la fraction (161).

S'il y a une fraction ordinaire au dividende, on opère d'une manière analogue sur le dividende et le diviseur.

CHAPITRE XLIX

Conversion des subdivisions complexes en fractions ordinaires et en fractions décimales, et réciproquement.

§ 1. — CONVERSION DES SUBDIVISIONS COMPLEXES EN FRACTIONS ORDINAIRES OU DÉCIMALES.

Pour convertir les subdivisions complexes en fractions ordinaires ou en fractions décimales, on convertit ces subdivisions en unités de la plus petite espèce ; le nombre de ces unités forme le numérateur d'une fraction, à laquelle on donne pour dénominateur le nombre qui exprime combien il faut d'unités de la plus petite espèce pour faire une unité principale.

1er *exemple* : Soit $48^l — 11^s$
Comme $1^s = 1/20$ de la livre
$48^l — 11^s = 48 \ 11/20 = 48,55$

2e *exemple* : Soit $48^l — 11^s — 8^d$
Comme $11^s — 8^d = 11 \times 12 + 8^d = 140^d$; et comme $1^d = 1/240$ de la livre, puisque la livre vaut 20 sous de douze deniers ou 240 deniers ;
$48^l — 11^s — 8^d = 48^l \ 140/240 = 48^l,58$, à peu de chose près.

3e *exemple* : Soit $36^T — 4^P — 9p — 11^l$
$4^P — 9p — 11^l$ sont égaux à 57 pouces 11 lignes ou à 695 lignes ; or, 1 toise $= 6$ pieds et 1 pied $= 12$ pouces, 1 pouce $= 12$ lignes ; donc, 1 toise $= 6 \times 12 \times 12$ lignes $= 864$ lignes ; et la ligne $= 1/864$ de la toise, et les 695 lignes provenant de 4 pieds 9 pouces 11 lignes $= 695/864$, qui, convertis en fraction décimale $= 0,8044$ à peu près.
Ainsi, $36^T — 4^P — 9p — 11^l = 36^T,8044$.

§ 2. — CONVERSION DES FRACTIONS DÉCIMALES OU ORDINAIRES EN SUBDIVISIONS COMPLEXES.

Pour convertir une fraction décimale en subdivisions complexes, il faut la multiplier successivement par le nombre qui indique combien il faut d'unités de chaque subdivision pour en faire une de l'ordre supérieur (163).

1er *exemple* : Soit $48^l,55$
Puisque 1 livre $= 20^s$; les 0,55 de 1 livre $= 0,55 \times 20 = 11^s$

2ᵉ *exemple :* Soit 48ˡ,58

$0,58 \times 20 = 11^\text{e},60$ $\qquad\qquad 60 \times 12 = 7^\text{d},2$

3ᵉ *exemple :* Soit ᵀ 36,8044 :

$$
\begin{array}{rl}
\text{T} & 36,8044 \\
& \underline{\qquad 6} \\
\text{P} & 4,8264 \\
& \underline{\qquad 12} \\
\text{P} & 9,9168 \\
& \underline{\qquad 12} \\
& 11,0016
\end{array}
$$

Pour convertir une fraction ordinaire en subdivisions complexes, il suffit de diviser le numérateur par le dénominateur, en convertissant les restes en ces mêmes subdivisions (163).

1ᵉʳ *exemple :* Soit 48ˡ 11/20

$$
\begin{array}{r|l}
11 & 20 \\
\underline{20} & \overline{0^\text{l} - 11^\text{e}} \\
220 &
\end{array}
$$

Donc, 48ˡ 11/20 = 48ˡ — 11ᵉ

2ᵉ *exemple :* Soit 48ˡ 139/240

$$
\begin{array}{r|l}
139 & 240 \\
\underline{20} & \overline{0^\text{l} - 11^\text{e} - 7^\text{d}} \\
2780 & \\
380 & \\
140 & \\
\underline{12} & \\
1680 & \\
0 &
\end{array}
$$

Donc, 48ˡ 139/240 = 48ˡ — 11ᵉ — 7ᵈ

3ᵉ *exemple :* Soit 36ᵀ 695/864

$$
\begin{array}{r|l}
695 & 864 \\
\underline{6} & \overline{0^\text{T} - 4^\text{P} - 9\text{p} - 11} \\
4170 & \\
714 & \\
\underline{12} & \\
8568 & \\
792 & \\
\underline{12} & \\
9504 & \\
864 &
\end{array}
$$

Donc, 36ᵀ 695/864 = 36ᵀ — 4ᴾ — 9 — 11ˡ

———————

CHAPITRE L

*** Comparaison des mesures anciennes avec les nouvelles,
et réciproquement.**

Les ouvrages qui seront publiés au siècle prochain n'auront sans doute plus à s'occuper de la comparaison qui fait l'objet de ce chapitre ; une simple table suffira, si même elle ne devient inutile, pour faire connaître les rapports qu'il y a entre les anciennes mesures et les nouvelles. Mais aujourd'hui il est encore opportun de traiter un semblable sujet dans un livre comme celui-ci. On pourra laisser de côté tout ce qui suit dans une première lecture ; mais on fera bien d'y revenir après, et de se rompre à toutes ces transformations qui sont, en même temps, un excellent exercice pour ce qu'on a appelé la *triture* des chiffres, une préparation aux conversions des mesures étrangères en mesures françaises, et réciproquement, et un très-bon exercice pour se familiariser avec le système métrique. C'est dans ce but que nous les avons détaillées aussi longuement.

Nous commencerons par la comparaison des Mesures Anciennes, dites Usuelles ou Transitoires, et réciproquement, qui ne nécessitent que quelques observations.

§ 1. — COMPARAISON DES MESURES DITES USUELLES AVEC LES MESURES MÉTRIQUES, ET RÉCIPROQUEMENT.

Les rapports des mesures usuelles aux mesures métriques et de celles-ci aux mesures usuelles sont exprimés en nombres ronds dans les définitions elles-mêmes de ces mesures ****** (p. 282) ; desquelles résultent sans calcul les égalités suivantes :

---

* A passer dans une première étude.
** Chap. XLV, § 2.

La toise	$= 2$ mètres.
L'aune	$= 1,2$.
La toise carrée	$= 4$ mètres carrés.
La toise cube	$= 8$ mètres cubes.
Le boisseau	$= 1/8$ d'hectolitre $= 0,12$ 1/2 *.
La livre	$= 1/2$ kilog. ou 500 grammes ;

d'où l'on tire facilement tous les autres rapports.

§ 2. — COMPARAISON DES MESURES ANCIENNES PROPREMENT DITES AVEC LES MESURES MÉTRIQUES. — RAPPORT FONDAMENTAL DE LA TOISE AU MÈTRE, ET RÉCIPROQUEMENT.

Les rapports des mesures anciennes proprement dites avec les mesures métriques sont plus longs et un peu plus difficiles à calculer ; mais on va voir qu'il suffit d'un peu de logique pour se guider dans la recherche de ces rapports, même les plus indirects.

Tous les rapports que nous allons chercher sont dérivés d'une base fondamentale, tirée de la distance du pôle à l'équateur. Cette distance évaluée en mètres est de 10,000,000, puisque le mètre en est la dix-millionième partie ; évaluée en toises, elle a été trouvée de 5.130.740 T, de sorte que

$$5\ 130\ 740\ ^T = 10\ 000\ 000\ m$$
$$\text{Et } 10\ 000\ 000\ m = 5\ 130\ 740\ ^T$$

D'où.......... $1\ ^T = \dfrac{10\ 000\ 000}{5\ 130\ 740} = m\ 1,949036591...$

$1\ m = \dfrac{5\ 130\ 740}{10\ 000\ 000} = {}^T\ 0,513074$

Chaque rapport peut être présenté de deux manières : 1° le rapport de la mesure ancienne à la mesure nouvelle ; 2° le rapport de la mesure nouvelle à la mesure ancienne. La connaissance de l'un peut toujours conduire à l'autre : ainsi, par exemple, sachant que $1\ ^T = m\ 1,949036591$, si l'on voulait savoir combien 1 mètre vaut de toises, on serait conduit au calcul suivant :

Puisque $\qquad 1\ ^T = m\ 1,949036591...$

$1\ m = \dfrac{1\ ^T}{1,949036591...} = {}^T\ 0,513074$

---

* Le commerce a fait le *boisseau* de 1/10 ou d'un décalitre.

Il n'est pas indifférent d'employer l'un ou l'autre de ces deux rapports ; car, *selon qu'on emploie l'un ou l'autre, on est conduit à faire une multiplication ou une division ;* or, la première de ces opérations est à la fois plus facile et plus courte.

Supposons que l'on ait à transformer 458^m,65 en toises.

1° Avec le rapport 1 m $=$ ^{T} 0,513074
      on a m 458,65 $=$ ^{T} 0,513074 $\times$ 458,65

2° Avec le rapport 1 ^{T} $=$ m 1,949036591
$$\text{on a m } 458,65 = \frac{458,65}{1,949036591}$$

Calcul avec le 1er rapport.

$$^T\ 0,513074$$
$$\times\quad 458,65^m$$
$$\overline{^T\ 235,32139010}$$

Calcul avec le 2° rapport.

$$458650000000\ |\ \underline{1949036591}$$
$$|\ 235,3213901^m$$

En faisant le calcul, on voit donc que pour le premier exemple il vaut mieux prendre le premier rapport que le second. Mais s'il s'agissait au contraire de transformer T 235,321 en mètres, il vaudrait autant prendre le second que le premier.

Calcul avec le 1er rapport.

$$1,949036591$$
$$\times\quad 235,321$$
$$\overline{458,649239630711}$$

Calcul avec le 2° rapport.

$$235321000\ |\ \underline{0,513074}$$
$$3009140\ |\ 458,6492396,\ldots$$

§ 3. — COMPARAISON DES MESURES DE LONGUEUR.

Toises, pieds, etc., en Mètres, et réciproquement. — Puisque 5130740 toises valent 10000000 mètres, 1 toise vaut la 5130740° partie de 10000000 mètres ; et 1 mètre vaut la dix-millionième partie de 5130740 toises ;

$$\text{ou } 1\ ^T = \frac{\text{m } 10000000}{5130740} = \text{m } 1,949036591212963\ldots$$

$$\text{Et } 1\ \text{m} = \frac{^T\ 5130740}{10000000} = {}^T\ 0,513074$$

D'où l'on tire :

1 pied $=$ m 1,949036591... :   6 $=$ m 0,32483943...
1 pouce $=$ m 0,32483943... : 12 $=$ m 0,02706995...
1 ligne $=$ m 0,02706995... : 12 $=$ m 0,002255829..
1 point $=$ m 0,002255829... : 12 $=$ m 0,000187985..

Et réciproquement :

$$1 \text{ m} = {}^{\text{T}} 0,513074$$
$$\times 6$$
$$^{\text{P}} \overline{3,078444}$$
$$\times 12$$
$$^{\text{P}} \overline{36,941328}$$
$$\times 12$$
$$^{\text{l}} \overline{443,295936}$$
$$\times 12$$
$$^{\text{pt}} \overline{5319,551232}$$

$$1 \text{ m} = 3^{\text{P}},07844 = 36^{\text{P}},941328 = 443^{\text{l}},295936, \text{ etc}$$
$$\text{ou } 1 \text{ m} = 3^{\text{P}} - 6^{\text{P}} - 11^{\text{l}},296$$

Il est inutile de donner la valeur du décimètre, du centimètre, etc., en toises, pieds et pouces, puisqu'on peut l'obtenir avec un simple changement de virgule.

Aunes en Mètres, et réciproquement. — Nous avons vu que l'aune valait 6322 points ; et comme 1 point = m 0,00018798..., l'aune est égale à m 0,00018798... $\times$ 6322 = m 1,1884461....

Et réciproquement, puisque m 1,1884461... valent 1 aune,

$$1 \text{ mètre} = \frac{1^{\text{a}}}{1,1884461} = \text{a } 0,8414348...$$

Si l'on veut une plus grande approximation, on observe que 1 aune = 6322 points et que 1 toise = 10368 points.

$$\text{Donc, } 1^{\text{a}} = \frac{6322}{10368} \text{ de } \frac{\text{m } 10000000}{5130740} = \frac{\text{m } 6322000000}{5319551232} = \text{m } 1,1884461...$$

$$\text{Et } 1 \text{ m} = \frac{\text{a } 5319551232}{6322000000} = \text{a } 0,8414348...$$

Pas et brasses en Mètres, et réciproquement. — Puisque le pas ordinaire vaut 2 1/2 pieds, le pas géométrique 5 pieds, le pas militaire 2 pieds, et que 1 pied = m 0,324839... on a :

$$1 \text{ pas ordin.} = \text{m } 0,324839 \times 2\ 1/2 = \text{m } 0,812098$$
$$1 - \text{géom.} = \text{m } 0,324839 \times 5 = \text{m } 1,621196$$
$$1 - \text{milit.} = \text{m } 0,324839 \times 2 = \text{m } 0,649679$$
$$1 \text{ m} = \frac{1 \text{ pas ord.}}{0,812098} = 1,231378... \text{ pas ordin.}$$
$$1 \text{ m} = \frac{1 \text{ pas géo.}}{1,621196} = 0,615689... \text{ pas géom.}$$
$$1 \text{ m} = \frac{1 \text{ pas mil.}}{0,649679} = 1,539222... \text{ pas milit.}$$

§ 4. — COMPARAISON DES MESURES ITINÉRAIRES ET GÉOGRAPHIQUES.

Lieues en Myriamètres et Kilomètres, et réciproquement. — La distance du pôle à l'équateur est de $90° = 10\,000\,000^{m}$ ou 1000 myriamètres, de sorte que $1° =$ Mm $1000 : 90$;

$$\text{Et } 1^{\text{L T}} = \frac{1}{25} \text{ de } \frac{1000 \text{ Mm}}{90} = \frac{1000}{2250} = \text{Mm } 0{,}44444\ldots$$
$$\text{ou Km } 4{,}4444\ldots$$

Et réciproquement, puisque $0{,}44444\ldots$ myriamètres valent 1 lieue,

$$1 \text{ Mm} = \frac{1^{\text{L T}}}{0{,}44444\ldots} = 2{,}25 \text{ lieues terrestres.}$$
$$1 \text{ Km}\ldots\ldots\ldots\ldots = 0{,}225 \qquad \text{d}°$$

De même pour la lieue marine :

$$1° = \frac{1000 \text{ Mm}}{90}$$

$$1^{\text{L M}} = \frac{1}{20} \text{ de } \frac{1000 \text{ Mm}}{90} = \frac{1000 \text{ Mm}}{1800} = \text{Mm } 0{,}55555\ldots$$
$$\text{ou Km } 5{,}55555\ldots$$

Et réciproquement, puisque $0{,}55555\ldots$ myriamètres valent 1 lieue marine,

$$1 \text{ Mm} = \frac{1^{\text{L M}}}{0{,}55555\ldots} = 1{,}8 \text{ lieue marine.}$$
$$1 \text{ Km}\ldots\ldots\ldots\ldots = 0{,}18 \qquad \text{d}°$$

Quant à la lieue de poste, comme elle vaut 2000 toises et que 1 toise vaut m $1{,}949036591\ldots$

$$1^{\text{L P}} = \text{Mm } 0{,}0001949\ldots \times 2000 = \text{Mm } 0{,}3898\ldots$$
$$\text{ou Km } 3{,}898\ldots$$
$$\text{Et 1 mille} = \text{Mm } 0{,}0001949 \times 1000 = \text{Mm } 0{,}1949\ldots$$
$$\text{ou Km } 1{,}949\ldots$$

Et réciproquement,

$$1 \text{ Mm} = \frac{1^{\text{L P}}}{0{,}3898\ldots} = 2{,}565\ldots \text{ lieues de poste.}$$
$$1 \text{ Km}\ldots\ldots\ldots\ldots = 0{,}2565\ldots \qquad \textit{id.}$$
$$1 \text{ Mm} = \frac{1 \text{ mille}}{0{,}1949\ldots} = 5{,}131 \text{ milles.}$$
$$1 \text{ Km}\ldots\ldots\ldots\ldots = 0{,}5131 \quad \textit{id.}$$

Degrés, minutes, secondes de l'ancienne subdivision en Degrés ou grades, minutes et secondes de la subdivision centésimale du cercle. — Comme $360° = 400°$ ou $90 = 100$, on a $9°$ anciens $= 10$ nouveaux,

$$\text{D'où } 1° \text{ ancien} = \frac{10}{9} = 1{,}111 \text{ nouveau.}$$

$$1° \text{ nouveau} = \frac{9}{10} = 0{,}9 \text{ ancien.}$$

Comme le quart de la circonférence de la terre a 10 000 000 mètres ou 10000 kilomètres, on obtient les valeurs suivantes :

Anciens.			Nouveaux.		
90°	=	10000 Km.	100°	=	10000 Km.
	=	10000000 m.		=	10000000 m.
1° ($^1/_{60}$)	=	111,111 Km.	1° ($^1/_{100}$)	=	100 Km.
1′ ($^1/_{60}$)	=	1,851 Km.	1′ ($^1/_{100}$)	=	1 Km.
	=	1851,851 m.		=	1000 m.
1″ ($^1/_{60}$)	=	30,864 m.	1″ ($^1/_{100}$)	=	10 m.
1‴ ($^1/_{60}$)	=	0,514 m.	1‴ ($^1/_{100}$)	=	0,1 dm.

§ 5. — COMPARAISON DES MESURES DE SURFACE.

Toises, pieds et pouces carrés en Mètres carrés, et réciproquement. — Comme 1 т = m 1,949036591... et comme 1 m = т 0,513074, on a :

1 т q ou (1 × 1) т = (m 1,949036591...)² (élevé au carré) = m q 3,7987436338...

Et 1 m q ou (1 × 1) m = (т 0,513074)² = т q 0,263244929476.

D'où l'on tire les rapports suivants, en observant qu'une toise carrée vaut 36 pieds carrés, que 1 pied carré vaut 144 pouces carrés, etc.

$$1 \text{ pied carré} = m\,q\, \frac{3{,}798436\ldots}{36} = m\,q\, 0{,}10552065\ldots$$

$$1 \text{ pouce carré} = m\,q\, \frac{0{,}10552065\ldots}{144} = m\,q\, 0{,}00073278$$

Et réciproquement,

1 mètre carré = т q 0,2632449...

```
                      36
                ─────────────
                  15794694
                  7897347
             p q  9,47681..
                     144
                ─────────────
                  3790724
                  3790724
                  947681
             p q  1364,66064
```
fraction inexacte à partir des millièmes.

1 mètre carré = P q 9,47681... ou p q 1364,66...
1   d°   = 9 P q — 68 p q

En divisant successivement 9,47681 ou 9 pieds carrés et 68 pouces carrés par 6, on obtient la valeur du mètre en *Toises-pieds*, etc. :

1 m q = 1,5794... toise-pied ou 1 toise-pied — 6 toises-pouces — 11 toises-lignes, etc.

On obtient la valeur des décimètres, centimètres, etc., carrés en toises, pieds et pouces carrés, en reculant la virgule de 2, 4, etc., rangs de la droite vers la gauche.

Aunes carrées en Mètres carrés, et réciproquement. — Comme 1 a = m 1,1884461... et 1 m = a 0,8414348... on a :

$$1 \text{ a q} = (1{,}1884461...)^2 = \text{m q } 1{,}41240417...$$
$$1 \text{ m q} = (0{,}8414348...)^2 = \text{a q } 0{,}7080125...$$

Lieues terrestres carrées en Myriamètres carrés, Kilomètres carrés, hectares, et réciproquement.

$$1 ^{L\,T} q = \text{Mm q } (0{,}44444..)^2 = \text{Mm q} \qquad 0{,}19753086...$$
$$= \text{Km q} \qquad 19{,}753086...$$
$$= \text{Ha} \qquad 1975{,}3086...$$
$$1 \text{ Mm q} = ^{L\,T} q \,(2{,}25)^2 = \qquad 5{,}0625 \text{ lieues carrées.}$$
$$1 \text{ Km q} .... = \qquad 0{,}050625 \qquad \text{d}°$$
$$1 \text{ Ha} ...., = \qquad 0{,}00050625 \qquad \text{d}°$$

Perches carrées et arpents (eaux et forêts) en Hectares et en ares, et réciproquement. — La perche carrée vaut 484 pieds carrés, l'arpent vaut 100 perches, et 1 pied carré vaut mq 0,10552065...

$$\text{Donc, 1 perche q (e. et f.)} = \text{m q} \qquad 0{,}10552065... \times 484$$
$$= \text{m q} \quad 51{,}0719...$$
$$= \text{a} \qquad 0{,}510719...$$
$$\text{Et 1 arpent (e. et f.)} = \text{m q } 5107{,}19...$$
$$= \text{a} \qquad 51{,}0719...$$
$$= \text{H a} \quad 0{,}510719...$$

Et réciproquement,

$$1 \text{ are} = \frac{1 \text{ perche q (e. f.)}}{0{,}510719...} = \qquad 1{,}95802... \text{ perches q (e. f.)}$$
$$\text{Ha}..................... = \qquad 195{,}802... \qquad \text{d}°$$
$$= \qquad 1{,}95802... \text{ arpents (e. f.).}$$

Perches carrées et arpents de Paris en Ares et Hectares, et réciproquement. — La perche de Paris vaut 324 pieds carrés, l'arpent vaut 100 perches carrées.

$$\text{Donc, 1 perche q (P)} = \text{m q} \quad 0{,}10552065\ldots \times 324$$
$$= \text{m q} \quad 34{,}18869\ldots$$
$$= \text{a} \quad 0{,}3418869\ldots$$
$$\text{et 1 arpent (P)} = \quad 34{,}18869\ldots$$
$$= \text{Ha} \quad 0{,}3418369\ldots$$

Et réciproquement,

$$1\ \text{a} = \frac{1\ \text{perche q (P)}}{0{,}3418869\ldots} = \quad 2{,}924943\ldots \ \text{perche q (P)}$$
$$1\ \text{Ha}\ldots\ldots\ldots\ldots = \quad 292{,}4943 \qquad \text{d}^\circ$$
$$= \quad 2{,}924943\ldots\ \text{arpents (P)}.$$

§ 6. — COMPARAISON DES MESURES DE VOLUME OU DE SOLIDITÉ.

Toises, pieds et pouces cubes en Mètres cubes, et réciproquement. — Comme 1 T = m 1,949036591… et que 1 m = T 0,513074, on a :

$$1\ ^{\text{T}}\text{c ou } (1 \times 1 \times 1)\ ^{\text{T}} = (\text{m } 1{,}949036591\ldots)^3$$
$$= \text{m c } 7{,}4038900343083\ldots$$
$$\text{Et } 1\ \text{m c ou } (1 \times 1 \times 1)\ \text{m} = ^{\text{T}} (0{,}513074)^3$$
$$= ^{\text{T}}\text{c } 0{,}1350641289946\ldots$$

D'où on tire les rapports suivants, en observant que la toise cube vaut 216 pieds cubes, que le pied cube vaut 1728 pouces cubes, etc. :

$$1\ \text{pied cube} = \frac{\text{m c } 7{,}4038900343\ldots}{216} = \text{m c } 0{,}0342772701\ldots$$
$$1\ \text{pouce cube} = \frac{\text{m c } 0{,}0342772701\ldots}{1728} = \text{m c } 0{,}00001983638\ldots$$

Et réciproquement,

$$1\ \text{mètre cube} = ^{\text{T}}\text{c } 0{,}1350641289\ldots$$

```
                  216
         ——————————————
          8103847734
          1 350641289
            27 01282578
  P c    ——————————————
         29,173851842̶4̶
                 1728
         ——————————————
          233 3908147
          583  477086
         20421 69628
         29173 8518
         ——————————————
  p c    50412,41593̶0̶7̶
```

(fraction inexacte à partir des cent-millièmes).

$$1 \text{ m c} = \text{P c } 29{,}1738518\ldots = \text{pc } 50412{,}4159\ldots$$
$$\text{ou } 29 \text{ P c} - 300{,}415\ldots \text{ p c}$$

En divisant P c 29,1738518... par 36, on obtient la valeur du mètre cube en *Toises-toises-pieds :*

1 m c = 0,8103847... toises-toises-pieds.

En multipliant successivement cette valeur par 12, on obtient la valeur du mètre-cube en toises-toises-pouces et en toises-toises-lignes ;

$$1 \text{ m c} = 0 \text{ T-T-P} - 9 \text{ T-T-p} - 8{,}69 \text{ T-T-l}$$

On obtient la valeur des décimètres cubes, centimètres cubes, en toises, pieds et pouces, en reculant la virgule de 3, 6, etc., rangs, de la droite vers la gauche.

Solives en Mètres cubes, et réciproquement. — Puisque la solive vaut 1/72 de toise cube ou 5184 pouces cubes, que la toise cube = m c 7,403890343... et que le pouce cube = m c 0,00001983638... on a :

$$1 \text{ solive} = \frac{7{,}403890343\ldots}{72} = \text{m c } 0{,}1028318\ldots$$

Ou 1 sol. = 0,00001983638... $\times$ 5184 = m c 0,1028318...

Et réciproquement,

$$1 \text{ m c} = \frac{1 \text{ solive}}{0{,}1028318} \ldots\ldots = 9{,}724618\ldots \text{ solives.}$$

Cordes et Voies en Mètres cubes ou Stères, et réciproquement. — Puisque la corde (eaux et forêts) vaut 2 voies ou 112 pieds cubes et que 1 pied cube = m c 0,0342772701... on a :

1 corde (e. f.) = m c 0,0342772701 $\times$ 112 = 3,83905... stères ou m. cubes.
1 voie (e. f.) = m c 0,0342772701 $\times$ 56 = 1,91952...   d°

Et réciproquement,

$$1 \text{ stère} = \frac{1 \text{ corde (e. f.)}}{3{,}83905\ldots} = 0{,}26048\ldots \text{ cordes (e. f.)}$$

$$1 \text{ stère} = \ldots\ldots\ldots\ldots\ldots\ldots = 0{,}52096\ldots \text{ voies (e. f.)}$$

§ 7. — Comparaison des mesures de capacité.

Setiers, Boisseaux et Litrons, en Litres, Hectolitres, et réciproquement. — Puisque le litron = 40,98625... pouces cubes et que 1 pouce cube = m c 0,00001983638... ou 0,01983638... litres, on a :

1 litron = 1 0,01983638... × 40,98625...= 1   0,8130189...
                                          = cm c 813,0189...
1 boiss. = 1 0,8130189... × 16   = 1   13,008303... décim. cub.
1 setier = 1 13,008303... × 12   = 1   156,099...
                                     = Hl   1,56099...
                                     = mc   0,156099...

       1 setier pour l'avoine   = l   312,19...
                                     = Hl   3,1219...
                                     = mc   0,31219...

Et réciproquement,

$$1 \text{ litre} = \frac{1 \text{ litron}}{0,8130189...} = 1,2299836... \text{ litron.}$$

1 décalitre.............. = 12,299836...   d°

$$1 \quad d° = \frac{12,299836...}{16} = 0,768739... \text{ boiss.}$$

1 hectolitre.............. = 7,68739...   d°

$$1 \quad d° = \frac{7,68739...}{12} = 0,640616... \text{ setier.}$$

1 mètre c .... = 6,40616...   d°

Pintes et Muids de Paris en Litres et Hectolitres, et réciproquement. — Puisque la pinte = 46,95 pouces cubes, on a, d'après ce qui précède:

1 pinte = 1 0,019836383... × 46,95 = 1   0,93131818...
                                    = cm c 931,31818...
1 muid = 1 0,93131818... × 288   = 1   268,21963637...
                                    = Hl   2,6821963637...
                                    = m c   0,2682196363...
1 velte = 1 0,93131818... × 8   = 1   7,45054545...
                                    = m c   0,007450545445..

Et réciproquement,

$$1 \text{ litre} = \frac{1 \text{ pinte}}{0,93131818...} = 1,07374688... \text{ pintes}$$

$$1 \text{ litre} = \frac{1 \text{ velte}}{7,45054545...} = 0,13421826... \text{ veltes}$$

1 Hl = ... = 107,374688...   pintes

$$1 \text{ Hl} = \frac{1 \text{ muid}}{2,6821963637...} = 0,372828... \text{ muids}$$

                                    = 13,421828...   veltes
1 m c........................... = 1073,74688...   pintes
                                    = 3,72828...   muids
                                    = 134,21828...   veltes

Conformément à ce qui a déjà été dit (p. 280), dans la plu-

part des villes de commerce on se sert, pour convertir les litres en veltes, des rapports :

$$1 \text{ velte} = 7,61 \text{ litres} ; \quad \text{d'où } 1 \text{ litre} = 0,1311 \text{ velte}.$$

§ 8. — Comparaison des poids.

*Livres, onces, gros, grains, en Kilogrammes, grammes, et ré-
ciproquement.* — Puisque 1 kilogramme pesé dans le vide $=$
18827,15 grains, et qu'une livre contient 9216 grains,

$$1 \text{ livre} = \frac{9216}{18827,15} = \text{Kg } 0,4895058466\ldots,$$

$$\text{D'où } 1 \text{ once} = \frac{0,4895058\ldots}{16} = \text{Kg } 0,030594\ldots$$

$$1 \text{ once} = \quad = \text{g } 30,594\ldots$$

$$1 \text{ gros} = \frac{30,594\ldots}{8} = \text{g } \quad 3,824\ldots$$

$$1 \text{ grain} = \frac{3,824}{72} = \text{g } \quad 0,05311\ldots$$

Et réciproquement,

$$1 \text{ Kg} = \frac{18827,15}{9216} = \text{liv } 2,042876519\ldots$$

$$\begin{array}{r} 16 \\ \hline \end{array}$$

onces $\overline{32,686024304}$

$$\begin{array}{r} 8 \\ \hline \end{array}$$

gros $\overline{261,488194432}$

$$\begin{array}{r} 72 \\ \hline \end{array}$$

522976388864
1830417361024

grains $\overline{18827,1499991}$ (fraction inexacte à partir
[des millièmes.)

1 Kg $=$ 32,6860243... onces $=$ 261,4881944,... gros $=$
18827,15 grains.

$$1 \text{ Kg} = 2^{l\,p} - 0^{o} - 5^{g} - 35,15^{gr}$$
$$1 \text{ g} \quad = 18,82715 \text{ grains}.$$

*Quintaux et Milliers ordinaires en Quintaux et Tonneaux mé-
triques, et réciproquement.* — Puisque $100^{l\,p} = 1$ quintal ancien; $1000^{l\,p} = 1$ millier ou un tonneau ancien; 100 Kg $=$
1 q métrique; 1000 kilog. $= 1$ tonneau métrique, on a :

$$1 \text{ q ancien} \quad = \text{Kg} \quad 48,95058\ldots$$
$$1 \text{ millier} \quad = \text{Kg} \quad 489,5058\ldots,$$
$$1 \text{ q métrique} = 1\,p \quad 204,28765\ldots$$
$$1 \text{ tonn. mét.} = 1\,p \quad 204^{p},8765\ldots$$

Avant qu'on employât la livre *usuelle* de 500 grammes, on convertissait les kilogrammes en livres anciennes, et réciproquement, avec le rapport suivant :

$$490 \text{ Kg} = 1001 \, ^1 \text{ p.}$$

Ce qui abrégeait sensiblement les calculs ; car, 490 étant égal à $7 \times 7 \times 10$, et 1001 ayant aussi 7 pour facteur, on constatait l'exactitude de la multiplication par 1001, d'ailleurs très simple, en faisant la division du produit par le premier facteur 7, qui ne devait donner aucun reste. Ce rapport ne donnait sur 1000 kilog. qu'une erreur en moins de 2 gros et 44,57 grains.

§ 9. — Comparaison des monnaies.

Livres, sous et deniers en Francs, et réciproquement. — La pièce de 1 franc, pesant 5 grammes, contient 9/10 de métal pur $= 5 \times \frac{9}{10} = 9/2$; d'un autre côté, 1 gramme pèse 18,82715 grains. Donc, 1 franc $= 9/2$ de $18,82715 = 84,722175$ grains.

Des expériences très exactes ont aussi prouvé que 1 *livre tournois*, déduite de l'écu de 6 livres, contenait 83,675936 grains d'argent fin.

$$\text{Donc, 1 grain} = \frac{1 \text{ franc}}{84,722175}$$
$$= \frac{1 \text{ livre}}{83,675936}$$
$$\text{D'où } \frac{1 \text{ f}}{84,722175} = \frac{1 \text{ l}}{83,675936}$$

Ce qui fait, en réduisant au même dénominateur,

$$\frac{83,675936}{84,722175 \times 83,675936} = \frac{84,722175}{83,675936 \times 84,722175}$$

$$\text{Ou f. } 83,675936 = 84,722175 \text{ livres.}$$

$$1 \text{ l} = \frac{84,722175}{83,675936} = 0,9876509\ldots \text{ franc,}$$

$$1 \text{ f} = \frac{83,675936}{84,722175} = 1,0125034\ldots \text{ livre.}$$

$$1 \text{ s} = \frac{\text{f. } 1,0125034}{20} = 0,050625\ldots \text{ franc,}$$

$$= 5,0625\ldots \text{ centimes.}$$

$$1 \text{ d} = \frac{\text{f. } 0,050625}{12} = 0,004218\ldots \text{ franc,}$$

$$= 0,4218\ldots \text{ centime.}$$

Puisque 100 fr. valent 101,25 ou 101ˡ 1/4, la loi qui a mis en vigueur les nouvelles mesures a pu déterminer le rapport équivalent suivant:

$$80 \text{ francs} = 81 \text{ livres.}$$

De sorte que pour convertir exactement des sommes de livres anciennes en francs, il suffisait d'en diminuer le nombre de la 100ᵉ partie et de 1/4 de ce centième, ou bien de le diminuer de la 81ᵉ partie ou de 1/9 du 1/9; — et pour convertir des francs en anciennes livres, il fallait les augmenter du centième et d'un quart de ce centième, ou bien du 1/8 de 1/10.

Peu de temps après, l'usage rendit la livre égale au franc, et les deux termes devinrent synonymes dans le langage usuel.

D'après la loi du 12 septembre 1810, les pièces (d'ailleurs démonétisées depuis le 1ᵉʳ janvier 1836) de

$$48^l \qquad 24^l \qquad 6^l \qquad 3^l \qquad 24^s \quad 12 \quad 6^s,$$

n'avaient plus cours que pour

$$\text{f. } 47,20 \quad 23,35 \quad 5,80 \quad 2,75 \quad 1 \quad 0,50 \quad 0,25$$

Les pièces d'argent de 30 sous et de 15 sous, le gros sou, la pièce de six liards et le petit sou, ont conservé leur valeur jusqu'à l'époque de leur démonétisation, c'est-à-dire jusqu'au moment où on les a retirées de la circulation.

Suivant que l'on déduit les valeurs réciproques du franc en livre et de la livre en franc, soit de la valeur intrinsèque du franc et de la livre comme ci-dessus, soit des rapports 100 : 101 1/4 ou 80 : 81, on trouve des nombres qui diffèrent à la huitième décimale.

CHAPITRE LI

Des mesures étrangères. — Calcul et rapports avec les mesures métriques.

Dans la plupart des pays où le système des subdivisions décimales n'est pas encore usité, on est obligé d'avoir recours, pour les opérations sur les mesures, les poids et les monnaies, aux procédés de calcul des nombres complexes exposés dans le Livre VIII, qui sont une application des calculs des fractions ordinaires exposés au Livre III.

Il y a des pays où le système décimal existe pour les monnaies et n'existe pas pour les poids et mesures. Dans ces pays, les États-Unis, par exemple, les calculs des prix et la tenue des comptes sont aussi simples qu'avec le système métrique.

Dans beaucoup de pays, on fait usage d'une livre se rapprochant de l'ancienne livre française, et se subdivisant en 20 sous de 12 deniers; en Angleterre, par exemple, l'unité monétaire, la livre sterling, se subdivise en 20os ou shillings, de 12 deniers ou pences de 4 quarts ou farthings. Dans ces divers pays, les calculs donnent lieu à des opérations semblables à celles qui nous ont servi de types, de sorte que notre ouvrage peut convenir pour l'étude de l'arithmétique en tout pays.

Dans les divers pays, les mesures et les poids se subdivisent selon des systèmes différents, se rapprochant plus ou moins des subdivisions des anciennes mesures françaises, et donnant également lieu à des opérations analogues à celles que nous avons reproduites, mais d'une exécution plus ou moins facile, selon que les nombres subdivisionnaires ont plus ou moins de diviseurs (115).

Les quatre tableaux suivants, heureusement disposés et

que nous avons calculés comme modèles, contiennent les rapports entre elles des mesures commerciales des dix contrées les plus commerçantes de l'Europe, c'est-à-dire d'Angleterre, d'Autriche, d'Espagne, de France, de Francfort, de Gênes, de Hambourg, de Naples, de Prusse et de Russie. Le premier est relatif aux Aunages, le second aux Liquides, le troisième aux Poids usuels du commerce, et le quatrième aux Poids de l'or et de l'argent. Un simple coup d'œil suffira pour découvrir la manière de s'en servir, puisque la disposition synoptique est la même que celle de la table de Pythagore.

Soit, par exemple, à chercher combien 100 *palmi* de Gênes valent en *yards* d'Angleterre ; on trouve (1ᵉʳ tableau) 100 palmi à la sixième ligne de la sixième colonne, et la valeur en yards à la sixième ligne de la première colonne, au commencement de laquelle se trouve le mot Gênes.

Il y a dans tous les pays des publications spéciales contenant des tableaux des réductions des mesures en mesures des autres pays *.

---

* Les principaux ouvrages qui traitent des poids et mesures sont ceux de Kruse, Chelius, Gerhardt, Ricard, Vega, Leuchs, Berch, Paucton, Nelkenbrecher, Peuchet Kelly (*The cambist*), Lohmann (*Tableau pour la réduction des poids, mesures et monnaies*, Imp. en all. et en franç., à Leipzig), Saigey (*Métrologie*), Doursther (*Dictionnaire universel des poids et mesures*), E. Sergent (*Traité pratique et complet de tous les mesurages*, Paris, 1857) et les deux Dictionnaires du commerce, publiés par M. Guillaumin, à l'article POIDS ET MESURES et aux divers articles consacrés aux villes ; le premier publié en 1836-39, le deuxième en 1858.

AUNAGES.	ANGLETERRE	AUTRICHE	ESPAGNE	FRANCE	FRANCFORT	GÊNES	HAMBOURG	NAPLES	PRUSSE	RUSSIE	
Angleterre	- 100 yards	117,342	107,821	91,428	167,051	365,965	159,566	43,344	137,087	128,503	Angleterre
Autriche	85,220	100 ellen	91,886	77,916	142,362	311,876	135,984	36,939	116,827	109,511	Autriche
Espagne	92,746	108,830	100 varas	84,796	154,935	339,425	147,992	40,201	127,143	119,182	Espagne
France	109,374	128,342	117,929	100 mètres	182,712	400,272	174,525	47,409	149,939	140,550	France
Francfort	59,862	70,243	64,543	54,730	100 ellen	219,069	95,520	25,948	82,063	76,924	Francfort
Gênes	27,325	32,064	29,461	24,983	45,648	100 palmi	43,602	11,814	37,459	35,114	Gênes
Hambourg	62,669	73,538	67,571	57,298	104,690	229,347	100 ellen	27,164	85,912	80,532	Hambourg
Naples	230,710	270,720	248,750	210,936	385,386	844,310	368,130	100 cannes	316,270	296,470	Naples
Prusse	72,945	85,596	78,651	66,693	121,857	266,958	116,397	31,619	100 ellen	93,738	Prusse
Russie	77,818	91,314	83,905	71,148	129,998	284,787	124,173	33,739	106,680	100 arschin	Russie

LIQUIDES

	ANGLETERRE	AUTRICHE	ESPAGNE	FRANCE	FRANCFORT	GÊNES	HAMBOURG	NAPLES	PRUSSE	RUSSIE	
Angleterre	100 gallons	320,98	28,84	454,19	53,33	305,94	501,85	624,77	396,67	286,21	Angleterre
Autriche	31,154	100 masz	8,985	141,501	78,924	95,315	156,348	194,645	123,580	89,167	Autriche
Espagne	346,7	1112,9	100 arro-[bas	1574,8	878,4	1060,7	1740,2	2166,3	1375,5	992,4	Espagne
France	22,016	70,670	6,350	100 litres	55,775	67,360	110,492	137,547	87,335	63,015	France
Francfort	39,473	126,705	11,385	179,289	100 masz	120,769	198,102	246,607	156,582	112,979	Francfort
Gênes	32,684	104,915	9,427	148,456	82,801	100 pintes	164,032	204,197	129,653	93,550	Gênes
Hambourg	19,926	63,959	5,747	90,504	50,478	69,982	100 quar-[tiers	124,486	79,41	57,031	Hambourg
Naples	16,006	51,378	4,617	72,703	40,549	48,973	80,328	100 carafes	63,492	45,814	Naples
Prusse	25,209	80,919	7,271	114,501	63,864	77,128	126,516	157,493	100 quart	72,153	Prusse
Russie	34,938	112,148	10,077	158,691	88,510	106,894	175,342	218,275	138,593	100 krus-[chki	Russie

POIDS DE COMMERCE.	ANGLETERRE	AUTRICHE	ESPAGNE	FRANCE	FRANCFORT	GÊNES	HAMBOURG	NAPLES	PRUSSE	RUSSIE	
Angleterre	100 livres avoir du poids	80,973	98,577	45,355	96,941	129,997	93,629	50,902	97,016	110,876	Angleterre
Autriche	123,497	100 livres	121,740	56,012	119,719	160,542	115,629	62,862	119,813	136,929	Autriche
Espagne	101,443	82,142	100 livres	46,009	98,339	131,872	94,980	51,635	98,416	112,476	Espagne
France	220,481	178,531	217,348	100 kilogr.	213,736	286,619	206,434	112,229	213,903	244,462	France
Francfort	103,156	83,528	101,688	46,786	100 livres poids léger.	134,098	96,583	52,507	100,078	114,375	Francfort
Gênes	76,924	62,288	75,829	34,889	74,570	100 livres poids lourd	72,023	39,156	74,629	85,291	Gênes
Hambourg	106,806	86,483	105,285	48,441	103,537	138,843	100 livres	54,366	103,618	118,421	Hambourg
Naples	196,454	159,076	193,657	89,102	190,594	255,383	183,938	100 rotoli	190,594	217,422	Naples
Prusse	103,074	83,463	101,608	46,750	99,921	133,944	96,507	52,467	100 livres	114,285	Prusse
Russie	90,190	73,030	88,907	40,906	87,431	117,244	84,444	45,908	87,5	100 livres	Russie
POIDS D'OR ET D'ARGENT.											
Angleterre	100 livres de Troy	132,976	162,231	37,321	159,662	117,665	159,603	116,350	159,662	91,235	Angleterre
Autriche	75,201	100 marcs	122,000	28,067	120,068	88,488	120,024	87,496	120,068	68,610	Autriche
Espagne	61,641	81,967	100 marcs	23,004	98,416	72,529	98,331	71,717	98,416	56,238	Espagne
France	267,948	356,307	434,696	100 kilogr.	427,807	315,281	427,661	311,750	427,807	244,462	France
Francfort	62,632	83,287	101,608	23,375	100 marcs de Cologne	73,697	99,963	72,872	100	57,143	Francfort
Gênes	84,985	113,011	137,872	31,717	135,690	100 livres poids léger.	135,640	98,878	135,690	77,537	Gênes
Hambourg	62,655	83,316	101,646	23,383	100,037	73,723	100 marcs	72,897	100,037	57,164	Hambourg
Naples	85,948	114,291	139,437	32,077	137,227	101,133	137,177	100 livres	137,227	78,415	Naples
Prusse	62,632	83,287	101,608	23,375	100	73,697	99,963	72,872	100 marcs	57,143	Prusse
Russie	109,606	145,750	177,814	40,906	175	128,970	174,935	127,526	175	100 livers	Russie

QUATRIÈME PARTIE

RÈGLES ET PROBLÈMES

Les deux premières parties de cet ouvrage forment un Cours complet de l'arithmétique théorique et pratique pour les besoins de la vie et du commerce.

La troisième traite des Mesures, Poids et Monnaies, c'est-à-dire des unités que les nombres expriment le plus souvent, dont la connaissance indispensable exige un grand nombre de détails et donne lieu à l'application des principes généraux de l'arithmétique des nombres entiers et fractionnaires.

Nous consacrons la quatrième à l'application de cette science aux principales questions que l'on a à résoudre.

Ces questions seront successivement examinées dans les chapitres consacrés : — à la solution des problèmes par l'Analyse simple et par les Équations et les Proportions (Règle de Trois simple et composée, Règle Conjointe, calculs à Tant pour cent); — à la Règle d'Intérêt simple, à la Règle d'Escompte, à la Règle de Société ou de Répartition simple et composée, à la Règle dite de Fausse position; — aux calculs d'Intérêt composé, d'Annuités et d'Amortissement; — à la Règle de Mélange. — Enfin, un chapitre final sera consacré à diverses autres règles ou problèmes.

Cette quatrième partie forme donc un recueil méthodique et complet de toutes les variétés de problèmes commerciaux et usuels.

LIVRE IX

SOLUTION DES PROBLÈMES EN GÉNÉRAL. — SOLUTION PAR L'ANALYSE

PROBLÈMES SUR LES POIDS ET MESURES.

Solution des problèmes en général. — Solution des problèmes par l'Analyse simple et par la réduction à l'unité. — Problèmes sur les Poids et mesures. — Usage des chiffres de densité et des formules de géométrie.

CHAPITRE LII

De la solution des problèmes en général. — Classification des problèmes *.

§ 1. — DE LA SOLUTION DES PROBLÈMES EN GÉNÉRAL.

Un *problème* est en général une question compliquée qui demande une réponse; un **Problème de calcul** est l'énoncé d'une question dans laquelle il s'agit de trouver un ou plusieurs nombres inconnus au moyen de nombres donnés dans l'énoncé ou connus autrement.

Résoudre le problème, en opérer la *solution*, c'est déterminer les nombres inconnus au moyen d'opérations sur les nombres connus ou successivement obtenus. — La Solution est la série des raisonnements et des opérations que l'on fait pour arriver au résultat demandé et cherché. On donne aussi le nom de solution à la réponse, au résultat obtenus.

Les opérations qui conduisent au nombre ou aux nombres cherchés sont indiquées à l'esprit par la logique, aidée de la connaissance des principes de la science des nombres exposés dans la première et la deuxième partie de ce cours.

---

* Il sera bon de relire ce chapitre après s'être exercé à la solution des problèmes.

De la connaissance de ces principes résultent deux ordres de procédés et de méthodes. Les *méthodes* dites *arithmétiques*, par lesquelles l'esprit trouve par voie d'analyse quelles sont les opérations de calcul à faire ; les *méthodes algébriques* par lesquelles, après une analyse des éléments de la question, elles se présentent à l'esprit sous forme d'*équation*, ou en une formule, qui, une fois écrite, indique la marche des calculs à suivre.

Des auteurs se sont prononcés d'une manière exclusive pour l'une ou pour l'autre de ces méthodes générales.

Parmi les auteurs classiques, en France, Reynaud, par exemple, ne s'est le plus souvent servi dans ses démonstrations que des méthodes arithmétiques, parce qu'il a pensé que, tout en convenant mieux à la faiblesse des commençants, elles préparent par des considérations fines et ingénieuses aux artifices de l'analyse, tandis que les procédés algébriques, employés de trop bonne heure, accoutument, dit-il, les élèves à se laisser aveuglément conduire par le mécanisme des transformations. De son côté, Bourdon a cru qu'on ne peut présenter certaines propriétés des nombres d'une manière complète, sans le secours des signes algébriques, à moins de rompre l'enchaînement qu'il y a entre ces propriétés et leurs applications les plus importantes.

Nous pensons qu'il y a du vrai dans les deux opinions et qu'il est impossible de se prononcer d'une manière absolue sur cette question*; car, enfin, l'inconvénient que Reynaud trouve aux équations ou moyens algébriques existe en partie dans les proportions appartenant aux moyens arithmétiques.

La nature de notre enseignement nous a permis de prendre dans l'un et dans l'autre de ces deux systèmes ; et nous avons toujours préféré le procédé le plus direct et le plus abrégé, algébrique ou non. Nous avons voulu écrire non pour former des mathématiciens transcendants, mais des praticiens ha-

---

* Reynaud lui-même a fait usage des méthodes algébriques dans ses dernières éditions.

biles, et faire non point un traité qui servît d'introduction aux autres théories des mathématiques, mais un livre d'arithmétique appliquée.

Pour beaucoup de personnes, le mot algèbre est synonyme de complication ; elles ignorent qu'en arithmétique, lorsqu'il s'agit de la solution de certaines questions, on est obligé de recourir, quand toutefois la science en possède, à des procédés de raisonnement bien plus abstraits, bien plus *algébriques*, pour parler le langage usuel, et bien plus difficiles à saisir que ceux de l'algèbre elle-même. Pour ne point heurter ce préjugé général, quelques auteurs * n'ont employé que l'arithmétique pour résoudre tous les problèmes et ont donné des solutions qui sont souvent de véritables tours de force, bons comme exercices, mais inadmissibles dans la pratique. Nous avons suivi une marche contraire, notamment pour les questions d'Intérêts composés, d'Annuités et d'Amortissement, avec d'autant plus de raison que nous n'avons eu à nous servir que des équations du premier degré, qui sont d'une grande simplicité.

Nous avons aussi utilisé les belles propriétés des Logarithmes, et nous avons indiqué et conseillé l'usage de ce puissant moyen, toutes les fois qu'il nous a paru présenter des avantages : le calcul étant un travail purement mécanique, toutes les découvertes qui tendent à l'abréger seront un service rendu aux sciences et à l'humanité. On croit vulgairement que les logarithmes sont d'une difficulté inabordable ; nous n'avons pas beaucoup de peine à démontrer le contraire. On a dit aussi que l'usage de la table des logarithmes facilite la paresse ; mais c'est là un reproche qu'on pourrait

---

* Citons, par exemple, *Moyen de suppléer par l'arithmétique à l'emploi de l'algèbre dans les questions d'intérêt composé, d'annuités, d'amortissement*, etc., par M. Juvigny. 1825, broch., chez Renard. — *Recueil de problèmes amusants et instructifs avec leurs solutions, en employant seulement les quatre principales opérations de l'arithmétique*, par M. Grémillet. 1828, 2 forts vol. in-8, chez Cretti. 1 vol. de solutions.

faire à toute machine et qui est au fond un éloge :

Abréger ses travaux, c'est prolonger sa vie.

§ 2. — CLASSIFICATION DES PROBLÈMES.

Les problèmes qui ont une analogie entre eux se résolvent tous d'une manière uniforme, en suivant une même marche à laquelle le raisonnement a conduit, et en faisant toutes les simplifications de calcul possibles, quelque minimes qu'elles puissent paraître, parce qu'en fait de travaux ennuyeux (et les calculs sont de ce nombre), il n'y a pas de petite économie.

On a donc été conduit à ranger les problèmes par groupes, dont les plus importants et les plus habituels sont ceux que nous avons formés. Dès qu'on résout un problème du même groupe pour la seconde fois, il est inutile de raisonner l'opération; il suffit de la faire d'après une marche connue, ou *règle* indiquée par une *formule*. On imprime ainsi aux calculs une grande rapidité dans la pratique.

Les problèmes peuvent être classés selon les modes de solution et selon les formules de calculs auxquelles ils conduisent.

Les divers *modes de solution* sont: 1° Ceux de l'Analyse simple et de la réduction à l'Unité;

2° Celui de la mise des données des problèmes sous forme immédiate d'Équation;

3° Celui de la mise des données des problèmes sous forme d'une Proportion simple (Règle de Trois), — ou sous forme d'une Proportion composée (Règle de Trois composée, Règle Conjointe, règle d'Intérêt et d'Escompte), proportions qui aboutissent à une équation d'expressions fractionnaires qui peut être posée de suite avec l'habitude qu'on acquiert;

4° Ceux procédant des Progressions conduisant à des équations un peu plus compliquées que les précédentes, comme dans les questions d'Intérêts composés, d'Annuités, d'amortissement;

5° Les modes mixtes employant à la fois l'analyse, l'équation et la proportion, comme dans les règles dites de Société, de Répartition, de Fausse position, de Mélanges, etc.

Le procédé de l'analyse, ainsi que nous le ferons remarquer, est applicable à tous les groupes de problèmes ; mais il n'est pas toujours le plus pratique.

Les problèmes peuvent être encore classés selon leur *nature*, c'est-à-dire selon le but des questions et la nature des éléments à déterminer ; c'est ainsi qu'il y a les questions relatives aux Poids, Mesures et Monnaies, à l'Intérêt et à l'Escompte, aux Annuités et à l'Amortissement, aux répartitions de Société, aux Mélanges, Combinaisons et Moyennes, etc.

Chaque science, la Statistique, l'Astronomie, la Physique, la Mécanique, la Chimie, la Géodésie, donne lieu à des séries de problèmes et de calculs qui lui sont propres. Il en est de même des diverses Industries agricoles et manufacturières, des diverses branches de Commerce ou d'Administration, des grandes entreprises, telles que Chemins de fer, Assurances, Institutions de crédit ; et il en est de même des arts, des jeux et de toutes les branches de l'activité humaine.

Parmi les divers problèmes que nous avons recueillis dans ce volume, quelques-uns ne sont que des exercices pour le jugement et la pratique des calculs. Mais la plupart remplissent ce but tout en se rapportant aux questions les plus usuelles de la vie, du commerce, de la banque et des sciences.

Comme nous nous sommes attaché à présenter au lecteur les *types* les mieux caractérisés et que quelques problèmes de divers auteurs anciens ou contemporains nous ont paru remplir toutes les conditions, nous les avons simplement reproduits, en mentionnant ces auteurs.

CHAPITRE LIII

Solution des problèmes par l'analyse simple.

§ 1er. — DE L'ANALYSE SIMPLE.

La solution de tous les problèmes, avons-nous dit, nécessite un examen ou une analyse des éléments de la question, de laquelle ressort (par suite de la connaissance qu'on a de la nature des quatre règles), l'indication d'une ou deux ou plusieurs de ces règles, — ou qui montre que ces éléments peuvent former soit une Équation, soit une Proportion, soit une série de proportions, soit une Progression, soit d'autres Formules d'opérations.

On appelle plus spécialement **analyse simple**, l'analyse qui conduit à la solution à l'aide de déductions faciles, de tâtonnement, et en dehors de l'emploi des équations, des proportions et des formules plus compliquées.

Nous ne réunissons ici que quelques problèmes de nature diverse qui serviront d'introduction aux différentes règles qui sont l'objet de cette quatrième partie. Mais ce procédé sera souvent rappelé dans les autres chapitres.

Ces questions, donnant lieu à une seule des opérations de calcul, ne nécessitent qu'une opération élémentaire de jugement. Nous pensons toutefois que le lecteur a besoin de s'exercer sur les questions relatives aux *poids et mesures* qui exigent à la fois la connaissance exacte des nomenclatures et des rapports métriques, celle des moyens de mesurage auxquels conduisent les proportions géométriques pour les longueurs, les surfaces, les volumes, les poids, et enfin la connaissance des densités ou poids spécifiques des corps *.

Un moyen d'analyse qui peut être fréquemment employé est celui de la *Réduction à l'unité*, vulgarisé par M. Reynaud ;

---

* Que l'on trouve dans les ouvrages de physique, de chimie et divers Dictionnaires.

nous l'appliquerons dans ce chapitre à une série de questions
dont les solutions peuvent être trouvées en suivant d'autres
marches.

Un autre moyen est celui qui se pratique à l'aide d'un procédé de calcul dit des *Parties aliquotes* (V. le chap. XXV), dont
nous avons fait usage pour la règle d'Intérêt (chap. LIX).

§ 2. — SOLUTION DES PROBLÈMES PAR L'ANALYSE SIMPLE. — 1ᵉʳ GROUPE.

Ce groupe commence par des problèmes extrêmement
simples. Le professeur peut les graduer selon la portée de
l'esprit de l'élève, en posant d'abord des questions qui ne
nécessitent que l'une des quatre opérations fondamentales,
puis des questions un peu plus complexes. Nous n'en donnons
aussi qu'un petit nombre. On en trouve un grand choix dans
les divers recueils de problèmes *.

1ᵉʳ problème. — Une personne a 2920 fr. de revenu par
an. Elle veut mettre de côté 1 franc par jour. On demande ce
qu'elle peut dépenser par jour.

```
                      2920        revenu.
                  —    365        épargne.
   A dépenser        2555 | 365
                          | 7 fr. par jour.
```

2ᵉ problème. — Trois personnes ont eu à se partager une
certaine somme : la première a eu 76 fr. ; la seconde, 14 fr. de
plus, et la troisième, 28 fr. de plus que la seconde. — Quelle
est la somme partagée et la part moyenne de chacune ?

```
Première.        76 .................... 76
             +   14
Deuxième.        90 .................... 90
             +   28
Troisième.      118 .................... 118
          Somme partagée     284 | 3
                                 | 94,66 part moyenne.
```

---

* Citons le Recueil de M. Salgey, dans lequel nous prenons l'énoncé
des cinq premiers problèmes, et ceux de MM. Grémillet, Sonnet,
Menu de Saint-Mesmin, etc.

3e problème. — On doit donner la moitié de 5448 francs à une première personne, le tiers du reste à une seconde personne, et le quart du reste à une troisième personne. — Quelle sera la part de chacun ?

```
              5448
   1/2      2724 ............... 2724   première.
   1/3       908 ............... 908    deuxième.
              1816
   1/4       454 ............... 454    troisième.
```

4e problème. — Que valent ensemble, la moitié, le tiers, le quart et le cinquième de 12 ?

```
                      12
   1/2 ............   6
   1/3 ............   4
   1/4 ............   3
   1/5 ............   2 2/5
                      15 2/5
```

5e problème. — 1° Vaut-il mieux vendre 15 kilog. de marchandise à 3 francs le kilog. que d'en vendre 5 kilog. à 2 fr. 75, 4 kilog. à 2 fr. 90 c., et 6 kilog. à 3 fr. 35 c. ?

2° Quelle différence y a-t-il dans les résultats ?

```
1er système de vente.. 15 ×    3 = 45,00
                        5 × 2,75 = 18,75
                        4 × 2,90 = 11,60
                        6 × 3,35 = 20,10
TOTAL par le 2e système de vente..  45,45 Différence, 0f,45.
```

6e problème. — Une personne veut acheter 3 1/3 aunes de drap ; mais elle trouve qu'il lui manque 7 fr. 45 c. pour les payer ; elle n'en prend alors que 2 1/2 aunes, et il lui reste 15 fr. 05 c. — On désire savoir quel est le prix de l'aune et combien cette personne avait d'argent[*].

Il est évident que la différence qui existe entre la quantité de drap que cette personne voulait acheter, et celle dont elle a fait emplette, est 3 1/3 — 2 1/2 aunes soit 20/6 — 15/6 = 5/6 ; et que cette différence en occasionne dans l'avoir de l'acheteur, une de fr. 7,45, qu'il aurait été obligé d'emprunter pour faire l'achat d'abord projeté.

---

[*] Problème appartenant à la catégorie des questions dites de fausse position. (V. chap. LXIII.)

Ces fr. 7,45 plus fr. 15,05 qu'il a de reste, après son emplette, font fr. 22,50, c'est-à-dire le prix de 5/6 d'aune de drap. Donc, 1/6 aune de drap

$$= \text{fr.} \ \frac{22,5}{5} = \text{fr. } 4,5, \text{ et les 6/6 ou l'aune valent fr. } 4,5 \times 6 = 27 \text{ francs.}$$

Ainsi, 3 1/3 aunes de drap valent 90 francs ; or, comme il manquait à l'acheteur, pour fournir cette valeur, la somme de fr. 7,45, il n'avait que fr. 90 — fr. 7,45 ou fr. 82,55.

§ 3. — SOLUTION DES PROBLÈMES PAR L'ANALYSE ; 2ᵉ GROUPE. — RÉDUCTION
A L'UNITÉ.

Le procédé s'explique de lui-même à la vue d'un ou deux exemples. Avec les données du problème on calcule quel serait le résultat si ces données étaient exprimées par l'unité, puis on modifie ce résultat conformément à la question.

Indépendamment des exemples que nous donnons ci-après, il est fait usage de ce procédé plus loin, notamment aux règles d'Intérêts composés, de Société et de Répartition.

7ᵉ problème. — Pour faire 135 toises d'ouvrage, on a employé 9 ouvriers ; combien de toises du même ouvrage feraient 16 ouvriers ?

Si 9 ouvriers ont fait.................. 135 toises d'ouvrage,

1 ouvrier en fera $\frac{135}{9}$ ou............ 15

16 ouvriers en feront 16 fois 15, ou...... 240

8ᵉ problème. — Douze ouvriers, en travaillant 8 heures par jour, ont mis 15 jours à construire un mur de 90 mètres ; pour en construire un second de 162 mètres, combien faudrait-il employer d'ouvriers qui travailleraient pendant 18 jours et 9 heures par jour ?

90 mètres	15 jours	8 heures			12 ouvriers
1	15	8	12/90		
1	1	8	$\frac{12 \times 15}{90}$	ou	2
1	1	1	2×8	ou	16
162	1	1	162×16	ou	2592
162	18	1	2592/18	ou	144
162	18	9	144/9	ou	16

9ᵉ problème. — Pour faire un meuble, on a employé

30 aunes de drap qui a 6/8 de large ; on veut le doubler, mais on n'a que de la toile de 5/8 de large. — Combien faut-il en employer ?

Si la toile avait une largeur de 6/8, il en faudrait 30 aunes ; si elle n'avait que 1/8, il en faudrait 6 fois plus = 180 ; et comme elle a 5/8, il en faut une quantité 5 fois moindre, ou 36 aunes.

On peut encore résoudre le problème par une analyse plus simple, en disant :

A 5/8 il en faudra 1/5 en sus ; soit 30 + 1/5 = 36.

10ᵉ problème. — On vend pour 720 fr. 30 aunes de drap à 9/12 de large ; que coûteraient 50 aunes de drap à 8/12 de large et dont la qualité est les 15/16 de celle du premier ?

30 aunes à 9/12 coûtent........................		720 francs.
1 à 9/12		24
1 à 1/12	24/9 ou	8/3
1 à 8/12	8 fois 8/3 ou	64/3
1 à 8/12 de 2ᵉ qualité coûte 15/16 de 64/3 ou		20
50 à 8/12 coûtent.............	50 fois 20 ou	1000

11ᵉ problème. — Trois associés ont fourni pour une spéculation, savoir : le premier, 1200 fr. ; le second, 1600 fr. ; le troisième, 2000 fr. : en tout, 4800 fr. Ils ont gagné 3600 fr. — Quel est le gain de chacun proportionnellement à la mise ?

Puisque le gain de 4800 fr. est de................		3600 francs.
le gain de 1 fr..........	3600/4800 ou de	3/4 (ou 0,75)
le gain de 1200 fr..........	1200 × 3/4 ou de	900
le gain de 1600 fr..........	1600 × 3/4 ou de	1200
le gain de 2000 fr..........	2000 × 3/4 ou de	1500

12ᵉ problème. — Trois associés ont fourni des mises égales pour leur commerce ; ils ont eu pour leur part dans le bénéfice commun, savoir : le premier, 900 fr. ; le second, 1200 fr. ; le troisième, 1500 fr. : en tout, 3600 fr. — On demande combien de temps chaque associé a laissé ses fonds dans la société, en supposant que ces temps réunis donnent un total de 18 mois ?

Si le gain total de 3600 fr. répond à,...........		18 mois
le gain partiel 1 fr.	à 18/3600 ou	1/200
le gain de 900 fr.	à 900/200 ou	4 1/2
le gain de 1200 fr.	à 1200/200 ou	6
le gain de 1500 fr.	à 1500/200 ou	7 1/2

·13e problème. — Dans une teinturerie, on a fait dissoudre 4,5 kilog. de matière colorante dans une cuve qui contient 630 litres d'eau. On voudrait adoucir cette teinture et la réduire à celle de 200 litres d'eau qui tiennent en dissolution 0^k,75 de la même matière. — Combien doit-on y ajouter d'eau *?

Puisque, pour la nuance demandée, il faut que

·Kil. 0,75 soient dissous dans.....................				200 litres d'eau,
0,01 seront	—	—	200/75 ou 1 kil. dans	20000/75
4,50 —	—	—	4,50 × 20000/75 ou	1200

Donc, il faut ajouter 570 litres aux 630, qui sont déjà dans la cuve.

14e problème**. — Un bassin est alimenté par deux robinets ; le premier seul pourrait le remplir en une heure 1/2, et le second en 3/4 d'heure ; au fond est pratiqué un orifice par lequel la totalité de l'eau s'écoulerait en 3 heures. On suppose le bassin vide, les deux robinets et l'orifice du fond ouverts simultanément, et — on demande en combien de temps le bassin se remplira. (Reynaud.)

D'après l'énoncé de la question,

Le premier robinet remplirait :..

En 3/2 h	1 fois le bassin,
En 3 h	2
En 1 h	2/3

Le second robinet remplirait :

En 3/4 h	1 fois le bassin,
En 3 h	4
En 1 h	4/3

L'orifice du fond viderait :

En 3 h	1 fois le bassin,
En 1 h	1/3

Ainsi, quand l'eau coule par les trois issues à la fois, son volume peut,

---

* Problème de la règle de mélange (chap. LXIV).

** Ce problème et le suivant appartiennent à la catégorie des problèmes de double fausse position simple (chap. LXIII).

dans l'espace d'une heure, remplir 2/3 + 4/3 — 1/3 ou 5/3 du bassin; donc :

Si 5/3 du bassin sont remplis en   1 h
5 fois le bassin sera rempli en   3 h
1 fois le bassin sera rempli en 3/5 d'heure ou 36 minutes.

15e problème. — Un second bassin est alimenté par deux conduites d'eau ; la première le remplirait en 2/3 d'heure, la seconde en 3/4 d'heure, tandis que l'orifice du fond le viderait en 7/8 d'heure. — On demande combien de temps mettrait le bassin vide pour se remplir, en supposant les trois issues ouvertes à la fois?

En raisonnant comme dans l'exemple précédent, on voit que :

La première conduite remplirait:

En 2/3 h..............   1 fois le bassin,
En   2 h..............   3
En   1 h..............   3/2

La seconde conduite remplirait:

En 3/4 h..............   1 fois le bassin,
En   3 h..............   4
En   1 h..............   4/3

L'orifice du fond viderait :

En 7/8 h..............   1 fois le bassin,
En   7 h..............   8
En   1 h..............   8/7

Ainsi, dans l'espace d'une heure, le volume d'eau qui serait fourni par les deux conduites, déduction faite de ce qui se serait écoulé par l'orifice, se trouverait de 3/2 + 4/3 — 8/7 du bassin. Ces fractions réduites au même dénominateur donnent : $\dfrac{63 + 56 - 48}{42}$ ou 71/42 du bassin; ainsi,

Les 71/42 du bassin seraient remplis dans   1 h. ;
71 bassins   —   42 h.,
et   le bassin   —   42/71 h. = 35 1/2 m. à peu près.

16e problème. — Deux tuyaux versent leurs eaux dans un bassin; le premier le remplirait dans 1^h 1/2, le second dans $1^h 12^m$; un orifice pratiqué au fond le viderait en 36 minutes. On suppose que le bassin est rempli, que les trois issues sont ouvertes en même temps, — et on demande combien de temps il faudra pour vider le bassin.

Comme le premier tuyau remplirait le bassin en 1ʰ 1/2 ou 6/4 d'heure, le second dans 1ʰ 12ᵐ ou 6/5 d'heure, et que l'orifice le viderait dans 36ᵐ ou 6/10 d'heure, on a :

Pour le premier tuyau :

6/4 h..............	1 fois le bassin,
6 h..............	4
1 h..............	4/6

Pour le second tuyau :

6/5 h..............	1 fois le bassin,
6 h..............	5
1 h..............	5/6

Pour l'orifice d'écoulement :

6/10 h..............	1 fois le bassin,
6 h..............	10
1 h..............	10/6

Il résulte de là que, dans une heure, les deux tuyaux peuvent remplir 4/6 + 5/6 du bassin, tandis que l'orifice d'écoulement en vide les 10/6 ; ainsi, la portion du bassin qui se vide en une heure est de 10/6 — 9/6 ou 1/6.

Puisque 1/6 du bassin est vidé en 1 heure,
le bassin sera vidé en 6 heures.

Pour s'assurer de l'exactitude de ce dernier résultat, on peut dire :

Comme le premier tuyau remplit le bassin en 6/4 d'heure, en 6 heures il en remplira 4 ;

Comme le deuxième tuyau remplit le bassin en 6/5 d'heure, en 6 heures il en remplira 5 ;

Enfin, si l'orifice vide le bassin en 6/10 d'heure, en 6 heures il en videra 10.

Ainsi, dans l'espace de 6 heures, les volumes d'eau versés par les deux tuyaux peuvent remplir 9 fois le bassin, et comme, dans ce même temps, l'orifice peut le vider 10 fois, il donnera écoulement à ces 9 volumes et à celui qui remplissait le bassin au moment où les trois issues ont été ouvertes.

17ᵉ problème. — Deux aunes et trois quarts d'une étoffe à 5/12 de large coûtent 11ˡ· — 15ˢ· — 8ᵈ· 4/7 : on demande quel serait le prix de 5 2/3 aunes d'une autre étoffe qui a 7/12 de large, et dont la qualité n'est que les 5/7 de la première.

Si l'on réduit sous la forme fractionnaire la longueur des deux coupons d'étoffe, on a 11/4 pour le premier et 17/3 pour le second.

Si l'on multiplie $11^l.$ — $15^s.$ — $8^d.$ 4/7 par 14, pour en former un nouveau nombre fractionnaire qui n'exprime que des livres, on trouvera pour résultat $165^l.$ /14. On aura donc les rapports :

11/4 aunes 1re qualité à 5/12 de large coûtent   165/14 livre.

$$11 \dots\dots\dots 5/12 \dots\dots \frac{165 \times 4}{14}$$

$$1 \dots\dots\dots 5/12 \dots\dots \frac{165 \times 4}{14 \times 11} \text{ ou } 30/7$$

(A) 1 .... 1/12 .... 6/7

1/3 .... 1/12 .... 2/7

17/3 .... 1/12 .... 34/7

17/3 .... 7/12 34

17/3 de 2e qualité ..... 7/12 coûtent 5/7 de 34 .... ou 170/7

Ainsi, le coupon de 5 2/3 aunes large de 7/12, et dont la qualité n'est que les 5/7 de celle du premier, doit coûter $170^l.$ /7 ou $24^l.$ — $5^s.$ — $8^d.$ 4/7.

18e problème. — Deux aunes et deux tiers d'une étoffe qui a 5/12 de large, ont coûté $11^l.$ — $15^s.$ — $8^d.$ 4/7 ; un second coupon d'une étoffe à 7/12 de large, et dont la qualité n'est que les 5/7 de celle de la première, a été payé $24^l.$ — $5^s.$ — $8^d.$ 4/7. — On demande quelle est la longueur de ce coupon.

En faisant les mêmes raisonnements et les mêmes opérations que dans l'exemple précédent, on parvient au résultat (A) ; et comme on cherche le nombre des aunes d'étoffe que l'on a eues pour $24^l.$ — $5^s.$ — $8^d.$ 4/7 ou 170/7, on dit :

$6^l.$ /7 sont le prix de....   1 aune d'étoffe à 1/12 de large,

6 ....   7 .... 1/12

1 ....   7/6 .... 1/12

170 ....   170 × 7/6 .... 1/12

$$170/7 \dots\dots\dots \frac{170 \times 7}{6 \times 7} \dots\dots 7/12$$

$$170/7 \dots\dots\dots \frac{170 \times 7}{6 \times 7 \times 5} \dots 7/12$$

Or, $\dfrac{170 \times 7}{6 \times 7 \times 5}$ = 170/30 = 17/3 = 5 2/3 aunes, longueur du 2e coupon.

19e problème. — On trouve dans un magasin un assortiment de draps de Louviers et de Sedan ; la qualité des premiers équivaut à 7/6 de la qualité des seconds.

On y vend 96 aunes d'un Louviers à 5/8 de large, pour la

somme de 5328 fr. payables dans un an. Le prix des draps éprouve une diminution : les Louviers baissent de 10 francs par aune ; et les draps de Sedan, qui ont subi une baisse proportionnelle à leur qualité, se vendent sur le pied de 960 francs les 20 aunes à 7/8 de large, argent comptant. — On demande à quel taux on a porté l'intérêt du numéraire dans le crédit qui a été accordé à l'acheteur des 96 aunes de Louviers.

Pour répondre à cette question, il faut chercher ce que valent au comptant 96 aunes de Louviers à 5/8 de large, eu égard à la baisse qu'ils ont éprouvée et au prix actuel des draps de Sedan ; on dira donc :

20 aunes de Sedan... à 7/8 de large valent comptant.....		960 fr.
1 .... 7/8		48
1 .... 1/8		48/7
1 aune de Louviers.. 1/8 vaut 7/6 de 48/7 ou 48/6 ou....		8
96 .... 1/8		768
96 .... 5/8		3840
96 .... 5/8 valaient avant la baisse.......		4800

Ainsi, ce qui a été vendu à crédit pour un an.............. 5328
ne valait au comptant que................................. 4800
On a donc exigé pour l'intérêt d'une année de crédit....... 528

Or, 4800 fr. produisant 528 fr. d'intérêt,

$$1 \text{ fr}............ \frac{528}{4800}$$

$$100 \text{ fr}.......... \frac{528 \times 100}{4800} = 11 \text{ taux de l'argent.}$$

20° problème. — Des ouvriers d'une fabrique sont divisés en deux ateliers, A et B ; l'habileté des ouvriers de l'atelier A est à celle des ouvriers de l'atelier B dans le rapport de 4 à 5 ; la difficulté du tissu du premier est à celle du tissu du deuxième, comme 2 est à 3. Quatre ouvriers de l'atelier A, dans l'espace de 12 jours, en travaillant 6 heures par jour, ont fait 120 mètres d'étoffe : combien en feront 6 ouvriers de l'atelier B, dans l'espace de 9 jours, en travaillant 8 heures par jour ?

On cherche d'abord l'ouvrage qui doit être fait dans l'atelier B, comme si les ouvriers n'étaient pas plus habiles, ni la besogne plus difficile dans un atelier que dans l'autre :

4 ouvriers..... 12 jours........ 6 heures...... 120 mètres.

1 .... 12 .... 6 30

1 .... 1 .... 6 .... $\dfrac{30}{12}$

1 .... 1 .... 1 .... $\dfrac{30}{72}$

6 .... 1 .... 1 .... $\dfrac{180}{72}$

6 .... 9 .... 1 .... $\dfrac{1620}{72}$

6 .... 9 .... 8 .... $\dfrac{12960}{72} = 180$ m.

Mais les ouvriers de l'atelier B font, à raison de leur habileté, 5/4 du travail de l'atelier A, c'est-à-dire les 5/4 de 180 = 900/4 = 225, et vu la difficulté du tissu, ils ne confectionnent que les 2/3 de ce qu'on fait dans le premier atelier, c'est-à-dire les 2/3 de 225 = $\dfrac{450}{3}$ = 150.

CHAPITRE LIV.

Problèmes sur les Poids, les Mesures et les Monnaies; — sur les Dimensions, les Surfaces, les Volumes et les Poids des corps.

(Solutions par l'analyse.)

Connaissances préliminaires pour ce genre de questions : — Mesures des Surfaces et des Volumes ; — Poids spécifique des corps ou Densité. — 1re catégorie de problèmes : comparaison des poids, des volumes et des monnaies. — 2e catégorie de problèmes : problèmes sur la Multiplication, les Carrés et les Cubes. — 3e catégorie de problèmes : problèmes sur la Division et l'extraction des Racines.

§ 1. — DES CONNAISSANCES PRÉLIMINAIRES SUR CE GENRE DE QUESTIONS. — MESURES DES SURFACES ET DES VOLUMES. — POIDS SPÉCIFIQUE DES CORPS.

La solution de ces problèmes, auxquels on peut s'exercer en étudiant le système métrique *, nécessite, outre la con-

---

* Des problèmes analogues sur les anciens systèmes des poids et mesures nécessitent des calculs analogues, mais plus compliqués, à cause des rapports moins directs entre les mesures non décimales des volumes aux poids et aux monnaies, et à cause de l'irrégularité des subdivisions.

naissance des détails exposés dans le livre VII, celle des règles qu'enseigne la géométrie pour la *mesure des Surfaces et
des Volumes*, et aussi l'usage qu'on peut faire des *poids spécifiques* ou rapports de densité que recueillent la physique et
la chimie ; — règles applicables dans l'Arpentage des terrains, le toisé des ouvrages de maçonnerie, de charpente, de
terrassements, de bâtiments, de boiseries, etc.

Mesures des surfaces *.

La surface d'un *Rectangle*, d'un *Carré* et d'un *Parallélogramme* est égale au produit de sa base par sa hauteur $B \times H$.

Par conséquent, la surface d'un *Carré* égale une des deux
dimensions élevée à la 2e puissance ou au carré ; soit B^2 ou H^2.

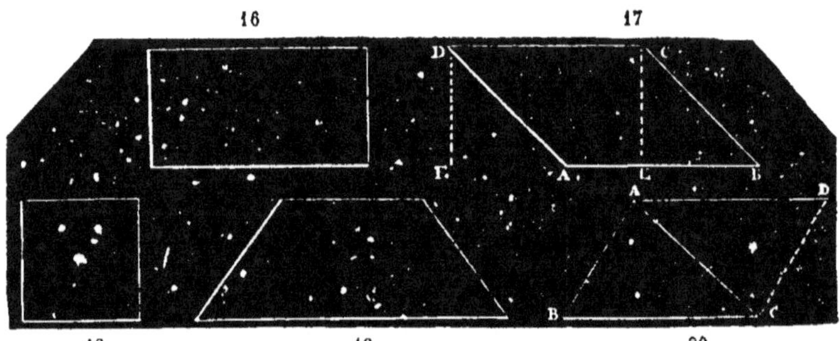

Fig. 16. Rectangle ou Carré long.   *Fig.* 17. Parallélogramme.
Fig. 18. Carré.   *Fig.* 19. Trapèze.   AB, CD, bases. — CE, DF, hauteur.
Fig. 20. Deux triangles, ACD, ABC, formant un parallélogramme.

La surface d'un *Trapèze* égale le produit de la moitié de la
somme des deux bases par la hauteur ; soit $\left(\dfrac{B + B'}{2}\right) \times H$.

---

* Une surface bornée par trois côtés prend le nom de *triangle.*
On appelle *base* B un des côtés.

Une surface bornée par quatre côtés prend le nom de *quadrilatère.* On
distingue le *carré*, aux quatre côtés égaux et aux quatre angles *droits,*
c'est-à-dire formés par une ligne tombant perpendiculairement sur une
autre ; — le *rectangle* ou *carré long* (à côtés parallèles et à angles droits) ; —
le *parallélogramme* (à côtés parallèles, mais à angles aigus et obtus, c'est-
à-dire plus petits et plus grands que des angles droits) ; — le *losange* ou
rhombe (parallélogramme à côtés égaux et à angles inégaux) ; — le *trapèze*
ayant seulement deux côtés parallèles, comme dans la figure 19.

La surface du *Losange* est encore égale au produit des diagonales.

La surface d'un *Triangle* quelconque égale la moitié du produit de sa base par sa hauteur; soit 1/2 B ✕ H ou 1/2 H ✕ B. — Le triangle est, suivant sa nature, la moitié d'un *Quadrilatère* (Rectangle, Parallélogramme, Losange, Trapèze, etc.), ainsi que l'indiquent les figures 20 et 21.

La surface d'un *Cercle* * est égale au produit de la Circonférence par la moitié du Rayon ou bien au carré du Rayon

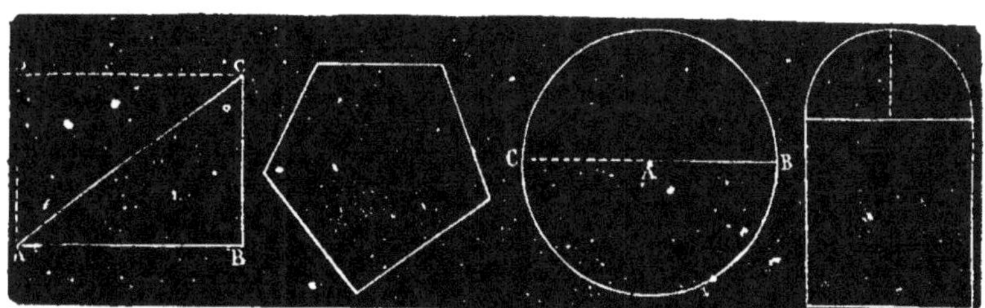

Fig. 21. Deux Triangles rectangles formant un Quadrilatère rectangle.

Fig. 22. Polygone pentagonal.

Fig. 23. Cercle. AB, AC, rayons; CB, diamètre.

Fig. 24. Partie rectangulaire surmontée d'une partie circulaire.

multiplié par 3,1416 (qui représente la circonférence dont le diamètre est 1, ou le rapport de la Circonférence au Diamètre), ou bien au carré du Diamètre multiplié par 0,7854 **.

Une surface bornée par plus de cinq côtés est généralement appelée *polygone* (plusieurs côtés), et dite *pentagone, hexagone*, etc., si elle est bornée par cinq, six côtés, etc. Les quadrilatères sont aussi des polygones. — Les polygones sont réguliers ou irréguliers suivant l'égalité ou l'inégalité de leurs côtés et de leurs angles. Le trapèze est un polygone irrégulier.

* Le *Cercle* est la surface ronde; la *Circonférence* est la ligne qui borne le cercle; le *Rayon* est la ligne qui joint le centre du cercle avec un point quelconque de la circonférence; le *Diamètre* (double du rayon) est la ligne qui joint deux points de la circonférence en passant par le centre.

** Ce rapport, désigné par π en géométrie, est plus exactement exprimé par 3,14159265, etc. Il a été calculé jusqu'à la 140e décimale. Ce rapport 1 : 3,1416 correspond à 115 : 355 ou $\frac{355}{113}$, valeur trouvée par Métius. Archimède avait appris que le rapport de la Circonférence au Diamètre est de 3 1/7 ou $\frac{22}{7}$ ou 7 : 22, compris entre $3\frac{10}{70}$ et $3\frac{10}{71}$. On se rappelle facilement le

Pour mesurer une partie rectangulaire surmontée d'une partie circulaire, il faudrait ajouter à la surface de la partie rectangulaire calculée, comme il est dit ci-dessus, le produit de la demi-circonférence par le rayon *.

La surface d'un Polygone égale la somme des surfaces des triangles qui la composent. Si le polygone est régulier, sa

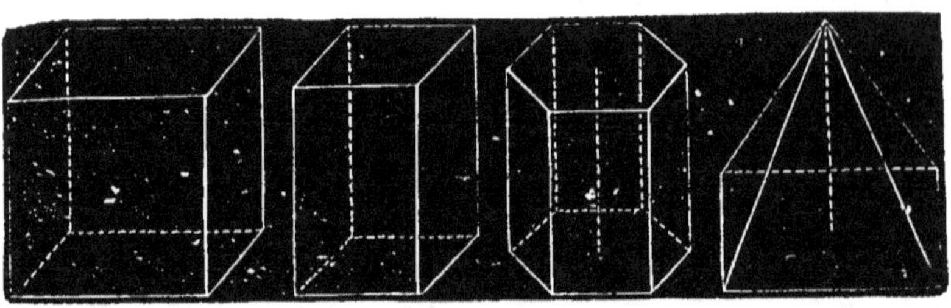

Fig. 25. Cube.   Fig. 26. Parallé-   Fig. 27. Prisme   Fig. 28. Pyramide
                      lipipède droit.   droit hexagonal.   quadrangulaire.

surface égale le produit de son périmètre par la moitié du rayon du cercle inscrit.

La surface d'un *Polyèdre* ** quelconque égale la somme des surfaces de chacune de ses faces.

Par conséquent :

La surface du *Cube parfait* (le dé à jouer) égale six fois la surface de l'une des faces.

La surface du *Prisme* et du *Parallélipipède droit* *** égale

---

rapport de Métius et le rapport calculé en groupant les chiffres ainsi : 11, 33, 55 et 13, 14, 16. Le nombre 0,7854 est le quart de 3,1416.

* Pour mesurer la surface d'une partie (*secteur*) plus grande ou plus petite que la moitié de la sphère, la formule est un peu plus compliquée : voir les ouvrages de géométrie.

La surface de l'*ovale* est égale au quart du produit du grand diamètre par le petit diamètre, multiplié par 22/7 ou à $(D \times d) \times \frac{11}{14}$.

** Le *Polyèdre* est le solide terminé par plusieurs surfaces ; il est régulier ou irrégulier, selon la nature des angles, des surfaces et des rayons.

*** Le *Parallélipipède* est un prisme quadrangulaire dont la base est un parallélogramme, et dont les six faces sont des parallélogrammes. — Le *Cube* est un parallélipipède-rectangle (à angles droits) dont les six faces sont des carrés.

deux fois la surface de la base, plus le produit du périmètre de la base par la hauteur (ou surface latérale).

La surface d'une *Pyramide régulière* égale la surface de la base, — plus le produit du périmètre de la base par la moitié de la hauteur (perpendiculaire abaissée du sommet sur un des côtés de la base).

Pour avoir la surface d'une *Pyramide tronquée* (coupée) ou d'un tronc de pyramide, il faudrait déduire du résultat ci-

Fig. 29. Cylindre.   *Fig.* 30. Cône.   *Fig.* 31. Sphère.   *Fig.* 32. Tonneau.

dessus la surface de la petite pyramide, complément de la pyramide tronquée *.

La surface d'un *Cylindre droit* ** égale deux fois la surface de la base (ou la surface des deux cercles), — plus la circonférence de la base par la hauteur qui n'est autre que le côté (ou la surface convexe).

La surface d'un *Cône droit* *** égale la surface de la base,

---

* On achève la pyramide et le cône en prolongeant les côtés et la hauteur.

La hauteur d'une *Pyramide* et celle d'un *Cône* est la distance du sommet au plan de la base, surface sur laquelle repose la figure (Voy. fig. 29, 30).

** Le *Cylindre* (formé du *rouleau*) est engendré par la révolution d'un *rectangle* autour d'un côté, comme l'indique la figure 29; on peut le considérer comme un prisme dont les bases seraient des polygones d'une infinité de côtés.

*** Le *Cône* (forme du *pain de sucre*) est engendré par la révolution d'un *triangle-rectangle* autour d'un des côtés, comme l'indique la figure 30; on peut aussi le considérer comme une pyramide dont la base serait aussi un polygone d'une infinité de côtés. (Voy. fig. 28 et 29.)

plus [la surface convexe ou] le produit de la circonférence de la base par la moitié de la longueur de l'arête ou côté perpendiculaire élevé de la base au sommet.

La surface d'un *Tronc de cône* égale la somme de la circonférence des deux bases multipliée par la moitié du côté.

La surface d'une *Sphère* * égale le produit de la Circonférence par le Diamètre; — ou bien le carré du Diamètre multiplié par 3,1416; — ou bien encore quatre fois la surface d'un grand cercle, c'est-à-dire d'un cercle de même diamètre.

Mesures des volumes ou solides.

Les formules pour les mesures des volumes peuvent se grouper de la manière suivante :

Le volume du *Cube* ....⎫
    »   du *Parallélipipède*...⎪ =   le produit de la Surface de la Base
    »   du *Prisme droit*.....⎬   par la Hauteur.
    »   du *Cylindre*.........⎭
    »   de la *Pyramide* .....⎫ =   le produit de la surface de la Base
    »   du *Cône*.............⎬   par le tiers de la Hauteur.
    •   de la *Sphère*........ =   le produit de la Surface par le tiers du rayon, ou le cube du Diamètre × 0,5236 (3,1416 : 6).

Ces formules sont susceptibles d'applications très variées; par exemple, pour mesurer ou cuber un fossé (évaluer sa capacité ou la terre enlevée, etc.), il faut multiplier la profondeur par la longueur et le résultat par la largeur.

Un mathématicien anglais du dix-septième siècle, Oughtred, a donné la formule suivante pour mesurer approximativement la capacité d'un *Tonneau*, qui est un cylindre irrégulier :

$$V = (2D^2 + d^2) \times L \times 0{,}2618.$$

D étant le diamètre intérieur du milieu ;
d   »   le diamètre intérieur à l'une des extrémités ;
L   »   la longueur du Tonneau à l'intérieur.

C'est-à-dire qu'il faut faire le carré des deux diamètres,

---

* La *Sphère* (ou *boule*) est engendrée par la révolution d'un *demi-cercle* autour du diamètre, comme on peut le concevoir d'après les figures 28 et 31.

doubler le carré du grand diamètre, ajouter au produit le carré du petit diamètre, multiplier la somme par la longueur et le produit par le nombre 0,2618 *.

Pesanteur spécifique.

La *pesanteur spécifique* d'un liquide ou d'un solide est le poids de ce corps par rapport au poids d'un même volume d'eau pris pour unité.

Quand on dit, par exemple, que la pesanteur spécifique du fer est 7,788, cela veut dire qu'un volume de fer de 1 décimètre cube, par exemple, pèse 7,788 fois plus qu'un décimètre d'eau. On dit encore que le fer a pour densité 7788, c'est-à-dire qu'il pèse 7788 fois plus qu'un même volume d'eau.

Comme on sait que 1 décimètre cube est égal à un litre, que 100 décimètres cubes font 1 hectolitre, que 1 mètre cube égale 10 hectolitres, que 1 litre d'eau pure pèse 1 kilogramme, etc., il est facile de trouver le poids d'une ou plusieurs mesures des corps liquides ou solides, ou le volume des poids des corps solides ou liquides, connaissant la densité de ces corps **.

§ 2. — 1ʳᵉ CATÉGORIE DE PROBLÈMES SUR LES POIDS, LES MESURES ET LES MONNAIES. — COMPARAISON DES POIDS, DES VOLUMES ET DES MONNAIES.

1ᵉʳ problème. — Quel est le poids de 45,6782 mètres cubes d'eau ?

Réponse : 45 678ᵏ,2, puisque le mètre cube d'eau correspond à 1 000 kilogrammes, et le décimètre cube ou millième à 1 kilogramme.

2ᵉ problème. — Quel est le volume de 456 kilogrammes d'eau ?

Réponse : 0ᵐᶜ,456, puisque le kilogramme correspond au litre, et que le litre n'est autre que le décimètre cube ou millième.

---

* Il y a d'autres formules plus compliquées. — Le volume de l'*Ovale* (forme de l'*œuf*) est égal à la surface du petit cercle multipliée par les 2/3 du grand diamètre ou à la surface du petit cercle multipliée par 1/6 du diamètre et le tout par 4.

** Voir une Note finale.

3ᵉ problème. — Quel est le volume de 36,58 grammes d'eau ?

Réponse : 0ᵐᶜ ,000 036 58, puisque le gramme est le poids du centimètre cube ou millionième.

4ᵒ problème. — Que pèse un sac de 1000 fr. en argent ?

Réponse : 1 000 × 5 gr. = 5 000 gr. = 5 kil., puisque le franc pèse 5 grammes.

5ᵉ problème. — Réduire 17 degrés Réaumur en degrés centigrades.

$$17$$
$$\times\ 1{,}25$$
$$\overline{21{,}25} \qquad \text{soit } 21°{,}25$$

puisque le degré du thermomètre de Réaumur vaut 1,25 du thermomètre centigrade.

6ᵒ problème. — Puisque l'argent monnayé contient la dixième partie de son poids de cuivre, combien y a-t-il d'argent pur dans 36,45 grammes de cet alliage ?

$$36{,}45$$
$$1/10 \quad \underline{3{,}65}$$
$$32{,}80 \qquad \text{soit } 32^{\text{fr}}{,}80$$

7ᵉ problème. — Que pèse 1 litre de mercure dont la densité est 13,592 ?

$$\textit{Réponse :}\ 13^{\text{k}}{,}592$$

puisque le mercure pèse 13 fois et 592 millièmes de fois plus que l'eau.

8ᵉ problème. — La densité de l'huile d'olive étant 0,915, on demande le poids de 5 litres d'huile.

$$5$$
$$\times\ 0{,}915$$
$$\overline{4{,}575} \qquad \text{soit } 4^{\text{k}}{,}575$$

puisque 5 litres d'huile pèsent les 915 millièmes de 5 litres d'eau, qui pèsent eux-mêmes 5 kilogrammes.

9ᵉ problème. — On veut faire avec la monnaie d'argent un poids de 185 grammes. Combien faudra-t-il de pièces de 5 francs, de 2 francs et de 1 franc, en mettant autant que possible les plus grosses pièces, c'est-à-dire d'abord des pièces de 5 francs, pour achever ensuite avec des pièces de 2 francs, et finalement avec des pièces de 1 franc ?

$$
\begin{array}{l}
1 \text{ pièce de 5 francs pèse 25 grammes,} \\
1 \quad — \quad \text{de } 2 \quad — \quad 10 \\
1 \quad — \quad \text{de } 1 \quad — \quad 5
\end{array}
$$

$$
\begin{array}{l|l}
185 & 25 \\
10 & \overline{7} \text{ (pièces de 5 francs)} \times 25 = 175 \\
& 1 \text{ (pièce de 2 francs)} \times 10 = \underline{10} \\
& \hphantom{1 \text{ (pièce de 2 francs)} \times 10 = } 185
\end{array}
$$

Il faut prendre 7 pièces de 5 francs et une pièce de 2 francs ou 2 pièces de 1 franc.

10° problème. — On trouve qu'une chose pèse comme sept pièces de 5 francs, plus deux pièces de 2 francs, plus une pièce de 1 franc, plus enfin une pièce de 50 centimes et une pièce de 20 centimes. Quel est le poids de cette chose ?

$$
\begin{array}{lcl}
7 \text{ (pièces de } 5 \text{ francs)} \times 25 & = & 175 \\
2 \text{ (pièces de } 2 \text{ francs)} \times 10 & = & 20 \\
1 \text{ (pièce de } 1 \text{ franc)} \times 5 & = & 5 \\
1 \text{ (pièce de 50 cent.)} \times 2\,1/2 & = & 2,50 \\
1 \text{ (pièce de 20 cent.)} \times 1 & = & 1
\end{array}
$$

Poids demandé.................... 203,50

11° problème. — Une pièce de 5 francs usée par le frottement ne pèse plus que 24 grammes : quelle en est la valeur ?

$$
\begin{array}{l}
1 \text{ pièce pesant 25 grammes vaut } 5 \text{ francs,} \\
\dots\dots\dots\dots 1 \dots\dots\dots \dfrac{5}{25} \\
\dots\dots\dots 24 \dots\dots\dots \dfrac{5 \times 24}{25} = \dfrac{24}{5} = 4^f,80
\end{array}
$$

Ou plus simplement : la pièce a perdu $\dfrac{1}{25}$ de son poids et par conséquent de sa valeur, soit 20 centimes sur 500.

§ 3. — 2ᵉ CATÉGORIE DE PROBLÈMES SUR LES MESURES. — PROBLÈMES SUR LA MULTIPLICATION. — LES CARRÉS ET LES CUBES.

12° problème. — Quelle est la contenance en hectares d'un champ rectangulaire long de mètres 128,6 et large de mètres 115,27 ?

$$128,6 \times 115,27 = 14823,722 \text{ m q}$$
$$= 1 \text{ Ha } 48 \text{ a } 23,72 \text{ ca.}$$

13ᵉ problème. — Quelle est la contenance en ares d'un pré circulaire du diamètre de mètres 80,5 ?

$$80,5 \times 80,5 \times 0,7854 = \text{m q } 5089,58835$$
$$= 50,896 \text{ ares.}$$

14ᵉ problème. — Quel est le volume en stères d'une pièce de bois carrée, son épaisseur étant de mètres 0,642, et sa longueur de mètres 5,24 ?

$$0,642 \times 0,642 \times 5,24 = 2,15973936 \text{ m c}$$
$$= 2,16 \text{ stères.}$$

15ᵉ problème. — Combien d'hectolitres de blé peut-on placer dans un grenier long de mètres 6,23, et large de mètres 2,5, si on ne veut pas qu'il excède 33 centimètres en hauteur ?

$$6,23 \times 2,5 \times 0,33 = 5,13975 \text{ m c}$$
$$= 51 \text{ hectolitres } 39 \text{ 3/4 litres.}$$

16ᵉ problème. — Combien de litres contient un tonneau d'un diamètre moyen de 96 centimètres, et long de $1^m,4$?

$$0,96 \times 0,96 \times 0,7854 \times 1,4 = 1,013354496 \text{ m c}$$
$$= 1013,354 \text{ litres.}$$

17ᵉ problème. — Quel est le poids en grammes de l'eau contenue dans une boule de cristal de 35 millimètres de diamètre ?

$$0,035 \times 0,035 \times 0,035 \times 0,5236 = 0,00002244935 \text{ m c}$$
$$= 22,449 \text{ grammes.}$$

18ᵉ problème. — Quel est le poids en grammes d'une pièce d'or de 40 fr., épaisse de 1,406 millimètre, la densité de l'or monnayé étant 17,285, le diamètre étant 0,026 ?

$$0,026 \times 0,026 \times 0,7854 \times 0,001406 \times 17,285 = 0,000012903\ldots \text{ m c d'eau,}$$
$$= 12,903 \text{ grammes.}$$

19ᵉ problème. — Quel serait le poids d'un fil de cuivre, épais de 1 millimètre et qui serait tendu sur la surface de la terre, d'un pôle à l'autre, la densité du cuivre en fil étant 8,8785?

$$0,001 \times 0,001 \times 0,7854 \times 20000000 \times 8,8785$$
$$= 139,463478 \text{ m c d'eau}$$
$$= 139463,4778 \text{ kil.}$$

20e problème. — Le bloc de marbre, qui a été traîné des bords de la Seine à la place Royale, où il se trouve maintenant transformé en statue de Louis XIII, avait 3,1 mètres de longueur, 1,65 mètre d'épaisseur, 3,08 de hauteur, et 2,816 de densité : combien pesait-il ?

$$3,1 \times 1,65 \times 3,08 \times 2,816 = 44,363827 \text{ m c d'eau}$$
$$= 44363,827 \text{ kil.}$$

§ 4. — 3e CATÉGORIE DE PROBLÈMES SUR LES POIDS ET MESURES. — PROBLÈMES SUR LA DIVISION ET L'EXTRACTION DES RACINES.

21e problème. — La contenance d'un champ formant un rectangle de 3 hectares 47,25 ares, et sa largeur étant de mètres 112,5, quelle est sa longueur ?

$$3 \text{ Ha } 47,25 \text{ a} = \text{m q } 34725 : 112,5 = \text{m } 308,667$$

22e problème. — Un terrain formant un triangle rectangulaire, long de mètres 195,64, contient 89 ares ; quelle est sa largeur?

$$89 \text{ a} = \text{m q } 8900 : \frac{195,64}{2} = \text{m } 90,983$$

23e problème. — Un champ formant un carré parfait contient 2 hectares 56,333 ares : quelle est la longueur du périmètre?

$$2 \text{ Ha } 56,333 \text{ a} = \text{m q } 25633,3 \text{ dont la racine carrée} \times 4 = \text{m } 640,412.$$

24e problème. — Quelle est la circonférence d'un pré circulaire contenant 99,5 ares ?

$$99,5 \text{ a} = \text{m q } \frac{9950}{0,7854} = \text{le carré du diamètre, dont la racine} = \text{m } 112,5553$$

Par conséquent, la circonférence $= 112,5553 \times \frac{355}{113} = \text{m } 353,603.$

25° problème. — Quel est le diamètre d'une cuve de 2 mètres de hauteur pouvant contenir 98 hectolitres 17,5 litres d'eau ?

Hl 98,175 = m c 9,8175 : (2 × 0,7854) = m c 6,25, dont la racine = m 2,5

26° problème. — On veut lester un navire de 18000 kilogrammes d'eau versée dans 10 caisses rectangulaires en tôle, larges de mètres 1,25 et longues de mètres 2,4; quelle sera leur hauteur ?

18000 Kg = m c 18 : (1,25 × 2,4 × 10) = m 0,6 = 6 dm.

27° problème. — Pour carreler un appartement dont la surface du plancher est de mètres carrés 23,31, on a employé 518 briques d'une longueur de mètre 0,25 : quelle a été leur largeur ?

M q 23,31 : 518 : 0,25 = m 0,18 = 18 cm.

28° problème. — 80 filtres pointus ont été confectionnés avec mètres 27,69 de toile de la largeur de 1 mètre, la circonférence de leur base est de mètre 1,065 : quelle est leur longueur?

$$\text{M q } 27,69 : 80 : \frac{1,065}{2} = \text{m } 0,65 = 65 \text{ cm.}$$

29° problème. — Pour mesurer le bois de chauffage, on place les bûches entre deux montants perpendiculaires à la distance de 1 mètre, les bûches ayant mètre 1,333 de longueur ; quelle doit être la hauteur des montants pour mesurer un stère ?

1 stère = m c 1 : 1,333 = m 0,75 = 75 cm.

30° problème. — Une poutre contient 1 stère 638; elle a 72 cm sur 65 cm d'équarrissage : quelle est sa longueur ?

Stère 1,638 = m c 1,638 : (0,72 × 0,65) = m 3,5

31° problème. — Quelle hauteur occuperont 663 litres d'un liquide quelconque versés dans un vase cylindrique d'un diamètre de 8 dm ?

L 663 = m c 0,663 : (0,8 × 0,8 × 0,7854) = m 1,319

32ᵉ problème. — Quel est le volume en stères d'un arbre dont la circonférence moyenne est de m 2,148 et la hauteur de m 10,48?

$$\left(\frac{2,148 \times 113}{355}\right) \times \left(\frac{2,148 \times 113}{355}\right) \times 0,7854 \times 10,48 = 3,848 \text{ m c}$$
$$= 3,85 \text{ stères.}$$

33ᵉ problème. — Quel est le volume en stères d'une pyramide quadrangulaire, large de m 1,38 et haute de m 3,126 ?

$$1,38 \times 1,38 \times \frac{3,126}{3} = 1,9841848 \text{ m c} = 1,98 \text{ stères.}$$

34ᵉ problème. — Combien de litres de sirop faut-il pour remplir 25 formes à pain de sucre, supposées coniques, ayant à la base 1 diamètre de 133 mm et dont l'un des côtés est long de 52 cm?

$$0,133 \times 0,133 \times 0,7854 \times \frac{0,52}{3} \times 25 = 0,06020274 \text{ m c} = 60,203 \text{ litres.}$$

35ᵉ problème. — Combien d'étoffe en centimètres carrés faut-il pour couvrir un rouleau ayant 1 diamètre de m 0,33 et long de m 2,5?

$$0,33 \times 0,33 \times 0,7854 \times 2 = 0,17106012 \text{ m q}$$
$$\text{plus } \frac{0,33 \times 355}{113} \times 2,5 = \frac{2,59181416}{2,76287428} \text{ m q} = 27629 \text{ cm q.}$$

LIVRE X

SOLUTION DES PROBLÈMES PAR LES ÉQUATIONS.

CHAPITRE LV.

Solution des problèmes par les équations.

Dans les problèmes qui suivent, nous cherchons la solution par le procédé des **équations**.

La plupart de ces problèmes pourraient être résolus, soit par l'*analyse simple*, soit par d'autres procédés que nous indiquons à la suite de l'énoncé, par ces abréviations : S., règle de société ; — R. C., règle de Répartition composée ; — F. P., règle de fausse position simple ; — D. F. P., règle de double fausse position, — règles dont il est parlé au chapitre LIII.

Quand un problème donne lieu à une équation, le raisonnement et l'habitude indiquent cette équation. Une fois qu'elle est posée, on en cherche la solution d'après les règles que nous avons établies dans le chapitre XXXIII.

§ 1ᵉʳ. — PROBLÈMES RÉSOLUS PAR UNE ÉQUATION A UNE SEULE INCONNUE.

Bien que plusieurs des problèmes suivants aient plus d'une inconnue, on verra qu'il est possible de les résoudre par une équation à une seule inconnue, parce que l'on aperçoit la relation qui existe entre les diverses inconnues et que l'on parvient facilement à déterminer celle de laquelle les autres dépendent.

1ᵉʳ problème.— Trois négociants ont mis en société 168000 f.:
Le premier a donné 18000 fr. de plus que le second ;

Le deuxième a donné 15000 fr. de plus que le troisième.

Quelle est la mise de chacun? (S.)

Si l'on connaissait la mise du troisième, il serait facile de déterminer celle des autres; la mise du troisième est donc l'inconnue dont dépendent les autres.

Soit x cette inconnue, on aura :

Le 3e................ x
Le 2e................ $x + 15000$
Le 1er............. $x + 33000$ $(x + 15000 + 18000)$

D'où..................... $3x + 48000$ pour les trois mises.

Ces trois mises doivent faire 168000 fr.; on aura donc l'équation :

$$3x + 48000 = 168000 .$$
$$x = \frac{168000 - 48000}{3} = \frac{120000}{3}$$
$$x = 40000$$

Preuve. Mise du 3e............   40000
        2e..........   55000 $(40000 + 15000)$
        1er.........   73000 $(55000 + 18000)$
        ______
            168000

On voit que x est un signe de convention et que *l'unité* pourrait être prise à sa place, de sorte qu'on aurait pour le premier problème, par exemple :

Mise du 3e...........   1 mise
        2e..........   1 id. $+ 15000$
        1er.........   1 id. $+ 33000$
        ______
    3 mises égales..... $+ 48000 = 168000$

C'est-à-dire que 3 fois la mise du troisième, plus 48000, font la mise totale; de sorte que, pour avoir la mise du troisième, il faut retrancher d'abord 48000 de 168000, afin que le reste fasse 3 fois la mise du troisième; et ensuite il n'y a plus qu'à diviser par 3.

On est donc conduit à ce résultat :

3 mises égales........... $+ 48000 = 168000$
1 mise....................... $= \dfrac{168000 - 48000}{3}$

2e problème. — Quel est le nombre dont la moitié, le quart et le tiers font 55? (F. P.)

Soit x ce nombre, on aura :

$$\frac{x}{2} + \frac{x}{4} + \frac{x}{3} = 55$$

$$\frac{6x + 3x + 4x}{12} = 55$$

$$6x + 3x + 4x = 660$$

$$13x = 660$$

$$x = \frac{660}{13} = 50 \; {}^{10}/_{31} \text{ ou près de } 50,77$$

Preuve :

	$50 \; {}^{10}/_{31}$	$50,77$
$1/2$	$25 \; {}^{5}/_{31}$	$25,39$
$1/3$	$16 \; {}^{12}/_{31}$	$16,92$
$1/4$	$12 \; {}^{9}/_{31}$	$12,69$
	55	$55,00$

3° problème. — On promet à un domestique pour ses gages 500 francs par an, plus un habit neuf qu'on lui donne en arrivant. On le renvoie à la fin du troisième mois, et on lui donne l'habit pour tout payement. — A quel prix a-t-on compté l'habit ?

Soit x la valeur de l'habit :

Les gages d'une année sont.... $500 + x$

Ceux de trois mois........... $\dfrac{500 + x}{4}$

On peut donc établir l'équation suivante :

$$\frac{500 + x}{4} = x$$

$$500 + x = 4x$$

$$3x = 500$$

$$x = 166,67 \text{ francs.}$$

Preuve : Si l'habit vaut 166,67 francs, ce domestique était payé à raison de 500 + 166,67, ou de 666,67 francs, ce qui par mois fait $\dfrac{666,67}{12} = 55,56$ francs, et pour 3 mois $55,56 \times 3 = 166,68$, valeur de l'habit.

4° problème. — Trois négociants se sont associés pour une spéculation, et ont fait un fonds commun de 100000 francs. Le premier a mis 8000 fr. de plus que le second, le second a fourni 4000 fr. de plus que le troisième. — Quelle est la mise de chacun ? (S.)

En désignant par x la mise du premier, celle du second est exprimée par $x - 8,000$ fr.; celle du troisième, par $x - 8000$ fr. $- 4000$ fr. ou par $x - 12000$ fr. La somme de ces trois mises est $x + x - 8000 + x - 12000 = 100000$. D'où l'on déduit :

$$3x = 120000$$

$$x = \frac{120000}{3} = 40000$$

On a donc : pour la mise du 1er, x $= $ f. 40000
                pour la mise du 2e, $x - 8000 =$ 32000
                pour la mise du 3e, $x - 12000 =$ 28000

                                    Ensemble..... 100000

Solution par l'analyse :

        Mise du 1er.............   1
                2e................   1 — 8000
                3e................   1 — 12000
                                    ─────────────
        des trois..........   3 — 20000

Puisque 3 fois la mise du 1er moins 20000 font 100000, en ajoutant 20000 à cette somme, on aura exactement 3 fois la mise du 1er $=$ 120000. La mise du premier est par conséquent $\frac{120000}{3} =$ 40000, et les mises des deux autres peuvent se trouver par la soustraction de 8000 et celle de 12000 indiquées par la question.

On aurait pu représenter par x la part du troisième ou celle du deuxième. Si x représentait la part du troisième, $x + 4000$ serait la part du deuxième, et $x + 4000 + 8000$ serait la part du premier. — Même observation au sujet de l'unité dans la solution par l'analyse.

5e problème. — Un père, en mourant, laisse sa femme enceinte, et ordonne par son testament, que si elle accouche d'un garçon, celui-ci aura les 2/3 de sa succession et la mère le 1/3 ; que si, au contraire, elle accouche d'une fille, elle aura les 2/3 et la fille le 1/3. Cette femme accouche d'un garçon et d'une fille. — On demande la part de chacun dans la succession qui se monte à 129500 fr. (R. C. et F. P.)

Soit x pour la fille ;   La fille aura donc..... 18500 francs.
        $2 x$ pour la mère ;   La mère, le double.... 37000
        $4 x$ pour le fils.   Le fils, le double...... 74000
                                                          ───────────────
        $7 x = 129500$ 129500 francs.

$$x = \frac{129500}{7} = 18500$$

6e problème. — Un joueur dit : J'ai gagné un nombre de pièces de 5 fr. égal aux 2/3 de celles que j'avais en me mettant au jeu. La 1/2 de mon gain multipliée par le 1/5 du total que j'ai, donne un produit égal à 4 fois ce même gain. — Combien a-t-il gagné et combien avait-il en se mettant au jeu ? (D. F. P.)

x est sa mise ; $\dfrac{2\,x}{3}$ est son gain ;

$\dfrac{5\,x}{3}$ est le total de sa mise et de son gain.

$$\frac{x}{3} \times \frac{x}{3} = \frac{8\,x}{3} \quad \text{d'où} \quad \frac{x \times x}{9} = \frac{8\,x}{3}$$

d'où $\dfrac{x}{9} = \dfrac{8}{3}$ d'où $3\,x = 72$ d'où $x = 24$ pièces de 5 francs.

Preuve. 24 étant la mise, 16 est le gain et 40 le total ; or, 8, cinquième du total, multipliés par 8, moitié du gain, égalent bien 4 fois 16, c'est-à-dire le quadruple du gain.

7° problème. — Un ouvrier touche le salaire de ce qu'il a fait pendant un mois ; il en emploie les 2/3 à payer ses dettes, et à ce qui lui reste il joint 245 fr., ce qui lui donne un total qui surpasse de 40 fr. 20 le montant de son salaire. — Quel est ce salaire ? (D. F. P.)

Soit x le salaire ; puisqu'il en dépense les 2/3, il lui reste $x/3$.

$$\frac{3}{x} + 245 = x + 40{,}20$$
$$x + 735 = 3\,x + 120{,}60$$
$$735 - 120{,}60 = 3\,x - x$$
$$2\,x = 614{,}40$$
$$x = \frac{614{,}40}{2} = 307{,}20 \text{ montant du salaire.}$$

Preuve. Pour faire la preuve, il n'y a qu'à prendre le 1/3 de cette somme et y ajouter 245 ; alors ce total doit surpasser le montant du salaire de 40 fr. 20 c.

8° problème. — On demande à un manufacturier combien il se confectionne annuellement de pièces de toile dans ses ateliers ; il répond : Si à ce nombre on ajoute la 1/2, le 1/3 et le 1/4, on aura un total de 75000 pièces. — Quel est le nombre de pièces fabriquées ? (R. C. et F. P.).

$$\text{d'où } x + \frac{6\,x}{12} + \frac{4\,x}{12} + \frac{3\,x}{12} = 75000$$
$$12\,x + 6\,x + 4\,x + 3\,x = 900000$$
$$x = \frac{900000}{25} = 36000 \text{ pièces.}$$

9° problème. — Trois négociants ont à partager un bénéfice de 37000 fr. Mais, suivant les clauses de l'acte de société, le premier doit avoir une part qui égale 2 1/3 ou 7/3 de fois celle du troisième, et la part du second doit égaler 1 3/5 ou 8/5 de fois celle du troisième. — Quelle est la part de chacun? (S. F. P.)

$$\text{La part du troisième étant} \ldots \ldots \quad x$$
$$\text{Celle du premier est} \ldots \ldots \ldots \quad \frac{7\,x}{3}$$
$$\text{Et celle du second} \ldots \ldots \ldots \quad \frac{8\,x}{5}$$

Ces parts réunies donnent l'équation :

$$x + \frac{7\,x}{3} + \frac{8\,x}{5} = 37000$$
$$15\,x + 35\,x + 24\,x = 37000 \times 15$$
$$74\,x = 37000 \times 15$$
$$x = \frac{37000 \times 15}{74} = \frac{555000}{74} = 7500$$

Preuve :

$$\text{Part du 3}^{e} \ldots \ldots \ldots \quad 7500$$
$$\text{Part du 2}^{e}. \quad \frac{8 \times 7500}{5} \quad \text{ou} \quad 12000$$
$$\text{Part du 1}^{er}. \quad \frac{7 \times 7500}{3} \quad \text{ou} \quad 17500$$
$$\text{Ensemble} \ldots \ldots \quad 37000 \ \text{fr.}$$

10ᵉ problème. — On distribue une quantité d'œufs à trois personnes, en donnant à la première la moitié du nombre total plus un demi-œuf, sans que pour cela on soit obligé d'en casser; et à la seconde, la moitié de ce qui reste plus un demi. Il ne reste qu'un œuf à donner à la troisième ; — combien en avait-on? (D. F. P·)

$$\text{Soit pour le nombre d'œufs } x.$$
$$\text{La première personne a reçu } \frac{x}{2} + \frac{1}{2} \text{ et a laissé } \frac{x}{2} - \frac{1}{2}$$
$$\text{La seconde a reçu } \frac{x}{4} - \frac{1}{4} + \frac{1}{2} = \frac{x}{4} + \frac{1}{4} \text{ et a laissé } \frac{x}{4} - \frac{3}{4}$$
$$\frac{x}{4} - \frac{3}{4} = 1 \text{ donné à la troisième personne ;}$$
$$\text{d'où } x - 3 = 4 \text{ d'où } x = 7, \text{ nombre d'œufs demandé.}$$

Preuve. Sur le nombre d'œufs.   7
La première prend 3 1/2 + 1/2 = 4 et laisse. . .   3
La seconde. . . . . . .   1 1/2 + 1/2 = 2 et laisse. . .   1

Solution par l'analyse. — Quand on emploie les procédés de l'analyse pour résoudre ce genre de problèmes, il faut les prendre par la fin et remonter pour ainsi dire de donnée en donnée; c'est là ce qu'on a quelquefois appelé problèmes à *solution rétrograde.* Dans l'exemple dont il s'agit on aurait pu former le nombre 7 de la manière suivante :

Reste laissé à la troisième personne........................... 1

Une demie donnée en sus à la seconde........................ 1/2

La moitié de ce qui restait après la première, donnée à la seconde, et égale à ce qui est resté pour la troisième, plus à la demie donnée en sus à la seconde.............................. 1 1/2

Une demie donnée en sus à la première....................... 1/2

La part de la première égale à tout ce qu'elle a laissé, c'est-à-dire à 1 + 1/2 + 1 1/2 + 1/2...................... 3 1/2

$$\text{En tout......................}\quad 7$$

11ᵉ problème. — Un corsaire fait une riche prise : sur la portion du butin qui revient à l'équipage, le capitaine prélève les 2/3 ; les deux lieutenants prennent les 4/5 du reste ; les quatre sous-lieutenants ont les 4/10 du reste ; enfin, le cuisinier a le 1/5 du reste. Ces prélèvements faits, le surplus du butin est distribué aux 120 hommes de l'équipage, qui reçoivent chacun 80 francs. — On demande quelle était la somme à partager et quelle a été la portion des parties intéressées ? (R. C. et F. P.)

Soit x la somme à partager.

Puisque le capitaine en prend les 2/3, il ne laisse donc aux autres que

$$1/3 \text{ de } x \text{ ou } x/3.... \quad 1^{er} \text{ reste.}$$

Les deux lieutenants ayant les 4/5 de ce reste, ne laissent que

$$1/5 \text{ de } x/3 \text{ ou } x/15.... \quad 2^e \text{ reste.}$$

Les quatre sous-lieutenants prélevant les 4/10 de ce second reste, ne laissent que

$$6/10 \text{ ou } \frac{6\,x}{150} = \frac{x}{25} .... \quad 3^e \text{ reste.}$$

Enfin le cuisinier, prenant le 1/5 de ce reste, laisse

$$4/5 \text{ ou } \frac{4\,x}{5 \times 25} = \frac{4\,x}{125} .... \quad 4^e \text{ reste.}$$

Puisque le surplus est suffisant pour que le partage qui en est fait entre les 120 hommes de l'équipage procure à chacun une part de 80 francs, on à l'équation :

$$\frac{4\,x}{125} = 80 \times 120$$

$$\text{D'où} \quad x = \frac{80 \times 120 \times 125}{4} = 2400 \times 125 = 300000$$

Preuve. La part de la prise qui était due à l'équipage était donc de 300000 francs, sur laquelle somme on prélève :

2/3 pour le capitaine...................................... 200000 f.
4/5 du reste de 100000 f. pour les lieutenants.............. 80000
4/10 du reste de 20000 f. pour les sous-lieutenants........... 8000
1/5 du reste de 120000 f. pour le cuisinier................. 2400
Le surplus distribué aux 120 hommes de l'équipage à 80 fr.. 9600
                                                            ____
                                                            300000 f.

12º problème. — Un courtier achète des marchandises qu'il revend 1512 fr. de plus qu'elles ne lui ont coûté : ce bénéfice forme les 18 °/₀ du prix de la revente. — Combien a-t-il payé ces marchandises ? (D. F. P.)

Si l'on connaissait le prix de la revente, on retrancherait le bénéfice, et l'on aurait pour différence le prix du coût des marchandises.

On désigne par x le montant de la revente, et puisque le bénéfice est 18 fois le centième de la revente, il est exprimé par $\dfrac{18 \times x}{100}$. Ensuite, comme le montant de ce bénéfice est de 1512 fr., on a :

$$\frac{18\,x}{100} = 1512$$

$$18\,x = 1512 \times 100; \qquad \text{d'où} \qquad x = \frac{1512 \times 100}{18} = 8400\,\text{fr.}$$

La revente a donc produit la somme de 8400 fr., de laquelle retranchant 1512 fr., on a 6888 fr. pour le prix que les marchandises avaient coûté.

13ᵉ problème. — Un négociant met dans le commerce une somme qu'on ne connaît pas ; ses opérations prospèrent, et la première année il double ses fonds ; la deuxième année, il perd 10000 fr.; la troisième année, il double encore les fonds qui lui étaient restés ; la quatrième année, il perd 20000 fr. Il se retire ensuite des affaires, et le double de son avoir est alors autant au-dessous de 200000 fr. que le triple de cet avoir est au-dessus de 200000 fr. — Combien avait-il mis dans le commerce ? (D. F. P.)

On désigne par x la somme que le négociant a mise dans le commerce, elle est devenue :

A la fin de la 1ʳᵉ année 2 x
.... 2ᵉ $2\,x - 10000$
.... 3ᵉ $4\,x - 20000$
.... 4ᵉ $4\,x - 20000 - 20000$ ou $4\,x - 40000$

Puisque la différence de 200000 fr. au double de ce dernier avoir est égale à la différence du triple de cet avoir à ladite somme de 200000 fr., on exprime ce rapport par l'équation :

$$200000 - 2 \times (4\,x - 40000) = 3 \times (4\,x - 40000) - 200000$$
$$200000 - 8\,x + 80000 = 12\,x - 120000 - 200000$$
$$280000 + 320000 = 20\,x, \text{ ou } 600000 = 20\,x$$
$$x = \frac{600000}{20} = 30000 \text{ fr.}$$

Preuve. — Comme il avait mis 30000 fr. dans son commerce, à la fin de la quatrième année, il lui restait quatre fois sa mise moins 40000 fr. ou 80000, et $200000 - 2 \times 80000 = 3 \times 80000 - 200000$ ou 40000 fr.

14e problème. — Un négociant dépense annuellement 1000 fr. pour son ménage, et tous les ans ses fonds s'augmentent du tiers de ce qui lui reste, cette dépense prélevée ; au bout de trois ans ses fonds sont doublés. — On demande quelle somme il avait mise dans son commerce. (D. F. P.)

Soit x cette somme ; la dépense annuelle prélevée, il lui reste à la fin de la première année, $x - 1000$, dont le 1/3 forme le bénéfice.

L'encaisse est donc $x - 1000 + \dfrac{x - 1000}{3} = \dfrac{4\,x - 4000}{3}$ à la fin de la première année.

Si de cette valeur on déduit 1000 fr. pour la dépense de la deuxième année, on a :

$$\frac{4\,x - 4000}{3} - 1000 = \frac{4\,x - 7000}{3}$$

A laquelle on doit ajouter 1/3 pour le bénéfice, ce qui donne pour encaisse de la fin de la deuxième année :

$$\frac{4\,x - 7000}{3} + \frac{4\,x - 7000}{9} = \frac{12\,x - 21000 + 4\,x - 7000}{9}$$
$$= \frac{16\,x - 28000}{9}$$

Si l'on déduit de cette dernière somme la dépense de 1000 fr., on a pour ce qui reste net :

$$\frac{16\,x - 28000}{9} - 1000 = \frac{16\,x - 37000}{9}$$

On en prend le tiers pour le montant du bénéfice, on l'ajoute à la somme même, et on trouve pour l'encaisse de la fin de la troisième année :

$$\frac{16\,x - 37000}{9} + \frac{16\,x - 37000}{9 \times 3} =$$
$$\frac{48\,x - 111000 + 16\,x - 37000}{27} = \frac{64\,x - 148000}{27}$$

Puisque cette valeur est, suivant l'énoncé du problème, le double de la mise, on a l'équation :

$$\frac{64\ x - 148000}{27} = 2\ x$$

ou $64\ x - 54\ x = 148000$ d'où $10\ x = 148000$ et $x = 14800$ fr.

Le nombre 14800 satisfait aux conditions proposées.

15ᵉ problème. — Un père, interrogé sur l'âge de son fils et sur celui de sa fille, répond : Ma fille a le quadruple de l'âge qu'elle avait quand mon fils comptait le nombre actuel des années de sa sœur ; et quand ma fille aura atteint l'âge actuel de son frère, ils auront 51 ans entre eux deux. — Quel est l'âge de chacun de ces enfants ? (D. F. P.)

Soit x l'âge actuel de la fille ; quand son frère avait ce même âge, elle n'en avait que le quart ; les âges simultanés étaient donc, savoir :

$$\text{Pour la fille } \frac{x}{4} \text{ et pour le fils } x$$

Depuis cette époque, l'âge de la fille (qui est actuellement x) a crû de la quantité de 3/4 de x ; même accroissement pour l'âge du fils ; leur âge actuel est donc :

$$\text{Pour la fille } x \text{ et pour le fils } x + \frac{3\ x}{4} = \frac{7\ x}{4}$$

Quand la fille aura l'âge actuel de son frère, elle aura 3/4 de x années de plus qu'elle n'a actuellement : même accroissement pour le fils ; les âges seront :

$$\text{Pour la fille } \frac{7\ x}{4}, \text{ pour le fils } \frac{7\ x}{4} + \frac{3\ x}{4} = \frac{10\ x}{4}$$

Si l'on réunit ces deux âges, on a :

$$\frac{7\ x + 10\ x}{4} = 51$$
$$17\ x = 204$$
$$x = 12$$

La fille a donc actuellement 12 ans et le fils les 3/4 en sus, ou 21 ans.

16ᵉ problème. — Un fabricant emploie un ouvrier à qui il donne 1 fr. 75 outre la nourriture ; mais le salaire est de 3 fr. 20 les jours où il n'est pas nourri. Au bout de 85 jours, l'ouvrier reçoit 202 fr. 40 c. — Combien de jours a-t-il reçu la nourriture ? (F. P.)

Soit x les jours où il n'a pas été nourri.

$$x \times 3,20 + (85 - x) \times 1,75 = 202,4$$
$$320\,x + 14875 - 175\,x = 20240$$
$$320\,x - 175\,x = 20240 - 14875$$
$$145\,x = 5365$$
$$x = \frac{5365}{145} = 37 \text{ jours sans nourriture, 48 jours avec nourriture.}$$

Preuve.

37 à 3,20 = 118,40
48 à 1,75 = 84 »
202,40

17° problème. — Deux négociants ont à partager un bénéfice de 44000 fr. Mais, suivant l'acte de société, la part du premier, augmentée de 5000 fr., doit être égale aux 4/3 de celle du second à laquelle on aurait préalablement ajouté 7000 fr. — Quelles sont ces parts? (R. C. et F. P.)

On désigne par x la part du premier, celle du second sera conséquemment 44000 — x. On a donc:

$$x + 5000 = 4/3 \times (44000 - x + 7000)$$
$$x + 5000 = 4/3 \times (51000 - x)$$
$$x + 5000 = \frac{204000 - 4\,x}{3}$$
$$3\,x + 15000 = 204000 - 4\,x$$
$$7\,x = 204000 - 15000 = 189000$$
$$x = \frac{189000}{7} = 27000 \text{ fr. part du premier.}$$

La part du second est donc 44000 — 27000 = 17000 fr.

Preuve. — $27000 + 5000 = \frac{4}{3} \times (17000 + 7000) = \frac{4}{3} \times 24000 = 32000$ f.

18° problème. — Former la longueur du mètre en plaçant des pièces d'or de 20 francs et de 40 francs les unes à la suite des autres. Le nombre total de ces pièces est de 45; leurs diamètres respectifs sont de 21 et 26 millimètres.

Soit x le nombre des pièces de 20 francs; 45 — x sera le nombre de celles de 40 francs.

$$x \times 21 + (45 - x) \times 26 = 1000$$
$$\text{ou } 21\,x + (45 - x) \times 26 = 1000$$
$$21\,x - 26\,x = 1000 - 1170$$
$$5x = 170 \text{ ou } x = 34$$

Il faut donc 34 pièces de 20 francs et 45 — 34, soit 11 pièces de 40 francs.

§ 2. — Problèmes résolus par deux équations a deux inconnues.

19° problème. — Dans une manufacture on fabrique des draps de deux qualités différentes ; 5 m. de la première qualité valent 7 m. de la deuxième ; 175 mètres de chaque qualité coûtent ensemble 12600 fr. — Quel est le prix du mètre de chaque espèce ? (R. C. et F. P.)

Soit x le prix du mètre de la première qualité et y le prix de celui de la deuxième.

On a les deux équations :

$$175\,x + 175\,y = 12600 \qquad 5\,x = 7\,y$$

$$x = \frac{12600 - 175\,y}{175} \qquad x = \frac{7\,y}{5}$$

D'où

$$\frac{12600 - 175\,y}{175} = \frac{7\,y}{5} = \frac{7\,y \times 35}{5 \times 35} = \frac{245\,y}{175}$$

$$12600 - 175\,y = 245\,y$$

$$12600 = 420\,y$$

$$y = \frac{12600}{420} = 30 \text{ fr.}$$

$$x = \frac{7\,y}{5} = \frac{7 \times 30}{5} = 7 \times 6 = 42 \text{ fr.}$$

Solution par l'analyse. — Puisqu'on a pour 12600 fr. deux fois 175 mètres, soit 350 mètres, si les deux qualités étaient à prix égal, le prix de chaque mètre serait $\frac{12600}{350} = 36$ fr. ; mais comme 5 mètres de la première qualité valent 7 mètres de la deuxième, il s'ensuit que la première qualité vaut 2/12 ou 1/6 de plus ou 42 fr., et la deuxième 1/6 de moins que le prix moyen de 36 fr. ou 30 fr.

20ᵉ problème. — Un couvercle pesant 40 décagrammes s'adapte à 2 vases A et B ; le premier vase avec le couvercle pèse le triple du second, et ce dernier avec le couvercle a un poids double de celui du premier. — Quel est le poids de chaque vase ? (D. F. P.)

Soit x le poids de A et y celui de B, on a les équations :

$$x + 40 = 3\,y, \text{ et } y + 40 = 2\,x$$

$$x = 3\,y - 40 \text{ et } x = \frac{y + 40}{2}$$

$$3\,y - 40 = \frac{y + 40}{2}$$

$$6\,y - 80 = y + 40$$

$$5\,y = 120$$

$$y = \frac{120}{5} = 24 \text{ décagrammes}$$

$$x = 72 - 40 = 32 \quad \text{d}^\circ$$

21ᵉ problème. — Un père donne pour étrennes à ses trois fils un ouvrage en deux volumes, un canif et un portefeuille ; l'ouvrage vaut 6 francs, les 2 volumes et le canif valent le double du portefeuille. Le canif et le portefeuille valent trois fois autant que les deux volumes, c'est-à-dire 18 francs. — Quelle est la valeur du canif et du portefeuille? (D. F. P.)

Soit x le prix du canif et y celui du portefeuille.

$$6 + x = 2y \qquad\qquad x + y = 18$$
$$x = 2y - 6 \qquad\qquad x = 18 - y$$
$$2y - 6 = 18 - y$$
$$3y = 24$$
$$y = \frac{24}{3} = 8$$
$$x = 18 - y = 10$$

22ᵉ problème. — Un commissionnaire de roulage fait parvenir à Lyon, pour une maison de Paris, 85 quintaux de marchandises, et 78 quintaux à Lille ; par un second envoi, il adresse, pour compte de la même maison, 68 quintaux à la première de ces places et 49 quintaux à la seconde ; il reçoit pour le premier transport 1027 fr. 50 c. et pour le second 755 fr. — On demande quel est le prix du transport d'un quintal pour l'une et pour l'autre destination. (R. C. et F. P.)

Soit x le prix de voiture d'un quintal pour Lyon,
Et y le prix de voiture d'un quintal pour Lille ;
On a les équations :

$$85x + 78y = 1027,5 \qquad 68x + 49y = 755$$
$$x = \frac{1027,5 - 78y}{85} \qquad x = \frac{755 - 49y}{68}$$
$$69870 - 5304y = 64175 - 4165y$$
$$69870 - 64175 = 5304y - 4165y$$
$$1139y = 5695$$
$$y = \frac{5695}{1139} = 5 \text{ f.}$$
$$x = \frac{755 - 49y}{68} = \frac{755 - 245}{68} = 7 \text{ f. } 50$$

23ᵉ problème. — Un négociant est chargé de la fourniture de 100 hectolitres de vin ; il l'a faite avec deux sortes de vins : l'un vaut 14 fr. 25 l'hectolitre, l'autre 12 fr. 50 ; il reçoit en payement 1313 fr. — Combien en a-t-il fourni de chaque espèce? (S. F. P.)

Soit x la quantité de vin de la première qualité, et y celle de la seconde :

$$x + y = 100 \qquad (14{,}25) \times x + (12{,}50) \times y = 1313$$

$$x = 100 - y \qquad x = \frac{1313 - 12{,}50\, y}{14{,}25}$$

$$100 - y = \frac{1313 - 12{,}50\, y}{14{,}25}$$

$$1425 - 14{,}25\, y = 1313 - 12{,}50\, y$$

$$1425 - 1313 = 14{,}25\, y - 12{,}50\, y$$

$$112 = 1{,}75\, y$$

$$y = \frac{112}{1{,}75} = 64 \quad \text{et} \quad x = 100 - 64 = 36$$

24° problème. — Un ouvrier et sa femme sont employés dans une fabrique ; après avoir travaillé, le premier pendant 12 jours, la seconde pendant 16 jours, ils reçoivent pour tout salaire 45 fr. 40 ; d'après un autre règlement de compte, on leur paye 69 fr. 10 pour 21 journées du mari et 19 journées de la femme. — Combien gagnent-ils chacun par jour ? (D. F. P.)

Soit x le gain journalier de l'homme et y celui de la femme; on a :

$$12\, x + 16\, y = 45{,}4 \qquad 21\, x + 19\, y = 69{,}1$$

$$x = \frac{45{,}4 - 16\, y}{12} \qquad x = \frac{69{,}1 - 19\, y}{21}$$

$$\frac{45{,}4 - 16\, y}{12} = \frac{69{,}1 - 19\, y}{21}$$

$$953{,}4 - 336\, y = 829{,}2 - 228\, y$$

$$108\, y = 124{,}2$$

$$y = \frac{124{,}2}{108} = 1^f{,}15$$

$$x = \frac{45{,}4 - 16 \times 1{,}15}{12} = \frac{27}{12} = 2^f{,}25$$

25° problème. — Jacques, garçon de caisse, disait à son camarade Philippe : Si tu me donnais deux des sacs que tu portes, nous en aurions autant l'un que l'autre. — Et toi, répliqua Philippe, donne-moi un des tiens, et j'en aurai alors le double de ce qui te restera. — Combien en avaient-ils chacun? (D. F. P.)

Soient x le nombre des sacs de Jacques, et y le nombre de ceux de
Philippe.

$$x + 2 = y - 2 \qquad\qquad 2 \times (x - 1) = y + 1$$

$$x = y - 4 \qquad\qquad x = \frac{y + 3}{2}$$

$$y - 4 = \frac{y + 3}{2}$$

$$2y - 8 = y + 3$$

$$y = 11$$

$$x = 7$$

26ᵉ problème. — Quels sont les deux nombres dont la
somme vaut 63, et dont le plus grand divisé par le plus petit
donne 13 pour quotient? (D. F. P.)

Soient x le plus grand et y le plus petit de ces nombres; on a :

$$x + y = 63 \qquad\qquad \frac{x}{y} = 13$$

$$x = 63 - y \qquad\qquad x = 13\,y$$

$$63 - y = 13\,y$$

$$14\,y = 63$$

$$y = \frac{63}{14} = 4\frac{1}{2}$$

$$x = 63 - 4\frac{1}{2} = 58\frac{1}{2}$$

27ᵉ problème. — On a deux sortes de drap; 18 mètres de
la première qualité et 24 mètres de la seconde valent 906 fr.;
15 m. de la première et 8 m. de la seconde valent 527 fr. —
Quel est le prix de chaque sorte ? (D. F. P.)

Soient x le prix du mètre de la première qualité, et y celui du mètre de
la seconde.

$$18\,x + 24\,y = 906 \qquad\qquad 15\,x + 8\,y = 527$$

$$x = \frac{906 - 24\,y}{18} \qquad\qquad x = \frac{527 - 8\,y}{15}$$

$$\frac{906 - 24\,y}{18} = \frac{527 - 8\,y}{15}$$

$$13590 - 360\,y = 9486 - 144\,y$$

$$4104 = 216\,y$$

$$y = \frac{4104}{216} = 19, \text{ et } x = \frac{527 - 152}{15} = \frac{375}{15} = 25$$

LIVRE XI

SOLUTIONS DES PROBLÈMES PAR LES PROPORTIONS OU PAR LES RAPPORTS SOUS FORME FRACTIONNAIRE.

RÈGLE DE TROIS. — RÈGLE CONJOINTE. — RÈGLE DE TANT POUR CENT, ETC.

L'emploi des proportions donne lieu à ce qu'on appelle usuellement la Règle de *Trois* simple ou composée, — la Règle *Conjointe*, — la règle de *Tant pour cent* (rapports additifs, soustractifs, croissants ou décroissants), comprenant plusieurs règles dites de *Tant pour mille*, — d'*Assurance*, — de *Répartition*, — de *Tare*, — d'*Arbitrage*, etc.

CHAPITRE LVI.

Règle de trois ou de proportion simple et composée.

Toutes les questions pour la solution desquelles on combine *proportionnellement trois* quantités pour en avoir une quatrième ou, en d'autres termes, tous les problèmes qu'on peut résoudre avec une simple proportion appartiennent à la **Règle de trois** *simple*.

Lorsque les questions ne peuvent se résoudre qu'avec le secours de deux ou plusieurs proportions, ou, en d'autres termes, lorsque la quantité inconnue dépend de l'influence de deux ou plusieurs rapports sur une autre quantité, la *Règle de trois* est dite *composée*.

Nous donnerons un assez grand nombre d'exemples de cette règle, parce qu'elle sert d'introduction à la plupart de celles qui suivent.

§ 1er. — RÈGLE DE TROIS SIMPLE DITE DIRECTE OU INVERSE.

Lorsque la quantité que l'on cherche augmente ou diminue au fur et à mesure que celle dont elle dépend augmente ou diminue, la règle de trois simple est dite *directe*.

Dans le cas contraire, c'est-à-dire lorsque la quantité que l'on cherche diminue ou augmente au fur et à mesure que celle dont elle dépend augmente ou diminue, la règle de trois simple est dite *indirecte* ou *inverse*.

Cependant il ne faut pas attacher beaucoup d'importance à cette distinction admise dans la plupart des ouvrages. Les raisonnements que nous ferons à l'appui des problèmes feront voir qu'il est même inutile de se préoccuper de cette distinction (voy. p. 360). Toutefois, les huit problèmes suivants (dont les quatre premiers appartiennent à la règle de trois directe, et les quatre derniers à la règle de trois indirecte), indiquent la différence qu'on a voulu admettre entre elles.

1er problème. — 15 ouvriers tisserands font 200 mètres de toile dans un temps donné : — Combien en feraient 25 ouvriers qui se trouveraient dans les mêmes conditions?

Comme il y a *plus* d'ouvriers, ils font *plus* de mètres d'ouvrage; s'il y avait *moins* d'ouvriers, ils feraient *moins* de mètres d'ouvrage.

Les rapports sont *directs ;* la règle de trois est *directe.*

Il y a entre les 25 ouvriers et leur ouvrage le même rapport qu'entre les 15 ouvriers et les 200 mètres qu'ils font; le même rapport entre les 15 ouvriers et les 25 ouvriers que celui qui existe entre les 200 mètres faits par les 15 ouvriers et les *x* mètres faits par les 25 autres. Donc, comme deux rapports égaux forment une proportion,

$$15 \text{ ouv.} \; : \; 25 \text{ ouv.} \; :: \; 200 \text{ m} \; : \; x \text{ m}$$
$$\text{ou } 15 \text{ ouv.} \; : \; 200 \text{ m} \; :: \; 25 \text{ ouv.} : \; x \text{ m}$$
$$\text{d'où } x = \frac{200 \times 25}{15} = \frac{}{15} = \text{m } 333{,}33$$

L'analyse simple conduit aux mêmes calculs que la proportion. En effet,

$$\text{Si } 15 \text{ ouv. font } \text{m } 200 \text{ d'ouvrage,}$$
$$1 \text{ ouv. en fait la } 15^e \text{ partie, ou } \frac{200}{15}$$
$$\text{et } 25 \text{ ouv. en font } 25 \text{ fois plus, ou } \frac{0 \; 0 \times 25}{15} = \text{m } 333{,}33$$

2ᵉ problème. — 25 ouvriers tisserands font m 333,33 de toile : — Combien en feraient 15 ouvriers ?

$$25 \text{ ouv.} : 15 \text{ ouv.} \quad :: \quad 333,33 \text{ m} : x \text{ m}$$
$$\text{ou } 25 \text{ ouv.} : 333,33 \text{ m} :: 15 \text{ ouv.} \quad : x \text{ m}$$
$$x = \frac{33,33 \times 15}{25} = \frac{4999,95}{25} = 200 \text{ mètres.}$$

Et par l'*analyse* : Si 25 ouv. font m 333,33

$$1 \text{ ouv. fera} \quad \frac{333,33}{25}$$

$$\text{Et 15 ouv. feront} \quad \frac{333,33 \times 15}{25} = 200$$

3ᵉ problème. — 15 ouvriers tisserands font 200 mètres de toile : — Combien faudrait-il d'ouvriers pour en faire m 333,33 ?

$$200 \text{ m} : 333,33 \text{ m} :: 15 \text{ ouv.} \quad : x \text{ ouv.}$$
$$200 \text{ m} : \quad 15 \text{ ouv.} :: 333,33 \text{ m} \quad : x \text{ ouv.}$$
$$x = \frac{333,33 \times 15}{200} = \frac{4999,95}{200} = 25 \text{ ouv.}$$

Et par l'*analyse* : Si 200 m sont faits par...... 15 ouv.

$$1 \text{ m est fait par}........ \frac{15}{200}$$

$$\text{Et 333,33 m sont faits par } \frac{15 \times 333,33}{200} = 25 \text{ ouv.}$$

4ᵉ problème. — 25 ouvriers tisserands font m 333,33 de toile : — Combien faudrait-il d'ouvriers pour en faire 200 mètres ?

$$333,33 \text{ m} : 200 \text{ m} :: 25 \text{ ouv.} : x \text{ ouv.}$$
$$333,33 \text{ m} : 25 \text{ ouv.} :: 200 \text{ m} \quad : x \text{ ouv.}$$
$$x = \frac{200 \times 25}{333,33} = \frac{5000}{333,33} = 15 \text{ ouv.}$$

Et par l'*analyse* : Si 333,33 m sont faits par........ 25 ouv.

$$1 \quad \text{d° est fait par}........ \frac{25}{333,33}$$

$$\text{Et 200 m sont faits par } \frac{25 \times 200}{333,33} = 15 \text{ ouv.}$$

Remarque générale. — Par l'exercice on arrive à faire les opérations que la proportion indique sans poser cette proportion.

5ᵉ problème. — Un voyageur met de Paris à Brest 20 jours, en marchant 10 heures par jour : — Combien devrait-il marcher d'heures pour ne consacrer que 18 jours à son voyage?

Pour employer *moins* de jours, il faut qu'il marche *plus* d'heures; s'il devait employer *plus* de jours, il faudrait qu'il marchât *moins* d'heures par jour.

Les rapports sont *indirects;* la règle de trois est *inverse.*

Entre les heures que l'on a à trouver et les 10 heures, il y a un rapport qui n'est pas celui qui existe entre 20 jours et 18 jours correspondant aux heures que l'on cherche, 20 : 18; mais il ressemble à celui qui existe entre 18 jours et 20 jours, 18 : 20; on a donc :

$$18 \text{ j} : 20 \text{ j} :: 10 \text{ h} : x \text{ h}$$
$$\text{ou } 18 \text{ j} : 10 \text{ h} :: 20 \text{ j} : x \text{ h}$$
$$x = \frac{20 \times 10}{18} = \frac{200}{18} = 11 \text{ h } 1/9$$
$$= 11 \text{ h} - 6^{m} - 40^{s}$$

L'*analyse* conduit plus nettement au véritable résultat.

Si en voyageant pendant 20 jours on marche 10 heures par jour, on marche 20 fois 10 heures = 200 heures; si l'on ne veut voyager que pendant 18 jours, on marche la 18ᵉ partie de 200 heures par jour; soit :

$$\frac{200}{18} = 11 \text{ h } 1/9$$

6ᵉ problème. —Un voyageur met de Paris à Brest 18 jours, en marchant 11 1/9 heures par jour: — Combien serait-il obligé de marcher d'heures par jour, s'il voulait consacrer 20 jours à ce voyage?

$$20 \text{ j} : 18 \text{ j} :: 11 \text{ h } 1/9 : x$$
$$\text{ou } 20 \text{ j} : 11 \text{ h } 1/9 :: 18 \text{ j} : x \text{ h}$$
$$x = \frac{18 \times 11 \ 1/9}{20} = \frac{200}{20} = 10 \text{ h.}$$

Et par l'*analyse :*

Si pendant 18 j   on marche par jour   11 1/9 h

pendant 1 j   il faut marcher   11 1/9 $\times$ 18

et pendant 20 j   on marche par jour $\dfrac{11 \ 1/9 \times 18}{20}$ = 10 h.

7ᵉ problème. — Un voyageur met 20 jours de Paris à Brest, en marchant 10 heures par jour : — Combien de jours mettrait-il à faire le même voyage, s'il marchait 11 heures 1/9 par jour?

$$11 \text{ h } 1/9 : 10 \text{ h } :: 20 \text{ j } : x \text{ j}$$
$$\text{ou } 11 \text{ h } 1/9 : 20 \text{ j } :: 10 \text{ h } : x \text{ j}$$
$$x = \frac{20 \times 10}{11 \quad 1/9} = \frac{200}{11 \ 1/9} = \frac{1800}{100} = 18 \text{ j.}$$

Et par l'*analyse* :

Si en marchant 10 h par jour on voyage pendant 20 j
en marchant 1   d° $20 \text{ j} \times 10$
et en marchant 11 1/9   d° $\dfrac{20 \quad \times 10}{11 \ 1/9} = 18 \text{ j.}$

8ᵉ problème. — Un voyageur met 18 jours de Paris à Brest, en marchant 11 heures 1/9 par jour : — Combien de jours mettrait-il à faire le même voyage, s'il marchait 10 heures par jour?

$$10 \text{ h } : 11 \ 1/9 \text{ h } :: 18 \text{ j } : x \text{ j}$$
$$\text{ou } 10 \text{ h } : 18 \text{ j } :: 11 \ 1/9 \text{ h } : x \text{ j}$$
$$x = \frac{18 \times 11 \ 1/9}{10} = \frac{200}{10} = 20 \text{ j.}$$

Et par l'*analyse* :

Si en marchant 11 h 1/9 par jour, on voyage pendant 18 j
en marchant 1   d° $18 \times 11 \ 1/9$
et en marchant 10   d° $\dfrac{18 \times 11 \ 1/9}{10} = 20 \text{ j.}$

Règle générale pour la position de la regle de trois.

Bien que la position d'une règle de trois simple (directe ou inverse) ne présente aucune difficulté, nous terminerons ce paragraphe par une *règle générale* qui met à l'abri de toute erreur.

On place l'inconnue pour quatrième terme, et la quantité homogène pour troisième terme; ensuite, suivant que l'inconnue doit être plus ou moins grande que son homogène, on place pour moyen le plus grand ou le plus petit des deux termes du premier rapport. — C'est une *proportion* ;

Ou bien on fait l'inconnue égale à son homogène multipliée par le plus grand terme du premier rapport, et divisée par le plus petit, ou multipliée par le plus petit et divisée par le plus grand, suivant qu'elle doit être plus grande ou plus petite que son homogène. — C'est une *équation.*

Cette règle, qui découle naturellement des raisonnements que nous venons de faire, dispense de toute distinction entre la règle de trois dite directe et la règle de trois dite indirecte ou inverse.

Dans le premier problème, on aurait d'abord placé :

$$:: 200 \text{ m} : x \text{ m}$$

ou mieux $\quad x \text{ m} = 200 \text{ m}$

Ensuite, on se serait demandé : 25 ouvriers font-ils plus ou moins de mètres que 15 ouvriers ? — Comme ils en font plus, on aurait pris 25 pour moyen et 15 pour extrême, ou bien on aurait multiplié 200 mètres par 25 et divisé par 15, et l'on aurait eu :

$$15 \text{ ouv.} : 25 \text{ ouv.} :: 200 \text{ m.} : x \text{ m.}$$

ou mieux $\quad x \text{ m} = \dfrac{200 \times 25}{15}$

On se fait la question sur 25 ouvriers et non pas sur 15, parce que c'est pour 25 ouvriers que le nombre de mètres est inconnu.

Dans le cinquième problème, on aurait d'abord placé :

$$:: 10 \text{ h} : x \text{ h}$$

ou mieux $\quad x \text{ h} = 10 \text{ h}$

On se serait ensuite demandé : Quand on voyage 18 jours, faut-il marcher plus ou moins d'heures que lorsqu'on voyage 20 jours, en parcourant la même distance? Comme en voyageant moins de jours il faut marcher plus d'heures, on aurait pris 20 pour moyenne et 18 pour extrême, ou bien on aurait multiplié 10 par 20 et divisé par 18, et l'on aurait eu :

$$18 \text{ j} : 20 \text{ j} :: 10 \text{ h} : x \text{ h}$$

ou mieux $\quad x \text{ h} = \dfrac{10 \times 20}{18}$

On se serait fait la question sur 18 jours et non sur 20, parce que c'est pour 18 jours que l'on ne connaît pas le nombre d'heures.

On pourrait varier ces problèmes à l'infini ; il suffira de donner quelques exemples.

2. — Problèmes de la règle de trois simple nécessitant une analyse pour la proportion, et indépendante de la proportion.

9ᵉ problème. — Un quintal de marchandise coûtant 37 fr. 50 c., — on demande combien il doit être vendu, pour qu'on puisse gagner le prix d'un quintal sur 15 quintaux?

$$15 : 16 :: 37,50 : x = \frac{37,50 \times 16}{15} = 40 \text{ fr.}$$

Et par l'*analyse* : Si 15 coûtent 37,50

$$1 \quad - \quad \frac{37,50}{15}$$

$$16 \quad - \quad \frac{37,50 \times 16}{15} = 40$$

10ᵉ problème. — Combien peut-on avoir de rames de papier de 3 fr. 50 c., de 4 fr. et de 5 fr. 50 c. la rame, avec 117 fr., si l'on en veut autant de chaque prix?

$$3,50 + 5,50 + 4 = 13 \text{ prix de 3 rames.}$$

$$13 : 3 :: 117 : x = \frac{117 \times 3}{13} = 27 \text{ rames.}$$

9 de chaque prix.

Et par l'*analyse :* Si   13 est le prix de 3 rames

$$\frac{117}{13} = 9 \text{ sera le prix d'une rame}$$

11ᵉ problème. — Combien doit-on prendre de mètres de toile à 5/8 pour servir de doublure à 30 mètres à 6/8?

$$5/8 : 6/8 :: 30 : x = \frac{30 \times 6}{5} = 36$$

Et par l'*analyse :* S'il faut en   6/8...... 30 m.

Il faudra en 1/8...... 30×6

Et en   5/8...... $\dfrac{30 \times 6}{5} = 36$ m.

12ᵉ problème. — Deux tapis sont de même largeur et de même qualité; mais l'un, plus long que l'autre de 3 mètres, a coûté 48 fr. et l'autre 36. — On demande la longueur de chaque tapis.

Les deux tapis étant de même qualité et de même largeur, la différence des prix, qui est 12 francs, ne vient que de la différence des longueurs, qui est de 3 mètres; 12 francs sont donc le prix de 3 mètres; pour avoir les mètres que contient le premier, il faut faire la proportion suivante:

$$12 : 48 :: 3 : x = \frac{48 \times 3}{12} = 12 \text{ m. longueur du 1}^{\text{er}} \text{ tapis.}$$

Le second est donc de $12 - 3 = 9$ mètres.

. Et par l'*analyse* : Si 12 est le prix de 3 mètres,

$$\frac{48}{12} = 4 \text{ indique un nombre de mètres 3 fois plus petit.}$$

$$4 \times 3 = 12 \text{ est la longueur du 1}^{\text{er}} \text{ tapis.}$$

13ᵉ problème. — Un marchand de poisson a acheté de la morue à raison de 150 francs le cent ; le cent de morue est composé de 62 poignées ou de 124 morues ; on estime que les poignées pèsent l'une dans l'autre 6,50 kilogrammes ; on paye pour les droits 24 francs par cent de morue, et pour le port, 8 francs par millier pesant. — On demande à combien revient la poignée, c'est-à-dire deux queues ou deux morues ?

$$62 \times 6,50 = 403 \text{ Kg.}$$

$$1000 : 403 :: 8 : x = \frac{403 \times 8}{1000} = 3 \text{ fr. } 22 \text{ pour le port.}$$

Et par l'*analyse* : Si 1000 coûtent..   8 fr.

$$1 \text{ coûtent..} \quad \frac{8}{1000}$$

$$403 \text{ coûte....} \quad \frac{8 \times 403}{1000} = 3,22$$

Port...........   3,22
Droits........   24
Achat........   150

$$\text{Total........} \quad \frac{\overline{177,22}}{62} = 2,86, \text{ prix de deux morues.}$$

§ 3. — RÈGLE DE TROIS COMPOSÉE.

Remarques générales. — Dans les problèmes de la règle de trois composée, il est bon de disposer les quantités qui concourent à la solution de la question, de manière que les deux quantités homogènes formant un rapport soient l'une sous l'autre.

Il faut aussi se rappeler que lorsqu'on cherche la manière dont un rapport doit être posé, il faut faire abstraction de tous les autres, parce que les différentes données sont indépendantes les unes des autres.

Après les deux premiers problèmes, nous n'indiquerons, pour abréger, les rapports que sous forme fractionnaire.

Position, théorie, calcul et preuve de la Règle de Trois composée.

1er problème. — 15 ouvriers tisserands font 200 mètres de toile en travaillant pendant 12 jours et 8 heures par jour, la toile ayant 3/4 de largeur. — On demande combien 25 ouvriers qui se trouvent dans les mêmes conditions, peuvent faire, en travaillant pendant 8 jours et 10 heures par jour, la toile ayant 7/8 de largeur.

On éclaircit l'énoncé en disposant les données comme suit :

| 15 ouvriers | 12 j. | 8 h. | 6/8 large | 200 m. |
| 25 | 8 | 10 | 7/8 | x |

D'après ce qui a été dit ci-dessus, les 200 mètres faits par les premiers ouvriers seront au travail des autres comme 15 est à 25, comme 12 est à 8, comme 8 est à 10, comme 7/8 est à 6/8 ; d'où la proportion composée :

$$15 : 25$$
$$12 : 8$$
$$8 : 10$$
$$7/8 : 6/8 :: 200 : x = \text{m } 238{,}095$$

Les trois premiers rapports sont directs ; le quatrième est indirect : en effet, plus il y a d'ouvriers, plus ils travaillent d'heures, plus ils travaillent de jours et plus ils font d'ouvrage ; mais plus la toile est large, moins ils en font.

Comme un extrême égale le produit des moyens divisés par les autres extrêmes, on arrive à l'équation suivante composée de rapports fractionnaires, et que nous aurions pu poser tout d'abord, conformément à ce qui a été dit plus haut (p. 373).

Équation correspondante. — Rapports sous forme fractionnaire.

$$x = 200 \times \frac{25 \times 8 \times 10 \times 6/8}{15 \times 12 \times 8 \times 7/8}$$

On simplifie le calcul de la Proportion ou de l'*Équation équivalente* en supprimant le dénominateur de chaque fraction et en divisant un moyen et un extrême, ou bien un des numérateurs et un des dénominateurs par la même quantité, en vertu des principes posés en parlant des Fractions (129, 130) et en parlant des Rapports géométriques (249).

En faisant disparaître les fractions et en simplifiant [les chiffres barrés indiquent les nombres simplifiés], on obtient:

Proportion simplifiée.

3 15 : 25 5
12 : 8
2   8 : 10 5
7/8 : 6/8 :: 200 : x

Équation simplifiée.

$$x = 200 \times \frac{\overset{5}{25} \times 8 \times 10 \times \overset{5}{6}}{\underset{3}{15} \times 12 \times 8 \times \underset{2}{7}}$$

Calcul définitif dans les deux cas.

$$x = 200 \times \frac{5 \times 5}{3 \times 7} = \frac{5000}{21} = m\ 238{,}095$$

Les nombres 8 et 8 se détruisent ; 6 et 12 ayant pour diviseur 6, 6 disparaît, et 12 est remplacé par 2 ; ce 2 et 10 ayant pour diviseur 2, 2 disparaît, et 10 est remplacé par 5 ; 15 et 25 ayant pour diviseur 5, 15 est remplacé par 3, et 25 par 5.

Il est impossible de se tromper sur celui des deux termes d'un rapport qui doit être mis pour conséquent ou numérateur, et pour antécédent ou dénominateur; il suffit pour cela de se demander, comme nous l'avons déjà vu, si la quantité que l'on cherche doit être plus grande ou plus petite que son homogène. Dans l'exemple que nous avons, x serait égal à 200, si les seconds ouvriers se trouvaient dans les mêmes conditions que les premiers ; mais, *toutes choses étant égales d'ailleurs* (jours, heures et largeur), 25 ouvriers feront plus que les 15 qui servent de point de comparaison, c'est-à-dire comme 15 : 25 ou les 25/15 ; car un ouvrier fait 1/15. — Toutes choses étant égales (le nombre des ouvriers, les heures et la largeur), des ouvriers qui travaillent 8 jours font moins que ceux qui en travaillent 12, c'est-à-dire comme 12 : 8 ou les 8/12, car en un jour ils font 1/12 de ce qu'ils font en 12 jours, et en 8 jours les 8/12. Toutes choses étant égales (le nombre d'ouvriers, les jours et la largeur), les ouvriers qui travaillent 10 heures font par la même raison plus que ceux qui travaillent pendant 8 heures, c'est-à-dire comme 8 : 10, ou les 10/8. Enfin, toutes choses étant égales (le nombre d'ouvriers, les jours et les heures), les ouvriers qui font un tissu large de 7/8 en feront moins que ceux qui font du 6/8, c'est-à-dire comme 7/8 : 6/8, ou les $\frac{6|8}{7|8} = \frac{6}{7}$; car si le tissu n'avait qu'un 1/8 de largeur, ils en feraient 6 fois plus, et comme il a 7/8 de largeur, ils en font le septième de 6 fois plus.

Il est évident que dans un raisonnement semblable, il faut toujours prendre pour point de comparaison les quantités qui se trouvent dans la série où toutes les quantités sont connues.

La proportion composée que nous avons posée en commençant est évidemment l'abrégé des proportions suivantes :

$$15 \text{ ouv} : 25 \text{ ouv} :: 200 \qquad\qquad : x = \frac{200 \times 25}{15}$$

$$12 \text{ j} : 8 \text{ j} :: \frac{200 \times 25}{15} \qquad\qquad : x = \frac{200 \times 25 \times 8}{15 \times 12}$$

$$8 \text{ h} : 10 \text{ h} :: \frac{200 \times 25 \times 8}{15 \times 12} \qquad : x = \frac{200 \times 25 \times 8 \times 10}{15 \times 12 \times 8}$$

$$7/8 : 6/8 :: \frac{200 \times 25 \times 8 \times 10}{15 \times 12 \times 8} : x = \frac{200 \times 25 \times 8 \times 10 \times 6/8}{15 \times 12 \times 8 \times 7/8} = m\,238{,}095$$

200 étant le travail de 15 ouvriers travaillant 12 jours, 8 heures par jour, pour faire un tissu de 6/8 de largeur,

$\dfrac{200 \times 25}{15}$ est celui de 25 ouvriers dans le même cas ;

$\dfrac{200 \times 25 \times 8}{15 \times 12}$ est le travail de 25 ouvriers travaillant 8 jours, pendant 8 heures, pour faire un tissu de 6/8 de largeur ;

$\dfrac{200 \times 25 \times 8 \times 10}{15 \times 12 \times 8}$ est le travail de 25 ouvriers travaillant pendant 8 jours, 10 heures par jour, pour faire un tissu de 6/8 de largeur ;

Enfin, $\dfrac{200 \times 25 \times 8 \times 10 \times 6/8}{15 \times 12 \times 8 \times 7/8}$ est le travail de 25 ouvriers travaillant 8 jours, 10 heures par jour, pour faire un tissu ayant 7/8 de largeur.

Cette proportion composée présente encore une grande abréviation relativement à la solution par le procédé de *réduction à l'unité*, que nous allons reproduire :

Si 15 ouvriers travaillant 12 jours et 8 heures par jour pour faire un tissu de 6/8 de largeur font 200 mètres,

$$1\ \text{ouv. trav.}\quad 12\ \text{jours et}\quad 8\ \text{heures}\quad 6/8\ \text{de larg.}\quad \frac{200}{15}$$

$$1\ldots\ldots\quad 1\ldots\ldots\quad 8\ldots\ldots\quad 6/8\ldots\ldots\quad \frac{200}{15\times 12}$$

$$1\ldots\ldots\quad 1\ldots\ldots\quad 1\ldots\ldots\quad 6/8\ldots\ldots\quad \frac{200}{15\times 12\times 8}$$

$$1\ldots\ldots\quad 1\ldots\ldots\quad 1\ldots\ldots\quad 1/8\ldots\ldots\quad \frac{200\times 6}{15\times 12\times 8}$$

$$25\ldots\ldots\quad 1\ldots\ldots\quad 1\ldots\ldots\quad 1/8\ldots\ldots\quad \frac{200\times 6\times 25}{15\times 12\times 8}$$

$$25\ldots\ldots\quad 8\ldots\ldots\quad 1\ldots\ldots\quad 1/8\ldots\ldots\quad \frac{200\times 6\times 25\times 8}{15\times 12\times 8}$$

$$25\ldots\ldots\quad 8\ldots\ldots\quad 10\ldots\ldots\quad 1/8\ldots\ldots\quad \frac{200\times 6\times 25\times 8\times 10}{15\times 12\times 8}$$

$$25\ldots\ldots\quad 8\ldots\ldots\quad 10\ldots\ldots\quad 7/8\ldots\ldots\quad \frac{200\times 6\times 25\times 8\times 10}{15\times 12\times 8\times 7}=\text{m}\,238{,}095\ldots$$

Mais la pose de la proportion elle-même se trouve évitée par l'emploi des rapports sous forme fractionnaire.

2° problème (*servant de preuve au précédent*). — 25 ouvriers travaillant 8 jours et 10 heures par jour pour faire un tissu de 7/8 de largeur, en confectionnent m 238,095 : — Combien faudrait-il d'ouvriers travaillant 12 jours, 8 heures par jour, faisant un tissu de 6/8 de large, pour en confectionner 200 mètres ?

$$
\begin{array}{lllll}
8\ \text{j.} & 10\ \text{h.} & 7/8\ \text{la.} & 238{,}095\ \text{m.} & 25\ \text{ouv.}\\
12 & 8 & 6/8 & 200 & x
\end{array}
$$

Proportion.   Équation.

$$
\begin{array}{l}
12\ :\ 8\\
\ 8\ :\ 10\\
7/8\ :\ 6/8\\
238{,}095\ :\ 200\ ::\ 25\ \text{ouv.}\ :\ x\ \text{m.}
\end{array}
\qquad
x^{\text{m}}=\frac{25\times 8\times 10\times 6/8\times 200}{12\times 8\times 7/8\times 238{,}095}
$$

$$x = 15\ \text{ouv.}$$

Problèmes divers sur la Règle de Trois composée.

3° problème*. — Dans une bibliothèque on emploie à copier des manuscrits deux sections d'écrivains : les uns, âgés,

---

* A partir de ce problème, nous n'indiquons plus les proportions.

ne travaillent que le jour et écrivent en ronde ; les autres travaillent la nuit et écrivent en coulée. Les premiers, au nombre de 24, ont transcrit, en travaillant 90 jours et 8 heures par jour, 8 exemplaires d'un ouvrage contenant six volumes, l'un portant l'autre, de 480 pages, chaque page de 64 lignes, chaque ligne de 56 lettres.— On demande en combien de nuits la seconde section composée de 30 copistes, qui travaillent 6 heures par nuit, transcrira 9 exemplaires d'un ouvrage contenant 4 volumes de 800 pages chacun, chaque page de 84 lignes, chaque ligne de 80 lettres, en supposant que la vitesse des premiers est à celle des seconds comme 4 est à 5, que la difficulté de travailler le jour est à celle de travailler la nuit comme 5 à 6, que celle de la ronde est à celle de la coulée comme 6 est à 5, enfin que celle de lire le premier ouvrage est à celle de lire le second comme 8 est à 7. (Théveneau.)

2	co. 8^h.	8^{ex}.	6^{vol}.	480^{pa}.	64^{li}.	56^{let}.	4^{vl}.	5^{diff}.	6^{écrit}.	8^{lect}.	90^{jours}.
30	6	9	4	800	84	80	5	6	5	7	x^{nuits}.

$$x = 90 \times \frac{24 \times 8 \times 9 \times 4 \times 800 \times 84 \times 80 \times 4 \times 6 \times 5 \times 7}{30 \times 6 \times 8 \times 6 \times 480 \times 64 \times 56 \times 5 \times 5 \times 6 \times 8} = 157 \ 1/2 \ \text{nuits.}$$

4° problème. — Un libraire a fait une édition des œuvres de Voltaire ; elle est de 75 volumes in-8°. Chaque volume contient 30 feuilles d'impression ; chaque page contient 40 lignes composées de 50 lettres. Il veut faire une seconde édition in-12 ; chaque volume devant contenir 25 feuilles d'impression et chaque page 30 lignes de 40 lettres chacune :

1° De combien de volumes sera cette seconde édition ?

75^{vol}.	30^{fs}.	40^{lig}.	50^{let}.	8°
x	25	30	40	12

$$x = 75 \times \frac{30 \times 40 \times 50 \times 8}{25 \times 30 \times 40 \times 12} = 100 \ \text{volumes.}$$

2° A quel prix lui revient un volume de chaque édition, sachant qu'il a payé le papier de la première à raison de 25 fr. la rame, et celui de la seconde à 20 fr. ? Les frais de composition et de tirage sont de 80 fr. par feuille pour la première, et de 60 fr. par feuille pour la seconde. Chaque édition est de 1500 exemplaires.

Bien que cette seconde partie du problème n'ait pas de rapports avec la règle de trois composée, nous avons cru devoir la placer ici ; elle sert de complément à la première.

$$30 \qquad\qquad\qquad 1500$$
$$80 \qquad\qquad\qquad\ \ 30$$
$$\overline{2400}\text{ compos.} \qquad \overline{45000}\text{ feuilles.}$$

$$1 \text{ rame} = 500 \text{ feuilles} : 45000 :: 25 : x$$
$$x = 2250 \text{ coût du papier.}$$
$$2400 \quad \text{d}^\circ \text{ de la composition et du tirage.}$$
$$\overline{4650}$$
$$\frac{4650}{1500} = 3{,}10 \text{ f. prix d'un volume de la } 1^{\text{re}} \text{ édition.}$$

$$25 \qquad\qquad\qquad 1500$$
$$60 \qquad\qquad\qquad\ \ 25$$
$$\overline{1500}\text{ compos.} \qquad \overline{37500}\text{ feuilles.}$$

$$500 : 37500 :: 20 : x$$
$$x = 1500 \text{ coût du papier.}$$
$$1500 \quad \text{d}^\circ \text{ de la composition et du tirage.}$$
$$\overline{3000}$$
$$\frac{3000}{1500} = 2 \text{ f. prix d'un vol. de la } 2^{\text{e}} \text{ édition.}$$

5° problème. — Un libraire fait imprimer deux ouvrages : l'un de 25 volumes in-12 de 14 feuilles, à 33 lignes par page, chaque ligne de 48 lettres ; 5 ouvriers le terminent en 18 jours, en travaillant 11 heures par jour. L'autre ouvrage est in-8°, chaque volume de 18 feuilles a 42 lignes, chaque ligne 50 lettres ; 9 ouvriers le terminent en 15 jours, en travaillant 13 heures par jour.— Quel est le nombre de volumes du dernier ?

$25^{\text{vol.}}$	$1\!1^{\text{fs.}}$	$33^{\text{lig.}}$	$48^{\text{let.}}$	$5^{\text{ouv.}}$	$18^{\text{j.}}$	$11^{\text{h.}}$	12
x	18	42	50	9	15	13	8°

$$x = 25 \times \frac{14 \times 33 \times 48 \times 9 \times 15 \times 13 \times 12}{18 \times 42 \times 50 \times 5 \times 18 \times 11 \times 8} = 39 \text{ volumes.}$$

6° problème. — Quel est le poids en kilogrammes d'un bloc de marbre de Paros,

$$\text{long de} \ldots\ldots\ldots\ 3{,}357 \text{ mètres,}$$
$$\text{large de} \ldots\ldots\ldots\ 2{,}1 \qquad —$$
$$\text{haut de} \ldots\ldots\ldots\ 0{,}75 \qquad —$$

la densité du marbre étant de 2,837 ?

$$3,357^{\text{long.}} \quad 2,1^{\text{larg.}} \quad 0,75^{\text{haut.}} \quad 2837^{\text{dens.}} \quad x^{\text{poids.}}$$
$$1 \qquad\qquad 1 \qquad\qquad 1 \qquad\qquad 1000 \qquad 0001$$
$$x = 1000 \times \frac{3,357 \times 2,1 \times 0,75 \times 2837}{1 \times 1 \times 1 \times 1000}$$
$$x = 15000 \text{ kilog.}$$

Solution par l'analyse :

```
    3,3 5 7                       m c  5,2 8 7 2 7 5
      2,1               densité         2 8 3 7
  ─────────                     ─────────────────
    3 3 5 7                        3 7 0 1 0 9 2 5
  6 7 1 4                        1 5 8 6 1 8 2 5
 ──────────                    4 2 2 9 8 2 0 0
m q. 7,0 4 9 7                1 0 5 7 4 5 5 0
      0,7 5                  ───────────────────
  ─────────                  1 4 9 9 9,9 9 9 1 7 5
  3 5 2 4 8 5                    ou 15000 kilog.
  4 9 3 4 7 9
──────────────
m c. 5,2 8 7 2 7 5 vol. du marbre.
```

7ᵉ problème. — Un négociant a un magasin long de 14 m.
sur 8,4 m de largeur ; il veut y déposer une quantité de
1 163 799 kilog. d'étain commun en saumons (densité 7917),
chaque saumon étant long de 6 décimètres, large de 35 centimètres, haut de 125 millimètres. — Quelle devra être en
mètres la hauteur que la marchandise occupera dans le magasin, et quel est le nombre de saumons ?

$$x\,\text{h.} \quad 14\,\text{lo.} \quad 8,4\,\text{la.} \quad 1\,163\,799\,\text{kil} \quad 7917\,\text{densité.}$$
$$1 \qquad\quad 1 \qquad\quad 1 \qquad\qquad 1\,000 \qquad\qquad 1000$$
$$x = 1 \times \frac{1 \times 1 \times 1163799 \times 1000}{14 \times 8,4 \times 1000 \times 7917}$$
$$x = \text{m } 1,25 \text{ hauteur des marchandises.}$$

$14 \times 8,4 \times 1,25 = 147$ m c capacité occupée dans le magasin.
$0,6 \times 0,35 \times 0,125 = 0,02625$ m c volume d'un saumon.

```
14700000 | 2625
  15750  | 5600 saumons      ou      1163799 k.
          Le volume d'un saumon      ─────────────
                                     0,02625 × 7917
```

8ᵉ problème. — On veut placer 20000 kil. de mercure
dans une boîte en fer, haute de 0,5 mètre, large de 0,36. —
On demande quelle sera la longueur de la boîte, sachant
que la densité du mercure est de 13.

$$20000\,\text{kil.} \quad 0,5\,\text{h.} \quad 0,36\,\text{la.} \quad x\,\text{lo.} \quad 13\,\text{dens.}$$
$$1000 \qquad\quad 1 \qquad\quad 1 \qquad\quad 1 \qquad\quad 1$$

$$x = 1 \times \frac{20 \times 1 \times 1 \times 1}{1 \times 0,5 \times 0,36 \times 13} = 8,547 \text{ mètres.}$$

9e problème. — On veut mettre dans un vase de 2 mètres de hauteur, de 3 mètres de largeur, 5 490 litres d'huile d'olive. — Combien de mètres de longueur faut-il lui donner, sachant que la pesanteur spécifique de l'huile est 915 ?

$$2 \text{ h.} — 3 \text{ la.} — x \text{ lo.} — 5490 \text{ lit.} — 915 \quad \text{dens.}$$
$$1 \qquad 1 \qquad 1 \qquad 1000 \qquad 1000$$
$$x = 1 \times \frac{1 \times 1 \times 5490 \times 1000}{2 \times 3 \times 1000 \times 915} = 1 \text{ mètre de long.}$$

10° problème. — On coule de l'or dans une lingotière longue de 4 décimètres, large de 15 centimètres et haute de 2 centimètres; dans une autre lingotière longue de 6 décimètres et large de 25 centimètres, on coule de l'argent. — A quelle hauteur exprimée en millimètres faut-il qu'on la remplisse pour que les deux lingots aient le même poids ?

$$0,4 \text{ lo.} — 0,15 \text{ la.} — 0,02 \text{ haut.} — 19,251 \text{ pes. spéc. de l'or.}$$
$$0,6 \qquad 0,25 \qquad x \qquad 10,474 \qquad — \qquad \text{de l'argent.}$$
$$x = 0,02 \times \frac{4 \times 15 \times 19251}{6 \times 25 \times 10474} = \text{m } 0,014 \text{ } 7/10$$
$$x = 0,014 \text{ } 7/10$$

11e problème. — Un bassin long de 6 mètres et 1/2 et large de 4 mètres, contient 96 hectolitres d'eau. — Quelles sont la longueur et la largeur exprimées en millimètres d'une caisse carrée qui, étant de même hauteur que le bassin, pourrait contenir 125 kil. de mercure ?

x représentant la longueur et la largeur, sera le produit des deux quantités égales ; donc, il faut mettre cette quantité en rapport avec $6 \text{ } 1/2 \times 4$ produit de la longueur donnée par la largeur donnée.

$$6 \text{ } 1/2 \times 4 \qquad 9600 \text{ litres ou kil. d'eau} \qquad 1000 \text{ poids spécifique.}$$
$$x^2 \qquad 125 \text{ kil.} \qquad 13568$$
$$x^2 = 6 \text{ } 1/2 \times 4 \times \frac{125 \times 1000}{9600 \times 13568}$$
$$x = \sqrt[2]{0,024951} = 0,158$$

12° problème. — Un équipage de 10 hommes consomme,

en 5 jours, 1 hectolitre et 1 quart d'eau ; on fait construire 3 caisses de tôle ayant chacune 1 mètre 6 décimètres de longueur et 75 centimètres de largeur. — De quelle hauteur, exprimée en centimètres, faut-il qu'elles soient pour suffire à la consommation d'un équipage de 45 hommes pendant 9 jours ?

La caisse de Hl 1,25 = m c 0,125 a naturellement pour longueur, largeur et hauteur m 0,5 ; donc,

10 h. — 5 j. — m. 0,5 lo. — m. 0,5 la. — m. 0,5 h. — 1 caisse.
45   9   1,5   0,75 x 3

$$x = 0,5 \times \frac{45 \times 9 \times 0,5 \times 0,5 \times 1}{10 \times 5 \times 1,5 \times 0,75 \times 3} = 0,3 \text{ m.}$$

12ᵉ problème. — Un atelier de 8 hommes consomme en 10 jours 2 hectolitres et 16 litres d'eau. On doit fournir de l'eau à 50 hommes pendant 20 jours, et on veut mettre leur provision dans 6 caisses qui ne peuvent avoir que 1 mètre 4 décimètres de longueur sur 85 centimètres de hauteur. — On veut connaître la largeur qu'elles devront avoir.

Comme Hl 2,16 = m c 0,216 ; la hauteur, la longueur et la largeur son de m 0,6 = $\sqrt[3]{0,216}$

8 h. — 10 j. — 1 caisse. — 0,6 h. — 0,6 lo. — 0,6 la.
50   20   6   0,85   1,4 x

$$x = 0,6 \times \frac{50 \times 20 \times 1 \times 0,6 \times 0,6}{8 \times 10 \times 6 \times 0,85 \times 1,4} = 0,378 \text{ m.}$$

CHAPITRE LVII

Règle conjointe.

Ce qu'on appelle **Règle conjointe** n'est autre chose, comme ce nom l'indique, que la réunion de deux ou plusieurs règles de trois simples et, par conséquent, qu'une règle de trois composée — dans laquelle l'inconnue est déduite d'une série de rapports liés et dépendants les uns des autres.

Il s'ensuit que la position de cette *Règle de chaîne*, comme disent les arithméticiens anglais et allemands, peut être guidée par un mécanisme tout à fait commode pour la pratique. — Elle est une application des *proportions*. — Elle est d'un fréquent usage dans les calculs et *Changes étrangers*. (Voy. chap. XLV.)

§ 1er. — MÉCANISME ET POSITION DE LA RÈGLE CONJOINTE.

Dans toute règle conjointe il y a, d'une manière générale, une quantité d'une certaine espèce à convertir en une autre d'une espèce différente, au moyen de deux ou plusieurs rapports.

Pour la poser, dans tous les cas, il n'y a qu'à suivre les principes suivants :

1° L'avant-dernier terme doit exprimer la quantité à convertir, et le dernier, ou l'Inconnue, indiquer celle en laquelle on veut convertir ;

2° L'antécédent du premier rapport doit exprimer des unités de même nature que la quantité à convertir ;

3° L'antécédent de chacun des autres rapports doit exprimer des unités de même nature que le conséquent du rapport précédent ;

4° La règle conjointe est terminée lorsque, tous les rapports indiqués par la nature de la question étant placés, le conséquent du dernier rapport exprime des unités de même nature que la quantité que l'on cherche.

Cette règle se déduit de l'analyse de l'exemple qui suit :

1er problème. — On achète une certaine quantité de blé et on l'échange contre du riz ; on échange ensuite le riz contre du sucre, le sucre contre du café, le café contre du musc, le musc contre du drap et le drap contre de la toile ; enfin, on vend la toile, et on veut savoir ce qu'a définitivement produit un hectolitre de blé en sachant que :

5 kilog. de sucre valant.........	3 kilog. de café,
48 mètres de toile..............	7 mètres de drap,
40 kilog. de riz.................	16 décalitres de blé,
4 kilog. de café................	3 onces de musc,
18 kilog. de sucre..............	45 kilog. de riz,
1 livre de musc................	8 mètres de drap,
2 mètres de toile sont vendus....	2 f. 10 cent.

Nous avons disposé à dessein ces différentes données dans un ordre autre que celui des échanges, pour mieux faire comprendre l'application de la règle générale que nous venons de donner.

D'après cette règle, 1° il faudra placer un hectolitre de blé pour avant-dernier terme et x francs pour dernier terme ;

2° Il faudra commencer la règle conjointe par le rapport qu'il y a entre 16 décalitres de blé $= 1,6$ hectolitre et 40 kilog. de riz.

Il faudra faire suivre ce rapport des autres ainsi disposés :

45 kilog. de riz	$=$	18 kilog. de sucre.
5 kilog. de sucre	$=$	3 kilog. de café.
4 kilog. de café	$=$	3 onces de musc.
16 onces de musc	$=$	1 livre de musc.
1 livre de musc	$=$	8 mètres de drap.
7 mètres de drap	$=$	48 mètres de toile.
2 mètres de toile	$=$	2 f. 10 cent.

Le rapport 16 onces $= 1$ livre n'a point été donné dans l'énoncé ; mais il est indispensable ici pour lier ce qui précède à ce qui suit. Dans la plupart des questions on n'indique pas les subdivisions de monnaies ou de poids et mesures connus ; mais on les rétablit dans les conjointes auxquelles ces questions donnent lieu. C'est ainsi qu'il aurait fallu commencer ici par le rapport de l'hectolitre au décalitre, si un simple changement de virgule ne nous permettait d'exprimer cette seconde mesure en unités de la première.

D'après ce qui vient d'être détaillé, le problème pris pour exemple donnerait lieu à la conjointe suivante :

	I			II	
1,6 :	40 Kg. riz.		x :	1 Hl blé.	
45 :	18 Kg. sucre.		1,6 :	40 Kg. riz.	
5 :	3 Kg. café.		45 :	18 Kg. sucre.	
4 :	3 onces musc.		5 :	3 Kg. café.	
16 :	1 l. p. —		4 :	3 onces musc.	
1 :	8 m. drap.		16 :	1 l. p. —	
7 :	48 m. toile.		1 :	8 m. drap.	
2 : 2,10 :: 1 Hl. blé : x f.			7 :	48 m. toile.	
			2 :	2,10	

$$\text{d'où } x = 1 \times \frac{40 \times 18 \times 3 \times 3 \times 1 \times 8 \times 48 \times 2.10}{1,6 \times 45 \times 5 \times 4 \times 16 \times 1 \times 7 \times 2}$$

Équation que l'on peut au surplus poser de suite, en raisonnant comme pour la conjointe et ainsi que cela a été expliqué à propos de la règle de trois composée (p. 377).

Comme le *premier terme du premier rapport* exprime des unités de même nature que le troisième terme, comme *l'antécédent de chaque rapport* exprime ensuite des unités de même nature que le conséquent du rapport précédent ; comme le *conséquent du dernier rapport* exprime des unités de même nature que le quatrième terme, on comprend pourquoi nous n'avons rien mis à côté de ces quantités pour en désigner la nature. Mais si pour ces dernières il est inutile de surcharger la conjointe de signes, il est indispensable, pour s'y reconnaître, de bien indiquer les unités du troisième et du quatrième terme, ainsi que les conséquents de tous les rapports, le dernier excepté. Ajoutons pour les commençants, car tout les embarrasse, que le troisième et le quatrième terme se mettent quelquefois après le premier rapport ou au milieu de la conjointe, ou bien encore soit en tête, soit à la fin de la colonne des rapports. Mais alors on renverse le rapport pour que l'inconnue se trouve avec les extrêmes comme on le voit dans les exemples suivants.

§ 2. — CALCUL DE LA CONJOINTE. — PREUVE. —EXEMPLES DIVERS.

Une fois la conjointe placée, on fait disparaître les subdivisions complexes et les fractions ordinaires si elle en contient, comme nous l'avons indiqué dans la règle de trois composée (p. 385), conformément au principe de la divisibilité des nombres (98 à 107) et de la propriété des proportions (270), qui veut qu'on ne multiplie ou qu'on ne divise jamais un moyen sans faire la même opération sur un extrême, et réciproquement.

Toutes les fois que pour une simplification on altère un moyen et un extrême, on les barre pour ne plus les compter, et on met à côté les quantités qui les remplacent; le plus souvent, il est préférable, pour ne pas surcharger la conjointe, de mettre ces nouvelles quantités à la suite du dernier rapport comme des termes nouveaux. Les simplifications effectuées sont indiquées, dans le calcul suivant, en lettres grasses, et les termes que l'on a réciproquement simplifiés sont précédés de la même lettre, pour qu'il soit facile de suivre les diverses transformations de la conjointe.

Conjointe après simplification.

$$
\begin{array}{llrclll}
f & a & \mathbf{1{,}6} & : & \mathbf{40} & d \\
  & e & \mathbf{45} & : & \mathbf{18} & e \\
  & d & \mathbf{5} & : & 3 \\
  & d & \mathbf{4} & : & 3 \\
  & b & \mathbf{16} & : & 1 \\
  &   & 1 & : & \mathbf{8} & f \\
  & c & \mathbf{7} & : & \mathbf{48} & b \\
  & d & \mathbf{2} & : & \mathbf{2{,}10} & a\ c\ ::\ 1\ :\ x \\
  & e' & 5 & : & 3 & b' \\
  &   &   &   & 3 & c' \\
  &   &   &   & 2 & e'\ f
\end{array}
$$

Équation qui en résulte.

$$
x = \frac{3 \times 3 \times 3 \times 3}{5} = 16{,}20 \text{ francs.}
$$

Ainsi, il ne reste de la conjointe primitive, après les simplifications, que les conséquents 3 et 3 du troisième et du quatrième rapport ; nous ne comptons pas l'unité, que l'on néglige, puisqu'elle n'influe ni sur les produits ni sur les quotients. Les divers changements ont été opérés comme il suit :

1° On a barré la virgule de 1,6 a et celle de 2,10 a, ainsi que le zéro de ce dernier nombre ;

2° On a divisé 16 b et 48 b par 16, et on a obtenu 1 négligé et 3 b', que l'on a mis au-dessous du dernier rapport de la conjointe ;

3° On a divisé 7 c et 21 ac par 7, et on a obtenu 1 négligé et 3 c', mis au-dessous de 3 b' ;

4° On a effacé d'un côté les facteurs 5 d, 4 d, 2 d ou 40, et de l'autre, 40 d ;

5° On a divisé 45 e et 18 e par 9, et on a obtenu 5 e' et 2 e', mis au troisième rang au-dessous du dernier rapport de la conjointe ;

6° On a effacé d'une part 16 a f, et de l'autre 8 f et 2 e' f.

2° problème (*servant de preuve à la conjointe précédente*). — On achète une certaine quantité de blé, et on l'échange contre du riz ; on échange ensuite le riz contre du sucre, le sucre contre le café, le café contre du musc, le musc contre du drap, et le drap contre de la toile. — Quel est le prix de 2 mètres de toile, sachant que

5 kilog. de sucre valent	.	3 kilog. de café,
48 mètres de toile......		7 mètres de drap,
40 kilog. de riz.........		16 décalitres de blé,
4 kilog. de café........		3 onces de musc,
18 kilog. de sucre.......		45 kilog. de riz,
1 livre de musc........	.	8 mètres de drap,
1 hectolitre de blé......		16,20 francs.

Conjointe.						La même après les simplifications.				
::	x f	:	2	m. toile,			x	:	2	b
	48	:	7	m. drap.	a	a	48	:	7	
	8	:	1	l. p. musc,	b	b	8	:	1	
	1	:	16	on. —			1	:	16	a
	3	:	4	Kg. café,	c	c	3	:	4	b
	3	:	5	Kg. sucre,	c	c	3	:	5	e
	18	:	45	Kg. riz,	d	d	18	:	45	c
	40	:	1,6	Hl. blé,	e	e	40	:	1,6	f
	1	:	16,20.				1	:	16,20	d
Équation qui en résulte.						g a	3		5	c'
$x = 7 \times 5 \times 0,2 \times 0,3 = 2^f,10$						f e'	8		0,9	d' g
									0,2	f'ǀ
									0,3	g'

On voit que la preuve de la règle conjointe se fait par une autre conjointe, dans laquelle on prend la valeur de la première inconnue comme une donnée, et une des données comme inconnue.

Théorie de la règle conjointe.

Il nous reste à prouver maintenant que la règle conjointe n'est autre chose que la *réunion de plusieurs règles de trois*. Prenons pour base de notre raisonnement l'exemple déjà donné.

1° Le blé étant échangé contre du riz, à raison de 1,6 hectolitre de blé pour 40 kil. de riz, on a :

1,6 Hl. blé : 40 Kg. riz :: 1 Hl. blé : x Kg. riz $= a$ Kg riz.

2° Le riz étant échangé contre du sucre, à raison de 45 kil. de riz pour 18 kil. de sucre, on a :

45 Kg. riz : 18 Kg. sucre :: a Kg. riz : x Kg. sucre $= b$ Kg. sucre.

3° Le sucre étant échangé contre du café à raison de 5 kil. de sucre pour 3 kil. de café, on a :

5 Kg. sucre : 3 Kg. café :: b Kg. sucre : x Kg. café $= c$ Kg. café.

4° Le café étant échangé contre du musc, à raison de 4 kil. de café pour trois onces de musc, on a :

4 Kg. café : 3 on. musc :: c Kg. café : x on. musc $= d$ on. musc.

5° Une livre poids valant 16 onces, on a :

16 on. : 1 l. p. :: d on. musc : x l. p. musc $= e$ l. p. musc.

6° Le musc étant échangé contre du drap, à raison de 8 mètres de drap pour une livre de musc, on a :

1 l. p. musc : 8 m. drap :: e l. p. : x m. drap $= f$ m. drap.

7° Le drap étant échangé contre de la toile à raison de 7 mètres de drap pour 48 mètres de toile, on a :

7 m. drap : 48 m. toile :: f m. drap : x m. toile $= g$ m. toile.

8° Enfin, la toile étant vendue à raison de 2 fr. 10 les 2 mètres, on a :

2 m. toile : 2,10 f. :: g m. toile : x f.

On arrive donc ainsi à établir les huit proportions suivantes :

$$
\begin{array}{llll}
1{,}6 \text{ Hl. blé} : & 40 \text{ Kg. riz} & :: 1 \text{ Hl. blé} & : a \text{ Kl. riz} \\
45 \text{ Kg. riz} : & 18 \text{ Kg. sucre} & :: a \text{ Kg. riz} & : b \text{ Kg. sucre} \\
5 \text{ Kg. sucre} : & 3 \text{ Kg. café} & :: b \text{ Kg. sucre} & : c \text{ Kg. café} \\
4 \text{ Kg. café} : & 3 \text{ on. musc} & :: c \text{ Kg. café} & : d \text{ on. musc} \\
16 \text{ on.} : & 1 \text{ l. p.} & :: d \text{ on musc} & : e \text{ l. p. musc} \\
1 \text{ l. p. musc} : & 8 \text{ m. drap} & :: e \text{ l. p. musc} & : f \text{ m. drap} \\
7 \text{ m. drap} : & 48 \text{ m. toile} & :: f \text{ m. drap} & : g \text{ m. toile} \\
2 \text{ m. toile} : & 2{,}10 \text{ francs} & :: g \text{ m. toile} & : x \text{ francs.}
\end{array}
$$

Si nous multiplions ces proportions terme à terme, les
produits seront encore en proportion (274) et nous aurons :

$: 1{,}6$ Hl blé $\times$ 45 Kg riz $\times$ 5 Kg sucre $\times$ 4 Kg café $\times$ 16 on $\times$ 1 lp. musc $\times$ 7 m drap $\times$ 2 m toile

$: 40$ Kg riz $\times$ 18 Kg sucre $\times$ 3 Kg café $\times$ 3 on musc $\times$ 1 lp. $\times$ 8 m drap $\times$ 48 m toile $\times$ 2,10 fr.

$:: 1$ Hl blé $\times$ a Kg riz $\times$ b Kg sucre $\times$ c Kg café $\times$ d on musc $\times$ e lp. musc $\times$ f m drap $\times$ g m toile

$: a$ Kg riz $\times$ b Kg sucre $\times$ c Kg café $\times$ d on musc $\times$ e lp. musc $\times$ f m drap $\times$ g m toile $\times$ x fr.

Or, les quantités $a \times b \times c \times d \times e \times f \times g$ étant communes aux deux termes du second rapport, on peut les effa-
cer. Donc, en replaçant les quantités du premier rapport
sous forme d'antécédents et les quantités du second rapport
sous forme de conséquents, on arrive à la règle conjointe indiquée plus haut, et l'on trouve bien la quantité à convertir
à l'avant-dernier terme, la quantité en laquelle on convertit
au dernier, et les différents antécédents des premiers rapports dans les conditions de relation indiquées.

Problèmes divers.

3ᵉ problème. — La grosse de boutons coûte 15 fr. 60; on
veut confectionner 125 habits et employer 1 1/2 douzaine de
boutons par habit. Combien faut-il dépenser pour les boutons?

1 grosse = 12 douzaines, et 125 habits à 1 1/2 douzaine
par habit font 187 1/2 douzaines.

Conjointe.

$$
\begin{array}{rcl}
:: \quad x \text{ f.} & : & 187 \ 1/2 \text{ douzaines} \\
12 & : & 1 \quad \text{grosse} \\
1 & : & 15{,}60
\end{array}
$$

<table>
<tr><td>La même après qu'on a fait disparaître la fraction.</td><td>La même après les simplifications.</td></tr>
</table>

::	x f.	:	375	::	x :	375
	12	:	1	**12** :	1	
	1	:	15,60	1 :	**15,6**	
	: 2			2	1,3	

D'où $x = \dfrac{375 \times 1,3}{2} = 243,75$ francs.

Remarque. — Lorsqu'un conséquent et l'antécédent du rapport suivant sont les mêmes, il est bon, pour éviter les longueurs, de les négliger et de considérer les deux autres termes comme ne faisant qu'un seul rapport. Ainsi :

$$12 : 1 \text{ grosse et } 1 : 15,6 \text{ francs}$$

forment le rapport

$$12 : 15,6$$

Et cette règle conjointe devient une simple proportion.

$$12 \text{ douzaines} : 15,60 \text{ francs} :: 187 \ 1/2 : x$$
$$\text{ou } 2 \times 12 \qquad : 15,60 \qquad :: 375 \qquad : x$$

4° problème. — Les piastres se vendent à Londres en sacs de 1,000 pièces pesant 866 onces, à raison de 4 shillings 9 deniers sterling pour 1 once. — Quel est le prix des piastres à Paris, où elles se vendent à la pièce, en sachant que 1 livre sterling vaut 25 fr. 25, que 12 deniers ou pences font 1 shilling sterling et que 20 shillings font une livre ?

Remarque. — Lorsqu'il y a des subdivisions complexes dans un rapport, on convertit les plus faibles, au fur et à mesure qu'on pose la conjointe, en fractions ordinaires plus fortes, ou bien encore on les convertit toutes en unités de la plus petite espèce, ce qui revient toujours au même. On verra toutefois, dans les conjointes suivantes, que le premier procédé est un peu plus court.

Conjointe.

1re			2e		
:: x :	1	piastre.	:: x :	1	piastre.
1000 :	866	onces.	1000 :	866	onces.
1 :	57	den. sterl.	1 :	4 3/4	shl. sterl.
240 :	1	liv. sterl.	20 :	1	liv. sterl.
1 :	25,25		1 :	25,25	

En effet, le troisième et le quatrième rapport se réduisent
à 240 : 57 dans la première conjointe, et à 80 : 19 dans la
seconde.

2ᵉ Conjointe après les réductions.

::	x	:	1	ou mieux	::	x	:	1
1000	:	866			1000	:	866
1	:	4 3/4			1	:	4 3/4
20	:	1			20	:	25,25
1	:	25,25			4		19
4		19			40		1,01
40		1,01			10		433
10		433					

$$\text{D'où} \quad x = \frac{433 \times 19 \times 1,01}{10 \times 40 \times 4} = 5,19 \text{ francs.}$$

5ᵉ problème. — On demande la valeur intrinsèque (p. 257)
de la livre sterling en francs, sachant :

Que le *souverain*, monnaie effective anglaise, a cours en
Angleterre pour une livre sterling ;

Que le *louis* ou *napoléon*, monnaie d'or effective française,
a cours en France pour 20 francs ;

Que la taille des souverains est 46 29/40, c'est-à-dire qu'on
fabrique 46 29/40 souverains avec 1 livre Troy d'or monnayé ;

Que le titre des souverains est de 22 carats, c'est-à-dire
que sur 24 parties il y en a 22 de matière pure ;

Que la taille des louis d'or est 155, c'est-à-dire qu'on en
fait 155 avec 1 kil. d'or monnayé ;

Que leur titre est 900, c'est-à-dire que sur 1,000 parties
il y en a 900 d'or pur ;

Enfin, que la livre Troy vaut 373,202 grammes de France.

Conjointe.

::	x fᵖ	:	1	liv. sterl.
	1	:	1	souv.
	46 $\frac{29}{40}$	:	1	liv. Troy. or monnayé.
	24	:	22	liv. or pur.
	1	:	373,202	gram. or pur.
	900	:	1000	gram. or monnayé.
	1000	:	155	louis.
	1	:	20	

La même après les simplifications.

::	x	:	1	
a	$46\,\frac{29}{40}$	:	1	
b	24	:	22	b
	1	:	373,202	c
e	900	:	1000	d
d	1000	:	155	f
	1	:	20	g
a'	1869		40	a' e
c b'	12		11	b'
g c'	6		186,601	c'
f c'	45		31	f'
f'	9		20	g'
g'	3			

D'où $\quad x = \dfrac{186{,}601 \times 31 \times 11 \times 20}{1869 \times 9 \times 3} = 25{,}22$ francs.

§ 2. — DU CALCUL DE LA CONJOINTE PAR LES LOGARITHMES.

Si, au lieu de simplifier la conjointe, on employait des logarithmes, il faudrait (331) simplement faire disparaître la fraction, ce qui donnerait le rapport de 1869 : 40, au lieu de $46\,\frac{29}{40}$: 1 ; on chercherait ensuite les logarithmes des moyens ; on y ajouterait les compléments des logarithmes des extrêmes, et le nombre correspondant à la somme serait le résultat de la conjointe (24).

		3 3 3 3 4 2 4 Retenues.
Log.	40	1,6020600
	22	1,3421227
	373,202 $\{$	2,5719416
		23
	1000	.3
	155	2,1903317
	20	1,3010300
C Log.	1869	6,7283907
	24	8,6197888
	900	7,0457575
	1800	7

$$1\;1{,}4017253 \quad = \quad 25{,}21$$

$$1525 : 1723 = \quad 8$$

$$25{,}22\ \text{f}^{\text{s}}$$

S'il y avait des termes complexes, on convertirait les subdivisions en fractions ordinaires (p. 306), et l'on opérerait comme ci-dessus.

On peut rendre le calcul beaucoup plus court en négligeant les caractéristiques, quand on sait quel est à peu près le nombre que l'on cherche. Voici à quoi se réduirait dans ce cas l'opération précédente.

		333424
Log.	40	6020600
	22	3424227
	373,202	5719116
		23
	155	1903317
	20	3010300
C Log.	1869	7283907
	24	6197888
	900	0457575
		3 4017253

Dans ce cas, l'on a trouvé dans la table 3,4015728, correspondant au nombre 2521 ; en calculant le nombre correspondant à la différence 1525 de ce logarithme au logarithme donné (317), on obtient 0,8 ; soit 25,218 ; soit fr. 25,22.

En faisant concourir les simplifications et les tables de logarithmes à la solution de la conjointe, on obtient :

		323424
Log.	186,601	2709116
		23
	31	4913617
	11	0413927
	20	3010300
C Log.	1869	7283907
	9	0457575
	3	5228787
		4017252

Mais l'on voit qu'il vaut presque toujours mieux prendre tout de suite des logarithmes des nombres naturels que de perdre du temps à chercher les simplifications ; ici on n'a guère économisé que la recherche d'un logarithme.

CHAPITRE LVIII

*** Règle de tant pour cent. — Emploi des rapports additifs ou soustractifs, croissants et décroissants.**

RÈGLES DITES DE TANT POUR MILLE, — D'ASSURANCE, — DE PROFITS ET PERTES, — DE TARE, — DE FAILLITE, — DE RÉPARTITION A TANT POUR CENT. — QUESTIONS SUR LES FONDS PUBLICS, — LES FRAIS DE COMMERCE : — LA COMMISSION, — LE COURTAGE, ETC. ; — SUR LES ARBITRAGES EN MARCHANDISES.
(*Solution par l'analyse et les proportions.*)

Il est assez inutile de donner le nom de Règles à des méthodes qui ne diffèrent en rien du calcul de tant pour cent. Néanmoins nous avons cru devoir maintenir ces dénominations en tête de ce chapitre, pour faciliter les recherches aux lecteurs habitués à trouver les mêmes noms dans d'autres ouvrages.

Dans les transactions commerciales en général, et dans la plupart des affaires d'argent de la vie privée, on est dans l'habitude d'évaluer tous les Bénéfices et toutes les Pertes, quelle que soit leur nature et à peu d'exceptions près, en les rapportant au nombre 100; c'est-à-dire qu'on estime que l'on gagne ou que l'on perd une certaine quantité d'unités ou de fractions d'unités sur chaque centaine d'unités contenue dans le total dont on veut connaître le bénéfice ou la perte. Il en résulte des rapports dont un des deux termes est toujours le nombre 100, tandis que l'autre varie selon les circonstances et la nature du problème, et qui portent les noms de **rapports à tant pour cent.**

§ 1er. — NATURE DES RAPPORTS A TANT POUR CENT. — RAPPORTS ADDITIFS OU SOUSTRACTIFS, CROISSANTS OU DÉCROISSANTS.

On se sert de ces rapports, qui sont quelquefois, quoique plus rarement, à tant pour 1000, pour déterminer :

---

* A passer dans une première étude.

1° Les *bénéfices* et les *pertes* proprement dits;

2° L'*intérêt* de l'argent;

3° Les *escomptes* ou intérêts privés;

4° L'*agio* ou *prime* sur certaines espèces et sur les matières d'or et d'argent;

5° Les *primes d'assurance*;

6° Les *prix* ou cours de la plupart des *effets publics*;

7° Les *prix* ou cours des *changes* sur l'intérieur et de plusieurs changes sur l'étranger *;

8° La plupart des *frais de commerce*, tels que *commission, courtage, ducroire*;

9° La plupart des *tares* sur les poids des marchandises;

10° La plupart des *bonifications* ou *réfactions* sur les quantités et sur les valeurs numéraires;

11° La distribution des *dividendes* d'une entreprise, d'une faillite;

12° La répartition de la plupart des impôts, etc.

Ces rapports sont de deux genres opposés, car ils sont *additifs* ou *soustractifs;* et chacun de ces genres se divise en deux espèces également opposées : les rapports *croissants* et les rapports *décroissants;* de sorte qu'il en résulte les quatre rapports suivants, savoir :

Le rapport additif croissant, tel que.............. 100 : 102
Le rapport additif décroissant................... 102 : 100
Le rapport soustractif croissant................. 98 : 100
Le rapport soustractif décroissant............... 100 : 98

Il importe beaucoup de savoir en faire la distinction relativement à leur emploi; mais il n'est guère possible de poser des principes généraux à cet égard; car ce n'est que par un examen attentif de la question, et un raisonnement judicieux, que ce choix peut être déterminé. Nous pouvons dire toutefois que le rapport est *additif* lorsque le tant pour cent est ajouté à un nombre ou qu'il doit l'être, et qu'il est *soustractif* au contraire lorsque ce tant pour cent est retranché d'un nombre ou qu'il doit l'être, selon la nature de la question. Dans ces deux cas généraux, le rapport est *croissant* ou *décroissant,* lorsque, suivant la nature de la question, le résultat

---

* Prix auquel les effets de commerce sont vendus.

cherché doit être plus grand ou plus petit que le troisième terme.

Voici quatre exemples à l'appui de cette règle aussi générale que possible.

1er *exemple*, — *le rapport étant additif et croissant*. — On fait acheter, par un commissionnaire, des marchandises coûtant fr. 3400 ; — combien aura-t-on à lui rembourser, y compris sa commission de 2 %?

Comme la commission dont il s'agit doit être ajoutée à la somme déjà due au commissionnaire pour son déboursé, le rapport est *additif;* et comme cette commission doit augmenter la somme cherchée, le rapport est *croissant;* d'où :

$$100 : 102 :: 3400 : x = \text{f. } 3468 \text{ somme à rembourser.}$$

2e *exemple*, — *le rapport étant additif et décroissant*. — On paye à un courtier pour le montant d'une facture de marchandises qu'il a achetées, ainsi que pour son courtage à 1/2 %, fr. 2462,25 ; — quel est le montant de la facture ?

Comme le courtage doit être ajouté à la somme due au courtier pour son déboursé, le rapport est encore *additif;* mais comme le montant de la facture est égal à la somme payée, moins le courtage, le rapport est *décroissant;* d'où :

$$100 \ 1/2 : 100 :: 2462,25 : x = \text{f. } 2450 \quad \text{montant de la facture.}$$
$$\underline{\qquad\qquad\qquad\quad 12,25 \text{ courtage.}}$$
$$\text{f. } 2462,25$$

3e *exemple*, — *le rapport étant soustractif et décroissant*. —
On prend 2 % de tare pour une quantité de marchandises de 1562,5 kilog. ; — quel est le poids net ?

Comme la tare doit être retranchée du poids brut, le rapport est *soustractif;* et comme le poids net cherché est naturellement plus petit que le poids brut, le rapport est *décroissant;* d'où :

$$100 : 98 :: 1562,5 : x = 1531,25 \text{ kilog.}$$
$$\underline{\qquad\qquad\qquad\quad 31,25 \text{ tare.}}$$
$$1562,50$$

4° exemple, — le rapport étant soustractif et croissant. —
Quel est le poids brut d'une barrique de sucre brut dont le
poids net est de 1660 kilog., après qu'on a prélevé 17 °/₀ de
tare ?

Comme la tare doit toujours être retranchée du poids brut,
le rapport est *soustractif;* et comme ce poids brut cherché
est naturellement plus grand que le poids net, le rapport est
croissant; d'où :

$$83 : 100 :: 1660 : x = 2000 \text{ Kg. poids brut.}$$
$$\underline{340 \text{ tare.}}$$
$$1660 \text{ poids net.}$$

Ce dernier rapport se présente moins souvent que les
autres dans la pratique.

La question la plus simple que l'on ait à résoudre pour le
tant pour cent est celle qui consiste à trouver ce tant pour
cent sur un nombre donné. En effet, il est évident que le résultat cherché est celui d'une proportion dont le premier
terme est 100, le second est le tant pour cent, et le troisième
le nombre donné, et que, pour obtenir ce résultat, il suffit
par conséquent de multiplier ce nombre donné par le tant
pour cent et de diviser le produit par 100, ou, si c'est un
nombre décimal, de séparer deux chiffres vers la droite.

Soit, pour exemple, à prendre 2 °/₀ sur le nombre 3675.

$$100 : 2 :: 3675 : x = 73,50$$
$$3675 - 73,50 = 3601,50 \text{ avec perte.}$$
$$3675 + 73,50 = 3748,50 \text{ avec bénéfice.}$$

On arrive au même résultat, soit en retranchant du nombre
100 le tant pour cent s'il y a perte, soit en l'y ajoutant s'il
y a bénéfice; on a alors le rapport soustractif décroissant
100 : 98, ou le rapport additif croissant 100 : 102.

En faisant l'application à l'exemple précité, on aura :

S'il y a perte,

$$100 : 98 :: 3675 : x = 3601,50$$

Et s'il y a bénéfice :

$$100 : 102 :: 3675 : x = 3748,50$$

Dans la *pratique*, on pose tout de suite le produit du nombre donné par le tant pour cent immédiatement au-dessous de ce nombre, en ayant soin de l'avancer de deux chiffres vers la droite; par ce moyen, la division du produit par 100 se trouve effectuée, et le quotient se trouve à la place qu'il doit occuper pour être additionné ou soustrait.

Pour l'exemple précédent, on aurait :

I	II
3675	3675
73,50	73,50
3601,50 avec perte.	3748,50 avec bénéfice.

Si au lieu de 3675 on prend le nombre 3675,34, on a les deux opérations suivantes (48) :

I	II
3675,34	3675,34
73,51	73,51
3748,85	3601,83

Ce petit procédé est surtout fort expéditif quand on prend 25 $^{\circ}/_{\circ}$ ou 2 1/2 $= 2,5$ $^{\circ}/_{\circ}$ ou 12 1/2 $= 12,5$ $^{\circ}/_{\circ}$ ou 1 1/4 $= 1,25$ $^{\circ}/_{\circ}$ (44, 45, 46).

§ II. — Diverses applications de la règle de tant pour cent.

Nous faisons suivre ces principes de quelques problèmes sur les différentes catégories que nous avons établies ci-dessus (p. 398), l'*Intérêt*, l'*Escompte* et le *Change* exceptés, dont il est spécialement question aux chapitres LIX, LX et LXV.

1. — *Bénéfices et Pertes proprement dits.*

1er problème. — Un négociant achète pour 6352 fr. 45 c. de marchandises; il *gagne* 6 $^{\circ}/_{\circ}$ en les revendant : quel est son bénéfice ?

$$100 : 6 :: 6352,45 : x = 381 \text{ f. } 15 \text{ c. bénéfice.}$$

2e problème. — Un négociant a vendu des marchandises;

il se trouve avoir *gagné* 6 % sur le coût, ou 381 fr. 15 c. : combien les marchandises lui ont-elles coûté?

$$6 : 100 :: 381,15 : x = 6352 \text{ f. } 50 \text{ c.}$$

avec une augmentation de 5 c. provenant du dernier chiffre forcé des centimes ci-dessus.

3° problème. — Un négociant a vendu pour 6733 fr. 60 c. de marchandises; il trouve avoir *gagné* 6 % : quel est son bénéfice?

$$106 : 6 :: 6733,60 : x = 381 \text{ f. } 15 \text{ c. forcé.}$$

4° problème. — Un négociant a vendu des marchandises; il se trouve avoir *gagné* 6 % sur le coût, ou 381 fr. 15 c. : quel est le montant de la vente?

$$6 : 106 :: 381,15 : x = 6733 \text{ f. } 65 \text{ c.}$$

avec augmentation de 5 c. comme ci-dessus.

5° problème. — Un négociant achète pour 6352 fr. 45 c. de marchandises; il veut *gagner* 6 % : combien doit-il les revendre ?

Rapport additif croissant :

$$100 : 106 :: 6 \ 3 \ 5 \ 2,4 \ 5 : x = 6 \ 733 \text{ f. } 60 \text{ c.}$$

```
                1 0 6             ou mieux
             ___________          6352,45
             3 8 1 1 4 7 0         381,15
             6 3 5 2 4 5          ________
             ___________          6733,60
             6 7 3 3,5 9 7 0
```

6° problème. — Un négociant a vendu pour 6733 fr. 60 c. de marchandises; il a *gagné* 6 % : combien ses marchandises lui ont-elles coûté?

Rapport additif décroissant :

$$106 : 100 :: 6733,60 : x = 6352,45.$$

7° problème. — Un négociant a vendu ponr 6733 fr. 60 c. de marchandises qui lui avaient coûté 6352 fr. 45 c. : combien a-t-il *gagné* pour cent?

En retranchant le coût du produit, on trouve pour bénéfice 381,15; on a donc la proportion :

$$6352,45 : 381,15 :: 100 : x = 6 \text{ } °/_o \text{ à peu près.}$$

On peut éviter cette soustraction en posant la proportion :

$$6352,45 : 6733,60 :: 100 : x = 106 \text{ à peu près.}$$

8° problème. — Un marchand vend pour 6352 fr. 45 c. de marchandises; il consent à *perdre* 6 °/₀; quelle perte fait-il?

$$100 : 6 :: 6352,45 : x = 381 \text{ fr. 15 c. perte.}$$

9° problème. — Un marchand, en vendant des marchandises, se trouve avoir *perdu* 6 °/₀ ou 381 fr. 15 c. : combien les marchandises lui avaient-elles coûté?

$$6 : 100 :: 381,15 : x = 6352,50$$
avec une augmentation de 5 centimes provenant du dernier chiffre forcé des centimes ci-dessus.

10° problème. — Un marchand a vendu pour 5971 fr. 30 c.; il se trouve avoir *perdu* 6 °/₀ : quelle est sa perte?

$$94 : 6 :: 5971,30 : x = 381 \text{ f. 15 c. perte.}$$

11° problème. — Un négociant a vendu des marchandises et a *perdu* 6 °/₀ sur le coût, ou 381 fr. 15 c. : quel est le montant de la vente?

$$6 : 94 :: 381,15 : x = 5971 \text{ f. 35}$$
avec une augmentation de 5 c. comme ci-dessus.

12° problème. — Un négociant vend pour 6352 fr. 45 c. de marchandises; il veut *perdre* 6 °/₀ : combien les vend-il? Rapport soustractif décroissant.

```
100 : 94 :: 6 3 5 2,4 5 : x =   5971 f. 30
                94                ou mieux
          ─────────               6352,45
          2 5 4 0 9 8 0            381,15
          5 7 1 7 2 0 5          ─────────
          ─────────────           5971,30
          5 9 7 1,3 0 3 0
```

13° problème. — Un négociant a vendu pour 5971 fr. 30 c. de marchandises; il a *perdu* 6 °/₀ : combien les marchandises lui ont-elles coûté?

Rapport soustractif croissant.

$$9 \tfrac{1}{2} : 100 :: 5971,30 : x = 6352 \text{ f. } 45.$$

14° problème. — Un négociant a vendu pour 5971 fr. 30 c. de marchandises qui lui avaient coûté 6352 fr. 45 c. : combien a-t-il *perdu* pour cent?

En retranchant le produit du coût, on a la perte totale 381 fr. 15 ; donc, on peut établir la proportion suivante :

$$6352,45 : 381,15 :: 100 : x = 6 \text{ °/}_\circ \text{ à peu près.}$$

Dans la *pratique*, on peut éviter cette soustraction en posant la proportion :

$$6352,45 : 5971,30 :: 100 : x = 94 \text{ à peu près.}$$

2. — *Escompte accordé sur le prix des marchandises.*

On donne le nom d'*Escompte* à une déduction accordée sur le prix des marchandises, et à l'intérêt prélevé sur le montant d'un effet de commerce. Nous parlerons de ce dernier dans un chapitre spécial (ch. LX).

L'escompte ou déduction accordée sur le prix des marchandises se règle en France, et dans la plupart des villes de commerce, en le retranchant du nombre 100, tandis que, dans d'autres villes, Hambourg et Londres, par exemple, on l'ajoute au nombre 100. — Dans le premier cas, le rapport est soustractif et, dans le second, le rapport est additif, mais toujours décroissant, si l'on cherche la somme à payer, et toujours croissant, si, cette somme étant connue, on cherche le prix sans escompte.

15° problème. — On accorde 2 °/₀ d'escompte sur une facture d'achat montant à fr. 2550 : combien a-t-on à recevoir?

A Paris, on dit :

$$100 : 98 :: 2550 : x = 2499 \text{ f.}$$

Mais à Hambourg, on dit :

$$102 : 100 :: 2550 : x = 2500 \text{ f.}$$

3. — *Agio sur les espèces et les matières d'or et d'argent.*

L'*Agio* ou la *Prime* sur les espèces et les matières d'or et d'argent, ainsi que sur différentes valeurs numéraires en usage chez quelques nations, se règle toujours par un rapport additif, puis croissant ou décroissant, suivant la nature de la question.

16° problème. — Les ducats se vendent à Hambourg à raison de 6 marcs Banco la pièce avec un agio de 5 1/2 °/₀ : quelle est la valeur de 243 ducats en marcs Banco ?

Calcul par logarithmes.

m Bº x : 243 ducats	L. 243	3856063
1 : 6	6	7781513
100 : 105 1/2	1055	0232525

$$\text{ou } x = \frac{243 \times 6 \times 105\ 1/2}{1 \times 100}$$

1870101 = 1538,19 m. Bº

17° problème. — On vend à Paris les pièces d'or de 20 fr. avec une prime de 10 fr. 50 c. par mille : combien de ces pièces a-t-on acheté pour 3536 fr. 75 c. ?

Pièces de 20 f. x : 3536,75	L.	353675	5486044
20 : 1	C L.	20	6989700
1010,50 : 1000	C L.	10105	9954637

2430381 = 175

Les logarithmes sont pris sans la caractéristique.

18° problème. — L'or fin vaut en France 3434 fr. 44 c. le kilogramme ; on le vend à Paris avec une prime de 5 fr. 25 c. par mille : — combien recevra-t-on pour un lingot d'or, au titre de 0,950, pesant Kg 3,215 ?

x : 3,215	L. 3215	5071810
1 : 0,950	950	9777236
1 : 3434,44	343444	5358559
1000 : 1005,25	100525	0022741

0230346 = 10544,71 fr.

19° problème. — A Hambourg, l'argent de banque jouit

d'un agio de 23 1/2 °/₀ contre l'argent courant: combien feront à ce prix 7657 marcs courants ?

$$123\ 1/2 : 100 :: 7657 : x = 6200 \text{ marcs Banco.}$$

4. — *Assurances*. — *Assurance simple et avec prime de la prime.*

L'*assureur* s'engage à payer à l'assuré les pertes qu'il peut éprouver sur son navire, ses immeubles, ses marchandises, ses meubles, etc. par suite d'incendie ou d'autres causes [*], moyennant une certaine rétribution qu'on appelle *Prime*.

Les primes d'assurances sont toujours déterminées à raison de tant pour cent ou pour mille, que l'on paye sur la somme assurée à de certaines époques pour les assurances sur la terre; mais pour les assurances maritimes, on signe ordinairement un engagement payable après la bonne ou mauvaise nouvelle, c'est-à-dire, après la nouvelle de l'arrivée à bon port ou celle du sinistre ; dans ce dernier cas, l'assureur donne cet engagement en payement à valoir sur la somme assurée.

On conçoit aisément que, pour déterminer cette prime à payer sur la somme assurée, le calcul ne diffère en rien de celui que l'on exécute pour trouver un bénéfice ou une perte quelconque. Mais, puisque l'assureur retient la prime sur la somme assurée qu'il doit payer en cas de sinistre, il est évident que l'on ne reçoit pas en totalité toute l'indemnité, si l'on ne fait pas assurer une somme plus grande que celle que l'on veut recevoir. Il faut donc que l'on fasse assurer ce que l'on veut recevoir, plus la prime que l'assureur retient, et que l'on pose dans le calcul un rapport soustractif croissant.

20° problème. — Quelle est la somme qu'il faut faire assurer à la prime de 2 °/°, si l'on veut recevoir une indemnité de 30000 fr. en cas de sinistre?

$$98 : 100 :: 30000 : x = 30612,24 \text{ fr.}$$

---

[*] V. plus loin, au chapitre LXV, ce qui est dit sur les *Assurances sur la vie.*

C'est là ce qui constitue ce qu'on a appelé la Règle d'assurance avec *prime de la prime*.

5. — *Questions sur les Effets publics.*

Les gouvernements empruntent souvent. Les titres de ces emprunts constituent les *Effets publics* et deviennent, entre les mains de ceux qui en sont les propriétaires, des créances négociables à la Bourse. Si un gouvernement, par exemple, emprunte 100 millions de francs à 5 % au prix de 105, cela signifie qu'il trouve des personnes disposées à lui donner p o ı chaque capital de 100 francs, qu'il reconnaît devoir, et pour chaque 5 francs de rente qu'il payera par an, une somme de 105 francs. 105 est le prix de l'emprunt, et 100 le capital nominal. Si le prix se maintient au-dessus de 100 fr., le prix de la rente 5 % est dit *au-dessus du pair*; s'il descend à 100 fr., il est au *pair ;* enfin, s'il descend au-dessous, il est *au-dessous du pair*.

Le prix des effets publics chez toutes les nations se trouve ainsi le plus souvent établi par un nombre plus fort ou moins fort que 100. Ce prix constitue donc un rapport additif ou soustractif, qui devient croissant ou décroissant suivant la nature de la question. Cependant, comme les achats et les ventes de la plupart de ces effets ne sont pas indiqués par le montant du capital, mais par la quantité du revenu annuel payé par les gouvernements à raison d'un tant pour cent par an, il s'ensuit qu'un second rapport devient nécessaire pour convertir ce revenu en capital, et *vice versa*, et qu'il en résulte une conjointe. Toutefois, cette conjointe à deux rapports peut être remplacée par une proportion dans laquelle on n'a pas à tenir compte du tant pour cent.

21° problème. — Combien payera-t-on pour 345 francs de rente à 3 % au prix de 82,25 ?

$$x : 345 \quad \text{ou } 3 : 82,25 :: 345 : x$$
$$3 : 100$$
$$100 : 82,25$$

$$x = \frac{345 \times 82,25 \times 100}{3 \times 100} = 9458,75 \text{ fr.}$$

22º problème. — Combien de rentes à 5 °/₀ peut-on acquérir pour 17034 fr. 50, au prix de 108,50?

$$x : 17034,50 \quad \text{ou } 108,50 : 5 :: 17034,50 : x$$
$$108,50 : \quad 100$$
$$100 : \quad 5 \qquad x = 785 \text{ fr.}$$

23º problème. — Quel revenu annuel à tant pour cent se procurera-t-on, en achetant des rentes à 3 °/₀ au prix de 80?

$$x : 100 \quad \text{ou } 80 : 3 :: 100 : x$$
$$80 : 100$$
$$100 : \quad 3$$
$$x = 3 \ 3/4 \ °/₀$$

24º problème. — A quel prix faut-il acheter des rentes à 5 °/₀, si l'on veut se procurer un revenu annuel de 4 3/4 °/₀?

$$x \qquad : 100 \quad \text{ou } 4 \ 3/4 : 100 :: 5 : x$$
$$100 \quad : 5$$
$$4 \ 3/4 : 100 \qquad x = 105,26 \text{ fr.}$$

6. — *Frais de commerce : — Courtage, — Commission, — Ducroire,*
— Bonification, etc.

Les frais de commerce qui se règlent à tant pour cent, tels que le *Courtage* ou profit du courtier, la *Commission* ou prix du commissionnaire, le *Ducroire* ou prime allouée au commissionnaire qui répond de la solvabilité de ceux à qui il vend la marchandise qui lui est confiée, sont additifs lorsqu'il s'agit d'un achat, et soustractifs lorsqu'il s'agit d'une vente.

La bonification sur le *Fret* (ou loyer d'un navire) allouée au capitaine sous le nom de *Chapeau* et *Avaries* (détériorations), étant toujours ajoutée au fret, donne un rapport additif.

Dans tous les cas, ces rapports sont croissants ou décroissants, suivant la nature de la question.

25º problème. — On achète des marchandises pour une

somme de 4532 fr.: à combien reviennent-elles, y compris le courtage à 1/2 %?

$$100 : 100\ 1/2 :: 4532 : x = 4554,66 \text{ fr.}$$

26e problème. — Une facture d'achat de marchandises monte à la somme de 4,006 fr. 56 c., y compris la commission à 2 %; combien ont coûté les marchandises?

$$102 : 100 :: 4006,56 : x = 3928 \text{ fr.}$$

27e problème. — On retient sur un compte de vente de marchandises 2 % pour commission; la vente a produit 5734 fr.: quelle est la somme dont on aura à tenir compte?

$$100 : 98 :: 5734 : x = 5619,32 \text{ fr.}$$

28° problème. — Une lettre de change est négociée au pair, c'est-à-dire sans perte ni bénéfice, à un agent de change qui retient sur le payement son courtage à 1/8 %; il remet 8908 fr. 85 c.: de combien était la lettre de change?

$$99\ 7/8 : 100 :: 8908,85 : x = 8920 \text{ fr.}$$

29e problème. — Combien faut-il pour le prix d'une cargaison de 35350 kilogrammes, à 48 francs le tonneau et 10 % pour chapeau et avaries?

$$x : 35350$$
$$1000 : \quad 48$$
Rapport croissant $\quad 100 : \quad 110 \quad x = 1866,48 \text{ fr.}$

30° problème. — On paye pour fret, à 52 fr. le tonneau et 15 % pour chapeau et avaries, une somme de 7803 fr. 90 c.: quel était le poids de la cargaison?

$$x : 7803,90$$
$$52 : 1000$$
Rapport décroissant $\quad 115 : \quad 100 \quad x = 130500 \text{ Kg.}$

7. — *Tare sur le poids des marchandises.* — (*Règle de tare.*)

On appelle *Tare* la diminution que l'on fait sur le poids brut des marchandises pour compenser celui que représente l'emballage en général. Cette diminution est quelquefois évaluée à tant pour cent.

La tare, étant toujours à retrancher du poids brut, produit un rapport soustractif, croissant ou décroissant, suivant la nature de la question.

31ᵉ problème. — Le poids brut d'une partie de coton Louisiane est de kilog. 7325; on accorde 6 °/₀ de tare : quel est le poids net?

$$100 : 94 :: 7325 : x = 6885,5 \text{ Kg.}$$

32ᵉ problème. — Un fabricant de sucre indigène expédie le produit de sa fabrique de kilog. 27141 de sucre brut : quel sera le poids brut après qu'on l'aura mis en barriques dont la tare est de 17 °/₀?

$$83 : 100 :: 27141 : x = \text{Kg } 32700$$

8. — *Réfactions et Bonifications sur les marchandises.*

Les *Réfactions* ou *Déductions* et *Bonifications* tant sur les espèces que sur les quantités en général, sur le poids ou le degré des spiritueux, sont à déduire et donnent, par conséquent, des rapports soustractifs. Cependant il arrive quelquefois que les bonifications sur les quantités et les poids sont accordées à un tant *sur* cent, c'est-à-dire que l'on donne quelque chose de plus en nombre ou en poids et que l'on ne fait payer que cent; alors le rapport est naturellement additif. Il en est de même quand il s'agit de la bonification accordée pour le degré des spiritueux. C'est encore la nature de la question qui décide si ces rapports sont croissants ou décroissants.

33ᵉ problème. — La vente d'une partie de bois de campêche pesant 10320 kilog. donne lieu à une réclamation de la part de l'acheteur; on lui accorde 2 1/2 °/₀ de réfaction pour l'aubier : combien de kilogrammes a-t-il à payer?

$$100 : 97 \ 1/2 :: 10320 : x = \text{Kg } 10062.$$

34° problème. — Un pipe d'esprit 3/6 à 33° de l'aréomètre de Cartier (voir la note finale sur les fractions servant à désigner les esprits) contenant 650 litres n'est qu'à 31 1/2 degrés : pour combien de litres sera-t-elle vendue ?

La différence en plus ou en moins de 33° entraîne une bonification ou une réfaction de 3 °/₀ par degré ; cette différence est ici de 1 1/2, ce qui donne 4 1/2 °/₀.

$$100 : 95\ 1/2 :: 650 : x = 620{,}75 \text{ lit.}$$

35° problème. — Une pipe d'esprit 3/7 (36° Cartier) étant à 37 3/5 degrés, a été facturée pour 676 litres : combien contenait-elle ?

La différence en plus ou en moins de 36° entraîne une bonification ou une réfaction de 2 1/2 °/₀ par degré ; cette différence est ici de 1 3/5, ce qui donne 4 °/₀.

$$104 : 100 :: 676 : x = 650 \text{ lit.}$$

36° problème. — A Nantes on vend les sucres en pains, en accordant 3 kil. *au* cent ou *sur* cent pour papier et ficelle : combien de kilogrammes payerait-on pour une partie de ces sucres pesant kilog. 3845 ?

Rapport décroissant $103 : 100 :: 3845 : x = 3733$ Kg.

37° problème. — On a payé 2362 fr. 50 c. pour une facture de peaux de chevreau que l'on avait achetées à 70 fr. le cent, en se réservant les 4 au cent : combien a-t-on reçu de peaux ?

$$x : 2362{,}50$$
$$70 : 100$$

Rapport croissant $100 : 104$ $x = 3510$

9. — *Distribution des Dividendes.* — (*Règle de Répartition.*)

Les dividendes d'une *Faillite*, comme ceux d'une Société quelconque, lorsqu'ils se font à tant pour cent, sont toujours déterminés par des rapports soustractifs.

38° problème. — Les syndics d'une faillite dont la masse des créanciers monte à fr. 237428, font une répartition de 12 1/2 °/₀ : de combien est la perte ?

$$100 : 87 \ 1/2 :: 237428 : x = 207749{,}50 \text{ fr.}$$

39° problème. — Un créancier perdant 37 1/2 °/₀ dans une faillite touche plusieurs dividendes montant à fr. 10625 : de combien était sa créance ?

$$62 \ 1/2 : 100 :: 10625 : x = 17000 \text{ fr.}$$

10. — *Répartition des impôts.* — (*Règle de Répartition.*) *

L'*Impôt foncier*, ainsi que les contributions appelées *Centimes additionnels*, se règle à tant de centimes par franc ; il donne donc lieu à un calcul à tant pour cent, semblable à celui qu'il faut faire pour déterminer des pertes ou des bénéfices.

§ III. — PROPORTIONS COMPOSÉES AVEC PLUSIEURS RAPPORTS ADDITIFS ET SOUSTRACTIFS, CROISSANTS ET DÉCROISSANTS. — ARBITRAGES EN MARCHANDISES.

Déterminer à quel prix on doit revendre des marchandises pour faire un certain bénéfice, ou bien quel est le bénéfice que l'on fait en les vendant à un certain prix, connaissant tous les frais et toutes les réductions qu'on doit supporter, c'est faire ce qu'on appelle un *Arbitrage en marchandises.*

Nous avons réuni dans les deux exemples suivants la plupart des rapports additifs et soustractifs, croissants et décroissants.

40° problème. — Un spéculateur de Paris fait acheter des cotons au Havre au prix de 400 fr. les 100 kil. Le commissionnaire auquel il s'adresse obtient de son vendeur 1 °/₀ de bon poids, en outre de la tare à 2 °/₀ ; celui-ci en tient compte à son commettant dans sa facture d'achat ; il porte également sur cette facture les 3 °/₀ d'escompte qu'il a obtenus, et puis

---

* Voir le chap. LXIII, consacré à la règle de Répartition.

il ajoute 1 °/₀ pour courtage et menus frais, et 2 °/₀ pour sa commission.

Deux mois après, ces cotons sont revendus par le même commissionnaire au prix de 467 fr. 60 c. les 100 kil. En les livrant, il reconnaît que l'humidité du magasin en a augmenté le poids de 2 °/₀; aussi est-il obligé d'accorder 2 °/₀ de réfaction et une tare de 3 °/₀. Il ne porte point d'escompte sur le compte de vente, parce qu'il a accordé un terme de 4 mois; mais il y porte 2 °/₀ pour courtage et menus frais, et 1 °/₀ pour sa commission.

Le spéculateur, en évaluant l'intérêt de son argent pour les 6 mois de retard, à raison de 6 °/₀ par an, soit à 3 °/₀, cherche combien il a gagné pour cent.

Pour cela il peut établir la série de rapports ci-dessous, que nous ne donnons que comme exercice, car la position de ces divers rapports nécessite une série de réflexions. Pratiquement, la solution de l'analyse que nous donnons plus loin (p. 425) comme preuve de la proportion exige moins de temps.

$$x \ : \ 100 \text{ fr. déboursé.}$$
$$400 \ : \ 467{,}60 \text{ fr. recette.}$$

Bon poids obtenu du vendeur par le commiss.	99 : 100
Tare obtenue du vendeur par le commission.	98 : 100
Escompte obtenu du vendeur par le commiss.	97 : 100
Courtage et menus frais comptés par le com.	101 : 100
Commission d'achat comptée par le commiss.	102 : 100
Augmentation du poids pour humidité…….	100 : 102
Réfaction accordée à l'acheteur par le comm.	100 : 98
Tare accordée à l'acheteur par le commission.	100 : 97
Courtage et menus frais, accordés par le com.	100 : 98
Commission de vente comptée par le commiss.	100 : 99
Intérêt de l'argent du commissionnaire…..	103 : 100

$$\text{ou } x = \frac{100 \times 467{,}60 \times 100 \times 100 \times 100 \times 100 \times 100 \times 102 \times 98 \times 97 \times 98 \times 99 \times 100}{400 \times 99 \times 98 \times 97 \times 101 \times 102 \times 100 \times 100 \times 100 \times 100 \times 100 \times 103}$$

	Après la simplification :	Calculs par logarithmes.

:: x : 100	L. 4676 6698745
400 : 467,60	98 9912261
101 :	C. L. 400 3979400
: 98	101 9956786
103 :	103 9871628

$$\text{ou } x = \frac{100 \times 467,60 \times 98}{400 \times 101 \times 103}$$

         0418820

$$x = 110,124 = 110 \ 1/8, \text{ gain } 10 \ 1/8 \ ^\circ/_\circ$$

1° Comme 1 °/₀ de bon poids doit être retranché du poids brut, le rapport est soustractif; et comme cette bonification augmente le bénéfice que l'on cherche, le rapport est croissant.

2° Comme les 2 °/₀ de tare de l'achat doivent être retranchés du poids brut, et comme ils augmentent le bénéfice, le rapport est soustractif et croissant.

3° Comme les 3 °/₀ d'escompte de l'achat doivent être retranchés du montant de l'achat, et comme ils augmentent le bénéfice, le rapport est soustractif et croissant.

4° Comme 1 °/₀ de courtage et menus frais doit être ajouté au prix d'achat et qu'il diminue le bénéfice, le rapport est additif et décroissant.

5° Comme la commission de 2 °/₀ que prélève le commissionnaire doit être ajoutée au prix d'achat, et comme elle diminue le bénéfice, le rapport est additif et décroissant.

6° Comme l'augmentation de 2 °/₀ sur le poids pour cause d'humidité rend ce poids plus considérable ainsi que le bénéfice, le rapport est additif et croissant.

7° Comme la réfaction de 2°/₀ accordée à l'acheteur pour l'humidité doit être retranchée du poids brut, et qu'elle diminue le bénéfice, le rapport est soustractif et décroissant.

8° Comme les 3 °/₀ de tare de vente diminuent le poids et le bénéfice, le rapport est soustractif et décroissant.

9° Comme les 2 °/₀ de courtage et menus frais de la vente diminuent le prix de la vente et le bénéfice, le rapport est soustractif et décroissant.

10° Comme 1 °/₀ de commission sur la vente diminue le prix de la vente et le bénéfice, le rapport est soustractif et décroissant.

11° Comme les 3 °/₀ d'intérêt de l'argent augmentent les débours et qu'ils diminuent le bénéfice, le rapport est additif et décroissant.

41° problème. — Un spéculateur de Paris fait acheter des cotons au Havre, au prix de 400 fr. les 100 kilog. ; le commissionnaire auquel il s'adresse obtient de son vendeur 1 °/₀ de bon poids, en outre de la tare à 2 °/₀, et en tient compte à son commettant dans sa facture d'achat; il porte également ment sur cette facture les 3°/₀ d'escompte qu'il a obtenus, et puis il ajoute 1 °/₀ pour courtages et menus frais, et 2 °/₀ pour sa commission.

Deux mois après, il fait le calcul pour connaître le prix auquel il faut qu'il fasse vendre les 100 kil. pour gagner 10 1/8 °/₀ net; il sait que ces cotons ont séjourné dans un magasin humide; il présume, par conséquent, qu'ils auront gagné 2 °/₀ sur le poids, mais qu'il faudra aussi accorder 2 °/₀ de réfaction, outre la tare de 3 °/₀. Comme il est dans l'intention de faire vendre au terme de 4 mois sans escompte, il compte 3 °/₀ pour les intérêts de 6 mois sur ses débours, il compte aussi 2 °/₀ pour courtage et menus frais, et 1 °/₀ pour la commission dont il aura à tenir compte à son commissionnaire.

<pre>
 :: x   :   400 fr. prix d'achat.   Cette proportion se réduit à
100   :   99   :: x   :   400
100   :   98   98 :   101
100   :   97   100 :   103
100   :   101   100 :   110 1/8
100   :   102   Calcul par logarithmes :
100   :   103   L. 400 :   6020600
102   :   100   101 :   0043214
 98   :   100   103 :   0128372
 97   :   100   881 :   9449759
 98   :   100   C. L.   98 :   0087739
 99   :   100   8 :   0969100
100   :   110 1/8   ─────────
        x = 467,60 prix de vente.   6698784
</pre>

Comme dans la deuxième règle conjointe on cherche le prix de vente, il faut faire les mêmes raisonnements pour juger si les différents rapports sont additifs ou soustractifs ; mais les raisonnements sont tout à fait différents pour déterminer si ces rapports sont croissants ou décroissants. Comme le bon poids, la tare et l'escompte obtenus, ainsi que l'augmentation par l'humidité, sont déjà acquis comme bénéfice, on peut vendre à meilleur marché, et les rapports sont décroissants. Quant au courtage, aux menus frais et à la commission d'achat et de vente, ainsi qu'à la réfaction, la tare (et même l'escompte, s'il avait été accordé à la vente), comme ils sont autant de pertes éprouvées, on les compense en vendant plus cher ; voilà pourquoi les rapports sont croissants. Le bénéfice que l'on veut faire exige naturellement un rapport croissant, et les intérêts sur les débours, étant une perte, exigent pour être compensés un prix plus élevé, indiqué par un rapport croissant.

On se rendra bien facilement compte de ce qui vient d'être dit au sujet des rapports additifs et soustractifs, en jetant les yeux sur la preuve suivante par l'analyse, applicable aux deux opérations. On reconnaîtra que tous les produits provenant des rapports additifs sont ajoutés et que l'on a retranché tous les produits provenant des rapports soustractifs. L'achat étant de 100 kil., on a :

Achat.

Brut........	K°	100	
Bon poids..	1 °/₀	1	
	K°:	99	
Tare........	2 °/₀	1,98	
Net........	K°	97,02 à 400 fr. les 100 K°, fr.	388,08
	Escompte...............	3 °/₀	11,64
		fr.	376,44
	Courtage et menus frais	1 °/₀	3,76
		fr.	380,20
	Commission	2 °/₀	7,60
		fr.	387,80
	Intérêts...............	3 °/₀	11,63
		fr.	399,43
	Bénéfice...........	10 1/8 °/₀	40,44
		fr.	439,87

Vente.

```
Brut........   K°   100
Humidité ... 2 °/₀    2
               K•   102
Réfaction.... 2 °/₀   2,04
               K°    99,96
Tare........ 3 °/₀   3,00
Net........   K•    96,96  à 467,60   fr.   453,38
Courtages et menus frais........... 2 °/₀    9,07
                                     fr.   444,31
Commission...................... 1 °/₀    4,44
                                     fr.   439,87
```

Nota. On publie dans chaque place le tableau des escomptes, des tares et autres usages du commerce dressés par les chambres de commerce, par les courtiers, etc.

LIVRE XII

QUESTIONS D'INTÉRÊT· SIMPLE, — D'ESCOMPTE, — D'INTÉRÊT
COMPOSÉ, — D'ANNUITÉS ET D'AMORTISSEMENT.

Nous groupons dans ce Livre les questions d'Intérêt, — d'Escompte, —
d'Intérêt composé, — d'Annuités et d'Amortissement dont la solution
exige l'emploi des divers moyens d'Analyse, des Équations et des Proportions simples et composées.

CHAPITRE LIX

Règle d'intérêt. — Questions d'intérêt simple.

§ 1. — NOTIONS PRÉLIMINAIRES SUR L'INTÉRÊT ET LES QUESTIONS A RÉSOUDRE.

Toute somme prêtée est dite *Capital** et produit un revenu
ou *Intérêt* payé par l'emprunteur au prêteur, en compensation de la *privation* que celui-ci s'impose et du *service* qu'il
rend au premier, des *risques* qu'il court et même du *travail*
auquel il se livre pour placer et surveiller son capital.

L'intérêt s'évalue, en général, à tant pour cent par an, et
quelquefois aussi, quoique plus rarement, à tant pour cent

---

* Ou le *Principal*, par opposition à l'Intérêt (l'accessoire), ou encore le
Fonds. Dans plusieurs pays le prêt des capitaux est libre, c'est-à-dire que
le prêteur et l'emprunteur peuvent contracter à toute espèce de taux; dans
d'autres pays, la loi fixe un maximum qui ne peut être dépassé. En France,
par exemple, les lois de 1807 et 1850 édictent des peines contre les auteurs de prêts à un taux supérieur à 5 °/₀ dans les transactions civiles et
à 6 °/₀ dans les transactions commerciales. Le prêt au-dessus du taux légal
est ce qu'on appelle l'*usure*. Ces lois de maximum sont vivement combat-
tues par les économistes comme contraires au droit de propriété, à l'intérêt général, et à l'intérêt spécial des emprunteurs eux-mêmes. (Voy. nos
Éléments de l'économie politique, 3ᵉ édition, p. 383, 1 vol. in-18, et notre
Traité d'économie politique, 8ᵉ édit., chap. XXIX.)

par semestre ou par mois. Ce tant pour cent (p. 100 ou °/₀) est ce qu'on appelle le *Taux de l'intérêt** ou seulement le *Taux* et indique le prix du *loyer* des capitaux, le *revenu*, la *rente***.

L'intérêt est *simple* lorsqu'on le prend uniquement sur le capital ; — il est dit *composé* ou *intérêt de l'intérêt* lorsqu'on calcule non-seulement l'intérêt du capital, mais aussi l'intérêt de l'intérêt.

C'est de l'**Intérêt simple** qu'il s'agit le plus souvent dans les transactions commerciales.

La recherche de l'*intérêt* à un *taux* donné et pendant un *temps* donné est l'opération la plus fréquente ; mais on peut avoir aussi à déterminer :

Le *Capital*, étant donnés l'Intérêt, le Taux et le Temps ;
Le *Taux*, étant donnés le Capital, l'Intérêt et le Temps ;
Le *Temps*, étant donnés le Capital, l'Intérêt et le Taux.
Le *Capital plus l'Intérêt* ou *capital brut*, étant donnés le Capital, le Taux et le Temps ;
Le *Capital net* ou le capital sans l'intérêt, étant donnés le Capital brut, le Taux et le Temps ;
L'*Intérêt*, étant donnés le Capital brut, le Taux et le Temps.

Ces questions se présentent dans trois conditions différentes, et suivant que le Capital est placé : — pendant une ou plusieurs *années ;* — un ou plusieurs *mois ;* — un ou plusieurs *jours.*

Nous allons successivement indiquer la manière d'opérer dans ces divers cas.

En représentant chacun de ces éléments par des signes,

---

* Anciennement l'intérêt simple était stipulé au *denier tant.* Le Taux de 5 °/₀ correspondait au *denier vingt;* celui de 4 °/₀, au *denier vingt-cinq;* en effet, 5 sur 100 = 1 sur 20, etc. — L'intérêt prélevé par les banquiers était appelé *change* et la règle d'intérêt, *règle de change.*

** Anciennement le *percentage* de l'argent.

savoir : l'Intérêt par $\dot{I}$, le Capital par C, le Taux par °/₀, le Temps par T, le Capital brut par C $+$ $\dot{I}$.

En représentant encore : l'égalité des quantités par le signe $=$; l'opération de la multiplication à faire par le signe $\times$; l'opération de la division à faire sous forme de fraction, en mettant les nombres à diviser au numérateur et les nom-bres par lesquels il faut diviser au dénominateur, nous évi-terons des longueurs, et l'analogie de tous ces calculs res-sortira mieux à la vue en formules synoptiques faciles à com-prendre et à retenir.

Dans cette notice complète nous avons présenté les divers cas que l'on rencontre dans la pratique des affaires, avec un ensemble complet d'abréviations: qui pourront mettre le lecteur à même de résoudre ce genre de problèmes aussi bien, au bout de quelques heures, que le font d'habiles praticiens au bout de plusieurs années.

§ 2. — Calcul de l'intérêt pour une ou plusieurs années, un ou plusieurs mois *, un ou plusieurs jours.

La règle d'intérêt est une application de l'analyse simple et des proportions qui conduisent pour la pratique à des for-mules très rapides **.

Trois méthodes peuvent être employées : la *méthode ordi-naire* ou générale et qui est la plus longue, — et deux *méthodes abrégées*, mais qui ne sont pas applicables dans certains cas.

Première méthode. — *Méthode ordinaire ou générale.*

(Moyen le plus long de calculer l'intérêt.)

Règle. — Pour trouver l'INTÉRÊT par la méthode ordinaire ou la plus générale, on multiplie le capital par le taux

---

* Ou fractions d'Années ou de Mois, sous forme de fractions ordinaires ou décimales, — cas peu usités.

** On peut, dans une première étude, laisser les raisonnements de côté, bien qu'ils soient des plus simples, apprendre les formules par cœur, et s'en servir pour résoudre les questions.

et par le temps (nombre d'années, de mois ou de jours), et l'on divise par 100, 1200 ou 36000 ;

Par 100, si le temps est une ou plusieurs *années ;*

Par 1200, si le temps est un ou plusieurs *mois ;*

Par 36000, si le temps est un ou plusieurs *jours.*

1ᵉʳ problème. — Soit, par exemple, à calculer l'intérêt de 1258 fr. 42 c. à 8 % pendant 90 jours.

En appliquant la méthode que nous venons de formuler, nous sommes conduit aux calculs suivants :

Capital...........................	1258,42
Multiplié par le taux................	8
	1006,736
Multiplié par les jours.............	90

$$906,06240 \quad | \quad 36$$
$$186, \text{etc.} \quad | \quad 25,16$$

La raison de cette méthode se trouve dans le raisonnement suivant :

Si 100 francs produisent en 1 an............ 8 fr.

1 franc produit 100 fois moins, ou.... $\dfrac{8}{100}$

et 1258,42 produisent autant de fois plus.... $\dfrac{1258,42 \times 8}{100}$

en 1 mois, 12 fois moins, ou............... $\dfrac{1258,42 \times 8}{100 \times 12}$

en 1 jour, 30 fois moins,

ou 360 * fois moins qu'en 1 an, ou......... $\dfrac{1258,42 \times 8}{100 \times 360}$

et en 90 jours, 90 fois plus, ou........ $\dfrac{1258,42 \times 8 \times 90}{100 \times 360 = 36000}$

Ce qui est bien la règle que nous venons d'indiquer et pouvant être écrite par les formules suivantes:

---

* L'usage a fait l'année commerciale de 360 au lieu de 365 et 366. Voir à ce sujet ce qui est dit dans le chapitre LX, sur l'escompte, § 2. Inutile de faire remarquer que les nombres 1.200 et 36.000 sont les produits de 100 par 12 (mois) et par 360 (jours). On voit que ces trois formules sont presque identiques et que *l'intérêt est égal au capital multiplié par le taux, multiplié par le temps* (années, mois, jours) et *divisé par* 100, 1200 ou 36000, suivant qu'il s'agit d'années, de mois ou de jours.

$$\text{L'intérêt pour un an} \ldots \ldots \ldots = \frac{C \times {}^{o}/_{o}}{100}$$

$$- \quad \text{pour plusieurs années} \ldots = \frac{C \times {}^{o}/_{o} \times T}{100}$$

$$- \quad \text{pour plusieurs mois} \ldots = \frac{C \times {}^{o}/_{o} \times T}{1200}$$

$$- \quad \text{pour plusieurs jours} \ldots = \frac{C \times {}^{o}/_{o} \times T}{36000}$$

2ᵉ Méthode abrégée par le 1 °/₀ et les parties aliquotes.

(Moyen le plus simple de calculer l'intérêt.)

Cette méthode, qui est la plus abrégée et la plus facile quand on peut l'employer, nécessite des explications un peu plus longues, mais très simples.

Elle consiste à prendre 1 pour 100 (1 °/₀) du Capital supposé placé à 6 °/₀ et à approprier le résultat au Taux et au Temps donnés.

Le lecteur va en juger, s'il prend la plume avec nous.

Soit, pour but de notre recherche, une somme de 956 francs, dont nous voulons connaître l'intérêt pour 42 jours, à raison de 6 pour 100 par an, c'est-à-dire à raison de 6 francs d'intérêt par chaque 100 francs.

Une analyse des plus élémentaires nous apprend qu'un capital quelconque, placé à 6 pour 100, pendant 60 jours, produit 1 pour 100 de lui-même.

Car l'année commerciale étant considérée, pour la facilité des calculs, comme composée seulement de 360 jours, 60 jours sont le sixième ou 1/6 de l'année ; or, si, pour l'année, l'intérêt est de 6 pour 100 du capital, pour le sixième de l'année il sera dû 1 pour 100 seulement.

Maintenant, comment se prend le 1 pour 100 d'une somme ? De la manière la plus simple ; comme 1 pour 100 (1 °/₀) est la même chose que $\frac{1}{100}$ (un centième), prendre le 1 pour 100 ou le 1/100, c'est multiplier le nombre par 1 (ce qui revient à le prendre tel qu'il est) et diviser par 100, opération qui se fait en mettant une virgule entre les mille et les centaines.

2ᵉ problème. — Soit, par exemple, à calculer l'intérêt de 956 francs à 6 % pendant 42 jours.

S'il s'agissait de calculer l'intérêt de 956 fr. à 6 pour 100 pour 60 jours, il suffirait de prendre le centième ou 1/100 de 956, c'est-à-dire de diviser 956 par 100, c'est-à-dire d'écrire :

9,56 ou 9 fr. 56 c.

Ces 9 fr. 56 c. sont l'intérêt de 956 fr. pendant 60 jours. Or, il s'agit de calculer cet intérêt pour 42 jours. Pour cela, il suffit de décomposer 42 en moitiés, en tiers ou quarts ou cinquièmes, etc., c'est-à-dire en parties aliquotes de 60 et d'agir en conséquence. Or, comme il y a, dans 42 jours :

30 jours, ou la moitié.................... 1/2 de 60 ;

12 jours, ou le cinquième................. 1/5 de 60,

on aura l'intérêt de 42 jours, en prenant la moitié et le cinquième de celui de 60.

Pour 60 jours, nous avons eu sans peine......... 9,56

Pour 30 jours, nous avons 1/2 ou................ 4,78

Pour 12 jours,   —   1/5 ou............... 1,91

Total............. 6,69

L'opération se réduit donc à une petite division par 100, qui se fait en mettant une virgule ; à deux petites divisions qui se font de tête, et à une petite addition, comme suit :

9,56

4,78

1,91

6,69

Si le taux était différent de 6, s'il était de 4 par exemple, on ferait le calcul comme pour 6, et ensuite, considérant que dans 4 il y a 3, qui est la moitié de 6, et 1 qui est le tiers de 3, on prendrait la 1/2 de 6,69 ; puis le 1/3 de cette même moitié ; on additionnerait, et l'opération serait comme suit :

9,56   Intérêt à 6 °/₀ pendant 60 jours.

4,78   —   à 6 °/₀   —   30   —
1,91   —   à 6 °/₀   —   12   —

6,69   —   à 6 °/₀   —   42   —

3,35   —   à 3 °/₀   —   42   —
1,11   —   à 1 °/₀   —   42   —

4,46   —   à 4 °/₀   —   42   —

Soit 4 fr. 46 pour un capital de 956 fr., placé à 4 p. 100 pendant 42 jours.

Nous aurions pu abréger encore un peu l'opération, en considérant que, dans 4 pour 100, il y a 2 pour 100 et 2 pour 100, et en prenant le tiers de 6,69 pour le doubler ou l'ajouter à lui-même ; ainsi :

6,69 .... intérêt à 6 °/₀

2,23 .... intérêt à 2 °/₀
2,23 .... intérêt à 2 °/₀

4,46 .... intérêt à 4 °/₀

Autre exemple. — Appliquons cette méthode à un autre nombre, à un capital de 1258 fr. 42 c., placé à 8 pour 100, pendant 90 jours, déjà pris pour exemple.

Comme 90 jours sont composés de 60 jours et de 30 jours, ou moitié en sus, quand on aura l'intérêt du capital à 6 pour 100 pendant 60 jours, il faudra y ajouter la moitié de cet intérêt ; ensuite, comme le taux 8 pour 100 dépasse le taux 6 de 2 ou de 1/3, il faudra ajouter 1/3 au résultat obtenu à ce même résultat, comme suit :

1258 fr. 42 c.

12,5842   intérêt à 6 °/₀ pendant 60 jours 1/100 du capital.
6,2921   —   à 6 °/₀   —   30 jours 1/2 du précédent.

18,8763   —   à 6 °/₀   —   90 jours.
6,2921   —   à 2 °/₀   —   90 jours.

25,1684   —   à 8 °/₀   —   90 jours.

Soit 25 fr. 17 c. pour l'intérêt d'un capital de 1258 fr. 42 c., placé à 8 pour 100 pendant 90 jours.

Nous disons 25 fr. 17 c., au lieu de 25 fr. 16, parce qu'en forçant le dernier chiffre de 1, nous ne faisons qu'une erreur de 2 dixièmes de centime en plus, tandis qu'en négligeant le 8, nous ferions une erreur de 8 dixièmes de centime en moins (10 *bis*).

Prenons des taux autres que 6 °/₀.

Lorsque les calculs ont été faits à 6 °/₀, il faut retrancher 1/6 pour avoir le résultat à 5 °/₀; il faut ajouter 1/6 pour avoir le résultat à 7 °/₀; il faut déduire 1/6 et demi ou 1/4 pour avoir le résultat à 4 1/2 °/₀; il faut prendre la moitié et ajouter 3/4 pour avoir le résultat à 3 3/4 °/₀, et ainsi de suite.

Mais il faut remarquer que de même

qu'un capital à 6 °/₀ en 60 jours, produit 1 °/₀ *
un capital... à 5 °/₀ en 72   —   —   1 °/₀
    —   à 4 °/₀ en 90   —   —   1 °/₀
    —   à 2 °/₀ en 180   —   —   1 °/₀
    —   à 3 °/₀ en 120   —   —   1 °/₀
    —   à 4 1/₂ en 80   —   —   1 °/₀
    —   à 7 1/₂ en 48   —   —   1 °/₀
    —   à 8 °/₀ en 45   —   —   1 °/₀
    —   à 9 °/₀ en 40   —   —   1 °/₀

Car 72, 90, 180, etc., sont le 1/5, le 1/4, la 1/2, etc. de l'année ou de 360 jours. Or, si pour l'année l'intérêt est de 5, de 4 ou de 2; pour 1/5, 1/4, 1/2 de l'année il doit être de 1.

En général, il faut diviser le nombre 360 par le taux pour avoir le nombre de jours qu'il faut pour que le capital rapporte 1 °/₀.

Cette méthode, qui consiste d'abord à prendre 1 °/₀ du capital, est la plus courte, parce que toutes les opérations

---

* Ce qui veut dire, en d'autres termes, qu'à 6 °/₀, il faut 60 jours pour avoir 1 °/₀ du capital; — que 60 fr. à 6 °/₀ pendant un jour, produisent 1 centime; — et de même pour les autres taux. — On a fait des Barèmes sur ces données.

dont elle se compose peuvent se faire de tête et, pour ainsi dire, sans prendre la plume. Elle est d'une incomparable rapidité, lorsqu'on est assez exercé pour prendre les parties aliquotes des taux donnés par rapport à 6, ou de tout autre taux usuel et les parties aliquotes des jours donnés par rapport à 60 ou au nombre correspondant à un autre taux usuel. — C'est ce dont on peut juger par l'exposition des deux autres méthodes : la méthode ordinaire et celle, déjà plus perfectionnée, dite des diviseurs fixes que nous allons exposer.

Mais cette méthode n'est pas possible si l'on veut compter l'année pour 365 jours pendant les années ordinaires et pour 366 jours les années bissextiles, ce qui est un cas exceptionnel, l'usage de compter l'année pour 360 jours ayant prévalu.

3e *Méthode.* — 2e *Méthode abrégée, dite des Diviseurs fixes.*

La méthode dite des *diviseurs fixes* est l'abréviation de la *méthode générale*, mais plus longue encore que la méthode des *parties aliquotes* que nous venons d'indiquer.

Pour obtenir l'intérêt du capital par cette méthode, *on multiplie le capital par le temps seulement et on divise par un nombre appelé diviseur fixe* (D F), mais variant selon le taux et qui serait mieux appelé *diviseur spécial.* — On peut exprimer cette règle par la formule :

$$i = \frac{C \times T}{D\ F} \quad \text{au lieu de} \quad i = \frac{C \times \%\times T}{36000 \text{ ou } 1200}$$

Cette formule est la conséquence du principe de la simplification des fractions, et résulte de la division du numérateur et du dénominateur par le taux; elle a pour effet de faire disparaître le taux et de remplacer les nombres 36000, ou 1200, ou 100 par le quotient de ces nombres divisés par le taux, — quotient qui prend le nom de Diviseur Fixe.

C'est avec 36000, c'est-à-dire pour les questions dans lesquelles le capital est placé un ou plusieurs jours, qu'on l'emploie le plus souvent et le plus avantageusement. — Avec 100, l'emploi du diviseur fixe allongerait le calcul au lieu de le réduire.

Soit, pour exemple, à chercher l'intérêt de 956 francs à 4 %, pendant 42 jours.

L'opération se réduit à la multiplication de 956 par 42, et à sa division par 9000, qui se fait en séparant trois chiffres décimaux et en prenant le neuvième, 1/9.

<table>
<tr><td>Opération.</td><td>Application de la formule.</td></tr>
<tr><td>956
42</td><td></td></tr>
</table>

$$I = \frac{C \times T}{D\,F}$$

$$I = \frac{956 \times 42}{4000}$$

Opération.
956
42
———
1912
3824
———
40,152
———
4,46

Par la méthode *générale ordinaire* on aurait :

$$I = \frac{C \times \%\times T}{36000}$$

$$I = \frac{956 \times 4 \times 42}{36000}$$

Opération.
953
4
———
3824
42
———
7648
15296
———
160,608 | 36000
166 | ———
220 | 4,46
4

Par la méthode des parties aliquotes nous avons fait plus haut (p. 422) la série des opérations suivantes :

9,56			
4,78	1/2 pour 30 jours à 6 %		
1,91	1/5 — 12 —		
6,69	— — 42 —		
3,35	1/2 — 42 — 3 %		
1,11	1/3 — 42 — 1 %		
4,46	— — 42 —		

Quelque avantageuse que la méthode des diviseurs fixes puisse paraître relativement à la précédente, l'expérience démontre que, le plus souvent, elle est plus longue.

Elle n'est pas applicable quand les diviseurs fixes ne se présentent pas facilement à l'esprit, c'est-à-dire à moins d'avoir sous les yeux ou présent à l'esprit le diviseur spécial tout calculé comme dans le tableau suivant.

Toutefois, elle présente, dans le cas des sommes rondes, une grande facilité, si on la combine avec les procédés de la méthode des parties aliquotes.

Table des diviseurs fixes ou spéciaux pour les taux de 1 à 15

(l'année de 360 jours).

TAUX.	DIVISEURS pour 36000	DIVISEURS pour 1200	TAUX.	DIVISEURS pour 36000	DIVISEURS pour 1200
1	36000	1200	5 $^5/_8$	6400	. . .
1 $^1/_4$	28800	960	6	6000	200
1 $^1/_2$	24000	800	6 $^1/_4$	5760	192
2	18000	600	7	. . . .	. . .
2 $^1/_4$	16000	. . .	7 $^1/_2$	4800	160
2 $^1/_2$	14400	480	7 $^3/_4$	4645	. . .
3	12000	400	8	4500	. . .
3 $^1/_8$	11520	. . .	9	4000	. . .
3 $^1/_3$	10800	. . .	10	3600	120
3 $^3/_4$	9600	320	11	. . . .	. . .
4	9000	300	12	3000	100
4 $^1/_2$	8000	. . .	12 $^1/_2$	2880	96
5	7200	240	15	2400	80
5 $^1/_3$	6750	. . .	. . . . .	. . . .	. . .

L'examen de ce tableau donne aussi la raison du procédé à 1 °/₀. Voir page 422.

Dans le cas où on a besoin de faire fréquemment des calculs d'intérêt à un taux usuel fractionnaire non contenu dans cette table, on se fait un diviseur fixe suffisamment exact en divisant 36000 par le taux; c'est ainsi que

Le diviseur fixe 41142 correspond à $^7/_8$
—   8727   —   4 $^1/_8$

On construirait de même une table de diviseurs fixes pour les cas où l'année devrait être comptée à 365 ou 366 jours en divisant 36500 et 36600 par les divers taux.

Dans ces deux cas exceptionnels, nous le répétons (l'usage de compter l'année par 360 jours ayant presque universellement prévalu), un petit nombre de taux donnent des dividendes fixes.

Avec l'année de 365 jours :

Le diviseur fixe	3650	correspond au taux	10	
—	7300	—	5	
—	14600	—	2 $\frac{1}{2}$	
—	18250	—	2	

Avec l'année de 366 jours :

Le diviseur fixe	3660	correspond au taux	10	
—	7320	—	5	
—	14640	—	2 $\frac{1}{2}$	
—	6100	—	6	
—	3050	—	12	
—	12200	—	3	
—	9150	—	4	
—	18300	—	2	

Combinaison des deux méthodes abrégées. — Nécessité de connaître les trois méthodes.

Dans un grand nombre de cas, on peut employer et combiner les procédés des deux méthodes, et arriver au résultat au moyen des *diviseurs fixes décomposés en parties aliquotes ;* par suite de ce fait que — certaines sommes de capitaux produisent autant de FRANCS d'intérêt qu'elles sont placées de JOURS.

En effet, le calcul montre qu'un capital de 6000 francs à 6 °/₀, ou de 9000 francs à 4 °/₀, ou de 4000 à 9 °/₀, et qu'en général *tout diviseur fixe placé au taux correspondant produit autant de francs d'intérêt qu'il est placé de jours.*

C'est ce qu'on peut vérifier par l'emploi de l'une des trois méthodes que nous avons exposées.

Soit un capital de 6000 fr. placé à 6 °/₀, pendant 42 jours.

I. Calcul par la 1re méthode abrégée.		II. Calcul par la 2e méthode abrégée.	III. Calcul par la méthode générale.
1 °/₀ de 6000 fr. p. 60 jours,	60 fr.	6000	6000
		42	6
— p. 30 jours,	30 fr.		
— p. 12 jours,	12 fr.	$\dfrac{252000}{6000} = 42$	36000
			42
— p. 42 jours,	42 fr.		

$$72$$
$$144$$
$$1512 \mid 36$$
$$72 \mid \overline{42}$$
$$0$$

Ce fait-principe ressort visiblement de la formule de l'intérêt indiquée ci-dessus. Soit à calculer l'intérêt de 9000 fr. à 4 °/₀, ou de 7200 à 5 °/₀, ou de 6000 à 6 °/₀, la formule nous donne :

Méthode générale.	Méthode de diviseurs fixes.
$I = \dfrac{9000 \times 4 \times 48}{36000}$	$= \dfrac{9000 \times 48}{9000} \ldots = 48$
$I = \dfrac{7200 \times 5 \times 48}{36000}$	$= \dfrac{7200 \times 48}{7200} \ldots = 48$
$I = \dfrac{6000 \times 6 \times 48}{36000}$	$= \dfrac{6000 \times 48}{6000} \ldots = 48$
$I = \dfrac{4000 \times 9 \times 48}{36000}$	$= \dfrac{4000 \times 48}{4000} \ldots = 48$

L'emploi de cette méthode peut être étendu à tous les multiples et sous-multiples des diviseurs fixes; elle est, comme la précédente, d'un grand secours pour le calcul mental.

D'où il résulte que, pour les nombres qui forment des multiples ou des sous-multiples réguliers de chaque diviseur fixe, le calcul est très facile à faire. Exemple :

6000 fr. à 6 °/₀ pendant 42 jours produisent				42 fr.	
600	—	—	—	10 fois moins	4 20
60000	—	—	—	10 fois plus	420 »
18000	—	—	—	3 fois plus	126 »

De même pour les multiples et sous-multiples de :

3000	4000	4500	6000	7200	9000	12000	18000	etc.
à 12°/₀	9 °/₀	8 °/₀	6 °/₀	5 °/₀	4 °/₀	3 °/₀	2 °/₀	

On comprend sans peine toutes les applications possibles par la décomposition en parties aliquotes soit des nombres des capitaux par rapport aux diviseurs fixes, soit des nombres des jours par rapport à 72, 60, 90, etc. %, selon que les taux sont 5, 6, 4, etc. %.

Nota. Comme le taux 5 % présente cette particularité qu'il est le $\frac{1}{20}$ du capital placé pendant un an, il s'ensuit que pour avoir l'intérêt ou la rente d'une somme à 5 %, il n'y a qu'à séparer un chiffre décimal et à en prendre la moitié, ce qui revient à diviser par 10 et par 2. On peut apercevoir sans peine les diverses applications qu'on peut faire de ce principe.

En dernière analyse, on voit qu'il est bon d'être familiarisé avec chacune des deux méthodes abrégées pour appliquer, selon les circonstances, celle qu'on juge préférable au premier coup d'œil pour mener au résultat par le chemin le plus court, celle qu'on pense se prêter le mieux au calcul mental.

Quant à la connaissance de la méthode générale, elle est indispensable pour comprendre les deux autres et pour servir dans le cas où on ne peut employer ni l'une ni l'autre de ces dernières.

Voici quelques exemples :

3ᵉ problème. — Quels sont les intérêts, à 6 % par an, d'un capital de 8632 francs, placé pendant 137 jours ?

1° En prenant 1 % du capital (p. 433) et en décomposant les jours en parties aliquotes.

		Raisonnement.	Opération
Pour 60 jours,		l'intérêt est de 1 % du capital..........	86,32
— 120	—	2 fois ce nombre........	172,64
— 15	—	¹/₄ du même.............	21,58
— 2	—	¹/₃₀ du même...........	2,88
			197,10

2° En décomposant le capital en parties aliquotes du diviseur fixe 6000

	Raisonnement.	Opération.
6000	donnent le nombre de jours................	137
2000	— le $1/3$ —	45,666
600	— le $1/10$ —	13,70
30	— le $1/20$ du précédent..............	0,685
2	— la $3/100$ partie du même............	0,045
8632	donnent...................................	197,10

3° Méthode des diviseurs fixes.

Calculs à faire.
$$\frac{8632 \times 137}{6000}$$

Calculs effectués.
8632 $\times$ 137 *
25896
60424

1182584 : 6000

197,097

4° Méthode générale ordinaire.

Calculs à faire.
$$\frac{8632 \times 137 \times 6}{36000}$$

Calculs effectués.
8632 $\times$ 137
25896
60424

1182584
6

7095,504	36000
349	197,09
255	
350	
26	

4° problème. — Combien font les intérêts à 5 °/₀ par an d'un capital de fr. 3692, placé pendant 213 jours?

1° En prenant 1 °/₀ du capital et en décomposant les jours
en parties aliquotes.

	Raisonnement.	Opération.
Pour	72 jours, l'intérêt est de 1 °/₀ du capital.....	36,92
—	216 · — 3 fois ce nombre....	110,76

A déduire pour trois jours $3/72 = 1/24$
$1/4$ du premier nombre   9,23
$1/6$ de ce dernier $= 1/24$ du premier........... 1,54

109,22

---

* Abréviation de la multiplication indiquée au n° 40.

2° En décomposant le capital en parties aliquotes du diviseur fixe 72000 :

	Raisonnement	Opération.
7200 donnent	le nombre de jours............	213
3600 —	la $\frac{1}{2}$.........................	106,50
36 —	le $\frac{1}{100}$ du précédent...........	1,065
36 —	—	1,065
18 —	la $\frac{1}{2}$ —	0,532
2 —	le $\frac{1}{9}$ —	0,059
		109,22

3° En décomposant le capital en parties aliquotes du diviseur fixe 6000 :

	Raisonnement.	Opération.
3000 donnent à 6 %	la $\frac{1}{2}$ du nombre de jours.......	106,50
600 —	le $\frac{1}{10}$ de ce nombre...........	21,30
60 —	le $\frac{1}{10}$ du précédent...........	2,13
30 —	la $\frac{1}{2}$ de ce $\frac{1}{10}$................	1,065
2 —	le $\frac{1}{30}$ d°.....................	0,07
3692	donnent à 6 %...........	131,07
	Moins $\frac{1}{6}$ à retrancher....	21,85
	Reste à 5 %.....	109,22

4° Méthode des diviseurs fixes.

Calculs à faire.	Calculs effectués.
3692×213	3692×213 (40)
7200	7384
	11076

$$\begin{array}{c|c} 7863,96 & 72000 \\ 663 & 109,22 \\ 159 & \\ 156 & \\ 12 & \end{array}$$

5° problème. — Un capital de 5759 fr. est placé à 6 % par an, pendant 83 jours ; — combien a-t-il rapporté d'intérêt ?

1° En prenant 1 % du cap. et parties aliquotes des jours.

	Raisonnement.	Opération.
60 jours donnent	....	57,59
20 —	$\frac{1}{3}$ d°	19,196
3 —	$\frac{1}{20}$ d°	2,879
83 jours donnent	....	79,76

2° Par le diviseur fixe.

Opération.

5759
83

17277
46072

477,997 : 6

79,67

28

Dans cet exemple et dans le suivant, la décomposition du capital en parties aliquotes ne serait pas abréviative.

6ᵉ problème. — On place un capital de 14722 fr. pendant 29 jours à 4 1/2 % par an ; — combien y a-t-il d'intérêts à toucher?

1° 1 % du cap. et parties aliquotes des jours.		**2° Diviseur fixe.**
Raisonnement.	Opération.	Opération.
30 jours à 6 % donnent 1/2 %........... 73,61		14722
1 — à retrancher... 1/30 du précédent. 2,45		29
29 jours donnent à 6 %................. 71,16		132498
Moins le 1/4 à retrancher... 17,79		29444
Reste, à 4 1/2 %......... 53,37		426,938 : 8000
		53,37

7ᵉ problème. — Combien font les intérêts d'un capital de 5700 fr. placé pendant 431 jours à 3 3/4 % par an ?

	Raisonnement.	Opération.
6000	donnent à 6 % le nombre de jours.....	431
300	— le 1/20 —	21,55
5700	....................., donnent à 6 %..	409,45
	à 3 % la moitié..	204,725
	Plus pour 3/4 le 1/4 de d°..	51,181
	En tout, à 3 3/4..	255,91

Dans cet exemple le taux ne se prête pas au procédé de 1 % du capital, ni à celui des diviseurs fixes.

8ᵉ problème. — Pendant 78 jours, un capital de 2713 fr. a été placé à 7 % par an ; — quels sont les intérêts?

60 jours à 6 % donnent...........	1 %	27,13
12 —	le 1/5 de d°	5,426
6 —	la 1/2 du précéd.	2,713
78 jours,................., donnent à 6 %		35,27
Plus 1/6 à ajouter.		5,88
En tout, à 7 %		41,15

Dans cet exemple, le taux et le chiffre du capital ne se prêtent pas au procédé des diviseurs fixes.

§ 3. — Détermination du capital, du taux ou du temps.

La recherche de l'*Intérêt* est l'opération la plus fréquente ; mais il arrive qu'on ait à déterminer, ainsi que nous l'avons dit :

Le *Capital*, étant donnés l'Intérêt, le Taux et le Temps ;
Le *Temps*, — l'Intérêt, le Capital et le Taux ;
Le *Taux*, — l'Intérêt, le Capital et le Temps.

Les opérations se déduisent de celles qui donnent l'intérêt, soit à l'aide du raisonnement et de l'analyse, soit par les évolutions des équations.

Les formules relatives au Capital, au Taux et au Temps se déduisent de celle de l'Intérêt par les évolutions des quantités, selon les procédés des équations; — on y arrive encore comme à celle de l'intérêt, par l'emploi des proportions ou de l'analyse auxquelles donne lieu la recherche de ces éléments, ainsi que cela ressort des exemples suivants.

Dans ces exemples, nous nous bornons à poser les proportions, sans le raisonnement élémentaire qui y conduit, et aussi sans l'analyse, également simple, à l'aide de laquelle on pourrait trouver la solution sans les proportions.

Nous laissons, dans chaque groupe de questions, celles relatives au calcul de l'intérêt, dont il vient d'être question, pour faire voir l'analogie de ce calcul avec ceux des autres éléments contenus dans ces questions.

Capital placé pendant un an.

La solution de ces problèmes n'exige que l'application de la règle de trois simple et directe et un raisonnement élémentaire.

9ᵉ problème. — 1° Un capital de 6000 francs est placé à 5 °/₀ pendant un an ; — quel *intérêt* doit-il produire ?

Si 100 francs produisent 5, un capital de 6000 produira en proportion directe, d'où :

$$100 : 5 :: 6000 : x = 300 \text{ f.}$$
$$x = \frac{6000 \times 5}{100}; \text{ d'où } I = \frac{C \times °/_0}{100}$$

On arrive au même résultat par l'analyse en disant :

$$\text{Si 100 fr. produisent} \ldots \ldots \ldots \ldots \quad 5$$

$$\text{1 fr. produit} \ldots \ldots \ldots \ldots \ldots \quad \frac{5}{100}$$

$$\text{6000 fr. produisent} \ldots \ldots \ldots \ldots \quad \frac{5 \times 6000}{100}$$

10° problème. — 2° Un capital placé à 5 °/₀ a produit 300 fr. d'intérêt en un an ; — quel est ce *capital*?

Si 5 fr. proviennent d'un capital de 100 fr., un intérêt de 300 fr. proviendra d'un capital plus fort en proportion directe, d'où :

$$5 : 100 :: 300 : x = 6000$$

$$x = \frac{300 \times 100}{5} ; \text{ d'où } C = \frac{I \times 100}{°/₀}$$

On arrive au même résultat en disant :

$$\text{5 fr. proviennent de} \ldots \ldots \ldots \ldots \quad 100$$

$$\text{1 fr. provient de} \ldots \ldots \ldots \ldots \ldots \quad \frac{100}{5}$$

$$\text{300 fr. proviennent de} \ldots \ldots \ldots \ldots \quad \frac{100 \times 300}{5}$$

11° problème. — 3° Un capital de 6000 fr., placé pendant un an, a produit 300 fr. d'intérêt ; — à quel *taux* était-il placé? Chercher le taux, c'est chercher l'intérêt de 100, d'où :

$$6000 : 300 :: 100 : x = 5$$

$$x = \frac{300 \times 100}{6000} ; \text{ donc } °/₀ = \frac{I \times 100}{C}$$

On arrive au même résultat en disant :

$$\text{6000 fr. produisent} \ldots \ldots \ldots \ldots \quad 300$$

$$\text{1 fr. produit} \ldots \ldots \ldots \ldots \ldots \quad \frac{300}{6000}$$

$$\text{100 fr. produisent} \ldots \ldots \ldots \ldots \quad \frac{300 \times 100}{6000}$$

12° problème. — Le *temps* est toujours 1.

Capital placé pendant plusieurs Années, ou fractions de l'année.

La solution de ces problèmes n'exige que l'application de la règle de trois composée avec des rapports directs ou l'emploi du procédé de la réduction à l'unité.

13° problème. — 1° Un capital de 6000 fr. est placé pendant huit ans à 5 %; — quel *intérêt* doit-il produire?

Les éléments de comparaison et de calcul sont :

$$\begin{array}{cccc}
\text{Capital.} & \text{Temps.} & \text{Int.} & \text{D'où la proportion :} \\
100 & 1 & 5 & 100 : 6000 \\
6000 & 8 & x & 1 : 8 :: 5 : x
\end{array}$$

$$\text{d'où } x = 5 \times \frac{6000 \times 8}{100 \times 12} = 200 ; \text{ d'où } I = \frac{C \times {}^{\circ}/_{\circ} \times T}{1200}$$

On a le même résultat en disant :

$$100 \text{ fr. en 1 an produisent} \ldots\ldots\ldots\ldots \quad 5$$

$$1 \text{ fr. en 1 an} \quad - \quad \ldots\ldots\ldots \quad \frac{5}{100}$$

$$6000 \text{ fr. en 1 an} \quad - \quad \ldots\ldots\ldots \quad \frac{5 \times 6000}{100}$$

$$6000 \text{ fr. en 8 ans} \quad - \quad \ldots\ldots\ldots \quad \frac{5 \times 6000 \times 8}{100}$$

14° problème. — 2° Un capital placé pendant huit ans à 5 % a produit 2400 fr.; — quel est ce *capital?*

$$\begin{array}{cccc}
\text{Capital.} & \text{Temps.} & \text{Intérêt.} & \text{Proportion.} \\
100 & 1 & 5 & 8 : 1 \\
x & 8 & 2400 & 5 : 2400 :: 100 : x
\end{array}$$

$$\text{d'où } x = 100 \times \frac{1 \times 2400}{8 \times 5} = 6000 ; \text{ d'où } C = \frac{I \times 100}{{}^{\circ}/_{\circ} \times T}$$

Et par l'*Analyse :*

$$5 \text{ fr. sont produits en 1 an par} \quad 100$$

$$1 \text{ fr.} \quad - \quad 1 \quad - \quad \frac{100}{5}$$

$$2400 \text{ fr.} \quad - \quad 1 \quad - \quad \frac{100 \times 2400}{5}$$

$$2400 \text{ fr.} \quad - \quad 8 \quad - \quad \frac{100 \times 2400}{5 \times 8}$$

15° problème. — 3° Un capital de 6000 fr. placé pendant huit ans à 5 % produit 2400 fr.; — à quel *taux* est-il placé ?

$$\begin{array}{cccc}
\text{Capital.} & \text{Temps.} & \text{Intérêt.} & \text{Proportion.} \\
100 & 1 & x & 6000 : 100 \\
6000 & 8 & 2400 & 8 : 1 :: 2400 : x
\end{array}$$

$$\text{d'où } x = 2400 \times \frac{100 \times 1}{6000 \times 8} = 5 ; \text{ d'où } {}^{\circ}/_{\circ} = \frac{1 \times 100}{C \times T}$$

Et par l'*Analyse :*

$$
\begin{array}{llll}
6000 \text{ fr. pendant 8 ans produisent} & 2400 \\
1 \text{ fr.} \quad — \quad 8 \quad — & \dfrac{2400}{6000} \\
1 \text{ fr.} \quad — \quad 1 \quad — & \dfrac{2400}{6000 \times 8} \\
100 \text{ fr.} \quad — \quad 1 \quad — & \dfrac{2400 \times 100}{6000 \times 8}
\end{array}
$$

16° problème. — 4° Un capital de 6000 fr. placé à 5 %, produit 2400 fr.; — combien a-t-il été placé d'*années ?*

Capital..	Temps.	Intérêt.	Proportion.
100	1	5	6000 : 100
6000	x	2400	5 : 2400 :: 1 : x

$$\text{d'où } x = 1 \times \frac{100 \times 2400}{6000 \times 5} = 8 \, ; \text{ d'où } T = \frac{I \times 100}{C \times \%}$$

Et par l'*Analyse :*

$$
\begin{array}{lll}
100 \text{ fr. produisent 5 fr. en} \ldots & 1 \text{ an} \\
1 \text{ fr.} \quad — \quad 5 \quad \ldots & 1 \times 100 \\
1 \text{ fr.} \quad — \quad 1 \quad \ldots & \dfrac{1 \times 100}{5} \\
6000 \text{ fr.} \quad — \quad 1 \quad \ldots & \dfrac{1 \times 100}{5 \times 6000} \\
6000 \text{ fr.} \quad — \quad 2400 \quad \ldots & \dfrac{1 \times 100 \times 2400}{5 \times 6000}
\end{array}
$$

Capital placé pendant un ou plusieurs Mois ou fractions de mois.

Mêmes raisonnements et mêmes calculs que pour les questions des groupes précédents.

17° problème. — 1° Un capital de 6000 fr. est placé pendant huit mois à 5 %; — quel *intérêt* doit-il produire ?

$$
\begin{array}{lll}
100 & 12 \text{ mois} & 5 \\
6000 & 8 \text{ mois} & x
\end{array}
$$

$$x = 5 \times \frac{6000 \times 8}{100 \times 12} = 200 \, ; \text{ d'où } I = \frac{C \times \% \times T}{1200}$$

18° problème. — 2° Un capital placé pendant huit mois à 5 % a produit 200 fr.; — quel est ce *capital ?*

$$
\begin{array}{lll}
100 & 12 & 5 \\
x & 8 & 200
\end{array}
$$

$$x = 100 \times \frac{12 \times 200}{8 \times 5} = 6000 \, ; \text{ d'où } C = \frac{I \times 1200}{\% \times T}$$

19ᵉ problème. — 3° Un capital de 6000 fr. placé pendant 8 mois produit 200 fr.; — à quel *taux* est-il placé ?

$$\begin{array}{ccc} 100 & 12 & x \\ 6000 & 8 & 200 \end{array}$$

$$x = 200 \times \frac{100 \times 12}{6000 \times 8} = 5 \,; \text{ d'où } \%_0 = \frac{I \times 1200}{C \times T}$$

20ᵉ problème. — 4° Un capital de 6000 fr. placé à 5 % a produit 200 fr.: — pendant combien de *temps* a-t-il été placé ?

$$\begin{array}{ccc} 100 & 12 & 5 \\ 6000 & x & 200 \end{array}$$

$$x = 12 \times \frac{100 \times 200}{6000 \times 5} = 8 \,; \text{ d'où } T = \frac{I \times 1200}{C \times \%_0}$$

Capital placé pendant un ou plusieurs Jours.

Mêmes raisonnements et mêmes calculs que pour les questions des deux groupes précédents.

21ᵉ problème. — 1° Un capital de 6000 fr. est placé pendant 48 jours à 5 %; — quel *intérêt* doit-il produire ?

$$\begin{array}{ccc} 100 & 360 \text{ jours (p. 440)} & 5 \\ 6000 & 48 & x \end{array}$$

$$x = 5 \times \frac{6000 \times 48}{100 \times 360} = 40 \text{ f.}\,; \text{ d'où } I = \frac{C \times \%_0 \times T}{36000}$$

22ᵉ problème. — 2° Un capital placé pendant 48 jours à 5 % a produit 40 fr.; — quel est ce *capital* ?

$$\begin{array}{ccc} 100 & 360 & 5 \\ x & 48 & 40 \end{array}$$

$$x = 100 \times \frac{360 \times 40}{48 \times 5} = 6000 \text{ f.}\,; \text{ d'où } C = \frac{I \times 36000}{\%_0 \times T}$$

23ᵉ problème. — 3° Un capital de 6000 fr. placé pendant 48 jours a produit 40 fr.; — à quel *taux* a-t-il été placé ?

$$\begin{array}{ccc} 100 & 360 & x \\ 6000 & 48 & 40 \end{array}$$

$$x = 40 \times \frac{100 \times 360}{6000 \times 48} = 5 \,; \text{ d'où } \%_0 = \frac{I \times 36000}{C \times T}$$

24ᵉ problème. — 4° Un capital de 6000 fr. placé à 5 %

a produit 200 fr. ; — pendant combien de *temps* a-t-il été placé?

$$100 \qquad 360 \qquad 5$$
$$6000 \qquad x \qquad 40$$

$$x = 360 \times \frac{100 \times 40}{6000 \times 5} = 48 \,; \text{ d'où } T = \frac{I \times 36000}{C \times \%}$$

§·3. — Tableau des formules de la règle d'intérêt simple.

Les seize règles des questions relatives à l'intérêt simple que nous venons d'exposer conduisent à seize formules que nous reproduisons ici en regard.

Capital placé pendant un An.

$$I = \frac{C \times \%}{100}$$

$$C = \frac{I \times 100}{\%}$$

$$\% = \frac{I \times 100}{C}$$

$$T = 1$$

Capital placé pendant plusieurs Années ou fractions d'années.

$$I = \frac{C \times \% \times T}{100}$$

$$C = \frac{I \times 100}{\% \times T}$$

$$\% = \frac{I \times 100}{C \times T}$$

$$T = \frac{I \times 100}{C \times \%}$$

Capital placé pendant un ou plusieurs Mois ou fractions de mois.

$$I = \frac{C \times \% \times T}{1200}$$

$$C = \frac{I \times 1200}{\% \times T}$$

$$\% = \frac{I \times 1200}{C \times T}$$

$$T = \frac{I \times 1200}{C \times \%}$$

Capital placé pendant un ou plusieurs Jours.

$$I = \frac{C \times \% \times T}{3600}$$

$$C = \frac{I \times 36000}{\% \times T}$$

$$\% = \frac{I \times 36000}{C \times T}$$

$$T = \frac{I \times 36000}{C \times \%}$$

Ces seize formules se réduisent à quatre, qui ont elles-mêmes plusieurs points de ressemblance et d'analogie qui en rendent le souvenir plus facile.

$$\text{L'Intérêt} .. = \frac{C \times \% \times T}{36000 \quad (\text{ou } 1200 \quad \text{ou } 100)}$$

$$\text{Le Capital} . = \frac{I \times 36000 \quad (\text{ou } 1200 \quad \text{ou } 100)}{\% \times T}$$

$$\text{Le Temps} ... = \frac{I \times 36000 \quad (\text{ou } 1200 \quad \text{ou } 100)}{C \times \%}$$

$$\text{Le Taux} .... = \frac{I \times 36000 \quad (\text{ou } 1200 \quad \text{ou } 100)}{C \times T}$$

Il est à remarquer que ces formules sont très faciles à retenir; en effet :

L'intérêt est égal au produit des trois autres éléments divisé par 36000, 1200 ou 100;

Et chacun des autres éléments est égal au produit de l'intérêt par 36000, 1200 ou 100, divisé par le produit des deux qui sont donnés:

Par le °/₀ et par le T, quand on cherche le C;

Par le C et par le °/₀, quand on cherche le T ;

Par le C et par le T, quand on cherche le °/₀.

Ainsi donc, la vue de ces formules pourrait inspirer quelques craintes au lecteur sur la difficulté des calculs de la règle d'intérêt ; mais une heure d'étude, le temps de lire ce qui précède, ou même l'observation que nous venons de faire le convaincra du contraire.

§ 4. — RECHERCHE DU CAPITAL, DU TAUX ET DU TEMPS PAR LES MÉTHODES ABRÉGÉES, C'EST-A-DIRE PAR L'EMPLOI DES DIVISEURS FIXES ET DES PARTIES ALIQUOTES.

Les calculs nécessités par la détermination du Capital, du Taux et du Temps, l'Intérêt étant donné, peuvent être abrégés par la méthode des diviseurs fixes, et aussi par celle des parties aliquotes, employées séparément ou combinées suivant la nature des chiffres et des questions.

Dans les formules de l'intérêt, du capital et du temps, on voit que le taux est toujours dans un terme de la fraction, et que les nombres 1200 ou 36000 sont dans l'autre ; ainsi :

$$I = \frac{C \times °/_0 \times T}{36000} \qquad C = \frac{I \times 36000}{°/_0 \times T} \qquad T = \frac{I \times 36000}{C \times °/_0}$$

Conformément aux principes de la simplification des fractions, on peut abréger le calcul dans plusieurs circonstances, en divisant le numérateur et le dénominateur de la fraction formule, par le taux, comme suit :

$$I = \frac{C \times T}{D\,F} \qquad C = \frac{I \times D\,F}{T} \qquad T = \frac{I \times D\,F}{C}$$

C'est au résultat de cette division que nous avons donné le nom de *Diviseur fixe* D F. (*Voy.* p. 426.)

La même simplification s'applique à leurs trois analogues pour les Mois.

Voici quelques exemples :

25° problème. — 5 fr. 40 sont produits par un capital placé à 6 °/₀ pendant 18 jours ; — quel est ce capital ?

```
Comme 18 fr. proviendraient de...  6000 fr.
       0,18       —        ...       60
       0,54       —        ...      180
       5,40       —        ...     1800
```

26ᵉ problème. — Un capital placé à 4 °/₀ pendant 50 jours, produit 25 fr.; — quel est ce capital ?

```
Comme 50 fr. seraient produits par  9000
      25       seront produits par.. 4500
```

27° problème. — Un capital de 9000 fr. placé pendant 50 jours, a produit 150 fr.; — à quel taux était-il placé ?

Pour 50 fr. d'intérêt, il aurait été placé à 4 °/₀; comme il a produit 3 fois plus, il était placé à 4 $\times$ 3 ou à 12 °/₀.

28ᵉ problème. — Un capital de 14400 fr., placé à 5 °/₀, a produit 148 fr.; — combien de temps a-t-il été placé ?

```
Comme   7200 auraient été placés pendant 148 jours.
       14400 auront été placés pendant..  74   —
```

§ 5. — QUESTIONS D'INTÉRÊT SIMPLE, LE CAPITAL ÉTANT BRUT, C'EST-A-DIRE RÉUNI A L'INTÉRÊT.

Les calculs des questions d'intérêt, dans lesquelles le *capital* est *brut*, ne diffèrent de ceux du *capital net* que lorsqu'il s'agit de chercher le Capital plus l'Intérêt ou le Capital ou l'Intérêt. Pour le Taux et le Temps, comme il faut que les données soient les mêmes que lorsque le capital est net, les formules que nous avons trouvées ne changent pas.

On est aussi conduit, dans ces questions, à des formules ayant entre elles une certaine analogie qui en facilite le souvenir. Au reste, comme les problèmes ne nécessitent que l'emploi d'une simple règle de trois à rapports additifs ou soustractifs, croissants ou décroissants (chap. LVIII), on peut toujours facilement se représenter la proportion sans la poser, et calculer mentalement avec facilité, en se servant des diviseurs fixes.

Capital placé pendant un an.

29ᵉ problème. — 1° Un capital de 8000 fr. est placé à 4 %₀ pendant un an ; — que doit-il produire *tant en capital qu'en intérêt ?*

$$100 : 104 :: 8000 : x = 8320$$
$$\text{d'où } C + I = \frac{C \times (100 + \%₀)}{100}.$$

30ᵉ problème. — 2° Un capital placé à 4 %₀ pendant un an, a produit tant en capital qu'en intérêt, 8320 francs ; — quel est ce *capital ?*

$$104 : 100 :: 8320 : x = 8000 \text{ fr.}$$
$$\text{d'où } C = \frac{(C + I) \times 100}{100 + \%₀}$$

31ᵉ problème. — 3° Un capital placé à 4 %₀ pendant un an, a produit tant en capital qu'en intérêt, 8320 francs ; — quel est l'*intérêt ?*

$$104 : 4 :: 8320 : x = 320 \text{ fr.}$$
$$\text{d'où } I = \frac{(C + I) \times \%₀}{100 + \%₀}$$

Capital placé pendant plusieurs Années ou fractions d'années.

32ᵉ problème. — 1° Un capital de 8000 fr. est placé à 4 %₀ pendant 6 ans ; que doit-il produire *tant en capital qu'en intérêt ?*

$$100 : 100 + (4 \times 6) :: 8000 : x = 9920 \text{ fr.}$$
$$\text{d'où } C + I = \frac{C \times [100 + (\%₀ \times T)]}{100}$$

33ᵉ problème. — 2° Un capital placé à 4 %₀ pendant 6 ans a produit, tant en capital qu'en intérêt, 9920 fr.; — quel est ce *capital* ?

$$100 + (4 \times 6) : 100 :: 9920 : x = 8000 \text{ fr.}$$
$$\text{d'où } C = \frac{(C + I) \times 100}{100 + (°/_° \times T)}$$

34e problème. — 3° Un capital placé à 4 °/° pendant 6 ans a produit 9920 fr., tant en capital qu'en intérêt ; — quel est l'*intérêt* ?

$$100 + (4 \times 6) : 4 \times 6 :: 9920 : x = 1920 \text{ fr.}$$
$$\text{d'où } I = \frac{(C + I) \times °/_° \times T}{100 + (°/_° \times T)}$$

Capital placé pendant un ou plusieurs Mois ou fractions de mois.

Il faut se rappeler que 1200 fr. (12 m. $\times$ 100 fr.) en 1 mois produisent autant d'intérêt que 100 en un an.

35e problème. — 1° Un capital de 8000 francs est placé à 4 °/° pendant 6 mois ; — que doit-il produire, *tant en capital qu'en intérêt* ?

$$\text{En 1 an 100 fr. produisent.} \qquad 4$$
$$\text{En 1 mois}\ldots\ldots\ldots\ldots \qquad \frac{4}{12}$$
$$\text{En 6 mois}\ldots\ldots\ldots\ldots \qquad \frac{4 \times 6}{12}$$

$$\text{Donc, } 100 ; 100 + \frac{4 \times 6}{12} :: 8000 : x$$

$$\text{C'est-à-dire, } 1200 : 1200 + 4 \times 6 :: 8000 : x = 8160 \text{ fr.}$$
$$\text{D'où } C + I = \frac{C \times [1200 + (°/_° \times T)]}{1200}$$

Et par le diviseur fixe :

$$300 : 300 + 6 :: 8000 : x = 8160 \text{ fr.}$$
$$\text{D'où } C + I = \frac{C \times (D\,F + T)}{D\,F}$$

36e problème. — 2° Un capital placé à 4 °/° pendant 6 mois a produit, tant en capital qu'en intérêt, 8160 fr.; — quel est ce *capital* ?

$$100 + \frac{4 \times 6}{12} : 100 :: 8160 : x$$

$$\text{C'est-à-dire, } 1200 + (4 \times 6) : 1200 :: 8160 : x = 8000$$
$$\text{D'où } C = \frac{(C + I) \times 1200}{1200 + (°/_° \times T)}$$

Et par le diviseur fixe :

$$300 + 6 : 300 :: 8160 : x = 8000$$
$$\text{D'où } C = \frac{(C + I) \times D\,F}{D\,F + T}$$

37ᵉ problème. — 3° Un capital placé à 4 % pendant 6 mois a produit, tant en capital qu'en intérêt, 8160 fr. ; — quel est l'*intérêt ?*

$$100 + \frac{4 \times 6}{12} : \frac{4 \times 6}{12} :: 8160 : x$$

C'est-à-dire, $1200 + 4 \times 6 : 4 \times 6 :: 8160 : x = 160$ fr.

$$\text{D'où } I = \frac{(C + I) \times \% \times T}{1200 + (\% \times T)}$$

Et par le diviseur fixe :

$$300 + 6 : 6 :: 8160 : x = 160 \text{ fr.}$$
$$\text{D'où } I = \frac{(C + I) \times T}{D\,F + T}$$

Capital placé pendant un ou plusieurs Jours.

Il faut se rappeler que 36000 fr. (360 jours $\times$ 100 fr.) en 1 jour, produisent autant de fr. d'intérêt que 100 fr. en 1 an.

38ᵉ problème. — 1° Un capital de 8000 fr. est placé à 4 % pendant 54 jours ; — que doit-il produire, *tant en capital qu'en intérêt ?*

$$\text{En 1 an 100 fr. produisent......} \quad 4$$
$$\text{En 1 jour................} \quad \frac{4}{360}$$
$$\text{En 54 d°................} \quad \frac{4 \times 54}{360}$$

Donc, $100 : 100 + \dfrac{4 \times 54}{360} :: 8000 : x$

C'est-à-dire, $36000 : 36000 + (4 \times 54) :: 8000 : x = 8048$ fr.

$$\text{D'où } C + I = \frac{C \times [36000 + (\% \times T)]}{36000}$$

Et par le diviseur fixe :

$$9000 : 9000 + 54 :: 8000 : x = 8048 \text{ fr.}$$
$$\text{D'où } C + I = \frac{C \times (D\,F + T)}{D\,F}$$

39ᵉ problème. — 2° Un capital placé à 4 % pendant 54 j. a produit, tant en capital qu'en intérêt, 8048 fr. ; — quel est ce *capital ?*

$$100 + \frac{4 \times 54}{360} : 100 :: 8048 : x$$

C'est-à-dire 36000 + (4 × 54) : 36000 :: 8048 : x = 8000 fr.

$$\text{D'où } C = \frac{(C + I) \times 36000}{36000 + (°/_\circ \times T)} \, .$$

Et par le diviseur fixe :

$$9000 + 54 : 9000 :: 8048 : x = 8000 \text{ fr.}$$

$$\text{D'où } C = \frac{(C + I) \times D\,F}{D\,F + T}$$

40ᵉ problème. — 3° Un capital placé à 4 °/₀ pendant 54 j.
a produit, tant en capital qu'en intérêt, 8048 fr.; — quel est
l'*intérêt* ?

$$100 + \frac{4 \times 54}{360} : \frac{4 \times 54}{360} :: 8048 : x$$

C'est-à-dire, 36000 + (4 × 54) : 4 × 54 :: 8048 : x = 48 fr.

$$\text{D'où } I = \frac{(C + I) \times °/_\circ \times T}{36000 + (°/_\circ \times T)}$$

Et par le diviseur fixe :

$$9000 + 54 : 54 :: 8048 : x = 48 \text{ fr.}$$

$$\text{D'où } I = \frac{(C + I) \times T}{D\,F + T}$$

Tableau des formules de la règle d'intérêt simple, le capital étant brut.

Un an.	**Plusieurs Années ou fractions d'années.**

$$C + I = \frac{C \times (100 + °/_\circ)}{100} \qquad\qquad C + I = \frac{C \times [100 + (°/_\circ \times T)]}{100}$$

$$C = \frac{(C + I) \times 100}{100 + °/_\circ} \qquad\qquad C = \frac{(C + I) \times 100}{100 + (°/_\circ \times T)}$$

$$I = \frac{(C + I) \times °/_\circ}{100 + °/_\circ} \qquad\qquad I = \frac{(C + I) \times °/_\circ \times T}{100 + (°/_\circ \times T)}$$

Un ou plusieurs Mois ou fractions de mois.	**Un ou plusieurs Jours.**

$$C + I = \frac{C \times [1200 + (°/_\circ \times T)]}{1200} \qquad C + I = \frac{C \times [36000 + (°/_\circ \times T)]}{36000}$$

$$C = \frac{(C + I) \times 1200}{1200 + (°/_\circ \times T)} \qquad\qquad C = \frac{(C + I) \times 36000}{36000 + (°/_\circ \times T)}$$

$$I = \frac{(C + I) \times °/_\circ \times T}{1200 + (°/_\circ \times T)} \quad :: \quad I = \frac{(C + I) \times °/_\circ \times T}{36000 + (°/_\circ \times T)}$$

Les mêmes abrégées par la méthode des Diviseurs fixes.

$$C + I = \frac{C \times (D\,F + T)}{D\,F} \qquad C = \frac{(C + I) \times D\,F}{D\,F + T} \qquad I = \frac{(C + I) \times T}{D\,F + T}$$

Les deux dernières formules ont le même dénominateur,

et le numérateur est assez bien caractérisé pour qu'on se le rappelle.

Les formules non abrégées offrent la même analogie que celles du capital net ; la seule différence qu'il y ait entre elles provient du nombre $100 +$ %, qui devient $100 + (% \times \text{T})$ ou $1200 + (% \times \text{T})$ ou $36000 + (% \times \text{T})$, suivant que le temps est un an, plusieurs années, plusieurs mois ou plusieurs jours. Dans tous les cas, on ne doit avoir recours aux calculs des formules primitives, que lorsque le taux de l'intérêt est 7, ou 11, ou tout autre nombre qui ne divise pas exactement 1200 ou 36000 ; or, c'est là, on le sait, un cas rare, et presque toujours on peut avoir recours à la méthode des diviseurs fixes.

En résumé, les questions relatives à l'intérêt simple (le capital étant net) donnent lieu à 20 formules (y compris celles de l'abréviation par les diviseurs fixes), — et les questions relatives à l'intérêt simple (le capital étant brut) donnent lieu à 15 formules ; — en tout 35, qui se réduisent à 7 types ayant de l'analogie entre eux.

Au surplus, il est utile de retenir les quatre relatives aux questions du capital net pour éviter un tâtonnement qui perd du temps ; il n'y a pas d'avantage à retenir les trois relatives aux questions du capital brut, car les proportions que nous venons d'indiquer et qui sont le résultat d'un raisonnement rapide, sont presque aussitôt posées que les formules, en admettant même qu'on n'hésite pas sur ces dernières.

Nota. — Comme complément de ce chapitre, voir les suivants sur les calculs de l'Escompte et sur l'Intérêt composé, les Annuités et l'Amortissement ; — et une Note finale sur les Barêmes ou Tables d'intérêts calculés.

CHAPITRE LX.

Questions d'escompte. — Suite de la règle d'intérêt.

L'*Escompte** en général est la *retenue* faite sur une somme payée avant l'époque fixée pour son acquittement ; la *réduction* que subit une facture ou un effet de commerce (lettre de change ou billet) lorsqu'on en effectue le payement ou qu'on en verse la somme avant l'échéance.

Le mot *Escompte* signifie aussi l'opération commerciale en elle-même, mieux exprimée par le mot *Escomptage* inusité : *admettre à l'escompte* et *faire l'escompte*, c'est acheter les effets de commerce ou signes représentatifs des valeurs ; *présenter à l'escompte*, c'est vendre ou négocier ces mêmes effets.

L'**Escompte** en banque n'est autre chose que l'*Intérêt prélevé*, et l'on peut dire que prendre l'escompte, c'est déduire d'une somme prêtée les intérêts qui y ont été compris.

Les calculs de la règle d'escompte ne diffèrent en rien de ceux des règles de tant pour cent et d'intérêt; mais nous avons dû, à cause de leur importance, leur consacrer un chapitre spécial.

§ 1. — ESCOMPTE SUR UNE FACTURE.

L'escompte en faveur de l'acheteur auquel donne lieu, dans la plupart des cas, le payement d'une *Facture*, varie suivant le terme que le vendeur est dans l'usage d'accorder pour le payement des marchandises. Ce terme est d'un certain nombre de mois, et comme on évalue l'intérêt de l'argent à 6 % par an, chaque terme est compté à raison de 1/2 % par mois du payement avancé.

On a vu que le calcul de cet escompte en France ne différait en rien de ceux du tant pour cent, pour évaluer une dé-

---

* Du latin *ex*, hors, *computatio*, compte, — hors de compte.

duction quelconque; il nous suffira donc de citer ici un exemple pour compléter ce qui a été dit page 417.

Pierre vend à Gabriel 234 pièces de vin à 85 fr. 33 c. la pièce, payables comptant, avec un escompte de 3 %.

Cela veut dire que sur chaque 100 fr., Gabriel en payant retiendra 3 fr. Il fera donc le calcul suivant :

$$
\begin{array}{rl}
234 \text{ p. à fr. } 85,33 = & 19967,22 \\
\text{Escompte 3 }\% \ldots\ldots & 599,02 \\
\hline
& 19368,20
\end{array}
$$

Ainsi, Gabriel ne paye que 19368 fr. 20, au lieu de 19967 fr. 22 c., et il reçoit la bonification d'un escompte de 599 fr. 02 c. que Pierre sacrifie à l'avantage de recevoir son argent six mois avant l'époque à laquelle on aurait pu reculer le paiement.

§ 2. — Escompte sur un effet de commerce. — Considérations sur l'escompte en général, sur l'année commerciale et l'année civile.

Pour les effets de commerce, l'escompte est évalué à tant pour cent par an ; mais il est rare qu'on le calcule pour un temps aussi considérable. Presque toujours on ne le prend que pour un certain nombre de mois, et plus souvent encore pour un certain nombre de jours. Il varie comme les circonstances commerciales, comme l'offre et la demande de papier ou de monnaie. Il est en général de 2, 3, 4, 5, 6 % par an, plus une commission de 1/4, 1/2 % par mois, etc., qui est prélevée en sus pour dissimuler le taux extralégal (p. 418, note) du prix courant des capitaux. La Banque de France a longtemps escompté les effets au taux fixe de 4 % ; mais elle a changé de système depuis plusieurs années.

Les observations qui suivent s'appliquent à l'escompte proprement dit et à la commission.

On distingue deux espèces d'escompte : l'*Escompte en dehors* et l'*Escompte en dedans*.

Le premier se prend sur le montant de l'effet ; le second

sur le montant de l'effet diminué de l'intérêt. On entend par *montant* la somme inscrite sur l'effet.

L'*escompte en dehors* est celui que l'on prend en France. Il se calcule comme l'intérêt simple quand le capital est net (p. 440). C'est l'escompte de la somme payée à l'avance, plus l'escompte de l'escompte. Voilà pourquoi on l'a désigné aussi sous le nom d'escompte abusif[*].

L'*escompte en dedans* ne se prend en France que lorsqu'il y a convention spéciale et dans des cas particuliers dont nous donnerons des exemples ; mais il est usité dans plusieurs pays étrangers. Il se calcule comme l'intérêt simple, quand le capital est brut (p. 446 et suiv.); et il est égal à l'intérêt de la somme payée à l'avance. Il est donc moins facile à calculer que l'escompte en dehors.

Cet inconvénient, réuni à l'avantage que l'escompte en dehors procure aux banquiers escompteurs, a fait adopter celui-ci de préférence à l'escompte en dedans, qui est pourtant plus conforme à la justice.

L'escompte n'est au fond qu'un intérêt qui ne devrait être retenu que pour la somme que l'on paye à l'avance et non pour celle que l'on reçoit plus tard en compensation et qui se compose de la somme avancée, plus de l'intérêt acquis par le retard.

L'exemple suivant viendra à l'appui de ce que nous disons. — Un effet de 6000 fr. est escompté pour un an à 6 % ; — quel est l'escompte ?

Opération pour calculer l'escompte en dehors :

$100 : 6 :: 6000 : x \qquad = 360$

Opération pour calculer l'escompte en dedans :

$106 : 6 :: 6000 : x \qquad = 339,62$

36000	106	20,38 différ., ou escompte de l'escompte.
420	339,62	
1020		
660		
240		
28		

---

[*] « Façon par ignorance ou par malice », dit Legendre, arithméticien du dix-septième siècle, dans *l'Arithmétique en sa perfection*, 1646, souvent réimprimée pendant le dix-huitième siècle.

Le banquier retient par la première manière 360 fr. et par la seconde, seulement 339 fr. 62 c., c'est-à-dire 20 fr. 38 c. de moins. Cette différence n'est autre chose que l'*escompte de l'escompte* véritable, c'est-à-dire de 339 fr. 62. En effet,

$$\frac{339,62 \times 6}{100} = 20,38$$

Quant aux 339,62, c'est l'intérêt véritable de l'effet qui ne vaudra 6000 fr. que dans un an, et qui représente en ce moment le capital, dont 339,62 est l'intérêt, et que l'on trouve par le calcul suivant :

$$C = \frac{339,62 \times 100}{6} = 5660,33$$

qui, réuni à l'intérêt 339,62

donne.............. 5999,95 ou 6000

En effet, l'intérêt de 5660,33 est 339,62, d'après la formule :

$$I = \frac{5660,33 \times 6}{100} = 339,62$$

Si l'on voulait chercher la somme reçue, on ferait, dans le cas de l'escompte en dehors, l'opération suivante :

$$100 : 94 :: 6000 : x = 5640$$
$$\underline{\qquad\qquad 360}$$
$$6000$$

Et dans le cas de l'escompte en dedans, l'opération suivante :

$$106 : 100 :: 6000 : x = 5660,38$$
$$\underline{\qquad\qquad 339,62}$$
$$6000,00$$

Ces expressions : *escompte en dehors* et *escompte en dedans*, quoique vicieuses, sont consacrées par l'usage. Il vaudrait peut-être mieux dire, au lieu de, escompte en dehors : *intérêt de l'intérêt*, ou *escompte de l'escompte*, ou *escompte abusif ;* au lieu de : escompte en dedans, l'*intérêt* ou simplement l'*escompte*. Toutefois, quand on parle de l'*escompte* tout simplement, on veut en général désigner en France l'escompte en dehors. Nous disons en général, car quelques auteurs appellent escompte en dehors ce que les autres appellent escompte en dedans, et réciproquement.

Les deux manières de calculer l'escompte ont donné lieu à de fréquentes contestations et discussions.

On a cherché à légitimer *l'escompte abusif* en disant que les conséquences de cet usage étant réciproques, personne n'était lésé ; mais avec un peu de réflexion on ne tarde pas à s'apercevoir que l'usage adopté en France est tout à fait à l'avantage de l'escompteur, qui jouit à la fois de l'intérêt de la somme primitive, plus de l'intérêt de cet intérêt, c'est-à-dire de l'intérêt composé de cette somme primitive. « Au reste, dit M. Juvigny, les négociants n'en conviennent point, et voici par quel sophisme ils prétendent justifier leur manière d'opérer. — Si l'on emprunte 3000 fr. à 6 % pour un an, disent-ils, de deux choses l'une : ou le prêteur demandera un billet de 3180 fr. payable dans un an de terme, ou bien il se contentera d'un billet de 3000 fr. payable à la même époque, après avoir retenu 180 fr. Or, quand le porteur d'un billet de 3000 fr. à un an de terme, au taux de 6 %, le présente à l'escompte, ce sont précisément ces 180 fr. que, dans la même hypothèse, l'escompteur déduit des 3000 fr., puisqu'il paye 2820 fr. — Ce raisonnement est faux en ce que l'intérêt d'une somme prêtée n'étant exigible qu'au bout d'un an, c'est, dans le cas d'anticipation du payement, au porteur de l'effet et non au banquier à profiter de l'escompte, qui est précisément de 10 fr. plus 10/53 dont il le frustre à tort *. »

Ce qui a été également mis en cause, c'est la justesse des calculs d'intérêt et d'escompte, selon l'année commerciale de 360 jours, plus avantageuse aux prêteurs et facilitant les calculs.   -

Il est même arrivé aux tribunaux de condamner, dans le dressement des comptes d'intérêt et d'escompte, la période annuelle de 360 jours **, prise d'après l'usage pour base dans

---

* *Application de l'arithmétique*, etc., 1835, in-8°, par Juvigny, mort en 1836.

** « Bien qu'entre banquiers l'intérêt, suivant l'usage, puisse être calculé réciproquement en fixant l'année à 360 jours, ils ne peuvent soumettre à ce calcul les commerçants auxquels ils ouvrent un crédit par compte courant,

la pratique commerciale, et par suite par tous les Barêmes d'intérêt. Il est douteux que la jurisprudence continue à vouloir redresser un usage si général et si commode pour les calculs. Quoi qu'il en soit, voici comment M. Passot*, auteur des tables calculées dans les deux systèmes, fait ressortir l'importance de cette erreur.

« 50000 fr. donnent en intérêt à 6 p. 100 pour 360 j...   3000 fr. »

pour 365 j...   3041 fr. 67

Différence ....   41 fr. 67

Cette erreur, renouvelée 100 fois dans l'année, serait de   4167 fr. »

En 10 ans, elle serait donc de.....................   41670 fr. »

Et, en y ajoutant les intérêts composés des annuités, de   54914 fr. »

« Or, 54914 fr., qu'on peut avoir en *plus* ou en *moins* dans sa caisse, après quelques années d'exercice, constituent, pour qui sait compter, une différence réelle de 109828 fr.!

« L'observation qu'une différence de 5 jours, si minime en apparence et que l'on néglige, peut avoir dans ses conséquences (eussions-nous pris pour exemple une somme 100 fois plus faible) des résultats si importants, mérite évidemment l'attention.

« S'il y a avantage à *escompter* d'après la division de l'année en 360 jours, il n'importe pas moins de ne *payer* les intérêts des sommes dont on est locataire que d'après l'année intégrale de 365 jours, afin de jouir du loyer des capitaux pendant 365 jours, et non pas seulement pendant 360. »

§ 3. — QUESTIONS D'ESCOMPTE.

Comme les calculs que nécessitent les questions d'escompte sont les mêmes que ceux de la règle d'intérêt (capital net,

---

si ceux-ci n'ont pas expressément accepté ce mode de supputation. » (Cour de Rouen, 19 juin 1847.)

« Lorsqu'il existe une loi formelle, on ne peut pas invoquer l'usage pour en abroger les dispositions, non plus qu'une prétendue facilité des comptes, qui, fût-elle réelle, ne saurait prévaloir contre un texte exprès de la loi. » (Cour de cassation, 20 juin 1848.)

* *Manuel comparé du capitaliste.*

p. 440), quand l'escompte est abusif, et que ceux de la règle d'intérêt (capital brut, p. 446), quand l'escompte ressemble à l'intérêt dû sur la somme payée par anticipation, nous ne donnerons qu'un très petit nombre d'exemples.

Le système des diviseurs fixes convertit presque toujours le calcul des escomptes en une simple règle de trois à rapports additifs ou soustractifs. Dans le cas où cette simplification n'est pas possible, on a recours aux formules générales.

Détermination de l'escompte ; — Du montant de l'effet ; — Du taux et du temps. — Bordereaux d'escompte.

1er problème. (*Chercher l'escompte ou la valeur d'un effet.*)

Un effet de 5900 fr. est escompté à 4 %, pour 25 jours ; — quel est l'escompte prélevé par le banquier, et quelle est la somme reçue par l'emploi des deux systèmes ?

1° L'escompte étant en dehors ou abusif, on a :
$$9000 : 25 :: 5900 : x = \quad 16,39 \text{ escompte.}$$
$$9000 : 9000 - 25 :: 5900 : x = 5883,61 \text{ valeur de l'effet.}$$
$$\begin{array}{r} 5883,61 \\ 16,39 \\ \hline 5900,00 \end{array}$$

2° L'escompte étant en dedans ou égal à l'intérêt dû sur la somme payée par anticipation, on a :
$$9025 : 25 :: 5900 : x = \quad 16,34 \text{ escompte.}$$
$$9000 + 25 : 9000 :: 5900 : x = 5883,66 \text{ valeur du billet.}$$
$$\begin{array}{r} 5883,66 \\ \llcorner 16,34 \\ \hline 5900,00 \end{array}$$

2° problème. (*Chercher le montant d'un effet escompté.*)

1° L'escompte étant en dehors ou abusif.

On a retenu 16 fr. 39 c. sur un effet escompté à 4 %, pour 25 jours ; — quel est le montant du billet ?
$$25 : 9000 :: 16,39 : x = 5900 \text{ montant de l'effet.}$$

Ou bien, on a reçu 5883,61 fr. pour un effet escompté à 4 °/₀, pour 25 jours ; — quel est le montant de l'effet?

$$9000 + 25 : 9000 :: 5883,61 : x = 5900 \text{ montant de l'effet.}$$

2° L'escompte étant en dedans et égal à l'intérêt de la somme payée.

On a retenu 16,34 fr. sur un effet escompté à 4 °/₀, pour 25 jours ; — quel est le montant de l'effet?

$$25 : 9025 :: 16,34 : x = 5900 \text{ montant de l'effet.}$$

Ou bien, on a reçu 5883,66 fr. pour un effet escompté à 4 °/₀, pour 25 jours ; — quel est le montant de l'effet ?

$$9000 : 9025 :: 5883,66 : x = 5900 \text{ montant de l'effet.}$$

3° problème. (*Chercher le taux de l'escompte.*)

1° L'escompte étant en dehors ou abusif.

Un effet de 5900 fr. a été escompté pour 25 jours, et l'on a retenu 16,39 fr. d'escompte ; ou bien, on a reçu 5883,61 fr. pour un effet escompté pour 25 jours ; — à quel taux a-t-il été escompté?

$$°/_0 = \frac{16,39 \times 36000}{5900 \times 25} = 4 \ °/_0$$

2° L'escompte étant en dedans ou égal à l'intérêt de la somme payée.

Un effet de 5900 fr. a été escompté pour 25 jours, et l'on a retenu 16,34 fr.; ou bien, on a reçu 5883,66 fr. pour un effet escompté pour 25 jours ; — à quel taux a-t-il été escompté?

$$°/_0 = \frac{16,34 \times 36000}{5883,66 \times 25} = 4 \ °/_0$$

Il faut se rappeler ici que ce sont 5883,66 et non 5900 qui produisent 16,34 fr. d'intérêt.

4° problème. (*Chercher le temps pour lequel on a prélevé l'escompte.*)

1° L'escompte étant en dehors ou abusif.

Un effet de 5900 fr. a été escompté à 4 °/₀, et l'on a retenu 16,39 fr. d'escompte ; ou bien, on a reçu 5883,61 fr. pour un effet de 5900 fr. escompté à 4 °/₀; — pour combien de jours a-t-on pris l'escompte ?

$$T = \frac{16,39 \times 9000}{5900} = 25 \text{ jours.}$$

2° L'escompte étant en dedans ou égal à l'intérêt de la somme payée.

Un effet de 5900 fr. a été escompté à 4 °/₀, et l'on a retenu 16,34; ou bien, on a reçu 5883,66 fr. pour un effet escompté à 4 °/₀; — pour combien de temps a-t-on calculé l'escompte ?

$$T = \frac{16,34 \times 9000}{5883,66} = 25 \text{ jours.}$$

§ 4. — BORDEREAUX D'ESCOMPTE.

Un bordereau d'escompte * est un état détaillé, une espèce de facture, sur lequel sont portés les détails et les calculs relatifs aux effets présentés ou admis à l'escompte. En voici des exemples :

Premier exemple. — Négociation du 1er février 1861 de 1230 fr., sur Lyon, au 23 mars :

50 jours à 4 °/₀	6,83
Com. 1/2 °/₀	6,15
Escompte................................	12,98
Net	1217,02
Somme égale.....................	1230,00

L'escompte prélevé par le banquier escompteur se compose de 50 jours d'intérêt à 4 °/₀ par an et d'une commission de 1/2 °/₀ pour deux mois environ; en somme, c'est de l'argent emprunté à 7 °/₀ par an.

Deuxième exemple. — Négociation du 1er février 1861, des effets suivants à 4 °/₀ par an :

	Change.	Jours.	Nombres.
1230 fr. sur Lyon, au 23 mars...	1/4	60	61500
1750 fr. sur Nantes, au 13 avril...	1/2	71	124250
2980 fr.			185750 : 9000
			20,64

$$47,37 \begin{cases} 20,64 \\ 14,90 \text{ com. } 1/2 °/₀ \\ 3,08 \text{ ch. } 1/4 \\ 8,75 \text{ ch. } 1/2 \end{cases}$$

2932,63 à recevoir.

A l'intérêt et à la commission constituant l'escompte prélevé, il y a encore à ajouter le change ou prix des effets payables dans une autre place, et dans certains cas un tant pour cent de provision, de bonification, etc.

Ces notions si simples suffiront pour guider le lecteur dans

---

* Il y a des bordereaux de paiement, de recette, d'aunage, etc.

la solution de toutes les questions d'escompte qu'il aura à résoudre*.

Voici au surplus encore plusieurs problèmes sur lesquels il pourra s'exercer, mais qui peuvent être renvoyés à une se_conde étude, à cause de quelques difficultés qu'ils présentent.

§ 5. — Problèmes d'escompte avec des conditions d'anticipation, de renouvellement, etc.

5e problème. — Un acheteur a fait à son vendeur un billet de 525 fr. payable dans 7 mois; mais il acquitte son billet au bout de 5 mois, et le vendeur consent à diminuer pour les 2 mois restants les intérêts, qui ont été compris dans le montant du billet à 6 °/₀; — que reçoit le vendeur?

Dans le billet de 525 fr. sont compris les intérêts de 7 mois; donc, la somme à payer sans ces intérêts se trouve par le rapport : 207 : 200. En ajoutant à cette somme les intérêts acquis pour les 5 mois, on trouve la somme à payer par le rapport 200 : 205. Ces deux rapports combinés donnent la simple proportion :

$$207 : 200 \atop 200 : 205 \Big\} \ 207 : 205 :: 525 : x = 519,93$$

6e problème. — Un acheteur fait à son vendeur un billet de 525 fr. payable dans 7 mois; mais il acquitte son billet au bout de 137 jours, et le vendeur consent à diminuer pour le temps qui reste les intérêts qui ont été compris dans le montant du billet à 6 °/₀; — que reçoit le vendeur?

Par le même raisonnement que ci-dessus on trouve :
$$6210 : 6137 :: 525 : x = 518,83$$

7e problème. — Un négociant, prévoyant qu'il ne pourra pas payer un billet de 533 fr. à une certaine échéance, parvient à faire accepter une prolongation de 48 jours de ce billet à son créancier, sous l'escompte de 5 °/₀; — quel sera le montant du nouveau billet donné en échange de l'ancien?

---

* Voir au paragraphe suivant une méthode abréviative pour le calcul des longs bordereaux d'escompte dans les grands établissements de crédit.

Si ce créancier voulait se contenter des intérêts de 48 jours ajoutés à la somme due, il n'y aurait à faire qu'un simple calcul d'intérêt; mais comme le créancier, en escomptant le nouveau billet, doit retrouver la somme qui lui est due, et que l'usage veut qu'on calcule l'escompte abusif, il faut avoir recours au rapport suivant :

$$7200 - 48 : 7200 :: 533 : x = 536{,}58$$

Cependant la plupart du temps on se contente de prendre l'intérêt pur et simple de la somme nominale; cela est plus juste, mais cela ne s'accorde pas avec la manière de prendre l'escompte. Dans ce dernier cas, le calcul ci-dessus serait :

$$7200 : 7248 :: 533 : x = 536{,}55$$

On voit que si le prêteur avait besoin de son argent, et s'il voulait se le procurer en escomptant l'effet qu'on lui donne, il ne rentrerait pas totalement dans ses fonds, parce qu'on lui ferait le calcul suivant :

$$7200 : 7200 - 48 :: 536{,}55 : x = 532{,}97$$

tandis qu'en substituant 536,58 à 536,55 on aurait :

$$7200 : 7200 - 48 :: 536{,}58 : x = 533$$

La différence est ici peu de chose, parce que la somme est fort petite ; il faudrait naturellement en tenir compte si la somme était plus considérable.

On voit que l'opération arithmétique qu'il faut faire pour trouver la somme sur laquelle il faut prendre l'escompte en dehors, est la même que celle que nous avons employée pour calculer l'assurance avec prime de la prime (p. 406).

8ᵉ problème. — Un billet de 4000 fr. est renouvelé; l'échéance ou le terme du paiement est prorogée à 4 mois 15 jours sous un escompte de 8 °/₀ par an, qui doit être cumulé avec le principal; — quel sera le montant du nouveau billet?

$$150 - 4\,{}^1/_2 \text{ mois ou } 145\,{}^1/_2 : 150 :: 4000 : x = 4123{,}71$$

$$150 \text{ est le diviseur fixe de } \frac{1200}{8}$$

9ᵉ problème. — Une lettre de change de 10000 fr. est échue; on la renouvelle ou on proroge le crédit de 3 mois 20 jours, moyennant un escompte de 2/3 °/₀ par mois, lequel doit être cumulé avec le principal; — on demande quelle somme intégrale doit être portée dans le nouvel effet, en calculant l'escompte en dedans et en dehors.

Le taux étant fixé à tant par mois, on comprend que nous pouvons considérer les mois comme des années, et agir en conséquence.

$$100 - (3\,^2/_3 \times {}^2/_3) : 100 :: 10000 : x = 10?50,57$$
$$100 : 100 + (3\,^2/_3 \times {}^2/_3) :: 10000 : x = 10244,44$$

Remarque. — Quelques questions d'escompte peuvent être combinées de telle manière, qu'il faut avoir recours pour les résoudre à une analyse difficile ou aux équations; comme ce ne sont alors que des problèmes de curiosité, il nous suffira d'en donner deux exemples.

10° problème. — Un banquier escompte deux billets à 1/2 °/₀ par mois ; il fait la même retenue sur chacun : le premier est de 8400 fr. à 9 mois 1/2 de terme, le second de 6000 fr. ; — quelle est l'échéance de ce dernier, en prenant l'escompte en dedans ?

L'esc. du 1ᵉʳ billet $100 + (^1/_2 \text{ taux} \times 9\,^1/_2 \text{ mois}) : {}^1/_2 \times 9\,^1/_2 :: 8400 : x = 380,92$

Le temps du 2ᵉ billet $\ldots\ldots = \dfrac{380,92 \times 100}{6000 - 380,92 \times {}^1/_2} = 13$ mois 16 jours.

Le capital est, dans cette dernière formule, 6000 — 380,92, parce qu'il s'agit de l'escompte en dedans.

11° problème. — Un banquier de Paris escompte 2 billets à 1/2 °/₀ par mois, l'un de 720 fr. payable dans 4 mois, l'autre de 550 fr. exigible dans 7 mois ; il donne pour le tout une somme de 1200 fr.; — quel est le taux sur lequel il a pris l'escompte en dehors ?

$$L'\text{intérêt du } 1^{er} \text{ billet} = \frac{720 \times 4\,x}{1200}$$
$$- \quad \text{du } 2^e \quad - \quad = \frac{550 \times 7\,x}{1200}$$

Le montant des 2 billets réunis étant de$\ldots\ldots\ldots\ldots$ 1270 fr.
Comme on n'a payé, sous la déduction de l'escompte, que 1200
$$\overline{}$$
Cet escompte retenu est$\ldots\ldots\ldots\ldots\ldots\ldots\ldots\ldots$ 7

70 étant égal à l'intérêt des 2 billets établi, on a l'équation :

$$\frac{720 \times 4\,x}{1200} + \frac{550 \times 7\,x}{1200} = 70$$

ou $6730\,x = 84000$

d'où $x = 12\,^1/_2$ à peu près.

*** § 6. — ABRÉVIATION APPLICABLE AUX LONGS BORDEREAUX D'ESCOMPTE OU CALCUL DES INTÉRÊTS ET DES ESCOMPTES RÉDUIT A L'ADDITION.**

Cette méthode, imaginée par M. Jules Thoyer, perfectionnée par le savant mathématicien Aug. Cauchy, a été appliquée par le premier au calcul et à la vérification des escomptes de la Banque de France **.

Elle est applicable dans tous les établissements financiers où l'on a des intérêts et des escomptes à calculer : caisses publiques, caisses d'épargne, banques ou autres institutions de crédit.

Elle est une abréviation de la méthode dite des *nombres*, employée pour les calculs des bordereaux d'escompte (p. 454), et pour le règlement des comptes courants (chap. LXV, § 4), qui consiste à former les produits des capitaux par les jours, appelés *nombres*, et à balancer ou soustraire les nombres, quand il s'agit de capitaux connus, afin de n'avoir à faire qu'une division de la différence par le diviseur fixe (voy. p. 426).

Elle consiste à faire la somme des capitaux ou Multiplicandes, à multiplier cette somme par le chiffre des diviseurs communs aux nombres des jours ou multiplicateurs, et à y ajouter successivement le produit de chaque capital ou somme par les unités des multiplicateurs.

Soit à trouver les *nombres* (produits des capitaux par les jours), des sommes suivantes sur lesquelles il y a à prendre l'intérêt ou l'escompte, par les nombres de jours suivants :

Capitaux (multiplicandes).	Sommes des multiplicateurs.	Jours.	Multiplicateurs.	Nombres ($C \times J$)
37,214	1,067,563	30	30	32,026,890
72,341	—	31	1	72,341
27,431	—	32	2	54,862
47,659	—	33	3	142,977
74,569	—	34	4	298,276
56,976	—	35	5	284,880
97,765	—	36	6	586,590
213,903	—	37	7	1,497,321
321,974	—	38	8	2,575,792
117,731	—	39	9	1,059,579
				38,599,508

* A passer dans une première étude.

** *Le calcul des intérêts réduit à l'addition*, par Jules Thoyer (broch. in-8, 1841, Bachelier), contenant un Rapport de M. Cauchy à l'Académie des sciences.

Le calcul consiste à faire la somme des capitaux (multiplicandes), à multiplier cette somme par le multiplicateur commun 30 des jours (multiplicateur), et à y ajouter successivement le produit de chaque somme par les parties variables croissantes ou par les unités. La somme des produits représente la somme des *nombres* qui seraient obtenus par le procédé ordinaire de la multiplication des capitaux par les jours correspondants.

Les raisons de cette méthode se déduisent de la nature des nombres et des principes de la multiplication.

Dans la suite des nombres, de 0 à 100, on distingue deux sortes de nombres :

Les nombres ayant les mêmes chiffres aux unités, tels que, par exemple, 4, 14, 24, 34, 44, 54, 64, 74, 84, 94, etc.;

Les nombres ayant les mêmes chiffres aux dizaines, tels que, par exemple : 60, 61, 62, 63, 64, 65, 66, 67, 68, 69, etc.;

La somme des produits de divers nombres, par un multiplicateur commun, est égale au produit de la somme de ces nombres multipliée par leur multiplicateur commun ; ainsi :

$$
\begin{array}{rcl}
2 \quad \ldots\ldots\ldots \times 6 \quad \ldots\ldots\ldots &=& 12 \\
3 \quad \ldots\ldots\ldots \times 6 \quad \ldots\ldots\ldots &=& 18 \\
4 \quad \ldots\ldots\ldots \times 6 \quad \ldots\ldots\ldots &=& 24 \\
\hline
9 \quad \ldots\ldots\ldots \times 6 \quad \ldots\ldots\ldots &=& 54
\end{array}
$$

En s'appuyant sur ce principe et en décomposant les multiplicateurs de la deuxième colonne du tableau ci-dessus en dizaines et en unités, il en résulte qu'étant donnée la somme des multiplicandes, la somme cherchée des produits doit se composer de 30 fois la somme des multiplicandes, plus 1 fois cette somme, 2 fois cette somme, etc.

De là la règle sus-énoncée.

Ce procédé ne nécessite que 134 chiffres et abrège de 193 chiffres les 327 que nécessite le calcul ordinaire des nombres. Appliqué aux escomptes de la Banque de France, le 26 octobre 1859, il a donné une économie de 1654 chiffres sur 2319.

L'économie peut s'accroître par suite d'une simplification signalée par M. Cauchy dans son rapport, et qui consiste (voy. le Rapport) dans une disposition particulière en tableau des unités et des dizaines, tableau à l'aide duquel les multiplications sont supprimées, les calculs réduits à une addition des produits et la somme cherchée de ces produits rendue certaine.

* CHAPITRE LXI

Problèmes sur l'intérêt composé.

(Solution par l'analyse, par les proportions et formules qui en résultent.)

§ 1. — NATURE DE L'INTÉRÊT COMPOSÉ. — SA PUISSANCE.

L'intérêt est composé, avons-nous dit, lorsqu'on le prête tous les ans comme un nouveau capital et qu'on lui fait produire de l'intérêt : — l'**Intérêt composé** est donc l'*intérêt de l'intérêt* d'année en année.

Par exemple, 100 fr. à 6 °/₀ par an produisent au bout de l'année 6 fr. ; — si, pour la seconde année, on tient compte, outre l'intérêt de 100 fr., de celui de 6 fr., on aura un produit de 6 fr. plus 36 centimes ; — si l'on fait de même pendant la troisième année, on aura un intérêt de 6 fr. plus 74 centimes, et ainsi de suite.

Ces 74 centimes se composent :

<pre>
De l'intérêt de la 1ʳᵉ année................ 36
De l'intérêt de la 2ᵉ année................ 36
De l'intérêt de 0,36 pendant un an.........   2
</pre>

Voici le calcul détaillé pour une série de cinq années :

On prête 100 fr. à 6 °/₀, pendant 5 ans, et l'on cherche ce que ce capital doit produire, tant en capital qu'en intérêts composés.

<pre>
Commencement de la 1ʳᵉ année.... 100 fr. » c.
Intérêt d'un an...................   6   »
                                   ─────────
Fin de la 1ʳᵉ année............... 106   »
</pre>

---

* Chapitre à passer dans une première étude. — Mais les opérations des Intérêts composés, ainsi que celles des Annuités et des Amortissements, sont un excellent exercice de calcul ; elles sont une introduction à la connaissance de plusieurs combinaisons financières des gouvernements et des entreprises d'Assurances, de Crédit, de Chemins de fer, etc.

Ces 106 fr. sont prêtés pendant la 2ᵉ année.

$$Report\dots\dots\dots\dots\dots\dots\dots\dots\dots\dots\quad 106 \quad »$$

$$\text{Intérêts d'un an} \dots\dots\dots\dots\dots\dots \frac{106 \times 6}{100} = \quad 6,36$$

$$\text{Fin de la 2ᵉ année}\dots\dots\dots\dots\dots\dots\dots\dots\dots\dots\quad 112,36$$

Ces 112 fr. 36 cent. sont prêtés pendant la 3ᵉ année.

$$\text{Intérêts d'un an}\dots\dots\dots\dots\dots\dots \frac{112,36 \times 6}{100} = \quad 6,74$$

$$\text{Fin de la 3ᵉ année}\dots\dots\dots\dots\dots\dots\dots\dots\dots\dots\quad 119,10$$

Ces 119 fr. 10 cent. sont prêtés pendant la 4ᵉ année.

$$\text{Intérêts d'un an}\dots\dots\dots\dots\dots\dots \frac{119,10 \times 6}{100} = $$

$$\text{Fin de la 4ᵉ année}\dots\dots\dots\dots\dots\dots\dots\dots\dots\dots\quad 126,25$$

Ces 126 fr. 25 c. sont prêtés pendant la 5ᵉ année.

$$\text{Intérêts d'un an}\dots\dots\dots\dots\dots\dots \frac{126,25 \times 6}{100} = \quad 7,57$$

$$\text{Fin de la 5ᵉ année}\dots\dots\dots\dots\dots\dots\dots\dots\dots\dots\quad 133,82$$

Donc, au bout de 5 ans, 100 fr. auront produit tant en capital qu'en intérêts composés 133 fr. 82 c.

Ainsi, l'intérêt de la première année étant$\dots\dots\dots\dots\dots\dots\dots\dots$ 6 »

L'intérêt de la 2ᵉ année est 6 (plus l'intérêt de 6 $= \dfrac{6 \times 6}{100} = 0,36) = 6,36$

Celui de la 3ᵉ année est 6,36 (plus l'int. de 6,36 $= \dfrac{6,36 \times 6}{100} = 0,38) = 6,74$

Celui de la 4ᵉ année est 6,74 (plus l'int. de 6,74 $= \dfrac{6,74 \times 6}{100} = 0,40) = 7,14$

Celui de la 5ᵉ année est 7,14 (plus l'int. de 7,14 $= \dfrac{7,14 \times 6}{100} = 0,43) = 7,57$

Et ainsi de suite en *progression géométrique* *, tandis que l'intérêt simple serait constamment le même, c'est-à-dire de 6 fr. pendant les cinq années. Cette différence va être rendue encore plus sensible par les exemples suivants. Elle est de plus en plus prodigieuse à mesure que le nombre d'années s'élève.

---

* Il est traité des *Progressions* au chapitre XL.

En 100 ans, un capital placé

		A intérêt simple :	A intérêt composé :
à	4 %, produit	4 fois	50 fois la mise.
à	5 %, —	5 fois	131 —
à	6 %, —	6 fois	349 —
à	10 %, —	10 fois	13771 —

Le produit de 100 fr. à intérêt composé de 5 %/₀ est de :

(Avec les intérêts accumulés.)

Pendant 100 ans..........	13.136 f. 85 c.
Pendant 200 ans..........	1.725.768 26
Pendant 300 ans..........	226.711.589 63
Pendant 400 ans..........	29.782.761.461 65
Pendant 500 ans.........	3.912.516.739.074 75

Mais on comprend que, pour obtenir un pareil résultat, il faut admettre, par hypothèse, une succession non interrompue de placements productifs qui ne peut se réaliser * :

Dans les questions d'intérêt composé, on peut avoir à chercher :

1° Le Capital plus l'Intérêt composé : soit pour avoir le Capital plus l'Intérêt, soit pour avoir l'Intérêt composé ; 2° le Capital net ; 3° le Taux ; 4° le Temps.

Nous représentons ces divers éléments comme suit :

Le capital, plus l'intérêt composé, par......	C + I c.
L'intérêt par...........................	I c.
Le capital net par......................	C
Le taux par............................	%/₀
Le nombre des années, par.............	n

§ 2. — RECHERCHE DU CAPITAL PLUS L'INTÉRÊT COMPOSÉ, ET DE L'INTÉRÊT COMPOSÉ.

1ᵉʳ problème. — (*Recherche du capital plus l'intérêt composé, et de l'intérêt composé.*)

Un capital de 6000 fr. est prêté à 6 %/₀ et à intérêt com-

---

* Le docteur Price, publiciste financier de l'Angleterre, au dernier siècle, a calculé qu'un simple penny (10 centimes), placé à intérêt composé, depuis la naissance de Jésus-Christ à 1791, se serait élevé à une valeur fantastique égale à celle de plusieurs globes d'or aussi gros que la terre ! — 1 centime à 5 %/₀ double en 14 ans ; il devient 10 fr. 24 en 140 ans ; 10 milliards en 560 ans ; 80 milliards en 600 ans !

posé pendant 4 ans; — que doit-il produire, tant en capital qu'en intérêt composé?

Pour trouver le capital et l'intérêt composé pour un petit nombre d'années, le calcul se compose d'une série d'opérations ordinaires. — On calcule l'intérêt de la première année et on l'ajoute au capital; on calcule l'intérêt de cette somme pour la seconde année et on l'ajoute à la première, et ainsi de suite; mais ce calcul n'est applicable que quand il s'agit d'un petit nombre d'années. — Il serait trop long pour un nombre d'années un peu considérable.

Si donc nous prenons pour exemple un capital de 6000 fr. à 6 %, nous ferons les opérations suivantes :

Solution comme ci-dessus par l'analyse simple.

	Intérêt composé.		Intér. simple.
Commencement de la 1re année....................	6000,00	»	6000
Intérêt 6 % pendant cette année........ $\frac{6000 \times 6}{100} =$	360,00	»	360
Commencement de la 2e année....................	6360,00	»	6360
Intérêt 6 % pendant cette année........ $\frac{6360 \times 6}{100} =$	381,60	»	360
Commencement de la 3e année....................	6741,60	»	6720
Intérêt 6 % pendant cette année..... $\frac{6741,60 \times 6}{100} -$	404,49 60		360
Commencement de la 4e année....................	7146,09 60		7080
Intérêt 6 % pendant cette année..... $\frac{7146,09 \times 6}{100} =$	428,76 58		360
Capital plus Intérêt, au bout de 4 ans..................	7574,86	»	7400
En retranchant le capital primitif....................	6000,00	»	6000
On a l'*Intérêt*	1574,86	»	1440

Ce qui réduit le calcul pour l'intérêt composé aux opérations suivantes :

1re année..........	6000,00		6 %	404,50
6 %	360,00		4e année..........	7146,10
2e année..........	6360,00		6 %	428,76
6 %	381,60		Fin de la 4e année.	7574,87
3e année..........	6741,60			

Méthode plus abrégée.

Dans la pratique, on cherche d'abord le capital et l'intérêt composé de 1 franc, par le procédé que nous allons indiquer; ensuite on le multiplie par le capital donné.

Si 100 francs produisent en capital et intérêt 106 francs, 1 franc doit produire $\frac{106}{100} = 1{,}06$.

Dans le courant de la seconde année, on place 1,06; et comme 1 franc produit 1,06, 1,06 doit produire en proportion; donc :

$$1 : 1{,}06 :: 1{,}06 : x = 1{,}06^2.$$

Dans le courant de la troisième année, on place 1,C6²; et comme 1 franc produit en un an 1,06, 1,06² doit produire en proportion; donc :

$$1 : 1{,}06 :: 1{,}06^2 : x = 1{,}06^3.$$

Dans le courant de la quatrième année, on place 1,06³; et comme 1 franc produit en un an 1,06, 1,06³ doit produire 1,06⁴.

Ainsi, 1 franc produit tant en capital qu'en intérêt:

$$\text{En 1 an} \ldots\ldots\ldots\ldots\ldots \quad 1 + \frac{\%}{100}$$

$$\text{En 2 ans} \ldots\ldots\ldots\ldots \quad \frac{(1 + \%)^2}{100}$$

$$\text{En 3 ans} \ldots\ldots\ldots\ldots \quad \frac{(1 + \%)^3}{100}$$

$$\text{En 4 ans} \ldots\ldots\ldots\ldots \quad \frac{(1 + \%)^4}{100}$$

$$\text{En 5 ans} \ldots\ldots\ldots\ldots \quad \frac{(1 + \%)^5}{100}$$

Puisque 1 franc au bout de quatre ans et à 6 % produit tant en capital qu'en intérêt composé 1,06⁴,

6000 francs produiront 6000 fois plus, ou $1{,}06^4 \times 6000$.

On arrive à la même solution au moyen d'une règle conjointe. En effet, 1 franc de la première année a produit à la fin de l'année 1,06 ; 1 franc de la deuxième a produit à la fin de la deuxième année 1,06, et ainsi de suite ; d'où

$$
\begin{array}{l}
1 : 1,06 \\
1 : 1,06 \\
1 : 1,06 \\
1 : 1,06 :: 6000 : x = 6000 \times 1,06^4
\end{array}
$$

Reynaud donne la solution de la question au moyen du raisonnement suivant, en supposant l'intérêt à 5 %. Comme l'intérêt est le $\frac{1}{20}$ du capital, on obtient ce qu'une somme, placée au commencement d'une année, vaut à la fin de l'année, en augmentant cette somme de la 20° partie, ce qui revient à prendre les $\frac{21}{20}$. Donc, 6,000 francs produiraient, en capital et intérêts composés,

$$
\begin{aligned}
\text{en 1 an} &\ldots\ldots\ldots\ldots\ldots\ldots\ldots\ldots 6000 \times \frac{21}{20} \\
\text{en 2 ans } 6000 \times \frac{21}{20} \times \frac{21}{20} &\ldots\ldots\ldots = 6000 \times \left(\frac{21}{20}\right)^2 \\
\text{en 3 ans } 6000 \times \frac{21}{20} \times \frac{21}{20} \times \frac{21}{20} &\ldots\ldots = 6000 \times \left(\frac{21}{20}\right)^3 \\
\text{en 4 ans } 6000 \times \frac{21}{20} \times \frac{21}{20} \times \frac{21}{20} \times \frac{21}{20} &= 6000 \times \left(\frac{21}{20}\right)^4
\end{aligned}
$$

Mais ce raisonnement n'est guère commode quand le taux n'est pas une partie exacte de 100.

Formule de calcul.

En résumé, de quelque manière que l'on raisonne, on peut poser la règle suivante :

Le capital plus l'intérêt composé est égal au capital multiplié par 1 (plus le taux divisé par 100) élevé à la puissance indiquée par le nombre des années.

$$
\text{soit : } C + I\,c = C \times \left(1 + \frac{\%}{100}\right)^n
$$

en effectuant le calcul on a :

$$
\begin{array}{r}
1,06 \times 1,06 \\
\hline
636 \\
106 \\
\hline
1,1236 \times 1,1236 \\
\hline
67416 \\
33708 \\
22472 \\
11236 \\
11236 \\
\hline
1,26247696 \\
6000 \\
\hline
7574,86176 \\
\end{array}
$$

$1,1236 \times 1,1236$ 2ᵉ puissance. → 2e puissance.

1,26247696   4ᵉ puissance.

7574,86176   comme par l'analyse simple.

Ce procédé, qui ne serait pas moins long que le précédent, peut être abrégé au moyen de tables dans lesquelles on trouvera toutes faites les élévations aux puissances des nombres 1,02 — 1,03 — 1,04 — 1,05 — 1,06, etc., pour les taux les plus usuels et telles que celles que nous donnons ci-dessous, et qui sont relatives aux taux 4, 5, 6 °/₀ *.

$$1,04^2 = 1,0816$$
$$1,04^3 = 1,124864$$
$$1,04^4 = 1,16985856$$
$$1,04^5 = 1,2166529024$$
$$1,04^6 = 1,265319818496$$

$1,05^2 = 1,1025$	$1,06^2 = 1,1236$
$1,05^3 = 1,157625$	$1,06^3 = 1,191016$
$1,05^4 = 1,21550625$	$1,06^4 = 1,26247696$
$1,05^5 = 1,2762815625$	$1,06^5 = 1,3382255776$
$1,05^6 = 1,3400956406$	$1,06^6 = 1,4185191123$

Ce procédé peut être aussi abrégé par l'emploi des Logarithmes ou nombres équivalents des nombres ordinaires, dont les Additions et les Soustractions correspondent aux Multiplications et aux Divisions des nombres ordinaires.

*Même solution abrégée par les Logarithmes **.*

Puisque les logarithmes changent les multiplications en

---

* *Voyez* une Note finale sur diverses tables.

** Se reporter au chap. xxxvi, traitant de la théorie et des calculs des Logarithmes.

additions, les divisions en soustractions, les élévations aux puissances en multiplications, et les extractions de racines en divisions, la formule que nous avons trouvée pour chercher le capital et l'intérêt composé, savoir :

$$C + I = C \times \frac{(1 + \%)^n}{100}$$

Devient Log. $(C + I\ c) = $ Log. $C + $ Log. $\dfrac{(1 + \%)}{100} \times n$

De sorte qu'au lieu d'élever 1,06 à la 4e puissance et de le multiplier par 6000, il suffit de multiplier par 4 le logarithme de 1,06, d'y ajouter celui de 6000, et de chercher le nombre correspondant à leur somme.

```
L.        106      = 2,0253059
L.        1,06     = 0,0253059
                     ×      4
L.        1,06⁴    = 0,1012236
L.        6000     = 3,7781513
L. (1,06⁴ ×  6000) = 3,8793749
Log. de la table.       3,8793253  = L. 7574
     Différence.              496  =        0,865...
                        3,8793749  = L. 7574,865...
Différence de la table    573 : 1 :: 496 : x
              4960  |  573
              3760  |  0,865
              3220
              355
```

Le troisième chiffre décimal n'est point exact parce que les logarithmes n'ont que sept décimales; à huit décimales, l'erreur n'eût été que sur le quatrième chiffre décimal.

Cette opération peut paraître au premier coup d'œil un peu longue; mais elle se réduit en définitive à ceci pour un calculateur :

```
0,0253059 × 4
0,1012236
3,7781513
3,8793749  = 7574,86
     4960  |  573
     3760  |  0,865
      332
```

Calcul avec des mois et des jours.

Si l'on avait à calculer l'intérêt composé pendant des années, des mois et des jours, on devrait d'abord faire le calcul que nous avons indiqué pour les années, et ajouter ensuite au capital plus l'intérêt composé, l'intérêt simple de ce nombre de mois, ou de ce nombre de jours ; ou bien convertir les subdivisions de l'année en fractions ordinaires et agir par logarithmes ; mais les moyens d'élever un nombre à une puissance fractionnaire autrement que par les logarithmes manquant en arithmétique, on n'obtient pas, en pareille circonstance, un nombre exact.

2ᵉ problème. — Soit à trouver ce que produiraient 6000 fr. tant en capital qu'en intérêt composé, à 6 °/₀ et pendant 4 ans et 9 mois.

1 franc au bout d'un an produisant 0,06 donne au bout d'un mois $\dfrac{0,06}{12}$,

et au bout de neuf mois $\dfrac{0,06 \times 9}{12} = 0,045$ et 1,045 tant en capital qu'en

intérêt. De sorte que 1 franc, placé à 6 °/₀ pendant 4 ans et 9 mois, produit tant en capital qu'en intérêt composé 106⁴ × 1045, et 6000 francs produiront 6000 × 1,06⁴ × 1,045

$$6000 \times 1,06^4 = 7574,86 \text{ ou } \frac{7575,86 \times 6 \times 9}{1200} = 7915,73$$
$$\times \frac{1,045}{7915,73}$$

Nota. — A la Caisse d'amortissement, où les paiements d'intérêt se font tous les six mois, on calcule l'intérêt composé de six mois en six mois ; le 5 °/₀ est alors pris pour 2 1/2 °/₀ , le 6 pour 3 °/₀ , etc.

§ 2.— RECHERCHE DU CAPITAL, — DU TAUX ET DU TEMPS. — DOUBLEMENT, TRIPLEMENT DU CAPITAL PAR LES INTÉRÊTS.

3ᵉ problème. (*Recherche du capital net.*) — Un capital placé à 6 °/₀ et à intérêt redoublé pendant quatre ans, a produit, tant en capital qu'en intérêt composé, 7574 fr. 86 c. ; — quel est ce capital ? —

En appliquant les principes des Équations à la formule que nous con-

naissons, nous obtiendrons celle qui convient à ce genre de questions *.
En effet, de

$$C + I\,c = C \times \frac{(1 + °/_o)^n}{100}$$

on déduit :

$$C = \frac{C + I\,c}{\dfrac{(1 + °/_o)^n}{100}}$$

et pour le problème :

$$\frac{7574,86}{1,06^4}$$

c'est-à-dire qu'il faut diviser le capital plus les intérêts composés par 1
(plus le taux divisé par 100) élevé à la puissance indiquée par le nombre
des années.

En simplifiant par les logarithmes, nous avons

$$\text{L.} \quad 7574,86 - 4 \times \text{L.}\ 1,06$$

D'où, en effectuant:
$$\text{L.} \quad 7574 \quad\ = 3,8793253$$
$$\text{Diff.} \quad 0,86 = \quad\quad 496$$
$$\overline{\text{L.} \quad 7574,86 = 3,8793749}$$
$$\text{L.}\ 1,06^4 = 0,0253059 \times 4 = \overline{0,1012236}$$
$$\text{L.}\ 7574,86 - \text{L.}\ 1,06^4 = 3,7781513 = \text{L.}\ 6000$$

et en définitive,

$$3,8793253$$
$$\underline{\quad\quad 496}$$
$$3,8793749$$
$$0 \times \quad 0,1012236$$
$$\overline{3,7781513} = \text{L.}\ 6000$$

4° problème. (*Recherche du taux.*) — Un capital de 6,000 fr.,
placé pendant quatre ans et à intérêt redoublé, a produit,
tant en capital qu'en intérêt, 7574 fr. 86 cent. ; — à quel taux
était-il placé ?

La première formule nous donne encore celle qui convient
à ce genre de problèmes.

En effet, de
$$C + I\,c = C \times \frac{(1 + °/_o)^n}{100}$$

on déduit :
$$\frac{(1 + °/_o)}{100}\,n = \frac{C + I\,c}{C}$$
$$\frac{1 + °/_o}{100} = \sqrt[n]{\frac{C + I\,c}{C}}$$

---

* Se reporter au chap. XXXIII, consacré aux Équations.

$$1 + \text{\%} = 100 \sqrt[n]{\frac{C + I c}{C}}$$

$$\text{\%} = 100 \sqrt[n]{\frac{C + I c}{C}} - 1$$

et pour le problème,

$$\sqrt[4]{\frac{7574,86}{6000}} - 1 \; ; \; \text{le tout} \times 100$$

C'est-à-dire qu'il faut diviser le capital plus l'intérêt composé par le capital ; en extraire la racine indiquée par le nombre d'années ; retrancher 1, et multiplier le résultat par 100 ;

Et par les logarithmes, soustraire le log. du capital de celui du capital plus l'intérêt composé, diviser la différence par le nombre des années, retrancher 1 du nombre correspondant, et multiplier par 100.

L.	7574	=	3,8793253	$\dfrac{0,1012236}{4} = 0,0253059$	
Diff.	0,86	=	496		
L.	7574,86	=	3,8793749	2,0253059 = 106	
L.	6000	=	3,7781513	0,0253059 = 1,06	
L.	$\dfrac{7574,86}{6000}$	=	0,1012236	− 1	

$$\frac{0,06}{\times \; 100}$$
$$6 \text{\%}.$$

et en définitive,

$$\begin{array}{r} 3,8793253 \\ 496 \\ \hline 3,8793749 \\ 3,7781513 \\ \hline \dfrac{0,1012236}{4} = 0,0253059 = 1,06 \dots 6 \text{ \%}. \end{array}$$

Nota. — On voit que sans le secours des logarithmes on ne peut résoudre ce genre de problèmes que lorsque le nombre des années est 2 ou 3, ou une puissance de ces deux nombres (225), seuls ou combinés, en suivant le procédé que nous avons indiqué.

5° problème. (*Recherche du temps.*) — Un capital de 6000 fr., placé à 6 %, a produit, tant en capital qu'en intérêt composé, 7574 fr. 86 c. ; — combien d'années a-t-il été placé ?

La première formule nous donne encore celle qui convient à ce genre de problèmes. En effet, de

$$C + I\,c = C \times \frac{(1 + {}^\circ/_\circ)^n}{100}$$

on déduit, en appliquant tout de suite les logarithmes, l'équation n'étant pas du premier degré,

$$\text{Log. } C + \text{Log. } \frac{(1 + {}^\circ/_\circ)}{100} \times n = \text{Log. } (C + I\,c)$$

$$\text{Log. } \frac{1 + {}^\circ/_\circ}{100} \times n = \text{Log. } (C + I\,c) - \text{Log. } C$$

$$n = \frac{\text{Log. } (C + I\,c) - \text{Log. } C}{\text{Log. } \dfrac{1 + {}^\circ/_\circ}{100}}$$

Ce qui représente la formule impossible à calculer

$$\sqrt[\frac{1 + {}^\circ/_\circ}{100}]{\frac{C + I\,c}{C}} ,$$

ou pour le problème ci-dessus

$$\sqrt[1,06]{\frac{7574,86}{6000}} ,$$

c'est-à-dire que, pour avoir le nombre des années, il faudrait diviser le capital, plus l'intérêt composé, par le capital, et extraire la racine $\frac{1 + {}^\circ/_\circ}{100}$ du quotient ; et par les logarithmes, qu'il faut soustraire le logarithme du capital de celui du capital plus l'intérêt, et le diviser par $\frac{1 + {}^\circ/_\circ}{100}$.

Ce qui fait pour le problème

$$\frac{\text{L. } 7574,86 - \text{L. } 6000}{\text{L. } 1,06}$$

$$
\begin{array}{lrl}
\text{L.} & 7574 & = 3,8793253 \\
\text{Diff.} & 0,86 & = \qquad 496 \\
\hline
\text{L.} & 7574,86 & = 3,8793749 \\
\text{L.} & 6000 & = 3,7781513 \\
\end{array}
$$

$$\text{L. } 106 = 2,0253059 \quad \text{L. } 1,06 \quad \frac{0,1012236}{0,0253059} = 4$$

et en définitive,

$$
\begin{array}{r}
3,8793253 \\
496 \\
\hline
3,8793749 \\
3,7781513 \\
\hline
0,1012236 \;\bigg|\; 0,0253059 \\
4
\end{array}
$$

Nota. — On voit qu'il est impossible de résoudre ce genre de problèmes sans le secours des logarithmes.

6ᵉ problème. — (*Doublement, etc., du capital par les intérêts composés.*) S'il s'agit de chercher en combien de temps un capital peut être doublé par l'accumulation des intérêts composés, on arrive à une formule générale par celle du C $+$ I c, dans laquelle on remplace l'intérêt composé par un second et même capital, ce qui fait deux capitaux. Ainsi,

$$C \times \frac{(1 + °/_o)^n}{100} = 2\,C \qquad \text{D'où} \quad \frac{(1 + °/_o)^n}{100} = 2$$

$$\text{D'où} \quad \text{Log.}\ \frac{1 + °/_o}{100} \times n = \text{Log.}\ 2 \qquad \text{D'où} \quad n = \frac{\text{Log.}\ 2}{\text{Log.}\ \dfrac{(1 + °/_o)}{100}}$$

Donc, *le nombre d'années pendant lequel un capital peut être doublé par l'accumulation des intérêts composés est égal au logarithme de 2 divisé par le logarithme de 1 plus le taux divisé par* 100.

Soit à chercher combien de temps il faut à un capital à 6 °/₀ et à intérêts composés pour être doublé. On aura

$$n = \frac{\text{L. 2}}{\text{L. 1,06}} = \frac{0,3010300}{0,0253059}$$

$$
\begin{array}{ll}
0,3010300 & |\ 0,0253059 \\
\ \ 479710 & 11^a.\ 10^m.\ 22^j. \\
\ \ 226651 & \\
\hline
2719812 & \\
\ 189222 & \\
\hline
5667660 & \\
\ 615480 & \\
\ 109362 &
\end{array}
$$

Nota. — On voit sans peine que ce procédé peut s'appliquer à tous les taux, soit pour *doubler*, soit pour *tripler*, etc., le capital.

§ 3. — DIVERS PROBLÈMES *.

7ᵉ problème. — Quelqu'un a placé 1000 fr. à raison de

---

* Les énoncés des 5ᵉ, 7ᵉ, 8ᵉ, 9ᵉ problèmes ont été puisés dans le Recueil de M. Gremillet ; mais les formules nous ont permis d'en donner une solution plus courte que celles qu'a employées cet auteur.

10 % ; — combien devra-t-il toucher, après 4 ans 2 mois 12 jours, pour le capital et les intérêts des intérêts ?

Après 4 ans, le capital plus les intérêts des intérêts $= 1000 \times 1,10^4 = 14,6410$

Les 2 mois et 12 jours en parties de l'année $= \dfrac{2\,^{12}/_{30}}{12} = \dfrac{72}{360} = \dfrac{1}{5}$ équival. à 2 %, à ajouter $\underline{29,28}$

$$1493,38$$

Nota. — Observons ici que ce résultat n'est pas bien exact, parce qu'il nous manque les moyens arithmétiques d'élever un nombre à une puissance fractionnaire autrement que par les logarithmes ; ce problème se résoudra donc comme suit :

$$\text{Log. } 1000 = 3,0000000$$
$$\text{Log. } 1,10 = 0,0413927 \times 4\,1/5 = \underline{0,1738493}$$
$$3,1738493 = \text{Log. } 1492,28.$$

8ᵉ problème. — Un individu ordonne par son testament de placer un capital à 5 % par an, et de capitaliser les intérêts tous les semestres pendant 150 ans, de manière qu'un de ses arrière-neveux jouisse à cette époque de 5000 fr. de rente. Il avait parfaitement bien calculé : — quel était le capital ainsi placé ?

$$\text{Log. } 1,05 = 0,0211893$$
$$\underline{150}$$
$$3,1783950$$
$$\text{Compl. de L. } 1,05 \times 150 = \overline{6,8216050}$$
$$\underline{5,0000000}$$
$$1,8216050 = \text{Log. } 66,32 \text{ f. à peu de chose près.}$$

9ᵉ problème. — Un banquier doit 343000 fr. payables dans 3 ans. Pour s'acquitter il donne une lettre de change de 196,000 fr. payable dans 2 ans. Les intérêts composés étant à 40 %, — on demande ce qu'il doit remettre ou ce qui doit lui être remis en argent comptant.

Suivant la formule du Capital (intérêts composés),

la dette payable dans 3 ans, représente un capital $= \dfrac{343000}{1,40^3} = 125000$

la lettre de change représente un capital $= \dfrac{196000}{1,40^2} = 100000$

Il a donc à remettre 25000 en argent.

10ᵉ problème. — Un capitaliste a emprunté une somme ;

il doit en rembourser le capital et payer les intérêts après 6 ans; mais il offre de rendre 194871 fr. 71 c. pour ce capital et les intérêts composés à 10 °/₀ au bout de ce temps, ou de payer 12 2/3 °/₀ d'intérêt simple par an. — On demande ce qui serait le plus avantageux et le montant de la somme prêtée.

Suivant la formule du capital (intérêts composés),

$$\text{La somme prêtée} = \frac{194871,71}{1,10^6} = 110000$$

En payant pendant 6 ans 12 2/3 °/₀ par an,

On paiera 12 2/3 × 6 = 76 °/₀ d'intérêt = 83600

En tout   193600

Nota. — Ce dernier mode de paiement est donc plus avantageux que le premier.

11° problème. — Un capital de 50000 fr., dont une partie rapportait 5 °/₀ et l'autre 10, a augmenté de 9615 fr. en 3 ans. — On demande à connaître les sommes placées à 5 et à 10, en calculant les intérêts des intérêts.

Admettons que le capital placé à 5 °/₀ $= x$; il s'ensuit que le capital placé à 10 °/₀ $= 50000 - x$.

Par conséquent, d'après la formule du capital plus les intérêts composés;

Les intér. comp. du 1ᵉʳ cap. $= x \times 105^3 - 1 \qquad = \qquad 0,157625x$

Et ceux du 2ᵉ capital.... $= (50000 - x) \times 1,10^3 - 1 = 16550 - 0,331x$

La somme de ces deux produits............... $= 16550 - 0,173376x = 9615$

d'où $0,173375\, x = 16550 - 9615$

$$x = \frac{6935}{0,173} = 40000 \text{ 1}^{\text{er}} \text{ capital}$$

donc $50000 - 40000 = 10000$ 2° capital

Preuve :

$$40000 \times 1,05^3 - 1 = 6305$$
$$\frac{10000}{50000} \times 1,10^3 - 1 = \frac{3310}{9615}$$

12° problème. — Un capitaliste prête 12000 fr. à intérêt redoublé et à 8 °/₀, le tout remboursable au bout de 8 ans et demi; mais, pour masquer ce prêt usuraire, il se fait donner une obligation d'un capital et des intérêts redoublés à 6 °/₀, de manière que ce capital, joint à l'intérêt redoublé de 8 ans et demi, produise au prêteur une somme égale à celle qu'il retirerait au bout du même temps de ses 12000 f. à 8 %. — Quel est le capital qui doit être porté dans l'obligation ?

Le capital prêté formera, au bout de 8 ans et demi, la somme de 12000 $\times 1,08^{8\ 1/2}$, qui sera représentée par le capital cherché multiplié par $1,06^{8\ 1/2}$; d'où

$$C = \frac{12000 \times 1,08^{8\ 1/2}}{1,06^{8\ 1/2}}$$

en combinant la formule du capital, plus les intérêts composés, et celle du capital, connaissant le capital plus les intérêts.

$$
\begin{array}{rll}
\text{Log.} & 1,08 & = 0,0334238 \\
& & \underline{\qquad\quad 8\ 1/2} \\
& & 0,2673904 \\
& & \underline{\quad 167119} \\
\text{Log.} & 1,08^{8\ 1/2} & 0,2841023 \\
\text{Log.} & 12000 & \underline{4,0791813} \\
& & 4,3632836 \\
\text{Log. } 1,06 = 0,0253059 \times 8\ 1/2 = & & \underline{0,2151002} \\
& & 4,1481834 = \text{Log. } 14066,44
\end{array}
$$

CHAPITRE LXII

* Problèmes sur les annuités et l'amortissement.

§ 1. — QUESTIONS D'ANNUITÉS.

On donne le nom d'**annuités** à des *payements égaux* à époques déterminées, au moyen desquels on acquitte une dette avec les intérêts. Ces paiements sont ordinairement annuels ;

---

* A passer dans une première étude.

Mais faisons remarquer ici qu'outre que les questions d'Intérêt composé, d'Annuités et d'Amortissement donnent lieu à des exercices de calcul utiles, elles servent d'introduction à la connaissance de plusieurs combinaisons financières des gouvernements sur les Emprunts, les Fonds publics, les Pensions et les Caisses de retraite, — et à la connaissance des combinaisons financières des entreprises d'Assurances (Rentes Viagères, Tontines, etc.), de Crédit foncier, de Chemins de fer, etc. — Voy. une Note finale.

mais ils peuvent être semestriels, trimestriels ou mensuels.

On a recours au système des annuités quand on veut donner des acomptes, payer en même temps tous les intérêts dus et débourser constamment la même somme.

Le premier paiement comprend donc les intérêts de toute la somme due, plus un acompte, le second des intérêts plus faibles et un acompte plus fort, et ainsi de suite.

Bien que l'intérêt soit simple, cependant, puisque le prêteur peut faire valoir cet intérêt qu'il reçoit à une époque déterminée, celui-ci reçoit en définitive les intérêts composés, et il est juste que l'on prenne comme base, dans les calculs, la somme totale que l'emprunteur devrait payer, s'il ne payait qu'une fois le capital plus les intérêts composés.

Dans les combinaisons à paiements semestriels, les intérêts se capitalisent ou reproduisent de l'intérêt par semestre.

Dans les questions d'annuités nous aurons à chercher :

Le montant d'une annuité.............. A
Le capital à payer.... C
Le nombre d'années ou d'annuités....... n
Et le taux de l'intérêt................... $°/_°$

Ce dernier signe indiquera le taux exprimé en centièmes, c'est-à-dire $\dfrac{°/_°}{100}$, pour que les formules soient plus simples.

Dans les problèmes qui suivent, nous considérons ce système de remboursement en dehors de toute autre combinaison. Mais il faut observer que divers établissements constituent avec ces annuités des titres circulants sous forme d'**obligations**, payables soit à des époques fixées, soit par la voie du sort, portant intérêt et donnant droit aux chances d'une loterie : telles sont les obligations de la ville de Paris, du Crédit foncier, etc. Ces diverses combinaisons donnent lieu à des opérations particulières de calcul, auxquelles celles qui suivent servent de préparation.

1ᵉʳ problème. (*Recherche du montant de l'annuité.*) — On achète un fonds de commerce pour la somme de 40000 fr., que l'on doit acquitter en quatre paiements égaux, exigibles d'année en année, avec l'intérêt à 6 °/₀ par an ; — quel est le montant de chaque annuité ?

1° *Solution analytique.* — Si l'on ne faisait qu'un seul paiement, il comprendrait le capital plus les intérêts composés à 6 °/₀ pendant 4 ans ; et, d'après ce qui a été dit (p. 469), il faudrait faire le calcul suivant pour le trouver :

$$40000 \times (1{,}06)^4 = 50499{,}08 \ \text{ francs.}$$

$$
\begin{array}{llll}
\text{L.} & 40000 & = & 4{,}6020600 \\
\text{L.} & 1{,}06 \times 4 & = & 0{,}1012236 \\
\hline
& & & 4{,}7032836 \\
& 3{,}7032054 & = & \text{L. } 5049 \\
\text{Différ.} & 782 & = & 0{,}900 \\
\hline
\end{array}
$$

$$4{,}7032836 = \text{L. } 50499{,}09 \ \ (\text{Le 7}^e \text{ chiffre n'est pas exact.})$$

Toutes les annuités qui sont données à compte jointes à l'intérêt composé à 6 °/₀ que chacune d'elles produit, doivent former un total égal à 50499 fr. 08 c. que l'on devrait à la fin de la quatrième année, tant en capital qu'en intérêts composés. Dès lors, comme la première annuité payée à la fin de la première année économise à l'emprunteur trois ans d'intérêts composés sur la somme qu'elle représente ; comme la deuxième, payée à la fin de la seconde année, en économise deux ; comme la troisième, payée à la fin de la troisième année, en économise une ; et comme la dernière annuité, payée à la fin de la quatrième année, à l'époque où le paiement doit être terminé, n'en économise aucune, on trouve que

$$
\begin{array}{lll}
\text{La 1}^{re} \text{ annuité vaut } & A \times 1{,}06^3 = & A \times 1{,}191016 \\
2^e \ldots\ldots\ldots\ldots & A \times 1{,}06^2 = & A \times 1{,}1236 \\
3^e \ldots\ldots\ldots\ldots & A \times 1{,}06 = & A \times 1{,}06 \\
4^e \ldots\ldots\ldots\ldots & A \times 1 \ \ = & A \times 1 \\
\hline
\end{array}
$$

$$\text{La somme des facteurs de A est de}\ldots, \ 4{,}374616$$

De sorte qu'on a l'équation :

$$A \times 4{,}374616 = 50499{,}08$$
$$\text{D'où } A = \frac{50499{,}08}{4{,}374616}$$

D'où les calculs suivants :

L.	5049	=	3,7032054
Différ.	9,08	=	781
L.	50499,08	=	4,7032835

Dont à soustraire
L.	4374	=	3,6408788
Différ.	6,16	=	712
L.	4,3746,16	=	0,6409500

	3,0622058	=	1154
Différ.	1377	=	3 66
	4,0623435	=	L. 11543,66 valeur de l'annuité.

Première preuve.

$$11543,66 \times 1,191016 = 13748,68$$
$$11543,66 \times 1,1236 = 12970,46$$
$$11543,66 \times 1,06 = 12236,28$$
$$11543,66 \times 1 = 11543,66$$
$$50499,08$$

Seconde preuve.

40000 —	Capital à payer en 4 annuités..........	40000 —
2400 —	Intérêts de la 1re année à 6 °/o..........	2400 —
42400 —	Capital et intér. dus à la fin de la 1re année.	
11543,66	1re annuité dont à valoir sur le capital...	9143,66
30856,34	Capital dû pendant la 2e année..........	30856,34
1851,38	Intérêts de la 2e année..................	1851,38
32707,72	Capital et intér. dus à la fin de la 2e année.	
11543,66	2e annuité dont à valoir sur le capital....	9692,28
21164,06	Capital dû pendant la 3e année..........	21164,06
1269,84	Intérêts de la 3e année..................	1269,84
22433,90	Capital et intér. dus à la fin de la 3e année.	
11543,66	3e annuité dont à valoir sur le capital.....	10273,82
10890,24	Capital dû pendant la 4e année..........	10890,24
653,42	Intérêts de la 4e année.	653,42
11543,66	Capital et intér. dus à la fin de la 4e année	

égaux à la 4e annuité ou au restant du capital.

	Intérêts acquis.....	6174,64
	Capital.............	40000 —

Ensemble, montant des 4 annuités 11543,66 $\times$ 4 = 46174,64

L'examen attentif de cette seconde preuve fait beaucoup

mieux comprendre les paiements par annuités ; elle est d'ailleurs plus courte et moins ennuyeuse à faire que la première.

2° *Solution abrégée par une formule.* — Ainsi que nous l'avons démontré, le montant des 4 annuités est égal au capital augmenté des intérêts composés de 4 années ; et chaque annuité est le paiement fait par anticipation augmenté des intérêts composés du nombre des années anticipées ; il en résulte une progression géométrique dont la raison est en général $1 + °/_{\circ}$, et dans l'exemple qui nous occupe 1,06. La somme des termes de cette progression est naturellement égale au capital plus les intérêts composés. .

Voici l'équation qui en résulte :

$$A \times 1,06^3 + A \times 1,06^2 + A \times 1,06 + A = 40000 \times 1,06^4$$

Et en généralisant:

$$A \times (1+°/_{\circ})^{n-1} + A \times (1+°/_{\circ})^{n-2} + ... + A \times (1+°/_{\circ}) + A = C \times (1+°/_{\circ})^n$$

Pour trouver la valeur de A, il faut chercher la somme de la progression au moyen de la formule $S = \dfrac{(a \times r^n) - a}{r - 1}$ (294), qui donne pour l'équation ci-dessus

$$\frac{A \times (1 + °/_{\circ})^n - A}{1 + °/_{\circ} - 1} = C \times (1 + °/_{\circ})^n$$

d'où * $\dfrac{A \times [(1 + °/_{\circ})^n - 1]}{°/_{\circ}} = C \times (1 + °/_{\circ})^n$

d'où $A = \dfrac{C \times (1 + °/_{\circ})^n \times °/_{\circ}}{(1 + °/_{\circ})^n - 1}$

et dans le problème dont il s'agit :

$$A = \frac{40000 \times 0,06 \times 1,06^4}{1,06^4 - 1}$$

C'est-à-dire que, *pour obtenir le montant de l'annuité, il faut multiplier le capital par le taux divisé par 100, et ce produit par (1 plus le taux divisé par 100) élevé à la puissance indiquée par le nombre d'années, et diviser le résultat par (1 plus le taux divisé*

---

* Cette transformation est surtout facile à saisir si l'on prend des quantités numériques ; en effet, $6 \times 10 - 6 = 54$, tout comme $6 \times (10 - 1) = 54$; donc $6 \times 10 - = 6 \times (10 - 1)$.

par 100) *élevé à la puissance indiquée par le nombre d'années,
après avoir retranché l'unité de ce produit.*

D'où les calculs suivants :

<table>
<tr><td>Calcul ordinaire.</td><td>Calcul par les logarithmes.</td></tr>
</table>

$$1,06^4 = 1,26247696$$
$$\times\ 40000$$
$$\overline{50499,0784}$$
$$\times\ 0,06$$
$$\overline{302994,470400}$$
$$\frac{}{0,26247696} = 11543,66\ \text{annuité.}$$

$$\text{L.} \quad 1,06^4 = 0,1012236$$
$$40000 = 4,6020600$$
$$0,06 = \overline{2,7781513}$$
$$3,4814349$$
$$\text{L.}\ (1,06^4 - 1)\ \overline{1,4190914}$$
$$4,0623435$$

$$4,0623435 = \text{L. } 11543,66.$$

Pour obtenir le logarithme de $1,06^4 - 1$, on élève 1,06 à la 4ᵉ puissance par les logarithmes, on déduit l'unité du nombre correspondant, et on cherche le logarithme du résultat.

2ᵉ problème. (*Recherche du capital.*) — On s'est engagé à payer pour l'acquisition d'un fonds de commerce une somme de 46174 fr. 64 c. en 4 paiements égaux d'année en année ; — on demande quel est le prix qu'il aurait fallu payer comptant, en évaluant l'intérêt de l'argent au taux de 6 %.

Chaque paiement ou annuité est donc le quart de 46174 fr. 64 c. ou 11543 fr. 66 c.

1° *Solution par l'analyse.* — Si l'on ne faisait qu'un seul paiement à la fin de la 4ᵉ année, il comprendrait le capital plus les intérêts composés à 6 % pendant 4 ans, qui, d'après ce qui a été dit (p. 468), équivalent à $c \times 1,06^4$.

Toutes les annuités qui sont données en acompte, jointes à l'intérêt composé à 6 % que chacune d'elles produit, doivent former un total égal à $c \times 1,06^4$. Or, comme la première annuité payée à la fin de la première année économise à l'emprunteur 3 ans d'intérêts composés sur la somme qu'elle représente ; que la deuxième payée à la fin de la seconde année en économise deux, la troisième une, et la quatrième aucune (*voyez* le raisonnement du problème ci-dessus), on trouve que

$$\text{La } 1^{re} \text{ annuité} = 11543,66 \times 1,06^3 = 11543,66 \times 1,91016$$
$$2^e \quad - \quad = 11543,66 \times 1,06^2 = 11543,66 \times 1,1236$$
$$3^e \quad - \quad = 11543,66 \times 1,06 \ = 11543,66 \times 1,06$$
$$4^e \quad -- \quad = 11543,66 \times 1 \quad = 11543,66 \times 1$$

La somme des facteurs de 11543,66 est donc... $\overline{4,374616}$

De sorte qu'on a l'équation suivante :

$$11543,66 \times 4,374616 = C \times 1,06^4$$
$$\text{d'où} \quad C = \frac{11543,66 \times 4,374616}{1,06^4}$$

d'où les calculs suivants :

$$\text{L.} \quad 11543,66 = 4,0623435$$
$$\text{L.} \quad 4,374616 = \underline{0,6409400}$$
$$4,7032835$$
$$\text{L.} \quad 1,06^4 \quad = 0,1012236$$
$$\overline{4,6020599} = \text{L. } 40000 \text{ capital.}$$

Même problème. — *Solution abrégée par la formule.*

Puisque la valeur de l'annuité a été trouvée dans l'équation :

$$\frac{A \times [(1 + \%)^n - 1]}{\%} = C \times (1 + \%)^n$$

on déduit pour la valeur du capital :

$$C = \frac{A \times [(1 + \%)^n - 1]}{(1 + \%)^n \times \%}$$

c'est-à-dire que, *pour avoir le capital, il faut élever* (1 *plus le taux divisé par* 100) *à la puissance indiquée par le nombre d'annuités, retrancher l'unité du produit, multiplier le résultat par l'annuité, et diviser par* (*le taux divisé par* 100) *multiplié par* 1 *plus le taux divisé par* (100 *élevé à la puissance indiquée par le nombre des annuités*).

Dans l'exemple dont il s'agit, nous aurions donc :

$$C = \frac{11543,66 \times (1,06^4 - 1)}{0,06 \times 1,06^4}$$

$$\text{L.} \quad 11543,66 \quad = 4,0623435$$
$$\text{L.} \quad (1,06^4 - 1) = \overline{1,4190914}$$
$$3,4814349$$
$$\text{L.} \quad 0,06 \quad = \overline{2,7781513}$$
$$\text{L.} \quad 1,06^4 \quad = \underline{0,1012236}$$
$$\overline{2,8793749}$$
$$\overline{4,00,0000}$$

N.-B. — Nous avons indiqué dans le premier problème (p. 482) comment on peut trouver le logarithme de $1,06^4 -- 1$.

3° problème. (*Recherche du nombre des annuités.*) — Un fonds de commerce a été acquis pour 40000 fr., payables par annuités de 11543 fr. 66 c. chacune, en calculant l'intérêt à 6 % par an : — Combien d'années a-t-il fallu pour s'acquitter ?

Cette question ne peut être résolue que par une formule qui elle-même ne peut être calculée que par les logarithmes.

De l'équation fondamentale :

$$A \times (1 + °/_\circ)^n - A = C \times °/_\circ \times (1 + °/_\circ)^n$$

on tire
$$[A - (C \times °/_\circ)] \times (1 + °/_\circ)^n = A$$
$$\text{Log. } A - \text{Log. } [A - (C \times °/_\circ)] = \text{Log. } (1 + °/_\circ) \times n$$
$$n = \frac{\text{Log. } A - \text{Log. } [A - (C \times °/_\circ)]}{\text{Log. } (1 + °/_\circ)}$$

c'est-à-dire que, *pour obtenir le nombre des annuités, il faut multiplier le capital par le taux divisé par 100, retrancher ce produit du montant de l'annuité, chercher le logarithme de la différence et le retrancher du logarithme de l'annuité, et enfin diviser ce dernier résultat par le logarithme de 1 plus le taux divisé par 100.*

Et pour l'exemple qui nous occupe

$$n = \frac{\text{L. } 11543,66 - \text{L.} [11543,66 - (40000 \times 0,06)]}{\text{L. } 1,06}$$

$$\begin{array}{rll}
\text{L.} & 11543,66 & = 4,0623435 \\
& 2400 & \\
\hline
\text{Complément du L.} \quad 9143,66 & = 6,0388800 \\
\hline
\text{L.} \qquad\quad 1,06 & = \dfrac{10,1012235}{0,253059} = 4
\end{array}$$

4° problème. (*Recherche du taux de l'intérêt.*) — Un fonds de commerce a été acquis pour 40000 fr. payables en 4 annuités de 11543 fr. 66 c. chacune ; — à quel taux les intérêts ont-ils été calculés ?

Dans cette question l'équation primitive, de laquelle nous avons tiré les trois formules précédentes, doit être transformée en une série algébrique du même degré que le nombre des annuités, impossible à résoudre numériquement autrement que par tâtonnements, même pour les personnes familiarisées avec la haute algèbre, si le degré de la puissance est au delà du 3e.

Cette série est en général :

$$(1 + \%)^n - \frac{A}{C} \times (1 + \%)^{n-1} - \frac{A}{C} \times (1 + \%)^{n-2} \ldots - \frac{A}{C} \times (1 + \%) - \frac{A}{C} = 0$$

et pour le problème qui nous occupe :

$$(1 + \%)^4 - \frac{11543,66}{40000} \times (1 + \%)^3 - \frac{11543,66}{40000} \times (1 + \%)^2 - \frac{11543,66}{40000} \times (1 + \%) - \frac{11543,66}{40000}$$

On voit ici d'un seul coup d'œil, en réunissant les quatre paiements égaux, par la différence qu'il y a entre cette somme et le capital représentant l'intérêt, que celui-ci ne peut être au-dessus de 8 %, qui serait environ le taux moyen si les intérêts n'étaient pas composés. En effet,

Le premier quart du capital rapporte en un an.........	1543,66
Le second en rapporte autant en 2 ans ou en 1 an....	771,83
Le troisième — en 3 ans ou en 1 an....	514,55
Le quatrième — en 4 ans ou en 1 an....	385,92
Et 10000 fr. rapportent en 4 ans..................	3215,96
et en 1 an..................	803,99
d'où 100 fr. en 1 an..................	8 environ.

Nota. — Ainsi, il faut faire les calculs de la série avec le taux 8 et diminuer graduellement jusqu'à ce qu'on trouve un taux exact.

5e problème. (*Paiements anticipés.*) — Un particulier doit payer 9,279 fr. 75 c. en 5 paiements et à termes égaux, pendant le cours d'une année. Le débiteur voudrait se libérer de suite, et propose à son créancier de le payer, moyennant qu'il retiendra l'escompte de ses paiements anticipés, à raison de 5 % par an, ou 365 jours : — on demande combien le débiteur doit compter de suite en un seul paiement, sous la déduction qui lui revient.

Le cinquième de 9279 fr. 75 c. ou 1855,95 constitue l'annuité ; donc, d'après la formule du capital

$$\frac{1855,95 \times (1,01^5 - 1)}{0,01 \times 1,01^5} = 9007,73$$

En faisant la preuve comme nous l'avons indiqué, on trouvera que le nombre 9007 fr. 73 c. satisfait à la question.

§ 2. — QUESTIONS D'AMORTISSEMENT.

Les gouvernements, les communes, les établissements publics et les grandes entreprises, etc., qui contractent des emprunts ont divers moyens de se libérer : le premier consiste à consacrer l'excédant des recettes sur les dépenses au paiement de l'arriéré ; le second consiste dans le système des Annuités dont il vient d'être parlé ; le troisième consiste à racheter successivement les créances qui constituent sa dette jusqu'à extinction totale, au moyen de rachats successifs, par des sommes diverses et à l'aide d'un fonds spécial. C'est ce système, le plus généralement employé, qui fait l'objet des calculs suivants et auquel on a donné le nom d'**amortissement** *.

---

* Lorsqu'un gouvernement emprunte 100 millions à 5 °/₀, par exemple, il prend tous les ans 6 millions sur l'impôt pour le service de cet emprunt ; 5 millions sont donnés comme intérêts aux créanciers prêteurs, et 1 million à une administration dite *Caisse d'amortissement*. Celle-ci consacre cette somme au rachat d'une somme égale, de sorte qu'au bout d'un an la somme de 100 millions se trouve réduite à 99. La même opération a lieu l'année suivante et réduit la dette à 98, et ainsi de suite. D'un autre côté, la caisse d'amortissement, s'étant substituée aux créanciers de l'État, reçoit, pour les parties de la dette qu'elle a rachetées, les intérêts tels que le gouvernement les paie à tous les créanciers, et elle applique à l'extinction de la dette non-seulement le fonds annuel, mais encore l'intérêt des créances dont elle est devenue propriétaire. L'emprunt est alors racheté par l'action de l'intérêt composé, et l'on trouve par le calcul, pour le cas dont il s'agit, que cet emprunt de 100 000 000 fr. à 5 °/₀ pourrait être racheté en 36 ans par un simple amortissement de 1 million par an, le rachat et le paiement de l'intérêt se faisant de six mois en six mois.

En France, la Caisse d'amortissement reçoit 1 °/₀ de la dette à peu près ; elle en fait autant de parts qu'il y a de natures de rentes (3, 4 ¹/₂, 5, etc.), et dans la proportion de l'importance totale de chacune de ces

Nous désignerons :

Le Capital à amortir par C;

Le Fonds d'amortissement par A;

Le Taux de l'intérêt divisé par cent par %;

Enfin, le nombre d'Années par n.

1ᵉʳ problème. (*Recherche du fonds d'amortissement.*) — Un gouvernement fait un emprunt de 10 millions à 5 % par an; il veut amortir cette dette en 4 ans; — quelle est la somme qu'il doit consacrer annuellement à cette opération?

Solution par l'analyse. — Nous venons d'indiquer que la Caisse d'amortissement rachète à la fin de la première année une partie de la dette dont elle touche elle-même les intérêts à la fin de la seconde année et des années suivantes, et qu'elle agit successivement de la même manière à la fin de chaque année, en joignant au fonds d'amortissement annuel les intérêts qu'elle touche pour les rachats antérieurs, et en augmentant par là les sommes employées aux rachats postérieurs. Dans la question dont il s'agit, nous trouvons qu'à la fin de la quatrième année les rachats successifs ont été effectués par les produits suivants, savoir :

Celui du fonds d'amortissement de la 1ʳᵉ année $= A \times 1,05^3$ ou 1,157625
—   —   de la 2ᵉ — $= A \times 1,05^2$ ou 1,1025
—   —   de la 3ᵉ — $= A \times 1,05$ ou 1,05
—   —   de la 4ᵉ — $= A \times 1$ ou 1

Donc, la somme des facteurs du fonds d'amortissement est..... 4,310125

Or, comme les 4 fonds successifs d'amortissement doivent anéantir le capital, on voit que :

$$A \times 4,310125 = 10000000$$

D'où $A = \dfrac{10000000}{4,310125} = 2320118,33$ fonds d'amortissement.

---

rentes. Elle emploie ces fonds à acheter à la Bourse des titres de celles de ces rentes dont le prix est inférieur au pair; et quant aux rentes dont le prix est supérieur, elle les emploie en bons du Trésor que l'on convertit ensuite en rentes. Mais c'est par exception que la dotation de la Caisse d'amortissement n'a pas été aliénée pour faire face aux dépenses publiques. (Voy. notre *Traité de finances*, 3ᵉ édit., chapitre xviii.)

Première preuve.

$$2320118,33 \times 1,157625 = 2685826,98$$
$$2320118,33 \times 1,1025 = 2557930,45$$
$$2320118,33 \times 1,05 = 2436124,24$$
$$2320118,33 \times 1 = 2320118,33$$

$$\overline{10000000,00}$$

Deuxième preuve.

La dette primitive étant de.............		10000000
On en rachète à la fin de la première année.		2320118,33
Reste.................		7679881,67
A la fin de la deuxième année on emploie, en outre du fonds d'amortissement de	2320118,33	
Les intérêts à 5 %₀ acquis par le premier.	116005,91	
Ensemble............		2436124,24
Reste...............		5243757,43
A la fin de la troisième année, on emploie encore le fonds d'amortissement de....	2320118,33	
Plus les int. sur 2 rachats, l'un de 2320118,33		
Et l'autre de................ 2436124,24		
4756242,57 à 5 %₀	237812,12	
Ensemble............		2557930,45
Reste................		2685826,98
Enfin, à la fin de la quatrième année, on emploie le dernier fonds d'amortissement de	2320118,33	
Plus les intérêts sur les trois rachats antérieurs de.................. 2320118,33		
De...................... 2436124,24		
Et de.................... 2557930,45		
7314173,02 à 5 %₀	365708,65	
Ensemble............		2685826,98
		0

Solution par la formule. — Le premier fonds d'amortissement versé à la fin de la première année, s'augmente de ses intérêts composés pendant le nombre d'années moins une ; le second amortissement, versé au commencement de la deuxième année, s'augmente de ses intérêts composés pendant le nombre d'années, moins deux, et ainsi de suite; le dernier amortissement ne produit aucun intérêt. Donc, le paiement par amortissement peut être représenté par une progression décroissante, dont la somme est égale au capital à amortir. De là l'équation suivante pour le problème qui nous occupe:

$$2320118{,}33 \times 1{,}05^3 + 2320118{,}33 \times 1{,}05^2 + 2320118{,}33 \times 1{,}05 + 2320118{,}33 = 10000000$$

et en général,

$$A \times (1 + {}^{o}/_{o})^{n-1} + A \times (1 + {}^{o}/_{o})^{n-2} \ldots \ldots + A \times (1 + {}^{o}/_{o}) + A = C$$

En appliquant la formule rappelée ci-dessus, pour former la somme de cette progression, on obtient:

$$\frac{A \times (1 + {}^{o}/_{o})^n - A}{{}^{o}/_{o}} = C \text{ ou } \frac{A \times [(1 + {}^{o}/_{o})^n - 1]}{{}^{o}/_{o}} = C$$

$$\text{D'où } A = \frac{C \times {}^{o}/_{o}}{(1 + {}^{o}/_{o})^n - 1}$$

$$1{,}05^4 = 1{,}21550625 ; \overline{1{,}21550625 - 1 = 0{,}21550625} \frac{10000000 \times 0{,}05 = 500000}{} = 2320118{,}33 \text{ fonds d'amort.}$$

c'est-à-dire que, *pour obtenir le fonds d'amortissement, il faut multiplier le capital par le taux divisé par* 100, *et diviser ce produit par* (1 *plus le taux divisé par* 100) *élevé à la puissance indiquée par le nombre des années, après avoir retranché* 1.

2ᵉ problème. (*Recherche du capital à amortir.*) — Quelle est la dette que l'on peut éteindre en 4 ans, en payant chaque année, outre l'intérêt à 5 °/₀, une somme de 2320118,33?

Solution par l'analyse. — Puisque le premier fonds d'amortissement acquitte un capital égal à lui-même plus ses intérêts composés de 3 ans; puisque le second acquitte un capital égal à lui-même, plus ses intérêts composés de 2 ans; puisque le troisième acquitte un capital égal à lui-même, plus l'intérêt d'un an; puisque le quatrième acquitte seulement un capital égal à lui-même, on doit trouver le capital à amortir, si l'on multiplie le premier fonds par 1,05³, le second par 1,05², le troisième par 1,05, le quatrième par 1, et si l'on ajoute les produits. Cette solution n'est qu'une conséquence de la première preuve que nous avons donnée dans l'exemple précédent. Pour faire le calcul, on comprend qu'il est plus court de faire la somme des quatre facteurs et de la multiplier par le fonds d'amortissement que de multiplier successivement ce fonds par $1,05^3$, $1,05^2$, $1,05$ et 1 et d'ajouter les produits.

$$1,05^3 = 1,157625$$
$$1,05^2 = 1,1025$$
$$1,05 = 1,05$$
$$1 = 1$$
$$\overline{4,310125 \times 2320118,33} = 10000000 \text{ capital à amortir.}$$

Solution par la formule. — En cherchant la formule nécessaire pour le problème précédent, nous avons trouvé celle du capital à amortir.

$$\text{Soit } C = \frac{A \times [(1 + \%)^n - 1]}{\%}$$

$$1,0 = 1,21550625 ; \quad 1,21550625 - 1 = 0,21550625$$

$$\frac{2320118,33}{}$$

Produit des deux nombres ci-dessus $\dfrac{500000}{0,05} = 10000000$ capit. à amortir.

C'est-à-dire que, *pour obtenir le capital à amortir, il faut multiplier le fonds d'amortissement par (1 plus le taux divisé par 100) élevé à la puissance indiquée par les années, après avoir retranché 1 de ce produit, et diviser par le taux divisé par 100.*

3ᵉ problème. (*Recherche du temps qu'il faut pour amortir un capital.*) Une dette de 10000000 francs a été acquittée avec un fonds d'amortissement annuel de 2320118 fr. 33 c. ; — en combien d'années a-t-elle été amortie, les intérêts étant à 5 %?

On ne peut point employer une solution analytique, à moins qu'on ne cherche la solution par tâtonnement. Ce procédé serait ici assez facile ; mais il est presque inexécutable, lorsque le nombre d'années est plus considérable. La formule que nous avons trouvée pour le capital,

$$C = \frac{A \times [(1 + \%)^n - 1]}{\%} \quad \text{ou} \quad C = \frac{A \times (1 + \%)^n - A}{\%}$$

nous donne $C \times \% = A \times (1 + \%)^n - A$

d'où $(1 + \%)^n = \dfrac{C \times \% + A}{A}$

Et par logarithmes $n = \dfrac{\text{Log. } (C \times \% + A) - \log. A}{\log. (1 + \%)}$

$$\text{L. } (10000000 \times 0,05 + 2320118,33 = \text{L. } 2820118,33 = 6,4502673$$
$$\text{L. } 2320118,33 = 6,3655101$$

$$0,0847572$$
$$\text{L. } 1,05 \qquad = 0,0211893 \quad = 4$$

S'il s'agissait de *paiements semestriels*, l'intérêt serait de 2 1/2, et le nombre 1,05 deviendrait 1,025, et l'opération finale serait

$$\frac{0,0847572}{\text{L. } 1,025 = 0,0107239} = 7,9 \text{ ou } 8 \text{ semestres.}$$

C'est-à-dire que, *pour obtenir le nombre d'années pendant lesquelles on amortit un capital, il faut soustraire le logarithme du fonds d'amortissement de celui du (capital à amortir multiplié par le taux divisé par* 100 *et augmenté du fonds d'amortissement), et diviser par celui de* (1 + *le taux divisé par* 100).

4° problème. (*Recherche du taux de l'intérêt.*) — Un capital de 10000000 est amorti en 4 ans par un fonds d'amortissement de 2320118,33 ; — quel est le taux de l'intérêt ?

Ce genre de problèmes ne peut se résoudre que par une série algébrique dont le résultat ne peut être calculé que par tâtonnement, par les algébristes eux-mêmes, lorsque le nombre d'années est autre que 2 et 3. Cette série est en général :

$$(1 + \%)^{n-1} + (1 + \%)^{n-2} + \ldots + 1 + \% = \frac{C - A}{A} = 0$$

et pour l'exemple qui nous occupe

$$1,05^3 + 1,05^2 + 1,05 = \frac{10000000 - 2320118,33}{2320118,33} = 0$$

$$1,05^3 = 1,157625 \qquad 10000000$$
$$1,05^2 = 1,1025 \qquad 2320118,33$$

$$1,05 = 1,05 \qquad \frac{7679881,67}{2320118,33} = 3,310125$$

$$3,310125$$
$$3,310125 - 3,310125 = 0$$

Autre système d'amortissement.

On peut aussi commencer à payer, comme cela est arrivé en Angleterre, le fonds d'amortissement au moment de l'emprunt ; dans ce cas les calculs ne sont plus les mêmes que ceux que nous venons d'établir.

5ᵉ problème. (*Recherche du fonds d'amortissement.*) — Un gouvernement fait un emprunt de 10 millions à 5 °/₀ par an ; il veut amortir cette dette en 4 ans ; — quelle est la somme qu'il doit consacrer annuellement à cette opération ?

Solution par l'analyse. — Le premier fonds d'amortissement rachète au commencement de la première année une partie de la dette égale à lui-même, plus à ses intérêts composés pendant 4 ans ; le second fonds d'amortissement rachète au commencement de la seconde année une autre partie de la dette égale à lui-même, plus à ses intérêts composés pendant 3 ans ; le troisième fonds d'amortissement rachète au commencement de la troisième année une autre partie de la dette égale à lui-même, plus à ses intérêts composés pendant 2 ans ; le quatrième fonds d'amortissement rachète au commencement de la quatrième année une somme égale à lui-même, plus à son intérêt pendant 1 an. Donc, les rachats successifs sont faits par les produits suivants, savoir :

Celui du fonds d'amortiss. de la 1ʳᵉ année $= A \times 1,05^4$ ou $1,21550625$

  —   —   de la 2ᵉ année $= A \times 1,05^3$ ou $1,157625$

  —   —   de la 3ᵉ année $= A \times 1,05^2$ ou $1,1025$

  —   —   de la 4ᵉ année $= A \times 1,05$ ou $1,05$

La somme des facteurs du fonds d'amortissement est.... $4,52563125$

Or, comme les quatre fonds successifs d'amortissement doivent anéantir le capital, on voit que :

$$A \times 4,52563125 = 10000000 \text{ fr.}$$

D'où $A = \dfrac{10000000}{4,52563125} = 2209636,50$ fonds d'amortissement.

Première preuve.

$2209636,50 \times 1,21550625 = 2685826,98$

$2209636,50 \times 1,157625 = 2557930,45$

$2209636,50 \times 1,1025 = 2436124,24$

$2209636,50 \times 1,05 = 2320118,33$

10000000 —

Seconde preuve.

La dette à amortir est de............................... 10000000—
Le fonds d'amortissement de la 1re année...... 2209636,50
    Produit pendant cette année à 5 %........ 110481,83

      On rachète donc à la fin de la première année 2320118,33

           Reste 7679881,67

Le fonds d'amortissement de la 2e année...... 2209636,50
Et le rachat de la 1re année................, 2320118,33

      Ensemble 4529754,83

  Produisent dans cette 2e année à 5 %.... 226487,74
Qui sont employés conjointement avec le fonds de 2209636,50

    Au rachat à la fin de la 2e année 2436124,24

           Reste 5243757,43

Le fonds d'amortissement de la 3e année....... 2209636,50
Et les rachats de la 1re et de la 2e année....... 4756242,57

      Ensemble 6965879,07

  Produisent dans cette 3e année, à 5 %.... 348293,95
Qui sont employés avec le fonds de.......... 2209636,50
    Au rachat à la fin de la 3e année 2557930,45

           Reste 2685826,98

Le fonds d'amortissement de la 4e année de... 2209636,50
Et les rachats des 1re, 2e et 3e années de....., 7314173,02

      Ensemble 9523809,52

  Produisent dans cette 4e année, à 5 %.... 476190,48
Qui sont employés avec le fonds de............ 2209636,50

    Au rachat à la fin de la 4e année 2685826,98

               0

Solution par la formule. — D'après ce qui vient d'être dit, la progression décroissante des paiements forme, avec le capital à amortir, l'équation suivante :

$$A \times (1 + \%)^n + A \times (1 + \%)^{n-1} \ldots\ldots + A \times (1 + \%) = C$$

$$\text{D'où } \frac{A \times (1 + \%)^{n+1} - A \times (1 + \%)}{\%} = C \text{ ou } C = \frac{A \times (1 + \%) \times [(1 + \%)^n - 1]}{\%}$$

$$\text{D'où } A = \frac{C \times \%}{(1 + \%) \times [(1 + \%)^n - 1]}$$

En appliquant à cette équation la formule de la Somme d'une progression (293) :

$$S = \frac{(a \times r^n) - a}{r - 1}.$$

On a le premier terme A + (1 + °/₀) multiplié par la raison (1 + °/₀) élevé à la puissance n, qui donne A $(\times 1 + °/₀)^{n+1}$.

En divisant la formule

$$\frac{A \times (1 + °/₀)^{n+1} - [A \times (1 + °/₀)]}{°/₀} = C$$

par le facteur A $\times$ (1 + °/₀), on obtient l'autre formule

$$C = \frac{A \times (1 + °/₀) \times [1 + °/₀)^{n} - 1]}{°/₀}$$

$$\frac{1000000 \times 0,05 = 500000}{1,05 \times (1,05^4 - 1) \text{ ou } 1,05 \times 0,21550625 = 2,262815725} = 2209636,50 \text{ fonds d'amort.}$$

C'est-à-dire que, *pour obtenir le fonds d'amortissement, il faut multiplier le capital par le taux divisé par 100, et diviser le produit par (1 plus le taux divisé par 100) multiplié par (1 plus le taux divisé par 100 élevés à la puissance indiquée par le nombre des années et dont on retranche 1).*

6ᵉ problème. (*Recherche du capital à amortir.*) — Quelle est la dette que l'on peut éteindre en quatre ans, en plaçant chaque année, à 5 °/₀, une somme de 2209636,50 ?

Solution par l'analyse. — Il est clair que le premier fonds d'amortissement, multiplié par $1,05^4$, plus le second multiplié par $1,05^3$, plus le troisième multiplié par $1,05^2$, plus le quatrième multiplié par 1,05, forme le capital à amortir, ou que le produit du fonds par la somme de ses facteurs forme ce même capital. Donc,

$$
\begin{aligned}
1,05^4 &= 1,21550625 \\
1,05^3 &= 1,157625 \\
1,05^2 &= 1,1025 \\
1,05 &= 1,05
\end{aligned}
$$

4,52563125 $\times$ 2209636,50 = 10000000 capital à amortir.

Solution par la formule. — En cherchant la formule nécessaire pour le problème précédent, nous avons trouvé celle du capital à amortir :

$$\text{Soit} \quad C = \frac{A \times (1 + °/_o) \times [(1 + °/_o)^{n} - 1]}{°/_o}$$

$$2209636,50 \times 1,05 = 2320118,325$$

$$1,05^4 = 1,21550625 \; ; \; 1,21550625 - 1 = 0,21550625$$

$$500000$$

$$\frac{500000}{0,05} = 10000000 \text{ capital à amortir.}$$

C'est-à-dire que, *pour obtenir le capital à amortir, il faut multiplier le produit du fonds d'amortissement par (1 plus le taux divisé par 100), multiplié par (1 plus le taux divisé par 100) élevé à la puissance indiquée par le nombre des paiements et dont on retranche 1), et diviser par le taux divisé par 100.*

7° problème. (*Recherche du temps qu'il faut pour amortir un capital.*) — Une dette de 10000000 francs a été acquittée avec un fonds d'amortissement annuel de 2209636,50 ; — En combien d'années a-t-elle été amortie, les intérêts étant à 5 °/_o?

La formule que nous venons de trouver pour le capital :

$$c = \frac{A \times (1 + °/_o)^{n+1} - A \times (1 + °/_o)}{°/_o}$$

$$\text{Donne} \quad (1 + °/_o)^{n+1} = \frac{c \times °/_o + A \times (1 + °/_o)}{A}$$

$$n = \frac{\text{Log.}[C \times °/_o + A \times (1 + °/_o)] - \text{Log. } A}{\text{Log. } (1 + °/_o)} - 1$$

$$10000000 \times 0,05 = 500000$$
$$2209636,50 \times 1,05 = 2320118,33$$

$$\text{Log. } 2320118,33 = 6,4502673$$
$$\text{Log. } 2209636,50 = 6,3443208$$

$$\frac{0,1059465}{\text{Log. } 1,05 = 0,0211893} = 5 \; ; \; 5 - 1 = 4 \text{ nombre d'années.}$$

C'est-à-dire que, *pour obtenir le nombre des années, il faut diviser par le logarithme de 1 plus le taux divisé par 100, le logarithme du produit du capital par le taux divisé par 100 plus le produit du fonds d'amortissement par (1 plus le taux divisé par 100), en retrancher le logarithme du fonds d'amortissement et soustraire 1 du nombre correspondant à cette différence.*

8ᵉ problème. (*Recherche du taux de l'intérêt.*) — Un capital
de 10000000 a été amorti en 4 ans par un fonds d'amortissement de 2209636,50 ; — quel était le taux de l'intérêt ?

Il faut avoir recours à la série algébrique.

$$(1 + {^0}/_0)^n + (1 + {^0}/_0)^{n-1} \ldots \ldots + 1 + {^0}/_0 - \frac{C}{A} = 0$$

$$1,05^4 + 1,05^3 + 1,05^2 + 1,05 - \frac{10000000}{2209636,50} = 0$$

$$
\begin{aligned}
1,05^4 &= 1,21550625 \\
1,05^3 &= 1,157625 \\
1,05^2 &= 1,1025 \\
1,05 \ &= 1,05 \\
\hline
&\ \ 4,52563125
\end{aligned}
$$

$$\frac{10000000}{2209636,50} = \frac{4,52563125}{0}$$

LIVRE XIII

SUR LES MÉLANGES, — SUR L'ÉCHÉANCE COMMUNE ; — CALCULS D'OPÉRATIONS DE
BANQUE, DE CHANGE, DE BOURSE, DE COMPTABILITÉ, — ET PROBLÈMES DIVERS.

CHAPITRE LXIII

Questions sur les partages proportionnels.

RÈGLES DE RÉPARTITION ; — DU MARC LE FRANC ; — DE SOCIÉTÉ ; — DE FAUSSE
POSITION — ET DE DOUBLE FAUSSE POSITION *.

(Solution par les Rapports, les Proportions et l'Analyse.)

Presque tous les problèmes que nous avons classés sous
ces différents noms peuvent être rapportés à un seul genre,
et nous en avons rendu les solutions plus faciles en en montrant l'analogie, et en les réunissant dans un seul chapitre,
au lieu de les éparpiller, comme ont fait plusieurs auteurs,
dans des chapitres différents.

Nous ne parlons guère ici que des procédés arithmétiques
de solutions applicables à ce genre de problèmes; mais souvent il est plus court d'avoir recours aux équations à une,
deux ou plusieurs inconnues; quelquefois même il est impossible d'obtenir une solution sans les procédés algébriques.
D'un autre côté, les procédés arithmétiques que l'on emploie
sont plus ou moins analytiques, et jusqu'à un certain point,
ce qui a déjà été dit dans les chapitres consacrés aux solutions par l'analyse simple, aux solutions par les équations
et aux règles de trois, suffirait pour indiquer la marche à

---

* Ces deux dernières peuvent être passées dans une première étude.

suivre. Mais, comme les problèmes de Répartition, de Société et de Fausse position, sont souvent posés de manière à nécessiter une attention spéciale, nous indiquons assez longuement les moyens arithmétiques spéciaux dont on doit se servir pour arriver plus facilement à une solution. — En se reportant aux chapitres LIII et LV, le lecteur retrouvera des problèmes analogues résolus par l'Analyse simple et les Equations *.

§ 1. — RÈGLE DE RÉPARTITION SIMPLE ET COMPOSÉE. — RÈGLE
DU MARC LE FRANC.

Il a déjà été question des répartitions (chap. LVIII); mais nous n'avons parlé que des répartitions à tant pour cent, et ce chapitre sera consacré à tous les problèmes qui peuvent se rapporter à cette règle.

La Règle de **Répartition** ou de *Distribution* ou de *Partage* comprend toutes les questions dans lesquelles il s'agit de partager un nombre en différentes parties proportionnelles

d'autres nombres, ou de trouver les nombres proportionnels à différentes parties.

Ces parties proportionnelles pouvant dépendre d'un seul rapport ou de plusieurs rapports (directs ou inverses), la règle de répartition est simple ou composée.

Règle de Répartition simple **. — *Règle du Marc le franc.*

1ᵉʳ problème. — Partager 729 francs en trois parties qui soient entre elles comme les nombres 2, 3, 4.

PRINCIPE. — *L'ensemble des parties proportionnelles est avec la somme à partager dans le même rapport que chacune de ces parties avec le nombre cherché;* ou bien, *l'ensemble des parties*

---

* Voir aussi la 2ᵉ espèce de problèmes de la Règle de Mélanges, plus loin p. 549.

** Il a été parlé, au chap. LVIII, de la répartition des Dividendes, des Impôts, etc. à tant pour cent.

est à une de ces parties comme la somme à partager est au nombre à chercher. Ce principe est évident. Donc :

$$
\left.
\begin{array}{l}
9 : 729 :: \quad 2 : x \\
\text{ou } 9 : \quad 2 :: 729 : x
\end{array}
\right\} = 162
$$

$$
\left.
\begin{array}{l}
9 : 729 :: \quad 3 : x \\
\text{ou } 9 : \quad 3 :: 729 : x
\end{array}
\right\} = 243
$$

$$
\left.
\begin{array}{l}
9 : 729 :: \quad 4 : x \\
\text{ou } 9 : \quad 4 :: 729 : x
\end{array}
\right\} = \underline{324}
$$

$$729$$

Abréviations possibles. Dans ce genre de problèmes, ainsi que dans *tous les calculs* où une dernière quantité a un certain rapport avec les autres, on peut la trouver par voie de *complément.* C'est ainsi que 324, par exemple, aurait pu être déterminé en ajoutant à 162 et à 243 ce qui leur manque pour faire 729, le calcul étant disposé comme suit :

$$
\begin{array}{cc}
162 & 162 \\
243 & 243 \\
 & 324 \\
\hline
729 & 729
\end{array}
$$

On aurait dit : 2 et 3 font 5 et 4 font 9 ; 6 et 4 font 10 et 2 font 12 ; 1 de retenue et 1 font 2 et 2 font 4 et 3 font 7. Mais il est évident qu'on ne peut agir ainsi que lorsqu'on est sûr de l'exactitude du calcul.

Il arrive souvent que les quantités données, d'où dépendent les quantités cherchées, sont des multiples ou des sous-multiples, ou, en d'autres termes, des parties aliquotes de l'une d'entre elles ; dans ce cas, il suffit de calculer le résultat d'une seule proportion. Dans l'exemple qui précède, 4 étant le double de 2, on trouve 324 en doublant 162 ; et 3 étant 1 1/2 fois 2, on trouve 243, en ajoutant 162 et sa moitié 81.

Autre abréviation. — *Règle du Marc le franc.* — On vient de voir qu'un calcul de partage nécessite autant de multiplications et de divisions qu'il y a de proportions. En se servant du procédé dit **Règle du Marc le franc** *, surtout quand il

---

* *Règle du Marc ou Sol la livre,* dans les vieux ouvrages.

s'agit d'un partage d'une somme de monnaie, on ne fait qu'une seule division et les multiplications; de sorte que, si l'on avait à partager une somme entre six associés, par exemple, on éviterait cinq divisions, ce qui ferait, vu la longueur relative de ces opérations, plus de la moitié du calcul.

La *Règle du Marc le franc* (application du procédé analytique de la réduction à l'*Unité* [p. 334]) consiste à trouver un nombre proportionnel à 1, en divisant la somme à partager par la somme des parties proportionnelles, et à multiplier le quotient par chaque partie proportionnelle. — Dans le problème qui nous occupe on aurait fait le calcul suivant:

$$9 \;:\; 729 \;::\; 1 \;:\; x$$
$$729 \;:\; 9 = 81$$
$$81 \times 2 = 162$$
$$81 \times 3 = 243$$
$$81 \times 4 = \underline{324}$$
$$729$$

Lorsque le quotient est un nombre approché, ou contenant plusieurs chiffres décimaux, on détermine le nombre de chiffres à chercher par la nature du plus fort des nombres par lesquels on doit le multiplier. Souvent aussi, lorsque le reste et le diviseur sont de nature à faire une fraction ordinaire assez facile à calculer, on abrége en se servant de cette fraction au lieu du quotient décimal correspondant. Voyez plus loin les exemples de la règle de société où ces deux circonstances se présentent. Ce sont là des abréviations qu'on ne laissera point échapper avec un peu d'habitude; et il est peu de problèmes dans lesquels un examen attentif ne fasse découvrir quelque moyen de simplification dans les détails.

2e problème. — Une somme de 729 francs a été partagée en 3 parties de 162, 243 et 324 francs; — quelles sont les parties proportionnelles de ce partage sur 9?

ou bien

$$729 : 9 :: 162 : x = 2 \qquad \frac{9 \;:\; 729}{\quad}$$
$$\qquad\qquad\qquad\qquad\qquad 1/81 \times 162 = 2$$
$$729 : 9 :: 243 : x = 3 \qquad 1/81 \times 243 = 3$$
$$729 : 9 :: 324 : x = \underline{4} \qquad 1/81 \times 324 = \underline{4}$$
$$\qquad\qquad\qquad\qquad 9 \qquad\qquad\qquad\qquad\qquad 9$$

3ᵉ problème. — Partager 546 francs entre trois individus pour que le premier ait 1/2, le second 1/3, et le troisième 1/4.

Ces trois fractions réunies excédant l'unité, on voit que la moitié, le tiers et le quart de 546 excéderaient cette somme. Le calcul consiste donc à chercher les parts proportionnelles à ces trois fractions.

$$1/2 + 1/3 + 1/4 = 6/12 + 4/12 + 3/12 = \frac{13}{12}$$

ou bien

$$
\begin{array}{l}
\left.\begin{array}{l} 13/12 \ : 546 \ :: \ 6/12 \ : x \\ \text{ou} \quad 13 \ : 546 \ :: \ 6 \ \ \ : x \end{array}\right\} = 252 \qquad \dfrac{546 : 13}{42} \times 6 = 252 \\[2em]
\left.\begin{array}{l} 13/12 \ : 546 \ :: \ 4/12 \ : x \\ \text{ou} \quad 13 \ : 546 \ :: \ 4 \ \ \ : x \end{array}\right\} = 168 \qquad 42 \times 4 = 168 \\[2em]
\left.\begin{array}{l} 13/12 \ : 546 \ :: \ 3/12 \ : x \\ \text{ou} \quad 13 \ : 546 \ :: \ 3 \ \ \ : x \end{array}\right\} = \dfrac{126}{\overline{546}} \qquad 42 \times 3 = \dfrac{126}{\overline{546}}
\end{array}
$$

4ᵉ problème. — Trouver deux parties proportionnelles de 100, telles qu'en multipliant l'une par 2 et en divisant l'autre par 3, on obtienne le même nombre.

$$\text{Le nombre proportionnel de la 1ʳᵉ partie sera } \frac{1}{2}$$

$$\text{Celui}\ldots\ldots\ldots\ldots\ldots \text{ de la 2ᵉ}\ldots\ldots\ldots \frac{3}{1}$$

En effet, la première partie, multipliée par 2, doit donner un produit dont il s'agit de connaître l'autre facteur ; ce facteur s'obtient en divisant le produit par le facteur connu. La seconde partie, divisée par 3, doit donner un quotient égal au produit de la première partie et, pour trouver le dividende, il faut multiplier ce quotient par le diviseur connu. Ce facteur inconnu et le quotient inconnu formant ensemble le nombre 100, c'est sur ce dernier nombre qu'il faut agir comme nous venons de l'indiquer, en additionnant le quotient par 2 et le produit par 3.

$$\frac{1}{2} = 1/2 .. 1$$

$$\frac{3}{1} = 6/2 .. 6$$

$$7 : 1 :: 100 : x = 14,286; \quad 14,286 \times 2 = 28,572$$

$$7 : 6 :: 100 : x = 85,714; \quad \frac{85,714}{3} = 28,571$$

Règle de Répartition dite composée.

La règle de **Répartition composée** est toujours ramenée à une règle de Répartition simple par la combinaison des rapports.

5° problème. — Partager 329 francs entre trois individus, de manière que la part du premier soit à celle du second comme 3 est à 5, et que celle du second soit à celle du troisième comme 4 est à 3.

Pour ramener ce problème aux mêmes conditions que le premier, il faut faire en sorte que la part proportionnelle du deuxième, qui est ici représentée par 5, quand on la compare à celle du premier, et par 4 quand on la compare à celle du troisième, soit représentée par un seul nombre. On y parviendra en multipliant les deux termes du premier rapport par 4, part proportionnelle du second, et en multipliant les deux termes du second rapport par 5, qui est aussi la part proportionnelle du deuxième individu (249).

$$
\begin{array}{ccc}
 & \text{premier} & \text{deuxième} \\
\text{Au lieu de} & 3 & : & 5
\end{array}
$$

$$
\begin{array}{ccc}
 & \text{deuxième} & \text{troisième} \\
 & 4 & : & 3
\end{array}
$$

$$
\begin{array}{l}
\text{premier deuxième} \qquad\qquad \text{premier deuxième} \\
\text{on aura}\quad 3\times 4 : 5\times 4 \quad\text{ou}\quad 12 : 20 \\[4pt]
\text{deuxième troisième} \qquad\qquad \text{deuxième troisième} \\
4\times 5 : 3\times 5 \qquad\qquad 20 : 15
\end{array}
$$

$12 + 20 + 15 = 47$ ou mieux

$$
\begin{array}{l}
47 : 329 :: 12 : x = 84 \qquad 329 : 47 = 7 ; 7\times 12 = 84 \\
47 : 329 :: 20 : x = 140 \qquad\qquad\qquad 7\times 20 = 140 \\
47 : 329 :: 15 : x = 105 \qquad\qquad\qquad 7\times 15 = 105 \\
\qquad\qquad\qquad\qquad \overline{329} \qquad\qquad\qquad\qquad \overline{329}
\end{array}
$$

6° problème. — Partager 741 francs entre quatre individus, de manière que le premier reçoive 5 francs quand le deuxième en reçoit 9, que le troisième en reçoive 3 quand le deuxième en reçoit 4, et que le quatrième en reçoive 3 quand le troisième en reçoit 2.

Cette question peut être ramenée au cas précédent en multipliant le premier rapport par 4, part proportionnelle du deuxième relativement au troisième, et en multipliant les deux autres rapports par 9, qui est aussi la part proportionnelle du deuxième relativement au premier.

premier	deuxième	premier	deuxième	premier	deuxième
5 :	9	5×4 : 9×4		20 :	36
deuxième	troisième	deuxième	troisième	deuxième	troisième
4 :	3	4×9 : 3×9		36 :	27
troisième	quatrième	troisième	quatrième	troisième	quatrième
2 :	3	2×9 : 3×9		18 :	27

On ramène ensuite le problème au cas d'une répartition simple en multipliant les deux premiers rapports par 18, part proportionnelle du troisième relativement au quatrième, et en multipliant le dernier par 27, qui est aussi la part proportionnelle du troisième relativement aux deux premiers.

premier	deuxième	premier	deuxième	premier	deuxième
20 :	36	20×18 : 36×18		360 :	648
deuxième	troisième	deuxième	troisième	deuxième	troisième
36 :	27	36×18 : 27×18		648 :	486
troisième	quatrième	troisième	quatrième	troisième	quatrième
18 :	27	18×27 : 27×27		486 :	729

$$
\begin{array}{ll}
360 & \text{pour le premier,} \\
648 & \text{pour le deuxième,} \\
486 & \text{pour le troisième,} \\
729 & \text{pour le quatrième.} \\
\hline
2223 &
\end{array}
$$

ou 741 : 2223

$$
\begin{array}{ll}
2223 : 741 :: 360 : x = 120 & \qquad 1/3 \times 360 = 120 \\
2223 : 741 :: 648 : x = 216 & \qquad 1/3 \times 648 = 216 \\
2223 : 741 :: 486 : x = 162 & \qquad 1/3 \times 486 = 162 \\
2223 : 741 :: 729 : x = 243 & \qquad 1/3 \times 729 = 243 \\
\hline
741 & \qquad\qquad\qquad 741
\end{array}
$$

7ᵉ problème. — Trouver deux parties proportionnelles de 100, telles qu'en divisant la première par 3 et en la multipliant par 4, on obtienne le même nombre qu'en divisant la seconde par 5 et en la multipliant par 2 (*Voy.* le 4ᵉ problème).

Nombre proportionnel pour la première partie. $\dfrac{3}{4} = 3/4$

Nombre proportionnel pour la seconde partie. $\dfrac{5}{2} = 10/4$

$$\overline{13/4}$$

$$13 : 3 :: 100 : x = 23,08 ; \frac{23,08 \times 4}{3} = \frac{92,32}{3} = 30,77$$

$$13 : 10 :: 100 : x = 76,92 ; \frac{76,92 \times 2}{5} = \frac{153,84}{5} = 30,77$$

8ᵉ problème. — Trouver trois parties proportionnelles de 100, telles qu'en multipliant la première par 2 et la divisant par 3, en multipliant la deuxième par 4 et la divisant par 5, et en multipliant la troisième par 8 et la divisant par 7, on obtienne le même résultat.

Nombre proportionnel pour la première partie......	3/2	12
Nombre proportionnel pour la seconde partie......	5/4	10
Nombre proportionnel pour la troisième partie.....	7/8	7
		29

$$29 : 12 :: 100 : x = 41,38 ; \frac{41,38 \times 2}{3} = \frac{82,76}{3} = 27,59$$

$$29 : 10 :: 100 : x = 34,48 ; \frac{34,48 \times 4}{5} = \frac{137,92}{5} = 27,59$$

$$29 : 7 :: 100 : x = 24,14 ; \frac{24,14 \times 8}{7} = \frac{193,12}{7} = 27,59$$

$$100,00$$

§ 2. — RÈGLE DE SOCIÉTÉ PROPREMENT DITE, SIMPLE ET COMPOSÉE.

La **Règle de société** ou de *Compagnie* n'est autre chose que l'application de la règle que nous venons d'examiner, au partage des Bénéfices ou des Pertes que peuvent faire des associés.

Ce bénéfice et cette perte dépendent en général principalement de la Mise de fonds de chaque associé, et du Temps pendant lequel ces fonds restent dans la société.

Si, les temps étant les mêmes, les mises sont différentes, et si, les mises étant les mêmes, les temps sont différents, la règle de société est dite *simple*. Si, au contraire, les mises et les temps sont différents, la règle de société est dite *composée*.

La plupart des problèmes de cette règle ont été donnés ici simplement comme exercices ; car, en général, les divers associés prélèvent l'intérêt de leur mise au taux convenu pendant tout le temps qu'ils la laissent dans la société, et ils partagent ensuite le bénéfice en sus, conformément aux clauses de l'acte de société.

La mise totale se nomme *Capital*, et le gain à partager *Dividende*. Dans les grandes entreprises commerciales, les *Mises* partielles prennent le nom de *parts* ou d'*actions*.

En Angleterre et quelquefois en France les sociétés donnent à leurs parts le nom de *sous* ou *deniers*, et elles en ont le plus ordinairement 20 ou 240; ce nombre peut ensuite varier; mais chaque partie conserve le même nom.

Règle de Société simple.

Ce n'est qu'une règle de trois simple répétée autant de fois qu'il y a d'associés et qu'on peut encore abréger par la règle du *marc le franc* expliquée ci-dessus.

9° problème. — Trois négociants mettent en commun, le premier 7000 fr., le second 5000 et le troisième 3000; ils gagnent 4500 fr.; — quelle est la part de chacun dans ce bénéfice?

$$
\begin{aligned}
&\text{Mise du premier}\ldots\ldots\ldots\quad 7000 \\
&\text{Mise du second}\ldots\ldots\ldots\quad 5000 \\
&\text{Mise du troisième}\ldots\ldots\quad 3000 \\
&\text{Mise totale}\ldots\ldots\ldots\ldots\quad 15000 \text{ produisant 4500 fr. de bénéfice.} \\
&\quad\text{Donc}\quad 15000 : 4500 :: 7000 : x = 2100 \\
&\qquad\qquad 15000 : 4500 :: 5000 : x = 1500 \\
&\qquad\qquad 15000 : 4500 :: 3000 : x = \underline{\ \ 900} \\
&\qquad\quad \text{Bénéfice total}\ldots\ldots\ldots\quad 4500
\end{aligned}
$$

La règle du marc le franc consiste ici à chercher le bénéfice ou la perte pour 1 franc de mise ou pour l'unité de temps, en divisant le bénéfice ou la perte par la somme des mises ou par celle des temps, et à multiplier ce résultat par chaque mise, ou par le temps pendant lequel chaque associé a laissé ses fonds dans la société.

Si avec 15000 fr. on gagne 4500 fr., avec 1 fr. on gagnera 15000 fois moins,

$$
\begin{aligned}
\text{ou bien}\quad & \frac{4500}{15000} = 0{,}3 \\
& 0{,}3 \times 7000 = 2100 \\
& 0{,}3 \times 5000 = 1500 \\
& 0{,}3 \times 3000 = \underline{\ \ 900} \\
& \qquad\qquad\qquad 4500
\end{aligned}
$$

10° problème. — Trois négociants ont gagné, le premier 2100 fr., le deuxième 1500 fr. et le troisième 900 fr. ; — on demande quelle était la mise de chacun, sachant que leur mise totale était de 15000 fr.

$$
\begin{array}{r}
2100 \\
1500 \\
900 \\
\hline
\end{array}
$$

$$4500 : 15000 :: 2100 : x = 7000$$
$$4500 : 15000 :: 1500 : x = 5000$$
$$4500 : 15000 ::\ \ 900 : x = 3000$$
$$\overline{\hspace{2em}15000}$$

$$
\text{ou bien}\quad
\begin{array}{r}
2100 \\
1500 \\
900 \\
\hline
\end{array}
$$

$$15000 : 4500$$
$$\overline{\hspace{6em}}$$
$$3{,}333333 \times 2100 = 7000$$
$$\times 1500 = 5000$$
$$\times\ \ 900 = 3000$$
$$\overline{\hspace{4em}15000}$$

Si 15000 fr. produisent 4500 fr., 1 fr. est produit par un capital 4500 fois plus petit ou 3,333333, et si 1 franc est produit par 3,333333, 2100 fr. sont produits par un capital 2100 fois plus grand, etc.

On prend 6 chiffres décimaux, parce qu'en multipliant par des mille, les trois premiers exprimeront des entiers ; les deux avant-derniers exprimeront des décimes et des centimes, et le dernier indiquera s'il y a lieu à forcer le chiffre des centimes.

Au lieu de prendre 3,333333, etc., on peut prendre 3 1/3, et alors la division et les multiplications sont beaucoup plus faciles. On a donc :

$$
\begin{array}{lcl}
15000 : 4500 & \text{au lieu de} & 15000 : 4500 \\
\hline
3\ 1/3 \times 2100 & & 3{,}333333 \times 2100 \\
\times 1500 & & \times 1500 \\
\times\ \ 900 & & \times\ \ 900 \\
\end{array}
$$

11° problème. — Trois négociants mettent en société la même somme, le premier pendant 15 ans, le second pendant 9 ans et le troisième pendant 5 ans ; ils perdent 4500 fr. ; — quelle est la perte que chacun doit supporter ?

$$15 + 9 + 5 = 29 : 15 :: 4500 : x = 2327,59$$
$$29 : 9 :: 4500 : x = 1396,55$$
$$29 : 5 :: 4500 : x = \underline{\quad 775,86}$$
$$4500,00$$

ou bien $4500 : 29$
$$\overline{155,1724} \times 15 = 2327,59$$
$$\times 9 = 1396,55$$
$$\times 5 = \underline{\quad 775,86}$$
$$\overline{4500,00}$$

Si la perte de 29 ans a été de 4500 fr., pendant 1 an elle sera 29 fois plus faible ou $\dfrac{4500}{29}$; dans ce cas nous aurons un quotient inexact.

Nota. — Pour savoir combien de chiffres nous devons chercher, nous observerons que le plus fort nombre par lequel nous devons multiplier le quotient ayant des dizaines, ces dizaines font avancer la virgule d'un rang dans la multiplication ; et qu'ensuite il nous faut deux chiffres décimaux pour les centimes, et un autre chiffre qui nous indique s'il y a lieu à augmenter le second chiffre décimal du dernier résultat ; en tout, 4 chiffres décimaux. Un plus grand nombre deviendrait inutile.

12ᵉ problème. — Trois négociants qui avaient mis en société la même somme, ont perdu, le premier 2327,59 fr., le deuxième 1396,55 fr., le troisième 775,86 fr. ; — combien d'années chacun d'eux a-t-il laissé ses fonds en société, sachant que la somme du temps est 29 ans ?

$$2327,59$$
$$1396,55$$
$$\underline{\quad 775,86}$$
$$4500 \quad : 29 :: 2327,59 : x = 15$$
$$4500 \quad : 29 :: 1396,55 : x = 9$$
$$4500 \quad : 29 :: 775,86 : x = \underline{\quad 5}$$
$$29$$

ou bien $2327,59$
$$1396,55$$
$$\underline{\quad 775,86}$$
$$29 : \overline{4500}$$
$$\overline{0,006444} \times 2327,59 = 15$$
$$1396,55 = 9$$
$$775,86 = \underline{\quad 5}$$
$$29$$

Si 4500 fr. sont produits en 29 ans, 1 fr. sera produit en 4500 moins d'années, ou en 0,006444; et si 1 fr. est produit par 0,006444, 2327,59 fr. seront produits en 2327,59 fois plus d'années, etc.

Remarque générale. — Comme nous l'avons dit, il arrive souvent que les mises ou les temps sont des parties aliquotes de leur somme. Dans ce cas, on sait déjà comment il faut abréger le calcul.

Supposons trois mises partielles de 1125 fr., 1500 fr. et 1865 fr. formant une mise totale de 4500 fr. ; on voit bien que la première est le quart de la mise totale, la seconde le tiers, et la troisième les cinq douzièmes. Il suffirait donc de prendre le 1/3, le 1/4 et les 5/12 de la perte ou du bénéfice. — Supposons qu'à mise égale, le premier associé ait laissé ses fonds 15 mois, le second 10 mois, et le troisième 5 mois ; il faudrait prendre 1/2, 1/3 et 1/6 de la perte ou du bénéfice.

Règle de Société dite composée.

Quand on a à résoudre un problème de **Règle de société composée**, on le ramène toujours à une règle de société simple, en multipliant les mises de chaque associé par le temps pendant lequel il a effectué cette mise.

13ᵉ problème. — Trois négociants mettent en commun, le premier 7000 fr. pendant 6 ans, le second 5000 fr. pendant 4 ans et le troisième 3000 fr. pendant 5 ans ; ils gagnent 4500 fr. ; — quelle est la part de chacun dans ce bénéfice ?

```
le 1er met 7000 f. pendant 6 ans = 7000 × 6 = 42000 f. pendant 1 an.
le 2e   »   5000 f.    »     4  »  = 5000 × 4 = 20000 f.    »       »
le 3e   »   3000 f.    »     5  »  = 3000 × 5 = 15000 f.    »       »
                                                ─────────
                                                77000 f.
```

C'est comme si le premier mettait 42000 fr. pendant 1 an, le deuxième 20000 fr. et le troisième 15000 fr.

La perte devra être supportée en proportion. Donc

$$4500 : 77000$$

$$
\begin{aligned}
0{,}0584416 \times 42000 &= 2454{,}55 \\
\times 20000 &= 1168{,}83 \\
\times 15000 &= 876{,}62 \\
\hline
&\quad 4500
\end{aligned}
$$

14ᵉ et 15ᵉ problèmes. — Trois négociants, ayant formé une société, se sont distribué un bénéfice de 4500 fr. de la manière suivante, par rapport à leurs mises respectives et au nombre d'années que leurs fonds sont restés en société : le premier ayant eu 2454,55 pour 7000 fr. de mise, le deuxième 1168,83 pour 5000 fr. de mise, et le troisième 876,62 pour 3000 fr. de mise ; — on demande combien de temps chacun a laissé ses fonds en société.

Trois négociants, ayant formé une société, se sont distribué un bénéfice de 4500 fr. de la manière suivante, par rapport à leurs mises respectives et au nombre d'années que leurs fonds sont restés en société : le premier ayant eu 2454,55 fr. pour avoir laissé ses fonds 6 ans, le deuxième ayant eu 1168,83 fr. pour avoir laissé ses fonds 4 ans et le troisième ayant eu 876,62 fr. pour avoir laissé ses fonds 5 ans ; — on demande quelle a été la mise de chacun.

Ces deux questions, que nous ne reproduisons ici que pour mémoire, ne peuvent se résoudre que par une équation algébrique à trois inconnues, très compliquée, parce que ces questions tombent dans la catégorie des problèmes indéterminés ou à plusieurs solutions.

On pourrait arriver à la solution par tâtonnement ; mais ce procédé long et pénible ne réussit pas toujours.

La même observation peut s'appliquer à la plupart des problèmes analogues de la règle de répartition.

§ 3. — RÈGLE DE FAUSSE POSITION, SIMPLE ET DOUBLE.

Règle de Fausse position simple.

Poser un nombre *faux* pour servir de base à la solution

d'un problème, ou en d'autres termes *supposer* un nombre auquel on cherche à faire remplir les conditions indiquées dans l'énoncé, c'est, d'après la plupart des auteurs, résoudre la question par la **Règle de Fausse position**, ou par une opération de tâtonnement.

D'après cette définition, il est évident que les troisième et quatrième problèmes que nous avons donnés dans le paragraphe consacré ci-dessus à la règle de répartition simple peuvent être considérés comme des problèmes de fausse position ; car, dans le troisième problème, nous aurions pu supposer un nombre quelconque (12 par exemple, dont on prend facilement la moitié, le tiers et le quart), et dire sur 12

la part du premier serait	6 donc	13 : 6 :: 546 : x...,
la part du second serait	4	13 : 4 :: 5i6 : x...
la part du troisième serait	3	13 : 3 :: 546 : x,...
et la totalité des parts serait	13	

Nous avons obtenu le même résultat en additionnant les trois nombres proportionnels.

Dans le quatrième problème, nous avons supposé l'Unité.

Bezout dit que la Règle de Fausse position diffère de la Règle de Société (nom pris par cet auteur dans un sens général pour la règle de Répartition) en ce que dans celle-ci on prend les parties proportionnelles telles qu'elles sont données par l'énoncé de la question, tandis que dans la règle de fausse position on en prend une arbitrairement (*faussement posée* ou supposée) pour y subordonner les autres d'après la question ; ce qui rend le calcul un peu plus facile.

Pour éclaircir cette distinction, supposons un autre problème cité par Bezout *.

16° problème. — Partager 640 fr. eutre trois personnes de manière que la seconde ait le quadruple de la première, et la troisième 2 fois 1/3 autant que les deux autres.

Conformément à quelques problèmes résolus dans les pre-

---

* Célèbre arithméticien du XVIII° siècle (1730-1783).

miers chapitres par l'analyse et les équations, et d'après ce qui a été dit au commencement de ce chapitre, on peut supposer

                pour la part du premier............   1
                pour la part du second............   4
                pour la part du troisième..........   11 2/3
                                                     ———
                pour les trois parts réunies........ 16 2/3
ou en faisant disparaître les fractions,
                pour la part du premier...........   3
                pour la part du second............   12
                pour la part du troisième.........   35
                                                     ———
                                                      50

Ce serait alors pour nous une règle de répartition simple; Bezout en fait une règle de fausse position, parce qu'il fait le raisonnement suivant : « Je prends arbitrairement pour représenter la première partie le nombre 3, dont je puis prendre commodément 1/3 ;

                la première partie............ étant   3
                la deuxième partie............ sera   12
                et la troisième partie........   —   35
                                                     ———
                                                      50

« La question est réduite à partager 640 en trois parties qui soient entre elles comme les nombres 3, 12 et 35. » — Comme on le voit, ces nombres sont ceux que nous venons de donner, en faisant disparaître les fractions.

Nota. — Mais ces distinctions sont artificielles et inutiles ou plutôt nuisibles, puisqu'elles ne servent qu'à embrouiller ceux qui veulent étudier. Que l'on prenne pour base des raisonnements les nombres proportionnels de l'énoncé du problème, ou que l'on soit conduit à supposer l'Unité ou à prendre arbitrairement une autre quantité, on fait toujours une opération identique.

Règle de Double Fausse position.

On fait, d'après certains auteurs, une règle de **Double Fausse position :**

1° Quand la règle de Fausse position est plus compliquée que celle dont nous venons de parler, c'est-à-dire quand il s'agit de partager en parties proportionnelles, non pas le nombre proposé, mais seulement une partie de ce nombre (Bezout); — ou si les quantités trouvées par le résultat d'opérations faites sur le nombre pris à volonté suivant les conditions de la question, non-seulement ne sont pas celles que l'on cherche, mais ne leur sont pas même proportionnelles (Mauduit *); — 2° si, pour résoudre la question, il faut choisir deux nombres qui contiennent les conditions proposées, ou s'il faut faire *deux suppositions* (Reynaud).

Pour nous, les problèmes de la première catégorie rentrent dans les principes des Règles de Trois et de Répartition simple ou composée. Ceux de la dernière appartiennent à une classe de problèmes dont la solution exige un travail d'analyse particulier, et c'est à celle-là, nommée par Euler *regula cæci* (règle de l'aveugle), qu'il convient mieux de donner le nom de règle de Double Fausse position.

17° problème. (*Première espèce de Double Fausse position.*) — Partager 6954 fr. entre trois personnes, de manière que la seconde ait autant que la première et 54 fr. de plus, et que la troisième ait autant que les deux autres ensemble et 78 fr. de plus (Bezout).

Part supposée de la première.......... 1
Part supposée de la deuxième.......... $1 + 54$
Part supposée de la troisième.......... $2 + 132 \; (54 + 78)$

Donc la part supposée des trois........ $4 + 186 = 6954$
Ou 4 fois la part supposée du premier $= 6954 - 186 = 6768$
Ou 1 fois la part supposée du premier $\dfrac{6768}{4} = 1692$

Part du premier...................... 1692
Part du second...................... 1746
Part du troisième 3516
                                     ——
                                     6954

---

* Professeur au collége de France ; *Principes d'analyse numérique,* in-8°, 1793.

On pourrait supposer tout autre nombre; mais il est plus simple de supposer l'unité. Comme on le voit, c'est là un procédé d'analyse qui n'a rien qui indique une double fausse position; nous ne savons donc pas ce qui a pu lui valoir ce nom, à moins que ce ne soit la double opération qu'il y a à faire pour additionner les parts proportionnelles et pour ajouter ou soustraire les quantités en plus ou en moins, avant de diviser la somme à partager par la quantité des parties proportionnelles. La nature des deux problèmes suivants légitime bien mieux cette désignation.

18ᵉ problème. (*Deuxième espèce de Double Fausse position.*) — Un joueur, interrogé sur ce qu'il a dans sa bourse, répond que l'excès du quintuple de ses louis sur 30 est égal à l'excès du double du nombre de ces mêmes louis sur 6. — Combien le joueur a-t-il de louis? (Reynaud.)

Dans ce genre de problèmes on prend un nombre arbitraire, et si ce nombre ne jouit pas des propriétés énoncées, il produit une certaine erreur que l'on détruit à l'aide d'une seconde supposition.

1ʳᵉ supposition............	20	2ᵉ supposition............	19
5 × 20 moins 30....	70	5 × 19 moins 30.....	65
2 × 20 moins 6....	34	2 × 19 moins 6.....	32
1ʳᵉ erreur 70 — 34 =	36	2ᵉ erreur 65 — 32 =	33

Comme 36 — 33 = 3, on voit qu'en diminuant l'hypothèse de 1, on diminue l'erreur de 3; or, comme il faut diminuer celle-ci de 36, il faut faire le calcul $3 : 1 :: 36 : x = 12$. Donc, en diminuant le nombre 20 de 12, nous arriverons à un nombre 8 qui satisfait aux conditions de l'énoncé. En effet,

$$5 \times 8 \text{ moins } 30 = 10 \qquad 2 \times 8 \text{ moins } 6 = 10$$

Ce procédé n'est applicable qu'aux questions dans lesquelles les variations des erreurs sont proportionnelles aux variations des suppositions faites sur la valeur de l'inconnue. Dans le cas contraire, la question est du ressort de l'algèbre.

19ᵉ problème. (*Troisième espèce de Double Fausse position.*) — Jean a 4 ans de plus que Pierre, Michel en a autant que

Jean et Pierre, et leurs trois âges font 148 ans. — On demande l'âge de chacun (Ouvrier Delille *).

On suit, pour résoudre ces problèmes, une marche à laquelle conduit l'analyse algébrique.

1re *solution.* Une erreur étant en plus, l'autre étant en moins.

1re supposition : Pierre	20 ans	2e supposition : Pierre	40 ans.
Jean	24	Jean	44
Michel	44	Michel	84
	88		168

1re erreur 148 — 88 = 60   2e erreur 148 — 168 = — 20
400 = 20 2e erreur $\times$ 20 1re supposition
2400 = 60 1re erreur $\times$ 40 2e supposition
somme 2800 : 80 = 35 âge de Pierre.
Preuve : 35 + 4 = 39   35 + 39 + 74 = 148

Autre solution. Les deux erreurs étant en moins.

1re supposition : Pierre	20 ans.	2e supposition : Pierre	24 ans.
Jean	24	Jean	28
Michel	44	Michel	52
	88		104

1re erreur 148 — 88 = 60   2e erreur 148 — 104 = 44
880 = 44 2e erreur $\times$ 20 1re supposition
1440 = 60 1re erreur $\times$ 24 2e supposition
Différ.   560 : 16 = 35

Autre solution. Les deux erreurs étant en plus.

1re supposition : Pierre	40	2e supposition : Pierre	50
Jean	44	Jean	54
Michel	84	Michel	104
	168		208

1re erreur 148 — 168 = — 20   2e erreur 148 — 208 = — 60
2400 = 60 2e erreur $\times$ 40 1re supposition
1000 = 20 1re erreur $\times$ 50 2e supposition
1400 : 40 = 35

Règle générale. — Ainsi, on suppose deux nombres à vo-

---

* *L'Arithmétique méthodique et démontrée*, in-8°, 1771.

lonté, que l'on combine suivant les conditions du problème. Il arrive quelquefois, par hasard, que l'un des deux nombres supposés est le nombre cherché. Dans le cas contraire, qui est le plus général, il peut se faire que l'un des deux résultats soit plus grand que le nombre cherché, et que l'autre soit plus petit que le nombre cherché, ou que les deux résultats soient tous deux plus grands ou tous deux plus petits que le nombre cherché.

Dans la première circonstance, l'algèbre conduit à multiplier la deuxième erreur par la première supposition et la première erreur par la deuxième supposition, à ajouter les produits et à diviser la somme des produits par la somme des erreurs. — Dans la seconde circonstance, on multiplie aussi la deuxième erreur par la première supposition, et la première erreur par la deuxième supposition; on soustrait le produit le plus faible du plus fort, et l'on divise la différence des produits par la différence des erreurs.

§ 4. — Problèmes divers de Répartition simple et composée, — de Société simple ou composée, — de Fausse position Simple ou de Double Fausse position.

L'étude des problèmes suivants et la classification que nous en faisons serviront à faire comprendre les principes et les généralités qui ont été exposés dans ce chapitre.

Nous engageons toutefois le lecteur à ne pas trop se préoccuper de ces distinctions.

Problèmes de Répartition simple ou de Société simple.

La solution a lieu par les proportions et par l'analyse simple.

20ᵉ problème. — Deux personnes ont fait en commun un certain travail qui a rapporté 146 fr. La première personne a travaillé 7 heures par jour, et la seconde 9 heures. — On demande de faire le partage en proportion.

$$7$$
$$9$$
$$\overline{16} : 7 :: 146 : x = 63,88$$
$$16 : 9 :: 146 : x = 82,12$$
$$\overline{146} -$$

Par l'analyse :

$$16\ h \ldots\ldots \ldots\ldots\ 146$$
$$1 \ \ldots\ldots\ldots\ 9,125$$
$$7 \ \ldots\ldots\ldots\ 63,88$$
$$9 \ \ldots\ldots\ldots\ 82,12$$

21ᵉ problème. — Une commune, dont le revenu territorial s'élève à 520 000 fr., est imposée pour 22 880 fr. — On demande d'établir le *tarif*, c'est-à-dire l'impôt dont doivent être frappés 1 fr., puis 2 fr., puis 3 fr., et ainsi de suite, jusqu'à 9 fr. de revenu (Saigey).

$$\frac{22880}{520000} = 0,044 \text{ à multiplier par tous les facteurs en francs}$$
dont il s'agit de connaître l'impôt.

22ᵉ problème. — La population d'un village est composée d'un même nombre d'hommes, de femmes et d'enfants; ce village est taxé d'un impôt personnel de 1200 fr., savoir: les hommes à 5 fr., les femmes à 4 fr. et les enfants à 1 fr. — On demande le nombre des habitants.

$$1\ h\ldots\ldots\ 5\ \text{fr.}$$
$$1\ f\ldots\ldots\ 4$$
$$1\ enf\ldots\ldots\ 1$$
$$3\ indiv\ldots\ldots\ \overline{10}$$

$$10 : 3 :: 1200 : x = 360 \text{ habitants.}$$

360   Preuve :

$$\overline{120}\ h.\ à\ldots\ldots\ 5\ f. = 600$$
$$120\ f\ldots\ldots\ 4\ = 480$$
$$120\ enf\ldots\ldots\ 1\ = 120$$
$$\overline{360}\ \text{individus payant} \ldots\ldots\ 1200\ \text{fr. d'impôt.}$$

Avec ces nombres 10 et 1200, on peut voir de suite qu'il y a 120 individus de chaque catégorie.

Les problèmes 2ᵉ, 3ᵉ, 4ᵉ, 11ᵉ, 12ᵉ, donnés pour exemples de solution par l'Analyse simple (ch. LIII, pp. 337, 338, 340), et les problèmes 1ᵉʳ et 4ᵉ, donnés pour exemples de solution par les Équations (ch. LV), appartiennent à cette catégorie.

Problèmes de Répartition simple appartenant aussi à la Règle de Fausse position Simple.

23ᵉ problème. — On veut faire filer une partie de coton en laine ; une filature promet de la filer en 25 jours ; une autre s'engage à la filer en 20. Comme on est pressé, on remet le coton aux deux filatures, qui commencent leur travail le 1ᵉʳ. — Quelle est la date du jour auquel on a livré le coton filé ?

$$\text{la 1ʳᵉ file en 1 jour } \frac{1}{25}$$

$$\text{la 2ᵉ} \quad — \quad \cdots\cdots \frac{1}{20}$$

$$\text{les 2 filent en 1 jour } \frac{45}{500} = \frac{9}{100}$$

On dira donc : Puisque les 9/100 de l'ouvrage se font en 1 jour, en combien de jours se fera l'ouvrage entier ou l'Unité de l'ouvrage ; d'où

$$9/100 : 1 :: 1 : x = 11 \ 1/9 \text{ jours.}$$

La livraison se fera le 12ᵉ jour au matin.

24ᵉ problème. — Il y a 240 kilogrammes à transporter. A cet effet, on prend 2 hommes également forts, plus une femme qui ne peut porter que la moitié de la charge d'un homme, plus un enfant qui portera le tiers de la charge de la femme. — Faire le partage en conséquence (Saigey).

$$
\begin{array}{ll}
2 & \text{parts pour les hommes,} \\
1/2 & \text{part pour la femme,} \\
1/6 & \text{part pour l'enfant.}
\end{array}
$$

$$
\begin{array}{lllll}
(2\ 4/6) & 2\ 2/3 : & 2 :: 240 : x = & 180 \\
& 2\ 2/3 : & 1/2 :: 240 : x = & 45 \\
& 2\ 2/3 : & 1/6 :: 240 : x = & 15 \\
& & & \overline{240}
\end{array}
$$

Au marc le franc :

$$
\frac{240}{2\ 2/3} = 90 \times 2 = 180
$$
$$
\times 1/2 = 45
$$
$$
\times 1/6 = \underline{15}
$$
$$
240
$$

25ᵉ problème. — Les habitants d'un village, au nombre de 580 âmes, hommes, femmes et enfants réunis, sont taxés d'un impôt personnel à raison de 5 fr. pour chaque homme, 4 fr. pour chaque femme et 1 fr. pour chaque enfant. Il se trouve que les hommes en totalité paient autant que les femmes en totalité et les enfants en totalité, c'est-à-dire que les hommes, les femmes et les enfants paient la même chose. — Combien y a-t-il d'hommes, de femmes et d'enfants? de combien est la totalité de l'impôt?

$$1 \text{ fr. est payé par } 0,20 \text{ homme,}$$
$$1 \text{ fr.} \quad — \quad 0,25 \text{ femme,}$$
$$1 \text{ fr.} \quad — \quad 1 \quad \text{enfant,}$$
$$\overline{3 \quad\quad — \quad 1,45 \text{ individu.}}$$
$$1,45 : 3 :: 580 : x = 1200 \text{ fr. impôt.}$$

$$\text{Les hommes} \quad 400 ; \frac{400}{5} = 80 \text{ hommes,}$$

$$\text{Les femmes} \quad 400 ; \frac{400}{4} = 100 \text{ femmes,}$$

$$\text{Les enfants} \quad 400 ; \frac{400}{1} = 400 \text{ enfants,}$$

$$\overline{580 \text{ individus.}}$$

Les problèmes 14ᵉ, 15ᵉ et 16ᵉ, donnés au chapitre LIII, comme exemples de solution par l'Analyse simple, et les problèmes 5ᵉ, 9ᵉ, 11ᵉ, 16ᵉ, 17ᵉ, 23ᵉ, donnés au chapitre LV, comme exemples de solution par les Équations, appartiennent aussi à la catégorie des problèmes de Fausse position Simple.

Problèmes de Répartition composée ou de Société composée.

26ᵉ problème. — Trois personnes ont entrepris en commun un ouvrage qui leur a été payé 400 fr. La première a travaillé 5 jours et 7 heures par jour; la seconde, 6 heures par jour, pendant 4 jours; la troisième, 5 heures par jour pendant 8 jours. — Faire le partage du gain proportionnellement au temps employé par chacun.

$$5 \times 7 = 35$$
$$6 \times 4 = 24$$
$$5 \times 8 = 40$$

$$99 : 35 :: 400 : x = 141,41$$
$$99 : 24 :: 400 : x = 96,97$$
$$99 : 40 :: 400 : x = 161,62$$

$$400 -$$

27° problème. — Deux personnes ne peuvent s'entendre pour le partage de 150 fr. L'une prétend qu'elle doit avoir les deux tiers de cette somme; l'autre soutient, au contraire, qu'elle a droit aux trois cinquièmes de la même somme. Un arbitre leur conseille de prendre le milieu entre ces deux exigences, et elles y consentent. — Reste à faire ce partage (Saigey).

Si la part du premier est de 2/3, celle du second sera 1/3; si au contraire la part du second est de 3/5, celle du premier sera de 2/5; il faut, par conséquent, additionner les parts supposées de chacun.

$$
\begin{array}{cc}
2/3 & 1/3 \\
2/5 & 3/5 \\
\hline
16/15 & 14/15
\end{array}
$$

et en ajoutant ces deux sommes, nous aurons les deux proportions :

$$
\begin{array}{ll}
16/15 & 30 : 16 :: 150 : x = 80 \\
14/15 & 30 : 14 :: 150 : x = 70 \\
\hline
30/15 \text{ ou } 30 & 150
\end{array}
$$

28ᵉ problème. — Trois négociants font une société qui doit durer deux ans et demi, pendant lesquels chaque associé peut fournir à la caisse commune ou en retirer ce qu'il juge convenable. Le premier met en commençant 3000 fr., le 10° mois il ajoute 15000 fr. et le 25ᵉ mois il remet encore 2000 fr.; le second met en commençant 18000 fr., mais le 15ᵉ mois il retire 6000 fr., le 20ᵉ mois 4000 fr., et le 26ᵉ mois 1000 fr.; le troisième emprunte en commençant 5000 fr. à la société, et le 15° mois il verse 30 000 fr. Ils perdent 1800 fr. — Quelle est la perte que chacun doit supporter?

Observation générale. — Dans les problèmes de cette nature on peut, par une analyse facile, ramener la question à une règle de société composée, que l'on transforme ensuite en une règle de société simple, et former par la combinaison des différentes sommes partielles relatives à chaque associé un nombre unique représentant sa mise totale.

En effet, le premier mettant 3000 fr. en commençant et ne versant de nouveau que le 10e mois, doit être considéré comme associé pendant 10 mois; comme il ajoute après ce terme 15000 fr. et qu'il ne verse plus que le 25e mois, il doit être encore considéré comme associé de 18000 fr. (15000 + 3000) pendant 15 mois (du 10e au 25e); enfin, comme le 25e mois il verse encore 2000 fr., il doit être considéré comme associé pour 20000 fr. (18000 + 2000) pendant 4 mois (du 26e au 30e ou 2 ans 1/2).

Le second est d'abord associé pour 18000 fr. pendant 15 mois; puis, comme à cette époque il retire 6000 fr., il n'est plus associé que pour 12000 fr. (18000 — 6000) pendant 5 mois, du 15e au 20e, époque à laquelle il retire encore 4000 fr.; à cette troisième époque il n'est associé que pour 8000 fr. pendant 6 mois, car le 26e mois il retire encore 1000 fr. pour n'être plus associé que pour 7000 fr. pendant 4 mois.

Enfin, le troisième empruntant 5000 fr. en commençant et ne versant des fonds que le 15e mois, peut être considéré comme associé pour 5000 fr. pendant 15 mois, et ensuite pour 25000 fr. pendant les 15 autres mois (du 15e au 30e); car il est juste de déduire de la mise de 30000 fr. de quoi anéantir sa dette.

Ce raisonnement fort simple conduit au cas de trois mises placées pendant des temps différents pour le premier associé, de quatre mises pour le second, et de deux pour le troisième. On trouvera facilement une seule mise pour chacun, en faisant disparaître les différences de temps et en additionnant les mises fictives.

Mises fictives.

1er	3000	pendant 10 mois	$=$	$3000 \times 10 =$	30000	pendant 1 mois.
	18000	» 15 »	$=$	$18000 \times 15 =$	270000	»
	20000	» 5 »	$=$	$20000 \times 5 =$	100000	»
					400000	
2^e	18000	» 15 »	$=$	$18000 \times 15 =$	270000	»
	12000	» 5 »	$=$	$12000 \times 5 =$	60000	»
	8000	» 6 »	$=$	$8000 \times 6 =$	48000	»
	7000	» 4 »	$=$	$7000 \times 4 =$	28000	»
					406000	
3^e	5000	» 15 »	$=$	$-5000 \times 15 =$	—75000	*
	25000	» 15 »	$=$	$25000 \times 15 =$	375000	
					300000	

* Voy. 173, 2°.

Ainsi, le premier est associé pour 400000 pendant 1 mois, le second pour 406000 fr. pendant 1 mois, et le troisième pour 300000 fr. pendant 1 mois. La règle de trois est maintenant simple

$$
\begin{array}{r}
400000 \\
406000 \\
300000 \\
\hline
\end{array}
$$

1800 : 1106000 marc le franc.

$$
\begin{array}{r}
0,00162749 \times 400000 = 651 - \\
\times 406000 = 660,76 \\
\times 300000 = 488,25 \\
\hline
1800,01
\end{array}
$$

On comprend bien que l'exactitude de l'addition ne peut prouver que celle de la règle de société simple, et non pas les divers raisonnements d'analyse qui précèdent.

Nota. — Quelques-uns des problèmes donnés au chapitre LV, comme exemples de solution par les Équations, peuvent être rangés dans la catégorie des problèmes de Société composée ou de Répartition composée.

Problèmes de Répartition composée ou de Société composée, appartenant aussi à la règle de Fausse position Simple ou Double.

29° problème. — Un oncle laisse par testament une somme de 32000 fr. à partager entre quatre neveux, comme suit : le second aura les 3/4 du premier plus 2000 fr. ; le troisième aura la moitié du second plus 4000 fr. ; le dernier aura le double du second moins 8000 fr. — De combien est la part de chacun ?

$$
\begin{array}{llll}
& & & \text{Preuve :} \\
1^{er} & 1 & & 8000 \text{ part du premier,} \\
2^{e} & \text{» } 3/4 + 2000 & & 8000 \text{ part du second,} \\
3^{e} & \text{» } 3/8 + 5000 & & 8000 \text{ part du troisième,} \\
4^{e} & 1\ 1/2 - 4000 & & 8000 \text{ part du quatrième,} \\
\hline
& 3\ 5/8 + 3000 & \cdots & 32000 \text{ héritage.} \\
& 32000 & & \\
\hline
& 29000 : 3\ 5/8 = 232000 : 29 & & \\
\hline
& 8000 & &
\end{array}
$$

30° problème. — Quatre négociants achètent un navire

pour 24000 francs; ils conviennent de partager leur intérêt proportionnellement à leur mise de fonds; cette mise s'effectue comme suit : — Le second donne deux fois et demie autant que le premier, moins 9000 fr.; le troisième donne le 1/3 du second, plus 4000 fr. ; le quatrième donne une fois et demie autant que le troisième, moins 3000 fr. — Dans quelle proportion était leur intérêt ?

Preuve :

1er.....	1		6000 intérêt du premier,
2e......	2 1/2	— 9000	6000 intérêt du second,
3e......	» 5/6	+ 1000	6000 intérêt du troisième,
4e......	1 3/12	— 1500	6000 intérêt du quatrième,

$$5\ 7/12 - 9500 \qquad 24000\ \text{prix du navire.}$$
$$33500 : 5\ 7/12 = 6000$$

31ᵉ problème. — 600 fr. sont à partager entre trois individus comme suit : le tiers de la part du premier est égal au quart de la part du second, après y avoir ajouté 200 fr. ; et la moitié de la part du troisième est égale au tiers de la part du second, après en avoir retranché 50 fr. — Quelle est la part de chacun?

$$1^{er}\ldots\ldots\ldots\ 1$$

$$2^e\ldots\ldots\ldots\ \frac{4}{3} - 200 \quad (4\text{ fois }\frac{1}{3} - 200)$$

$$3^e\ldots\ldots\ldots\ \frac{8}{9} - 166\ 2/3 \quad (\text{la moitié} = \frac{1}{3}\text{ de }\frac{4}{3} - 250\text{ ou }\frac{4}{9} - 83\ 1/3)$$

Sommes des parties proportionnelles
$$\frac{29}{9} - 366\ 2/3 = 600 \text{ et } \frac{29}{9} = 600 + 366\ 2/3$$

$$\frac{29}{9} : 600 + 366\ 2/3 :: 1 : x = 300 \text{ premier,}$$

$$\frac{4 \times 300}{3} - 200 = 200\ldots\ldots \quad 200 \text{ deuxième,}$$

$$1/2 = \frac{200 - 50}{3} = 50$$

$$1 = 50 \times 2 = 100\ldots\ldots \quad 100 \text{ troisième.}$$
$$600$$

32ᵉ problème. — Deux négociants mettent des marchandises en commun; l'un du coton, l'autre des laines. Le coton est acheté à raison de 3 fr. le kil., la laine à raison de 2 fr. le kil. Le coton est vendu à raison de 4 fr. le kil.; la laine à raison de 5 fr. le kil. Le total de la vente se monte à 1000 fr., et chacun a déboursé la même somme dans l'achat. — On demande quel est le nombre de kilogrammes de marchandises qu'on a achetés et quel est le bénéfice que les deux négociants ont fait?

$$\left.\begin{array}{c} 500 \\ 500 \end{array}\right\} \text{Recette de chacun } \frac{4}{3} + \frac{5}{2} = \frac{8}{6} + \frac{15}{6} = \frac{23}{6}$$

$$\overline{1000}$$

$(8 + 15)\ 23 : 1000 :: 8 : x = 347,826$ produit de la vente du coton,
$\qquad\qquad\qquad\qquad\qquad 652,174$ vente de la laine.

$$\overline{1000\ -}$$

$\dfrac{347,826}{4} = 86^{kil},9565$ de coton $\times 3 = 260,87$ achat du coton,

$\dfrac{652,174}{5} = 130^{kil},4348$ de laine $\times 2 = 260,87$ achat de la laine,

$$\qquad\qquad\qquad\qquad\qquad 521,74$$
$$\qquad\qquad\qquad\qquad\qquad 478,26 \text{ bénéfice.}$$
$$\qquad\qquad\qquad\qquad\qquad \overline{1000\ -}$$

33° problème. — Deux négociants versent en société chacun 500 fr. Ils achètent du drap à raison de 9 fr. le mètre, et une seconde qualité à raison de 13 fr. le mètre. Ils vendent la première qualité à raison de 12 fr. et la deuxième à raison de 11 fr. Ils obtiennent dans la vente la même somme pour une qualité que pour l'autre. — On demande le bénéfice.

$$\frac{9}{12} + \frac{13}{11}\ \text{achat} \atop \text{vente} = \frac{99}{132} + \frac{156}{132} = \frac{255}{132}$$

$255 : 1000 :: 99 : x = 388,24$ achat 1re qualité.
$\qquad\qquad\qquad\qquad 611,76\ \ldots\ 2^e\ \ldots$

$$\overline{1000\ -}$$

$\dfrac{388,24}{9} = 43^m,138; \times 12 = 517,65$ vente 1re qualité.

$\dfrac{611,76}{13} = 47^m,059; \times 11 = 517,65\ \ldots\ 2^e$ qualité.

Vente totale.......... 1035,30
Achat total.......... 1000 —
Bénéfice............ 35,30

34ᵉ problème. — Deux négociants s'associent pour spéculer sur deux marchandises.

Ils achètent une marchandise à raison de 4 fr. le kil., et une autre espèce à raison de 5 fr. le kil. Ils revendent la première à raison de 7 fr. le kil., la deuxième à raison de 3 fr. le kil.

Le produit de la vente est de 1000 fr. Le premier négociant, n'ayant payé qu'un cinquième de l'achat, n'a eu qu'un cinquième du bénéfice. — On désire savoir quel a été le bénéfice de chacun d'eux.

Comme on connaît le produit de la vente, il faut le diviser par l'achat pour obtenir ce dernier.

$$\frac{7}{4} + \frac{3}{5} = \frac{35}{20} + \frac{12}{20} = \frac{47}{20} \qquad 47 : 1000 :: 35 : x = 744{,}681$$

Produit de la vente de la première marchandise.   744,681

.... deuxième   255,319

                          1000 —

$$\frac{744{,}681}{7} = 100^{\text{kil.}}{,}383 ; \times 4 = 425{,}53 \text{ Achat de la première,}$$

$$\frac{255{,}319}{3} = 85^{\text{kil.}}{,}106 ; \times 5 = 425{,}53 \text{ .... deuxième.}$$

     Montant de l'achat...   851,06

     Bénéfice............   148,94

                       1000 —

$$\frac{148{,}94}{5} = 29{,}788 \text{ bénéfice du premier.}$$

$$29{,}788 \times 4 = 119{,}152 \text{ .... deuxième.}$$

                  148,94

Les problèmes qui ont été donnés comme exemples de solution par les Équations (5ᵉ, 8ᵉ, 9ᵉ, 11ᵉ, 16ᵉ, 17ᵉ, 19ᵉ, 22ᵉ, 24ᵉ, au chap. LV, pp. 364, 365, 367, 372, 373, 375, 376), peuvent être rangés aussi dans cette catégorie.

Problèmes qui n'appartiennent qu'à la Règle de Fausse position Double.

35ᵉ problème. — Un commis, interrogé sur le chiffre de ses appointements, répond : Ce que je gagne est le triple du

salaire du commissionnaire de la maison, et en y ajoutant
1000 fr. c'en serait le quintuple.

<table>
<tr><td colspan="2">1re Supposition.</td><td colspan="2">2e Supposition.</td></tr>
</table>

	1re Supposition.		2e Supposition.	
Commissionnaire......	240 f.	Commissionnaire.....	250 f.
Commis...............	720	Commis.............	750
Plus.................	1000	Plus	1000
	1720		1750
Le quintuple de 240 =	1200	Le quintuple de 250 =	1250
Erreur...............	520	Erreur.............	500

$$20 : 10 :: 520 : x = 260$$

Le commissionnaire gagne 240 supp. + 260 = 500
Le commis............................ = 1500

$$1500 + 1000 \text{ ou } 2500 = 500 \times 5 \text{ ou } 2500$$

36e problème. — Deux commerçants ont gagné chacun
la somme de 11000 fr. Il s'ensuit que le capital du premier est
alors le triple du capital primitif du second, et que le capital
du second est le quadruple du capital primitif du premier. —
Quels étaient ces deux capitaux?

Solution par Double Fausse position.

$$1^{re} \text{ supp. } 10000 + 11000 = 21000 \text{ dont le } 1/3 = \begin{array}{r} 7000 \\ 11000 \\ \hline 18000 \end{array}$$

$$\text{au lieu de } \begin{array}{r} 40000 \\ \hline 22000 \end{array}$$

$$2^e \text{ supp. } 7000 + 11000 = 18000 \text{ dont le } 1/3 = \begin{array}{r} 6000 \\ 11000 \\ \hline 17000 \end{array}$$

$$7000 \times 22000 = 154000000 \text{ au lieu de } \begin{array}{r} 28000 \\ 11000 \end{array}$$

$$10000 \times 11000 = 110000000$$

$$\frac{44000000}{11000} = 4000$$

Solutions par Équation.

$$x + 11000 = y \times 3 \qquad y + 11000 = x \times 4$$

$$\frac{x + 11000}{3} = x \times 4 - 11000$$

$$11\,x = 44000$$

$$x = 4000$$

$$y = 4000 \times 4 - 11000 = 5000$$

37ᵉ problème. — Un entrepreneur de la construction d'un chemin de fer s'est engagé à l'achever dans un certain nombre de jours, à raison de 3000 fr. par jour, et sous peine de payer au contraire 4000 fr. par jour pour chaque jour de retard. Le travail n'a été achevé qu'en 350 jours, et en arrêtant ses comptes avec le gouvernement, il s'est trouvé qu'on ne lui devait rien et qu'il ne devait rien non plus; — en combien de jours s'était-il engagé à terminer le travail?

<table>
<tr><td>Solution par Fausse position.</td><td>Solution par Équation.</td></tr>
</table>

	1ʳᵉ supp.		
300 ×	3000 =	900000	3000 x = (350 — x) 4000
50 ×	4000 =	200000	7000 x = 1400000
		700000	x = 200; 200 × 3000 = 600000
			150 × 4000 = 600000

	2ᵉ supp.	
250 ×	3000 =	750000
100 ×	4000 =	400000
		350000

250 × 700000 =	175000000
300 × 350000 =	105000000
	70000000

700000 — 350000 =   350000

=   200

38ᵉ problème. — Un capitaliste veut acheter des rentes 3 %, en les payant au cours de 75; mais il lui manque 2000 fr.; en les payant au cours de 74,50, il ne lui manque que 1000 fr. — Quelle est la quantité de rentes qu'il voulait acheter, et celle d'argent qu'il avait?

<table>
<tr><td>Solution par Fausse position.</td></tr>
</table>

6000 francs de rentes à 75   = 150000

6000 francs de rentes à 74,50 = 149000

Le capital = 148000

Supposition : 3000 à 75   = 75500 — 1000 = 74000

3000 à 74,50 = 74500 — 500 = 74000

500

500 : 3000 :: 1000 : x = 6000

Solution par Équation.

$$\frac{75 \times x}{3} = y + 2000 \; ; \; \text{d'où} \; \frac{74,5 \times x}{3} = y + 1000$$

$$\text{d'où} \; \frac{75 \times x}{3} - \frac{74,5 \times x}{3} = 1000 \; ; \; \text{et } 0,5 \, x = 3000 \; ; \; \text{et } x = 60$$

Nota. — Le 6ᵉ problème donné comme exemple de la solution analytique au chapitre LIII et ceux donnés comme exemples de solutions par les Équations au chapitre LV (6°, 7°, 10°, 12°, 13°, 14°, 15°, 20°, 21°, 24°, 25°, 26°, 27°,) appartiennent à cette dernière catégorie.

CHAPITRE LXIV

Questions sur les Mélanges, les Combinaisons et les Moyennes.

RÈGLE DE MÉLANGE. — RÈGLE D'ALLIAGE. — CALCUL DES MOYENNES : — PRIX MOYEN, — TAUX OU INTÉRÊT MOYEN, — TITRE MOYEN, ETC. — APPLICATIONS DIVERSES AUX EFFETS DE COMMERCE : — ÉCHÉANCE COMMUNE.

(Solution à l'aide de l'Analyse, des Équations, des Proportions et des Règles de Répartition et de Fausse position).

Les calculs de la **Règle de mélange** proprement dite ont pour but de résoudre toutes les questions auxquelles donnent lieu les mélanges de diverses marchandises, telles que les liqueurs, les grains, les farines, les métaux, etc. Quelques auteurs un peu anciens lui donnent le nom de RÈGLE D'ALLIAGE ; mais aujourd'hui, d'après la signification du mot alliage dans le langage chimique, on doit entendre par Règle d'alliage la règle de mélange pour les métaux seulement.

Nous comprendrons aussi, sous le nom de Règle de mélange, tous les problèmes classés par les auteurs des traités d'arithmétique, appliqués sous les dénominations de *règles des Moyennes*, de *Prix moyen*, d'*Échéance commune*, etc. Car les raisonnements analogues nous conduisent aux mêmes calculs, que nous ayons soit à mélanger des marchandises, ou des capitaux, ou des effets de commerce, soit à combiner des échéances ou des prix. En groupant des questions analogues, elles deviennent plus claires, et les procédés de calcul sont plus faciles à retenir.

Nous aurons quatre espèces principales de questions à résoudre, au moyen de quatre Règles générales.

La première espèce consiste à trouver la **Moyenne** (Voy. ci-dessous), résultant : — soit de différentes Qualités de même Quantité; — soit de différentes Quantités de même Qualité; — soit de différentes Quantités de différentes Qualités, ou de différentes Qualités de différentes Quantités, mêlées ou combinées.

La deuxième espèce consiste à trouver dans quelle *proportion* doit se faire le mélange ou la combinaison de Quantités de différentes Qualités, la Qualité moyenne étant donnée, sans que la Quantité en soit déterminée, ou bien la Quantité en étant déterminée.

La troisième espèce consiste à trouver la *Quantité* d'une ou de plusieurs Qualités qui doivent faire, avec une ou plusieurs Qualités dont on connaît aussi les Quantités, une Qualité moyenne dont la Quantité est inconnue ou connue.

La quatrième espèce consiste à trouver la *Qualité* d'une ou de plusieurs Quantités qui doivent faire, avec une ou plusieurs Quantités données, dont on connaît aussi les Qualités, une Quantité donnée, dont la Qualité moyenne est aussi donnée.

Avant tout, il faut bien préciser ce qu'il faut entendre par ces *moyennes*.

En parlant des proportions, nous avons vu : 1° qu'on entend par *termes moyens* ou *Moyens* le 2° et le 3° terme d'une proportion, enclavés entre les deux *extrêmes;* — 2° qu'on entend par *moyenne proportionnelle arithmétique* ou simplement par *Moyenne arithmétique,* une quantité servant de deux termes dans une proportion (comme dans 4. 8 : 8. 12 ou

8.4:8.12), et surpassant d'autant la plus petite des deux autres quantités qu'elle est surpassée par la plus grande ; — 3° qu'on entend par *Moyenne proportionnelle géométrique*, ou simplement par *Moyenne géométrique*, une quantité servant de deux termes dans une proportion géométrique, et contenant la plus petite des deux autres quantités autant de fois qu'elle est contenue dans la plus grande, comme dans 4 : 8 :: 8 : 16 ou dans 8 : 4 :: 16 : 8.

Les quantités moyennes dont il s'agit dans les questions suivantes sont des moyennes en rapport arithmétique, non seulement entre deux autres, mais entre deux ou plusieurs autres, et résultant de la combinaison ou du mélange de ces diverses quantités.

§ 1er. — Première espèce de questions de la règle de mélange. — Calcul des Moyennes.

La première espèce de questions consiste, avons-nous dit, à chercher une *moyenne* entre deux ou plusieurs autres quantités.

Une simple analyse conduit à la *Règle générale* suivante : *Pour obtenir une moyenne entre deux ou plusieurs quantités, on multiplie les quantités par les qualités, et on divise la somme des produits par la somme des quantités.*

Prix, — Taux, — Intérêt, — Titres moyens.

1er problème. — Un ouvrier a travaillé pendant 6 jours et a successivement gagné fr. 5, 6, 7,50, 8, 8,50, 9, 9,50. — Combien a-t-il gagné par jour, terme moyen ?

1	....	5
1	....	6
1	....	7,50
1	....	8
1	....	8,50
1	....	9,50

44,50 : 6 = 7f,42 moyenne par jour.

Somme des quantités. 6 .... 44,50 somme des produits.

34

Si en 6 jours il a gagné fr. 44,50, en un jour il gagne moyennement cette somme divisée par 6.

En 6 jours, il a gagné fr. 44,50 ; en 1 jour, il a gagné le 1/6 de cette somme ou fr. 7,42.

2e problème. — Un boulanger vend un sac de farine de la manière suivante : le premier quart à 6 sous le demi-kilogramme, le second à 8 sous, le troisième à 7 sous, et le quatrième à 5 sous 1/2. — Quel est le prix moyen ?

$$
\begin{array}{ll}
1 \ldots 6 & \\
1 \ldots 8 & \quad 26\ 1/2 : 4 = 6\ 5/8 \text{ prix moyen.} \\
1 \ldots 7 & \\
1 \ldots 5\ 1/2 & \\
\hline
4 \ldots 26\ 1/2 &
\end{array}
$$

4 kilogrammes sont vendus à 26 1/2 sous,
1 kilogramme est vendu à... 26 1/2 : 4

N. B. — Nous emploierons quelquefois l'ancienne subdivision monétaire, pour avoir de plus petits nombres.

3e problème. — Un capitaliste prête 1/5 de son capital à 6 1/2 %, 1/5 à 8 %, 1/5 à 4 %, 1/5 à 4 1/2 % et 1/5 à 5 %, — quel est l'intérêt qu'il retire de son argent ?

$$
\begin{array}{ll}
1 \ldots 6\ 1/2 & \\
1 \ldots 8 & \quad 28 : 5 = 5\ 3/5 \text{ \%, taux moyen.} \\
1 \ldots 4 & \\
1 \ldots 4\ 1/2 & \\
1 \ldots 5 & \\
\hline
5 \quad 28 &
\end{array}
$$

Ces divers prêts produisent comme 1/5 à 28 % ; et si 1/5 produit 28 %, les 5/5 produiront 28 : 5.

4e problème. — Un ouvrier a travaillé pendant 12 jours à 5 fr. par jour, 8 jours à 6 fr., 10 jours à 7 fr. 50 c., 11 jours à 8 fr., 20 jours à 8 fr. 50 c., et 30 à 9 fr. 50 c. — Combien a-t-il gagné par jour, terme moyen ? (Voy. le premier problème.)

	Qualités.	Quantités.	Prod. des quant. par les qual.
1 jour étant à 5 fr.		12 jours font	$5 \times 12 =$ 60
1 —	6	8 —	$6 \times 8 =$ 48
1 —	7,50	10 —	$7,5 \times 10 =$ 75
1 —	8	11 —	$8 \times 11 =$ 88
1 —	8,50	20 —	$8,5 \times 20 =$ 170
1 —	9,50	30 —	$9,5 \times 30 =$ 285

En 91 jours il a gagné   726 fr.

Et en 1 jour 726 : 91 = 7 fr. 98 c. moyenne par jour.

5° problème. — Un épicier a quatre sortes d'épices de différentes qualités et de différents prix ; il les mêle pour composer des épices assorties. — Combien doit-il vendre le mélange ? (Voy. le 2° problème.)

32 hect. de girofle à....	15 sous	= 480 s.
11 d° de cannelle à..	13 d°	= 143
15 d° de muscade à..	6 d°	= 90
12 d° de poivre à....	2 d°	= 24
70		737

1 hect. de mélange = 737 : 70 = 10 1/2 s. prix moyen.

6° problème. — Un capitaliste a prêté 12000 fr. à 8 %, 9000 à 7 %, 8000 à 6 %, et 6000 à 5 % ; — à quel taux a-t-il placé son argent ?

12000	....	8 =	96000
9000	....	7 =	63000
8000	....	6 =	48000
6000	....	5 =	30000
35000			237000

$$\frac{237000}{35000} = 6\ 3/4 \text{ taux ou intérêt moyen.}$$

1 franc produisant 8 centièmes, 12000 francs produisent 96000 centièmes, et les 35000 francs produisent 237000 centièmes ; d'où 1 franc produit moyennement 6 3/4.

7° problème. — Un orfèvre fait un vase d'or avec trois espèces d'or : 325 grammes sont à 900, 230 à 800, et 45 à 950. — On demande quel sera le titre moyen ou le titre de fonte.

```
325 gr.  à 900 de fin font comme  1 à 292500
230  —   800   —        —        1 à 184000
 45  —   950   —        —        1 à  42750
───                              ─────────
600                               519250
```

$$\text{D'où 1 gram.} = \frac{519250}{600} = 865 \text{ tit. de fonte ou tit. moyen.}$$

Le produit de 600 grammes par les divers titres donnant 519250, le titre de 1 gramme est de 519250 divisé par 600.

8ᵉ problème. — Un commerçant achète 85,64 hectolitres d'eau-de-vie à fr. 64,50 l'un ; 72,48 hectolitres à fr. 54,25 ; les frais accessoires sont de fr. 345,10. Il veut, en revendant ses eaux-de-vie, gagner 18 °/₀ de ses déboursés. — Combien doit-il vendre l'hectolitre du mélange, en supposant qu'il ait perdu par l'évaporation hect. 0,75 du liquide?

```
85,64 Hl. à f. 64,50  coûtent f.   5523,78
72,48  »  à    54,25     —         3932,04
──────                            ─────────
158,12 »          frais accessoires  345,10

 0,75 de déchet                    9800,92
──────                            ─────────
157,37         bénéfice de   18 °/₀  1764,17
                                   ─────────
```

$$\text{Il doit retirer de la revente} \quad \frac{11565,09}{157,37} = 73 \text{ f. } 49 \text{ c.}$$

Comme les frais accessoires et le bénéfice augmentent le prix de la moyenne, on les ajoute.

§ 2. — Deuxième espèce de problèmes de la règle des mélanges.

La seconde espèce consiste à trouver dans quelle *proportion* doit se faire le mélange ou la combinaison de quantités de différentes qualités, la qualité moyenne étant donnée, sans que la quantité en soit déterminée, ou bien la quantité en étant déterminée.

Règle générale. — *On prend les différences de la moyenne aux qualités supérieures et aux qualités inférieures. Les premières indiquent combien il faut prendre des qualités inférieures, et les secondes combien il faut prendre des supérieures. On applique ensuite les principes de la Règle de répartition.*

Pour la commodité de l'œil, on dispose le prix moyen, un peu à droite ou à gauche, entre le prix supérieur et le prix inférieur.

Toutes les fois qu'il y a plus de deux quantités à combiner, les questions de cette espèce admettent une infinité de résultats ; c'est ce qui les a fait ranger dans la classe des *problèmes indéterminés*. Le procédé arithmétique ne donne qu'un petit nombre de résultats qu'on peut augmenter par le *tâtonnement ;* les procédés algébriques seuls font découvrir *tous* les résultats possibles, soit en indiquant la quantité de ceux qui sont exprimés en nombres entiers, soit en montrant que le problème admet des résultats à l'*infini.*

Ces questions appartiennent à la règle de répartition ; elles n'en diffèrent que par la manière de trouver les nombres proportionnels.

La *preuve* se fait par un calcul semblable à celui des questions du paragraphe précédent.

9ᵉ problème. — Un marchand a du riz à 25 centimes et à 40 centimes le kilog. ; il veut en faire à 30 centimes. — Dans quelle proportion doit-il mélanger les deux sortes pour en faire 500 kilogr. du prix moyen ?

En appliquant la règle générale que nous venons de donner, et en disposant, pour la commodité de l'œil, le prix moyen, un peu à droite ou à gauche, entre le prix supérieur et le prix inférieur, on trouve :

40	5	ou	40	5
30			30	
25	10		25	10
	——			——
	15			15

C'est-à-dire que, sur 15 kilogrammes, le marchand doit en prendre 5 (30 — 25) de la première qualité et 10 (40 — 30) de la seconde.

Cette manière d'opérer s'explique assez bien en raisonnant comme suit :

Le marchand, en vendant à 30 c. la qualité qui en vaut 40, perd 10 c. par kilogramme, et en vendant 30 c. la seconde qualité qui n'en vaut que 25, il gagne 5 c. par kilogramme. Or, pour compenser la perte par le gain, il faut qu'il vende 10 kilogrammes à 5 c. de bénéfice, quand il vend 5 kilogrammes à 10 c. de perte, c'est-à-dire 5 kilogrammes de la qualité supérieure et 10 de la qualité inférieure.

Observation générale. — Il est facile de voir qu'il s'agit ici de trouver deux nombres proportionnels, et qu'à la manière de les trouver près, ce problème de mélanges appartient aussi à la règle de Répartition. On voit aussi qu'au lieu de supposer 5 et 10, il serait plus court de supposer 1 et 2, qui sont entre eux dans le même rapport.

Pour répondre à la seconde question, il suffit de faire deux proportions; et l'on voit encore qu'il est possible de se servir de toutes les abréviations indiquées dans le chapitre précédent.

$$\left.\begin{array}{l} 15 \ : \ 5 \ :: \ 500 \ : \ x = \\ \text{ou } 3 \ : \ 1 \ :: \ 500 \ : \ x = \end{array}\right\} 166,67 \text{ quantité à prendre de la première qualité.}$$

$$\left.\begin{array}{l} 15 \ : \ 10 \ :: \ 500 \ : \ x = \\ \text{ou } 3 \ : \ 2 \ :: \ 500 \ : \ x = \end{array}\right\} 333,33 \text{ quantité à prendre de la seconde qualité.}$$

Preuve :

166,67 kil. de la première qualité à 40 c. font   66,67 fr.

333,33 kil. de la seconde   qualité à 25 c. font   83,33 fr.

500,00 kil. de la moyenne qualité à 30 c. font 150,00 fr.

Reynaud a donné une autre solution de ce genre de problèmes, par la Règle de Fausse position. — Il s'agit de faire du vin à 20 sous le litre, avec du vin à 14 sous et du vin à 24 sous.

« On prend, dit-il, un nombre arbitraire de litres, tel que 10 litres, par exemple, et l'on dit : les 10 litres de mélange à 20 sous valent 200 sous ; or, 10 litres à 24 sous, coûteraient 240 sous ; il faut donc diminuer ce dernier prix de 40 sous sans changer le nombre des litres. Mais, pour chaque litre de vin à 24 sous, remplacé par un litre à 14 sous, le prix 240 sous des 10 litres diminue de 10 sous ; il diminuera donc de 40 sous, ou de 4 fois 10 sous, en remplaçant 4 litres à 24 sous par 4 litres à 14 sous : les 10 litres de mélange doivent donc être composés de 4 litres à 14 sous et de 6 litres à 24 sous. »

Il vaut mieux se servir du raisonnement précédent, qui est plus clair et plus facile à saisir.

10° problème. — On veut faire à la Monnaie de l'or, au titre de 900, pour faire des pièces de 20 francs, avec des lingots à 875 et des lingots à 921. — Dans quelle proportion, exprimée en grammes, fondra-t-on l'or de ces deux espèces, pour faire 1560 grammes au titre moyen demandé ?

$$\begin{array}{ccc} 921 & & 25 \\ & 900 & \\ 875 & & \dfrac{21}{46} \end{array}$$

C'est-à-dire que sur 46 grammes, on en prend 25 (900 — 875) au titre de 921, et 21 (921 — 900) au titre de 875 ; ce qui s'explique par un raisonnement analogue à celui du problème précédent. En effet, en comptant à 900 l'or qui est à 921, on perd 21, et en comptant à 900 l'or qui est à 875, on gagne 25 ; donc il est évident qu'il faut prendre 25 parties de l'or sur lequel on perd 21, et 21 parties de l'or sur lequel on gagne 25, pour que les deux produits 25 $\times$ 21 perte, et 21 $\times$ 25 bénéfice, se compensent.

La seconde partie de la question se trouve ensuite par le calcul suivant :

$$46 : 25 :: 1560 : x = 847,826 \qquad 847,826 \times 921 = 780,848$$
$$46 : 21 :: 1560 : x = 712,174 \qquad 712,174 \times 875 = 623,152$$
$$\overline{1560,000 \times 900 = 1404,000}$$

C'est-à-dire que l'on prendra 847,826 grammes au titre de 921 et 712,174 au titre de 875, pour faire un lingot de 1560 grammes au titre moyen de 900 grammes (Voy. 7ᵉ problème).

11ᵉ problème. — Un économe veut faire du vin à 75 centimes le litre avec du vin qui lui a coûté 85 centimes ; — dans quelle proportion le coupe-t-il d'eau ?

Comme l'eau ne coûte rien en général, on peut mettre 0 pour prix inférieur.

85	75	15	15 litres de vin à 85 c.	= 12,75
75				
0	10	2	2 litres d'eau	= 0
	85	17	17 lit. de mélange à 75 c.	= 12,75

12ᵉ problème. — Un bijoutier a de l'or pur ; il veut le mettre au titre de 850 ; — dans quelle proportion doit-il y ajouter de l'alliage ?

Le cuivre est aussi estimé à 0 parce qu'il ne compte pas dans l'évaluation du titre.

1000	850	17 part. d'or à	1000 = 17000
	850		
0	150	3 part. de cuivre	= 0
	1000	20 part. à	850 = 17000

Problèmes de la même variété avec deux ou plusieurs qualités supérieures, deux ou plusieurs qualités inférieures.

Il peut se faire que l'on ait deux ou plusieurs qualités supérieures pour une qualité inférieure, deux ou plusieurs qualités inférieures pour une seule supérieure, deux ou plusieurs qualités supérieures pour un même nombre, ou un plus grand nombre ou un plus petit nombre d'inférieures. Ainsi que nous l'avons observé, c'est aux questions de cette nature que s'appliquent les réflexions qui commencent ce chapitre.

13° problème. — Un épicier a du café à 45 sous le 1/2 kilog., à 36 sous et à 30 sous; — combien en prend-il de chaque sorte, pour en faire un mélange qu'il doit vendre à 41 sous?

```
45   {  5
     { 11   ou  4     4 à 45 = 180
   41
36         4   ou  1     1 à 36 =  36ᵛ
30         4   ou  1     1 à 30 =  30
          ──       ──   ── ──    ───
          24        6     6 à 41 = 246
```

Il faut mettre la différence des deux prix inférieurs au prix moyen à côté du prix supérieur, et la différence du prix moyen au supérieur à côté de chacun des inférieurs. En effet, en vendant à 41 sous ce qui vaut 45 sous, l'épicier perd 4 sous, et en vendant à 41 sous ce qui ne vaut que 36 et 30 sous, l'épicier gagne 5 sous et 11 sous ; il faut donc qu'il vende 4 demi-kilogrammes à 36 sous, sur lesquels il gagne 4 fois 5 sous, et 5 demi-kilogrammes à 45 sous, sur lesquels il perd 5 fois 4 sous, ensuite 4 demi-kilogrammes à 30 sous, sur lesquels il perd 4 fois 11 sous, et 11 demi-kilogrammes à 45 sous, sur lesquels il gagne 11 fois 4 sous, pour que ses bénéfices compensent ses pertes.

14° problème. — Un épicier a du café à 50 sous, à 45 sous, à 43 sous et à 36 sous le 1/2 kilog. ; il veut en faire un mélange à 41 sous. — Dans quelle proportion prend-il de chaque espèce?

```
50          5  ou  1     1 à 50 =  50
45          5      1     1 à 45 =  45
43          5      1     1 à 43 =  43
────      41  9
36    {     4
      {     2      3     3 à 36 = 108
          ──      ──   ── ──    ───
          30       6     6 à 41 = 246
```

15° problème. — Un marchand a de l'alcool à 35 sous, à 34 sous, à 28 sous et à 26 sous le litre ; il veut en faire à

30 sous; — combien de litres prendra-t-il de chaque espèce?

	1re solution.	2e solution.	3e solution.	
35	4	2	2 / 4	6 ou 2
34	2	4	2 / 4	6 ou 2
30				
28	4	5	5 / 4	9 ou 3
26	5	4	5 / 4	9 ou 3
	15	15	30 ou 10	

1re solution : 35 — 30 = 5, inférieur extrême; 34 — 30 = 4, inférieur moyen; 30 — 28 = 2, supérieur moyen; 30 — 26 = 4, supérieur extrême.

2e solution : 35 — 30 = 5, inférieur moyen; 34 — 30 = 4, inférieur extrême; 30 — 28 = 2, supérieur extrême; 30 — 26 = 4, supérieur moyen.

3e solution : on compare les nombres supérieurs et les nombres inférieurs deux à deux, en supposant les deux nombres supérieurs comme n'en faisant qu'un; on dit donc $(35 — 30) = 5 + (34 — 30) = 4$ ou $5 + 4$, et on place ce résultat à côté des deux nombres inférieurs. On agit de même pour la différence des deux nombres inférieurs, que l'on place à côté des deux nombres supérieurs, pour que l'équilibre ne soit pas troublé.

Preuves :

4 à 35 = 140	2 à 35 = 70	2 à 35 = 70
2 à 34 = 68	4 à 34 = 136	2 à 34 = 68
4 à 28 = 112	5 à 28 = 140	3 à 28 = 84
5 à 26 = 130	4 à 26 = 104	3 à 26 = 78
15 à 30 = 450	15 à 30 = 450	10 à 30 = 300

16e problème. — Un marchand a de l'alcool à 35 sous[*], à 34 sous, à 28 sous, à 26 sous, à 25 sous et à 24 sous le litre; il veut en faire à 30 sous. — Combien de litres prendra-t-il de chaque espèce?

Avec le procédé que nous employons, la question admet onze espèces de solution.

---

[*] Nous prenons des sous pour avoir des nombres proportionnels plus petits.

	1re	2e	3e	4e	5e	6e	7e	8e	9e	10e	11e
35	{2, 4}	{5, 6}	{2, 4, 5}	2	{2, 5}	{4, 6}	{2, 6}	{4, 5}	{2, 5, 6}	4	{2, 4, 5, 6}
34	{5, 6}	{2, 4}	6	{4, 5, 6}	{4, 6}	{2, 5}	{4, 5}	{2, 6}	4	{2, 5, 6}	{2, 4, 5, 6}
30											
28	5	4	5	5	5	4	5	4	5	4	{4, 5}
26	5	4	5	4	4	5	4	5	4	5	{4, 5}
25	4	5	5	4	5	4	4	4	5	4	{4, 5}
24	4	5	4	4	4	5	5	5	5	4	{4, 5}
35	35	35	36	34	35	35	35	35	36	34	70

17° problème. — On veut faire, avec des lingots au titre
de 1000, 900, 850 et 600, un vase d'argent pesant 2150 grammes à 750 ; — combien doit-on prendre de chaque espèce
d'argent ?

$$
\begin{array}{lll}
1000 & 150 \text{ ou } 3 & 19 : 3 :: 2150 : x = 339,47 \\
900 & 150 \text{ ou } 3 & 19 : 3 :: 2150 : x = 339,47 \\
850 & 150 \text{ ou } 3 & 19 : 3 :: 2150 : x = 339,47 \\
750 & & \\
600 & \begin{cases} 250 \\ 150 \quad 10 \\ 100 \end{cases} & 19 : 10 :: 2150 : x = 1131,59 \\
 & \overline{950} \quad \overline{19} & \overline{2150,00}
\end{array}
$$

18° problème. — Un négociant a du vin à 45 fr., à 40 fr.,
à 24 fr., à 21 fr. l'hectolitre. Il veut faire entrer, dans le mélange qu'il vend à 36 fr., quatre fois autant de vin à 45 fr. que
de vin à 40, et deux fois autant de vin à 24 fr. que de celui
à 21. — Combien doit-il en prendre de chaque qualité ?

$$
\begin{array}{ll}
45 \text{ 1re qualité, } 40 \text{ 2e qualité.} & 24 \text{ 3e qual., } 21 \text{ 4e qual.} \\
\dfrac{4}{180} & \dfrac{2}{48} \\
+\dfrac{40}{220} & +\dfrac{21}{69} \\
1/5 = 44 \text{ prix moyen supérieur.} & 1/3 = 23 \text{ prix moyen inférieur.}
\end{array}
$$

Pour avoir le prix supérieur, on combine 4 fois le prix de 45 fr. et 1 fois celui de 40, et on en prend le cinquième, parce qu'en réalité la somme 220 se compose de cinq prix. De même pour avoir le prix moyen inférieur, on combine deux fois le prix de 24 et 1 fois celui de 21, et on prend le tiers, parce que la somme 69 se compose de trois prix. Après ce travail préparatoire on trouve les nombres proportionnels comme dans tous les exemples précédents.

$$
\begin{array}{ccc}
& 44 & 13 \\
36 & & \\
& 23 & 8
\end{array}
$$

On voit qu'il faut prendre 13 hectolitres à 44 fr. et 8 à 23 fr.; mais sur les 13 il y en a 4 fois autant à 45 qu'à 40, et sur les 8 il y en a 2 fois autant à 24 qu'à 21, d'où les calculs suivants :

$$
\begin{array}{lll}
5 : 4 :: 13\ x = 10{,}4 \\
5 : 1 :: 13\ x = 2{,}6
\end{array} \Big\} \ 13 \qquad
\begin{array}{l}
10{,}4 \ \ \text{à } 45 = 468 \\
2{,}6 \ \ \text{à } 40 = 104
\end{array}
$$

$$
\begin{array}{lll}
3 : 2 :: 8\ x = 5{,}33 \\
3 : 1 :: 8\ x = 2{,}67
\end{array} \Big\} \ 8 \qquad
\begin{array}{l}
5{,}33 \ \text{à } 24 = 127{,}92 \\
\underline{2{,}67 \ \text{à } 21 = \ \ 56{,}07}
\end{array}
$$

$$
\underline{21 \text{ — à } 36 = 756}
$$

§ 3. — **Troisième espèce de Problèmes de la règle dés Mélanges.**

La troisième espèce consiste à trouver la *quantité* d'une ou de plusieurs qualités qui doivent faire, avec une ou plusieurs autres qualités dont on connaît aussi les quantités, une qualité moyenne dont la quantité est inconnue ou connue.

Règle générale. — *On cherche les nombres proportionnels comme dans les problèmes de la seconde espèce, en appliquant les principes de la Règle de répartition.*

La *Preuve* de ces opérations se fait encore au moyen des calculs employés pour les problèmes de la première espèce.

19ᵉ problème. — Un marchand a 35 pièces de vin à 120 fr. ; il en a une certaine quantité à 147,50 ; il veut faire, en les mêlant, du vin à 130 fr. — Combien prendra-t-il de pièces de la seconde qualité ?

$$
\begin{array}{ccc}
& 120 & 17{,}50 \\
& 130 & \\
& 147{,}50 & 10
\end{array}
$$

Puisque pour 17 1/2 pièces à 120 fr., il doit prendre 10 pièces, à 147,50, la proportion suivante fournira le moyen de répondre à la question :

$$17\ 1/2 : 10 :: 35\ x = 20 \quad 20 \text{ à } 147,50 = 2950$$
$$35 \text{ à } 120 \quad\ \ = 4200$$
$$\overline{55 \text{ à } 130 \quad\ \ = 7150}$$

20ᵉ problème. — Un orfèvre veut faire un vase d'argent au titre de 850; il veut y faire entrer 250 grammes au titre de 825, et de l'argent dont il peut disposer aux titres de 750, de 860 et de 900. — Combien prendra-t-il de ces trois dernières qualités?

$$
\begin{array}{cccc}
750 & 10 & \text{ou} & 2 \\
825 & 50 & & 10 \\
& 850 & & \\
860 & 100 & & 20 \\
900 & 25 & & 5 \\
\end{array}
$$

$$250 \text{ à } 825 = 206,250$$
$$10 : 2 :: 250 : x = 50; \quad 50 \text{ à } 750 = 37,500$$
$$10 : 20 :: 250 : x = 500; \quad 500 \text{ à } 860 = 430,000$$
$$10 : 5 :: 250 : x = 125; \quad 125 \text{ à } 900 = 112,500$$
$$\overline{925 \text{ à } 850 = 786,250}$$

Il était facile de voir qu'il fallait à 750 le 1/5 de ce qu'il fallait à 825, à 860 le double de ce qu'il fallait à 825, et à 900 la moitié de ce qu'il fallait à 825.

21ᵉ problème. — Un entrepreneur doit fournir aux hôpitaux du vin à 24 fr. l'hectolitre. Il en a 480 hectolitres à 30 fr., et 600 à 28; — combien doit-il ajouter d'eau à ces deux quantités, pour que le mélange vaille 24 fr. l'hectolitre?

$$
\begin{array}{ll}
480\ldots 30 = 14100 \\
600\ldots 28 = 16800 \\
\hline
1080 \qquad 31200
\end{array}
$$

D'après ce calcul, les 480 et les 600 hectolitres font 31200; en divisant ce produit par le prix moyen 24, on trouve $\frac{31200}{24} = 1300$ hectolitres; or, comme il n'y en a que 1080 de vin, il faut y ajouter 220 hectolitres d'eau (1300 — 1080).

22ᵉ problème. — On remet à la monnaie 2700 kilog. d'or, au titre de 850, 3600 kilog. au titre de 950 et 1800 kilog. d'or fin (à 1000); — combien de kilog. de cuivre faut-il ajouter pour réduire la totalité au titre de 900?

$$2700 \text{ à } 850 = 2295 \text{ de fin.}$$
$$3600 \text{ à } 950 = 3420$$
$$\underline{1800 \text{ à } 1000 = 1800}$$
$$\overline{8100} \qquad \overline{7515}$$

$$\frac{7515}{0900} = 8350 \text{ d'or à } 900$$

$$\underline{8100}$$
$$\overline{0250} \text{ de cuivre.}$$

Preuve.

$$0250 \text{ à } \quad 0 \qquad\qquad = 0$$
$$8100 \text{ à } 850,\ 950 \text{ et } 1000 = 7515$$
$$\overline{8350 \text{ à } \quad\quad 900} \qquad = \overline{7515}$$

23ᵉ problème. — Un marchand a 35 pièces à 120 fr. et
12 pièces à 115 fr., et, en outre, du vin dont il peut disposer
à 130 fr. ; il veut en faire, en les mêlant, une qualité à 125.
— Combien prendra-t-il de la troisième espèce ?

On cherche d'abord le prix moyen des deux premières qualités par rapport à leurs quantités.

$$35 \text{ à } 120 = 4200$$
$$12 \text{ à } 115 = 1380$$
$$\overline{47 \text{ à } x} \quad = \overline{5580}$$
$$x = \frac{5580}{47} = 118\,\frac{34}{47}$$

$$118\,\frac{34}{47} \qquad 5$$

Preuve.

$$\qquad\qquad 135 \qquad\qquad 59 \text{ à } 130 = 7670$$
$$\qquad\qquad\qquad\qquad\qquad 35 \text{ à } 120 = 4200$$
$$130 \qquad 6\,\frac{13}{47} \qquad 12 \text{ à } 115 = 1380$$
$$\qquad\qquad\qquad\qquad \overline{106 \text{ à } 125} = \overline{13250}$$

$$5 : 6\,\frac{13}{47} :: 47\,(35 + 12) : x = 59 \text{ pièces.}$$

§ 4. — Quatrième espèce de Problèmes de la règle des Mélanges.

La quatrième espèce consiste à trouver la *qualité* d'une ou
de plusieurs quantités qui doivent faire avec une ou plusieurs
quantités données, dont on connaît aussi les qualités, une
quantité donnée dont la qualité moyenne est aussi donnée.

Règle générale. — *On suit les principes posés pour les problèmes de la première espèce, et l'on divise le complément de la
somme des produits par la quantité dont la qualité est inconnue,
ou par la qualité dont la quantité est inconnue.*

La *Preuve* résulte de l'exactitude de ce complément, après la détermination duquel l'opération est analogue à celle de la première espèce des problèmes.

24ᵉ problème. — On a fait un mélange de 55 pièces de vin qu'on a vendues à 130 fr., en y employant 35 pièces à 120 fr. ; — de quelle qualité étaient les 20 autres pièces ?

$$
\begin{array}{llll}
55 \text{ pièces} & \text{à } 130 \text{ fr.} & = 7150 \\
35 \quad \text{»} & \text{à } 120 & = 4200 \\
\hline
20 \quad \text{»} & \text{à } x & = 2950
\end{array}
$$

$$x = \frac{2950}{20} = 147{,}50$$

C'est-à-dire qu'on a dû ajouter 20 pièces à fr. 147,50 aux 35 pièces à 120 francs pour faire un mélange de 55 pièces à 130 francs ; en effet :

$$
\begin{array}{lllll}
\textit{Preuve :} & 35 \text{ pièces} & \text{à } 120 & \text{fr.} & = 4200 \\
& 20 \quad \text{»} & \text{à } 147{,}50 & & = 2950 \\
\hline
& 55 \quad \text{»} & \text{à } 130 & & = 7150
\end{array}
$$

Au lieu de procéder par voie de soustraction comme ci-dessus, on peut disposer le calcul comme pour la preuve, trouver le produit à diviser par voie de complément, et placer ensuite le résultat trouvé.

Il est clair que la qualité à 147,50 peut être composée de plusieurs autres qualités dont elle est la moyenne : ainsi, si le marchand ne l'a pas, il se la procurera par un mélange.

25ᵉ problème. — Un orfèvre veut faire un vase d'argent pesant 5000 grammes au titre de 850 ; il veut y employer : 1500 grammes d'argent au titre de 845 ; 1000 grammes au titre de 840 ; 500 grammes au titre de 835 ; 200 grammes au titre de 831. — A quel titre sera le reste ?

$$
\begin{array}{lllll}
1500 \text{ grammes} & \text{à } 845 & = & 1267500 \\
1000 \quad \text{d}^\circ & \text{à } 840 & = & 840000 \\
500 \quad \text{d}^\circ & \text{à } 835 & = & 417500 \\
200 \quad \text{d}^\circ & \text{à } 831 & = & 166200 \\
1800 \quad \text{d}^\circ & \text{à } x & = & 1558800 \text{ (complément).} \\
\hline
5000 \text{ grammes} & \text{à } 850 & = & 4250000
\end{array}
$$

$$1558800 : 1800 = 866 \text{ titre demandé.}$$

Nota. — Ce procédé peut s'expliquer en disant que, puisque, d'après ce qui a été dit (780), les quantités multipliées par les titres doivent faire un produit de 4250000 provenant de la quantité totale multipliée par le titre moyen, le complément de cette somme doit provenir de $1800 \times x$. C'est ce que démontre la preuve ci-dessous.

Preuve :

$$
\begin{array}{rllll}
1500 & \text{grammes} & \text{à } 845 & = & 1267500 \\
1000 & \text{d}^o & \text{à } 840 & = & 840000 \\
500 & \text{d}^o & \text{à } 835 & = & 417500 \\
200 & \text{d}^o & \text{à } 831 & = & 166200 \\
1800 & \text{d}^o & \text{à } 866 & = & 1558800 \\
\hline
5000 & \text{grammes} & \text{à } 850 & = & 4250000
\end{array}
$$

$$\frac{4250000}{5000} = 850$$

26ᵉ Problème. — On veut vendre au prix de 130 fr. un mélange de 100 pièces de vin, dans lequel on veut faire entrer 35 pièces à 120 fr. et une certaine quantité de pièces de 140 et 145 fr. — Combien de ces deux dernières qualités le mélange contient-il ?

Comme les 65 pièces des deux dernières qualités doivent former un complément produit de 65 par un prix moyen résultant du mélange des deux qualités 140 et 145, on trouve ce prix moyen par le calcul suivant :

$$
\begin{array}{llll}
35 \text{ p. à} & 120 \text{ f.} = & 4200 & \quad 8800 : 65 = 135\ 5/13 \\
65 \text{ p. à } 140 \text{ et } 145 \text{ f.} = & 8800 & \\
\hline
100 \text{ p. à} & 130 \text{ f.} = & 13000 &
\end{array}
$$

{ Prix moyen à faire avec la qualité à 140 et la qualité à 145.

Maintenant, pour composer cette moyenne, il faut ajouter de l'eau, puisque les deux qualités sont supérieures, et avoir recours au calcul suivant :

$$
\begin{array}{ccc}
145 & & 135\ 5/13 \\
140 & & 135\ 5/13 \\
& 135\ 5/13 & \\
& & \quad 4\ 8/13 \\
0 & & \quad 9\ 8/13 \\
& & \overline{\quad 285}
\end{array}
$$

$$285 : 65 :: 135\ 5/13 : x = 30,88 \text{ à } 145$$
$$285 : 65 :: 135\ 5/13 : x = 30,88 \text{ à } 140$$
$$285 : 65 :: 14\ 3/13 : x = 3,24 \text{ d'eau.}$$

Preuve :

35	pièces	à 120 francs	=	4200
30,88	»	à 145	»	=	4477,60
30,88	»	à 140	»	=	4323,20
3,24	»	d'eau		=	0
100					13000,80

§ 5. — APPLICATION DES DIVERS PROCÉDÉS SUR LES RÈGLES DES MÉLANGES AUX EFFETS DE COMMERCE. — ÉCHÉANCE COMMUNE.

Il s'agit dans les problèmes suivants de mélanges ou combinaisons des Sommes ou Capitaux (ou quantités de francs) à diverses échéances, c'est-à-dire de diverses qualités. On peut les classer en espèces semblables aux quatre précédentes et les résoudre par les mêmes procédés.

Première espèce de problèmes sur l'Échéance commune. — Détermination de l'échéance commune.

L'échéance commune est l'échéance ou date moyenne à laquelle serait payable une somme composée de deux ou diverses sommes à des échéances différentes.

Dans les questions relatives à l'échéance commune et aux combinaisons d'effets, on a souvent besoin de déterminer le nombre de jours à courir entre la date des effets et leur échéance, que cette échéance soit indiquée à jour fixe ou bien à un certain nombre de jours ou de mois de date ; cette détermination se fait à l'aide de l'almanach ou de tête, et nécessite la connaissance du nombre des jours contenus dans les mois qui forment trois catégories ; savoir :

Mois de 31 jours.	30 jours.	28 ou 29 jours.
Janvier,	Avril,	Février,
Mars,	Juin,	De 28 j. pendant 3 ans.
Mai,	Septembre,	De 29 j. l'année bissextile.
Juillet,	Novembre.	
Août,		
Octobre,		
Décembre.		

En les représentant comme suit, on voit que les mois de 31 et de 30 jours se succèdent alternativement, mais pas d'une manière absolument régulière.

Janvier,	Avril,	**Juillet,**	**Octobre,**
Février,	**Mai,**	**Août,**	Novembre,
Mars,	Juin,	Septembre,	**Décembre.**

On a trouvé un moyen mnémotechnique dans la main gauche fermée, en comptant les mois de 31 jours sur la partie saillante des articulations, et les mois de 30 jours sur les intervalles ; comme suit :

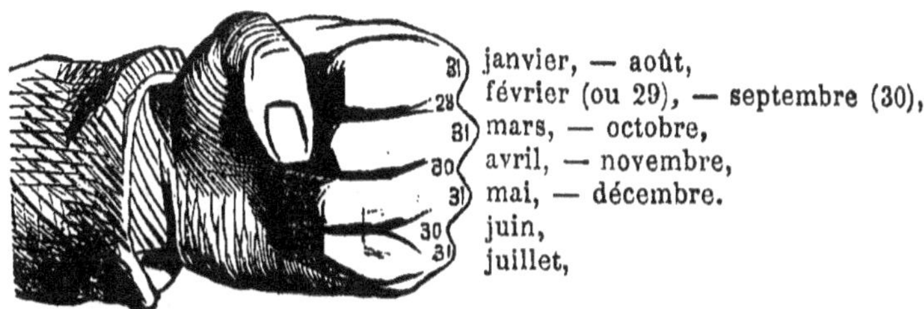

Soit maintenant à calculer le nombre de jours du 8 juillet au 6 octobre, ou à 90 jours de date.

On compte :

Du 8 juillet au 6 octobre

23 jours en juillet,
31   — — août,
30   — — septembre,
6   — d'*octobre* (complément pour former les 90 jours donnés).
——
90 jours.

S'il s'agissait de l'échéance du 8 juillet à trois mois de date, elle tomberait au 8 octobre, les mois de date se comptant du jour donné au même quantième du mois suivant, que les mois aient 31 ou 30 jours, ou 28 ou 29 jours. — Mais quatre effets datés des 28, 29, 30 et 31 janvier, et stipulés à un mois de date, échoient tous quatre le 28 février, ou le 29 si l'année est bissextile ; et un effet du 28 février à deux mois de date échoit le 30 avril.

En calculant le nombre de jours, il faut toujours se servir des nombres déjà trouvés pour arriver aux autres. Ainsi, sachant que du 8 juillet au 15 août il y a 38 jours, pour déterminer combien il y a du 8 juillet au 10 septembre, il ne faut pas partir de nouveau du 8 juillet, mais bien du 15 août, et dire : au 15 août il y a 38 jours; au 31 août il y a 38 + 16 ou 54 jours, et au 10 septembre 54 + 10 ou 64 jours.

On a dressé, des jours compris entre deux dates, divers tableaux d'un usage commode. Voici le plus simple :

Tableau des Jours compris entre deux dates.

A	DE											
	JANVIER.	FÉVRIER.	MARS.	AVRIL.	MAI.	JUIN.	JUILLET.	AOÛT.	SEPTEMBRE.	OCTOBRE.	NOVEMBRE.	DÉCEMBRE.
Janvier ...	365	334	306	275	245	214	184	153	122	92	61	31
Février ...	31	365	337	306	276	245	215	184	153	123	92	62
Mars	59	28	365	334	304	273	243	212	181	151	120	90
Avril	90	59	31	365	335	304	274	243	212	182	151	121
Mai	120	89	61	30	365	334	304	273	242	212	181	151
Juin......	151	120	92	61	31	365	335	304	273	243	212	182
Juillet....	181	150	122	91	61	30	365	334	303	273	242	212
Août......	212	181	153	122	92	61	31	365	334	304	273	243
Septembre.	243	212	184	153	123	92	62	31	365	335	304	274
Octobre...	273	242	214	183	153	122	92	61	30	365	334	304
Novembre.	304	273	245	214	184	153	123	92	61	31	365	335
Décembre.	334	303	275	244	214	183	153	122	91	61	30	365

Le nombre de jours écoulés entre deux dates se trouve à la rencontre de la colonne horizontale et de la colonne verticale qui commencent l'une par le mois de la première date et l'autre par le mois de la seconde. Exemple : soit à chercher les jours du 5 mars au 5 novembre. On cherche mars dans la première ligne horizontale, et on descend verticalement jusqu'à novembre; on trouve 245. Si c'était du 5 mars au 15 novembre, on ajouterait 10 jours à 245. L'année 1880 étant bissextile, on ajoutera un jour au nombre trouvé, si février tombe entre les deux dates données.

1ᵉʳ problème. — Un négociant a trois effets à payer : le premier de 8000 fr. exigibles dans 6 mois ; le deuxième de 15000 fr. payables dans 4 mois ; le troisième de 20000 fr. payables dans 10 mois. — Quelle est l'époque commune pour tous ces paiements ?

$$
\begin{array}{rrr}
\text{f.} \quad 8000\ldots\ldots & 6 = & 48000 \\
15000\ldots\ldots & 4 = & 60000 \\
20000\ldots\ldots & 10 = & 200000 \\
\hline
\text{f.} \quad 43000 & & 308000 \\
\end{array}
$$

$$\frac{308000}{43000} = 7 \text{ mois } 5 \text{ jours, échéance commune.}$$

Pour avoir l'intérêt de 8000 f. pendant 6 mois, il faut (p. 422) multiplier 8000 par 6 et diviser par 1200, et ainsi de suite pour les autres ; de sorte que 308000 représente les divers capitaux multipliés par les divers taux. Il en résulte que, pour avoir le taux moyen, il faut diviser 308000 par 43000.

2° problème. — Un banquier a plusieurs effets à recevoir ; ils sont tous souscrits par la même maison de commerce, laquelle offre de les remplacer par un seul effet de la totalité des sommes à payer, à une époque commune. — On demande quelle est cette époque, en admettant que les effets soient stipulés comme suit : 5000 fr. payables dans 15 jours, 8000 dans 50, 1000 dans 20, 12000 dans 30, 4000 dans 25. — Quelle est l'échéance commune ?

$$
\begin{array}{rrr}
5000 \text{ fr.} & 15 \text{ j.} & 75000 \\
8000 & 50 & 400000 \\
10000 & 20 & 200000 \\
12000 & 30 & 360000 \\
4000 & 25 & 100000 \\
\hline
39000 & & 1135000 \\
\end{array}
$$

$$\frac{1135000}{39000} = 29 \text{ jours, échéance commune.}$$

L'effet unique de 39000 fr. devra être payable dans 29 jours.

3ᵉ problème. — Un banquier veut faire escompter à la Banque, le 1ᵉʳ janvier, les effets suivants : 5000 fr. au 16 janvier, 8000 au 20 février, 10000 au 21 janvier, 12000 au 31 janvier, 4000 au 26 janvier. — Quelle est l'échéance commune ?

On cherche d'abord l'échéance de chaque effet conformément à ce qui a été dit ci-dessus.

$$
\begin{array}{llll}
5000 & \text{au 16 janvier, ont à courir 15 j.} & = & 75000 \text{ f.} \\
8000 & \text{au 20 février} \ldots\ldots\ldots 50 & = & 400000 \\
10000 & \text{au 21 janvier} \ldots\ldots\ldots 20 & = & 200000 \\
12000 & \text{au 31 } \quad d^{o} \ldots\ldots\ldots 30 & = & 360000 \\
4000 & \text{au 26 } \quad d^{o} \ldots\ldots\ldots 25 & = & 100000 \\
\hline
39000 & & & 1135000
\end{array}
$$

$$\frac{1135}{39} = 29 \text{ jours, échéance commune.}$$

Ainsi, comme 29 jours après le 1er janvier, c'est le 30 janvier, l'échéance commune tombe le 30 janvier.

Pour abréger, on se sert des échéances déjà trouvées pour calculer celles qui suivent : ainsi, pour la seconde on a dit : au 16 janvier, il y 15 jours ; au 31, il y en 15 de plus ou 30 ; et au 20 février, il y en a 20 de plus ou 50.

Méthode abrégée. — La méthode qui précède conduit à une méthode plus abrégée, toujours employée dans la pratique. Elle consiste à calculer les échéances à partir de l'échéance la plus rapprochée du jour où l'on se trouve.

Dans l'exemple qui sert ici, l'époque la plus rapprochée est le 16 janvier; on a donc :

$$
\begin{array}{llll}
5000 \text{ f.} & \text{au 16 janvier} \ldots\ldots 0 \text{ j.} & = & 0 \\
8000 & \text{20 février} \ldots\ldots 35 & = & 280000 \\
10000 & \text{21 janvier} \ldots\ldots 5 & = & 50000 \\
12000 & \text{31 } \quad d^{o} \ldots\ldots 15 & = & 180000 \\
4000 & \text{26 } \quad d^{o} \ldots\ldots 10 & = & 40000 \\
\hline
39000 & & & 550000
\end{array}
$$

$$\frac{550}{39} = 14 \text{ jours, échéance commune.}$$

Donc, 14 jours à partir du 16 janvier portent l'échéance commune au 30 janvier. Par ce procédé on économise une multiplication, et les multiplicateurs des autres deviennent plus petits.

Application aux emprunts publics *.

4º problème. — Une compagnie émet des obligations payables, savoir : 200 fr. en souscrivant, et les 300 fr. com-

---

* Les deux exemples suivants sont tirés d'une Notice de **M. Rymkiewicz**, calculateur au Crédit foncier, dans une introduction aux *Comptes faits des intérêts* de Bonnet; nouvelle édition, chez Garnier frères.

plémentaires exigibles par tiers de 3 en 3 mois. — On demande le taux réel de l'émission.

Opération.

$$
\begin{aligned}
200 \times 0 \quad &= \quad 0 \\
100 \times 3 \text{ mois} &= \quad 300 \\
100 \times 6 \text{ mois} &= \quad 600 \\
100 \times 9 \text{ mois} &= \quad 900 \\
\hline
500 \qquad\qquad & \qquad 1800
\end{aligned}
$$

$$\frac{1800}{500} = 3 \text{ mois } 6/10, \text{ échéance commune.}$$

Soit 3 mois 18 jours ou 108 jours.

Cela veut dire que, d'après les conditions énoncées ci-dessus, les versements partiels faits dans les délais prescrits équivalent à un versement intégral de 500 fr., effectué au bout de 108 jours seulement.

Il faut donc, pour obtenir le cours effectif de l'émission du cours nominal de .... 500 fr.

Déduire les intérêts de cette somme pour les 3 mois 18 jours pendant lesquels cet argent est censé rester en possession du souscripteur, soit à 4 pour 100.. 6

Taux réel de l'émission..... 494 fr.

Sur lequel il faudra opérer pour bien comprendre les autres conditions de l'émission.

Application aux concordats des faillis.

5ᵉ problème. — Un failli prend avec ses créanciers l'engagement suivant : De ne leur faire perdre que 28 % de leur capital, et de leur rembourser les 72 %, savoir : 12 % à 6 mois, 24 % à 9 mois, 36 % à 12 mois, sans tenir compte des intérêts de retard. — On veut savoir à combien pour cent du capital primitif cet arrangement élèvera la perte de chaque commanditaire ?

Voici le calcul par la méthode que nous venons d'indiquer :

$$
\begin{aligned}
12 \times 6 \text{ mois} &= 72 \\
24 \times 9 \text{ mois} &= 216 \\
36 \times 12 \text{ mois} &= 432 \\
\hline
72 \qquad\qquad & \quad \frac{720}{72} = 10 \text{ mois, échéance commune.}
\end{aligned}
$$

12 % pendant 6 mois, c'est comme 1 % pendant 72 mois, etc.

On peut arriver au même résultat par une *méthode abrégée*, qu'il est difficile de faire comprendre par une analyse simple. On l'emploie lorsque chaque paiement partiel divise exactement le montant total, c'est-à-dire lorsque le paiement total est le plus petit nombre divisible par les paiements partiels, comme cela a lieu pour 12, 24, 36, et voici alors comment on procède :

On divise respectivement chacun des termes 6, 9 et 12 mois par le nombre de fois que la somme qui leur corespond est contenue dans la somme totale ; la somme des quotients ainsi obtenus donne l'échéance commune.

Voici, dans ce cas, comment on dispose les calculs :

$$72/12 = 6 \quad 6 \text{ mois divisés par } 6 = 1$$
$$72/24 = 3 \quad 9 \quad - \quad - \quad 3 = 3 \; \dots\dots \; \dots\dots \; \dots$$
$$72/36 = 2 \quad 12 \quad - \quad - \quad 2 = 6$$

$$\text{Total} \dots\dots \quad 10 \text{ comme ci-dessus.}$$

Les créanciers, outre les 28 °/₀, éprouvent donc une perte de 10 mois d'intérêt sur les 72 fr. complémentaires, ce qui, à raison de 6 pour 100 par an, représente un déficit de 5 pour 100.

$$\text{Soit} \dots\dots\dots\dots\dots\dots\dots \quad 3,60 \text{ sur } 72 \text{ fr.}$$
$$\text{en y ajoutant la perte annoncée} \quad 28 \text{ »}$$
$$\text{On a une perte réelle} \dots \quad 31,60 \text{ °/₀}$$

Nota. — L'emploi de l'échéance commune abrège les écritures. En effet, les bordereaux d'effets à escompter, qui sont l'objet d'écritures assez longues, se réduisant, au moyen de cette opération, à une seule somme et à une seule échéance, peuvent être englobés dans un seul article pour leur montant total, ce qui est très-important dans les grandes administrations, dont la comptabilité est souvent fort compliquée.

2ᵉ espèce de problèmes sur l'échéance commune.

6ᵉ problème. — Un négociant a à sa disposition du papier au 10 août et au 31 août ; dans quelle proportion faut-il qu'il prenne de l'un et de l'autre pour faire du papier au 25 août ?

```
10      6 .... 2
     25
31     15 .... 5
       ——    —
       21 .... 7
```

C'est-à-dire que, pour avoir 213 francs disponibles au 25 août, il doit prendre 6 francs au 10 août et 15 francs au 31 août. En effet, en prenant 6 francs au 10 août, il gagne 15 jours d'intérêt sur ces 6 francs ; et en prenant 15 francs au 31 août, il perd 6 jours d'intérêt sur ces 15 francs ; or, 15 jours de perte sur 6 francs, et 6 francs de bénéfice sur 15 francs se compensent.

Dans ce problème, les parties proportionnelles sont en définitive 2 et 5.

Les quantièmes du mois servent ici à trouver la qualité, parce qu'il s'agit du même mois. On comprend bien qu'il faut déterminer le nombre de jours, comme on a fait dans les problèmes suivants, quand il y a des quantièmes de mois différents.

7e problème. — Un négociant a 1500 fr. à payer au 15 août ; il veut consacrer à ce paiement, avec le consentement de son créancier, des fonds disponibles au 10 septembre et au 8 juillet ; — dans quelle proportion prendra-t-il les fonds à ces deux dernières échéances pour faire la somme demandée au 15 août (on fait le calcul le 1er juillet) ?

Du 1er juillet au 8 juillet, au 15 août, au 10 septembre, il y a 7, 45, 71 jours (p. 545) ; ou bien du 8 juillet au 8 juillet, au 15 août, au 10 septembre, il y a 0, 38 et 64 jours. Donc on a, en adoptant l'une ou l'autre de ces deux évaluations :

```
 7     26        ou 0     26....13
    45                38
71     38           64     38....19
       ——                  ——    ——
       64                  64    32
```

C'est-à-dire que, sur 64 francs, le négociant prendra 26 francs au 8 juillet et 38 francs au 10 septembre, pour faire 64 francs au 15 août. En effet, en prenant des fonds au 8 juillet, il perd 38 jours d'intérêts ; et en prenant des fonds au 10 septembre, il gagne 26 jours d'intérêts. Il faut donc qu'il prenne 26 francs sur lesquels il perd 38 jours, et 38 francs sur lesquels il gagne 26 jours d'intérêts pour qu'il y ait compensation. On trouve ensuite les parties proportionnelles sur 1500 par le calcul suivant :

$$32 : 13 :: 1500 : x = 609{,}375; \quad 609{,}375 \times 0 = 0$$
$$32 : 19 :: 1500 : x = 890{,}625; \quad 890{,}625 \times 64 = 57000$$
$$\overline{1500. -} \quad \overline{1500. -} \times 38 = \overline{57000}$$

C'est-à-dire que le négociant disposera de 609,37 francs au 8 juillet, et de 890,63 francs au 10 septembre, pour faire une somme de 1500 francs au 15 août, échéance commune.

Voy. les explications du 9ᵉ problème, § 2.

8° problème. — On veut payer 6000 fr. au 7 juin avec des fonds au 31 mai, au 5 juin, au 10 juin, au 15 juin, au 20 juin. —Quelle somme prendra-t-on à ces diverses échéances ?

Du 31 mai au 31 mai, au 5, au 10, au 15 et au 20 juin, il y a 0, 5, 10, 15 et 20 jours.

Les différences de 0 et 5 à 7 sont 7 et 2 ; les différences de 7 à 10, 15 et 20 sont 3, 8 et 13. Les nombres proportionnels qui en résultent sont 24, 24, 9, 9 et 9 qui peuvent se réduire à l'expression plus simple de 8, 8, 3, 3 et 3.

Voy. les explications du 9ᵉ problème, § 2, et celles qui précèdent ce même problème.

Voici l'opération figurée :

$$
\begin{array}{c c c c c c}
0 & \left\{ \begin{array}{c} 3 \\ 8 \\ 13 \end{array} \right\} & 24 & 8 & & \\[2em]
5 & \left\{ \begin{array}{c} 3 \\ 8 \\ 13 \end{array} \right\} & 24 & 8 & 25 : 8 :: 6000 : x & \left\{ \begin{array}{c} 1920 \\ 1920 \end{array} \right. \\[2em]
7 & & & & & \\[1em]
10 & \left\{ \begin{array}{c} 7 \\ 2 \end{array} \right\} & 9 & 3 & & \\[1em]
15 & \left\{ \begin{array}{c} 7 \end{array} \right\} & 9 & 2 & 25 : 3 :: 6000 : x & \left\{ \begin{array}{c} 720 \\ 720 \\ 720 \end{array} \right. \\[1em]
20 & \left\{ \begin{array}{c} 7 \\ 2 \end{array} \right\} & 9 & 3 & & \\[1em]
& & \overline{75} & \overline{25} & & \overline{6000}
\end{array}
$$

9ᵉ problème. — On a à fournir plusieurs sommes à 30, 45, 60 et 90 jours de date; on veut donner 4 fois autant de fonds à 45 jours que de ceux à 30, et le double des fonds à 90 jours que de ceux à 60. — Dans quelle proportion doit être le montant de ces effets, pour que la totalité soit à 50 jours de date ?

$$45 \times 4 = 180 \qquad\qquad 90 \times 2 = 180$$
$$30 \times 1 = 30 \qquad\qquad 60 \times 1 = 60$$

$$\overline{5} \quad \overline{210}; \; 210 : 5 = 42 \qquad \overline{3} \quad \overline{240}; \; 240 : 3 = 80$$

$$42 \quad 30 \qquad 5 : 4 :: 30 : x = 24 \quad\;\; ; 24 \qquad \text{à } 45 = 1080$$
$$ \quad 50 \qquad 5 : 1 :: 30 : x = 6 \quad\;\; ; 6 \qquad \text{à } 30 = 180$$
$$80 \quad 8 \qquad 3 : 2 :: 8 : x = 5\,1/3; \; 5\,1/3 \;\; \text{à } 90 = 480$$
$$\phantom{80 \quad 8} \qquad 3 : 1 :: 8 : x = 2\,2/3; \; 2\,2/3 \;\; \text{à } 60 = 160$$
$$\overline{38} \qquad \text{à } 50 = \overline{1900}$$

3e espèce de problèmes sur l'échéance commerciale analogues à la 4e espèce
de problèmes de la règle des Mélanges.

10e problème. — Un négociant a une lettre de change de
2500 fr. au 10 août; il a une certaine somme de francs dont
il peut disposer au 5 septembre; il cherche combien il doit
prendre sur cette somme pour faire avec sa lettre de change
une autre somme au 31 août.

Du 10 août au 5 septembre et au 31 août, il y a 0, 26 et 21 jours. Donc,

$$0 \qquad 5$$
$$21$$
$$26 \qquad 21$$

Preuve.

$$5 : 21 :: 2500 : x = 10500$$
$$2500 \;\text{au } 10 \text{ août} \ldots\ldots \; 0 \text{ j.} = 0$$
$$10500 \;\text{au } 5 \text{ septembre } 26 = 273000$$
$$\overline{13000} \;\text{au } 31 \text{ août} \ldots\ldots \; 21 = \overline{273000}$$

11e problème. — On veut payer 12000 fr. au 10 octobre;
on donne en paiement, avec le consentement du créancier,
un effet de 3000 fr. au 20 septembre, un autre de 4000 fr. au
20 octobre, et le reste en un billet. — A quelle échéance faut-
il faire ce dernier, pour que l'échéance commune des trois
effets soit au 10 octobre?

Du 20 septembre au 20 septembre, au 20 octobre, au 10 octobre, il y a 0,
30, 20 jours.

$$\text{fr.} \quad 3000 \;\text{au } 20 \text{ septemb.} \;\; 0 \text{ j.} \qquad\qquad 0$$
$$\text{»} \quad 4000 \;\text{au } 20 \text{ octob.} \ldots \; 30 \text{ j.} \qquad 120000$$
$$\text{(Billet) » } 5000 \;\text{au } x \ldots\ldots\ldots \; x \text{ j.} \qquad 120000 \;(\text{complém.})$$
$$\text{fr.} \; \overline{12000} \;\text{au } 10 \text{ octob.} \ldots \; 20 \text{ j.} \qquad \overline{240000}$$

$x = \dfrac{120000}{5000} = 24$ jours à ajouter au 20 septembre, point de départ pour faire l'échéance du billet au 14 octobre.

Nota. — Ce procédé peut s'expliquer en disant que, puisque, d'après ce qui a été dit (p. 548, méthode abrégée), les montants des effets multipliés par les jours à courir doivent faire un produit de 240000, le complément de cette somme doit provenir de 5000 x. C'est ce que démontre la preuve.

```
fr.  3000 au 20 septembre......   0 j.        0
 »   4000 au 20 octobre.........  30 j.   120000
 »   5000 au 14 octobre.........  24 j.   120000
     ─────────────────               ─────────────
fr. 12000 au 10 octobre........   20 j.   240000
```

$\dfrac{240000}{12000} = 20$ jours; du 20 septembre à 20 jours, c'est le 10 octobre.

12ᵉ problème. — On a fait un paiement à 40 jours de date, on a donné un effet de 5000 fr. à 30 jours, un autre de 6000 à 60 jours, et un troisième de 4000 à 80 jours. — Combien a-t-on payé en espèces ?

```
5000 à 30 j. = 150000
6000 à 60 j. = 360000
4000 à 80 j. = 320000
─────────      ─────────
15000      .   830000
```

$\dfrac{830000}{40} = 20750$ francs.

     15000   »

     ──────────────

     5750 fr. en espèces.

Preuve.

```
5750 à     0 j.       =       0
15000 à 30, 60 et 90 j. = 830000
────────────────────      ─────────
20750 à     40        = 830000
```

13ᵉ problème. — Un négociant a un effet de 4000 fr. au 16 août, un autre de 3000 au 5 septembre, un troisième de 5000 au 15 octobre et, en outre, des fonds disponibles à 90 jours de date. — Combien doit-il prendre de ces derniers pour avoir une échéance commune au 30 septembre ?

```
4000 au 16 août.......   0 jours =        0
3000 au  5 septembre.  20   »   =    60000
5000 au 15 octobre....  60   »   =   300000
───────                           ─────────
12000                                360000
```

$\dfrac{360000}{12000} = 30$ j.

Preuve.

30	45	3	4000 à 0 jours	=		0
	45					
90	15	1	3000 à 20	»	=	60000
			5000 à 60	»	=	300000
3 : 1 :: 12000 : x = 4000;			4000 à 90	»	=	360000
			16000 à 45	»	=	720000

14ᵉ problème. — On a à payer 15000 fr. au 20 octobre ; on donne, le 5 septembre, en espèces, 5000 fr. ; on peut disposer, en outre, de fonds à 40 jours, à 50 jours et à 85 jours ; — combien faudra-t-il donner de ces trois dernières échéances ?

5000 f. au 5 septembre	0 j. =	0		
10000 à 40, 50, 85 j.	x = 675000	$\dfrac{675000}{10000}$ = 67 1/2		
15000 au 20 octobre	45 j. = 675000			

40	17 1/2		
50	17 1/2	80 : 17 1/2 :: 10000 : x =	2187,50
67 1/2			2187,50
85	{ 17 1/2	80 : 45 :: 10000 : x =	5625,00
	{ 27 1/2		10000,00
	80		

Preuve.

5000	à 0 jours	=		
2187,50	à 40	»	=	87500
2187,50	à 50	»	=	109375
5625	à 85	»	=	478125
15000	à 45	»	=	675000

CHAPITRE LXV.

Calcul des opérations de Banque, de Change, de Bourse et de Comptabilité.

§ 1ᵉʳ. — CALCULS DES OPÉRATIONS DE BANQUE.

Les opérations commerciales auxquelles se consacrent les Banquiers, les Banques et les Institutions de crédit en général consistent en échanges et en mouvements de fonds d'or et d'argent, de billets, de lettres de change et autres signes représentatifs des monnaies, soit pour leur propre compte, soit pour le compte de leurs clients.

Les calculs des opérations de banque sont, en général, les mêmes que ceux que nous avons exposés en parlant des diverses Règles et des Abréviations dont leur application est susceptible, et plus spécialement ceux qui font l'objet des chapitres sur la Règle conjointe, dont on fait un fréquent usage dans les Banques, — la règle de Tant pour cent, — les questions d'Intérêt simple, — celles d'Intérêts composés, d'Annuités et d'Amortissement, — quelques-unes de celles traitées dans la Règle des Partages proportionnels (de Société, etc.), — dans la Règle de Mélange, spécialement dans la partie relative à l'échéance commune.

Aux calculs des opérations de banque se rapportent encore ceux que nécessitent les opérations de Change et les opérations de Bourse, la Tenue des livres et la Comptabilité, — dont nous allons entretenir le lecteur.

Il ne nous reste donc rien à dire ici de l'arithmétique des opérations de banque.

§ 2. — Calculs de change. — Changes sur l'intérieur et l'étranger,
directs et indirects.

Le Change est une des branches du commerce général de la Banque. Il consiste spécialement dans le commerce des effets de commerce (Lettres de change, Mandats, Billets, etc.) payables dans diverses villes, à l'aide duquel s'établit la compensation, sans transport d'espèces, des dettes réciproques des individus et des nations.

On entend encore par *change** ou *prix du change* le prix auquel on vend dans un pays les sommes qui doivent être re-

---

* Dans le vieux langage encore usité parmi les hommes de loi, *change* est synonyme d'*intérêt*.

çues dans un autre pays au moyen des lettres de change, billets, etc.

Les opérations de change, qui se divisent en changes sur l'intérieur et en changes sur l'étranger, et encore en change direct de ville à ville et en change indirect, par l'emploi de places intermédiaires, se résument toujours en une conversion d'une somme de monnaies d'une ville en monnaies d'une autre ville, et dans ce cas en monnaies étrangères.

Les opérations arithmétiques ou *calculs de réductions* que nécessitent ces deux espèces de conversions sont la Multiplication, la Division, la règle de trois à tant pour cent et, dans les cas les plus compliqués, la règle conjointe.

Voici des exemples :

1er problème. — Quelle est la valeur d'une lettre de change de 500 livres sterling de Londres, au change de 25,25 (25 fr. 25 c. pour 1 livre sterling) ?

$$500 \times 25,25 = 12625 \text{ francs.}$$

2e problème. — Une lettre de change de Londres achetée à 25,25 a coûté 12625 fr. ; — quel est le montant de cette lettre ?

$$\frac{12625}{25,25} = 500 \text{ liv. sterl.}$$

Remarque. — L'opération est une multiplication ou une division, lorsque les deux termes sont exprimés en monnaies de compte et que le terme fixe du prix du change ou le *certain* est l'unité de la monnaie de compte, c'est-à-dire de la monnaie servant aux évaluations et à la tenue des livres.

3e problème. — Quel est le prix d'une lettre de change sur Amsterdam de 6000 florins achetée à 57 (57 florins de Hollande pour 120 fr.) ?

$$57 \text{ fl. : } 120 \text{ fr. :: } 6000 : x = \frac{6000 \times 120}{57} = 1263,58$$

Remarque. — L'opération est une proportion (c'est-à-dire une multiplication et une division, que pourrait aussi indiquer l'analyse) lorsque les deux termes sont exprimés en monnaies de compte, et que le *certain* (le terme fixe du prix du change) est plus grand que l'unité.

L'opération est encore une proportion lorsqu'il s'agit d'un effet tiré d'une ville de l'intérieur sur une ville de l'intérieur ; car, dans ce cas, le change est toujours coté à tant pour cent.

L'opération arithmétique est une conjointe, lorsque les deux pays cotant le change à tant pour cent ne font pas usage de la même monnaie ; — lorsque l'un des termes du prix de change ou simplement l'un d'eux est exprimé en monnaie de change ou en subdivisions de monnaie de change * ou de monnaie de compte ; — lorsque le change entre deux villes de nations différentes est coté à tant pour cent ; — lorsqu'on emploie, dans l'affaire, deux ou plusieurs changes, comme dans les opérations de changes indirects avec deux ou plusieurs places intermédiaires. (Voy. p. 385 le chapitre sur la Règle conjointe.)

Voici des exemples :

4ᵉ problème. — Quel est le prix d'une lettre de change sur Amsterdam de 6000 florins achetée à 57 (57 deniers de gros pour 3 fr., ancien mode) ? — Il faut savoir que 1 florin vaut 40 deniers de gros.

$$1 \ : \ 40 \text{ d. g.}$$
$$57 \ : \ 3 \ :: \ 6000 \text{ fl} \ : \ x \text{ f} \ = \ 12631^\text{f},58$$

5ᵉ problème. — Quel est le prix d'une lettre de change sur Bâle de 1000 livres suisses, achetée à 99 1/2 (99 1/2 fr. à Paris pour 100 fr. à Bâle) ? — Il faut savoir que 20 livres suisses valent 40 fr.

$$27 \ : \ 40^\text{f} \ \text{à B.}$$
$$100 \ : \ 99 \ 1/2^\text{f} \ \text{à P.} \ :: \ 1000^\text{liv.} \ : \ x \ \text{f} \ = \ 1474^\text{f},07.$$

— Quand le prix du change est coté à tant pour cent, le pair est 100. Dans les autres cas, on appelle pair de change,

---

* Employée dans la cote (ou prix courant) des changes et différant des monnaies servant à compter.

pair intrinsèque, le prix auquel les deux termes indiquent des sommes contenant la même quantité de métal précieux.

Ainsi 25,22 est le pair entre Paris et Londres, c'est-à-dire qu'il y a autant d'argent dans les 20 shillings de la livre sterling que dans 25 francs et 22 centièmes.

Nous avons parlé au chapitre XLII de la *valeur intrinsèque* d'une monnaie par rapport à sa valeur nominale numéraire (Voy. p. 257); — et de la valeur comparative de l'Or et de l'Argent (Voy. p. 259).

Les calculs auxquels donne lieu la recherche du *pair* intrinsèque du change*, de la valeur intrinsèque de la monnaie, et de la valeur comparative de l'or et de l'argent, sont le plus souvent des Conjointes.

Pour ce genre de calcul, il faut connaître le *Titre* des monnaies ; — leur *Taille*, c'est-à-dire leur poids ou bien la quantité qu'on peut en faire avec l'unité de poids d'or ou d'argent ; — le rapport entre les poids des deux nations et la valeur numéraire des monnaies.

Faire un *arbitrage de Banque*, c'est choisir, entre plusieurs places, celle qui présente le plus d'avantage ou le moins de perte.

Cette comparaison se fait au moyen de divers procédés qui aboutissent à des proportions ou à des conjointes, souvent chargées de fractions, mais dont on peut abréger le calcul par l'emploi des logarithmes avec fractions (312).

Nous ne donnons point d'exemple, parce qu'il faudrait entrer dans de longues explications sur le mécanisme des opérations de banque, et que, d'ailleurs, elles ne présentent pas de difficultés spéciales de calcul.

Remarque générale. — Il est à remarquer que la simplification des systèmes monétaires, qui s'opère successivement dans tous les pays, en même temps que les banquiers ont

---

* Le pair du change entre Londres et Paris, par exemple, est de 25ᶠ,22 pour 1 livre sterling; c'est-à-dire qu'une pièce de 25ᶠ,22 et une pièce de 1 livre sterling contiendraient la même quantité d'argent ou d'or.

tendance à simplifier les cotes de changes par l'emploi de la monnaie de compte et de l'unité comme *certain* (terme fixe), amène la simplification des calculs de change, c'est-à-dire l'usage moins fréquent des conjointes et même des proportions, remplacées par une simple multiplication ou une simple division, comme dans la première et la deuxième question*.

§ 3. — CALCULS DES OPÉRATIONS DE BOURSE.

Les Bourses sont des halles où s'assemblent les banquiers, agents de change, courtiers de banques et tous acheteurs ou vendeurs de titres de créances sur les États dites *Fonds publics*, ou bien des Actions ou Obligations d'entreprises ou compagnies diverses, dites *Valeurs industrielles*, — au sein desquelles s'opèrent l'achat ou la vente de ces divers titres, et diverses autres transactions, négociations ou combinaisons d'affaires, achats ou ventes de lettres de change, de matières métalliques, de certaines marchandises, affrétements de navires, etc.

Les calculs des diverses opérations spéciales de bourse ne présentent aucune difficulté. Ils sont indiqués par une analyse fort simple qui ressort des opérations elles-mêmes qui sont exposées et détaillées dans les traités spéciaux des opérations de banque et de bourse**.

Nous avons donné, au chapitre de la règle de Tant pour cent, des exemples des questions les plus usuelles sur les

---

* Nous n'avons voulu et dû parler ici que des calculs des opérations de Change. Voir, pour la théorie et la pratique des opérations de change, nos articles CHANGES dans le *Dictionnaire du Commerce et des Marchandises* et dans le *Dictionnaire de l'Économie politique*, publiés par Guillaumin. — Voy. les Traités spéciaux, et particulièrement celui de M. Jules Garnier, in-18 (Bib. des Sciences et des Arts), et ceux de MM. Vanner, Letouzé, Barré, etc.

** Voir pour la théorie et le mécanisme de ces opérations et la nature des diverses valeurs qui en sont l'objet, l'ouvrage de M. A. Courtois fils, intitulé : *Traité élémentaire des Opérations de Bourse*, etc., chez Garnier frères. — Voy. aussi le *Traité des Opérations de banque*, par M. Courcelle-Seneuil, in-8, chez Guillaumin et Cie.

fonds publics en indiquant les solutions par les proportions. Ces opérations peuvent se résoudre par une analyse simple et être formulées en équations comme suit: (se reporter aux exemples du chap. LVIII, § 5).

$$\text{I. Le Coût ou Capital placé (Résultat d'une Vente ou d'un Achat)} = \frac{\text{le Revenu} \times \text{le Cours}}{\text{le Taux de la Rente (°/\!_o)}}$$

$$\text{II. Le Revenu (ou Rente constituée)} = \frac{\text{le Coût} \times \text{°/\!_o de la Rente}}{\text{le Cours}}$$

$$\text{III. Le Cours (ou Prix d'achat ou de vente)} = \frac{\text{le Coût} \times \text{°/\!_o de la Rente}}{\text{le Revenu}}$$

$$\text{IV. Le Taux de placement} = \frac{\text{°/\!_o de la Rente} \times 100}{\text{le Cours.}}$$

Des moyens abréviatifs ne tardent pas à se présenter à l'esprit de ceux qui ont souvent ce genre d'opérations à calculer.

Supposons qu'on ait à calculer le Coût de 100 f. de revenu ou de rente constituée à 5 pour cent. La première formule donne le calcul

$$\frac{100 \times \text{Cours}}{5} \text{ ou } 20 \times \text{Cours}$$

en prenant le 1/5 ou les 0,2 de 100. Au lieu de 20, ce serait 22,2 ou 22 $\frac{1}{5}$, 25, 33,3 ou 33 $\frac{1}{3}$, en prenant les 2/9, 1/4, 1/3 de 100, s'il s'agissait de fonds publics à 4 1/2 ($\frac{9}{2}$), à 4, à 3 pour cent.

Étant donné le coût de 100 f. de revenu ou de rente sur l'État, on a le coût pour 1 f. en prenant le 1/100, par un simple déplacement de virgule, — et le coût de n'importe quelle somme de revenu en multipliant ce résultat par la somme du revenu.

Supposons qu'il s'agisse d'avoir le coût de 322 f. 50 de revenu en rente 5 °/$_0$, au cours de 108,50, on a :

100 f. de revenu............	$108,50 \times 20$	$= 21,70$
1 —		21,70
322,50 —	$21,70 \times 322,50$	$= 6998,25$

D'où cette règle : *pour calculer le coût d'une rente demandee, on multiplie le prix de* 100 *f. de rente par le centième du montant de la rente demandée ;* règle analogue à celle indiquée plus haut.

Première règle.

$$\frac{322{,}50 \times 108{,}50}{5}$$

Deuxième règle.

$$\frac{(108{,}50 \times 20) \times 322{,}50}{100}$$

20 et 100 disparaissent pour faire place à 5.

Ces deux règles, qui n'en font qu'une, peuvent encore se formuler ainsi : *pour calculer le coût d'une rente demandée, il faut multiplier le nombre de la rente qu'on veut avoir par celui du cours et par* 1/5 *ou* 0,2, *ou par* 1/4, *ou par* 2/9, *ou par* 1/3, — selon qu'il s'agit de rentes à 5, à 4 1/2, à 4, ou à 3 pour cent. — Pour multiplier par 2/9, on multiplie par 2 et on prend le 1/9 du produit.

Ces calculs sont facilités par la nature des inscriptions qui sont, depuis 3 francs en France, en coupures multiples des taux de rente.

Ils sont encore facilités par l'emploi du procédé des parties aliquotes (p. 114), dont nous avons tiré un si grand parti pour la multiplication des nombres complexes, pour diverses règles et notamment pour le calcul des Intérêts.

Dans les *Marchés à terme*, les calculs se font généralement sur

5 000 f. de rentes 5   pour cent,   4 000 f. de rentes 4 pour cent
4 500 f. de rentes 4 1/2 pour cent,   3 000 f. de rentes 3 pour cent

ou sur la moitié de ces rentes :

2 500 f. pour le 5,   2 000 pour le 4,
2 250 f. pour le 4 1/2,   1 500 pour le 3.

Il en résulte, en appliquant la règle donnée, que 1 *franc de variation dans le cours représente* 1000 *de variation dans le prix du capital de la rente,* — *que* 1 *centime représente* 10 *francs.* Donc, dans la plupart des cas, le calcul peut se faire mentalement.

Arbitrages sur les fonds publics.

Une des opérations les plus fréquentes consiste à changer des rentes d'une espèce en rentes d'une autre espèce; c'est ce qu'on appelle un *Arbitrage*.

L'opération consiste à chercher le produit de la rente de la première espèce par la première formule ci-dessus, et le revenu de la rente qu'on veut construire par la deuxième formule.

On a 2700 f. de rentes 4 1/2 pour cent dont le cours est de 96 ; on veut le changer en 3 pour cent dont le cours est de 68 ; voici le calcul :

$$2700 \times 2/9 \times 96 = 57600 \qquad \text{Coût de 2700 fr. de rente en 4 } 1/2 \text{ }°/_°$$

$$\frac{57600 \times 3}{68} = 2835,29 \qquad \text{Revenu du même en 3 }°/_°$$

C'est-à-dire, qu'au lieu d'avoir 2700 f. de rente en 4 1/2 pour cent, on aurait 2835,29 en 3 pour cent. Cet écart est dû aux conditions différentes faites aux deux fonds par leur constitution et à la probabilité de conversion en rente inférieure.

Les calculs ci-dessus pourraient résulter d'une règle de trois composée.

$$\text{on a : 2700 à 4 1/2 au cours de } 96$$
$$\text{on veut : } x \quad \text{à 3} \quad \text{au cours de } 68$$

$$x = 2700 \frac{\times 3 \times 96}{4\ 1/2 \times 68}$$

Le revenu en 3 pour cent est en rapport direct avec le taux, et en rapport inverse avec le cours.

Dans ces diverses opérations, il faut tenir compte du Courtage à tant pour cent payé à l'intermédiaire officiel ou autre s'il y en a, ainsi que des intérêts pour les jours écoulés, intérêts vendus et achetés avec l'inscription de rente.

Nota. — Les calculs des opérations de Bourse ont été l'objet de tableaux de *comptes faits* ou *barèmes*. (Voy. une Note finale sur ces tableaux.)

Les personnes qui suivent les affaires de bourse sont des spéculateurs, des banquiers, des négociants, des courtiers, etc., qui ont tous plus ou moins besoin des règles enseignées dans ce volume.

§ 4. — CALCULS DE COMPTABILITÉ. — COMPTES COURANTS, ETC.

La besogne du comptable consiste particulièrement dans la vérification des Factures et autres Comptes présentés, — dans l'inscription des affaires sur les livres, — dans le règlement des Comptes courants, Comptes de participation et autres, — dans les Inventaires, les Relevés et les Balances des comptes.

Les calculs jouent un grand rôle dans ces diverses opérations de comptabilité. Mais ces calculs ne sont autres que ceux dont nous avons exposé la théorie et la pratique dans ce volume ; toutefois, ceux qui reviennent le plus souvent sont ceux relatifs au Tant pour cent, à l'Intérêt simple, à l'Escompte, à l'Échéance commune, aux opérations de Change. (Voy. le chap. LVIII.)

Les divers *Comptes* de vente, d'achat (*factures* *) de marchandises, d'escompte ou de négociation (*bordereaux* **), de liquidation en bourse, d'armement et de désarmement des navires, etc., varient, dans leurs dispositions, selon les affaires et les détails qu'elles comportent ; mais les calculs qu'ils nécessitent ne présentent aucune difficulté, et il est facile de s'en rendre compte avec la connaissance des affaires.

La balance ou solde des comptes, les inventaires, n'exigent qu'une grande habitude de l'addition et de la soustraction ***.

---

* Voy. p. 448, le calcul de l'escompte sur une facture.
** Voy. p. 454 des exemples de bordereaux d'escompte et de négociation.
*** Voir l'emploi des Compléments pour faciliter ces opérations, p. 21.

Comptes courants. — Comptes en participation.

Dans les opérations de comptabilité, les Comptes courants et les Comptes en participation exigent seuls, au point de vue des calculs, quelques observations particulières.

Le *Compte courant* est un compte sur lequel on a inscrit successivement, au débit ou au crédit d'une personne ou d'une affaire, les sommes à sa charge ou à sa décharge, avec les dates, les échéances et le nombre de jours pour lesquels on calcule les intérêts dont on tient compte.

Tous ces éléments sont inscrits dans diverses colonnes respectives sur la page de gauche ou du Débit, et sur la page de droite ou du Crédit.

Une colonne est réservée sur chaque page pour inscrire ce qu'on a appelé les *nombres*, c'est-à-dire les produits des Sommes par le nombre de Jours pendant lesquels on a calculé l'Intérêt, lequel intérêt se déduit de la division du *nombre* par le *diviseur fixe*, d'après la formule (p. 441)

$$I = \frac{C \times T}{D\ F} \quad \substack{\text{nombre} \\ \text{diviseur fixe.}}$$

Au lieu de faire chaque fois cette division par le diviseur fixe et d'inscrire les Intérêts dans des colonnes à ce destinées, on inscrit les Nombres que l'on balance au moment où on veut arrêter et régler le compte, pour n'opérer la division par le diviseur fixe que sur la différence *, qui donne ainsi la différence des intérêts à porter au débit ou au crédit selon la colonne excédante.

On a fait usage de ce procédé dans quelques problèmes de l'échéance commune (Voy. plus loin, chap. LXIV, § 4).

Il est applicable lorsqu'on a à calculer l'intérêt de plusieurs effets à diverses échéances.

---

* Si le taux ne se prêtait pas à la méthode des diviseurs fixes, il faudrait multiplier la différence par le taux, et diviser par 36000 (Voy. p. 440). En somme, le produit du capital par les jours est un capital qui, placé 1 jour, produit autant que la somme donnée placée le nombre de jours donné.

Lorsqu'il y a au débit ou au crédit, ou dans les deux, des sommes dont l'échéance tombe au delà de l'époque à laquelle on fixe le compte, on compte les jours en sens inverse, les *nombres* deviennent *négatifs* * ; on s'en sert en sens inverse pour avoir la différence des intérêts, et on écrit en encre rouge pour ne pas les confondre avec les autres, d'où l'appellation de *nombres rouges*.

Voilà, au point de vue des calculs, ce qu'il y a à dire sur les Comptes courants, dont on ne peut bien connaître la nature et les divers genres qu'ils présentent, qu'avec les livres du négociant et en entrant dans le détail des affaires **.

Il en est de même des *Comptes en participation* qui n'exigent aucun procédé d'arithmétique particulier, et qui ne présentent de difficultés que par le nombre et la complication des détails ***.

CHAPITRE LXVI.

Calculs des questions sur les Assurances, les Rentes viagéres, les Crédits fonciers.

§ 1er. — QUESTIONS SUR LES ASSURANCES SUR LA VIE, LES RENTES VIAGÉRES, LES TONTINES ET TABLES DE MORTALITÉ. — CAISSES HYPOTHÉCAIRES. — CRÉDITS FONCIERS.

Les combinaisons des compagnies d'assurances sur la vie reposent sur les progressions de l'intérêt composé, sur le mécanisme des annuités et la probabilité de vie et de mort propre à chaque individu ou à chaque groupe d'individus du

---

* Le chap. xxviii, traite des nombres négatifs.

** Voir à ce sujet notre article Comptes courants dans le *Dictionnaire du Commerce et des Marchandises*, les Traités de tenue des livres et les Traités spéciaux sur les Comptes courants, notamment ceux de MM. Vannier, Passot, Barré, etc.

*** Voir aussi les Traités de Tenue des livres, et spécialement les *Traités des Comptes en participation*, par MM. Vannier, etc.

même âge, indiqués par des tableaux dits *Tables de mortalité*, et qui seraient bien mieux appelés *Tables de survie*.

Il existe de ces tables, dressées par les statisticiens, d'après les registres des naissances et des morts et selon diverses méthodes, pour plusieurs pays, pour plusieurs villes, pour les deux sexes et même pour des catégories de professions *. Ces tables montrent dans quel ordre successif des âges les générations disparaissent ou survivent. En fait, ce sont des tableaux disposés à l'effet de faire connaître combien sur un nombre donné de naissances il reste d'individus qui survivent à la fin de chaque année. La plupart de ces tables sont calculées d'après 1000 naissances et partent de 0 âge. On en tire diverses appréciations relatives à l'histoire naturelle et à la condition physique des populations, et elles servent à baser les opérations financières des sociétés d'assurances sur la vie, des caisses de pensions et de retraite.

Il a été calculé plusieurs de ces tables pour la France **. Celle de Duvillard a été et est encore d'un usage général dans les diverses sociétés, bien que sa confection remonte à 1806 et qu'elle ait été calculée d'après des cas de mortalité (100000 dans diverses localités) antérieurs à la Révolution. La loi du 18 juin 1850 a désigné pour baser les tarifs à la caisse générale des retraites sous la garantie de l'État celle de Deparcieux, qui remonte à 1746 et qui a été construite sur des têtes choisies. La première donne sans doute une mortalité trop rapide et la deuxième une mortalité trop

---

* Voir nos *Éléments de statistique*, dans *Notes et Petits traités* (faisant suite au *Traité d'économie politique*), 2ᵉ édition, 1 vol. in-18, Guillaumin.

** Deparcieux, 1746. — Duvillard, 1806. — Demonferrand, 1838. — Legoyt, 1843. — Heuschling, 1831. — Guillard, 1854. — On trouve la table de Deparcieux dans l'*Annuaire du bureau des longitudes;* celle de Demonferrand, dans nos *Éléments de statistique;* les diverses tables les plus connues, dans un travail de M. Vührer, *Journal des économistes*, avril 1850, et dans l'article *Table de mortalité* de Quételet, dans le *Dictionnaire de l'économie politique*. — Voy. aussi un bon travail de M. Guillard, *Éclaircissements sur les tables de mortalité*, dans l'*Annuaire de l'économie politique* pour 1854.

lente. En général, les compagnies se servent naturellement de la première pour les assurances payables au décès des assurés ; mais pour les assurances payables du vivant des assurés, elles font usage de la seconde.

Voici celle publiée par Duvillard en 1806 et qui ne convient plus guère à l'état actuel de la population.

Loi de la mortalité en France.

D'APRÈS DUVILLARD.

AGES.	VIVANTS.	AGES.	VIVANTS.	AGES.	VIVANTS.	AGES.	VIVANTS.	AGES	VIVANTS.
0	1000000	25	471366	50	297070	75	71745	100	207
1	767525	26	464863	51	289361	76	63424	101	135
2	671834	27	458282	52	281527	77	55511	102	84
3	624668	28	451635	53	273560	78	48057	103	51
4	598713	29	444932	54	265450	79	41107	104	29
5	583151	30	438183	55	257193	80	34705	105	16
6	573025	31	431898	56	248782	81	28886	106	8
7	565838	32	424583	57	240214	82	23680	107	4
8	560245	33	417744	58	231488	83	19106	108	2
9	555486	34	410886	59	222605	84	15175	109	1
10	551122	35	404012	60	213567	85	11886	110	0
11	546888	36	397123	61	204380	86	9224		
12	542630	37	390219	62	195054	87	7165		
13	538255	38	383300	63	185600	88	5670		
14	533711	39	376363	64	176035	89	4686		
15	528969	40	369404	65	166377	90	3830		
16	524020	41	362419	66	156651	91	3093		
17	518863	42	355400	67	146882	92	2466		
18	513502	43	348342	68	137102	93	1938		
19	507949	44	341235	69	127347	94	1499		
20	502216	45	334072	70	117656	95	1140		
21	496317	46	326843	71	108070	96	850		
22	490267	47	319539	72	98637	97	621		
23	484083	48	312148	73	89404	98	442		
24	477777	49	304662	74	80423	99	307		
25	471366	50	297070	75	71745	100	207		

On voit par cette table que sur 1000000 d'enfants nés à la même époque, il n'en reste plus que 767525 à 1 an, 551122 à 10 ans, 502216 à 20 ans, 369404 à 40 ans, 34705 à 80 et plus aucun 110 ans après.

Pour connaître le nombre des individus qui meurent pendant une année déterminée, il faut prendre la différence entre le nombre inscrit à côté de cette année, et celui qui est inscrit à côté de l'année suivante. Ainsi, de 30 à 31 ans il meurt 438183 — 431398 ou 6785. Il en résulte que sur 438183 il en meurt 6785 ou 1 sur 64.

Pour connaître le nombre *probable* d'années qu'un individu doit vivre, l'âge qu'il peut atteindre, il faut prendre la moitié du nombre correspondant à son âge, chercher à quel âge correspond à peu près cette moitié. Cet âge, moins l'âge de l'individu, indique le nombre cherché. Prenons un individu de 30 ans. A côté du nombre 30 nous trouvons le nombre 438183; la moitié est 219091 qui se trouve à côté du nombre 59; 59 — 30 = 30 environ; donc, il est probable qu'un homme de 30 ans vivra encore 30 ans. En effet, puisqu'à 59 ans une moitié des personnes de 30 sont mortes, il y a également à parier pour ou contre qu'un homme de 30 ans parviendra à cet âge.

Mais il ne faut pas oublier que ce ne sont là que des moyennes dont l'individu que l'on considère peut être destiné à s'écarter largement.

§ 2. — RENTES VIAGÈRES. — ASSURANCES SUR LA VIE. — TONTINES ET CAISSES DE SURVIVANCE.

Les combinaisons pour ce genre d'affaires sont assez nombreuses. Nous ne donnons que quelques indications pour montrer la nature des calculs en renvoyant le lecteur aux renseignements publiés par les établissements qui se livrent à ce genre d'affaires et qui présentent au public diverses combinaisons en vue d'assurer, en cas de mort ou en cas de survie, à un certain âge, des capitaux disponibles ou des rentes annuelles.

On donne le nom de *rentes viagères* à une somme payée annuellement pour les intérêts d'un capital placé à fonds perdu, c'est-à-dire qui devient, à la mort de l'emprunteur ou de toute autre personne désignée, la propriété du prêteur.

Entre particuliers un emprunt de cette espèce est basé sur l'apparence de santé de l'emprunteur, et le prêteur ne sait s'il gagne ou s'il perd que lorsque son créancier est mort. Il n'en est pas de même pour les compagnies qui reçoivent des fonds en viager d'un très grand nombre de personnes ; car la table de mortalité leur permet d'établir convenablement le tarif de la rente à faire, d'après des moyennes pour des groupes d'individus du même âge. Il en est de même pour la *Caisse de retraite* établie par le gouvernement français, en vertu de la loi du 18 juin 1850.

Les pensions payées par l'Etat à ses fonctionnaires ou par une Compagnie à ses employés, en vertu de retenues faites sur les appointements, sont des *rentes viagères* en compensation des annuités payées à l'avance.

Exemple. — Quelle est la rente viagère qu'une compagnie peut, pour un capital de 1000 fr., offrir à un homme de 30 ans ? — La durée probable de la vie de cet homme étant de 30 ans, la compagnie cherche quelle est l'annuité qui peut éteindre ce capital en 30 ans, en calculant l'intérêt à 5 p. % et offre une rente en conséquence pour en faire un bénéfice raisonnable.

' Les compagnies d'*assurances sur la vie* paient une certaine somme aux héritiers quand l'assuré meurt, moyennant une prime annuelle que celui-ci leur donne. Elles conviennent de payer une somme ou une rente à l'assuré lui-même, de son vivant, à un âge indiqué, ou à toute autre personne en faveur de laquelle il passe le contrat d'assurance.

Exemple. — Quelle prime doit payer un homme de 30 ans, pour que la compagnie ait à payer après sa mort 1000 fr. à ses créanciers ? — Comme la durée moyenne est d'environ 30 ans, la question se réduit à chercher l'annuité d'un capital de 1000 fr. à 5 p. % pendant 30 ans.

Cette annuité différera un peu en moins de ce que demande la compagnie qui se réserve un bénéfice. L'assuré pourra se rendre compte de la spéculation, lorsque, connaissant la prime ou annuité demandée par la compagnie, il calculera le capital correspondant et le comparera aux offres de la compagnie. Il faut remarquer que la compagnie est d'autant moins exposée à perdre, qu'elle n'assure que les gens bien portants; dans le cas contraire, elle fait des conditions plus fortes.

Des compagnies assurent spécialement pour les accidents en chemin de fer.

Les *tontines* (*Tonti*, banquier italien, en fonda une à Paris en 1653) ou *caisses de survivance* sont des établissements dans lesquels un certain nombre d'individus versent en commun une somme dont les survivants perçoivent l'intérêt, le capital restant la propriété des héritiers; ou bien, les survivants se partagent le capital et l'intérêt à une époque fixée. Pour apprécier le bénéfice probable d'une tontine, il faut calculer ce que devient le capital qu'elle reçoit tant en capital qu'en intérêt, et soustraire ce qu'elle paiera aux survivants dont on trouve le nombre par la loi de la mortalité.

Plusieurs de ces établissements n'ont pas réussi et ont liquidé sans profit pour les assurés. Mais ces opérations sont maintenant faites en toute sécurité par les compagnies d'assurances *.

Des compagnies se sont organisées avec succès pour faire d'*autres assurances*, assurer contre les sinistres maritimes et contre l'incendie.

Des tentatives plus ou moins heureuses ont été faites et se poursuivent pour l'assurance des récoltes contre la grêle, des animaux contre les épizooties, etc., pour l'assurance des maisons de commerce contre les faillites.

---

* Voir les publications de ces compagnies et entre autres : *Théorie élémentaire des annuités viagères et des assurances sur la vie*, par M. Maas, directeur, un des fondateurs de l'*Union*, Paris, Angers, 1868, in-8.

Toutes ces entreprises sont basées sur la statistique des sinistres.

Les Sociétés de *secours mutuels* en cas de chômage, de maladies ou de mort, très-répandues en Angleterre dans les diverses classes ouvrières, et qui commencent à se répandre en France et dans d'autres pays, sont des sociétés d'assurance mutuelle basées sur la statistique des cas de maladie, etc.

§ 3. — EMPRUNTS PUBLICS. — CAISSES HYPOTHÉCAIRES. — CRÉDIT FONCIER, ETC.

Les opérations des caisses hypothécaires ou des institutions de crédit foncier, ayant pour objet de faciliter les emprunts garantis par la propriété foncière, sont basées sur des combinaisons de remboursements par annuités. Les plus perfectionnées sont celles qui permettent à l'emprunteur d'obtenir une avance en capitaux circulants, remboursable en un grand nombre de petites annuités dont le montant ne dépasse pas la somme des intérêts annuels.

Toutes ces combinaisons nécessitent l'emploi des calculs d'intérêts composés, d'annuités et d'amortissement auxquels nous avons consacré les chapitres XLI et XLII. Nous devons renvoyer pour de plus amples informations aux ouvrages spéciaux (Voy. une note finale).

Le lecteur trouvera des explications sur le mécanisme des institutions de crédit foncier dans notre *Traité d'économie politique* *, chapitre XXI; des explications sur les emprunts publics dans notre *Traité de finances* **.

Les calculs d'intérêts composés, d'annuités et d'amortissement que nécessitent les différentes combinaisons d'assurances, de pensions viagères et de crédit foncier, sont abrégés par les *Tables* dont il est question dans deux Notes finales.

---

* et ** Paris, Guillaumin, 1 vol. in-8.

CHAPITRE LXVII.

Questions diverses. — Problèmes divers.

§ 1ᵉʳ. — QUESTIONS SUR LES DIVERSES SCIENCES ET LES DIVERSES INDUSTRIES, — SUR L'AFFINAGE. — RÈGLES QUI NE SE TROUVENT PAS DANS LE TRAITÉ : — RÈGLE DE TROC, — RÈGLE TESTAMENTAIRE, — RÈGLE DE VOITURE, ETC. — PROBLÈMES CURIEUX A DIVERS TITRES : — QUESTIONS SUR LES PROGRESSIONS.

Questions sur les Sciences.

Chaque science a des questions de calcul qui lui sont propres ; mais si les problèmes à résoudre se différencient par la nature des données, les moyens de solution sont ceux des divers types de problèmes que nous avons présentés, et notamment l'*analyse simple* éclairée par la connaissance des éléments de la question, des lois de la science à laquelle elles se rapportent, et particulièrement des détails concernant les poids et mesures.

Les problèmes du chapitre LIV et quelques autres disséminés dans les divers chapitres appartiennent à la catégorie des problèmes scientifiques *. En voici deux autres exemples qui pourraient varier à l'infini.

Questions sur l'Industrie, l'Agriculture, etc.

Dans chaque industrie, agricole ou manufacturière, dans chaque branche de commerce, dans chaque variété d'exploitation, il y a aussi des problèmes spéciaux à résoudre ; mais si ces problèmes se différencient également par la nature des données, les moyens de solution sont les mêmes que ceux que nous avons présentés. Toutefois, dans chaque branche de travail, la tenue des écritures et des comptes, l'appréciation des transactions, nécessitent la connaissance des moyens

---

* On trouve des énoncés de problèmes scientifiques, classés par sciences, dans quelques Recueils, notamment dans ceux de MM. Saigey, Ritt, Sonnet, Menu de Saint-Mesmin et Éd. Jourdan (*Géométrie pratique*), etc.

ordinaires de calcul relatifs aux mesures, à l'intérêt, à l'escompte, aux sociétés, aux mélanges, etc.

Nous nous bornerons à donner ici une question sur l'affinage des métaux, résolue par une équation et une analyse.

Question sur l'Affinage.

Le mot *Affinage* s'entend pour purification; mais cette expression est plus spécialement employée pour désigner la purification de l'or et de l'argent. On peut en affinant se proposer de séparer tout l'alliage, ou bien d'en séparer une certaine partie pour rendre le métal d'un titre plus élevé. Le problème auquel une opération de cette espèce peut donner lieu se résout par une équation.

Un fondeur veut élever 30 kilog. d'or ou d'argent du titre de 860 au titre de 900. On demande : 1° quel est l'excès d'alliage; 2° quelle quantité doit en être affinée, pour que le restant puisse être élevé au titre voulu ; 3° quelle est la quantité des matières qui restent après l'affinage.

Soit x l'excès d'alliage ; 30×860 représentent les parties de fin avant l'affinage ; (et $30 - x) \times 0,900$, les parties de fin après l'affinage. Or, ces parties sont égales avant et après, donc

$$(30 - x) \times 0,900 = 30 \times 0,860$$
$$x = 1,33333 \text{ kilog. excès d'alliage.}$$

Pour savoir quelle est la quantité de kilog. qu'il faut prendre pour affiner, c'est-à-dire pour en extraire 1,33333 kilog. d'alliage, il faut chercher quelle est la quantité d'alliage contenue dans 30 kilog.

$$1 : 0,140 \ (1000 - 860) :: 30 : x = 4,2 \text{ alliage contenu dans 30 kilog.}$$

On trouve ensuite la quantité à affiner par la proportion suivante :

$$4,2 : 30 :: 1,33333 : x = 9,5238 \text{ kilog. à affiner.}$$
$$30 - 1,33333 = 28,666 \text{ kilog. restant après l'affinage.}$$

Preuve :
$$28,66667 \times 0,900 = 30 \times 860 = 25,800$$

On voit qu'au lieu de mettre les 30 kilog. au creuset, il
suffit d'en prendre 9,5238 kilog. pour en extraire la quantité
d'alliage. De cette manière en refondant les 8,1905 kilog.
avec les 20,4762 restés intacts, on a 28,6667 kilog. de métal
à 900. En affinant le tout, il aurait fallu rajouter du cuivre
pour réduire au titre voulu.

§ 2. — DE QUELQUES RÈGLES QUI NE SE TROUVENT PAS DANS CE TRAITÉ

Nous avons rappelé les noms de quelques Règles secon-
daires dont il est question dans plusieurs ouvrages, bien
qu'elles rentrent dans d'autres plus générales, uniquement
pour faciliter les recherches aux personnes qui sont habi-
tuées à trouver les mêmes noms dans d'autres livres (Voy.
chap. LVIII, LXIII, LXIV). Nous n'ajouterons que quelques mots
relativement à trois ou quatre règles insignifiantes, dont
nous avons cru ne devoir rien dire dans le courant de notre
Traité, et qui portent les noms de *Règles de troc ou d'échange,
Règle testamentaire, Règle de voiture, Règle d'avarie, Règle de
faillite*, etc.

Quand deux marchands font un échange, l'un fixe un
prix pour sa marchandise, et l'autre en fixe un autre pour
la sienne en proportion; de sorte que le calcul à faire est
une simple règle de trois. — C'est la règle de Troc ou d'É-
change.

Voici un problème de cette nature. Deux marchands font
un échange; le premier a du satin qu'il vend 10 francs
comptant et qu'il estime 12 dans le troc; le second a du da-
mas qu'il vend 36 francs comptant; combien doit-il l'estimer
dans le troc?

$$10 : 12 :: 36 : x = 43 \text{ fr. } 20 \quad \text{ou} \quad 1/5 \text{ en sus } \frac{7,20}{43,20}$$

On classe dans la *Règle Testamentaire* tous les problèmes
dans lesquels il s'agit d'un partage plus ou moins compliqué
d'héritage. Le 5ᵉ problème (p. 364) dont nous avons donné
la solution par l'algèbre, et qui était aussi susceptible d'une

solution par l'analyse simple, ou par les procédés de la règle de Répartition composée ou de Double Fausse position, appartient à cette catégorie.

Les *Frais de voiture* ne peuvent donner lieu qu'à des calculs de règle de Trois ou de Tant pour cent, ainsi que les *Avaries* ou détériorations qu'éprouvent les marchandises.

On a compris, sous le nom de *Règle de Faillite*, toutes les questions auxquelles peuvent donner lieu les affaires d'un failli; elles sont toutes du ressort des règles de Trois, ou de Tant pour cent, ou de Société, ou de Répartition, ou de Mélange.

Ainsi, l'on peut laisser dans l'oubli, sans inconvénient, toutes ces dénominations, comme on a déjà fait pour les règles dites *des percepteurs*, — *du prix du pain*, — *des rouliers*, etc.

§ 3. — Problèmes curieux a divers titres. — Questions sur les progressions. — L'Arithmétique amusante.

Tous les calculs arithmétiques offrent un intérêt qui leur est propre, et plusieurs excitent vivement la curiosité des esprits doués de l'aptitude des supputations.

Mais quelques questions ont plus particulièrement ce caractère, soit à cause des termes originaux ou subtils de la question, soit à cause du résultat à trouver, soit à cause du moyen à employer, soit à cause de l'impossibilité de la solution.

Quelques problèmes que nous avons donnés rentrent, à divers égards, dans cette catégorie; tels sont notamment les problèmes : 2e, 5e, 6e, 10e, 15e, résolus par les équations (ch. LV, p. 355). Pour le 10e, relatif aux œufs, nous avons trouvé l'inconnue par une équation et par une *solution rétrograde*. — Divers problèmes de la règle de mélange (Voy. p. 527), sont des exemples de questions à *solutions indéterminées*.

Voici encore quelques questions appartenant à cette catégorie de problèmes et résolues par l'analyse simple, les équations et les progressions.

1ᵉʳ problème. — Trouver la somme de plusieurs nombres sans calcul.

On fait écrire trois ou quatre nombres, plus ou moins ; on écrit soi-même les compléments, et la somme se trouve être un certain nombre de fois 1000, 10000, etc. suivant que les nombres sont de trois ou quatre chiffres (25). — Pour mieux dissimuler le procédé, on peut forcer un ou deux chiffres dans un des compléments pour avoir à la somme un nombre qui ne soit pas toujours rond, ou bien prendre les compléments des chiffres à 9. Dans ce cas, le premier chiffre à droite est 9, 8, 7, etc., et le dernier à gauche, 0, 1, 2, 3, etc.; selon qu'on a posé 1, 2, 3, ou plus de nombres.

$$\text{Nombres donnés}\dots\dots\left\{\begin{matrix}743\\812\end{matrix}\right.\left.\begin{matrix}\\ \\257\\188\end{matrix}\right\}2000\quad\left\{\begin{matrix}743\\812\end{matrix}\right.\left.\begin{matrix}\\ \\256\\187\end{matrix}\right\}1998$$

$$\text{Compléments ajoutés}\dots\dots$$

2ᵉ problème. — Deviner un nombre pensé.

On y arrive en faisant faire à la personne qui pense une série d'opérations qui se neutralisent, et en lui faisant dire un nombre résultant de ces opérations et à l'aide duquel on devine celui qui a été pensé.

On dit à une personne : Pensez un nombre ; — doublez-le ; — ajoutez-y 4 ; — prenez la moitié du tout ; — retranchez le nombre pensé..... il doit vous rester 2.

En effet, le reste est toujours égal, dans cette combinaison, à la moitié du nombre ajouté ; cela se voit dans l'équation :

$$\frac{x \times 2 + 4}{2} - 4 = 2$$
$$2\,x + 4 - 8 = 4$$
$$x = \frac{4 - 4 + 8}{2} = 4$$

Si l'on pense le nombre 6, on a les opérations suivantes :

$$6 \times 2 = 12;\ 12 + 4 = 16;\ \frac{16}{2} = 8;\ 8 - 6 = 2$$

3° problème. — On dit : Pensez un nombre ; — triplez-le ; — prenez la moitié ; — triplez de nouveau ; — combien 9 est-il contenu dans ce triple ? — Ce triple est-il pair ou impair ?

Le nombre pensé est égal au double du quotient si le nombre est pair, et au double du quotient plus 1 s'il est impair.

Soit 10 le nombre pensé ; voici la série des opérations :

$$10 \times 3 = 30 ; \frac{30}{2} = 15 ; 15 \times 3 = 45 ; \frac{45}{9} = 5 \ldots 5 \times 2 \text{ est le nombre pensé.}$$

Questions sur les Progressions.

Les Progressions et les questions qui s'y rapportent, offrent particulièrement un intérêt de curiosité, parce qu'elles aboutissent à des résultats énormes qui étonnent par le nombre des chiffres qui les représentent.

Nous avons parlé au chap. LXI de la rapidité d'accroissement de l'Intérêt composé qui s'effectue en progression géométrique ; de la rapidité avec laquelle cet intérêt reconstitue le capital, et du résultat fabuleux d'un placement de 10 centimes de l'an 1ᵉʳ de notre ère à 1791 trouvé par le docteur Price (Voy. p. 472, note), par l'opération :

$$0,10 \times 1,05 \text{ élevé à la 1790ᵉ puissance !}$$

Voici encore deux questions sur lesquelles s'exerce la curiosité des calculateurs.

1ᵉʳ problème. — On a payé les clous des 4 fers d'un cheval à raison de 1 centime le premier clou ; 2 centimes le deuxième ; 4 centimes le troisième ; et ainsi de suite, en doublant toujours ; quel est le prix de ces 28 clous ?

Le prix des 28 clous est de 1.342.177 fr. 28 c.

Il s'agit de calculer le 28ᵉ terme d'une progression par quotient dont le premier terme est 1, le deuxième 2, par la formule (287).

$$28^e \text{ terme} = 1 \times 2^{27}.$$

Ce qui se réduit à multiplier 2 par lui-même 27 fois ou à

chercher le nombre correspondant au log. de 1 plus log. de 2 multiplié par 27.

2ᵉ problème. — L'inventeur du jeu des échecs, auquel le souverain voulait donner une récompense, se borna, dit-on, à demander un grain de blé pour la première case de l'échiquier, 2 grains pour la deuxième case, 4 grains pour la troisième, et ainsi de suite, doublant toujours le nombre de grains. L'échiquier ayant 64 cases, on demande : 1° le nombre total de grains de blé que désirait l'inventeur du jeu des échecs ; 2° le nombre de mètres cubes qu'il représente, admettant qu'il y a 25,000,000 de grains de blé par mètre cube, et 3° le côté du cube ayant cette capacité.

Il faut chercher le 64ᵉ terme d'une progression dont le 1ᵉʳ terme est 1, et la raison 2, soit :

$$\text{Le } 64^e = 1 \times 2^{63} = \text{Log. } 1 - \text{Log. } 2 \times 63$$

Soit, dit-on, car nous n'avons pas vérifié les calculs :

$$18.446.744.073.709.551.615.$$

Ou en nombre rond 18 1/2 quintillions de grains. En moyenne, un litre peut contenir 20,000 grains de blé et un hectolitre 100 fois plus, soit 2,000,000 ; en divisant le nombre ci-dessus par ce dernier, on obtient :

$$9.223.372.036.854 \text{ hectolitres.}$$

Or, comme la France ne produit guère que 85 millions d'hectolitres par an, il lui faudrait 108510 ans pour récolter cette quantité. — Voilà ce que demandait au roi Sirham ce malin brahmine indien, appelé Sisla.

Il a été publié divers recueils dans lesquels se trouvent des questions d'arithmétique dite *amusante*, c'est-à-dire de curieuses combinaisons de chiffres, d'intéressantes propriétés des nombres qui ne trouvent pas leur place dans un cours d'arithmétique usuelle. Nous renvoyons particulièrement aux *Récréations mathématiques et physiques* d'Ozanam, publiées à la fin du dix-septième siècle; voyez l'édition de 1790 en 4 vol. in-8°, refondue et augmentée par M. de C. G. F. (Montucla), le savant historien des mathématiques *. M. Joseph Vinot a récemment publié un nouveau recueil: *Récréations mathématiques extraites d'auteurs anciens ou modernes* (Paris, Larousse et Boyer, 1860, un vol. in-8°) dans lequel se trouvent plusieurs des abréviations et des problèmes que nous avons donnés, des carrés magiques de nombres et diverses autres curiosités, arithmétiques, géométriques, astronomiques, etc. — M. Labosne vient de publier la 4° édition des *Problèmes plaisants et délectables qui se font par les nombres, par Claude-Gaspar Bachet, sieur de Meziriac* (Paris, Gauthier-Villars, 1879, un vol. in-8°. — Les deux premières éditions avaient paru en 1612 et 1624). — Nous pouvons encore renvoyer aux recueils de problèmes de Saigey, Ritt, Sonnet, Menu de Saint-Mesmin, etc.

M. Martin jeune a essayé des *Lettres à Euchariste sur l'arithmétique* (Paris, Têtot, 1830, un vol. in-8°) avec des vers, pour « répandre des charmes sur cette science aride ». L'auteur aurait pu mieux employer son talent et son temps ; il n'est pas parvenu à faire un livre amusant ; l'arithmétique a certainement un intérêt qui lui est propre ; mais on ne peut pas l'enseigner avec « charme » comme un art d'agrément.

---

* *Histoire des mathématiques*, par Montucla, 1758, 4 vol. in-4°; 2° édit., 1799, 1802, augmentée par Lalande, 4 vol. in-8°.

CINQUIÈME PARTIE

NOTES COMPLÉMENTAIRES

—————

I. — **Importance de l'arithmétique. — Ce que comprend
un cours d'arithmétique appliquée. — Origine de l'ouvrage *.**

L'ARITHMÉTIQUE, qui a de tout temps occupé les intelligences supérieures, est, à juste titre, considérée comme une des premières
branches de l'instruction publique et privée.

Elle sert d'introduction aux diverses parties des mathématiques ** ; elle est l'auxiliaire de toutes les autres Sciences. Elle fournit à toutes les branches de l'activité humaine les moyens de se
rendre compte des résultats obtenus comparativement aux moyens
employés. L'étude de ses principes et de ses règles est un excellent

———

* « L'arithmétique est le vestibule des sciences » (J.-G. Garnier). « L'arithmétique et la géométrie forment comme les deux ailes des mathématiques »
(Lagrange). — Lors de l'organisation de l'enseignement de l'école polytech-
nique, l'illustre Lagrange s'était réservé l'arithmétique ; J.-G. Garnier, plus
tard doyen de l'université de Gand, était son suppléant.

** Cette notice servait d'*Introduction* aux deux premières éditions : —
la première à Paris, chez Desprez, 1839, in-8° ; — la 2° à Paris, chez
Guillaumin, 1861, in-8°, remaniée et considérablement augmentée. L'ouvrage devait d'abord faire partie d'une *Bibliothèque commerciale* projetée
par Desprez ; il reproduisit le cours professé par M. Joseph Garnier
à l'école de commerce et il devait être suivi d'un Traité de Changes et de
Comptabilité par Frédéric Wantzel, un des plus savants professeurs que
cette école ait eus. Les trois cours devaient être signés par les deux auteurs ;
mais l'arithmétique seule fut publiée, et la collaboration de M. F. Wantzel
n'a consisté que dans les opérations des extractions de racines, des annuités et du tant pour cent, plus les trois tableaux synoptiques des pages
267 et 323 concernant les mesures métriques et les mesures étrangères.

M. Wantzel, originaire de Francfort, mourait en 1860, dans un âge très
avancé. Il avait d'abord tenu le bureau des changes de la maison Réca-
mier, sous le premier Empire ; c'était un habile et ingénieux calculateur.
— Voy. p. 159 une note relative à Laurent Wantzel, son fils.

cours de logique pratique propre à rectifier les idées, à former le jugement, à développer l'esprit de calcul.

Or, l'esprit de calcul, qui n'est pas l'attribut exclusif des intelligences rétrécies, comme on l'entend dire quelquefois, et qui peut très bien s'allier avec les talents littéraires ou artistiques, conduit à l'esprit d'ordre et de prévoyance, c'est-à-dire à l'aisance et à la moralité des familles. C'est à cet esprit plus généralement répandu que les peuples modernes doivent l'établissement des caisses d'épargne et les sociétés de secours mutuels, les compagnies d'assurances, une plus juste répartition des impôts, plus d'ordre dans les finances, un plus grand nombre de recherches statistiques, enfin, plus de certitude et moins de déclamation dans les questions économiques.

Utile et nécessaire dans toutes les professions, la connaissance de l'arithmétique est de plus indispensable dans les professions commerciales. Le hardi spéculateur comme le modeste détaillant, le grand entrepreneur comme le petit producteur, doivent calculer leurs opérations d'une manière rigoureuse, et ne point s'en tenir aux approximations hasardées, aux évaluations sommaires, qui donnent des mécomptes et causent souvent la ruine et le déshonneur. Le calcul positif prémunit contre l'entraînement des affaires dont l'amour du gain exagère assez volontiers les chances de bénéfice et amoindrit les chances de perte. Prendre la plume et chiffrer est un excellent correctif aux écarts de l'imagination. Aussi n'est-on pas un véritable négociant, un véritable industriel, un véritable homme d'affaires, si l'on ne sait pas faire les opérations promptement, avec précision et sans travail pénible.

L'arithmétique est généralement enseignée, mais il s'en faut de beaucoup qu'on y consacre les soins et le temps nécessaire ; il s'en faut de beaucoup que les ouvrages et les méthodes d'enseignement soient partout ce qu'ils devraient être pour obtenir le meilleur résultat dans le moins de temps possible.

Dans cet ouvrage, fruit d'un enseignement spécial, d'un long professorat et d'élaborations successives, nous avons voulu appliquer cet aphorisme de Montaigne : « Il ne s'agit pas (seulement) d'être plus savant, mais mieux savant », c'est-à-dire plus rapidement et plus économiquement savant.

Pour cela, nous avons cru devoir écarter tout ce qui, dans la science des nombres, n'est pas directement applicable et revenir à la simplicité des arithméticiens du dernier siècle, tout en tenant compte des progrès de la science et en traitant longuement des questions auxquelles donnent lieu les affaires nouvelles.

Les ouvrages d'arithmétique proprement dite, telle qu'elle est enseignée généralement, sont très nombreux, et quelques-uns d'entre eux exposent la science avec toute la clarté désirable * ; ce n'est point un livre de cette nature que nous avons voulu faire.

Il existe aussi plusieurs traités d'arithmétique dite commerciale ou appliquée au commerce, à la banque, etc. **. Mais la plupart n'ont de commercial que le nom, et le peu de ceux qui sont justement appréciés pour quelques parties, nous ont paru incomplets sur d'autres. Il ne nous a pas été difficile de mieux faire que ceux-là, et nous avons cherché à surpasser ceux-ci.

C'est une erreur assez généralement répandue que le commerce ne nécessite aucune étude sérieuse, et qu'en fait d'arithmétique, par exemple, il est inutile de pousser ses connaissances au delà des quatre règles. Ce préjugé, accrédité par les ignorants, est trop facilement accueilli par les jeunes gens, qui, flattés qu'on les croie de bonne heure aptes aux emplois qu'ils désirent remplir, ne songent pas qu'il leur faudra consacrer beaucoup de temps à recueillir de collègues plus exercés, mais souvent peu complaisants, des méthodes et des procédés qu'une étude de quelques mois leur aurait appris. Sans doute, les quatre règles suffisent, si on les connaît, pour toute espèce de nombres et de fractions ; si on sait les faire de la manière la plus abrégée et la plus commode ; si on sait quand et comment on doit les faire pour résoudre les divers problèmes ; mais alors, en parlant des quatre règles, on entend toute l'arithmétique.

Un cours d'ARITHMÉTIQUE appliquée au commerce, etc. (dans lequel il faut comprendre aussi l'*algèbre élémentaire* et la connaissance des *formules géométriques*) doit se composer de l'étude de tous les principes généraux de la science des nombres, directement applicables ; des diverses abréviations qu'emploient les praticiens ; de détails complets sur les poids et mesures ; de tous les problèmes commerciaux et usuels, classés méthodiquement et résolus par les procédés les plus courts ; en un mot, d'un ensemble d'opérations telles, qu'en les répétant, on soit assez rompu au

---

* Il nous suffira de citer ceux de Bezout, Théveneau, Mauduit, Lacroix J.-G. Garnier, Reynaud, Bourdon, Guilmin, Briot, de Comberousse, etc., et les traités plus élémentaires de Condorcet, Adhémar, Didier, Mazéas, Demontferrier, Girodde, Ritt, Van Tenac, Sonnet, Guilmin, etc.

** Ouvrier-Delille, Rosaz, Edm. Desgranges, Juvigny, Woisard, Midy, Merle, Bardel, Etevenard, Olivier, A. Lagrange, Osterwald, Tschaggeny, Francœur, Jouve, Vannier, etc.

maniement des chiffres pour résoudre rapidement, soit avec la plume, soit de tête, les problèmes les plus usuels.

II. — Conseils pour apprendre ou pour enseigner l'arithmétique.

Pour pouvoir apprendre l'Arithmétique à l'aide de ce livre, comme à l'aide de tout autre, il faut d'abord recevoir les premières notions d'un professeur ou d'une personne versée dans le mécanisme des quatre règles avec de petits nombres.

Ainsi dégrossis, les élèves pourront apprendre seuls au moyen de ce Traité, mais d'autant plus facilement qu'ils seront plus à même de consulter, quand ils seront embarrassés, des personnes exercées.

Premièrement. Avant tout, les élèves devront se faire une idée nette du système de *Numération* usité pour les Entiers et pour les Fractions décimales, et s'exercer sur le maniement du Zéro et de la Virgule, qui jouent un si grand rôle dans les calculs.

Il est important que les commençants se rendent compte des *nombres réels* à l'aide d'objets matériels, tels que graines quelconques, billes, cailloux, lignes, etc.

Il est également important de prendre, en commençant, une première connaissance de la nomenclature des Mesures métriques et de leurs subdivisions. On fait ainsi un excellent exercice pour les difficultés pratiques que présente la numération.

Deuxièmement. Ils devront apprendre par cœur les quatre règles (Addition, Soustraction, Multiplication, Division), des petits nombres d'un chiffre ou de deux chiffres. — Il est inutile de passer outre, si on ne sait pas complètement, c'est-à-dire *sans hésiter* et dans tous les sens, la table de multiplication ; si l'on ne sait pas, par exemple, que 9 fois 7 font 63 comme 7 fois 9 ; que 64, 65, 66, 67, 68, 69, 70, 71 contiennent 7 fois 9 ou 9 fois 7, plus 1, 2, 3, 4, 5, 6, 7, 8, et ainsi de suite.

Sans doute qu'en continuant l'étude des principes et des Règles, l'élève finit tôt ou tard par se mettre ces opérations dans la tête ; mais ce moyen fait perdre beaucoup de temps, rend la suite du cours très-pénible et rebutante, tandis que, si l'on prend la précaution de s'arrêter pour que l'élève apprenne complètement ces petites opérations, tout ce qui suit devient pour lui plus simple et même attrayant, pour peu qu'il ait quelque aptitude au calcul, ses facultés n'étant plus arrêtées à chaque instant par ces entraves de détail. — Cette observation, aussi simple que serait celle que pour mieux copier il faut savoir bien former ses lettres, est fondamentale.

En *troisième lieu* il faut, quand on a appris les quatre Règles, se familiariser avec la *Divisibilité des nombres* et les procédés de décomposition en facteurs premiers. — Sans cette autre précaution, le calcul des *Fractions* présente des difficultés au moins doubles.

En étudiant les chapitres relatifs à ces diverses parties, on laissera de côté les alinéas marqués d'un astérisque (*).

Nous ne saurions trop dire aux jeunes gens que cette première partie, quoique la plus élémentaire, n'en est pas moins la plus difficile à bien savoir, celle sur laquelle il faut souvent revenir, quand on étudie, parce que de la connaissance plus ou moins approfondie qu'on en a découle la facilité ou la difficulté de saisir les combinaisons qui constituent l'application.

Nous leur recommandons également de se familiariser avec les *abréviations*; c'est en fait de calcul surtout qu'il n'y a pas de petites économies.

Quatrièmement. Une fois rompu aux calculs des quatre Règles pour les Entiers et pour les Décimales, sur la Divisibilité des nombres et les Fractions ordinaires, ou tout en faisant cette étude, on doit prendre une connaissance approfondie du *Système métrique*, qui a une utilité directe pour les besoins de la vie.

Cinquièmement. Il faut ensuite étudier les moyens de combiner les quatre règles par les *Équations* et les *Proportions*.

Sixièmement. Après cette préparation, on peut étudier tous les PROBLÈMES résolus par l'Analyse simple ou les Équations ou les Proportions, et les règles dites de Trois, d'Intérêt simple, d'Escompte, de Répartition et de Mélange, d'Échéance commune, et le chapitre relatif aux calculs des opérations de Banque, de Change, de Douane et de Comptabilité, en laissant de côté ceux qui sont marqués d'un *.

Tel peut être l'objet d'un *premier cours* d'arithmétique usuelle et indispensable.

Dans un *second cours*, on reprendra l'étude du volume en ne négligeant point les chapitres, paragraphes et alinéas marqués d'un *; on s'arrêtera à l'extraction des *Racines* carrées et cubiques, aux *Progressions* et aux *Logarithmes*, puis à l'exposé des *Mesures anciennes* et aux calculs des *nombres complexes.* On étudiera tous les problèmes laissés de côté : ceux relatifs aux Mesures, à la règle Conjointe, à celle de Tant pour cent, aux Intérêts composés, aux Annuités et à l'Amortissement; on lira les derniers chapitres sur les Assurances, sur les questions et problèmes divers; on consultera les NOTES, *ad libitum;* on s'exercera aux *Abréviations* et au *Calcul mental.*

Nous donnons dans le courant du volume des conseils spéciaux au sujet des diverses opérations.

L'ouvrage est disposé pour faciliter la besogne du professeur et de l'élève. Le professeur peut suivre méthodiquement le cours, comme élaguer ce qu'il n'a pas le temps de montrer.

Nous l'engageons à faire répéter les opérations types que nous donnons jusqu'à ce que l'élève en comprenne le mécanisme, et à n'insister sur la théorie que lorsque l'élève sait calculer l'opération sans hésiter.

Pour les problèmes, il pourra en démontrer quelques-uns au tableau, puis demander comme devoir l'explication des autres, en totalité ou en partie ; puis en donner à résoudre d'analogues, avec des nombres différents, et d'autres à l'aide des recueils de problèmes de MM. Saigey, Ritt, Sonnet, Saint-Mesmin, etc.

III. — Coup d'œil historique sur l'arithmétique.
— Origine des chiffres.

L'origine de l'arithmétique, comme celle de beaucoup de sciences, se perd dans la nuit des temps.

De bonne heure les hommes ont dû être conduits à supputer, à mesurer et à compter plus ou moins bien, comme de nos jours on compte dans les pays sauvages et au sein des classes ignorantes dans les pays civilisés. On voit souvent des hommes tout à fait illettrés, doués de la faculté de calculer promptement par des procédés dont ils ne savent pas se rendre compte.

Mais la science n'a commencé qu'avec la découverte et la transmission des principes et des méthodes de calcul et des conventions numériques qui ont constitué cet ensemble de connaissances sur les nombres que l'on a nommé Arithmétique, du grec *arithmos*, nombre.

Les historiens anciens qui se sont occupés de l'origine de l'arithmétique ne nous donnent que très-peu d'indications, et encore ces indications sont-elles contradictoires. Josèphe (*Antiq. jud.*, liv. I, ch. ix) affirme qu'Abraham, ayant quitté la Chaldée pour se rendre en Égypte pendant la famine, fut le premier qui enseigna aux habitants de ce pays l'Arithmétique et l'Astrononie, dont ils n'avaient aucune connaissance. — Platon (*in Phædro*) et Diogène Laërce (*in Prœmio*) font venir l'Arithmétique et la Géométrie des Égyptiens, à qui elles auraient été enseignées par le dieu Thot, dont les attributs, assez semblables à ceux que les Grecs accordèrent ensuite à leur Mercure, s'étendaient sur le commerce et sur les nombres. — Strabon (*Géograph.*, liv. XVII) dit que, d'après l'opinion reçue de son temps, l'Arithmétique et l'Astronomie sont d'origine phénicienne. « Mais cette opinion, ajoute M. Demont-ferrier (*Dict. des mathématiques*, 1838) est évidemment erronée, puisque c'est aux Chaldéens, qui sont un peuple bien plus ancien encore, que nous devons la connaissance de certains cycles ou périodes astronomiques, dont la détermination suppose déjà une science assez avancée. »

Ce qu'il y a de remarquable, c'est qu'à l'exception des Chinois et de quelques tribus obscures, les recherches historiques constatent que tous les peuples ont adopté la méthode de calculer par groupes de *dix* *, dont l'idée se trouve dans les *dix doigts*.

Les premiers calculateurs opéraient, paraît-il, avec des cailloux (en latin *calculi*) et au moyen de leurs doigts, comme le font les gens illettrés de nos jours **.

Ils se servirent ensuite de Jetons placés sur des rainures, disposées sur une table, ou de Boules enfilées dans une tringle. (Voy. plus loin, une note sur l'*abaque*).

Les Hébreux et les Grecs, et après eux les Romains, se servirent des *lettres* de l'alphabet pour représenter les nombres, et comme ils ne songèrent pas à donner à leurs caractères une valeur locale, c'est-à-dire selon la place qu'ils occupent, leurs systèmes de numération étaient très-compliqués, et leurs procédés de calculs fort longs n'étaient à la portée que d'un petit nombre de têtes bien organisées. Aussi ces systèmes ont-ils été abandonnés partout aussitôt que la méthode moderne a été introduite en Europe.

Les Grecs employaient 36 caractères dans leur numération ***.

---

* Le calcul dont la base est *Cinq* (moitié de dix), est répandu dans le Céleste Empire et la Malaisie. Des voyageurs modernes nous ont appris que cette base est *Huit* ou *Six* chez les montagnards de la Sonde ; *Quatre* à Flores, île hollandaise à l'est de Java ; *Trois* chez les Jewons, peuplades de l'Amérique du Sud ; *Deux*, chez les populations à cheveux laineux de Malacca. Aristote cite une peuplade obscure de son temps, ayant une base de supputation différente de dix.

** On voit encore aujourd'hui, dans certaines contrées des Indes orientales, les négociants passer leurs marchés sans mot dire, gravement assis sur leurs talons, drapés dans leurs longues robes à larges manches, discuter les conditions en se touchant mutuellement telle ou telle phalange d'un doigt de l'une ou de l'autre main. » (M. Jacoby, *Introd. au Traité du calcul mental*, d'après Henri Mondeux. Voir p. 620.)

*** Voir l'*Essai sur l'arithmétique des Grecs*, par Delambre, et l'article

Parmi les fondateurs de la science des nombres dans l'antiquité, il faut nommer Thalès, chef de l'école inonienne de Milet, qui cultivait l'arithmétique, la géométrie et l'astronomie, né en Phénicie en 639 avant J.-C.; Pythagore de Samos, né vers 590 avant J.-C.; fondateur de l'école de Crotone (Toscane), aujourd'hui Cortona; Euclide, une des illustrations de l'école d'Alexandrie (320 ans avant J.-C.); Archimède de Syracuse, mort 212 ans avant Jésus-Christ; Apollonius de Perga, de l'école d'Alexandrie, vivant 40 ans après Archimède *.

L'arithmétique moderne nous vient des Arabes; mais c'est aux peuples de l'Inde que ceux-ci l'ont empruntée. Les caractères que nous nommons *chiffres arabes,* ils les nommaient *chiffres indiens.* Ces caractères sont à peu près les mêmes que ceux dont nous nous servons actuellement, sauf le zéro, dont le signe est un point. Ce sont les savants arabes eux-mêmes qui ont recueilli cette origine, et le nom de l'arithmétique arabe est celui de *science indienne* (hendesséh). (Voy. plus loin.)

« Boèce (*De geometria*) nous apprend que quelques pythagoriciens employaient dans les calculs neuf caractères particuliers, tandis que les autres se servaient des signes ordinaires, savoir les lettres de l'alphabet; et d'autres auteurs s'appuient sur cette assertion pour revendiquer en faveur des Grecs ** une priorité démentie par des documents irrécusables. En admettant que l'on connût dans l'école de Pythagore une manière de noter les nombres semblable à la nôtre, on peut seulement conjecturer que c'était une des connaissances puisées chez les Indiens par Pythagore, et qui, transmise par ce philosophe à un petit nombre d'initiés, demeura stérile entre leurs mains. » (Demontferrier, *Dict. des sciences mathémat.*, art. ARITHMÉTIQUE.)

Diophante, d'Alexandrie, qui vivait vers 350, nous a laissé des re-

---

Arithmétique dans le *Dict. des sciences mathématiques*, par M. Demontferrier, ou dans le *Dict. des antiquités grecques et romaines*, par Darenberg et Saglio.

* Thalès puisa une partie de son savoir chez les prêtres égyptiens, et vint se fixer à Milet en 587; on lui attribue la fameuse sentence : *Connais-toi toi-même.* — Pythagore voyagea en Égypte et en Chaldée, en Asie Mineure et peut-être dans l'Inde.

** Cette opinion a été de nos jours reprise et soutenue par un savant géomètre, M. Chasles. Severinus Boëtius, mort en 525, vivait à la cour de Théodoric. C'est surtout par sa traduction que le moyen âge a connu Aristote. — On a imprimé comme de lui *Sev. Boetii arithmetica.* Venise, 1488, in-4°.

cherches sur les propriétés des nombres et notamment sur les carrés et les cubes.

Parmi les arithméticiens arabes se trouve le savant Avicenne (Abou-ibn-Syna), célèbre chez les Orientaux par ses connaissances en arithmétique et en médecine, né près de Chiraz, en Perse, mort en 1037, et qui a composé un grand nombre d'ouvrages. Dans le commencement d'un manuscrit dont M. Demontferrier a donné la traduction, d'après M. Marcel, dans le *Dict. des sciences mathématiques*, on trouve l'application de la preuve par 9 aux quatre règles.

Dès le règne de Charlemagne, les Arabes (Maures ou Sarrasins) introduisirent en Europe les chiffres et les procédés de calcul dont ils se servaient. Gerbert, d'une famille de serfs d'Aurillac (Auvergne), devenu, par son mérite, évêque de Reims et pape sous le nom de Sylvestre II (mort en 1003), était né avec le génie des mathématiques, et tourmenté du besoin de s'instruire ; il obtint de ses chefs, les supérieurs de l'abbaye de Saint-Benoît qui l'avaient élevé, la permission de voyager, et se rendit en Espagne où il apprit des Maures le système de numération qu'il rapporta en France. Mais ce ne fut que vers le commencement du treizième siècle que l'arithmétique indienne, dite arabe, se répandit en Europe. A cette époque, un marchand italien, Fibonacci, appelé Léonard de Pise, rapporta de Bougie, en Afrique, cette manière supérieure de compter et l'introduisit dans sa patrie, d'où elle se répandit en Europe. Fibonacci appelle aussi les signes chiffres indiens.

Le plus ancien ouvrage écrit sur cette matière est intitulé *Algorithmus demonstratus* *, par Jordanus de Namur, traité d'arithmétique, commenté et publié par Jacques Faber aussitôt après l'invention de l'imprimerie, dans le quinzième siècle. Un contemporain de Jordanus, le moine Planude, écrivit aussi un ouvrage intitulé *Arithmétique indienne ou Manière de calculer suivant les Indiens*, dont il existe encore des manuscrits. A peu près à la même époque, Jean Halifax, plus connu sous le nom de Sacro Bosco, donna une arithmétique en vers latins dans laquelle la forme des chiffres est presque déjà identique avec la nôtre.

D'autres arithméticiens contribuèrent à faire progresser la science dans cette première période. Mais ce n'est qu'aux immenses progrès de l'Algèbre dans les trois derniers siècles que l'arithmé-

---

* Le mot *algorithme* (*Algarisme* et *Algorisme*) a quelquefois servi à désigner l'Arithmétique (du grec *arithmos*, nombre) ; il est usité chez les Allemands.

tique doit son entier développement, aux dix-septième et dix-huitième siècles, à la suite des mémorables travaux des algébristes ou géomètres tels que Viète (mort en 1603), Harriot, Descartes, Fermat, Wallis, Galilée, Kepler, Newton, Leibnitz, les Bernouilli, Maupertuis, d'Alembert, Lagrange, Laplace et surtout Euler, etc.

L'histoire détaillée des découvertes et des améliorations successives introduites spécialement dans les procédés de l'arithmétique intéresse les calculateurs, et nous avons recueilli dans le courant du volume quelques indications historiques ; mais ce relevé est encore à faire.

Nous nous bornerons à rappeler que parmi les progrès les plus féconds, se trouvent en première ligne l'invention et l'application, au seizième siècle, par Napier et Briggs, des logarithmes qui simplifient si admirablement les calculs et rendent possibles des opérations jusque-là impraticables ; et en seconde ligne l'heureuse idée d'Oughtred *, un siècle plus tard, d'écrire les fractions décimales comme les nombres entiers, ce qui simplifie beaucoup la numération et les calculs, et a conduit plus tard au grand perfectionnement des nomenclatures des poids et mesures dont le système métrique est le type.

Il serait intéressant, mais infiniment trop long, de signaler ici tous les auteurs qui ont contribué au perfectionnement des démonstrations et des procédés de détail, et à la vulgarisation de la science arithmétique. Sous ce dernier rapport, Bezout (né en 1730, mort en 1783) a été le plus populaire des arithméticiens en France.

Origine des chiffres. — Nous venons de dire que les Grecs et les Romains représentaient leurs nombres par des *lettres* de l'alphabet, et que les signes particuliers ou *chiffres* dits arabes ont une origine indienne. On s'est demandé comment ces chiffres ont pu être formés. M. Van Tenac ** dit à ce sujet qu'on a dû commencer par figurer les dix premiers nombres par des barres (comme à la p. 2), et qu'on a eu ensuite l'idée de réunir ces barres dans un seul signe plus abrégé et plus commode. Les caractères ci-après, tracés long-

---

* Oughtred, cité page 38, pour un procédé de multiplication abrégé, et p. 346, pour la formule de la mesure du tonneau, a introduit le signe ✕. Ses ouvrages ont longtemps été classiques en Angleterre. Les signes + et — ont été introduits par Rodolphi en 1522 ; le signe = par Recort, géomètre anglais, en 1552 ; les signes > et <, plus grand et plus petit, par Harriot, mathématicien anglais mort en 1621 ; l'exposant par Descartes, mort en 1650.

** *L'Arithmétique enseignée*, in-12. Royer, 1845.

temps d'une manière grossière, rappelleraient le passage de la première solution à la seconde :

$$1 \qquad 2 \qquad 3 \qquad 4 \qquad 5 \qquad 6 \qquad 7 \qquad 8 \qquad 9$$

Nous ignorons l'époque où le point des Arabes a été remplacé par le 0 ; il y a cela de remarquable, qu'en arabe *zeroh* signifie cercle. Le mot Chiffre vient sans doute de l'arabe *sephira* ou *siffra*. qui lui-même semble emprunté à l'hébreu *siphr*, chiffre et nombre.

Voy. l'*Histoire des mathématiques*, par Montucla, 1re éd., 1758, 2 v. in-4° ; nouv. éd. augmentée par Lalande, 1799-1802, 4 v. in-4° ; — et dans le *Dictionnaire des mathématiques*, par M. Demontferrier, 3 v. in-4°, particulièrement les articles biographiques.

IV. — Chiffres dits romains. — Chiffres dits français ou financiers.

Les Romains indiquaient leurs nombres à l'aide de lettres majuscules dites capitales en typographie. On se sert quelquefois de ce système de numérotage, notamment pour l'énonciation et le rappel de certaines divisions et pour la pagination des préfaces, avis, etc., dans les ouvrages, pour l'indication des millésimes, des dates, etc. Pour varier, on se sert encore du même système avec des lettres minuscules, le plus souvent des lettres *italiques* ou penchées, afin de varier ou de ne pas faire confusion avec le numérotage précédent. Ce sont les chiffres dits *français* ou *financiers*.

Les chiffres employés dans ces deux systèmes sont :

Romains :	I	V	X	L	C	D	M
Français :	*i, j*	*b*	*x*	*l*	*jc*	*bc*	*g*
représentant :	1	5	10	50	100	500	1000

Voici le tableau de ces deux systèmes de numérotage :

Chiffres indiens dits arabes.	Chiffres romains.	Chiffres français ou financiers.
1	I	*j*
2	II	*ij*
3	III	*iij*
4	IIII ou IV	*iiij* ou *jb*
5	V	*b*

Chiffres indiens dits arabes.	Chiffres romains.	Chiffres français ou financiers.
6	VI	*bj*
7	VII	*bij*
8	VIII	*biij*
9	VIIII ou IX	*biiij* ou *ix*
10	X	*x*
11, 12, etc.	XI, XII, etc...............	*xj*, *xij*, etc.
20	XX	*xx*
30	XXX	*xxx*
40	XL ou XXXX...............	*xxxx* ou *xl*
50	L	*l*
60	LX	*lx*
70	LXX	*lxx*
80	LXXX ou IIIIXX	*lxxx* ou *iiiixx*
90	XC ou IIIIxxX	*lxxxx*
100	C	*jc*
200	CC ou IIc	*ijc*
300	CCC ou IIIc	*iijc*
400	CCCC ou IVc	*iiijc*
500	Vc ou D ou IↃ	*bc*
600	VIc ou DC ou IↃC	*bjc*
700	VIIc ou DCC ou IↃCC	*bijc*
800	VIIIc ou DCCC ou IↃCCC	*biijc*
900	IXc ou DCCCC ou IↃCCCC ou CM	*biiijc* ou *ixc*
1,000	M ou CIↃ	*g*
10.000	XM ou Xм	*xg*
100.000	CM ou Cм	*jcg*
1.000,000	MM	
10.000.000	XMM	
100.000.000	CMM	
An 1880	MDCCCLXXX	

V. — Sur les divers systèmes de numération : Décimal, Duodécimal, Binaire, etc.

Le mécanisme du système décimal, d'unités décuples, dont l'idée est dans les dix doigts, et qui a eu la préférence, permet de comprendre tous les autres systèmes de numération dans lesquels on compterait par douzaines, par huitaines, etc. (Voy. note p. 603).

Dans le système duodécimal (du latin *duodecim*, douze), on aurait 12 espèces de chiffres :

$$1, \ 2, \ 3, \ 4, \ 5, \ 6, \ 7, \ 8, \ 9, \quad a \qquad b$$
$$\qquad\qquad\qquad\qquad\qquad\qquad\quad \text{(dix)} \quad \text{(onze)}$$

et les chiffres, en avançant d'un rang vers la gauche, exprimeraient des unités douze fois plus fortes, et réciproquement.

De sorte que les signes..   10   100   1000   du système décimal,
vaudraient............   12   144   1728   dans le système duodécimal.

De même qu'on conçoit le système duodécimal, octaval*, etc., on peut concevoir le système binaire, le système ternaire, etc., d'une arithmétique à deux, trois chiffres, etc. Dans le système binaire (*bis*, deux fois), on écrirait :

      1   10   11   100   101   dans le système binaire,
pour 1   2   3   4   5   du système décimal.
      Avec 5 chiffres, 10, 100 et 1000 voudraient dire 5, 25, 125.

Il est difficile de comparer les avantages ou les inconvénients réciproques de deux systèmes de numération, quand on n'est familiarisé qu'avec un; mais en se bornant aux premières subdivisions de l'unité, il est facile de voir que si la subdivision de 10 en 10 a de grands avantages qui lui sont propres, celle de 12 en 12 en a également; car 12 admet un diviseur de plus, et les diviseurs 3, 4 et 6 qui sont fort usuels. Il en est de même de la subdivision de 8 en 8, qui admet la série usuelle 2, 4, 16, 32, etc. — La base 12, comme la base 8, se retrouve aussi dans les mains contenant 8 doigts ou chacune 12 phalanges, en dehors du pouce.

Des mathématiciens se sont attachés à faire ressortir les avantages de ces deux systèmes sur le système décimal; mais il n'y a plus lieu de songer à changer une base de calculs adoptée par le monde entier, et d'après laquelle sont faits tous nos livres et toutes les supputations des sciences.

VI. — L'arithmétique complémentaire.

M. Berthevin, élève de Laplace, a publié, en 1826, « des *Éléments d'arithmétique complémentaire, ou méthode nouvelle par laquelle, à l'aide de compléments arithmétiques, on exécute toutes les opérations*, etc., in-8, chez Bachelier.

Les procédés d'addition et de soustraction que cet ouvrage contient sont les mêmes, quoique plus étendus, que ceux que nous avons donnés au chapitre V (23 et suiv.), pour la soustraction des nombres entiers et au n° 142 pour l'addition des fractions ordinaires.

Les procédés de multiplication ne sont applicables que lorsque

---

* Voir la Note p. 587.

le complément de l'un des facteurs n'a qu'un ou deux chiffres, et lorsqu'on a à multiplier un nombre par lui-même ; dans le premier cas, on agit à peu près comme nous l'avons indiqué au n° 42 ; dans le second, comme nous l'avons indiqué au n° 48.

Quant à la division, les procédés n'en sont pas moins ingénieux, mais ils exigent des calculs plus longs et des efforts de mémoire plus considérables que le procédé ordinaire.

Voici quatre exemples de multiplication :

	I	II	III	IV
	991×995	1012×1569	1008×738	813×112
Compléments.	9 5	12 569	8 262	187 120
	986 000	1581 000	746 000	933 000
	+ 45	+ 6 828	— 2 096	22 440
	986 045	1587 828	743 904	910 560

Dans le premier exemple, où les compléments sont en sens naturel, on retranche le premier complément du second nombre, ou le second complément du premier nombre ; on obtient 986 auquel on ajoute les zéros du nombre sur lequel on prend le complément (qui est ici 1000) ; on multiplie les deux compléments et on ajoute le produit à 986000.

Dans le second exemple, où les compléments sont en sens inverse, on agit de la même manière.

Dans le troisième exemple, où l'un des compléments est direct et l'autre en sens inverse, on agit aussi de la même manière, seulement l'on retranche le produit des compléments.

Dans le quatrième exemple, l'un des zéros est négligé, parce qu'il a fallu considérer le nombre 112 comme 1120.

M. Berthevin a été conduit à ces procédés par l'analyse algébrique. Nos lecteurs pourront se convaincre que le procédé indiqué au n° 42 conduit souvent plus directement aux mêmes résultats.

	I	II	III	IV
	991×99	51012×1569	738×1008	813×112
	— 4955	+ 18828	+ 5904	933 000
	986045	1587828	743904	22 440
				910 560

VII. — Éléments du calcul mental ou de tête, improprement appelé aussi calcul sans chiffres.

Calcul mental se dit des opérations arithmétiques faites sans le secours de la plume, du crayon ou de la craie, en se représentant les nombres par les facultés de l'entendement.

C'est à tort qu'on l'a appelé le calcul *sans chiffres*, car si les chiffres exprimant les nombres ne sont pas écrits, ils n'en sont pas moins posés de mémoire, ils n'en existent pas moins dans l'esprit (*in mente*) obligé de les suivre dans les diverses évolutions que les opérations leur font subir.

Les conditions générales pour arriver à calculer plus ou moins facilement de tête, indépendamment d'une aptitude particulière, fortifiée par l'exercice, sont :

1º La facilité d'exécution à la plume, et sans hésiter, des *quatre règles* sur les entiers et les fractions, soit par les procédés ordinaires, soit par les moyens abréviatifs et perfectionnés ; — cela nécessite qu'on apprenne par cœur les résultats des petites additions, des petites soustractions, des petites multiplications et des petites divisions ; de sorte que le calcul à la plume a pour base le calcul mental, c'est-à-dire les opérations rudimentaires faites de mémoire ;

2º L'habitude d'opérer sur des *nombres épars* sans être obligé de les rapprocher ou de les mettre les uns sous les autres ;

3º La facilité de transformer sans hésitation les nombres par l'addition et la soustraction des zéros, par le maniement de la virgule qui joue un rôle si important dans le calcul décimal ;

4º La connaissance parfaite des caractères de *divisibilité*, et la facilité de décomposer un nombre en ses facteurs premiers ou en *parties aliquotes*, et d'en apercevoir, par conséquent, tous les diviseurs ;

5º La connaissance des subdivisions et des multiples des poids et mesures, et celle des rapports qu'ils ont entre eux ;

6º La connaissance des *formules* qui indiquent les opérations à faire pour la solution des problèmes, et notamment celles qui se rapportent à l'*intérêt* et qui sont d'une application si générale et si fréquente.

Le calcul mental est encore facilité par des résultats calculés ou des *comptes faits* qui reviennent souvent dans les calculs d'une même catégorie d'opérations. Pour chaque commerce, pour chaque profession, il y a ainsi un certain nombre de combinaisons usuelles que l'on retient et qui servent de jalons pour d'autres, le procédé des parties aliquotes aidant.

Enfin, le calcul mental est aidé par quelques *moyens spéciaux*, que nous exposons plus loin, avec lesquels les praticiens se familiarisent, et qui so présentent naturellement aux personnes douées de l'aptitude des calculs.

Pendant qu'on se familiarise avec la triture des chiffres la plume à la main, on s'exerce, par le fait même, aux opérations de tête ; et peu à peu on parvient à exécuter ainsi des opérations sur de petits nombres ronds, et successivement sur des nombres plus forts et plus compliqués.

Par l'exercice et la pratique, on arrive toujours à un certain degré d'habileté ; mais il y a des esprits doués de plus d'aptitude que d'autres ; et il n'est pas rare de voir, dans les campagnes ou sur les marchés, des personnes tout à fait illettrées très exercées à compter de tête et incomparablement plus habiles que des professeurs de calcul.

On ne saurait trop faire d'efforts pour acquérir ce talent. A chaque instant dans la vie, on n'a sous la main ni papier, ni plume, ni encre, ni crayon pour se rendre compte des combinaisons d'affaires auxquelles on songe, ou dont on parle, des bénéfices ou des pertes que peuvent présenter les acquisitions, les ventes que l'on désire faire, les engagements que l'on a à prendre. — Pour un négociant, pour un homme d'affaires, pour un jeune employé, c'est beaucoup que de calculer exactement et vite, dans l'isolement et la plume à la main ; mais il faut encore qu'ils puissent calculer de tête, même en causant, les résultats des opérations au moins d'une manière approximative.

En résumé, pour apprendre l'arithmétique mentale, il faut joindre à une certaine aptitude particulière beaucoup d'exercice et la connaissance positive des règles et procédés abréviatifs de la science des nombres.

Voici maintenant diverses indications spéciales pour se fortifier dans le calcul mental.

Addition.

A. Pour les petites additions on facilite le calcul en séparant les Unités et les Dizaines ; — en ôtant à un des nombres, pour ajouter à l'autre, une même quantité.

Pour :	Dites :
81 et 74	$8 + 7 = 150 + 1 + 4 = 155$
	$100 + 55 \dots\dots\dots\dots = 155$
$139 + 46$	$130 + 40 + 9 + 6\dots\dots = 185$
$93 + 31$	$100 + 29 \dots\dots\dots\dots = 129$

B. Pour les plus grands nombres, on additionne les nombres deux à deux ; — on décompose l'un en ses diverses unités ou en parties faciles à grouper, si les nombres s'y prêtent ; et on emploie les procédés qui viennent d'être énoncés.

Pour :

$$2813 + 298$$
$$1752 + 198$$
$$2648 + 4827$$

Dites :

$$2813 + 200 + 90 + 8 = 3111$$
$$1752 + 48 + 150 \ldots = 1950$$
$$\left. \begin{array}{l} 26 + 48 = 74 \\ 48 + 27 = 75 \end{array} \right\} \ldots = 7475$$

Soustraction.

A. Pour les petites soustractions on arrive à des combinaisons plus faciles par le même procédé, c'est-à-dire par des additions de compléments, ou par des diminutions compensées.

Pour :

$$90 \text{ de } 113$$
$$28 \text{ de } 65$$
$$21 \text{ de } 70$$

Dites :

$$100 \text{ de } 123 = 23$$
$$30 \text{ de } 67 = 37$$
$$20 \text{ de } 69 = 49$$

B. Avec de plus grands nombres on emploie ces procédés en décomposant le nombre à soustraire en ses diverses unités.

Pour :

$$1532 - 344$$

ou

Dites :

$$1532 - 300 = 1232$$
$$1232 - 44 \text{ ou } 1232 - 32 + 12$$
$$1200 - 12 = 1188$$

Multiplication.

A. Avec la numération, on apprend que la multiplication par 10, 100, 1000, se fait par l'addition de un, deux, trois, etc., zéros, ou par l'avancement de la virgule de gauche à droite. (V. les nos 6 et 10, et au livre VII, l'application qui est faite de ces principes aux calculs des mesures métriques.)

B. Nous avons donné (43 et suivants) les procédés de multiplication par 11, 5, 25, 125, qui peuvent s'opérer sans la plume, et qui s'appliquent encore aux multiples et sous-multiples fort usités de ces trois derniers nombres, savoir : 50, 250, 1250, etc., 0,5 ou 1/2, 2,5 ou 2 1/2, 0,25 ou 1/4, 12,5 ou 12 1/2, 1,25 ou 1 1/4, 0,125 ou 1/8, etc.

C. Le calcul mental est facilité par la décomposition de l'un des facteurs en nombres équivalents (37), — par l'emploi du procédé des parties aliquotes pour la formation de produits partiels, — et par l'emploi de produits partiels connus à l'avance, et qu'on peut retenir quand on fait souvent les mêmes calculs. C'est ainsi, par exemple, que procèdent les caissiers des maisons de commerce, sous la plume desquels les mêmes nombres reviennent souvent par suite des mêmes affaires.

Pour :   Dites :

373×48 $373 \times 12 = 4476 \times 4 = 17904$

D. La multiplication de tête nécessite avant tout la connaissance parfaite d'une table de multiplication plus étendue que la table ordinaire.

E. Voy. aux nᵒˢ 48 et 49 les procédés que nous avons indiqués pour obtenir le produit total sans écrire les produits partiels, et que nous ne croyons praticables, à moins d'aptitude particulière, que pour des nombres de deux, trois ou quatre chiffres.

Division.

A. Même remarque que ci-dessus pour la division par les nombres 10, 100, 1000, etc.

B. Nous avons donné (84) les procédés de division par 5, 25, 125, leurs multiples et leurs sous-multiples, qui peuvent s'effectuer sans la plume.

Dans ces cas et dans d'autres, la division peut être rendue facile et possible de tête, en la transformant en une multiplication correspondante.

$213 : 5 = 213 \times 0{,}2$

C. La division est facilitée par la décomposition du diviseur en fractions par lesquelles on divise successivement (82), ou par la division du dividende et du diviseur par des facteurs ou diviseurs communs, s'il y en a ; — d'où encore la nécessité de bien se familiariser avec les caractères de la divisibilité des nombres, et de savoir une table de multiplication et de division étendue.

Calculs divers. — Fractions. — Problèmes.

A. Lorsqu'on a des multiplications et des divisions à faire pour la même question, on peut simplifier et arriver à faire le calcul de tête en faisant d'abord les divisions (78) ; — ou bien encore en éliminant les nombres qui sont communs parmi les multiplicateurs et les diviseurs, comme le cas s'est souvent présenté en calculant les résultats des proportions composées.

B. *Fractions*. — L'emploi de la méthode du plus petit nombre divisible permet bien souvent de faire de tête l'opération de la réduction au même dénominateur (133) et, par contre, l'addition et la soustraction des fractions ordinaires. — La connaissance des caractères de divisibilité permet de faire de même la simplification d'une fraction ou l'extraction des entiers. — Dans la multiplication d'un entier par une fraction, et réciproquement, — et dans la division d'une fraction par un entier et réciproquement, il y a également un des deux procédés indiqués (146, 149, 150) qui permettent souvent de faire le calcul de tête.

C. Règles et problèmes. — Les procédés indiqués (aux chap. 58, 59, 60 et 61) rendent la plupart du temps possible le calcul de tête des Intérêts, des Escomptes, des opérations de Bourse.

Ouvrages sur le calcul mental. — Les calculateurs prodiges.

Divers ouvrages élémentaires portent à tort, ce nous semble, dans leur titre, cette indication de calcul mental ou de tête. Quelques autres peuvent être signalés au lecteur, à plus juste titre ; ceux à notre connaissance sont :

1º Une brochure de M. Hulf, publiée en 1836, sous ce titre : *le Calcul sans chiffres, ou Nouvelle Méthode de multiplication et de division, enseignant l'art d'obtenir avec promptitude le produit et le quotient, sans le secours des chiffres autres que ceux des deux termes de l'opération,* in-8º, Carillan-Gœury. L'auteur commence par indiquer quelques procédés pour les petites additions et les petites soustractions, semblables à ceux que nous donnons plus haut.

Pour la multiplication, il propose le procédé que nous avons donné (48), et que d'autres ont donné avant nous (Théveneau, an IX). Le procédé de la division, s'il n'est pas entièrement neuf, nous a paru au moins inédit en France. Mais nous ne croyons pas qu'il soit très utile de s'y exercer, à moins qu'on ne soit doué d'une de ces mémoires prodigieuses qui ne se rencontrent que fort rarement.

2º *La Sténarithmie ou Abréviation des calculs,* par M. Alex. Gossart, 2ᵉ éd., 1853, broch. in-18, chez Mallet-Bachelier. — Cet ouvrage est plus intéressant par l'exposé des méthodes perfectionnées de calcul que par les procédés de calcul mental.

3º *La Clef de l'arithmétique, traité de calcul mental, d'après la méthode suivie pour former le pâtre calculateur de la Touraine, Henri Mondeux, et, selon ses procédés, par son professeur* Émile Jacoby, 1 vol. in-18, Paris, chez Arnauld de Vresse, 1855.

Cet ouvrage contient une série d'exercices détaillés, raisonnés et gradués sur les diverses opérations : la numération (sujet longuement traité); les quatre règles ; les mesures métriques ; les procédés indiqués sommairement ci-dessus, et spécialement ceux des compléments. Dans ces exercices, peut-être trop nombreux et trop détaillés, des professeurs peuvent trouver beaucoup d'utiles indications pour le maniement des nombres par des procédés semblables ou analogues à ceux que nous indiquons ; mais ils ne donnent pas une explication suffisante de la prodigieuse facilité de Mondeux et des jeunes calculateurs de son espèce *. Ces intelligences exceptionnelles et douées de facultés supérieures pour les opérations numériques procèdent, soit par des moyens dont ils ne savent pas révéler la clef, soit par les moyens connus de composition et de décomposition des nombres, qu'ils manient avec un coup d'œil et un instinct supérieur. On sait que ces prodiges ne sont jamais devenus des mathématiciens transcendants.

VIII. — Les mathématiques. — Les divers calculs. — Les diverses espèces d'arithmétiques.

Anciennement, la *mathémaliké* des Grecs, la *mathematica* des Romains (de *mathésis* et *techné*, qui veulent tous deux dire sciences), s'entendaient des connaissances certaines, démontrées, évidentes.

Aujourd'hui, par mathématiques il faut entendre l'ensemble des sciences ayant des procédés exacts de démonstration et qui ont pour objet général la connaissance des lois, des grandeurs et des quantités, telles que Distances, Surfaces, Vitesses, Temps, Espaces et toutes les choses susceptibles d'augmenter et de diminuer.

On peut les considérer en dehors de toute application ; ce sont alors les mathématiques *pures*. Appliquées aux autres sciences, elles constituent les sciences physico-mathématiques, ou mathématiques *spéciales*, telles que l'astronomie, la mécanique, l'hydraulique, l'optique, l'acoustique, etc., utilisées pour les industries, les arts, les constructions et les branches de l'activité humaine, qu'elles

---

* Voir l'introduction de M. Jacoby à l'ouvrage cité, la *Biographie de Henri Mondeux* (mort en 1861), du même auteur, 1 vol. in-16 ; de nouveaux détails par le même, dans l'*Illustration* du 2 mars 1861, et *la Vie de Mondeux*, par M. Barbier, aumônier du Lycée Louis-le-Grand. M. Jacoby n'a suivi Mondeux que jusqu'en 1848. Mondeux était épileptique et n'avait ni la mémoire des lieux ni celle des personnes. Il n'aimait pas l'étude ; il n'était pas parvenu à lire couramment et il ne comprenait pas un énoncé un peu long. — Un autre calculateur prodige, Grandemange, qui s'est montré au public, à peu près en même temps, était estropié des quatre membres et écrivait avec le moignon du bras. Il était plus intelligent et avait la prétention d'employer les procédés de Mondeux ; mais il n'avait pas la même aptitude.

secondent et fécondent. On les appelle plus spécialement *mathématiques appliquées*.

Il y a les mathématiques *élémentaires*, comprenant les notions élémentaires d'arithmétique, d'algèbre, de géométrie, de trigonométrie ; et les mathématiques supérieures, spéciales ou *transcendantes*, comprenant toutes les branches de calculs plus difficiles.

L'arithmétique (*arithmetiké* des Grecs, d'*arithmos*, nombre, et de *techné*, science) est dans l'ordre actuel la première des sciences mathématiques ; car elle est, comme l'a justement dit le savant J.-G. Garnier, suppléant de Lagrange, le vestibule de toutes les sciences ; elle est la science des quantités spécifiées et exprimées par des nombres ; de leurs fonctions, de leurs propriétés, de leurs rapports, des compositions et des décompositions auxquels ils se prêtent, et du parti qu'on peut tirer de leurs diverses évolutions.

Par *calcul*, on entend les opérations sur les nombres et les signes qui les représentent. — Le mot est devenu synonyme de la science elle-même. Il vient du latin *calculus*, caillou, parce qu'on suppose que les hommes ont dû commencer les combinaisons numériques avec des petits cailloux. Les professeurs d'arithmétique chez les Romains se nommaient *calculatores*.

On dit aujourd'hui : calcul arithmétique, des opérations de la science des nombres ; calcul algébrique, quand les nombres sont représentés par des lettres ; calcul géométrique, mécanique, astronomique, physique, etc., quand il s'agit d'opérations arithmétiques se rapportant aux diverses sciences. Par extension, le mot s'applique aussi à la conception d'une affaire, à la supputation des chances d'une spéculation, d'une entreprise.

Le *calcul mental* est le calcul arithmétique opéré de tête sans la plume. Voir la Note suivante.

On dit calcul *proportionnel*, *logarithmique*, *exponentiel*, *complexe*, lorsqu'on fait emploi des proportions, des logarithmes, des exposants, des nombres complexes.

L'expression de calcul sert aussi à désigner les diverses branches des mathématiques supérieures.

On dit *calcul différentiel et intégral* de toute une science de hauts calculs algébriques, relative aux différences ou variations des nombres finies ou infinies. — Par le calcul intégral, on remonte des infiniment petits aux quantités finies dites intégrales. Le calcul infinitésimal est la méthode des accroissements infiniment petits, différente de la méthode des limites. — Dans ces calculs, on désigne par le mot *fonction* toute quantité constante faisant partie d'une quantité variable.

On a appelé *calcul des probabilités* les procédés du calcul pour déterminer le degré de probabilité de certains faits, de certains événements, d'après les causes dont on peut avoir la connaissance.

L'*algèbre* (de l'arabe *el djaber*), que Newton a appelée l'*arithmétique universelle*, est la science des quantités exprimées d'une manière abstraite générale, par des lettres.

L'arithmétique et l'algèbre considérées dans leur ensemble, et y compris les calculs supérieurs dont nous venons de parler, constituent ce que l'on appelle avec M. Wrownski l'*algorithmie* ou science générale du calcul dit *algorithmus*, algorithme, algarisme ou algorisme, de l'arabe *al goreton*.

L'arithmétique *pure* a pour objet la connaissance théorique des propriétés et des rapports des nombres ; l'arithmétique *appliquée* se compose de toutes les démonstrations et règles qui servent à faire des calculs d'utilité directe dans les transactions, dans le commerce, dans les échanges ; voilà pourquoi on l'appelle plus particulièrement *commerciale*, non que celle-ci diffère de l'arithmétique proprement dite, mais parce qu'elle comprend l'étude de toutes les applications au commerce, à la Banque, aux finances, à l'industrie et aux questions usuelles de la vie, et qu'elle recherche les procédés abréviatifs.

On a donné le nom impropre d'arithmétique *politique* et même d'arithmétique *sociale* aux relevés et aux calculs de statistique relatifs à la population.

Par arithmétique *complémentaire*, on désigne un procédé de calculs dont il est question dans la Note suivante.

Pour l'arithmétique *sans chiffres*, voir la Note sur le calcul mental.

Selon l'échelle de numération, l'arithmétique est dite *décimale*, *duodécimale*, *octavale*, etc., selon que l'échelle est 10, 12, 8, etc., et que l'on compte par dizaines, douzaines, huitaines.

On a donné le nom d'*arithmétique linéaire* aux procédés de calculs pour l'emploi des lignes, des cercles, des règles logarithmiques, etc. Voyez plus loin.

IX. — Coup d'œil historique sur les anciennes mesures et sur le système métrique.

Ancienneté du besoin d'uniformité dans les poids et mesures.— Réformes en France antérieures au système métrique. — Histoire du système métrique. — Premier système métrique. — Mesures transitoires dites *usuelles*. — Système définitif. — Avantages et caractères d'universalité du système métrique. — Objections faites au système métrique. — Introduction du système métrique dans les divers pays.

En jetant un coup d'œil historique sur les anciennes mesures, sur l'origine, la formation et la propagation du système métrique, nous aurons occasion de donner plusieurs indications non seulement intéressantes, mais utiles à connaître pour avoir une idée complète du système des poids et mesures qui tend à se généraliser dans le monde entier.

Ancienneté du besoin d'uniformité dans les poids et mesures. — La multiplicité et la diversité sont le caractère de la métrologie de tous les peuples dans le passé et de la plupart des nations contemporaines, de toutes celles, du moins, qui n'ont pas opéré une réforme semblable au changement que la Révolution a introduit en France. Or, multiplicité et diversité en fait de poids et mesures sont synonymes de complications, d'erreurs, de longs calculs et de perte de temps. La complication des procédés et des moyens en toutes choses est un des caractères de la civilisation du passé ; la simplification est un des signes distinctifs entre le présent et le passé ; elle sera un des signes distinctifs entre l'avenir et le présent.

En France, avant la réforme métrique, les mesures variaient, pour ainsi dire, à l'infini, souvent sous le même nom, d'une province à l'autre, d'une localité à l'autre, et dans plusieurs localités selon les marchandises. Il y avait plus de cinquante espèces de Livres ; on comptait par centaines les mesures servant à évaluer la surface des champs, les variétés de tonneaux pour le vin et les autres boissons ; en quelques endroits, la dimension de l'Aune variait selon les tissus, le poids de la Livre selon les denrées. Dans toutes les provinces on retrouve encore l'usage de ces diverses mesures. Nous prenons la France pour exemple, nous pourrions prendre la plupart des autres pays.

L'uniformité des poids et mesures, vers laquelle la France a fait, à la fin du dernier siècle, un si grand pas, en donnant l'exemple qu'ont déjà imité plusieurs pays, a été un des besoins ressentis par les populations depuis des siècles ; et si la réforme date en quelque sorte d'hier, les abus qui l'ont tant fait désirer sont bien anciens dans nos annales. Aux États de 1560, on demandait au gouvernement d'ordonner qu'il n'y eût pour toute la France qu'un seul poids, qu'une seule mesure. Il fut répondu « que la charge de réduire les mêmes marchandises à même poids et mêmes mesures avait été donnée à des personnages d'expérience et probité, du travail et labeur desquels on espérait que les Français se ressentiraient en bref ». Ou cette Commission ne fut pas nommée, ou son travail n'aboutit à rien, car, aux premiers États de Blois, en 1576, on retrouve dans le cahier du tiers état (art. 413) ce vœu : « que par toute la France, il n'y ait qu'une aune, un poids, une mesure, un pied, une verge, une pinte, une jauge de tous vaisseaux de vin ; pour toutes denrées, une mesure ; et, pour ce faire, établir certain échantillon d'une mesure et d'un poids, lequel sera distribué pour chaque province ». Aux seconds États de Blois, en 1588, même vœu (art. 269), motivé sur l'assurance « du trafic et du commerce, et pour retrancher les abus qui se commettent à cause de la diversité des mesures ». Il intervint, en effet, à cette époque, diverses ordonnances dans le sens de l'uniformité ; mais aucune décision n'eut la portée d'une réforme un peu radicale pour les poids et mesures. En ce qui concerne les monnaies, l'uniformité et l'unité se sont produites successivement avec la transformation du pouvoir féodal et son absorption par le pouvoir royal.

Réformes en France antérieures au système métrique. — Plusieurs seigneurs féodaux furent jaloux de frapper monnaie, et diverses espèces de livres s'étaient introduites dans la circulation. Philippe le Bel les prohiba toutes *, à l'exception des monnaies *tournois* et *parisis*, frappées l'une à Tours, l'autre à Paris, qui eurent cours jusqu'en 1667 (sous Louis XIV), époque à laquelle la monnaie parisis, qui valait un quart en sus (20 sous parisis valaient 25 sous tournois), fut supprimée et l'unité monétaire établie pour toute la France.

Une pareille réforme pour les poids et pour les mesures ne put s'établir pendant le dix-septième et le dix-huitième siècle ; les astronomes s'occupèrent à diverses reprises, mais presque en vain, de cette question.

Les astronomes avaient besoin d'une unité de mesure qui fût basée sur une donnée fixe. On ne savait au juste quelle était et quelle devait être la dimension de la toise de *six pieds de roi* ou *de Paris*. L'étalon de la toise adoptée par Charlemagne n'est point arrivé jusqu'à nous, et il paraît qu'on l'a plusieurs fois remplacé par d'autres étalons, dont les longueurs ont été mal prises. En 1668, on porta remède à cette confusion ; mais on a peu de détails sur cette réforme de la *toise* dite des *maçons*.

Comme l'ancien plan assignait 12 pieds à la largeur de l'arcade du vieux Louvre du côté de la rue Fromenteau, on trouva qu'il fallait réduire la toise en usage de 5 lignes et on fit une toise en fer qu'on fixa au bas du grand escalier du Châtelet, pour servir de ré-

---

* Philippe IV a régné de 1285 à 1315.

gulateur au commerce et à la justice. Cette toise n'offrit bientôt plus un étalon précis. Soixante-cinq ans après, Godin ayant vérifié la toise qui devait être employée à la mesure de l'arc du méridien, au Pérou, celle-ci servit à de La Condamine pour mesurer cet arc, et fut adoptée (1766), sur sa proposition, comme étalon des mesures françaises ; la même année, il fut construit 80 toises semblables à la toise dite du *Pérou*, qui furent envoyées aux procureurs généraux des parlements et aux astronomes étrangers.

Dans le dix-huitième siècle, la réforme des poids et mesures était donc réclamée à la fois par les savants et par les populations : les uns allant à la recherche d'une précision qui manquait aux anciens étalons, les autres pour mettre fin à des abus de toute espèce.

Histoire du système métrique. — Le vœu d'une réforme des poids et mesures se trouva de nouveau exprimé avec force dans plusieurs cahiers remis aux députés par le tiers état aux États généraux convoqués en 1789, et, le 8 mai 1790, sur la proposition de l'abbé Talleyrand, formulant un des divers desiderata de l'opinion publique, l'Assemblée constituante rendit un décret d'après lequel « le roi de France devait engager le roi d'Angleterre à adjoindre à une Commission d'académiciens français un pareil nombre de membres de la Société royale de Londres, pour déterminer l'unité fondamentale d'un système de mesures nouvelles que les deux nations s'engageraient à propager dans tous les États civilisés ». Le gouvernement anglais, qui avait encore sur le cœur l'intervention de la France dans les affaires d'Amérique, fit la faute de ne pas répondre à l'intelligent appel de l'Assemblée constituante.

La France se mit donc seule à l'œuvre ; une Commission de l'Académie des sciences, composée de Borda, Lagrange, Monge et Condorcet, fut chargée de formuler un système de poids et mesures conforme aux besoins du siècle et aux données de la science. Cette Commission fit une première ébauche d'un nouveau système, adopta pour unité fondamentale et pour base du système la dix-millionième partie du quart de la circonférence de la terre et lui donna le nom de *mètre* (V. p. 224, *fig.* 1). Delambre et Méchain furent chargés de mesurer, sur la méridienne de Paris, la partie comprise entre Dunkerque et Barcelone. Par suite des événements politiques, Condorcet fut fatalement englobé dans la proscription des Girondins, suivie de la Terreur, laquelle sacrifia, entre autres victimes, l'illustre Lavoisier ; Monge fut appelé à diriger la fabrication des canons, et une nouvelle Commission, composée de Brisson,

Borda, Lagrange, Laplace, Berthollet et Prony, reprit le travail de
la première. Cette Commission, pressée par le gouvernement, pro-
posa, en se basant sur les mesures et les calculs de l'abbé Lacaille,
de fixer provisoirement la longueur du mètre à 443 lignes, 44. La
Convention, impatiente d'opérer une réforme, consacra cette valeur
par le décret du 2 août 1793, et adopta un premier ensemble de
poids et mesures, également formulé par la Commission scientifique.

Système métrique primitif. — Dans ce système, les mots *Déci, Centi,
Milli* furent adoptés pour les sous-multiples des unités ; mais les mesures n'avaient pas toutes les noms qu'elles ont eus depuis, et le
principe de la nomenclature n'était pas tout à fait aussi complet et
aussi régulier que celui qui fut adopté définitivement. Voici, en
effet, quelle était alors la série des nouvelles mesures :

Longueur :	Le *mètre* correspondant au MÈTRE.		
	Le *millaire*	—	au KILOMÈTRE.
Surfaces :	L'*are*	—	à l'ARE.
Volumes	Le *cade*	—	au MÈTRE CUBE.
et			au STÈRE et au KILOLITRE.
Capacités :	Le *cadil* ou *pinte* —		au LITRE.
Poids :	Le *gravet*	—	au GRAMME.
	Le *grave*	—	au KILOGRAMME.
	Le *bar* ou *millier* —		à 1000 kilogr. (tonneau).
Monnaies :	Le *franc*	—	au FRANC.
	Le *décime*	—	au *décime* ou dixième de franc.
	Le *centime*	—	au *centime* ou centième de franc.

Ce système métrique primitif fut l'objet d'une remarquable *Instruction* (in-8°, an II) publiée par la Commission temporaire des
mesures, instituée par décret du 11 septembre 1793, en remplace-
ment de la Commission de l'Académie des sciences, supprimée
elle-même par décret du 14 août, comme toutes les autres Sociétés
savantes, en vue d'une réorganisation.

Ce système devait être mis en vigueur à partir du 1er juillet 1794 ;
mais le décret du 2 août 1793 ne fut pas appliqué et, huit mois
après les événements de thermidor, un nouveau décret organique
du 7 avril 1795 (18 germinal an III) modifia le système primitif, en
arrêtant la nomenclature des unités de mesures telle qu'elle est
aujourd'hui et en consacrant les mots de *myria, kilo, hecto, déca*
pour les multiples ; les mots de *déci, centi, milli* furent conservés,
ainsi que, par exception, les mots *décime* et *centime*, déjà consacrés par
des décrets antérieurs et vulgarisés dans le public par la monnaie
de cuivre.

Quant à la mise en vigueur, cette loi l'ajournait encore, à cause du retard dans la fabrication des poids et mesures, et elle invitait « les citoyens à donner une preuve de leur attachement à l'unité et à l'indivisibilité de la République en s'en servant ». La même loi supprimait la Commission temporaire et instituait une Agence chargée d'activer la fabrication des mesures et les moyens d'en vulgariser l'usage.

Par suite des difficultés intérieures et des luttes avec l'étranger, les travaux de la réforme métrique demeurèrent suspendus jusqu'en 1799, époque à laquelle on les reprit avec une extrême activité. La France fit appel à toutes les nations amies, et les engagea à envoyer des députés à une Commission française, composée de Borda, Brisson, Coulomb, Darcet, Delambre, Haüy, Lagrange, Laplace, Lefèvre-Gineau, Méchain et Prony. Les commissaires étrangers furent Æneæ et van Swinden, de la république Batave; Balbo, de la Savoie, remplacé plus tard par Vassali-Eandi; Bugge, de Danemark; Eiscar et Pedrayes, d'Espagne; Fabbroni, de Toscane; Franchini, de la république Romaine; Multedo, de la république Ligurienne; et Trallès, de la république Helvétique. Une double Commission spéciale fut chargée de calculer la longueur du mètre d'après la méridienne; une troisième prépara le kilogramme de platine (le moins oxydable des métaux), qui devait servir d'étalon; et, le 22 juin 1799, la Commission générale des poids et mesures présenta, par l'organe de Trallès, le résumé de ses travaux au Corps législatif, ainsi que les prototypes du mètre et du kilogramme, qui furent placés chacun dans une boîte en fer, fermant à quatre clefs.

La loi du 19 frimaire an VIII (10 décembre 1799) fixa définitivement la valeur du mètre à 443 lignes 296, et consacra de nouveau les autres mesures telles qu'elles sont dans le système métrique actuel.

L'article 4 porte : « Il sera frappé une médaille pour transmettre à la postérité l'époque à laquelle le système métrique a été porté à sa perfection, et l'opération qui lui sert de base. L'inscription du côté principal de la médaille sera : **A tous les temps, à tous les peuples**, et sur l'exergue on lira : *République française. An VIII* ».

Mesures transitoires dites usuelles. — Système définitif. — Mais le public ayant de la peine à se familiariser avec les mesures nouvelles, on imagina de *tolérer* l'application des noms anciens aux unités nouvelles. Une loi du 13 brumaire an IX (novembre 1801), un an avant l'établissement du système définitif, permettait d'appeler *toise* le *mètre*, qui n'en était pas tout à fait la moitié; *lieue*, le *myriamètre*, qui vaut deux lieues et demie; *livre*, le *kilogramme*, qui est un peu plus du double ; *once*, l'*hectogramme*, qui en est plus que le triple.

On a critiqué (j'ai critiqué moi-même) cette tolérance ; mais elle n'eût peut-être eu que des avantages, car on se serait habitué à distinguer en disant : toise ancienne et toise nouvelle ou mètre ; livre ancienne et livre nouvelle ou kilogramme, etc., sans le décret de 1812 (12 février) qui vint autoriser, pour le détail, des mesures dites *usuelles* ou *transitoires,* donner aux noms anciens une troisième signification bâtarde, et produire un résultat tout à fait funeste pour la vulgarisation du système métrique.

Le décret de 1812 permit d'employer pour les usages du commerce et sous les noms anciens des mesures qui n'étaient ni les nouvelles ni les anciennes, mais qui se rapprochaient sensiblement des anciennes et dont la valeur en mesures métriques était exprimée en nombres ronds.

Ainsi, la *toise usuelle* était exactement de 2 mètres *, au lieu de 1^m,949, valeur de l'ancienne ; l'*aune usuelle* était de 12 décimètres, au lieu de 1^m,188.

Il n'était rien changé aux mesures agraires. — Dans les mesures de capacité on réintégrait le *boisseau*, valant exactement 1/8 d'hectolitre, soit 12 litres et demi (12,5) au lieu de 13,008.

Pour les poids, il était créé une *livre* pesant 500 grammes, au lieu de 489^{gr},505 que valait l'ancienne **.

L'usage de ces mesures soi-disant usuelles et les confusions introduites par le décret de 1812 entre ces mesures et les mesures métriques, entre ces mesures et les mesures anciennes, qui sont et seront longtemps encore dans les esprits, a légalement cessé à partir du 1er janvier 1840, en vertu de la loi du 4 juillet 1837.

A partir de cette époque, les seules mesures officielles, reconnues en justice en cas de contestation, et dont l'usage se généralise de plus en plus, sont celles qui constituent le système métrique définitif.

Avantages et caractères d'universalité du système métrique. — Les avantages qui ont fait adopter ce système sont, nous l'avons déjà dit au chap. XXXVII :

Un rapport simple entre toutes les unités et l'unité de longueur

---

* D'où l'usage d'une lieue de poste de 4,000 mètres au lieu de 3898 ; — d'un pied de 333,3 millimètres au lieu de 324,8.

** D'où l'once de 31^{gr},25, au lieu de 30^{gr},59.

basée sur un fait naturel, positif et invariable, la mesure de la circonférence de la Terre ;

La formation méthodique des multiples et des subdivisions d'après le système décimal ;

D'où résulte une extrême simplicité de nomenclature et de calculs, qui n'est pas à comparer avec les complications résultant de la multiplicité des anciennes mesures et de l'inégalité de leurs rapports et de leurs subdivisions en nombres complexes et en fractions ordinaires de séries diverses.

Outre ces avantages inappréciables, le système métrique a encore aujourd'hui celui d'être pratiqué en France depuis trois quarts de siècle ; d'avoir été adopté en tout ou partie par plusieurs autres pays, et d'être généralement employé par les hommes de science. En 1855, le premier Congrès de statistique, composé de délégués de diverses nations, émettait le vœu que dans les documents officiels une colonne indiquât les quantités en mesures métriques à côté des mesures spéciales de chaque pays.

Tout semble donc concourir à ce qu'il soit adopté, plus ou moins complètement, par tous les peuples, appelé à devenir le *système métrique international et général*, et à être comme une langue universelle dans un temps assez rapproché.

Il a, en effet, un caractère d'universalité remarquable ; sa base a été prise sur la Terre, la patrie commune ; — ses divisions sont celles du système décimal, qui est le système arithmétique de tous les peuples ; — les noms des mesures ont été tirés des deux langues anciennes auxquelles puisent presque toutes les littératures ; — et la Commission chargée de formuler définitivement le nouveau système fut composée de notabilités scientifiques de tous les pays. C'est bien logiquement que les législateurs de l'an VII, suivant l'esprit de la Constituante, des Commissions scientifiques et de la Convention, le dédiaient, comme nous venons de le voir, *à tous les peuples.*

Objections faites au système métrique. — Les objections qu'on a pu faire à ce système ont disparu devant la pratique, ou se trouvent ne plus avoir qu'une importance tout à fait minime en présence des immenses avantages qu'il présente.

Première objection. — D'abord on dit d'une manière générale que rien n'est difficile comme de changer les habitudes des peuples, particulièrement au sujet des poids et mesures.

Assurément, la persistance des anciennes mesures dans les classes populaires est un fait qu'il ne faut pas méconnaître, mais qui ne doit pas empêcher le progrès, auquel il faudrait renoncer pour tout, car en tout la routine est vivace. Les marchandes de poisson de Marseille n'ont pas complètement oublié la livre phocéenne, il est vrai, mais elles ont aussi appris le rapport de cette livre avec le kilogramme.

Deuxième objection. — Les noms tirés du grec et du latin ont d'abord paru une difficulté insurmontable pour la vulgarisation dans les masses.

Comme ces nouveaux noms sont très peu nombreux (treize) et qu'ils se reproduisent, les mêmes pour toutes les unités, la difficulté est moindre qu'elle ne paraît au premier abord, et l'expérience prouve qu'on peut en faciliter la vulgarisation en leur donnant pour synonymes les anciens noms appliqués aux nouvelles mesures.

Troisième objection. — On a objecté à la division décimale qu'elle excluait les subdivisions en demies, quarts, huitièmes, etc., et en tiers, sixièmes, douzièmes, etc., du système octaval et duodécimal, commodes dans la pratique et plus conformes à la nature des choses.

L'objection est juste à de certains égards ; mais on peut dire que l'inconvénient est compensé par l'extrême facilité et la brièveté du calcul décimal.

Quatrième objection. — On a encore objecté que les unités du système métrique, s'éloignant des unités usitées dans les divers pays, jetaient de la confusion dans toutes les appréciations.

Cet inconvénient sera vrai jusqu'à ce que les esprits se soient faits aux nouvelles unités ; et il était inévitable, dans un système qui devait remplir les conditions de régularité scientifique et d'universalité que l'on s'est proposées en instituant le système métrique. Comment remplacer des unités nombreuses, sans rapport entre elles, se subdivisant diversement, sans s'éloigner plus ou moins de ces unités ? Cependant, les rapprochements entre les anciennes et les nouvelles mesures de France sont plus grands qu'on ne pourrait le croire au premier abord. En effet, le Mètre se trouve être environ la moitié de la Toise, le triple du Pied ; — le Kilomètre est le quart de la Lieue ; — l'Hectare vaut trois Arpents ; — le Stère vaut une demi-Voie ; — le Litre, à peu près la Pinte et le Litron ; — l'Hectolitre, un tiers du Muid ; — le Kilogramme, deux Livres ; — le Franc, une Livre. Il en est de même, en rapprochant les unités du système métrique des mesures des différents pays ; car, malgré leur diversité, les systèmes de poids et mesures ont de nombreuses analogies, soit à cause de leur origine, soit à cause de l'analogie des besoins et des habitudes des peuples.

Cinquième objection. — On objecte encore que l'unité fondamentale, le mètre, a été trouvée de grandeur différente par les astronomes qui ont mesuré le quart du méridien, et que cette inexactitude porte sur tout le système.

Il faut d'abord observer à cet égard que les différences de ces diverses mesures du méridien ne portent que sur des dixièmes de ligne ; en effet, il a été évalué à :

443,44 lignes, base du système provisoire, d'après les mesures de Lacaille ;

443,296 lignes, base du système définitif, d'après les deux Commissions ;

443,31 lignes, d'après les travaux de Biot et d'Arago ;

443,39 lignes, d'après des travaux plus récents, etc.

Ce n'est donc là qu'une question de précision scientifique, sans importance au point de vue pratique et commercial. Il y a aujourd'hui toute possibilité et nul inconvénient à fixer définitivement le mètre avec des étalons de platine. Ce point de départ n'a pas, au surplus, toute l'importance qu'on y attache. On aurait pu prendre le Pied de roi, qui nous vient de Charlemagne. Toutefois, il est à remarquer qu'en prenant pour base une fraction du méridien terrestre, comme en prenant les noms des mesures dans le grec et le latin, on n'a laissé aucun motif aux amours-propres nationaux.

Introduction du système métrique dans les divers pays. — Le système métrique a été plus ou moins complètement introduit dans la plupart des pays de l'Europe et de l'Amérique. Toutefois l'Angleterre, la Russie, les États-Unis sont restés en dehors du mouvement.

Pour les monnaies, il y a tendance à la généralisation du titre décimal qui amènera l'indication du poids en grammes, et l'emploi du gramme ou du kilogramme d'or ou d'argent comme Unité internationale. (Voy. plus loin la Note *XVI*).

Dans tous ceux où le système métrique n'a pas encore pénétré, et où l'on redoute de l'introduire en bloc, deux réformes sont, en attendant, désirables :

L'adoption d'une seule unité pour chaque espèce de mesure, afin de se procurer les avantages de l'uniformité.

L'adoption des subdivisions décimales, pour améliorer encore ce système.

Mais sans le système métrique on n'aura pas cette simplicité de rapports des mesures entre elles, si précieuse pour les calculs et les appréciations dans les sciences, les arts et le commerce.

Le plus souvent, dans chaque nation, les mesures de la capitale sont généralement usitées dans les provinces. Dans ce cas, il y a possibilité et grand avantage à les adopter exclusivement. Dans le cas contraire, on n'aurait pas plus de peine à vulgariser le système métrique lui-même.

X. — Mesures du temps. — Division de l'année. — Les Calendriers. — Le Calendrier français ou républicain.

Le temps s'évalue en siècles, en années, en mois, en semaines, en jours et en heures.

Les unités premières du temps sont : l'année et le jour, c'est-à-dire les périodes de la rotation de la Terre autour du Soleil et la rotation de la Terre sur elle-même.

Les astronomes ont consacré le calendrier Julien et font usage d'une année de 365 jours 1/4, nombre plus commode pour les calculs, qu'ils corrigent ensuite conformément au calendrier Grégorien.

L'année usuelle civile est de 365 jours et de 366 dans les années bissextiles.

L'année commerciale n'est que de 360 jours.

Voyez pour les calculs des dates dans le commerce à la *Règle d'escompte*, chap. LX, § 2 et relativement à l'échéance, ch. LXIV, § 5.

L'année est exactement de 365 jours — 5 heures — 48 minutes — 51 secondes et 6 dixièmes, ou de 365^j,242264.

En la comptant pour 365,25, c'est-à-dire en faisant bissextiles ou de 366 jours les années dont les millésimes sont divisibles par 4, on fait une erreur d'environ 3 jours en 400 ans, que l'on corrige en ne faisant pas bissextiles trois des années qui devraient l'être en 400 ans, celles dont l'indice du siècle n'est pas divisible par 4. Ce sont les bases du calendrier réformé en 1582, dit Grégorien.

L'année égyptienne était de 365 jours. Les Romains comptaient d'après Numa à partir de la fondation de Rome avec une année de 355 jours (12 fois 29 1/2, durée des phases de la Lune) à laquelle ils ajoutaient 10 jours complémentaires. En 708 de Rome, Jules César, conseillé par Sosigène qu'il avait appelé d'Alexandrie, fit une correction de 80 jours pour mettre l'année d'accord avec les saisons; on fit l'année qui correspond à 46 avant Jésus-Christ de 445 jours. Elle a reçu le nom d'année de « confusion ». Pour éviter à l'avenir la reproduction de cet écart, on eut l'idée d'ajouter un jour tous les quatre ans et de faire une année de 366 jours dite bissextile, pour qu'on comptât deux fois les calendes de mars (c'est-à-dire le 1er jour de mars); c'est ce qu'on a appelé le calendrier Julien.

Le concile de Nicée en 325 conserva cette réforme. Il plaça le jour complémentaire entre le 23 et le 24 février et décida que les années bissextiles seraient celles dont le millésime serait divisible par 4. Ce calendrier commençait à l'équinoxe du printemps. Mais vers 516 on le fit commencer le 1er janvier, jour de la Circoncision. Comme le concile supposa l'année solaire de 365 jours un quart ou 365,25 et qu'elle n'est réellement que de 365,242264, l'erreur en plus était 0j,0077364, soit 1 jour en 129 ans. Cette erreur subsista jusqu'en 1582, c'est-à-dire pendant 1257 ans. A cette époque, il y avait 1257 : 129 = 9, 74 jours de retard.

Le concile de Trente ayant ordonné une nouvelle réforme, Grégoire XIII convoqua plusieurs savants à Rome et leur demanda leur avis.

Celui de Lilio, médecin astronome de Vérone, fut préféré et un bref de Grégoire consacra la nouvelle convention et prescrivit que le lendemain du 4 octobre 1582 serait le 15. L'équinoxe de printemps fut fixé au 25 mars et, pour l'y retenir, on continua l'intercalation d'un jour tous les quatre ans — on ne faisait pas bissextiles trois des années qui se trouvent dans les 400 ans, c'est-à-dire celles des siècles dont l'indice n'est pas divisible par 4. Aussi 1600 fut bissextile, 1700 et 1800 ne l'ont pas été et 2000 le sera. C'est ce qu'on a appelé le calendrier grégorien qui laisse subsister une petite erreur qui sera corrigée tous les quarante siècles, comme l'indique le calcul d'après l'expression numérique suivante :

$$365 \text{ j.} + \frac{1}{2} - \frac{1}{100} + \frac{1}{400} - \frac{1}{4000}$$

ou   365 j. 242264
     365
     ‾‾‾‾‾‾‾

Retard annuel......................	0 j. 242264	
Retard en 4 ans....................	0, 969	
Un jour ajouté.....................	1	Réforme Grégorienne.
Avance chaque 4 ans...............	0, 031	
Avance en 100 ans.................	0, 775	
Un jour retranché.................	1	Réforme Grégorienne.
Retard en 100 ans.................	0, 225	
Id. 400 ans.................	0, 900	
Addition d'un jour tous les 400 ans.	1	
Avance.........................	0, 100	
Soit en 10 fois...................	1 jour à retrancher,	

tous les 4000 ans, exactement en 4235,3 ans.

L'année a été divisée en douze parties ou *mois*, probablement selon le renouvellement des phases de la lune, en 29 jours 1/2. Ensuite, pour n'avoir pas de jours complémentaires, on a fait les mois alternativement de 30 et 31 jours et le mois de février a été réduit à 28 jours (29 dans les années bissextiles); janvier, mars, mai, juillet, août, octobre et décembre ont 31 jours, — avril, juin, septembre et novembre en ont 30.

Selon la coutume juive, 7 jours ont formé une *semaine*. L'année a 52 semaines plus 1 ou 2 jours; le mois a 4 semaines plus 2 ou 3 jours. Le *jour* comprend le jour et la nuit, il a été divisé en 24 heures (double de 12), l'heure a été divisée en 60 (5×12) minutes, la minute en 60 secondes, etc., comme les degrés du méridien.

Les noms français des mois et des jours de la semaine sont tirés du latin et sont de diverses origines : — janvier (de *Janus*); février (de *februa*, purification); mars (de *Mars*); avril (de *aperire*, ouvrir); mai (de *Maia* ou *Majores*, les anciens); juin (de *Junon* ou de *Juniores*, les jeunes); juillet (de *Julius*); août (d'*Augustus*); septembre, octobre, novembre et décembre, ainsi nommés parce qu'ils étaient les 7ᵉ, 8ᵉ, 9ᵉ et 10ᵉ mois de l'année romaine commençant en mars et au solstice sous Romulus, auteur d'une première réforme; — lundi, jour de la Lune (*Lunæ dies*); mardi, de Mars; mercredi, de Mercure; jeudi, de Jupiter (*Jovis*); vendredi, de Vénus; samedi, de Saturne, ou du Sabbat des Juifs; dimanche, du jour du Seigneur (*Dies dominica*).

Les étymologies sont différentes dans les autres langues.

Les Grecs et les Russes font encore usage du calendrier Julien réformé sous Jules César, adopté par le concile de Nicée en 325 et maintenant en retard de près de 13 jours, bien qu'ils n'en comptent que 12. Ils pourraient se mettre d'accord avec le calendrier grégorien en supprimant les années bissextiles.

Les Mahométans ont une année lunaire de 354 jours avec intercalation de 11 jours dans chaque période de 30 ans et datant de l'hégire ou fuite de Mahomet, le 16 juillet 622. Le 5 décembre 1879 a commencé l'an 1297. (Voy. l'*Annuaire du Bureau des longitudes*.)

XI. — Le Calendrier Français ou Républicain établi avec la réforme du système des poids et mesures.

La Convention voulut remplacer le calendrier en usage dans la plupart des pays et dit *grégorien* (par suite de corrections introduites sous Grégoire XIII, en 1582), par un calendrier dit *républicain*, aussi décimal que possible, que l'on fit partir du 22 septembre 1792, jour de l'équinoxe de septembre qui se trouva être ainsi, par hasard, le jour de la proclamation de la République et le premier jour de l'*Ère nouvelle*. — L'Année fut composée de 12 Mois de 30 Jours, plus de 5 ou 6 jours complémentaires.

Ce calendrier, caractérisé : — par la dénomination pittoresque et euphonique des mois *, correspondant trois par trois à chacune des saisons ; — par le nombre régulier des jours de chaque mois (30 jours), — et par la subdivision en 3 semaines, ou *décades* de 10 jours **, — avait le grave inconvénient de se trouver en désaccord avec les coutumes religieuses et les habitudes séculaires des populations, ainsi qu'avec les saisons de divers climats.

Il ne put prévaloir et cessa d'être en vigueur à partir du 1ᵉʳ janvier 1806, soit après un essai de 12 ans, 2 mois et 6 jours.

Le calendrier, dit français ou républicain, n'avait pas et ne pouvait pas avoir de rapport avec le système métrique. — Il était simplement décimal quant à la division des mois en 3 décades.

Il avait été rédigé par le conventionnel Romme, sans le concours des astronomes français qui le désapprouvèrent plus tard, surtout à cause du commencement de l'année.

On avait aussi songé à introduire la division décimale pour les jours, et une loi (du 4 frimaire an II) établissait que le *Jour* de minuit à minuit serait divisé en 10 *Heures*, l'Heure en 100 *Minutes*, la Minute en 100 *Secondes*.

Mais cette disposition fut ajournée indéfiniment par la loi du 7 avril 1795, et elle n'a jamais reçu aucune exécution.

Le calendrier Républicain ou Français fut supprimé par un décret du 22 février an XIII, à partir du 11 nivôse an XIV, 1ᵉʳ janvier 1806. Aucun acte ne porte la date de l'an I.

Plusieurs actes et beaucoup d'éphémérides portent des dates de ce calendrier, de nombreuses affaires ont été conclues durant cette période.

On a dressé des tableaux indiquant la concordance jour par jour du calendrier Républicain avec le calendrier Grégorien. On les trouve dans les dictionnaires et divers recueils consacrés aux renseignements. En voici un à l'aide duquel on pourra établir la concordance des jours de ces quatorze années. Nous l'extrayons de notre *Journal des connaissances utiles*, avril 1857, tome IV, article de M. Ed. Renaudin.

---

* Noms des mois : Vendémiaire, Brumaire, Frimaire, pour l'Automne ; — Nivôse, Pluviôse, Ventôse, pour l'Hiver ; — Germinal, Floréal, Prairial, pour le Printemps ; — Messidor, Thermidor, Fructidor, pour l'Été. — On avait d'abord dit : nivos, pluvios, ventos... prérial... fervidor pour thermidor.

** Noms des jours : Primidi, Duodi, Tridi, Quartidi, Quintidi, Sextidi, Septidi, Octidi, Nonidi, Décadi.

TABLE DE CONCORDANCE DES CALENDRIERS RÉPUBLICAIN ET GRÉGORIEN.

ANNÉES.	AUTOMNE.			HIVER.			PRINTEMPS.			ÉTÉ.			5 jours complémentaires
ANS BISSEXTILES an 3, an 8, an 11.	VENDÉMIAIRE (septembre)	BRUMAIRE (octobre)	FRIMAIRE (novembre)	NIVÔSE (décembre)	PLUVIÔSE (janvier)	VENTÔSE (février)	GERMINAL (mars)	FLORÉAL (avril)	PRAIRIAL (mai)	MESSIDOR (juin)	THERMIDOR (juillet)	FRUCTIDOR (août)	FRUCTIDOR (août)
An II (1793-94)...	»	»	6-26	1-21	1-20	1-19	1-21	1-20	1-20	1-19	1-19	1-18	30-17
— III (1794-95)...	1-22	1-22	1-21	1-21	1-20	1-19	1-21	1-20	1-20	1-19	1-19	1-18	30-17
— IV (1795-96)...	1-23	1-23	1-22	1-22	1-21	1-20	1-21	1-20	1-20	1-19	1-19	1-18	30-17
— V (1796-97)...	1-22	1-22	1-21	1-21	1-20	1-20	1-21	1-20	1-20	1-19	1-19	1-18	30-17
— VI (1797-98)...	1-22	1-22	1-21	1-21	1-20	1-20	1-21	1-20	1-20	1-19	1-19	1-18	30-17
— VII (1798-99)..	1-22	1-22	1-21	1-21	1-20	1-21	1-21	1-20	1-20	1-19	1-19	1-18	30-17
— VIII (1799-1800).	1-23	1-23	1-22	1-22	1-21	1-21	1-22	1-21	1-21	1-20	1-20	1-19	30-18
— IX (1800-01)...	1-23	1-23	1-22	1-22	1-21	1-21	1-22	1-21	1-21	1-20	1-20	1-19	30-18
— X (1801-02)...	1-23	1-23	1-22	1-22	1-21	1-21	1-22	1-21	1-21	1-20	1-20	1-19	30-18
— XI (1802-03)...	1-23	1-23	1-22	1-22	1-21	1-21	1-22	1-21	1-21	1-20	1-20	1-19	30-18
— XII (1803-04)..	1-24	1-24	1-23	1-23	1-22	1-22	1-22	1-21	1-21	1-20	1-20	1-19	30-18
— XIII (1804-05)..	1-23	1-23	1-22	1-22	1-21	1-21	1-22	1-21	1-21	1-20	1-20	1-19	30-18
— XIV (1805).....	1-23	1-23	1-22	1-22	»	»	»	»	»	»	»	»	»

Le premier jour de l'an Ier a été fixé au 22 septembre 1792 (1er *vendémiaire an I*).
Les actes publics ne sont datés selon ce calendrier qu'à partir du 26 novembre 1793 (6 *frimaire an II*).
Le calendrier Grégorien le remplace le 1er janvier 1806 (11 *nivôse an XIV*).
Les ans III, VIII, et XI, indiqués *bissextiles*, ont eu *six* jours dits Complémentaires.

XII. — **Intérêts composés.** — **Annuités.** — **Amortissement.**

(Chap. LXI, LXII, p. 462 et 477.)

Dans ces deux chapitres on a indiqué les formules à l'aide desquelles on peut trouver :

1° Le Capital et l'Intérêt composé, l'Intérêt composé, le Capital, le Taux, le Temps et la période de doublement pour un capital donné ;

2° Le montant de l'Annuité, le Capital à rembourser en payements égaux, le nombre des annuités, le taux de l'intérêt, le total des payements anticipés ;

3° Le fonds d'Amortissement, le capital à amortir, le Temps qu'il faut pour amortir, le taux de l'intérêt.

Dans les entreprises financières, dans les emprunts avec obligations et remboursements avec primes, dans les assurances, il se présente d'autres combinaisons, il y a d'autres questions à résoudre. Dans les assurances sur la vie, par exemple, il y a : l'annuité *certaine* qui doit durer un nombre d'années déterminé ; l'annuité *viagère* dépendant de la survivance d'une ou plusieurs personnes ; l'annuité *immédiate* ou *différée*, selon qu'on doit entrer ou non immédiatement en jouissance de l'annuité ; l'annuité *reversible*, lorsqu'après un temps donné elle est reversible à une autre personne ; etc.

La solution de ces diverses questions nécessite l'emploi des équations de 2ᵉ et de 3ᵉ degré ; elle fait l'objet d'ouvrages spéciaux tels que les suivants :

Baily (Francis) : *Théorie des annuités viagères et des assurances sur la vie*, suivie d'une collection de tables, traduit de l'anglais par A. de Courcy. Paris, Gauthier-Villars, 1836, 2 vol. in-8°.

Charlon (H.) : *Théorie mathématique des opérations financières* avec tables numériques et tables logarithmiques de Fedor Thoman ; 2ᵉ éd. Paris, Gauthier-Villars, 1878, 1 vol. grand in-8°. L'auteur a exposé les mêmes opérations arithmétiquement et donné de nouvelles tables de M. Marc Achard dans son *annuaire*, 1880, in-8°.

Maas : *Théorie élémentaire des annuités viagères et des assurances sur la vie*. Paris, Gauthier-Villars, 1868, 1 vol. in-8°.

Thoman (Fedor) : *Théorie des intérêts composés et des annuités*, suivie de tables logarithmiques ; traduit de l'anglais par M. l'abbé Bouchard, avec une préface de M. Bertrand, de l'Académie des sciences, des tables inédites et trois tables de logarithmes

---

* Né en Russie ; mort à Paris en 1870.

à 11 décimales. Paris, Gauthier-Villars, 1878 ; 1 vol. grand in-8°.

Thoman* a eu le génie de ces combinaisons et de ces calculs, il en a exposé la théorie et il les a résumés en trente formules particulièrement adaptées aux calculs logarithmiques, et se réduisant à deux principales dont elles ne sont que des déductions : — l'une donnant le montant de 1 franc au bout d'un nombre d'années quelconque ; l'autre, donnant la valeur actuelle d'un nombre quelconque d'annuités de 1 franc.

L'ouvrage de Thoman contient en outre la solution de plus de cent cinquante problèmes variés et compliqués, qu'il a rencontrés dans sa carrière d'*actuaire* ou d'ingénieur calculateur pour les compagnies et les éditeurs de Tables au service desquels il a employé ses facultés en France.

L'ouvrage anglais publié en 1859 a pour titre : *Theory of compound interest and annuities with logarithmic tables*, by Fedor Thoman ; London, John Weale, 59, High Holborn.

Vintajoux et de Reinach : *Formules et tables d'intérêts composés et d'annuités* ; 2e éd., avec deux chapitres sur le *taux réel* et les *parités.* Paris, Calmann-Lévy, 1879, 1 vol. in-8°.

Voy. dans la Note suivante ce qui est dit sur les Tables d'intérêt, d'annuités, d'amortissement et de rentes viagères.

XIII. — Tables diverses. — Comptes faits ou Barêmes

Pour les Intérêts simples et composés, les Annuités, les Amortissements, les Assurances, les Rentes viagères, les Opérations de Bourse, etc.

Pour s'aider dans les calculs, on a dressé une assez grande quantité de Tables contenant des nombres calculés, des opérations toutes faites qui le plus souvent réduisent le calcul à l'addition.

Tables diverses contenues dans le volume. — Nous avons inséré dans le courant du volume quelques tables, savoir :

La table de *multiplication*, p. 26 ; — une table des *parties aliquotes*, p. 114 ; — des modèles de tables des *Logarithmes*, p. 205 (v. p. 207 ce qui est dit sur les tables des Logarithmes des nombres entiers, et celles des Logarithmes des nombres avec fraction)* ; — une

---

* Ajoutons que M. Babbage a publié en Angleterre une table des logarithmes des nombres de 1 à 108000, calculée à l'aide de sa machine (voy. plus loin), et que M. Picarte, mathématicien du Chili, a calculé par une nouvelle méthode une table des logarithmes des nombres à 9 décimales, enfermée en deux pages. Voy. son ouvrage, indiqué à la page suivante.

table indiquant la transformation des *mesures métriques* de Surface, de Volume, de Capacité et des Poids, en Mètres carrés et Mètres cubes, etc., p. 267 ;

Une table des *multiples* et des *sous-multiples* les plus usuels des mesures métriques, p. 268 ;

Des tables des *rapports des mesures* anciennes et nouvelles, p. 308 et suivantes ;

Des tables des rapports des mesures des divers pays entre elles, pour les Aunages, les Liquides, les Poids usuels et les poids d'or et d'argent, p. 323 ;

Une table pour trouver la quantité de *jours* entre deux dates, p. 546.

La table de *mortalité* de Duvillard, p. 568.

Tables de multiplication et de division. — On a calculé des *Tables de multiplication* donnant les produits tout faits des nombres entiers, à l'usage des calculateurs. Les plus connues en France sont celles d'Oyon, contenant dans un volume in-4° les produits deux à deux des 500 premiers nombres; les grandes tables de Crelle, éditées par Bremiker, 1 vol. in-folio, donnant le produit des nombres jusqu'à 999 × 999, — et celles de Bretscheider, où l'on trouve les 9 premiers multiples des 100 000 premiers nombres.

M. Picarte, membre de la Faculté des sciences du Chili, a récemment publié (dans un volume intitulé *Division réduite à l'addition*, grand in-4°, 1860, Mallet-Bachelier, 13 fr.) une table très commode des 10 000 premiers nombres par 2, 3.... 9 ; et un tableau, en une seule feuille, des produits deux à deux de tous les nombres jusqu'à 100.

M. Picarte a publié, dans le même ouvrage, une *Table de division* ou des Quotients de l'unité par les 10 000 premiers nombres, à 11 décimales, avec les produits de ces quotients par 2, 3..... 9. A l'aide de cette table, on peut obtenir, avec une simple addition, avec 10 chiffres exacts, le quotient de la division d'un nombre quelconque par chacun des 10 000 premiers nombres. Les tables de multiplication réduisent cette opération à une soustraction. Il existe une table analogue de Barlow, mais à 7 décimales seulement. — Le même ouvrage de M. Picarte contient une ingénieuse table des logarithmes à 9 décimales, renfermée dans deux pages.

Comptes faits ou Barèmes. — *Tables diverses.* — Barrême, arithméticien français du dix-septième siècle, dont le nom est devenu proverbial, a publié en 1670 un volume, souvent réimprimé depuis, contenant des tableaux, des comptes faits pour divers Poids et

Mesures à divers prix, etc. Ces comptes ont été complétés et refaits d'après les mesures modernes, et portent le nom générique de *Barémes* (consacré par l'usage avec un seul *r*).

Avant lui, un autre arithméticien avait publié des tableaux synoptiques de comptes faits sous ce titre : *Arithmétique au miroir, par lequel on peut (en quatre vacations de demi-heure chacune) pratiquer les plus belles règles d'icelle, mise en lumière par Alexandre Jean, arithméticien*, 1629, in-12.

Des comptes semblables ont été faits pour diverses industries, et appropriés aux diverses professions ou administrations, tels que le cubage des volumes, le toisé des bois, les calculs relatifs aux projets de routes, etc. Ils sont publiés soit séparément, soit dans des recueils avec des conversions des mesures, des rapports et des formules fréquemment usités, pour servir de manuels ou d'aide-mémoire, et éviter des recherches dans un grand nombre d'ouvrages; tels sont : un recueil intitulé *Omnium commercial, manufacturier et agricole*, par M. Bovy ; — l'*Aide-mémoire des ingénieurs*, par M. Richard ; — le *Guide de l'ouvrier mécanicien*, par M. Armengaud jeune ; — le *Traité pratique et complet de tous les mesurages*, par M. Sergent, 1857, grand in-8° de 900 pages ; — les *Tableaux sur les questions d'intérêt et de finances* ; — la *conversion des poids* ; — *conversion des mesures de longueur* ; — *conversion des monnaies au pair intrinsèque* ; — et autres, sous les noms de *Barémes, Boussoles, Payeurs des ouvriers, Clé des réductions, Tarifs*, etc.

L'*Annuaire du bureau des longitudes* (1 fr.) contient des renseignements numériques sur l'Astronomie, la Marine, les Poids et Mesures, les Monnaies, la Consommation du pain, la Population et la Mortalité, les Densités, les plus grandes Hauteurs, etc.

L'*Annuaire* des adresses de Didot contient un relevé des poids, mesures et monnaies de tous les pays, par M. de Malarce ; publié à part chez Guillaumin, in-4° de 12 pages.

On a publié plusieurs tables de Comptes faits spécialement pour *les Intérêts simples et composés et pour les Annuités et l'Amortissement*.

Au moyen de ces tables, *le calcul des intérêts simples se réduit à une simple addition*, puisqu'on trouve dans les divers éléments des tables l'intérêt calculé de dix ans (1 à 9), aux divers taux usuels et de 1 à 366 jours. On peut tirer un bon parti de ces tables, quand on les emploie avec les parties aliquotes; mais quand on a l'habitude du calcul, les opérations par les méthodes que nous avons données sont tout aussi rapides, si ce n'est même plus.

Il en est tout autrement pour les tables de calculs tout faits relatifs à l'intérêt composé et à l'amortissement, qui, vu la nature et la longueur des calculs, sont indispensables.

Nous citerons parmi les tables de comptes faits pour l'intérêt simple, celles de Bonnet (*Manuel du Capitaliste*, 1re édition, 1815 ; un grand nombre depuis, in-8) ; celles de Lorrain (*Dictionnaire des intérêts*, in-4, 1823) ; celle de Filliol (*Barème des intérêts*, 1 vol. in-8 et 1 vol. in-4, 1847) ; celle de Faivre (*Comptes faits*) ; celle de Lacombe (*Comptes faits*) ; celle de Passot (*Manuel comparé du Capitaliste*, in-8, 1850) ; et d'autres de MM. Bajat, Dangu, Daulnoy, Delhorde, Blanquart-Septfontaines, Pellegrini, Parelon, Robert, Palaiseau, etc. ; ces quatre dernières en brochures restreintes, etc. Tous ces tableaux sont disposés dans des systèmes variés avec des capitaux d'un chiffre plus ou moins élevé et à des taux plus ou moins nombreux. M. Passot a non seulement calculé les intérêts avec le nombre de jours 360 de l'année commerciale, mais aussi avec le nombre de jours 365 de l'année civile.

Nous citerons parmi les tables de comptes faits pour les intérêts composés, les annuités et l'amortissement des emprunts et les Rentes viagères : celles de Gremillet (*Nouvelle Théorie des intérêts*, etc., 2e édit. in-8, 1846) ; — celles de Violaine (*Nouvelles Tables pour les calculs d'intérêt simple et composé*, in-4, 1854 ; et *Tables pour faciliter les calculs sur les Rentes viagères, les Amortissements*, etc., in-4, 1849) ; — celles de M. Eugène Pereire (*Tables de l'intérêt composée des Annuités et des Rentes viagères*, in-4, etc.) ; — les tables contenues dans les ouvrages cités ci-dessus de Baily, Charlon, Thoman, Vintajoux et Reinach. Les ouvrages de Gremillet et de Violaine contiennent aussi des comptes faits pour l'intérêt simple, comme celles de M. Passot en contiennent pour l'intérêt composé, les annuités, les assurances et les rentes viagères.

Dans ces divers ouvrages se trouvent des tableaux contenant des *Comptes faits* pour l'amortissement successif des capitaux, pour les diverses combinaisons de placements et de remboursements de une à cent années, à divers taux, — et à l'aide desquels on peut trouver, avec peu de calculs, la solution d'une question donnée.

On a vu, au chapitre LVII, que les calculs des intérêts composés sont très longs, à cause des élévations aux puissances. M. Gremillet a aussi dressé des tables de ces puissances pour les divers taux, qu'on peut appeler des *multiplicateurs fixes*, mais l'emploi des logarithmes et des diverses tables de comptes faits dont nous venons de parler fournit le moyen de calculer plus vite. Dans ce but Fedor Thoman a calculé des *tables logarithmiques* reproduites dans les ouvrages de MM. Charlon et Pereire. (Voy. ci-dessus, p. 617.)

On a également dressé des tableaux ou Barêmes pour les *Courtages* et les *Commissions*, pour les calculs des opérations de bourse, savoir : les calculs de *Reports* ou intérêts de prêt sur rentes et sur actions industrielles, avec intérêts progressifs et rentes jour par jour d'un trimestre à l'autre ; les calculs du capital d'une rente à un cours et à un taux donnés, etc. Nous citerons, à cet égard, le recueil de M. Delcros, *Barême de la Bourse*, Paris, Carillan-Cœury, in-12, 1847.

XIV. — Moyens graphiques ou mécaniques pour faire les calculs ou pour les abréger.

Jetons. — Abaques. — Bâtons de Napier. — Règles, Cercles, Cadrans.
— Arithmographes. — Balances.

On est arrivé à divers moyens mécaniques ou graphiques pour faire les calculs ou pour les abréger. Faisons remarquer avant tout que ces moyens sont surtout profitables à ceux qui savent l'arithmétique et que, quelque ingénieux qu'ils soient, ils nécessitent la pratique raisonnée des procédés de calcul.

Ces moyens mécaniques sont de différentes sortes :

Les Bâtons de Napier ; — les Jetons ; — les Abaques ; les Tables de calculs et de comptes faits, de comparaison de mesures, etc. ; — les Cadrans, Cercles et Règles à calculer et les Machines arithmétiques proprement dites.

Jetons.

On peut représenter les nombres avec des Jetons dont la quotité indique les nombres représentés par les chiffres, et dont la position dans une colonne verticale indique les unités simples, les dizaines, centaines, mille, etc. On faisait anciennement un grand usage de ce moyen, qui a été abandonné depuis que l'art de compter à la plume s'est propagé. Nous renvoyons le lecteur curieux de connaître les combinaisons de l'*Arithmétique à jetons*, à l'ouvrage de F. Legendre, l'*Arithmétique en sa perfection*, imprimée plusieurs fois au dernier siècle et encore en 1806, 1 vol. in-8.

Abaques.

L'abaque était un instrument en usage chez les anciens pour faciliter les calculs. On le trouve chez divers peuples, les Grecs (ἄβαξ, table), les Romains (*abacus*), les Chinois, les Allemands, les Français, les Russes. C'était dans l'origine une petite table couverte de poudre fine sur laquelle on traçait les figures numériques, et on exécutait les opérations. On y traça ensuite des lignes pour disposer des jetons. Plus tard, on fit un cadre oblong divisé par des cordes parallèles dans chacune desquelles étaient enfilées *dix* petites boules, représentant des unités, à la manière des instruments qui serrent à compter les points au jeu de billard. Une de ces lignes était consacrée aux unités, la deuxième aux dizaines, etc.

On comprend, sans que nous entrions dans d'autres détails, comment on peut énumérer les nombres, les additionner, les soustraire par le maniement des boules.

L'Abaque est encore usité en Russie, en Chine et dans l'Inde. On voit dans ces divers pays des marchands manier cet instrument avec une grande habileté. Les Russes le désignent sous le nom de *stchote* (compte, calcul) ; les Chinois, sous le nom de *swan-pan* ; c'est le *compteur à boules* de nos salles d'asile, en général peu employé, et dont quelques professeurs (M. Bergery à Metz, M. Jacobi en Suisse) ont cherché à propager l'usage, sans grand succès.

Voyez plus loin ce qui est dit de l'*Abaque* ou *Compte universel* de M. Lalanne, basé sur un tout autre procédé.

Bâtons de Napier ou de Neper.

Les bâtons, dits de Napier, sont des réglettes égales sur lesquelles sont inscrits, dans un certain système, les nombres de la table de Pythagore en neuf carrés égaux dont chacun est coupé par une diagonale. Chaque casse triangulaire porte un chiffre d'unités à droite, de dizaines à gauche. En accolant ces réglettes à l'aide d'une réglette indicatrice, on parvient à obtenir facilement le produit partiel d'un nombre de plusieurs chiffres par un nombre d'un seul chiffre, ainsi que les chiffres du quotient et les produits à soustraire. Nous ne citons ici que pour mémoire ce procédé ingénieux mais nullement pratique, puisqu'il ne sert que pour des fragments d'opérations et qu'il nécessite un assortiment de réglettes.

Arithmétique linéaire. — Règles, Cercles, Cadrans à échelles logarithmiques. — Arithmographe. — Balances.

Peu de temps après la découverte des logarithmes, en 1611 (voir pp. 199 et 203), Edmond Gunter, professeur d'arithmétique anglais, eut l'heureuse idée (publiée en 1614, dans le Recueil de ses œuvres) de remplacer les nombres par des lignes, c'est-à-dire de construire une table abrégée des logarithmes linéaires en formant des divisions proportionnelles aux logarithmes sur une échelle, pour pouvoir exécuter les opérations sur ces nombres (c'est-à-dire les Multiplications, Divisions, Élévations aux puissances et Extraction des racines), à l'aide d'une ouverture du compas.

Cet ingénieux moyen fut étudié et perfectionné par d'autres arithméticiens anglais, Wingate, Oughtred, Milburn, et un fabricant d'instruments de précision, Seth Partridge, construisit le *sliding rule* (règle glissante), consistant en des Règles dont l'une, plus étroite, glisse dans une coulisse pratiquée sur l'autre, et qui portent toutes deux une série de traits et de chiffres subdivisant la longueur selon la loi des logarithmes.

Cependant, il paraît que l'usage ne s'en est répandu en Angleterre que vers la fin du siècle dernier, et que ce n'est qu'au commencement de ce siècle qu'on en a fait un fréquent emploi dans les ateliers. Après 1815, elle a été introduite en France et dans d'autres pays, et c'est aujourd'hui un instrument peu coûteux, simple et portatif.

On en construit pour divers usages spéciaux : pour les calculs géométriques, pour ceux des tarifs des métaux, des travaux de routes, des constructions mécaniques, des filatures, de la navigation ; pour la conversion des poids et mesures, etc. On peut les adapter aux calculs de diverses industries, de diverses sciences, à ceux de la statistique, et encore à ceux des intérêts composés, des annuités, de l'amortissement et pour toutes les questions d'assurance, de rentes, d'emprunts, etc., qui s'y rapportent ; mais pour ces calculs financiers, on ne peut obtenir que des résultats approximatifs avec ces instruments, qui ne sont d'ailleurs pas applicables aux questions usuelles d'intérêt simple, de commerce et de banque, que les personnes familières avec le maniement des chiffres résoudront toujours plus vite à l'aide de la plume ou du crayon.

Voir, pour de plus amples renseignements, les instructions spéciales publiées par les fabricants d'instruments chez lesquels on les vend, et particulièrement les Notices de MM. Arthur Mouzin, Collardeau, Lapointe, Labosne, Léon Lalanne, etc. Ce dernier a publié (en une petite brochure in-12, 1851, Hachette ; 3ᵉ éd., 1863) une *Instruction sur les règles à calculer, particulièrement sur la règle à enveloppe de verre.* Ces écrits renseignent également sur les appareils dont nous allons parler.

L'Echelle de Gunter a donné naissance au *Cercle* ou *Cadran logarithmique,* par la transformation des deux tringles en des circonférences de cercles concentriques dont l'un est mobile et tournant sur un axe au centre commun. Cette disposition permet d'obtenir une plus grande exactitude et rend l'instrument plus portatif.

C'est sur ce principe qu'ont été construits divers instruments sous les noms ci-dessus et sous les noms d'*arithmographes* et d'*arithmomètres*, dont l'usage s'est également répandu en Angleterre et en France. L'idée en était fournie par Oughtred dans son écrit : *The circles of proportion* (Oxford, 1660, in-8°). Gattey construisit un *Arithmographe* sur ces données, en 1798.

Un fabricant, M. Hoyau, avait, au commencement de ce siècle, disposé l'appareil sur des tabatières qui ne présentaient pas, par leur dimension, la commodité nécessaire, soit comme tabatières, soit comme machines à calculer.

Un ingénieur suisse, M. Hoppikoffer, a imaginé vers 1827 un *planimètre* qui, successivement perfectionné par M. Ernst, constructeur d'instruments de précision, a obtenu le prix Montyon de mécanique en 1837.

En combinant le planimètre avec la règle logarithmique, M. Léon Lalanne, ingénieur, est arrivé à faire une ingénieuse machine à calculer qu'il a nommée *arithmoplanimètre* (voir son *Mémoire* dans les *Annales des ponts et chaussées*, 1840 et 1846, 1er semestre) et a eu l'idée non moins ingénieuse d'établir avec des divisions logarithmiques un tableau à double entrée ou *Abaque* (voir ci-dessus) à l'aide duquel on trouve les produits, les quotients, etc. Voir l'instruction publiée par l'auteur : *Description et usage de l'Abaque ou compteur universel, qui donne à vue les résultats de tous les calculs d'arithmétique, de géométrie, de mécanique pratique*, etc. Paris, Hachette, 3° édit., in-12, 1863.

L'Abaque a été recommandé pour les écoles primaires, et employé par les agents voyers et les ingénieurs ; dès 1843 l'illustre mathématicien Cauchy constatait, dans un Rapport à l'Académie des sciences, que cet instrument « sert à résoudre avec une grande facilité les diverses opérations de l'arithmétique, même l'élévation d'un nombre à une puissance fractionnaire ».

Depuis la publication de M. Lalanne, les ingénieurs des ponts et chaussées ont pu faire usage de tables nouvelles pour abréger divers calculs relatifs aux projets de routes et aux mouvements des terres ; les méthodes graphiques se sont perfectionnées par ses efforts. ceux de l'ingénieur Davaine, etc. Voy. sur ce sujet un intéressant résumé historique * de ce savant, aujourd'hui inspecteur général et directeur de l'École des ponts et chaussées, extrait des *Notices* publiées par le ministère des travaux publics à l'occasion de l'Exposition universelle de 1878.

---

* Paris, imprimerie nationale, 1878, in-8° de 64 p.

M. Lalanne a lu récemment à l'Académie des sciences, dont il est membre, un mémoire sur « les méthodes nouvelles de calculs graphiques, et l'emploi qu'on peut faire de ces méthodes pour la rédaction des projets que comporte le développement du réseau des chemins de fer ».

M. A. Boucher a construit, depuis 1876, un *cercle à calcul* ayant la forme et la dimension d'une montre à remontoir (au prix de 30 à 40 fr.), composé de deux cadrans, l'un mobile, l'autre fixe avec des aiguilles mobiles fixées sur le même axe. De la combinaison et des diverses positions qu'on peut faire occuper au cadran mobile ressortent les diverses opérations d'arithmétique et de trigonométrie qu'on peut faire à l'aide de cet instrument ingénieux et simple.

XV. — Machines à calculer proprement dites. — L'arithmomètre, etc.

On est arrivé par la combinaison de rouages, de pignons et d'engrenages (de différentes grandeurs et allant plus ou moins vite), à des appareils mécaniques donnant les résultats des quatre Règles.

La première de ces machines mécaniques connue est de l'invention de Pascal, à peine âgé de 18 ans vers 1641, qui a laissé un si grand nom dans la philosophie et dans les sciences. On en trouve la description dans l'*Encyclopédie méthodique*. Quoique fort ingénieuse, cette *machine* arithmétique ne faisait que les additions et les soustractions, et ne donne les résultats des multiplications et des divisions que par les premières opérations répétées ; elle était de plus si compliquée qu'elle n'a jamais été qu'un objet de curiosité, malgré les changements et les perfectionnements de Diderot (voir la première *Encyclopédie* du dix-huitième siècle), de Lépine, Boislissandeau et Leroy.

Un mathématicien anglais, M. Babbage (né en 1790), a voulu résoudre le problème de Pascal et, aidé du gouvernement pour la dépense, il est parvenu à construire, en 1833, une machine à l'aide de laquelle il a pu calculer des tables des logarithmes de 1 à 108000. Cette machine est restée incomplète à cause de la dépense qu'il aurait fallu faire pour l'achever. Au point où elle a été laissée, elle a coûté 425,000 fr., et il aurait fallu dépenser encore le double de cette somme pour la terminer.

En partant de principes différents, M. Thomas, de Colmar, fondateur de la compagnie d'assurances *le Soleil*, a fait connaître dès 1820 une ingénieuse machine, moins compliquée, plus portative, moins chère et qui, par suite de perfectionnements successifs (voir un Rapport à l'Académie des sciences en 1854), est fabriquée à un prix abordable. La machine consiste en un certain nombre de cylindres placés parallèlement les uns aux autres, commandés par un même arbre de couche, de manière à être mis en mouvement par une manivelle.

Aujourd'hui, l'arithmomètre de M. Thomas (mort en 1870 à 85 ans) est un outil d'un usage facile, avec lequel on peut faire en moins d'une minute des multiplications de 8 chiffres par 8 chiffres, des divisions de 16 chiffres par 8 chiffres ; en moins de deux minutes des extractions de racines carrées de nombres de 16 chiffres ; en une demi-heure, une personne un peu exercée peut faire le travail d'une journée d'un bon calculateur. L'usage s'en est répandu dans les grandes administrations financières et autres, pour les travaux de statistique, etc.; le coût est de 400 fr. à 800 fr., selon que l'instrument peut calculer des produits de 12 chiffres à 20 chiffres.

D'autres mécanismes ont été imaginés dans le même but; citons :

L'*Automate* de M. le docteur Roth, exécutant les additions et les soustractions seulement. Voir *Instruction pour l'usage du calcul automate*. Paris, Queslin, 1843, in-8 ; et un Rapport de M. Théod. Olivier à la Société d'encouragement, 1844, in-4 ;

La *Taxe machine*, de M. J.-J. Baranowski, ancien secrétaire de la Banque de Pologne. Voir *Application de la Taxe machine* aux calculs journaliers de commerce, de banque et de finance, par le même, broch. in-8, 1849. Cet appareil peu coûteux est le résultat de la combinaison d'un procédé mécanique avec des calculs faits et vérifiés à l'avance. Un bâton affermi dans une coulisse étant poussé découvre le résultat que l'on cherche par un procédé simple et rapide ;

Une *balance arithmétique* et une *balance algébrique* pour les opérations de l'arithmétique ordinaire et pour la solution des équations numériques, par M. Léon Lalanne. Voy. *Comptes rendus* de l'Académie des sciences, 1839 et 1840, 2e semestre ;

L'*Arithmo-Maurel* présenté en 1849 à l'Académie des sciences par MM. Maurel et Jayet, machine à calculer qui procède de l'arithmomètre de M. Thomas. Voir un Rapport de M. Binet à l'Académie des sciences.

Ces instruments n'ont pas triomphé des difficultés de la pratique. On a cessé de fabriquer l'Arithmo-Maurel au bout de peu d'années, à cause du prix de revient. L'instrument coûtait 1,500 fr.

Voir, dans le *Dictionnaire des arts et manufactures* publié par M. Ch. Laboulaye, la description de quelques-uns de ces instruments.

Voy. pour quelques autres renseignements historiques sur ces tentatives le *Dictionnaire des mathématiques* de Demonferrier.

XVI. — Congrès international des poids et mesures.

Ce Congrès s'est tenu au Trocadéro, du 2 au 6 septembre 1878, à l'occasion de l'Exposition universelle, sur l'initiative d'une Association anglaise s'occupant de propager la réforme des poids et mesures, qui était déjà venue, en 1855, à l'époque de l'Exposition, provoquer des conférences dans le même but.

Lors de l'Exposition de 1867, une réunion semblable s'était plus particulièrement préoccupée de la question monétaire, par suite de l'abondance de l'or.

Il comptait 80 membres de divers pays délégués par les gouvernements, des membres de l'Institut, des publicistes, professeurs, banquiers, etc. ; elle a été présidée par l'auteur de ce *Traité*.

Après un résumé historique sur l'origine du système métrique par le Président, le Congrès a entendu l'exposé des progrès réalisés quant à l'adoption du système dans les divers pays, par M. Tresca, membre de l'Institut, qui a analysé un ouvrage de M. Barnard, président du *Columbia College*, fait en vue de vulgariser le système métrique aux États-Unis (*The metric system*, New-York, 1872, in-8, 194 pages).

M. Broch, ancien ministre de la marine de Norvège, et M. Wœrn, ancien ministre des finances en Suède, ont donné des explications sur l'état de la question dans ces deux pays.

Le Congrès s'est ensuite livré à une série d'intéressantes discussions, au sujet des vœux suivants qui lui étaient proposés et qui ont été adoptés dans les termes que voici :

I. Le Congrès en se félicitant des progrès du système métrique dans plusieurs pays, déplore que l'Angleterre, la Russie et les États-Unis ne soient pas encore entrés dans la même voie. (Proposition de MM. Joseph Garnier et Leone Lévi.)

II. La France devrait s'attacher à remplacer par les unités métriques des mesures spéciales ou locales encore usitées sur certains marchés et dans quelques industries (Proposition de M. Pouyer-Quertier).

III. L'émission des pièces à nombres ronds de grammes doit être autorisée pour faciliter les comptes en grammes d'argent et en grammes d'or qui tendent à devenir les unités internationales. (Proposition de M. Joseph Garnier)

IV. Le Congrès émet le vœu que les pièces d'or et d'argent portent l'indication du titre et du poids en grammes ;

V. Que le titre décimal soit universellement adopté ;

VI. Que le titre soit le même pour les pièces d'or et les pièces d'argent ;

VII. Que le droit de fonte et d'exportation soit illimité.

(Ces quatre vœux étaient proposés par M. Joseph Garnier.)

VIII. Que le créancier ne soit pas tenu de recevoir plus de 150 grammes d'argent (250 fr.). (M. Joseph Garnier proposait 500 grammes.)

IX. Que pour faciliter l'adoption d'une monnaie internationale, on donne dans chaque pays cours légal à la pièce d'or de 10 francs selon le type français. (Proposition de MM. Victor Bonnet, de Parieu, Wallemberg et Leone Lévi).

Les pays où le système métrique est légalement établi sont :
France et colonies. — Belgique. — Pays-Bas et colonies. — Allemagne. — Suède et Norvège. — Autriche-Hongrie. — Italie. — Espagne. — Portugal. — Roumanie. — Grèce. — Brésil. — Colombie. — Équateur. — Pérou. — Chili. — République Argentine ; soit 17 États représentant 237 millions d'individus.

Voyez le *Compte rendu des séances du Congrès des poids et mesures*, dans la collection des *Comptes rendus sténographiques* publiés par le ministère du commerce, n° 22 de la série.

Voyez plus haut, note X, un coup-d'œil historique sur le système métrique et toutes les objections qui lui ont été faites.

ERRATUM

Page 38, dernier produit, lisez 524,53^4.
—   86, 3e ligne en remontant, lisez : trois *premiers*.
—   172, 17e ligne, 2e exemple, lisez : 18 $=$ 18.

—   199, intercalez entre les deux équations : $S = \dfrac{(r \times a \times r^{n-1}) - a}{r - 1}$

—   207, alinéa 313, note finale indiquée par erreur.
—   231, § 3, le décamètre carré appelé *are*, pour employer la division de 10 en 10, au lieu de celle de 100 en 100.
—   262, dernière ligne, renvoi inutile. — Une loi du 31 juillet 1879 a substitué la régie ou la fabrication de la monnaie par l'État au régime de l'entreprise par adjudication.
—   481, note, lisez : 6 $\times$ 10 — 6.
—   536, 14e problème, 9 doit être compris dans l'accolade avec 4 et 2.
—   560, note, lisez : Vannier.
—   579, 2e problème, lisez : au vi^e siècle.
—   594, 2e série d'opération, disposez les chiffres comme suit pour les trois premières :

$$991 \times 995 \qquad 1012 \times 1569 \qquad 738 \times 1008$$
$$\underline{4955} \qquad +\ \underline{18818} \qquad +\ \underline{5901}$$
$$986045 \qquad\qquad 1587818 \qquad\qquad 743904$$

la 4e est l'inutile répétition de la 4e de la première série.

AUTRES OUVRAGES DE M. JOSEPH GARNIER

Traité des mesures métriques (mesures, poids, monnaies), exposé succinct et complet du système français métrique et décimal, avec une notice historique et gravures intercalées dans le texte, 1 vol. in-32.   75 c.

Premières notions d'économie politique, sociale ou industrielle, suivies de : *la Science du bonhomme Richard*, par Franklin, *Ce qu'on voit et ce qu'on ne voit pas*, par Frédéric Bastiat, un *Vocabulaire de la science économique*, etc. 5e édit. aug. 1 vol. in-18.   2 fr. 50

Traité d'Économie politique, sociale ou industrielle. — Exposé didactique des principes et des applications de cette science et de l'organisation économique de la Société, avec des développements sur le Crédit, les Banques, le Libre échange, la Production, l'Association, les Salaires, etc. — Adopté dans plusieurs Écoles ou Universités. — Huitième édition revue et augmentée. 1 très fort vol. grand in-18 contenant la matière de 4 vol. in-8 ordinaire.................................   7 fr. 50

Traité de Finances. — L'Impôt, son assiette, ses effets économiques et moraux. — Catégories et espèces diverses d'impôts. — Les Emprunts et le Crédit public. — Les Dépenses publiques et les attributions de l'État. — Les Réformes financières. — L'Impôt et la Misère. — Notes historiques et documents. 4e édit. en préparation, 1 vol. in-8..   7 fr. 50

Notes et petits Traités, faisant suite au *Traité d'économie politique* et au *Traité de finances*, et contenant : **Éléments de Statistique et Opuscules divers** : Notice sur l'Économie politique ; — questions relatives à la Monnaie, à la Liberté du travail, à la Liberté du commerce ; — notices sur le Commerce, les Traités de Commerce, l'Accaparement, les Changes, l'Agiotage, les Crises, l'Association, le Socialisme, les Produits matériels, les Expositions universelles, etc. 2e édition, considérablement augmentée. 1 fort vol. grand in-18 jésus.............   4 fr. 50

Questions de population, bien-être, misère et socialisme (2e édition, en préparation), un vol. in-8.

(*V. pour les autres ouvrages le catalogue à la Librairie Guillaumin et Cie*).

TABLE DES MATIÈRES

PAR CHAPITRES

Préface : division et analyse de l'ouvrage...................... v
Avis des éditeurs sur cette nouvelle édition................... vi
Signes généraux employés dans le Traité....................... vii

PREMIÈRE PARTIE.

PRINCIPES D'ARITHMÉTIQUE GÉNÉRALE THÉORIQUE ET PRATIQUE.

LIVRE Ier. — Théorie et pratique des quatre règles des Nombres entiers et des Fractions décimales.

(*) I. — Notions préliminaires et Numération des Nombres entiers et des Fractions décimales.................. 1
II. — Addition des Nombres entiers et des Fractions décimales 13
III. — Soustraction des Nombres entiers et des Fractions décimales...................................... 16
IV. — Preuves de l'Addition et de la Soustraction.......... 19
V. — Addition et Soustraction en une seule Opération. — Procédé des Compléments........................... 21
VI. — Multiplication des Nombres entiers et des Fractions décimales...................................... 24
VII. — Abréviations de la Multiplication................... 31
VIII. — Division des Nombres entiers...................... 41
IX. — Division des Fractions décimales 54
X. — Abréviations de la Division......................... 59
XI. — Preuves de la Multiplication et de la Division........ 67

LIVRE IIe. — Divisibilité et décomposition des Nombres.

XII. — Signes auxquels on reconnaît la Divisibilité d'un nombre par un autre.............................. 70
XIII. — Preuves de la Multiplication et de la Division par 9 et 11.. 78

---

* Les numéros en chiffres romains désignent les chapitres.

XIV. — Décomposition d'un nombre en ses Facteurs premiers ou en ses Diviseurs premiers...................... 81

XV. — Des autres Diviseurs des nombres ; — des Diviseurs communs et du Plus grand Commun diviseur.... 86

XVI. — Recherche du Plus petit nombre divisible par plusieurs nombres donnés............................. 90

LIVRE IIIe. — Théorie et calculs des Fractions ordinaires seules ou réunies à des Entiers. — Parties aliquotes.

XVII. — Numération et propriétés des Fractions ordinaires... 94

XVIII. — Réduction des Fractions au même Dénominateur....... 98

XIX. — Simplification des Fractions ordinaires............... 101

XX. — Conversion d'un Nombre entier en Expression fractionnaire ; — et d'une Expression fractionnaire en une autre..................................... 103

XXI. — Addition des Fractions ordinaires seules et des Fractions ordinaires réunies à des Entiers............. 105

XXII. — Soustraction des Fractions ordinaires seules et des Fractions ordinaires réunies à des Entiers.......... 108

XXIII. — Multiplication des Fractions ordinaires seules. — Fractions de Fractions.................................. 109

XXIV. — Division des Fractions ordinaires seules.............. 111

XXV. — Multiplication des Fractions ordinaires réunies à des entiers. — Parties aliquotes ; — Produit approximatif ; — Faux produit........................... 113

XXVI. — Division des Fractions ordinaires réunies à des Entiers. — Recherche du Quotient....................... 120

XXVII. — Conversion des Fractions ordinaires en Fractions décimales et réciproquement. — Fractions décimales périodiques..................................... 124

LIVRE IVe. — Théorie et calculs des Nombres négatifs.

XXVIII. — Addition, — Soustraction, — Multiplication, — Division des Nombres négatifs seuls ou combinés avec les Nombres positifs............................. 130

LIVRE Ve. — Élévation aux Puissances. — Extraction des Racines.

XXIX. — Élévation aux Puissances. — Multiplication et Division des quantités égales affectées d'Exposants. — Composition du Carré et du Cube..................... 134

XXX. — Extraction des Racines en général et Extraction de la Racine carrée des nombres entiers............. 140

XXXI. — Extraction de la Racine cubique des Nombres entiers. 149

XXXII. — Racines par approximation. — Racines des nombres fractionnaires décimaux. — Racines autres que la carrée et la cubique. — Extraction des racines des Fractions ordinaires. — Exposants fractionnaires... 159

DEUXIÈME PARTIE.

COMBINAISON DES QUATRE RÈGLES.

LIVRE VIᵉ. — Équations. — Rapports et Proportions; — Progressions; — Logarithmes.

XXXIII. — Des Équations à une seule Inconnue et à deux ou plusieurs Inconnues................................... 168
XXXIV. — Des Rapports et des Proportions...................... 178
XXXV. — Des Progressions arithmétiques et géométriques...... 191
XXXVI. — Théorie et calcul des Logarithmes.................. 199

TROISIÈME PARTIE.

POIDS ET MESURES. — CALCULS DES NOMBRES COMPLEXES.

LIVRE VIIᵉ. — Mesures métriques.

XXXVII. — Supériorité des Mesures métriques. — Leur nomenclature... 218
XXXVIII. — Mesures linéaires ou de Longueur. — Mesures Itinéraires et Géographiques. — Division de la Circonférence du cercle..................................... 223
XXXIX. — Mesures de Superficie ou de Surface. — Mesures agraires... 228
XL. — Mesures de Volume ou de Solidité. — Mesures pour les bois de Chauffage et de Charpente. — Mesures de Capacité pour les Liquides, les Grains et les Matières pulvérulentes.................................... 232
XLI. — Poids. — Rapport des Poids aux Mesures de Volume et de Capacité.. 245
XLII. — Monnaies. — Nature et rôle de la Monnaie. — Titre, Poids, Taille, Valeur nominale et intrinsèque des Pièces. — Rapport des pièces avec le Mètre. — Valeur comparative de l'Or et de l'Argent. — Rapport légal. — Fabrication des monnaies......................... 251
XLIII. — Calcul des mesures métriques. — Rapport des mesures métriques entre elles et avec les mesures anciennes. — Tableau des multiples et sous-multiples les plus usuels des mesures métriques................... 263
XLIV. — Mesures qui ne dérivent pas du Mètre, malgré leur appellation. — Mesure du Temps. — Division du cercle.. 271

LIVRE VIIIᵉ. — Anciennes mesures et calculs de Nombres complexes. — Rapport des mesures anciennes et nouvelles, et réciproquement.

XLV. — Nomenclature des Anciennes mesures (y compris les mesures dites Usuelles ou Transitoires), — et comparaison avec les Nouvelles........................... 274

XLVI. — Des Nombres complexes. — Addition et soustraction des Nombres complexes............................ 285
XLVII. — Multiplication des Nombres complexes (Parties aliquotes) 289
XLVIII. — Division des Nombres complexes..................... 298
XLIX. — Conversion des Subdivisions complexes en Fractions ordinaires et en Fractions décimales, et réciproquement...................................... 306
L. — Comparaison des Mesures anciennes avec les Nouvelles, — et réciproquement............................ 308
LI. — Des Mesures étrangères. — Calcul et rapport avec les Mesures métriques.............................. 321

QUATRIÈME PARTIE.

RÈGLES ET PROBLÈMES.

LIVRE IX⁰. — Solution des Problèmes en général. — Solution par l'Analyse. — Problèmes sur les poids et mesures.

LII. — De la Solution des Problèmes en général. — Classification des Problèmes............................ 326
LIII. — Solution des Problèmes par l'Analyse simple......... 331
LIV. — Problèmes sur les Poids, les Mesures et les Monnaies; — sur les Dimensions, les Surfaces, les Volumes et les Poids des corps (solutions par l'Analyse). — Formules et figures de géométrie.................... 341

LIVRE X⁰. — Solution des problèmes par les Équations.

LV. — Solution des Problèmes par les Équations............ 354

LIVRE XI⁰. — Solution des Problèmes par les Proportions ou par les Rapports sous forme fractionnaire.

LVI. — Règles de Trois ou de Proportion simple et composée.. 369
LVII. — Règle Conjointe................................... 385
LVIII. — Règle de Tant pour cent. — Emploi des Rapports additifs et soustractifs, — croissants et décroissants. — Règles dites de Tant pour mille, — Bénéfices et pertes, — Escompte sur les prix, — Agio sur les matières d'or et d'argent, — Assurances, etc. — Dividendes, — Répartition à tant pour cent, — Fonds publics, — Frais de commerce, — Commission, — Courtages, — Ducroire, — Bonification, — Arbitrages sur marchandises, — Impôts............................ 397

LIVRE XII⁰. — Question d'Intérêt simple, — d'Escompte, — d'Intérêt composé, d'Annuités — et d'amortissement.

LIX. — Règle d'Intérêt : — Questions d'Intérêt simple, — Diviseurs fixes.. 418

LX. — Questions d'Escompte............................... 448
LXI. — Questions d'Intérêt composé....................... 462
LXII. — Questions d'Annuités et d'Amortissement............ 477

LIVRE XIIIᵉ. — Questions sur les Partages proportionnels, — sur les Mélanges, — les opérations de Banque, — de Changes, — de Bourse, — de Comptabilité, — et Problèmes divers.

LXIII. — Questions sur les Partages proportionnels : — Règles de Répartition, — du Marc le franc, — de Société, — de Fausse position et de Double Fausse position.... 497
LXIV. — Questions sur les Mélanges, les Combinaisons et les Moyennes : — Règle de Mélange. — Règle d'Alliage. — Calcul des Moyennes : — Prix moyen, — Taux et Intérêt moyen, — Titre moyen, etc. ; — Applications diverses aux effets de commerce, — Échéance commune.. 527
LXV. — Calculs des opérations de Banque, — de Change, — de Bourse et de Comptabilité........................ 555
LXVI. — Questions sur les Assurances, les Rentes viagères, les Crédits fonciers.................................... 566
LXVII. — Questions et Problèmes sur les diverses Sciences et les diverses Industries (sur l'Affinage).
Règles qui ne se trouvent pas dans le traité (du Troc, — Testamentaire, — de Voiture, etc.).
Problèmes curieux à divers titres : questions sur les Progressions...................................... 573

NOTES FINALES ET COMPLÉMENTAIRES.

I. — Importance de l'arithmétique. — Ce que comprend un cours d'arithmétique appliquée. — Origine de l'ouvrage. 581
II. — Conseils pour apprendre ou pour enseigner l'arithmétique. 584
III. — Coup d'œil historique sur l'arithmétique. — Origine des chiffres.. 586
IV. — Chiffres dits romains ; — chiffres dits financiers ou français. 591
V. — Sur les divers systèmes de Numération : décimal, duodécimal, binaire, etc..................................... 592
VI. — Sur l'Arithmétique Complémentaire...................... 593
VII. — Éléments du *Calcul mental* ou du calcul de tête, improprement appelé aussi calcul sans chiffres.............. 594
VIII. — Les mathématiques. — Les divers calculs. — Les diverses espèces d'arithmétiques................................. 600
IX. — Coup d'œil historique sur les anciennes mesures et sur le Système métrique.................................... 602
X. — Mesure du temps. — Division de l'année. — Les calendriers.. 612
XI. — Le Calendrier français ou républicain. — Tableau de concordance... 614

XII. — Indications sur les Intérêts composés; — les Annuités, — l'Amortissement.. 617
XIII. — Tables diverses. — Comptes faits ou Barêmes pour les Intérêts simples ou composés, pour les Annuités, les Amortissements, les Rentes viagères, les opérations de Bourse, etc. 618
XIV. — Moyens graphiques et mécaniques pour faire ou pour abréger les calculs : Jetons, — Abaques, — Bâtons de Napier, — Règles, Cercles et Cadrans, — Arithmographes...... 622
XV. — Machines à calculer proprement dites; — l'Arithmomètre. 626
XVI. — Congrès international des poids et mesures.............. 628

TABLEAUX ET FIGURES.

Nombres premiers de 1 à 1000......................... 82
Parties aliquotes des fractions et des nombres fractionnaires. 114
Rapports des mesures métriques entre elles............. 267
Rapports des mesures des divers pays avec le mètre...... 323
Diviseurs fixes pour les Taux de 1 à 15 0/0.............. 428
Formules d'intérêt simple (capital net)................... 440
Formules d'intérêt simple (capital brut)................. 446
Tableau des jours compris entre deux dates............. 546
Table de Mortalité...................................... 568
Chiffres romains, chiffres français ou financiers.......... 592
Concordance des calendriers grégorien et républicain..... 617

Figures des mesures métriques......................... 224
Figures de géométrie................................... 342
Figures indiquant le nombre des jours de chaque mois... 545
Figures indiquant l'origine des chiffres arabes........... 591

Indications finales. — Erratum......................... 630
Autres publications de M. Joseph Garnier............... 630

FIN DE LA TABLE.

6127-78. — CORBEIL. TYP. ET STÉR. CRÉTÉ.

www.ingramcontent.com/pod-product-compliance
Lightning Source LLC
LaVergne TN
LVHW020138070726

842527LV00017B/55